국토교통부 철도시설의 점검 등에 관한 지침 및
국가철도공단 전기설비 성능평가에 관한 세부기준에 따른

철도·지하철 정보통신설비 정밀진단 및 성능평가 완성

철도·지하철 정보통신설비 정밀진단 및 성능평가 완성

초판 1쇄 발행 2025년 1월 1일

지은이 백종목
펴낸이 장길수
펴낸곳 지식과감성#
출판등록 제2012-000081호

교정 및 편집 지식과감성#
마케팅 김윤길, 정은혜

주소 서울시 금천구 벚꽃로298 대륭포스트타워6차 1212호
전화 070-4651-3730~4
팩스 070-4325-7006
이메일 ksbookup@naver.com
홈페이지 www.knsbookup.com

ISBN 979-11-392-2264-7(93560)
값 35,000원

• 이 책의 판권은 지은이에게 있습니다.
• 이 책 내용의 전부 또는 일부를 재사용하려면 반드시 지은이의 서면 동의를 받아야 합니다.
• 잘못된 책은 구입하신 곳에서 바꾸어 드립니다.

지식과감성#
홈페이지 바로가기

국토교통부 철도시설의 점검 등에 관한 지침 및
국가철도공단 전기설비 성능평가에 관한 세부기준에 따른

철도·지하철 정보통신설비 정밀진단 및 성능평가 완성

공학박사/정보통신기술사
백종목 지음

지식과감정

CONTENTS
목차

| 제1권 | 철도·지하철 정보통신시스템 일반 | 6 |

제2권	철도·지하철 정보통신설비 정밀진단 및 성능평가 이해	39
제I편	정보통신분야 정밀진단 매뉴얼 이해	41
제II편	전기설비 성능평가에 관한 세부기준 이해	192

제3권	철도·지하철 정보통신설비 정밀진단 및 성능평가 보고서 완성	337
제I편	정보통신 정밀진단보고서 완성 현장실무	339
제II편	정보통신 성능평가보고서 완성 현장실무	440

펴내면서

철도통신은 보편적인 정보통신기술이 철도교통 분야에 접목된 특화된 통신시스템으로 처음 설계나 감리를 시작하는 기술자들이 접근하는 데 어려움이 있었습니다. 최근 「철도의 건설 및 철도시설 유지관리에 관한 법률」에서 정밀진단과 성능평가 시행이 의무화되고 철도 정보통신설비의 설치·점검·유지보수·개량을 통한 생애주기관리의 중요성이 강조되고 있습니다. 안전한 철도운행을 위해서는 신뢰성 있는 철도통신 인프라 운영이 필수이며 통신설비의 품질 수준은 정밀진단과 성능평가를 통해 객관화될 수 있다고 볼 수 있습니다.

본 도서는 총 3권 4편으로 구성되어 있습니다.
제1권은 철도통신설비별 한국철도표준규격과 철도설계기준등을 참고하여 설비요구기능이나 기준을 제시하였고 철도통신설비의 일반적인 내용을 소개하고 있습니다.
제2권은 국가철도공단에서 운용하는 전기설비 성능평가에 관한 세부기준과 정밀진단매뉴얼을 이해하기 쉽도록 재구성함으로써 독자들이 정밀진단과 성능평가의 핵심을 쉽게 학습할 수 있도록 작성하였습니다.
제3권은 국토교통부고시 「철도시설의 정기점검등에 관한 지침」의 방향을 정밀진단보고서와 성능평가보고서 작성 시 참고할 수 있도록 관련 조항들을 제시하였으며 또한 보고서 완성에 필요한 예시를 추가함으로써 독자들의 이해도를 높였습니다.

철도통신설비의 정밀진단 및 성능평가 역무가 초기 사업을 거쳐 안정화 단계로 접어들고 있는 시기에 본 도서가 철도통신기술자의 역량 향상에 보탬이 되었으면 하고 기대해 봅니다.

출간되기까지 많은 도움을 주신 지식과감성# 출판사 장길수 대표님과, 교정 이주희 선생님, 한장희 주임님, 디자인 및 편집 윤혜성 차장님께 감사의 말씀을 드립니다.

저자 드림

철도 및 지하철 정보통신설비 이해하기

제 1 권

철도·지하철 정보통신시스템 일반

목차

제1장 | 통신선로 설비 ... 8
- 1.1 개요 ... 8
- 1.2 광 케이블 ... 8
- 1.3 동케이블 ... 10
- 1.4 UTP 케이블 ... 10
- 1.5 선로변 통합인터페이스 통신설비 ... 10

제2장 | 전송설비 ... 12
- 2.1 DWDM ... 12
- 2.2 STM-4/16/64, MPLS ... 13

제3장 | 열차무선설비 ... 15
- 3.1 LTE 기반 철도통신시스템 ... 15
- 3.2 열차무선 방호장치 ... 18
- 3.3 재난방송수신설비 ... 21

제4장 | 전화교환설비 ... 23
- 4.1 전자교환기 ... 23
- 4.2 관제전화장치 ... 24

제5장 | 역무용통신설비 ... 26
- 5.1 열차행선안내장치 TDI ... 26
- 5.2 자동안내 방송설비 ... 28
- 5.3 관제원격 방송설비 ... 29

제6장 | 영상감시설비 ... 31
- 6.1 여객관리용 영상설비 ... 32
- 6.2 시설감시용 영상설비 ... 33
- 6.3 영상설비용 UPS ... 33
- 6.4 영상설비용 축전지 ... 34

제7장 | 역무자동화설비 ... 35
- 7.1 전산장치(중앙전산기, 역단위전산기) ... 36
- 7.2 발매기 ... 36
- 7.3 자동개·집표기 ... 37

제1장 | 통신선로 설비

1.1 개요

전기 통신용 및 제어용 데이터를 한 지점에서 다른 지점으로 전송하는 데 사용되는 선로(telecommunication line)를 의미하며, 광케이블이 보급되기 이전에는 주로 동케이블이 사용되었으나 최근에는 각 가정의 가입자용을 포함하여 장거리용으로 광케이블이 사용되고 있고 근거리용으로는 UTP 케이블 등이 사용된다.

① 통신선로설비의 구성
  - 광케이블, 동케이블, 공동관로, 궤도횡단 전선관, 선로변 기기실 인입관로, 성단 장치 등으로 구성한다.
② 선로설비 시설방식의 종류
  - 관로방식: 전선관, 트로프, 트렌치 등 보호시설에 수용한다.
  - 지중직매방식: 외장 케이블을 지중에 직접 매설한다.
  - 가공 케이블선로는 자기지지형 케이블 또는 조가선을 사용하여 지지물에 가설한다.

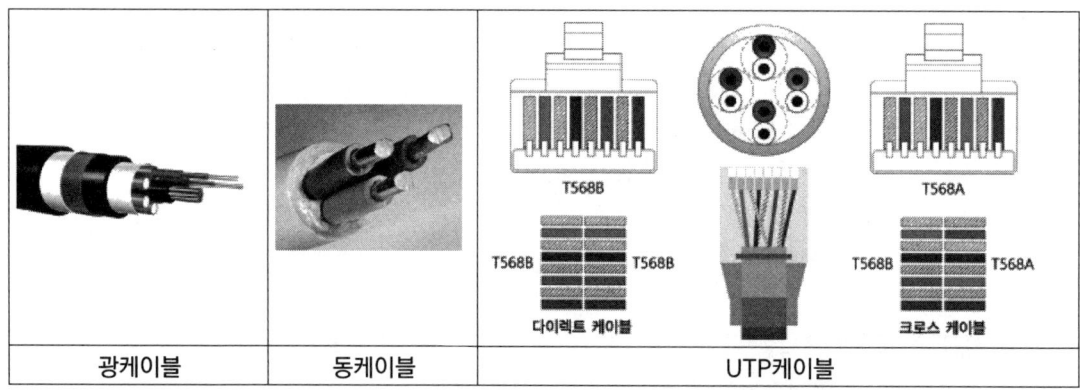

[그림 1] 각종 통신케이블 종류 [출처: 도시철도시스템 일반 국토교통부]

1.2 광 케이블

전기 신호를 광 신호로 바꾸어 유리 섬유를 통하여 전달하는 케이블이다. 빛의 형태로 전송되므로 충격성 잡음, 누화 등의 외부적 간섭을 받지 않는다. 근거리와 광역 통신망, 장거리 통신, 군사용, 가입자 회선 등에 많이 쓰인다.

가. 광케이블의 구조

광케이블은 심(Core)과 클래드(Clad), 재킷(Jacket) 등으로 구성되어 있다. 광케이블은 심과 클래드 사이 굴절률 차이에 의한 전반사를 이용해 빛을 전달한다. 광케이블의 심은 유리 섬유 물질로 만들어지며 클래딩은 심의 손상을 보호하기 위하여 코팅된다. 재킷은 광케이블의 맨 바깥층으로서 플라스틱 등의 물질로 되어 있어서 습기, 마모, 파손 등을 막아 주는 역할을 한다.

나. 구성운영 예시

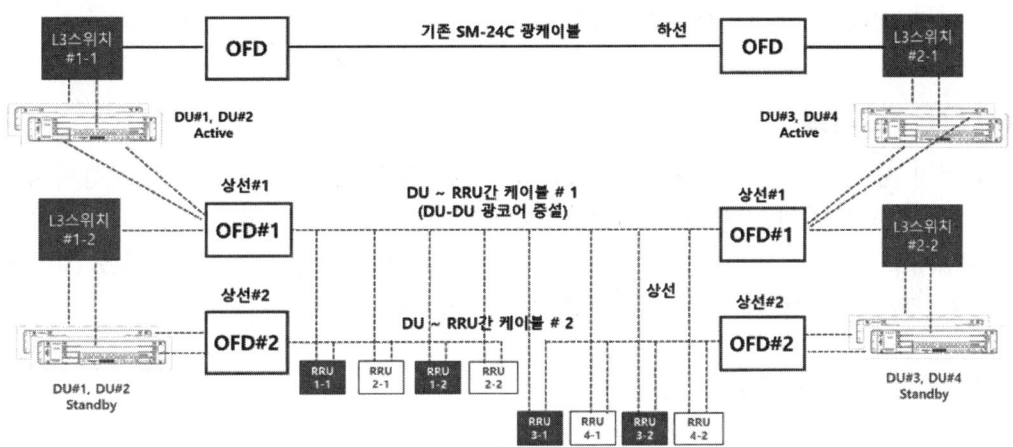

[그림 2] DU-DU 및 DU-RRU 간 광케이블 구성 예시

KR I-02030 철도설계지침 및 편람 통신케이블 해설1. 광케이블
1. 설계시 고려사항
(2) 광케이블의 종류는 통신선로의 시설 형식 및 용도에 따라 적용한다.
(3) 광케이블 시공에 따른 맨홀 및 관로 내의 수분, 허용포설장력, 허용곡율반경 등을 감안하여 적용한다.
(4) 광케이블은 정보전송의 원활한 흐름을 위해 다음과 같이 광 코어(Core) 수를 선정하여 적용한다.
① 광케이블의 코어(Core) 선정: 철도정보통신망 구축에 필요한 광케이블의 소요 코어(Core) 수는 다음과 같으며, 사업구간별 회선소요 등에 따라 코어(Core) 수량은 가감할 수 있다.
가. 주 광케이블
(가) 기간망: 8코어 이상(DWDM, IP-MPLS 등)
(나) 구간망: 12코어 이상(MSPP, MPLS-TP, IP-MPLS)
(다) 역간 또는 연선망: 12코어 이상(MSPP, MPLS-TP, IP-MPLS)
(라) 영상망: 2코어 이상
(마) 열차무선망(LTE-R): 4코어 이상
(바) 예비: 운용회선 20% 이상

1.3 동케이블

다수의 가느다란 동선으로 된 케이블을 말하며 광케이블이 본격적으로 보급되기 이전의 통신선로는 대부분 동케이블이 사용되었다. 오늘날 고속철도, 일반 철도, 지하철 역사와 역사 사이 또는 역사 내부에 일부 동케이블이 사용되고 있으며 일부 특정한 경우 이외에는 광케이블로 교체되고 있는 추세이다.

용도에 의한 동케이블 분류:
   ① 시내 케이블: 가입자 케이블, 통신실 간 중계 케이블
   ② 시외 케이블: 장거리 통신 케이블
   ③ 구내 케이블: 역사 구내 또는 건물 내 통신 케이블

1.4 UTP 케이블

주로 근거리 통신망을 구축하기 위해 사용되는 케이블로, 오늘날 일반적으로 장비 간의 통신을 위해 가장 많이 사용되는 케이블이다. UTP는 Unshielded Twisted-Pair의 약자로 절연체로 감싸여 있지 않으면서 꼬여 있는 한 쌍의 선을 의미한다. 선을 꼬아 놓은 이유는 전류가 흐를 때 간섭을 최소화하기 위해서이다.

KDS 47 50 20: 철도설계기준>통신선로설비>
4.2 통신관로의 설계:
(1) 통신선로용 관로는 공동관로로 설계함을 원칙으로 하며, 부득이한 경우 전선관이나 트러프, 트레이 등 현장여건에 맞는 보호용 관로로 구성한다.
(2) 통신선로용으로 단독관로를 구성 시에는 철도부지경계 내 건축한계에 저촉되지 않아야 하며, 직선으로 설치함을 원칙으로 한다.
(3) 인, 수공 설치 위치
① 통신케이블을 통신기기실에 인입하는 위치 ② 통신케이블 접속점 및 분기개소
③ 궤도 횡단개소 ④ 교량 및 터널 시·종점 ⑤ 기타 설치가 필요한 개소

1.5 선로변 통합인터페이스 통신설비

철도 선로변에 설치되는 신호안전설비, 터널조명제어, 토목구조물 계측설비, 기계제어설비, 정보통신설비 등에 통신회선 제공과 연선전화 기능을 가지는 통신설비를 선로변 인터페이스 통신설비라 한다.

[그림 3] 선로변통합인터페이스 통신설비

가. 연선전화기 WTB(Wayside Telecommunication Booth)

철도연변에 설치하는 IP방식의 전화기로서, 현장 보수작업자, 여객, 열차승무원이 비상 시나 위기 상황 시에 관제실, 인근 현장역, 해당 지역 소방대, 해당 부서에 긴급연락을 할 수 있도록 하는 전화설비로 지하철 터널 구간과 지상 구간의 역과 역 사이, 지상 구간 터널 입구 등에 설치되어 있다.

> KDS 47 50 20: 철도설계기준>통신선로설비>
> 4.4 연선전화설비 등 설치: (1) 연선전화 및 비상통화장치는 토공, 터널 기재갱, 대피소, 대피통로 등 철도시설 안전기준에 적합하게 설치 되도록 설계에 반영한다.
> KRSA-5003-R1 3.2.2 IP연선전화기 기능 및 규격
> (1) 다이얼 패드로 번호 호출이 가능하여야 하고, 비상버튼이 있어 설정된 비상번호로 비상호출이 가능하여야 하며 전면 문(Door) 개방 시 시야를 확보할 수 있는 고휘도 LED가 설치된 VoIP기반의 전화기 이어야 한다.
> (2) 인터페이스: 10/100BASE-T 1Port

나. 토크백 설비

모장치는 운전취급실 또는 역무실에 설치하고 자장치는 연락용과 방송용으로 구분하며, 연락용 자장치는 선로전환기 또는 신호기 주변에 설치하고, 방송용 자장치는 넓은 구내에 설치한다. 운전취급자와 차량입환 구내원 또는 보수점검자와 상호 호출 및 통화를 할 수 있도록 하는 설비이다.

제2장 | 전송설비

2.1 DWDM

DWDM은 하나의 광케이블로 여러 개의 빛 파장을 동시에 전송하는 광전송방식으로 기존에 하나의 광케이블은 1개 빛 파장을 이용해 2.5Gbps의 전송속도를 제공하지만 DWDM방식을 이용하면 최대 약 80개의 빛 파장을 동시에 이용해 약 400Gbps의 전송속도를 제공한다. 철도통신망에서는 주요역사 및 철도교통관제센터에 파장분할다중화장치(DWDM)를 시설하여 기간망을 구성한다.

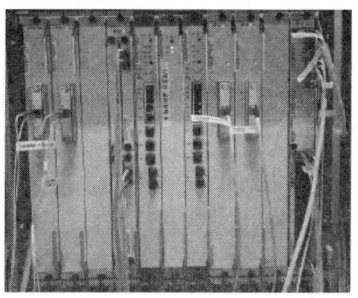

[그림 4] DWDM 전면부

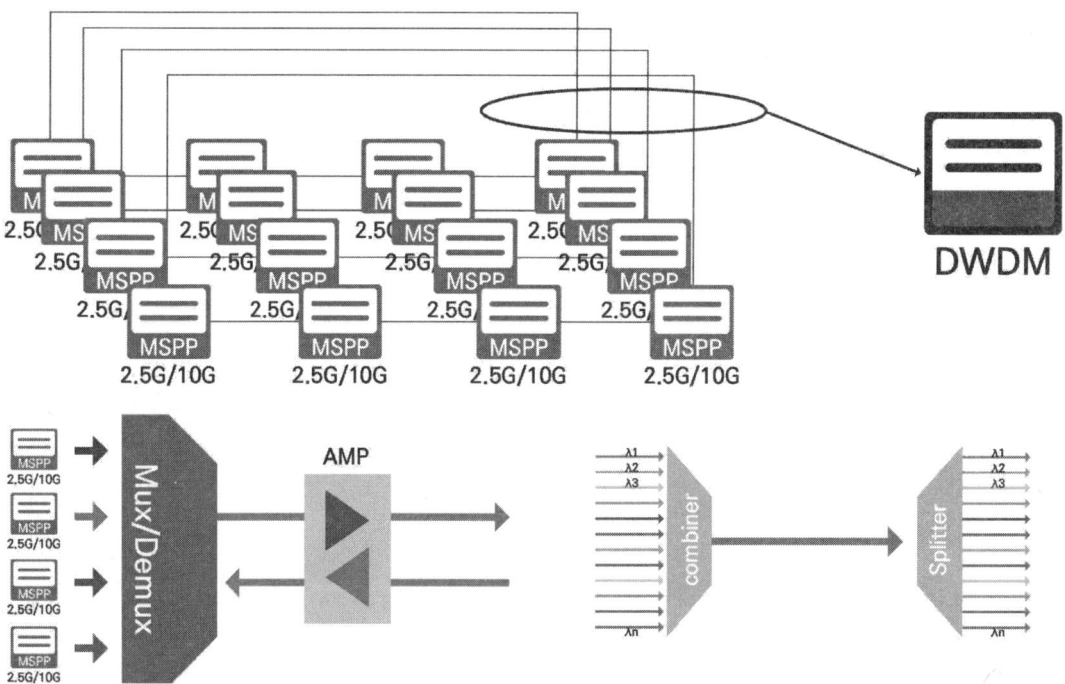

[그림 5] DWDM은 1개 광코아에 파장분할다중화 전송으로 다수 광선로 대체 개념도

> KDS 47 50 30 철도설계기준>전송망설비>
> 4.2 전송망의 구성
> (1) 전송망은 기간망, 구간망, 연선망(또는 역간망)으로 구분하며, 각 망에 대한 세부사항은 설계지침 및 편람에서 정한다.
> (2) 전송망은 회선 및 망 장애시에도 정보의 전송에 이상이 없도록 우회망을 구성하여야 한다.
> 4.3 망구성 방식 및 용량
> (1) 전송망은 사용망과 우회망을 별도로 구성하여 장애에 대비한다.
> (2) 사용망과 우회망은 상호 대체가 가능하며 동일한 프로그램으로 제어 가능하여야 한다.
> (3) 각 전송망의 용량은 현 사용량과 증설용 예비용량을 충분히 수용할 수 있도록 설계한다.

2.2 STM-4/16/64, MPLS

① 동기식 디지털계위 기반의 STM장비는 다중화 및 분할기술을 단순화한 방식으로 대용량 전송에 적합하여 구간망 광전송장비로 구축되어 왔으며 레벨에 따라 STM-1 155.520Mbps, STM-4 622.080Mbps, STM-16 2488.320Mbps 속도로 운용됩니다. 간선망이나 액세스망과 유연한 연계성과 회선정합성이 좋은 OTN방식의 보편화로 MPLS방식으로 진화하는 추세이다.

② MPLS방식은 전송되는 프레임이나 패킷 앞에 레이블(label)이라는 식별자를 부가하여 전송함으로써 통신을 고속화하고 추가 기능을 가능하도록 하는 기술이다.

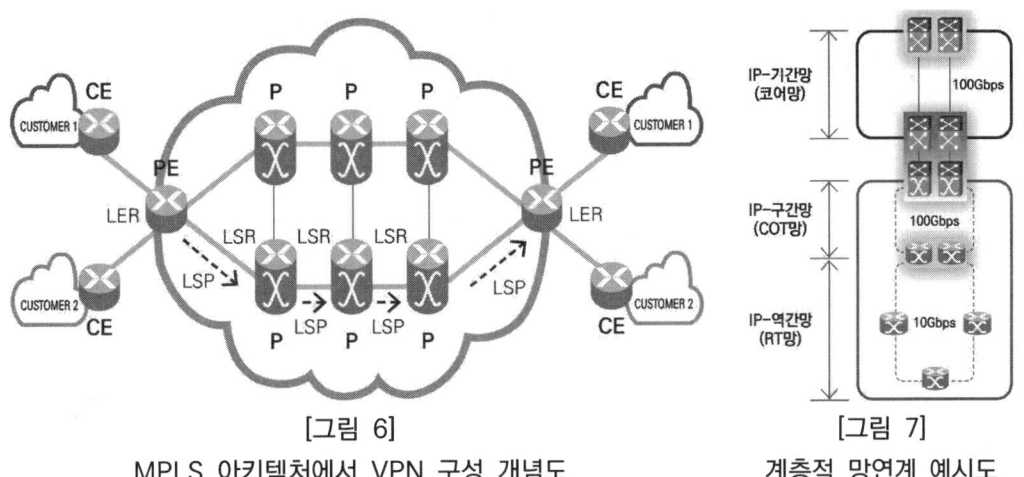

[그림 6]
MPLS 아키텍처에서 VPN 구성 개념도

[그림 7]
계층적 망연계 예시도

KR I-03020 Rev.3 전송망
1. 용어정의
(5) MPLS(Multi Protocol Label Switching): 데이터 패킷에 IP주소 대신 별도의 라벨을 붙여 스위칭하고 라우팅하는 고속의 대용량 전송기술로, MPLS-TP 방식과 IP-MPLS 방식이 있다.
3. 역간망(연선망): 주요역사 및 일반역사, 변전기계실(SS, SP, SSP, PP), 신호기계실(IEC, InEC) 등에 MSPP(155M, 622M, 2.5G), MPLS-TP(10G 이상), IP-MPLS(10G 이상) 장비를 설치하여 구성한다.
4. 구간망: 주요역사(COT) 등에 MSPP(2.5G, 10G), MPLS-TP(100G 이상), IP-MPLS(100G 이상), 디지털회선분배장치(DCS), 디지털클럭공급장치(DOTS)를 설치하여 구성한다.
5. 기간망: 철도교통관제센터 및 주요역사(COT) 등에 파장분할다중화장치(DWDM), IP-MPLS(100G 이상)를 설치하여 구성한다.

KRSA-5009-R0 광다중화장치(100G MPLS-TP) 표준규격
ITU-T의 MPLS-TP 전송기술 기반의 Packet 전달 시스템으로 Ethernet, SDH, PDH 등 다양한 인터페이스를 수용하여 단국형(Point to Point), 환형망(Ring ADM) 및 다중망(Multi-Ring ADM) 구성 등이 가능한 PTN(Packet Transport Network) 전송장비

KRSA-5014-R0 광다중화장치(STM-4 MSPP) 표준규격
종속신호로 음성 및 데이터(이하"DS-0") 신호, 1.544Mbps 신호(이하 "DS-1"), 2.048Mbps 신호(이하"DS-1E"), 44.736Mbps 신호(이하"DS-3"), 155.520Mbps 신호(이하"STM-1"), Ethernet(10/100Base Tx/Fx)를 접속하여 622.080Mbps(STM-4)급 동기식 디지털 계위로 다중화하여 대국장치로 광전송하고, 이의 역기능을 수행하며 단국형(Point to Point), 환형망(Ring ADM) 및 허브형 망(Ring Hub ADM) 구성이 가능한 622Mbps MSPP형 광다중화장치

제3장 | 열차무선설비

열차 무선설비는 1960년대 후반에 열차 안전 운행에 기여할 목적으로 철도 현장에 도입되었다. 열차 무선설비의 가장 큰 기능은 관제사와 기관사, 역무원과 기관사, 기관사 상호 간, 관제사와 역무원 상호 간에 휴대용으로 지니며 통신할 수 있도록 하는 데 있다. 열차 무선설비는 VHF, TRS, LTE-R방식이 있으며 현재 철도통합무선망(LTE-R)으로 진화되는 추세이다.

3.1 LTE 기반 철도통신시스템 (LTE-R)[1]

일반 및 고속 철도의 운영 및 제어를 위하여 열차제어시스템 및 LTE-R 무선통신망과 LTE-R 단말로 구성된 시스템을 말한다. LTE 기반 철도 통신 시스템을 구축하여 열차제어를 위한 데이터 서비스, 무선통신을 위한 음성 서비스, 그리고 영상 서비스를 제공하며 이러한 열차무선설비 기능과 열차제어를 제공하는 시스템을 통칭하여 철도통합무선통신망이라 한다.

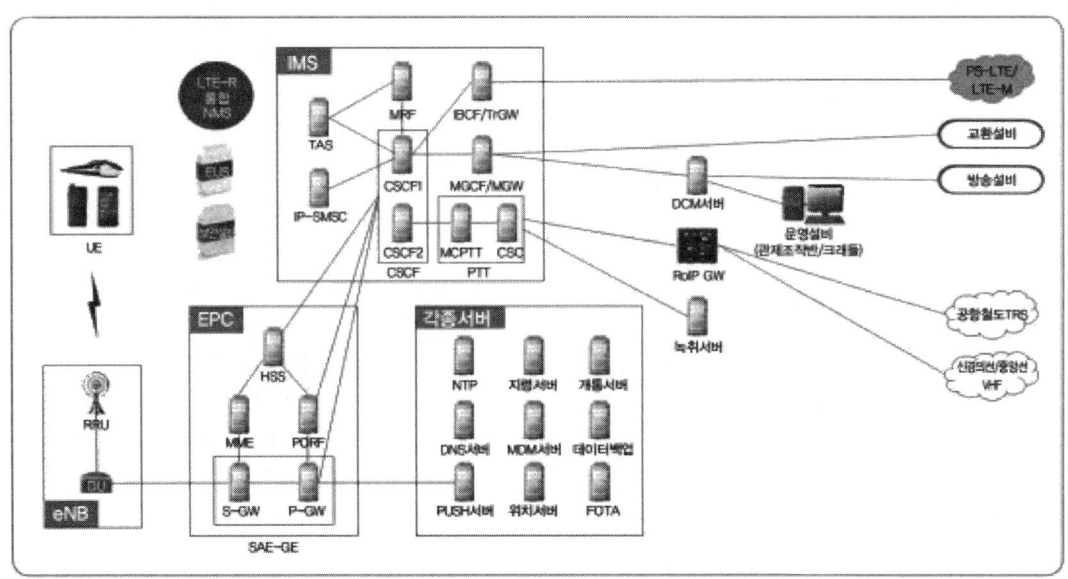

[그림 8] LTE-R 시스템 구성도 [출처: 도시철도시스템 일반 국토교통부]

---
1) 출처: TTAK.KO-06.0437 용어정의

> KR I-04010 Rev.13 열차무선설비 [해설 3. LTE-R 열차무선설비 (1) 설치기준]
> ① 주파수 대역은 상향 718MHz~728MHz, 하향 773MHz~783MHz를 사용한다.
> ② 셀 플랜에 의한 기지국 위치선정은 전파환경(타 무선국간 전파간섭 포함) 및 경로를 분석하여 최적의 위치에 기지국을 배치하여야 한다.
> ③ 터널구간의 출입구, 기재갱, 사갱, 수직갱, 집수정, 피난구 대피로 등 전파음영지역에도 열차무선설비의 시설 및 서비스 목표치의 품질로 무선통화가 가능하도록 하여야 한다.
> ④ 트래픽 용량 적정성 분석 및 기지국 위치선정, 기지국별 및 지역별 서비스 영역을 확인할 수 있는 서비스 커버리지 예측도(Coverage Map)를 확보하여 설계하여야 한다.

가. LTE-R 중앙제어설비

열차무선설비(LTE-R)는 각 역사(본사포함)의 전송설비를 활용한 기지국 장치(DU↔RU) 간 망연동과 본사의 전송설비와 주장치(EPC↔DU) 간 망연동, 재난안전무선통신망(PS-LTE)과 공항재난 안전 통신망과 연동, 그리고 VHF, TRS 무선 통신망 연동 기능을 지원한다.

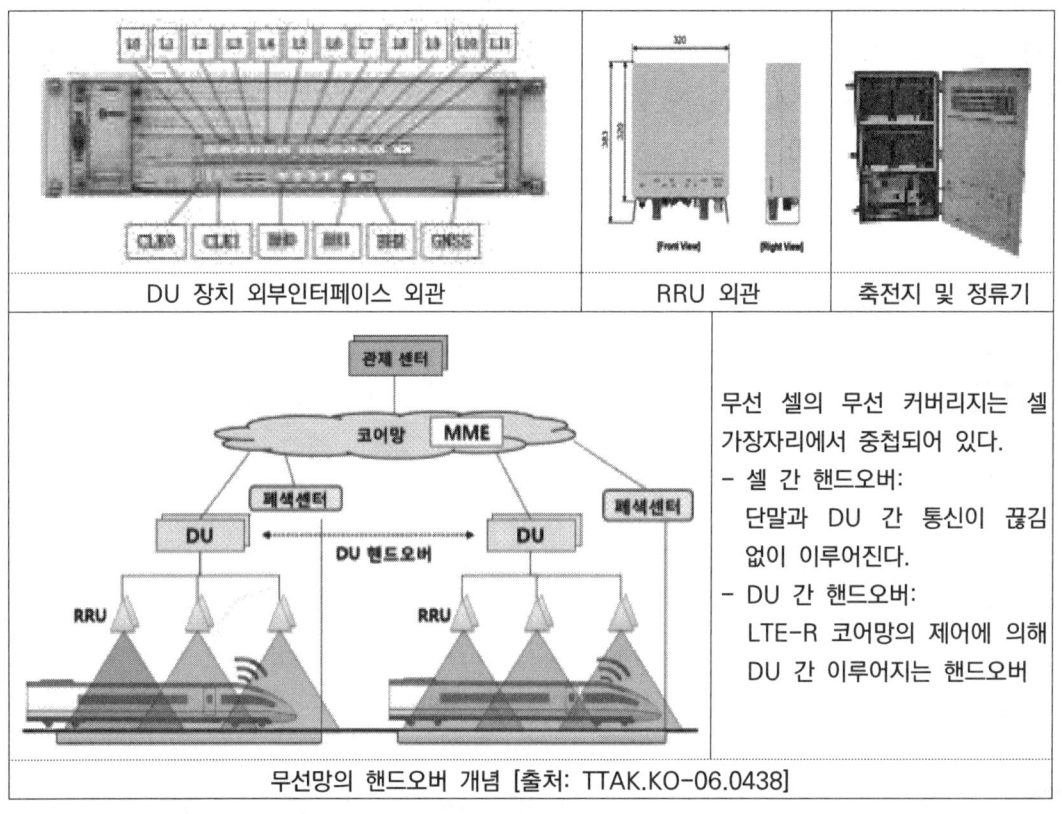

[그림 9] LTE-R 기지국설비 구성요소와 무선망 핸드오버 개념도

나. LTE-R 기지국설비

기지국 시스템은 UE와 EPC 간에 위치하는 시스템으로서, LTE Air 규격에 따른 무선접속으로 인터페이스 하여 가입자에게 무선통신 서비스를 제공한다.

1) 기지국 개요
① 궤도를 따라 선로변에 기지국을 설치해 셀 커버리지를 구성하고 관제, 역무실 등과 이동국(차량, 휴대이동국) 상호 간 통신기능을 제공한다.
② LTE(Long Term Evolution)는 4세대 통신기술이며, 무선접속기술이 개선된 구조의 이동통신이며, ALL IP를 Back Bone으로 음성망과 데이터망을 하나로 통합하며, 모바일 네트워크의 핸드오버와 로밍기능을 수행한다.

2) 구성장치별 기능
① DU(Digital Unit): 중앙제어설비와 RRU 간 디지털 광전송로를 구성하며 트래픽, 제어신호, 클럭, 전원 등을 공급하며, Physical Layer 처리 기능, 무선 신호의 송수신 기능, 무선 자원을 효율적으로 사용하기 위한 패킷 스케줄링 기능을 수행한다.
② RRU: RF 모듈과 안테나로 구성되어 있으며 전파 송출 및 수신 장비로서 DU와 연동하여 LTE-R 서비스를 제공하며 2대의 송수신기와 10MHz 대역폭을 사용한다.
③ 안테나: 통신의 목적을 달성하기 위하여 공간에 효율적으로 전파를 방사하거나 전파를 받기 위한 변환 장치이며 용도에 따라 전파환경에 따라 Yagi 안테나(터널 내), Patch 안테나(높은천장구조 건물 내), Omni 안테나(건물 내), Sector 안테나(지상 또는 터널) 등이 사용된다.

| 섹터 | 야기 | 옴니 | 패치 |

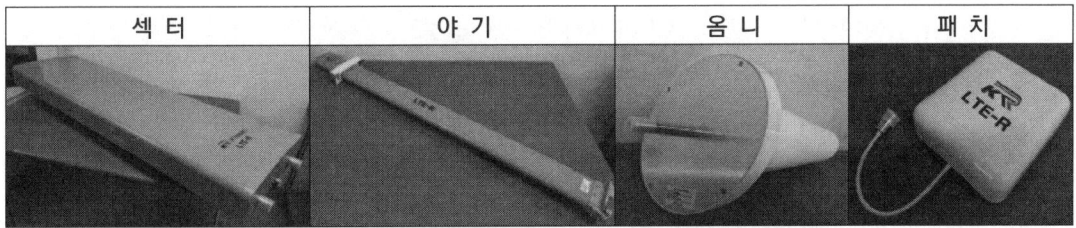

[그림 10] 철도통합무선통신망 설치 안테나 종류

다. LTE-R 단말장치
① 휴대용단말기는 철도통합무선망(LTE-R) 설비의 단말장치를 통해 관제사, 역무원, 승무원 간 통화 및 기타 운용에 필요한 앱을 구동하는 단말장치이다.
② 철도 운용환경에 최적화된 철도통합무선망(LTE-R)용 휴대용단말기로서 스마트폰 타입과 무전기 타입이 있다.

③ 열차 이동국은 LTE 기반 철도 통신망에 연동되어 열차제어 데이터를 전달하는 기능과 열차무선통신 기능으로 나뉘며 차상에 구성된 열차 이동국 장치이다.

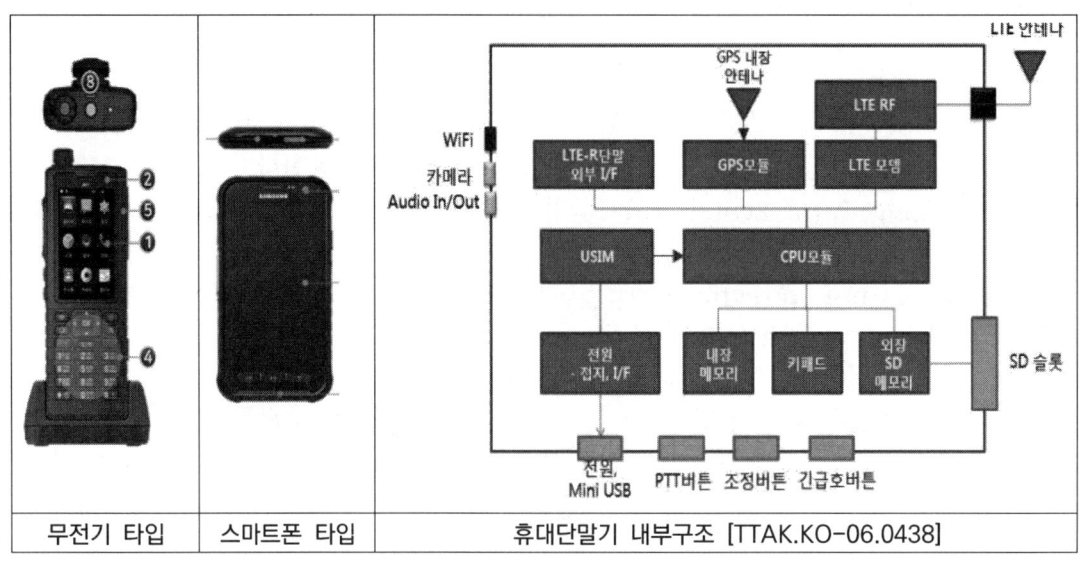

[그림 11] 철도통합무선통신망 휴대형 단말기 종류

3.2 열차무선 방호장치(Train Radio Protection System, TRPS)

열차방호장치란 복선, 2복선, 지하철 구간 등 열차운행이 많은 구간에서 사고가 발생하여 인접선 등에 지장이 있는 경우 일정 반경 내 인접열차에 비상상황을 알려 연쇄사고를 방지하는 장치를 말한다.

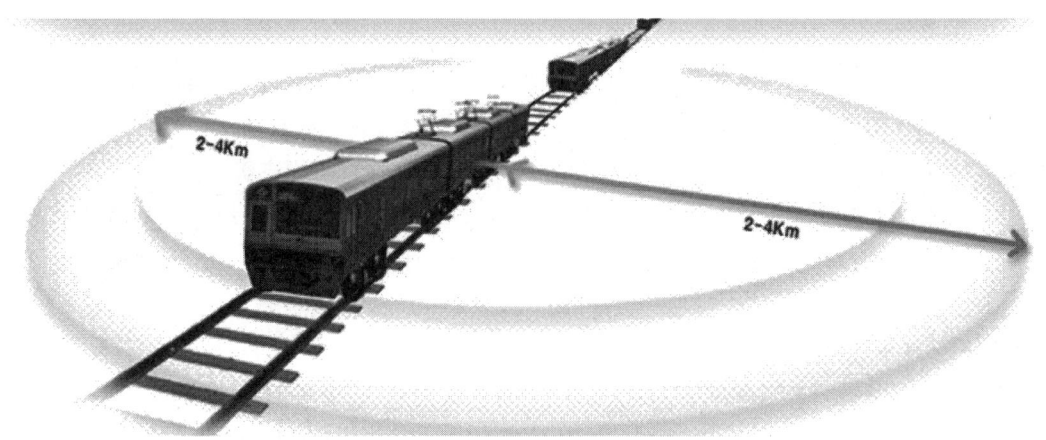

[그림 12] 열차무선방호 개념도

가. 열차무선 방호장치 중앙장치

열차방호장치는 열차충돌, 탈선 등 사고가 발생하여 인접선 등 지장이 발생한 경우 사용한다. 운전실 내 방호장치함의 '상황발생(적색)' 스위치를 누르면 반경 2~4km 이내의 모든 열차에 무선통신으로 신호가 전송된다.

1) 방호장치는 방호송수신기, 방호입출력제어기, 방호제어기, 전원공급기, 방호표시기 및 안테나로 구성한다.
2) 무선송수신기 전파규격 [KRSA-5017-R0 표준규격)
   ① 주파수 범위: 440~470MHz (선택지정)
   ② 출력: 4W (하한50%, 상한20%)
   ③ 채널 간격: 12.5KHz
   ④ 점유주파수대역폭: 8.5KHz
   ⑤ 최대주파수 편이: ±2.5KHz 이내

> 열차자동방호장치(ATP)와 이름은 비슷하지만 전혀 다른 성격의 장치다. 열차무선방호장치(TRPS)는 '특수신호'로서 비상상황 발생 시 사용하는 장치이고, 열차자동방호장치는 '신호보안장치'에 해당한다. 또한 정거장에 설치된 열차비상정지버튼과도 다른 장치이다. 열차자동방호장치(ATP)는 궤도회로가 아닌 별도의 비컨(발리스) 또는 루프 코일을 이용하여 열차 운행에 필요한 이동 권한, 제한속도, 구배 등의 정보를 디지털로 지상에서 차상으로 전송하는 방식이다.

나. 열차무선방호 중계장치

무선방호중계장치는 열차방호장치에서 발사한 전파의 음영지역 해소를 위하여 이를 수신하여 재발사하는 중계전파기능을 수행한다.

1) 주요구성품: 주 제어기, 무선송수신기 2대, 무선송수신결합기, 전원공급기, 기구함
2) 주요성능[2]
   ① 방호전파 수신 즉시 중계전파를 발사하여야 한다. 이때 방호전파와 중계전파 간 혼신이 없어야하고, 중계전파를 수신한 열차방호장치가 정상 동작하여야 한다.
   ② 다른 중계장치의 중계전파를 재중계가 가능하여야 한다. 이때 발사되는 전파 간 혼신이 없어야하며, 이 기능의 사용 여부는 보수자가 설정할 수 있어야 한다.
   ③ 수신한 방호전파와 중계전파 발사 내용을 저장(50회 이상으로 하되 발생일 기준 90일 이상 자동 삭제)하고, 저장된 데이터는 외부 PC로 다운로딩이 가능하여야 하며, 다음 내용이 포함되어야 한다.
   - 방호전파 수신시각, 송신차량번호, 중계전파송신시각, 중계기번호
   - 기능설정 상태, 장비동작

---

[2] 출처: KRS CM 0015-23(R)

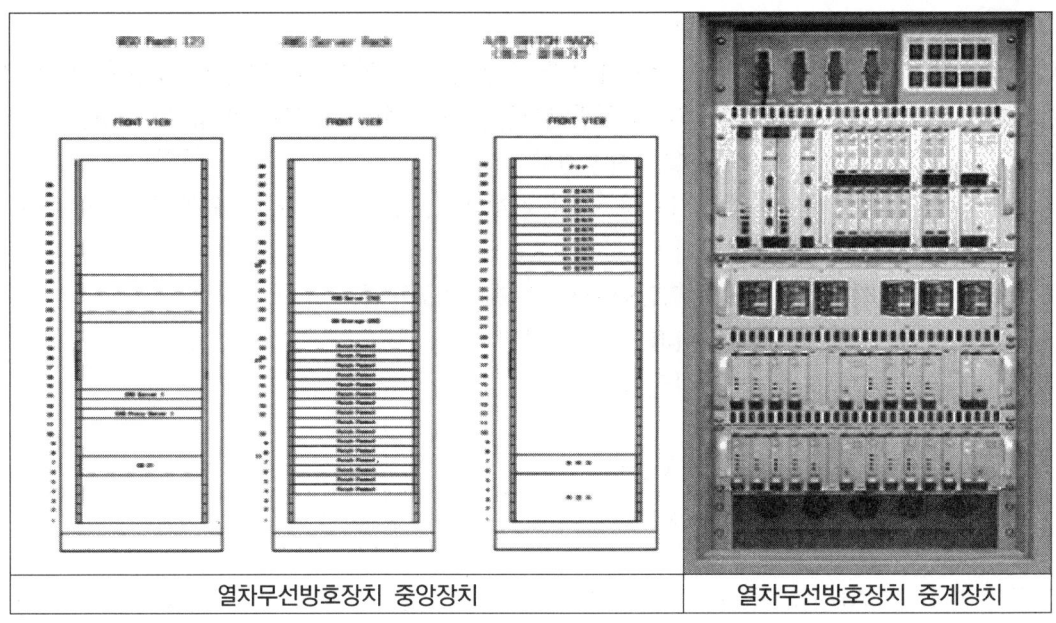

[그림 13] 열차무선방호시스템 구성장치

다. 열차무선방호장치 자동점검시스템
열차방호장치(열차 무선방호무선중계장치를 포함)를 무선통신수단에 의하여 자동으로 점검 등을 시행하는 것으로서 중앙장치와 점검장치로 구성된다.
1) 중앙장치는 점검장치의 자료를 수집, 분석, 저장, 출력 기능을 제공하여야 하며 서버, 모니터, 프린터, 전송장치 등으로 구성한다.
2) 점검장치는 무선통신을 이용하여 방호장치의 성능을 점검하는 것으로서 통신제어부, 무선통신부, 처리부, 전원부, 안테나부 등으로 구성되어 있다.
   ① 안테나는 무선송수신기용 및 GPS용으로 구분하고, 피뢰설비가 있어야 한다.
   ② 무선송수신기용 안테나는 그라운드 플레인 형식이며 급전선은 RG8/U 이상 성능이다.
   ③ GPS용 안테나는 마이크로스트립형식 사용하고, 급전선은 15m 이상 신호 전송이 가능하다.

라. 열차무선방호장치 케이블안테나
열차무선방호 신호를 전자파로 자유공간상에 송신 혹은 수신하는 일종의 에너지 변환장치로 자유공간상 전자파 신호와 송수신기 전기적신호를 변환 전달한다.

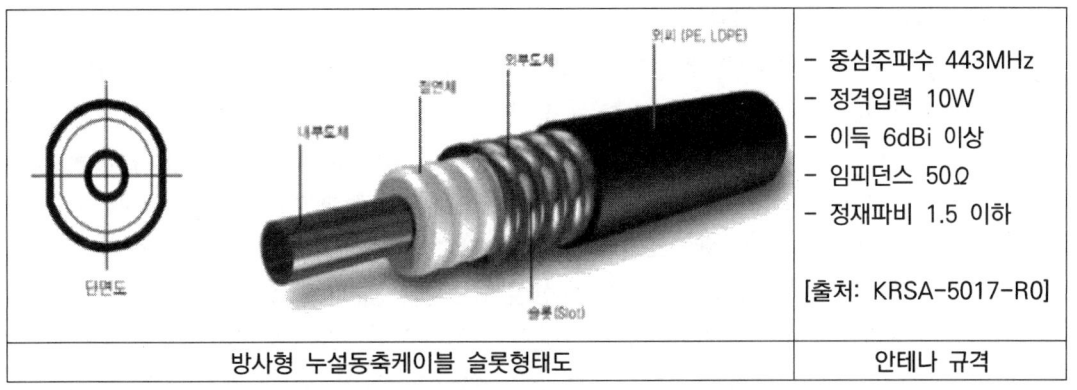

[그림 14] 열차무선방호장치 케이블안테나

3.3 재난방송수신설비

「방송통신발전 기본법」에 따라 철도 터널 또는 지하 공간 등 방송수신 장애지역에 FM 라디오방송 및 이동멀티미디어방송(DMB)의 원활한 청취와 재난방송 또는 민방위 경보의 원활한 수신을 위해 구축한 지하 복합 무선설비이다.

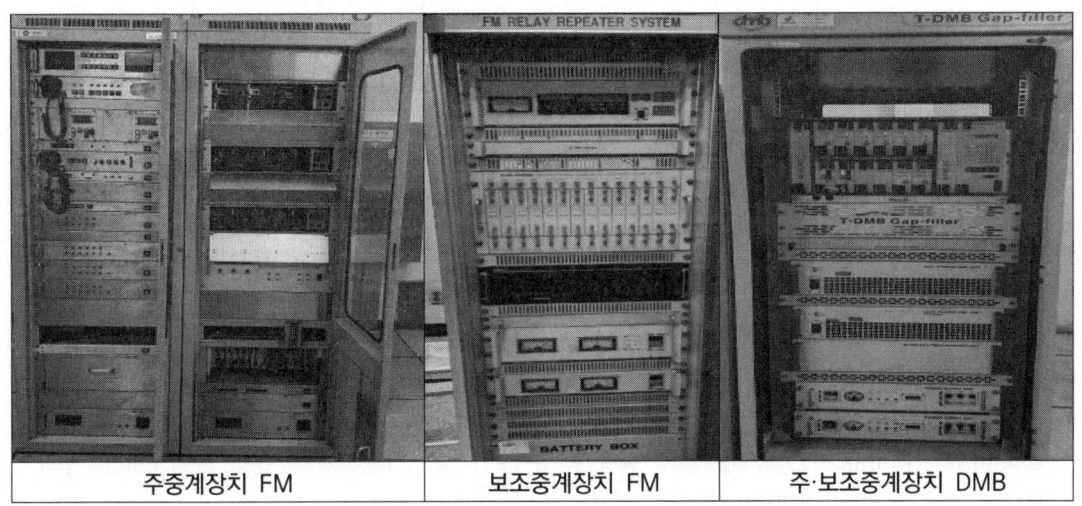

[그림 15] 재난방송수신설비 구성장치

가. 주요구성장치 및 기능

1) 주중계장치: 재난방송수신설비의 수신안테나로부터 수신한 방송신호를 보조중계장치로 광케이블 등을 이용하여 전송하는 장치를 말한다.
2) 보조중계장치: 주중계장치로부터 수신한 신호 및 열차무선방호, VHF 신호등을 터널 또는 지하 공간에 재송신하는 장치이며 전·광변환기, 광·전변환증폭기, 광신

호분배기 등을 포함한다.
① 전·광변환기: 열차무선방호신호를 입력받아 디지털 형태의 광신호로 변환하여 재난방송신호에 추가하는 역할을 하는 장치
② 광·전변환증폭기: 주중계장치 또는 전·광변환기, 광신호분배기로부터 수신된 광신호를 수신하여 터널 또는 지하공간에 RF신호를 송출하기 위한 증폭장치
③ 광신호분배기: 1개의 광신호를 입력받아 다수의 광신호로 분배하는 장치
3) 원격유지관리장치(EMS): 재난방송수신설비(주중계장치, 보조중계장치)를 관리, 제어하기 위한 장치로 원격유지관리서버와 원격유지관리운용장치(EMS)로 구분된다.
4) 수신·송신안테나: 양질의 지상파 재난방송을 수신하여 터널 또는 지하공간에 복사하여 전파하기 위한 설비이다.

KDS 47 50 40 철도설계기준〉열차무선설비〉
4.3 재난방송수신설비의 설계
(1) 철도의 터널(200 m 이상 사갱, 수직갱 포함) 및 지하공간 등 방송수신 장애지역에는 재난방송 등을 원활하게 수신할 수 있도록 재난방송 수신설비를 설치하여야 한다.
(2) 재난방송수신설비는 수신 안테나로부터 들어오는 방송신호를 주파수의 변환없이 그대로 전송하여야 한다.
(3) 터널 내 전구간에서 DMB 전계강도는 45dB ㎶/m 를 초과하도록 설계하여야 한다.
KRSA-5005-R2 3.3 성능 및 사양
3.3.2.2. FM방송 수신부
(1) FM 수신기: 수신안테나로부터 수신한 FM방송신호를 증폭하여 광송신기로 일정한 레벨로 출력하기 위한 증폭장치로서 자동이득조정(AGC) 기능을 내장하여야 한다.
① 주파수 대역: 88~108MHz ② 입·출력 임피던스: 50Ω ③ 채널수: 해당 지역 방송 신호 모두 수용할 것
3.3.2.3. DMB 수신부
(1) DMB 수신기: 수신안테나로부터 수신한 DMB신호를 증폭하여 광송신기로 일정한 레벨로 출력하기 위한 증폭장치로서 자동이득조정 기능을 내장하여야 한다.
① 주파수대역: 174MHz~216MHz ② 입·출력 임피던스: 50Ω ③ 동작지시: 동작 LED Lamp 표시
④ DMB대역: 2개 이상 (6앙상블 이상 수신)

제4장 | 전화교환설비

4.1 전자교환기
가. 개요
① 음성을 전기신호로 바꾸어 전자교환기의 스위칭을 거쳐 먼 곳에 전송하고 이 신호를 다시 음성으로 재생하여 상호 간의 통화를 가능하게 하는 장치이다. 전화기는 특정한 상대뿐만 아니라 많은 상대와 통화하기 위해 전화회선을 교환 접속하는 전화교환기에 의해서 접속이 이루어지며 운용 중인 교환설비는 부가장비 및 타 설비(관제전화, 방송설비, 전송설비, LTE-R)와 연동되어 운용된다.
② 일반사설교환기와 IP-PBX를 별도망으로 이원화하여 운영하기도 하며 IP-PBX는 PoE 스위치와 IP 전화기로 연결된다. IP-PBX는 인터넷 기반인 IP 네트워크를 통해서 구현하므로 IP 전화기로 음성, 데이터, 화상 등을 통합하여 멀티미디어서비스 제공이 가능하다.

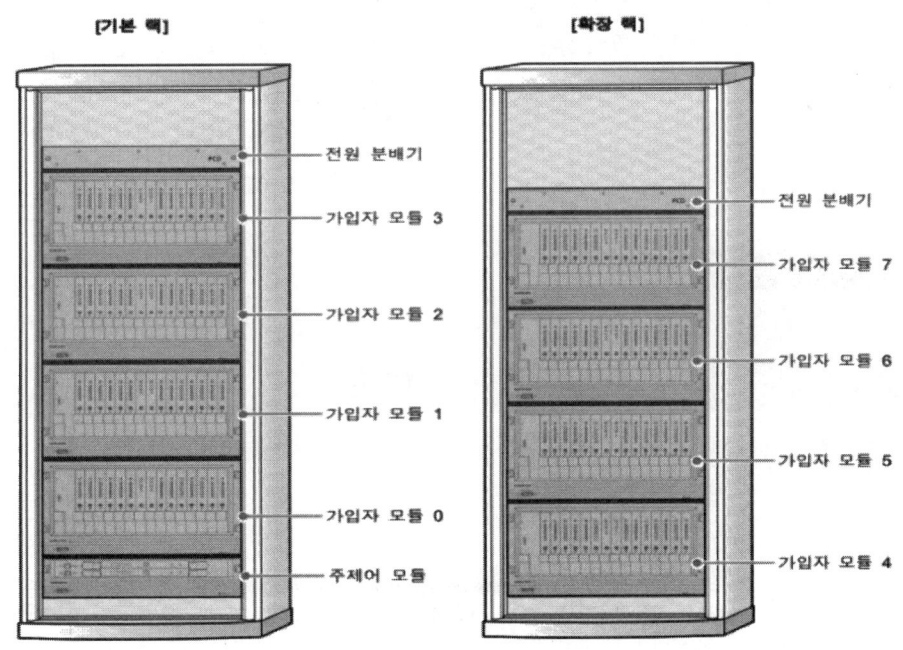

[그림 16] 전자교환기 [출처: 국가철도공단 정밀진단 매뉴얼]

KDS 47 50 50: 철도설계기준>역무용통신설비>
1.6.1 교환설비의 구성
(1) 교환설비는 음성 및 데이터 통신서비스를 제공할 수 있는 IP(Internet Protocol)기반의 교환기로 설계하여야 한다.
(2) 교환설비는 안전성, 확장성 및 유지보수성을 고려하여 구성하여야 한다.
① 교환기 내부의 주요부(주제어부, 보조제어부, 공통부, 전원부 등)는 이중화로 구성하여, 장애 발생 시 자동 또는 수동 절체가 가능하여야 하며, 절체 시 운영 중인 회선에는 영향이 없어야 한다.
② 모든 제어부와 가입자카드에는 전원부를 별도로 장착하여 전원장애발생시 서로 영향을 주지 않도록 한다.

4.2 관제전화장치

가. 개요

철도통신에서 사용하는 관제전화설비는 열차운전 및 유지보수 등 안전한 철도운행을 위해 관제센터의 관제사와 운전현장의 통화를 신속 정확하게 지원한다.

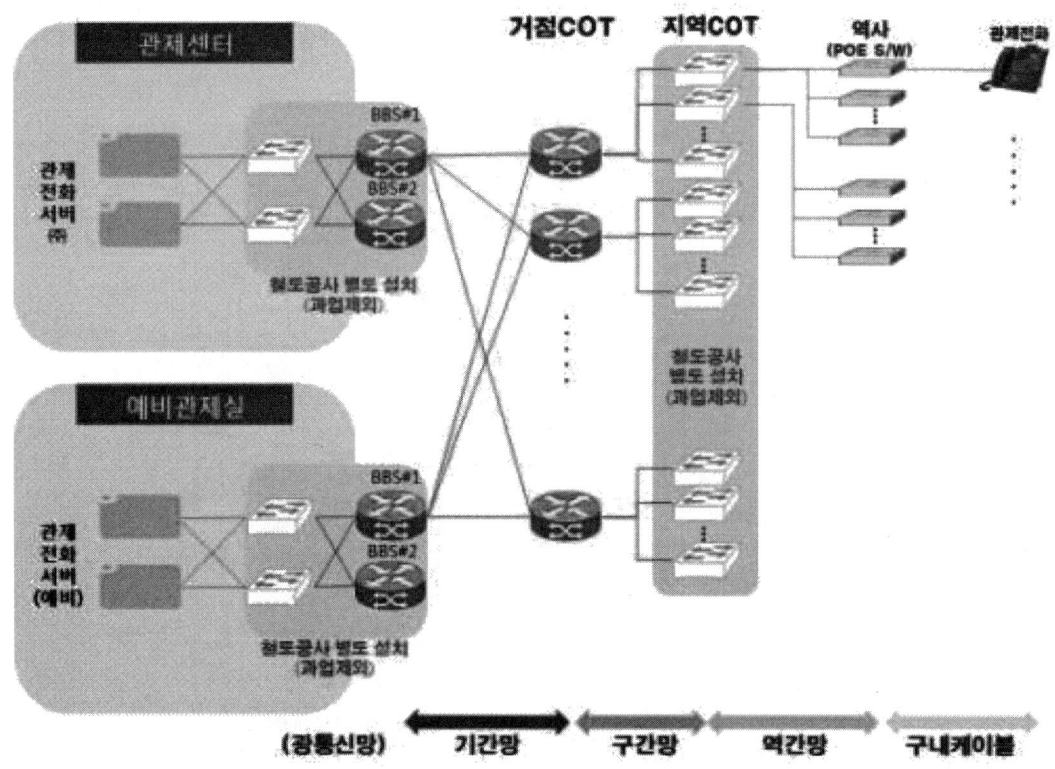

[그림 17] IP 관제전화설비 구성도 [출처: KRSA-5013-R0]

나. 관제전화설비 주장치

철도교통관제센터의 관제사가 각 관제 계통별로 독립성을 가지고 운용장치로 현장근무자를 일제호출 또는 그룹호출, 개별 호출하여 통화할 수 있도록 교환 기능을 제공하고 통화 내용을 녹음, 재생하는 시스템으로서, 현장 근무자는 자장치로 관제사를 호출하여 통화하는 기능을 제공한다.

다. 자장치

관제전화 회선에 의하여 철도교통관제센터에 설치된 관제전화시스템의 주장치에 접속되어 관제조작반과 업무 연락을 하기 위한 관제 가입자 단말 전화기로 조작반 간의 수신 및 발신 통화를 하는 장치이다.

KRSA-5013-R0: IP 관제전화설비 3.3 성능 및 사양

3.2 주요구성설비: 호처리 서버, IP 전화기(고급형, 기본형, 확장버튼), 녹취시스템, 운용 장치(통합유지보수 장비), 네트워크 장비(L2 POE 스위치, L3 Switch Fabric), SDSL 장비

3.2-(3) IP전화기 기본형 규격: ① LAN: 2Port, 10/100M Base T 이상 ② Power: Universal AC Power, 802.3af ③ LCD: 4 lines이상, ④ Security: TLS/sRTP 지원, AES, ARIA and RSA, ECC등

제5장 | 역무용통신설비

5.1 열차행선안내장치 TDI(Train Destination Information)
각 역 및 지하철역 승강장 또는 대합실에 설치되어 열차의 운행 상태, 차량 편성, 도착 안내 정보, 공지 사항 등을 표시해 주는 장치로, 다양한 열차 운행 정보를 LED 모듈이나 LCD 화면을 통하여 문자, 그래픽 등으로 여객에게 자동으로 안내해 주는 설비이다.

가. 중앙 제어설비 HSE(Host System Equipment) 서버
행선안내설비의 중앙 제어장치로서 관제센터로부터 열차운행 기본정보를 수신하여 행선안내표시기에 표출할 열차 운행 정보를 생성하고 대민 홍보와 각종 공지 사항의 작성 및 이의 표출을 위한 스케줄을 작성한다. 또 가공 생성된 데이터를 각 역의 LSE(역 장치)로 전송, 제어하는 기능을 수행하며 각 역에 설치된 LSE(역 장치)의 작동 상태를 감시한다.
  ① HSE 주요기능: 미러방식 자동경로 구성, 열차행선장치 정보생산, TDI정보의 일정 Scheduling, TDI 정보의 송·수신, 고장정보 탐지
  ② CTC로부터 수신할 시점별 열차운행에 관한 정보: 이전 역 및 당 역 정보 내용
   - 열차의 접근/도착/출발: 역번호, 궤도번호, 열차번호

나. 여객안내설비 역서버 (역제어장치 LSE: Local System Equipment)
HSE로 수신받은 열차정보를 방송설비 및 영상설비로 데이터를 제공하며, 역무실에 설치된 화재수신장치등과 연동하여 비상시 화재정보를 여객안내표시장치로 표출하게 하는 기능도 수행한다. 표시기 각 부분의 이상여부확인 및 운영보고서 작성, 운영 제어를 담당한다.
  ① LSE 소프트웨어[3]는 HSE 및 역정보전송장치(LDTS)의 정보를 받아 홈용 표시기, 통로용 표시기 및 목적지 방송설비를 제공, 통제하는 구조로 되어 있다.
  ② LSE는 음성출력을 해당 역의 방송장치와 접속하여 행선지안내방송을 송출하여야 한다.

---

3) 출처: KRS CM 0018 - 23(R) 열차행선안내장치

다. 여객안내설비 표시기

역 LSE 서버의 시각과 차량행선지를 문자 및 숫자로 여객에게 안내하는 장치로서 승강장표시기, 통로표시기로 구분한다.

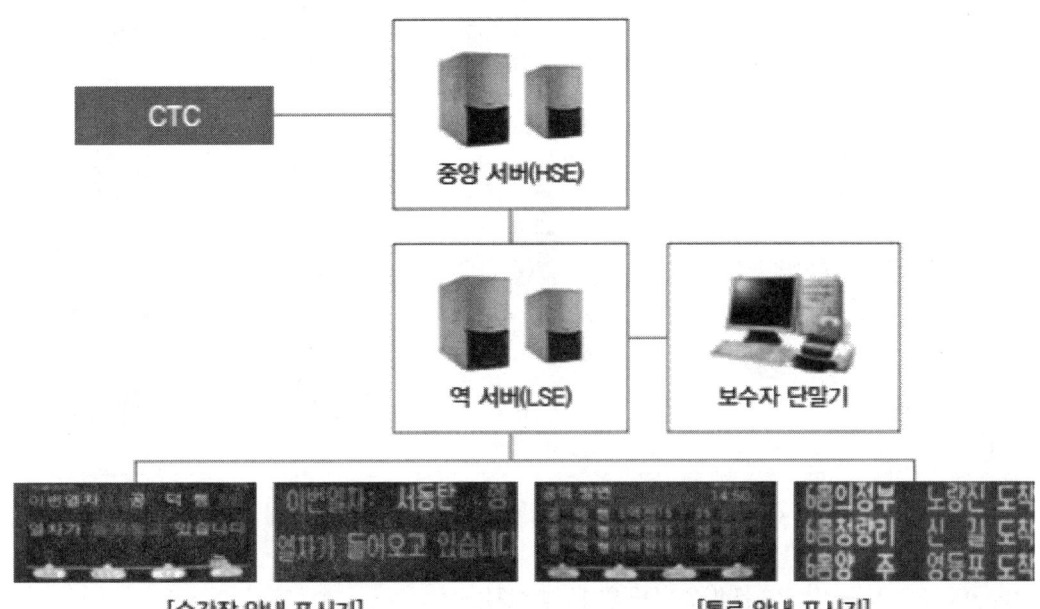

[그림 18] 여객안내설비 구성도 [출처: 도시철도시스템일반 국토교통부]

KDS 47 50 50: 철도설계기준〉역무용통신설비〉

1.7.2 여객안내설비: 철도를 이용하는 여객에게 열차운영 정보를 제공할 수 있는 여객안내설비는 역사 건축 구조물과 조화가 되도록 설계하여야 한다.

(1) 여객자동안내설비는 철도를 이용하는 여객에게 열차운행에 관한 제반정보를 제공하는 시스템으로 중앙(TIDS: Train Information Display System) 서버 및 각역 TIDS서버와 각종 정보를 표출하는 표시기 등으로 구성된다.

(2) 고속철도 여객자동안내설비는 고속철도(CTC: Centralized Traffic Control)로부터 운행정보 제공받으며, 일반철도는 TIDS로부터 표출정보를 안정적으로 제공받아 표시기에 표출하여야 하며, 지연시각 정보 및 열차 출·도착 정보 등을 실시간 처리가 가능하여야 한다.

(3) 표시기는 운행정보를 잘 표현할 수 있는 소자를 기준으로 하되 건축 실·내외 환경에 따른 적절한 보호 대책이 마련되어야 한다.

5.2 자동안내 방송설비

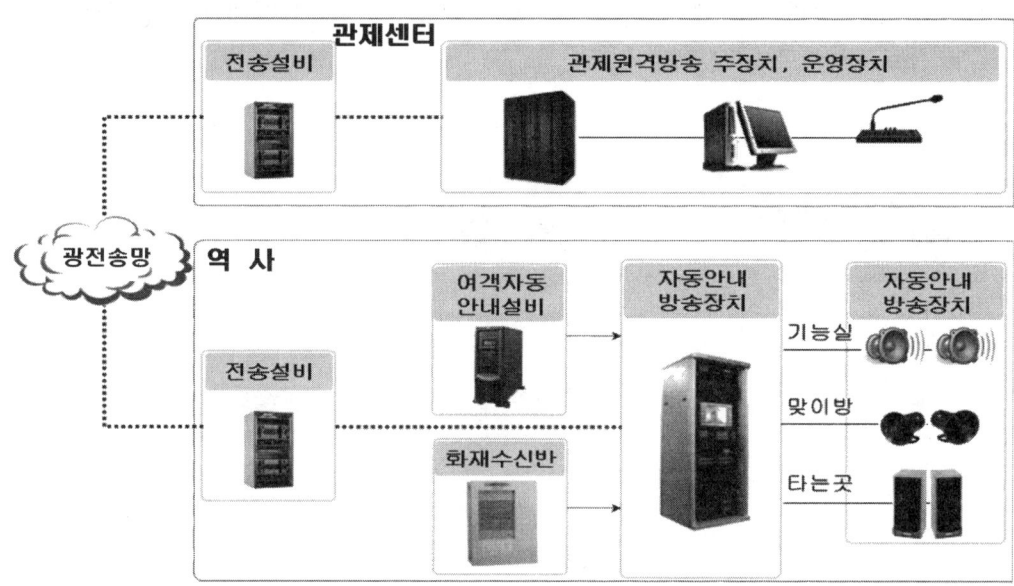

[그림 19] 자동안내방송 주장치 계통구성도 [출처: KR정밀진단 매뉴얼]

KR I-08030 자동안내방송설비 3. 자동안내방송장치 구성
(1) 방송우선순위
① 1순위: 화재경보방송 ② 열차접근, 도착, 출발방송 ③ 관제원격방송 ④ 일반방송
(3) 타설비와의 연동조건 기준.
① 여객자동안내설비:
가. 여객자동안내설비와 연동하여 자동안내방송이 되도록 한다.
나. 접근, 도착·환승, 출발방송을 하도록 한다.
② 관제원격방송설비: 관제원격방송자장치를 각역의 방송랙에 실장하여 철도교통관제센터에서 개별 또는 일제방송 및 호출시 각 역의 방송앰프를 통해 전달이 가능토록 한다.
③ 페이징폰 설비: 광역철도의 승강장에 설치된 페이징폰을 통해 방송이 가능토록 방송랙에 인터페이스장치를 실장토록 한다.
④ 소방설비: 연면적 3,500㎡ 이상이거나 층수가 11층 이상 또는 지하층의 층수가 3층 이상인 건물, 자동화재 탐지설비가 설치되는 역사에는 화재 시 수신반으로부터 정보를 받아 비상방송이 가능토록 한다.

각 역 및 지하철 역사에 설치하여 승객들에게 필요한 정보 전달 및 열차, 전동차 운행 정보를 안내하기 위한 장비로, 방송설비와 스피커 등으로 구성되어 있다. 평상시에는 열차 및 전동차 운행 정보를 자동 또는 수동으로 안내해 주고, 비상 상황 발생 시에는 관제 센터에서 각 역사의 방송 장비에 동시에 접속하여 방송할 수 있는 기능도 있다.

승강장, 대합실 등에서 스마트폰이나 무전기를 이용하여 방송 장비와 결합한 후 방송할 수 있는 기능도 사용된다.

5.3 관제원격 방송설비

열차 운행 등에 관한 긴급 상황 발생 시 각 역사에서 열차, 동차를 기다리고 있는 승객들에게 열차운행 정보나 비상시 행동 요령 등을 방송하기 위하여 관제 센터에서 운영하는 장비로서 각 역사를 개별 및 부분 그룹, 전체 그룹으로 방송할 수 있다.

종합관제실 내 관제원격방송서버는 L2 스위치(전송)와 전송망을 통해 연동되며, 통신통제실의 민방위수신장치와는 민방위경보인터페이스 장치 및 관제방송메인 유니트를 통해 동작된다.

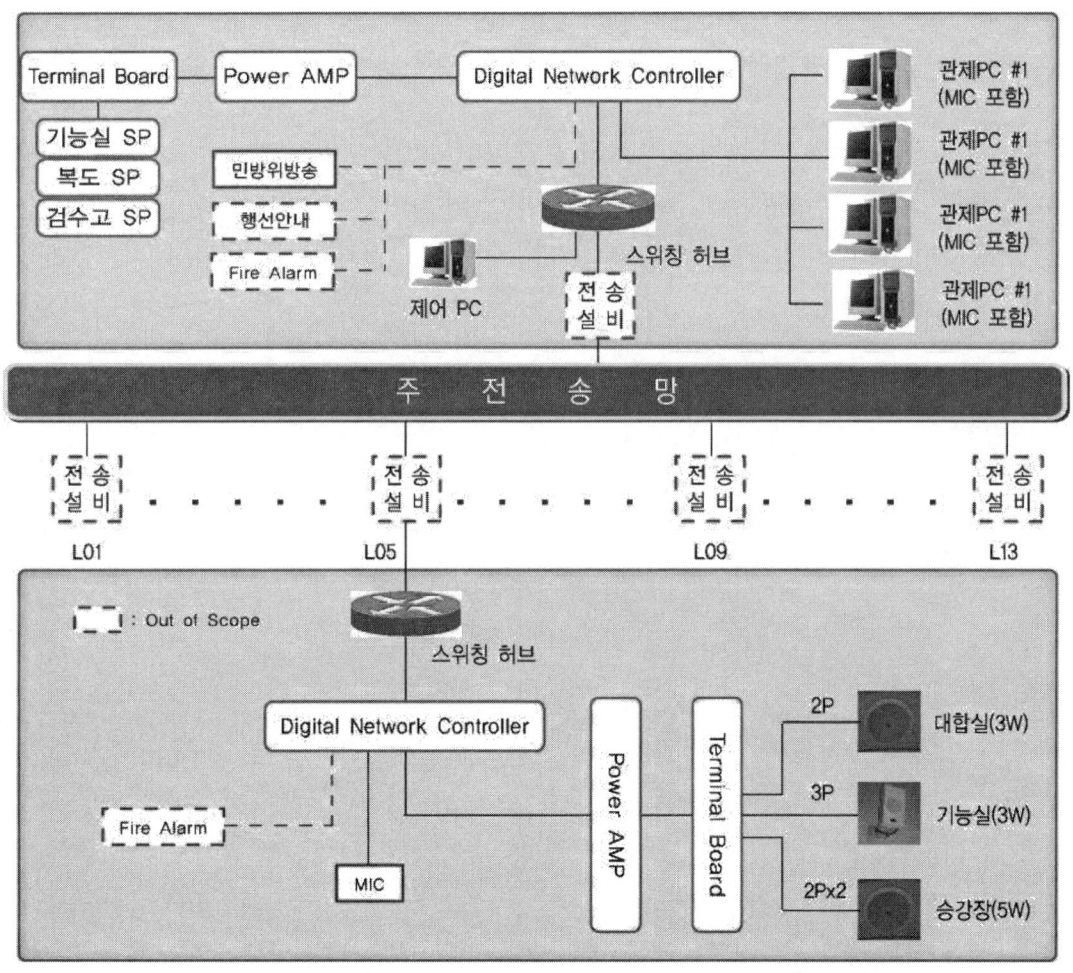

[그림 20] 관제원격방송 주장치 [출처: KR정밀진단 매뉴얼]

관제원격방송설비의 구성은 아래와 같다
① 주장치: 운용대와 주장치 간은 데이터 회선과 통화선으로 연결하여 운용대에서 신호를 받아 제어하고 이를 선로를 통해 자장치로 송출, 자장치를 제어하여 방송이 가능하게 하는 장치이다.
② 운용장치: 사령자가 각 선별로 지정한 그룹의 역을 개별 또는 일제방송 및 호출 등의 기능으로 조작할 수 있으며, 각 역의 호출 방송상태를 식별할 수 있다.
③ 자장치: 각 역의 역구내 방송장치에 설치하여 앰프와 연계, 작동되도록 구성하며, 열차접근방송, 비상방송, 관제방송, 구내방송 순으로 우선순위가 정하여진다.

제6장 | 영상감시설비

역사 승강장, 맞이방, 광장, 노선이 분기되는 개소, 변전소(구분소), 무인기능실 및 낙석 우려개소, 건넘선 개소, 전차선로 절연구간, 주요 터널·교량, 시·종착역 반복선, 자전거 보관소(단, 설치주체가 공단인 경우), 차량기지 및 감시가 필요한 취약개소 등에 설치하여 현장상황을 모니터링한다.

주요구성요소: 200만 화소 이상 카메라 및 모니터장치, 영상저장장치(7일 이상 용량, 사법경찰방범용은 60일 이상 저장용량), 영상전송장치, 영상운영장치, 영상표출장치, 원격감시장치 및 제어장치.

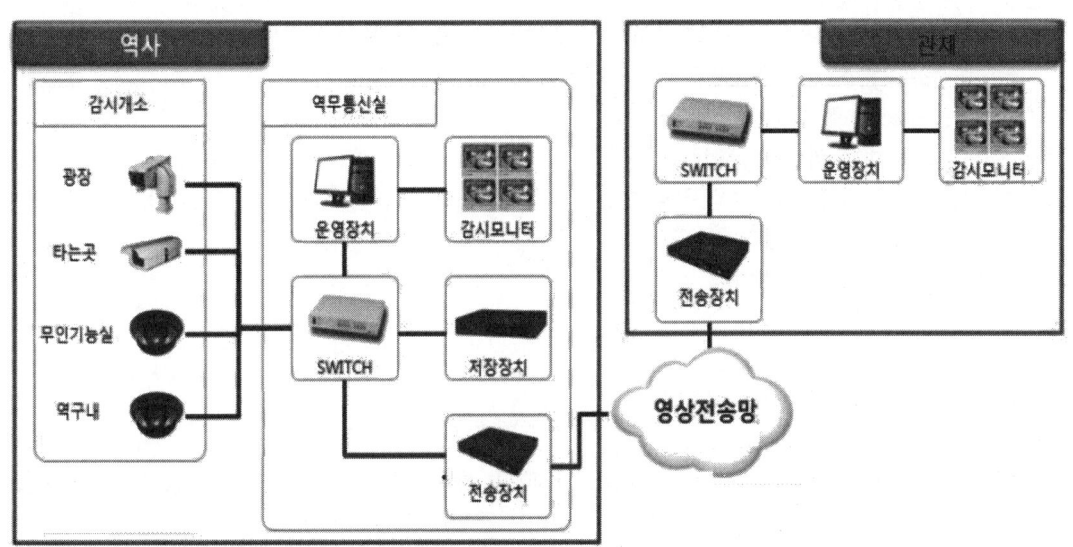

[그림 21] 영상설비 구성도 예시

가. 감시 목적별 영상감시설비[4]
① 역사 영상감시설비
② 역 구내 열차진출입개소 영상감시설비

---
4) 출처: 표준규격 KRSA-5001-R5

③ 절연구분장치 영상감시설비
④ 무인기능실 영상감시설비
⑤ 무인변전소 영상감시설비
⑥ 철도사법경찰방범용 영상감시설비
⑦ 취약개소 영상감시설비

나. 영상감시설비 설계시 고려하는 설치기준 및 방법
① 다음의 상황을 촬영할 수 있도록 영상기록장치를 설치한다.
 - 여객의 대기·승하차 및 이동 상황
 - 철도차량의 진출입 및 운행 상황
 - 철도시설의 운영 및 현장 상황
② 철도차량 또는 철도시설이 충격을 받거나 화재가 발생한 경우 등 정상적이지 않은 환경에서도 영상기록장치가 최대한 보호될 수 있을 것

KRⅠ- 05030 Rev.16 영상감시설비
5. 5. 영상감시설비의 연계운용 인터페이스: 보안 및 안전효과위해 연계구성 설비
① 무인변전소(구분소)의 출입통제설비 ② 승강장 확인용 무선영상전송시스템
③ 원격방송시스템, ④ 화재경보 등 소방설비
7.5 철도경찰 방범용 영상감시설비 설치기준
① 설치장소: 역과 연결되는 출입구(양방향), 맞이방(콘코스, 대합실), 개집표구(양방향), 승강장연결통로 환승·외부연결통로(양방향), 철도경찰대 센터 내
② 카메라 규격: 200만화소 이상
③ 영상저장기간: 60일
④ 카메라 형태:
Ⓐ 맞이방 중앙 - 줌, Pan/Tilt회전형,
Ⓑ 맞이방 중앙 이외의 설치장소 - 고정형
⑤ 영상감시설비의 공용사용: 역구내 감시용 카메라와 철도경찰 방범용 카메라의 감시범위가 중첩되는 개소는 카메라를 공용사용하고 네트워크 설비는 통합하여 설치한다.

6.1 여객관리용 영상설비

① 종합관제실 내 정보표출은 IP/MPLS 전송망을 경유하여 각 역사에 설치된 카메라와 연동
② 승강장등에 설치된 카메라에서 촬영된 영상데이터는 영상저장장치에 처리/저장되고 영상운영장치 및 전송설비를 거쳐 기관사 운전실 등에 해당 영상을 제공한다.

③ 각 역사의 승강장 비상 인터폰과 연동되며 비상신호 시에는 승강장 주변 카메라 영상을 팝업하여 비상조치가 신속히 이루어지도록 구성한다.

6.2 시설감시용 영상설비

① 종합관제실 내 정보표출은 IP/MPLS 등의 전송망을 경유하여 각 역사에 설치된 카메라와 연동
② 각종 기능실(전기실, 터널 등) 영상정보 수집은 기능실에 설치된 카메라를 통해 촬영된 영상이 통신기계실의 비디오 서버에서 디지털로 전환되어 통신망을 통해 통신통제실로 전송되어 종합관제실 영상서버를 통해 모니터 표출 구성한다.

[그림 22] 영상설비 운영사례

KRSA-5001-R5 영상감시설비 4.4.1 무인기능실 영상감시설비 주요기능
(1) 각 유지보수소속에서 무인기능실(전기실, 통신기기실, 신호기계실) 출입자 및 내부(전기실)기기 운용 상태 감시용 카메라 영상에 대하여 표출, 선택, 분할, 검색 등이 가능하여야 한다.
(2) 무인기능실 외부에 설치하는 출입자 감시용 카메라는 고정형, 내부(전기실) 기기 운용 상태감시용 카메라는 회전형이어야 한다.

6.3 영상설비용 UPS(Uninterruptible Power Supply)

무정전전원장치는 상용전원에 발생되는 각종 전원의 장애(전압변동, 주파수변동, 점압파형의 왜곡, 노이즈, 순간정전 등)를 양질의 전원으로 바꾸어서 중요한 부하에 정전 없이 주어진 방전시간 동안 연속적으로 정전압 정주파수의 전원을 공급하는 장치이다.

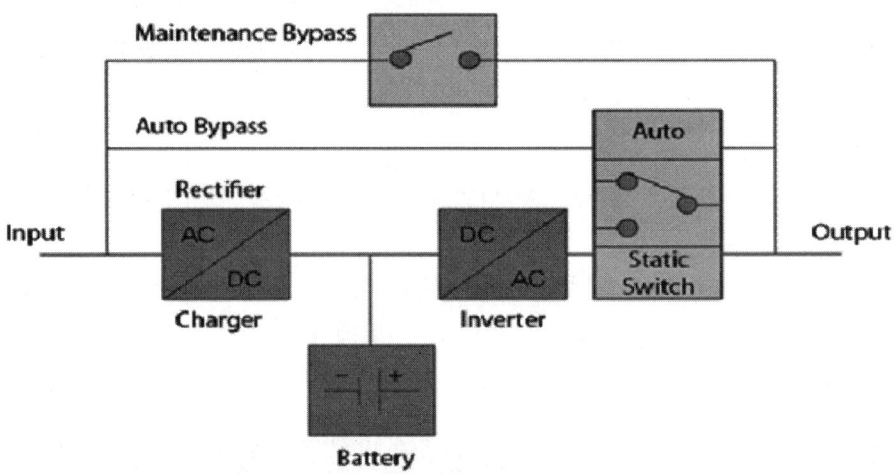

[그림 23] 전원설비 UPS 구성도 [출처: KR 정밀진단 매뉴얼]

6.4 영상설비용 축전지

축전지(Battery)는 정전 또는 교류입력전원의 이상 발생 시 직류전원을 공급하여 부하에 무정전으로 전원을 공급하는 데 필요한 설비이며 BMS는 축전지를 모니터링하고, 상태예측 및 축전지보호를 위해 데이터를 전달하고, 밸런스를 유지하도록 관리하는 기능을 수행한다.

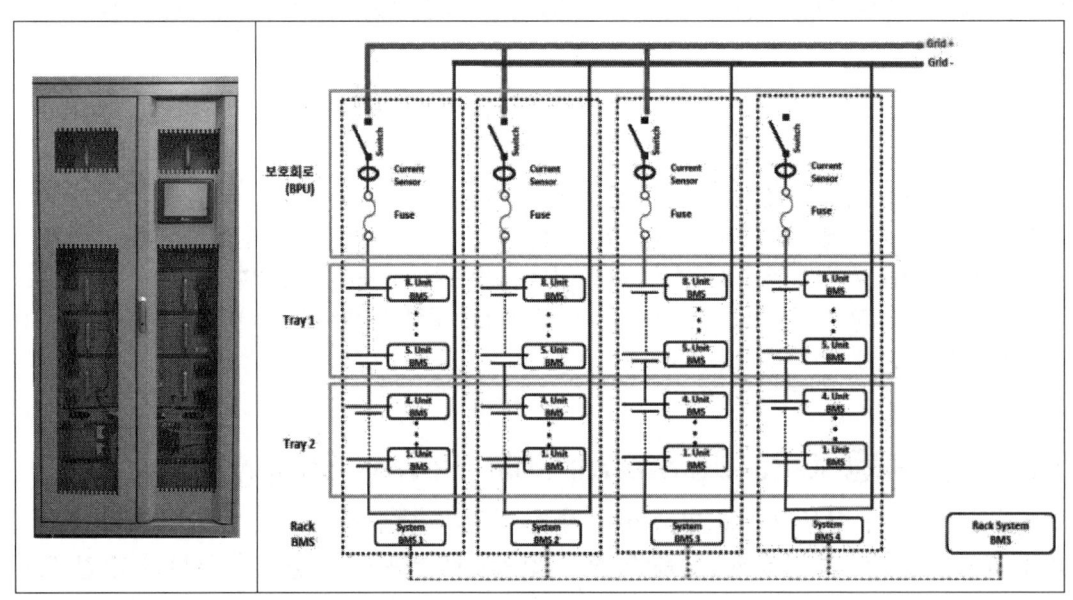

[그림 24] 리튬 축전지 랙 및 구성도 예시

제7장 | 역무자동화설비

광역철도, 도시철도 구간에 승차권 자동 발매기, 게이트, 역단위전산기, 중앙전산기, 정산기, 충전기 등의 부속 장비 등으로 구성되어 설치되어 있으며 승차권 발매, 개·집표, 통계, 회계 업무를 자동으로 처리할 수 있는 시스템을 말한다. 요즘에는 승차권 발권 대신 선불 또는 후불 교통카드를 주로 사용하며 휴대폰에 교통카드 기능을 탑재하여 사용하기도 한다.

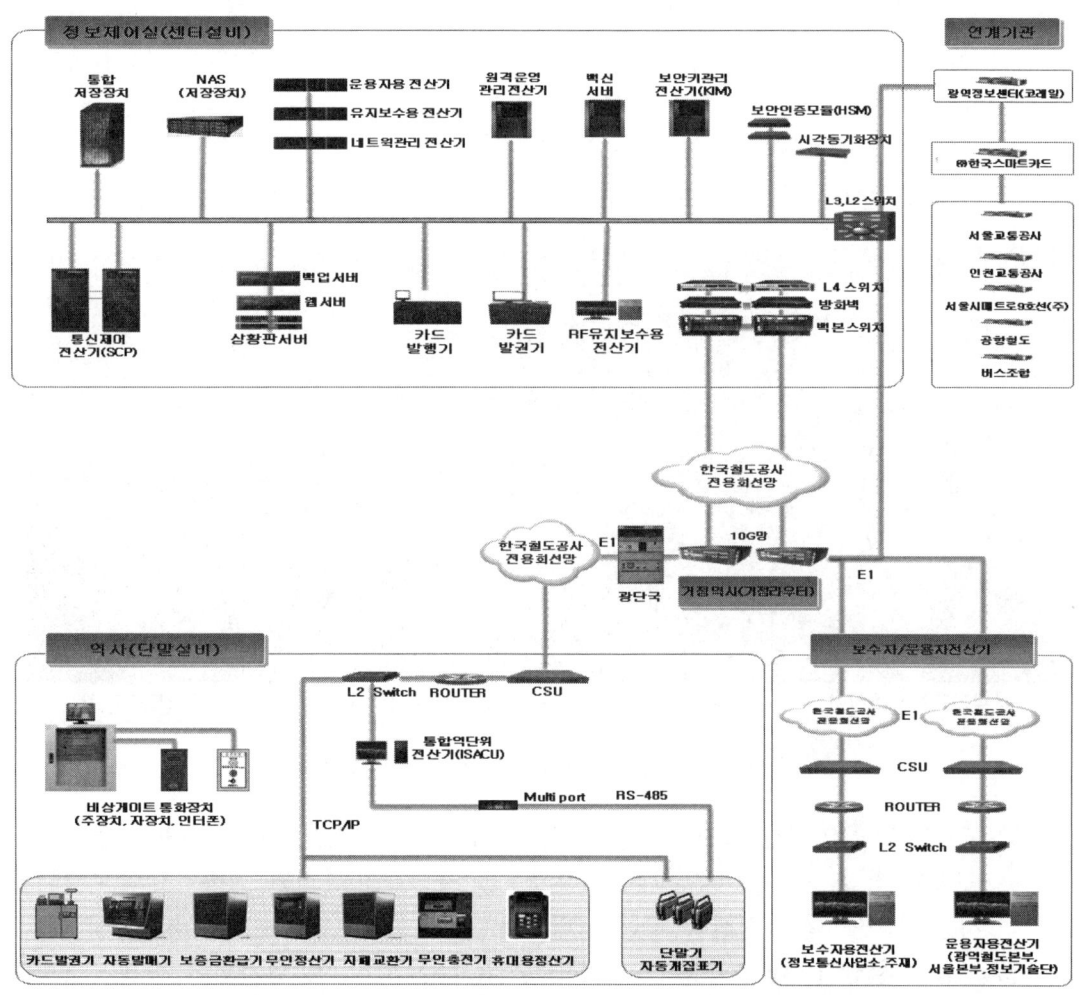

[그림 25] 역무자동화설비 구성도 [출처: KRSA-5012-R0]

7.1 전산장치(중앙전산기, 역단위전산기)

① 중앙전산기: 도시철도나 철도에서 수행하고 있는 역무처리인 승객이 지하철을 이용하는 데 필요한 승차권의 발매, 개표, 집표 및 승차권 발매 수입을 중앙의 전산시스템을 통해 처리한다.

② 역단위전산기: 통합발매기, 무인정산기, 환급기로부터 자료를 수집 및 집계하여 처리하고 수신된 자료를 통신제어 전산기(SCO)로 전송한다. 역 단위로 설치되는 이 장비는 역의 기본 정보, 장비정보, 운임정보 등의 운영정보를 조회 및 관리할 수 있다.

7.2 발매기

① 1회용 발매·교통카드충전기: 승객이 지폐 및 동전을 정확하게 투입하여 가고자 하는 목적지에 맞는 일회권 카드를 발급받을 수 있는 장비이다. 우대권 승차권을 발급받고자 할 경우에는 신분증 인식기를 통하여 승객(경로, 장애, 우대)의 정보를 인식한 후에 우대권 승차권을 발매한다. 충전은 투입한 금액만큼 되며 이때 생성된 발매 정보 및 충전 정보는 역단위전산기로 전송된다.

[그림 26] 역무자동화설비 발매기 및 교통카드

② 교통카드 무인정산/충전기: 정산기는 요금지불지역(Paid Area) 내에 설치되어, 승객이 직접 화폐를 투입하여 교통카드를 충전하고 1회권 교통카드의 구간 및 시간 초과에 대한 정산을 하는 설비이다.

③ 보증금 환급기: 대합실 요금 미지불 구역(Free Area)에 설치되어 승객이 1회권을 반납하면 기기 내로 회수하고 승객에게 보증금을 환급해 주는 설비이다.

7.3 자동개·집표기

① 개집표기: 승객이 구입한 승차권 및 선/후불 교통카드를 이용하여 통제구역(Paid Area)와 자유지역(Free Area) 간의 통행에 사용되는 기기로 요금을 처리하는 설비이다.

② 자동개집표기, 장애인용개집표기, 통합형개집표기, 비상게이트: 화재 발생 시 자동으로 개방될 수 있도록 자동화재탐지설비와 연동하여야 한다.

| 플랩형 개집표기 | 턴스타일 개집표기 | 스피드게이트형 개·집표기 | 개집표기 상판 |

[그림 27] 역무자동화용 개집표기

KDS 47 50 60: 철도설계기준〉역무자동화설비〉

1.6.1 역무자동화설비 구축:

(2) 역무자동화용 전산망은 주 서버들과 각 역의 역단위 서버 또는 전산기를 유기적으로 연결하여 예약 발매업무 및 정보자원을 공유할 수 있도록 구성하여야 한다.

(3) 고속철도 및 일반철도 운행구간의 주요설비로는 중앙서버, 역단위 서버, 승차권발매용단말기, 여행정보안내기, 무선이동단말기 등으로 구성된다.

(4) 광역철도 및 도시철도의 전동차운행구간은 교통카드(RF)전용시스템으로 중앙전산기, 보수자용전산기, 운용자용전산기, 역단위전산기, 교통카드집계기, 자동발매기, 자동발권기, 자동개집표기, 교통카드무인정산기, 교통카드단말기, 1회용 교통카드환급기, 인터폰통화장치, 비상게이트 등으로 구성된다.

(5) 역무자동화설비의 자동발매기, 자동개집표기 등의 장비 기능 및 수량은 역사 주변여건 및 역사 구조와 관련하여 승객이용 편의를 최대한 고려하고, 기기유지관리 및 경제성 등을 감안하며, 운영기관과 협의 후 설계에 반영한다.

(6) 교통카드무인정산기는 요금부과구역(Paid Area)에 설치하여 승객의 요금부족 시 정산처리가 가능하여야 하며, 1회용 교통카드 환급기는 자유구역(Free Area)에 설치하여 여객이 1회용 교통카드를 반납 시 여객이 지불한 보증금을 환불받을 수 있어야 한다.

참고도서

한국철도표준규격 https://krs.krri.re.kr/
KRS CM 0014 - 23(R) 열차무선방호장치 Train Radio Protection Device
KRS CM 0016 - 15(R) 열차무선방호장치자동점검시스템
KRS CM 0015 - 23(R) 열차 무선방호중계장치
KRS CM 0018 - 23(R) 열차행선안내장치
KRSA - 5001-R5 2023. 12 영상감시설비
KRSA-5003-R1 선로변 통합 인터페이스 통신설비
KRSA-5005-R2 2022.12 재난방송수신설비
KRSA-5006-R1 2023.12 LTE-R 중앙제어센터설비
KRSA-5013-R0 2023.12 IP 관제전화설비
KRSA-5017-R0 2023.12 로컬관제용 열차무선방호장치
KR I-02030 Rev.12 2023.12 통신케이블
KR I-03020 Rev.3 2022 전송망
KR I-04010 Rev.13 2023 열차무선설비
KR I-05030 Rev.16 2023.12 영상감시설비
KR I-08030 Rev.4: 2021. 12 자동안내방송설비
KR I-08040 Rev.1: 2021 관제원격방송설비
KR I-05030 Rev.16 2023.11 영상감시설비
철도설계기준 https://www.kcsc.re.kr/
KDS 47 50 00 철도정보통신 설계
KDS 47 50 10 정보통신설계 일반사항
KDS 47 50 20: 2019 통신선로설비
KDS 47 50 30: 2019 전송망설비
KDS 47 50 40: 2019 열차무선설비
KDS 47 50 50: 2019 역무용 통신설비
KDS 47 50 60: 2019 역무자동화설비
KDS 47 50 70 정보통신설비 전원, 접지설비 및 유도대책
KDS 47 50 80 건축통신설비
도시철도시스템 일반 2020.12.7 국토교통부 발행
국가철도공단 정밀진단 매뉴얼 Rev.3. 2023.11
TTAK.KO-06.0369 정보통신단체표준(국문표준) LTE 기반 철도 통신 기능 요구 사항
TTAK.KO-06.0438 통신단체표준(국문표준) LTE 기반 철도 통신 시스템구조(일반·고속 철도)
TTAK.KO-06.0458 정보통신단체표준(국문표준) LTE 기반 철도통신 시스템성능 시험 규격

국토교통부 철도시설의 점검등에 관한 지침 및
국가철도공단 전기설비 성능평가에 관한 세부기준에 따른

제 2 권

철도·지하철 정보통신설비 정밀진단 및 성능평가 이해

제 I 편 정보통신분야 정밀진단 매뉴얼 이해

제 II 편 전기설비 성능평가에 관한 세부기준 이해

목차

| 제I편 | 정보통신분야 정밀진단 매뉴얼 이해 | 41 |

제1장 | 정보통신 정밀진단 개요   44

제2장 | 장비별 정밀진단 매뉴얼   48
  1. 통신선로 정밀진단   48
  2. 전송설비 정밀진단   53
  3. 열차무선설비 정밀진단   64
  4. 전화교환설비   92
  5. 역무용통신설비 정밀진단   101
  6. 영상감시설비 정밀진단   115
  7. 역무자동화설비 정밀진단   130

  붙임 1. 정밀진단 [정보통신] 소요장비   145
  붙임 2. 정밀진단 측정[시험] 표준양식   149

| 제II편 | 전기설비 성능평가에 관한 세부기준 이해 | 192 |

1. 성능평가 요령(정보통신)   194
  1.1 성능평가 항목의 정의   194
  1.2 설비별 성능평가 항목   196
  1.3 성능평가 방법   197
    1.3.1 성능평가 평가방법   197
    1.3.2 성능평가 설비별 가중치   199
    1.3.3 성능평가 수행 단계   203
    1.3.4 평가항목의 정의   205
  1.4 성능평가 기준 및 방법   206
    1.4.1 열화, 절연   206
    1.4.2 외관검사   220
    1.4.3 성능평가 요령   221
  1.5 성능평가 대상설비 샘플링 수량 기준   297

  〈별지〉 정보통신 체크리스트 갑지, 을지   298

제 I 편

정보통신분야 정밀진단 매뉴얼 이해[5]

― 정보통신분야 ―

2023. 11.

---

[5] 제2권 1편 『정보통신분야 정밀진단 매뉴얼 이해』는 국가철도공단 정밀진단 매뉴얼 (정보통신분야: 2023.11. REV.1)을 기반으로 독자들이 이해하기 쉽도록 재구성되었습니다.

목차

제1장 | 정보통신 정밀진단 개요 … 44
- 1.1 목적 … 44
- 1.2 정밀진단 항목 … 44
- 1.3 정밀진단 수행 단계 … 47

제2장 | 장비별 정밀진단 매뉴얼 … 48

1. 통신선로 정밀진단 … 48
- 1.1 광케이블 정밀진단 … 48
- 1.2 동케이블 정밀진단 … 50
- 1.3 선로변 통합인터페이스 통신설비 정밀진단 … 52

2. 전송설비 정밀진단 … 53
- 2.1 DWDM 정밀진단 … 53
- 2.2 STM 4/16/64 정밀진단 … 55
- 2.3 전송설비 정류기 정밀진단 … 58
- 2.4 전송설비 축전지 정밀진단 … 61

3. 열차무선설비 정밀진단 … 64
- 3.1 LTE-R 중앙제어설비 중앙제어장치 정밀진단 … 64
- 3.2 LTE-R 관제조작반 정밀진단 … 68
- 3.3 LTE-R 기지국설비 DU 정밀진단 … 71
- 3.4 LTE-R 기지국설비 RRU 정밀진단 … 74
- 3.5 열차무선방호장치 중앙장치 정밀진단 … 76
- 3.6 열차무선방호장치 자동점검시스템 정밀진단 … 79
- 3.7 열차무선방호장치 중계장치 정밀진단 … 81
- 3.8 열차무선방호장치 케이블안테나 정밀진단 … 83
- 3.9 재난방송수신설비 주중계장치 정밀진단 … 84
- 3.10 재난방송수신설비 보조중계장치 정밀진단 … 88

4. 전화교환설비 … 92
- 4.1 전화교환기 전자교환기 정밀진단 … 92
- 4.2 전화교환기 관제전화주장치 정밀진단 … 97

5. 역무용통신설비 정밀진단   101
   5.1 중앙제어설비 정밀진단   101
   5.2 역서버 정밀진단   105
   5.3 여객안내설비 표시기 정밀진단   107
   5.4 방송설비 자동안내방송 주장치 정밀진단   109
   5.5 방송설비 관제원격방송 주장치 정밀진단   111

6. 영상감시설비 정밀진단   115
   6.1 여객관리용 영상설비 영상저장장치 정밀진단   115
   6.2 여객관리용 영상설비 영상운영장치 정밀진단   117
   6.3 여객관리용 영상설비 카메라 정밀진단   119
   6.4 여객관리용 영상설비 UPS 정밀진단   120
   6.5 영상설비 축전지 정밀진단   123
   6.6 시설감시용 영상설비 영상저장장치 정밀진단   125
   6.7 시설감시용 영상설비 영상운영장치 정밀진단   126
   6.8 시설감시용 영상설비 카메라 정밀진단   128

7. 역무자동화설비 정밀진단   130
   7.1 역무자동설비 전산장치 중앙전산기 정밀진단   130
   7.2 역무자동설비 전산장치 역단위전산기 정밀진단   134
   7.3 역무자동설비 발매기 1회용발매/교통카드 충전기 정밀진단   138
   7.4 역무자동설비 발매기 교통카드 무인/정산충전기 정밀진단   139
   7.5 역무자동설비 발매기 보증금 환급기 정밀진단   141
   7.6 역무자동설비 발매기 자동 개·집표기 정밀진단   142

붙임 1. 정밀진단 [정보통신] 소요장비   145
붙임 2. 정밀진단 측정[시험] 표준양식   149

제1장 | 정보통신 정밀진단 개요

1.1 목적

철도시설의 정기점검등에 관한 지침(국토교통부고시 제2021-1000호)에 따른 국가철도 정보통신설비 정밀진단을 위한 매뉴얼이다.

1.2 정밀진단 항목

중분류	소분류	세분류	대상장치	열화·절연										마모강도		외관	설비의 유형
				모듈검사	NMS/EMS	BER측정	절연저항	저항/전압	열상측정	손실측정	영상확인	전계강도	결합손실	강도측정	마모측정	부식검사	
선로설비	광케이블	광케이블	케이블코어							◎							전선류
	동케이블	동케이블	케이블심선				◎										전선류
	선로변 통합 인터페이스통신설비															◎	제어설비
전송설비	광전송설비	DWDM			◎				◎								제어설비
		STM 4/16/64			◎	◎			◎								제어설비
		정류기					◎	◎	◎							◎	제어설비
		축전지	내부저항					◎								◎	제어설비
열차무선설비	LTE-R 중앙제어설비	중앙제어장치	서버		◎				◎								제어설비
		관제조작반	서버		◎												제어설비
	LTE-R 기지국설비	DU		◎	◎				◎								제어설비

대분류	중분류	소분류	세부											비고
		RRU	증폭기/정류기/안테나/축전지								◎		◎	제어설비
	열차무선방호장치	중앙장치			◎			◎						제어설비
		자동점검시스템		◎				◎						제어설비
		중계장치						◎		◎				제어설비
		케이블안테나								◎				전선류
	재난방송수신설비	주중계장치		◎	◎			◎						제어설비
		보조중계장치						◎					◎	제어설비
전화교환설비	전화교환기	전자교환기		◎	◎	◎		◎						제어설비
		관제전화주장치		◎	◎			◎						제어설비
역무용통신설비	여객안내설비	중앙제어설비		◎	◎			◎						제어설비
		역서버						◎						제어설비
		표시기						◎					◎	제어설비
	방송설비	자동안내방송주장치					◎	◎						제어설비
		관제원격방송주장치			◎			◎						제어설비
영상설비	여객관리용영상설비	영상저장장치						◎						제어설비
		영상운영장치			◎									제어설비
		카메라	카메라							◎				제어

			영상										설비
		UPS					◎	◎				◎	제어설비
		축전지	내부저항					◎				◎	제어설비
	시설감시용영상설비	영상저장장치							◎				제어설비
		영상운영장치			◎								제어설비
		카메라	카메라영상							◎			제어설비
역무자동화설비	전산장치	중앙전산기		◎	◎			◎					제어설비
		역단위전산기			◎			◎					제어설비
	발매기	1회용발매/교통카드충전기						◎		+			제어설비
		교통카드무인/정산충전기						◎					제어설비
		보증금환급기						◎					제어설비
	게이트	자동개·집표기						◎			◎		제어설비

1.3 정밀진단 수행 단계

단계	과업의 범위	과업의 내용
I 자료수집 및 분석	현장답사	- 설비 위치 및 설치 현황조사(관제실, 유지보수 사업소 현장접근을 위한 작업조정회의 일정 등 확인) - 설비 수량 및 용량 현황조사
	관련 자료 검토	- 기실시된 점검(유지보수) 및 진단 보고서 검토 - 관련 기술 수집 및 분석 - 개소별 장비 및 케이블 현황 - 노선별 관련 설비 개량 계획

II
현장조사
	육안 및 기능 조사	- 장비의 동작 및 상태를 조사
		  ✓ 기능 검사: 모듈 검사(절체시험), NMS/EMS (장애발생 현황)
		  ✓ 상태조사: 영상확인, 부식검사

	장비 측정	- 측정 장비를 이용한 장비 특성의 측정
		  ✓ BER측정: 전송설비 및 교환기
		  ✓ 절연저항: 동케이블, 전송설비, 열차무선
		  ✓ 저항/전압 측정: 정류기/UPS/축전지, 열차무선
		  ✓ 열상측정: 전송설비, 열차무선, 역무용통신설비, 영상설비 등
		  ✓ 전계강도/결합손실 측정: 열차무선
		  ✓ 손실 측정: 광케이블

III 진단 평가	조사결과 종합분석	- 육안 및 기능 조사 결과분석 - 장비 측정 결과분석 - 장비 전체의 진단평가 결과에 대한 소견
IV 종합평가	종합평가	- 설비에 대한 종합평가 결과에 대한 소견
V 보수보강대책	보수보강공법 유지관리방안	- 종합평가 결과 분석 후 방법 제시
VI 성과품 작성	보고서 작성	- 현장조사 및 관계기록 사진첩 작성 - 보고서 작성 - 최종 결과에 대한 보고회 실시

제2장 | 장비별 정밀진단 매뉴얼

1. 통신선로 정밀진단

	중분류	소분류	세분류	대상장치	진단항목	설비 유형
분류진단 항목집계	선로 설비	광케이블	광케이블	케이블코어	손실측정	전선류
		동케이블	동케이블	케이블심선	절연저항	전선류
		선로변 통합 통신설비	인터페이스	연선전화, 토크백	외관(부식)	전선류

1.1 광케이블 정밀진단

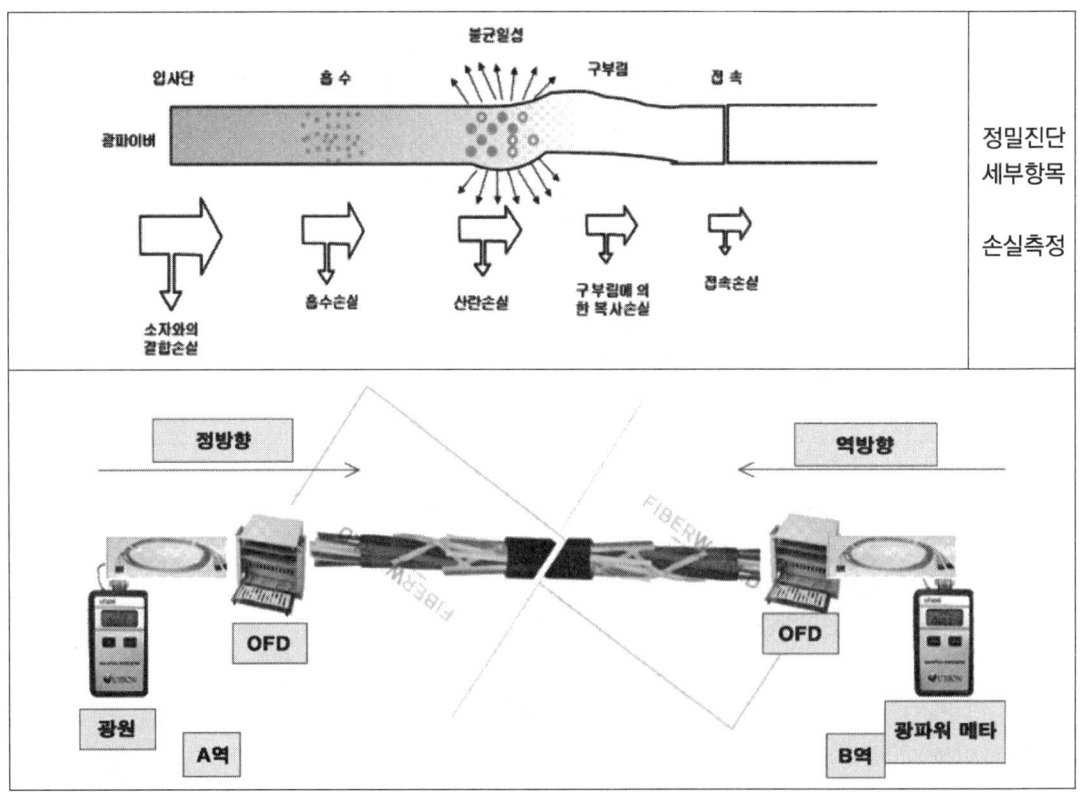

※ 현장 설비에 따라 다를 수 있음(이하 생략)

개요	측정개소: 통신기기실　　측정장비: 광(원)파워미터
측정 방법	① 선행작업 　- 광통신케이블 현황(케이블의 종류 및 규격, 설치년도, 예비코어 현황, 사용불가 코어의 확인 등) 파악 　- OTDR측정 등으로 접속 개소 및 케이블 길이, 커넥터 개수 파악하여 기준 손실값 산정 　- 유지보수 데이터 활용가능 여부 및 광통신 사용 주파수/파장 파악 　※ 광통신 측정용 파장대역: 1310, 1550 nm ② 측정방법 　- A역 통신실의 OFD 함체에서 측정 대상 광코어를 광원에 연결 　- B역 통신실 OFD 함체에서 측정 대상 광코어에 광(원)파워미터를 연결하여 거리(광케이블 실거리, 케이블 여장)와 중간 광케이블 성단(융착, 패치)의 여부를 확인 　- A역의 광원과 B역의 광(원)파워미터의 광원의 파장을 1,510nm(또는 1,310nm)로 일치시킨 후, A역에서 광원을 송신하고 B역의 광파워미터에서 측정하여 [광출력의 이득]을 구함 　- 광섬유 총손실 측정은 역방향 3회, 정방향 3회 각각 측정하여 측정값의 평균을 손실값으로 적용함 　- 예비 코어를 활용하여 상선 케이블(상행방향/하행방향), 하선 케이블(상행방향/하행방향)에서 각각 실시함
측정 양식	시험 표준양식(별지 제7-1호)
평가 기준	① 광(원)파워미터를 사용하여 역사 OFD 함에서 패치여부를 확인하여 측정하며 총손실을 측정하는 기준값은 다음과 같다. ② 국가철도공단(철도설계편람) 기준 단위개소 접속손실 값은 접속기술 등의 발전을 감안하여 개소당 0.02dB 이하, 케이블 손실은 제조사의 최소치 및 통신사업자의 규격인 0.27dB/km, 커넥터 손실은 0.30dB 이하로 규정하였음 ③ 단위구간 총손실(Lt) 계산식 $$Lt\ (단위구간\ 총손실) = L\alpha t + nLsd + (0.3*m)$$ L: 전 구간 광케이블 길이[km] αt: 광섬유단위길이손실[dB/km](파장대별 적용): 0.27dB/km(1310/1550nm파장) Lsd: 광섬유심선 평균접속손실 기준치[dB]: Lsd = 0.02dB, n: 광섬유심선 접속수[개소수] m: 편단광점퍼코드와 광섬유심선의 커넥터수[개수]: 커넥터 4개(0.3dB) ④ 손실 측정 기준값 (예시) 　A국과 B국의 거리가 20km이고 중간접속(융착)점이 13개소, 커넥터 손실 4개소 (개소당 0.3dB), 광섬유단위길이 손실(0.27dB/km)인 경우, 　Lt(단위구간총손실) = $L\alpha t + nLsd + (0.3*m)$ 　　= 20[km]*0.27[dB/km] + 13개소*0.02[dB/개소] + (0.3*4)[dB] 　　= 6.86dB

손실 측정 평가표 I 측정 파장(1310nm, 1550nm)			
구분	{1+(측정값-기준값)/기준값}*100	진단 내용	평가점수
A	-	하자기간 내 설비	5
B	허용값 100% 이하	열화가능성 없음	4
C	허용값 100% 초과~122% 이하	열화가능성 있음	3
D	허용값 122% 초과~125% 이하	열화가능성 있음	2
E	허용값 125% 초과	추후 결함으로 진전	1

1.2 동케이블 정밀진단

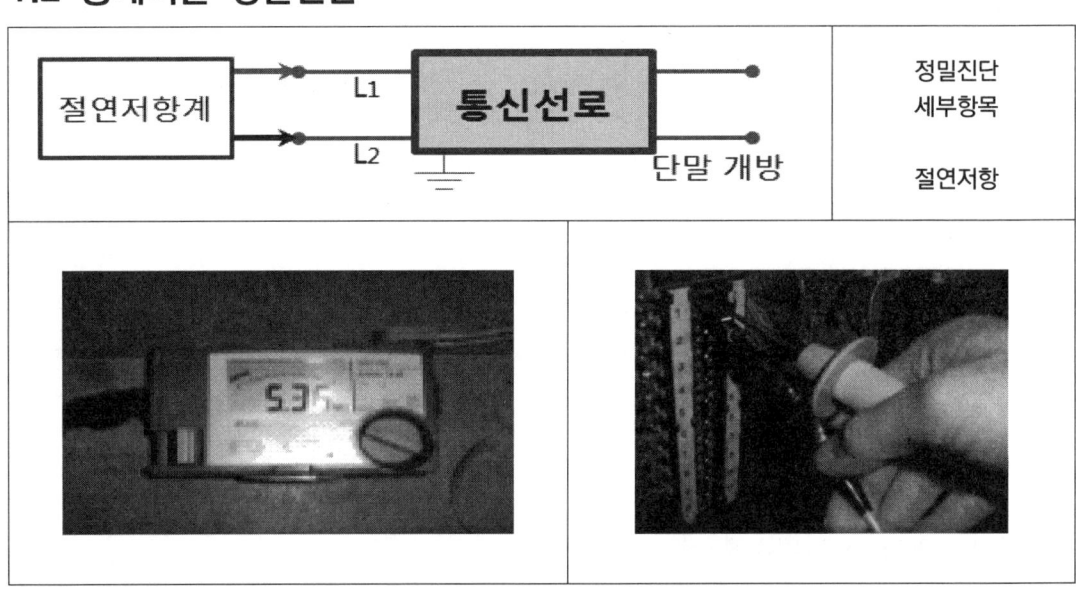

시험 목적	- 절연저항은 전극 사이에 절연체를 놓고 직류전압을 인가했을 때 흐르는 전류와 인가전압의 비를 의미하며 케이블의 절연성능을 나타내는 기본적인 지수로서 저항은 커야 함 - 시설물의 절연상태를 파악하여 시험전압을 인가하여 흐르는 전류를 측정함으로써 시설물에 대한 절연성능 및 안전성 여부를 판단
시험 개소	- 통신기기실 MDF(단자함 포함) 1차측 회선상호간(L1-L2) 및 회선-대지간(L1-E, L2-E)
시험 방법	① 선행작업 　- 통신케이블 현황도 입수(케이블의 종류 및 규격) ② 진단수행 [절연저항 측정] 　- 도통시험을 통해 루프저항값을 측정하여 케이블의 단선여부를 파악

	- 측정할 케이블 확인·점검, 측정단자측에 절연저항계를 연결 - 측정하고자 하는 동케이블 회선양단(L1-기준선, L2-기준선, L1-L2)에 테스터 리드봉을 접속, 회선 말단 지점은 단락처리 함 (상행방향/하행방향으로 각각 실시)
시험 장비	절연저항계, 저항/컨덕턴스 측정기
사용 양식	시험 표준양식(별지 제4-1호)
평가 기준	① 시외케이블 단위: [MΩ] 	DC500V-1000MΩ 절연저항계	정상(a)	B	C	D	E
---	---	---	---	---	---
	기준값(B) 이상 또는 하자기간 내 설비	50 이상	50 미만 ~47 이상	47 미만 ~45 이상	45 미만 | ② 시내케이블 단위: [MΩ] | DC500V-1000MΩ 절연저항계	정상(a)	B	C	D	E
---	---	---	---	---	---
	기준값(B) 이상 또는 하자기간 내 설비	1,000 이상	1,000 미만 ~950 이상	950 미만 ~900 이상	900 미만 | ③ Screen F/S케이블 단위: [MΩ] | 평가기준 DC500V-1000MΩ 절연저항계	정상(a)	B	C	D	E
---	---	---	---	---	---
	기준값(B) 이상 또는 하자기간 내 설비	6,500 이상	6,500 미만 ~6,000 이상	6,000 미만 ~5,700 이상	5,700 미만	

1.3 선로변 통합인터페이스 통신설비 정밀진단

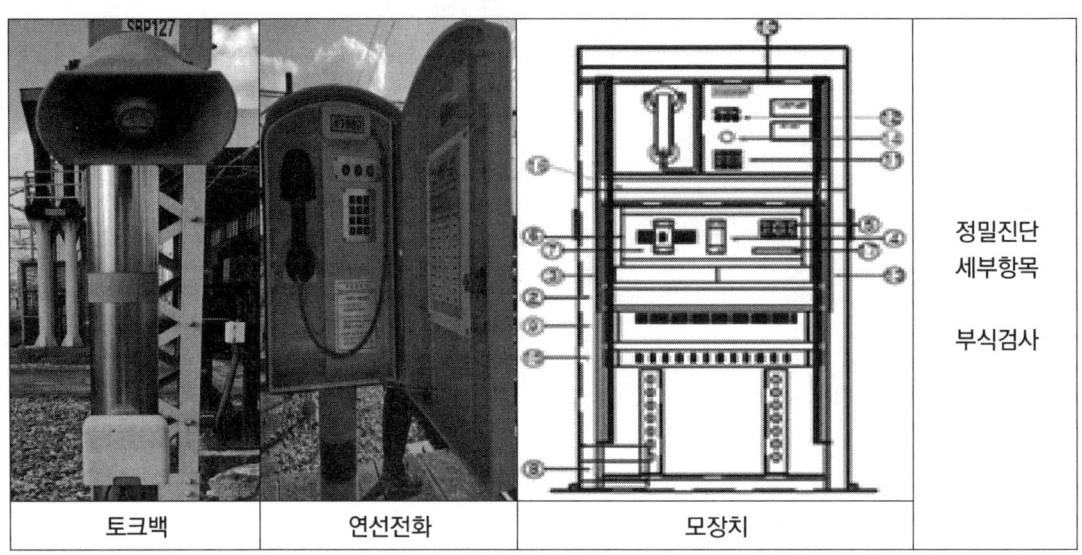

	토크백	연선전화	모장치	

시험 개소	선로변
시험 방법	[함체] 외관 및 내부의 부식 상태와 함체내부의 부식 상태를 육안검사
시험 장비	없음
사용 양식	시험 표준양식(별지 제10-1호)
평가 기준	구분 / 진단 내용 / 평가점수 표 참조

구분	진단 내용	평가점수
A	부식이 전혀 없음	5
B	국부적으로 부식이 발생(점부식발생 면적율 5% 미만)	4
C	부식이 다소 발생(점부식발생 면적율 5~15% 미만)	3
D	전반적으로 부식이 발생(점부식발생 면적율 15~30% 미만)	2
E	부식발생이 심화(점부식발생 면적율 30% 이상)	1

2. 전송설비 정밀진단

분류진단 항목집계	중분류	소분류	세분류	진단항목	설비 유형
	전송설비	광전송 설비	DWDM	NMS/EMS, 열상측정	제어설비
			STM 4/16/64	NMS/EMS, BER측정, 열상측정	제어설비
			정류기	절연저항, 저항/전압,열상, 외관	제어설비
			축전지	저항/전압, 외관	제어설비

2.1 DWDM 정밀진단

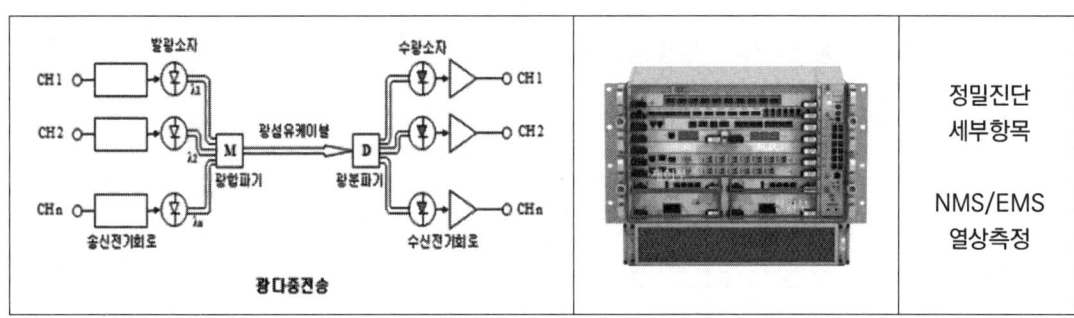

정밀진단 세부항목

NMS/EMS
열상측정

가. DWDM NMS/EMS 검사

설비활용율   고장발생횟수 ✓

시험 개소	통신기기실
시험 방법	① 사전 준비 　- 운영자로부터 사용법 및 주의 사항을 숙지 　- [운영장치 LOGIN] ② 장애의 측정 기법 　- [운용장치]를 통하여 [DWDM]의 고장·장애발생 횟수를 조사 ③ 조사 정리 　- 장비 동작 확인 　- 장애가 발생된 위치 확인 　- [운영장치 LOGOUT] 후 운영자에게 진단장치 완료 통보
시험 장비	없음
사용 양식	시험 표준양식(별지 제2-1호)

평가 기준	① 장애의 등급 　- A급 장애: 시스템의 사용자에게 제공하는 모든 서비스 사용이 불가능한 상태 　- B급 장애: 시스템의 사용자에게 제공하는 일부 서비스 사용이 불가능한 상태 혹은 A급 장애가 최소 서비스 시간에 발생한 경우 　- C급 장애: 시스템의 일부에 문제가 있으나 사용자 업무처리상 장애가 없는 경우 (예: 백업 장비에 이상이 있는 경우 등) 　- D급 장애: 천재지변 등 불가항력적인 사항 또는 통제범위를 벗어난 장애 ② 장애의 측정 기법 　- 측정도구: EMS상 장애이력 정보 　- 측정치의 정의: A급 장애 건수 + B급 장애 건수 × 0.7 (C, D급 장애는 장애건수에 산입하지 않는다) 　- 측정기간: 정밀진단 시, 전 12개월간 　- 장애범위: 장비자체에서 발생하는 장애에 한정 ③ 평가방법 | 평가기준	진단 내용	평가점수
A	측정치 0~1건	5
C	측정치 2~3건	3
E	측정치 4건 이상	1	

나. DWDM 열상측정

시험 개소	통신기기실
시험 방법	① 선행작업 　- 진단에 사용되는 열상카메라 검교정 상태를 확인 　- 정밀진단대상 정상동작 상태(알람, LED) 확인 ② 진단수행(열상측정) 　- 대상장비와 카메라를 일정한 간격(초점거리)으로 이격시키고 각 진단대상 장비 [전원부, 제어부] 후면부 열을 측정 　- 허용온도(약 40℃)를 초과한 이상 발열 여부 확인 　- 비접촉식 적외선카메라 측정방식으로 진단을 수행함. 단, 이상 징후가 감지되어 정밀진단이 필요한 경우에는 인터페이스 모듈을 사용하여 운전 설비에 영향이 없도록 사전에 관계기관의 승인을 받아서 실시함 ③ 후행작업(자료 정리) 　- 측정 자료를 카메라에서 PC로 이동시킨 후, 측정 최소·최대 온도차를 평가기준에 따라 평가
시험 장비	열화상카메라
사용 양식	시험 표준양식(별지 제6-1호)

	- 각각 측정된 온도(ΔT: 측정된 온도에서 설비 주변의 온도를 뺀 온도(OA) 또는 타개소 설비와의 온도 차이(OS))에 따라 정상, 불량 내지는 주의 점검 등 여러 판정 사항이 있으며, 이때 기준으로 IETA(International Electrical Testing Association)와 업체 기준을 이용한다.
평가 기준	- IETA O/S 기법을 적용하여 온도의 차이에 따라 평가기준을 적용

구분	통신기기와 대기 간 온도 (ΔT/OA)	통신기기 간 온도차 (ΔT/OS)	판정	평가 점수
A	기준값 이내 및 하자기간 내 설비 및 1℃ 미만	기준값 이내 및 하자기간 내 설비 및 1℃ 미만	열화 가능성 없음	5
B	1℃~10℃ O/A 이하	1℃~3℃ O/S 이하	열화 가능성 미약	4
C	11℃~20℃ O/A	4℃~15℃ O/S	열화 가능성 있음	3
D	21℃~40℃ O/A	16℃~40℃ O/S	추후 결함으로 진전	2
E	〉40℃ O/A	〉40℃ O/S	결함	1

✓ OA: Over Ambient / 대기온도 증분(ΔT)
✓ OS: Over Similar / 유사설비 상간 증분(ΔT)

2.2 STM 4/16/64 정밀진단

정밀진단
세부항목

NMS/EMS
BER측정
열상측정

가. STM 4/16/64 NMS/EMS 검사

설비활용율   고장발생횟수 ✓

시험 개소	통신기기실
시험 방법	① 준비작업(상태 점검) - 장비 관리자로부터 장비 상태 및 주의 사항을 숙지 - EMS를 통하여 장비의 동작(상태, 알람발생)을 확인

	② 진단수행(경보 이력 로그 조회) 　- 장비 EMS 기능을 이용하여 일정기간단위로 경보(장애 발생) 현황을 조회 　- 조회: 저장된 경보내용을 일별/경보 등급별 조회 기능 　　✓ 파일저장: 조회된 경보내용을 파일로 저장 가능 　　✓ 조회기간 설정: 연월일을 입력하여 조회기간 설정 ③ 정리작업(이력 정보 저장) 　- 장비 상태가 정상임을 확인
시험 장비	없음
사용 양식	시험 표준양식(별지 제2-2호)
평가 기준	① 장애의 등급 　- A급 장애: 시스템의 사용자에게 제공하는 모든 서비스 사용이 불가능한 상태 　- B급 장애: 시스템의 사용자에게 제공하는 일부 서비스 사용이 불가능한 상태 혹은 A급 장애가 최소 서비스 시간에 발생한 경우 　- C급 장애: 시스템의 일부에 문제가 있으나 사용자 업무처리상 장애가 없는 경우 (예: 백업 장비에 이상이 있는 경우 등) 　- D급 장애: 천재지변 등 불가항력적인 사항 또는 통제범위를 벗어난 장애 ② 장애의 측정 기법 　- 측정 도구: EMS상 장애이력 정보 　- 측정치의 정의: A급 장애 건수 + B급 장애 건수 × 0.7 (C, D급 장애는 장애건수에 산입하지 않는다) 　- 측정 기간: 정밀진단 시, 전 12개월간 　- 장애 범위: 장비자체에서 발생하는 장애에 한정 ③ 평가방법 | 평가기준	진단 내용	평가점수 | |---|---|---| | A | 측정치 0~1건 | 5 | | C | 측정치 2~3건 | 3 | | E | 측정치 4건 이상 | 1 |

나. STM 4/16/64 BER측정

시험 개소	통신기기실
시험 방법	설비의 광송수신 레벨, 성능 임계치값을 측정하여 광송수신 유니트 및 광케이블에 성능을 판단

시험 장비	BER측정기, 네트워크 아날라이저
사용 양식	시험 표준양식(별지 제3-1호)

평가 기준	구분	A	B	C	D	E
	오류초율(ES)	ES = 0 및 하자기간 내 설비	1~10	11~66	67 이상	-
	평가점수	5	4	3	2	1

다. STM 4/16/64 열상측정

시험 개소	통신기기실
시험 방법	① 선행작업 　- 진단에 사용되는 열상카메라 검교정 상태를 확인 　- 정밀진단대상 정상동작 상태(알람, LED) 확인 ② 진단수행(열상측정) 　- 대상장비와 카메라를 일정한 간격(초점거리)으로 이격시키고 각 진단대상 장비 [전원부, 제어부] 후면부 열을 측정 　- 허용온도(약 40℃)를 초과한 이상 발열 여부 확인 　- 비접촉식 적외선카메라 측정방식으로 진단을 수행함. 단, 이상 징후가 감지되어 정밀진단이 필요한 경우에는 인터페이스 모듈을 사용하여 운전 설비에 영향이 없도록 사전에 관계기관의 승인을 받아서 실시함 ③ 후행작업(자료 정리) 　- 측정 자료를 카메라에서 PC로 이동시킨 후, 측정 최소·최대 온도차를 평가기준에 따라 평가
시험 장비	열화상카메라
사용 양식	시험 표준양식(별지 제6-2호)
평가 기준	- 각각 측정된 온도(ΔT: 측정된 온도에서 설비 주변의 온도를 뺀 온도)에 따라 정상, 불량 내지는 주의 점검 등 여러 판정 사항이 있으며, 이때 기준으로 IETA(International Electrical Testing Association)와 업체 기준을 이용한다. - IETA O/S 기법을 적용하여 온도의 차이에 따라 평가기준을 적용

구분	최소, 최대 온도차	진단 내용	평가점수
A	1℃(기준값) 미만 또는 하자기간 내 설비	-	5
B	1℃ 이상~4℃ 미만	열화가능성 없음	4
C	4℃ 이상~15℃ 미만	열화가능성 있음	3
D	-	-	2
E	≥15℃ 이상	추후 결함으로 진전	1

✓ OA: Over Ambient / 대기온도 증분(⊿T)
✓ OS: Over Similar / 유사설비 상간 증분(⊿T)

2.3 전송설비 정류기 정밀진단

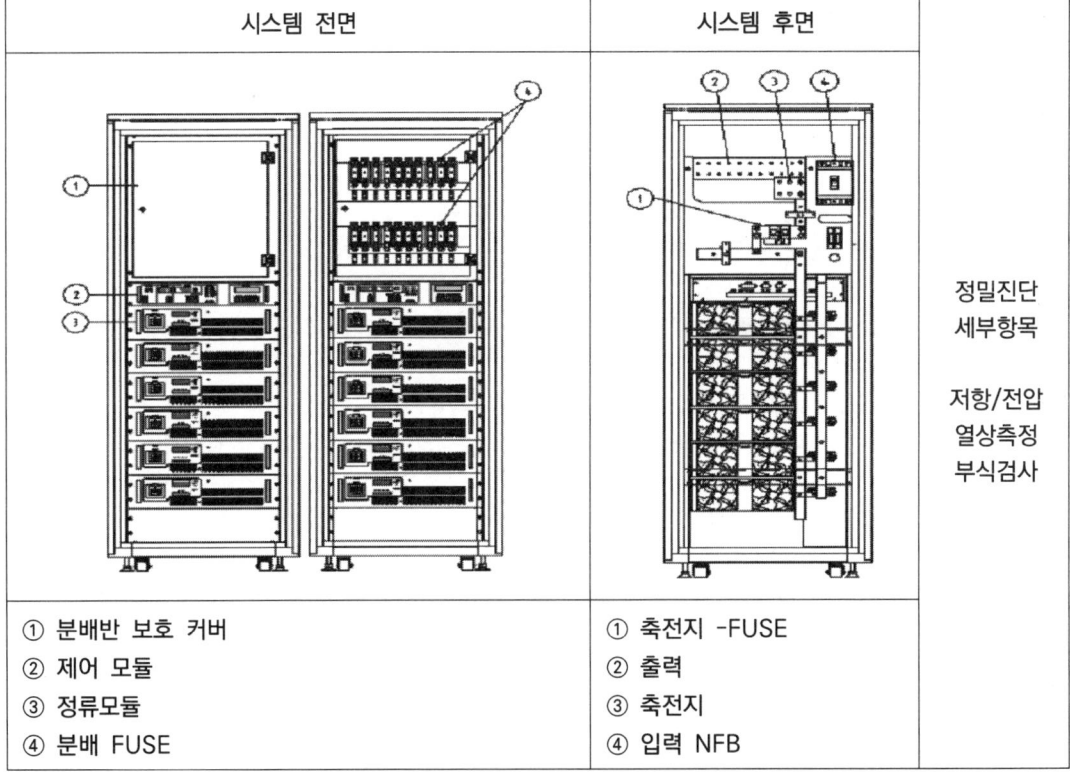

시스템 전면	시스템 후면	
① 분배반 보호 커버 ② 제어 모듈 ③ 정류모듈 ④ 분배 FUSE	① 축전지 -FUSE ② 출력 ③ 축전지 ④ 입력 NFB	정밀진단 세부항목 저항/전압 열상측정 부식검사

가. 정류기 저항/전압 측정

시험 개소	통신기기실
시험	① 선행작업(상태 점검)

방법	- 정류시스템의 입력전원 전압 확인(단상 220V, 3상 380V) - 정류시스템의 출력과 BATT & SYSTEM과의 결선상태를 점검 - 정류시스템의 분배 NFB가 ON 위치에 있는지 확인 ② 진단수행(입력전압 측정) - 정류시스템의 입력 단자에 전압계를 연결 측정 ③ 진단수행(출력전압 측정) - 제어모듈 전면 판넬에 표시전압을 확인 - 정류시스템의 출력 단자에 전압계를 연결 측정
시험 장비	멀티미터
사용 양식	시험 표준양식(별지 제5-1호)

	구분	입력 전압(AC) 목푯값: 220V	출력 전압(DC) 목푯값: 12V x 4Cell: 54V 2V x 24Cell: 53.28V		진단내용	평가 점수
평가 기준	A	218V 이상~222V 이하 또는 하자기간 내 설비	53.5V 이상~ 54.5V 이하 (12V x 4Cell)	53.02V 이상~ 53.52V 이하 (2V x 24Cell)	-	5
	B	215V 이상~218V 미만 222V 초과~225V 이하	53.0V 이상~ 53.5V 미만 54.2V 초과~ 54.5V 이하	52.76V 이상~ 53.02V 미만 53.52V 초과~ 53.76V 이하	열화 가능성 없음	4
	C	211V 이상~215V 미만 225V 초과~229V 이하	52.5V 이상~ 53.0V 미만 54.5V 초과~ 54.8V 이하	52.5V 이상~ 52.76V 미만 53.76V 초과~ 54.0V 이하	열화 가능성 있음	3
	D	207V 이상~211V 미만 229V 초과~233V 이하	50.0V 이상~ 52.5V 미만 54.8V 초과~ 55.6V 이하	50.0V 이상~ 52.5V 미만 54.0V 초과~ 54.5V 이하	-	2
	E	207V 미만 233V 초과	50.0V 미만 55.6V 초과	50.0V 미만 54.5V 초과	추후 결함으로 진전	1

나. 정류기 열상측정

시험 개소	통신기기실
시험 방법	① 선행작업 　- 진단에 사용되는 열상카메라 검교정 상태를 확인 　- 정밀진단대상 정상동작 상태(알람, LED) 확인 ② 진단수행(열상측정) 　- 대상장비와 카메라를 일정한 간격(초점거리)으로 이격시키고 각 진단대상 장비 [정류 유니트] 후면부 열을 측정 　- 허용온도(약 40℃)를 초과한 이상 발열 여부 확인 　- 비접촉식 적외선카메라 측정방식으로 진단을 수행함. 단, 이상 징후가 감지되어 정밀진단이 필요한 경우에는 인터페이스 모듈을 사용하여 운전 설비에 영향이 없도록 사전에 관계기관의 승인을 받아서 실시함 ③ 후행작업(자료 정리) 　- 측정 자료를 카메라에서 PC로 이동시킨 후, 측정 최소·최대 온도차를 평가기준에 따라 평가
시험 장비	열화상카메라
사용 양식	시험 표준양식(별지 제6-3호)
평가 기준	- 각각 측정된 온도(ΔT: 측정된 온도에서 설비 주변의 온도를 뺀 온도 (OA) 또는 타개소 설비와의 온도 차이(OS))에 따라 정상, 불량 내지는 주의 점검 등 여러 판정 사항이 있으며, 이때 기준으로 IETA(International Electrical Testing Association)와 업체 기준을 이용한다. - IETA O/S 기법을 적용하여 온도의 차이에 따라 평가기준을 적용 | 구분	통신기기와 대기 간 온도차 (ΔT/OA)	통신기기 간 온도차 (ΔT/OS)	판 정	평가 점수
---	---	---	---	---
A	기준값 이내 및 하자기간 내 설비 및 1℃ 미만	기준값 이내 및 하자기간 내 설비 및 1℃ 미만	열화 가능성 없음	5
B	1℃~10℃ O/A 이하	1℃~3℃ O/S 이하	열화 가능성 미약	4
C	11℃~20℃ O/A	4℃~15℃ O/S	열화 가능성 있음	3
D	21℃~40℃ O/A	16℃~40℃ O/S	추후 결함으로 진전	2
E	〉40℃ O/A	〉40℃ O/S	결함	1	 ✓ OA: Over Ambient / 대기온도 증분(ΔT) ✓ OS: Over Similar / 유사설비 상간 증분(ΔT)

다. 정류기 부식검사

시험 개소	통신기기실
시험 방법	제어부 및 각종 단자(직류 분배반 구리 압출바, 입력단자, 출력단자)를 육안으로 부식 발생여부를 조사
시험 장비	육안검사
사용 양식	시험 표준양식(별지 제10-2호)
평가 기준	구분	진단 내용	평가점수
	A	부식이 전혀 없음	5
	B	국부적으로 부식이 발생(점부식발생 면적율 5% 미만)	4
	C	부식이 다소 발생(점부식발생 면적율 5~15% 미만)	3
	D	전반적으로 부식이 발생(점부식발생 면적율 15~30% 미만)	2
	E	부식발생이 심화(점부식발생 면적율 30% 이상)	1

2.4 전송설비 축전지 정밀진단

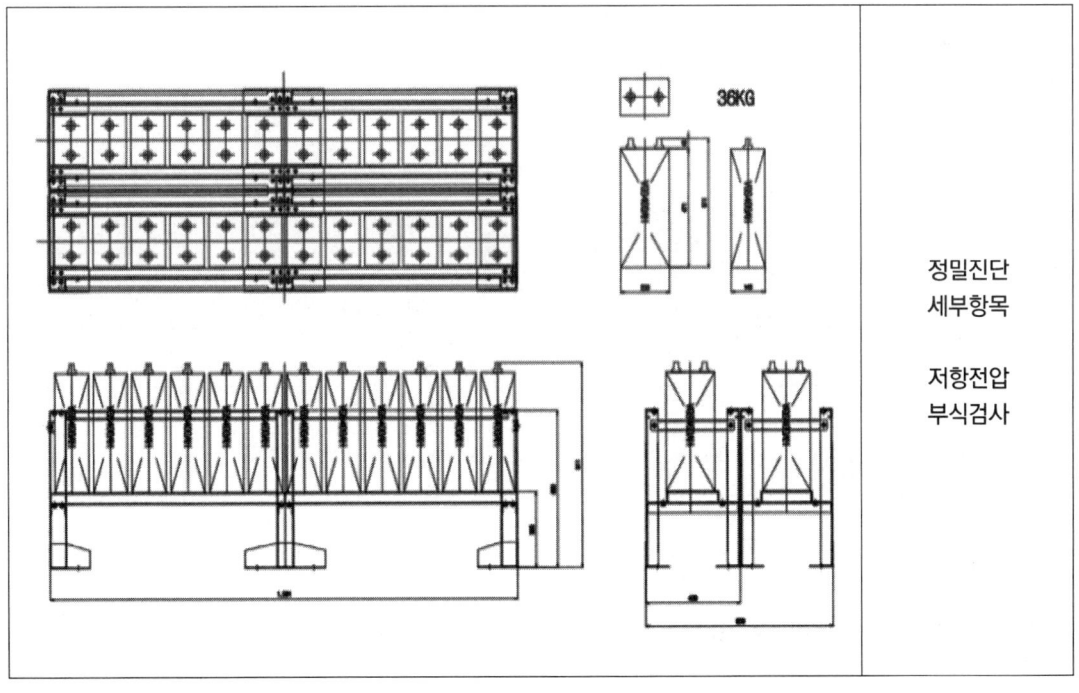

정밀진단
세부항목

저항전압
부식검사

가. 축전지 저항전압 측정

시험 개소	통신기기실
시험 방법	① 선행작업 　- 본 평가기준은 IEEE(미국전기전자학회) 밀폐형 축전지의 권고사항을 바탕으로 작성 　- 축전지의 내부 저항값이 크게 증가된 것은 축전지의 특성이 크게 변화되었음을 표시하는 것이므로, 셀 내부저항을 측정하여 셀의 이상 유무를 확인할 수 있고 성능 저하된 축전지를 식별 　- 축전지 입력 전원 CB(Circuit Breaker) 개방 및 단전확인 　- 축전지 절연캡 분리 　- 볼트 조임 상태 및 단자 상태 확인 ② 진단수행(내부저항 측정) 　- 측정기 상태 확인(저항/전압 범위 설정, 영점 조정) 　- 단자에 측정기 케이블(lead)을 접속 　- [내부저항] 측정 　- 측정값을 유지/보전/기록 ③ 후행작업 　- 볼트 조임 상태 및 단자 상태 확인 　- 축전지 절연캡 설치 　- 축전지 전원 CB(Circuit Breaker)연결
시험 장비	멀티미터, 내부저항측정기(축전지 테스터)
사용 양식	시험 표준양식(별지 제5-2호)
평가 기준	<table><tr><th>구분</th><th>A</th><th>B</th><th>C</th><th>D</th><th>E</th></tr><tr><td>내부저항 기준값</td><td>기준값(B) 이상 또는 하자기간 내 설비</td><td>130% 이하</td><td>130% 초과 ~140% 이하</td><td>140% 초과 ~150% 미만</td><td>150% 이상</td></tr><tr><td>평가점수</td><td>5</td><td>4</td><td>3</td><td>2</td><td>1</td></tr></table>

나. 축전지 부식검사

시험 개소	통신기기실
시험 방법	축전지 외관 상태(배부름, 크랙, 누액, 파손), 단자 및 연결커넥터의 체결 상태를 육안으로 조사

시험장비	육안검사		
사용양식	시험 표준양식(별지 제10-3호)		
평가기준	구분	진단 내용	평가점수
	A	부식이 전혀 없음	5
	B	국부적으로 부식이 발생(점부식발생 면적율 5% 미만)	4
	C	부식이 다소 발생(점부식발생 면적율 5~15% 미만)	3
	D	전반적으로 부식이 발생(점부식발생 면적율 15~30% 미만)	2
	E	부식발생이 심화(점부식발생 면적율 30% 이상)	1

| UPS랙 및 전면 LCD | 축전지 랙 | 단자전압측정 및 부식검사 | BMS화면 |

3. 열차무선설비 정밀진단

분류진단 항목집계	중분류	소분류	세분류	진단항목	설비의 유형
분류진단 항목집계	열차 무선 설비	LTE-R 중앙제어 설비	중앙제어장치	NMS/EMS, 열상측정	제어설비
			관제조작반	NMS/EMS	제어설비
		LTE-R 기지국 설비	DU	모듈검사, NMS/EMS, 열상측정	제어설비
			RRU	전계강도, 부식검사	제어설비
		열차 무선방호 장치	중앙장치	NMS/EMS, 열상측정	제어설비
			자동점검시스템	모듈검사, 열상측정	제어설비
			중계장치	열상측정, 전계강도	제어설비
			케이블안테나	전계강도	전선류
		재난방송 수신설비	주중계장치	모듈검사, NMS/EMS, 열상측정	제어설비
			보조중계장치	열상측정, 부식검사	제어설비

3.1 LTE-R 중앙제어설비 중앙제어장치 정밀진단

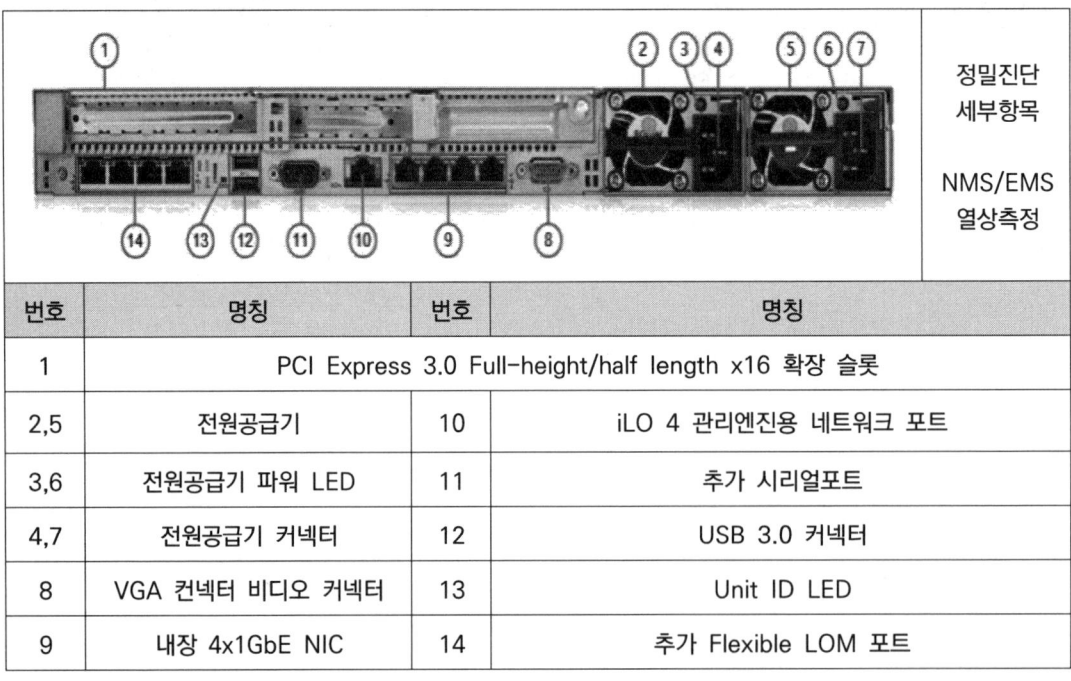

정밀진단 세부항목

NMS/EMS
열상측정

번호	명칭	번호	명칭
1	PCI Express 3.0 Full-height/half length x16 확장 슬롯		
2,5	전원공급기	10	iLO 4 관리엔진용 네트워크 포트
3,6	전원공급기 파워 LED	11	추가 시리얼포트
4,7	전원공급기 커넥터	12	USB 3.0 커넥터
8	VGA 컨넥터 비디오 커넥터	13	Unit ID LED
9	내장 4x1GbE NIC	14	추가 Flexible LOM 포트

사용 장비	AS(TAS), CSC, CSCF, DNS, E1게이트웨이, FOTA서버, HSS, IBCF, LTE-R NMS, MDM, MGCF, MME, SAE-GW, MRF, NTP, PCRF, PTT, PUSH 서버, SSO, TAP장치, 개통서버, 기지국 EMS, 민방위방송연동장치, 백업스토리지, 열차운행정보앱, 위치수집서버, 저장(녹취)서버, 주제어 EMS, 지령서버

가. 중앙제어장치 NMS/EMS 검사

<u>설비활용율</u> ✓　　　<u>고장발생횟수</u> ✓

시험 개소	통신기기실
시험 방법	① 준비작업(상태 점검) 　- 장비 관리자로부터 장비 상태 및 주의 사항을 숙지 　- EMS를 통하여 장비의 동작(상태, 알람발생)을 확인 ② 진단수행(경보 이력 로그 조회) 　- 장비 [EMS] 기능을 이용하여 일정기간단위로 경보(장애 발생) 현황을 조회 　- 조회: 저장된 경보내용을 일별/경보 등급별 조회 기능 　　✓ 파일저장: 조회된 경보내용을 파일로 저장 가능 　　✓ 조회기간 설정: 연월일을 입력하여 조회기간 설정 ③ 정리작업(이력 정보 저장) 　- 장비 상태가 정상임을 확인 　- 저장된 장애관련 데이터를 저장장치에 복사
시험 장비	없음
사용 양식	시험 표준양식 (별지 제2-3호)
평가 기준	1) 설비 활용률 ① 평가 지표 및 산식 | 항목	지표	지표정의	산식
---	---	---	---
자원 효율성 (서버)	CPU 활용률	측정한 전체 CPU 용량 대비 사용 CPU 용량의 비율(%)	(사용 CPU 용량 / 전체 CPU 용량) × 100
	메모리 활용률	서버의 물리적 메모리 총량 대비 사용 메모리의 비율(%)	(사용 메모리양 / 전체 메모리 용량) × 100
	디스크 활용률	디스크의 물리적 총 용량 대비 사용 디스크의 비율(%)	(사용 디스크 용량 / 전체 디스크 용량) × 100	

② 자료 추출을 위한 사용 명령어

구분	명령어	비고
CPU 활용률	top, mpstat, sar, iostat	- 기기에 따라 지원하는 명령어 다를 수 있음 - GUI 기능으로 대체 가능
메모리 활용률	top, mpstat, sar, iostat	
디스크 활용률	fdisk, sfdisk, cfdisk, parted, df, pydf, lsblk	

③ 평가방법

구분		진단 내용		평가점수
A	CPU	중앙 제어설비	30% 이하	5
		기타	20% 이하	
	메모리		20% 이하	
	디스크		20% 이하	
C	CPU	중앙 제어설비	30%~80%	3
		기타	20%~70%	
	메모리		20% 초과~80% 이하	
	디스크		20% 초과~80% 이하	
E	CPU	중앙 제어설비	80% 초과	1
		기타	70% 초과	
	메모리		80% 초과	
	디스크		90% 초과	

2) 고장·장애 횟수

① 장애의 등급
  - A급 장애시스템의 사용자에게 제공하는 모든 서비스 사용이 불가능한 상태 (주전산기 다운, DBMS 다운 등)
  - B급 장애시스템의 사용자에게 제공하는 일부 서비스 사용이 불가능한 상태 혹은 A급 장애가 최소 서비스 시간에 발생한 경우
  - C급 장애시스템의 일부에 문제가 있으나 사용자 업무처리상 장애가 없는 경우 (예: 백업장비에 이상이 있는 경우 등)
  - D급 장애 천재지변 등 불가항력적인 사항 또는 통제범위를 벗어난 장애
② 장애의 측정 기법
  - 측정 도구: [NMS]상 장애이력 정보
  - 측정치의 정의: A급 장애 건수 + B급 장애 건수 × 0.7 (C, D급 장애는 장애건수에 산입하지 않는다)
  - 측정 기간: 정밀진단 시, 이전 1개월 또는 3개월간

③ 평가방법

평가기준	진단 내용	평가점수
A	측정치 0~1건	5
C	측정치 2~3건	3
E	측정치 4건 이상	1

나. 중앙제어장치 열상측정

시험개소	통신기기실
시험방법	① 선행작업 - 진단에 사용되는 열상카메라 검교정 상태를 확인 - 정밀진단대상 정상동작 상태(알람, LED) 확인 ② 진단수행(열상측정) - 대상장비와 카메라를 일정한 간격(초점거리)으로 이격시키고 각 진단대상 장비 [서버 후면 중앙] 열을 측정 - 허용온도(약 40℃)를 초과한 이상 발열 여부 확인 - 비접촉식 적외선카메라 측정방식으로 진단을 수행함. 단, 이상 징후가 감지되어 정밀진단이 필요한 경우에는 인터페이스 모듈을 사용하여 운전 설비에 영향이 없도록 사전에 관계기관의 승인을 받아서 실시함 ③ 후행작업(자료 정리) - 측정 자료를 카메라에서 PC로 이동시킨 후, 측정 최소·최대 온도차를 평가기준에 따라 평가
시험장비	열화상카메라
사용양식	시험 표준양식(별지 제6-4호)
평가기준	- 각각 측정된 온도(ΔT: 측정된 온도에서 설비 주변의 온도를 뺀 온도 (OA) 또는 타개소 설비와의 온도 차이(OS))에 따라 정상, 불량 내지는 주의 점검 등 여러 판정 사항이 있으며, 이때 기준으로 IETA(International Electrical Testing Association)와 업체 기준을 이용한다. - IETA O/S 기법을 적용하여 온도의 차이에 따라 평가기준을 적용

구분	통신기기와 대기 간 온도차 (ΔT/OA)	통신기기 간 온도차 (ΔT/OS)	판 정	평가 점수
A	기준값 이내 및 하자기간 내 설비 및 1℃ 미만	기준값 이내 및 하자기간 내 설비 및 1℃ 미만	열화가능성 없음	5
B	1℃~10℃ O/A 이하	1℃~3℃ O/S 이하	열화가능성 미약	4
C	11℃~20℃ O/A	4℃~15℃ O/S	열화가능성 있음	3
D	21℃~40℃ O/A	16℃~40℃ O/S	추후 결함으로 진전	2
E	〉40℃ O/A	〉40℃ O/S	결함	1

✓ OA: Over Ambient / 대기온도 증분(ΔT)
✓ OS: Over Similar / 유사설비 상간 증분(ΔT)

3.2 LTE-R 관제조작반 정밀진단

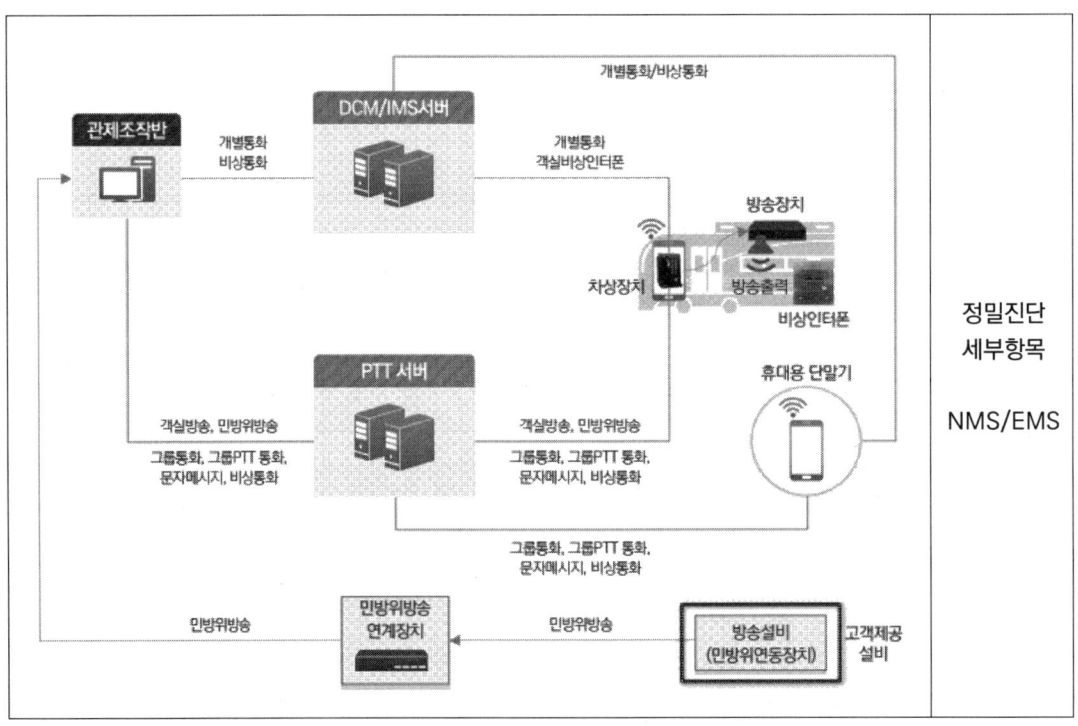

가. LTE-R 관제조작반 NMS/EMS 검사

설비활용율 ✓   고장발생횟수 ✓

시험 개소	통신기기실

시험
방법
	① 준비작업(상태 점검)
	  - 장비 관리자로부터 장비 상태 및 주의 사항을 숙지
	  - EMS를 통하여 장비의 동작(상태, 알람발생)을 확인
	② 진단수행(경보 이력 로그 조회)
	  - 장비 [EMS] 기능을 이용하여 일정기간단위로 경보(장애 발생) 현황을 조회
	  - 조회: 저장된 경보내용을 일별/경보 등급별 조회 기능
	    ✓ 파일저장: 조회된 경보내용을 파일로 저장 가능
	    ✓ 조회기간 설정: 연월일을 입력하여 조회기간 설정
	③ 장애 이력 정보 보관
	  - 장비 상태가 정상임을 확인
	  - 저장된 장애관련 데이터를 저장장치에 복사

시험 장비	없음
사용 양식	시험 표준양식(별지 제2-4호)
평가 기준	1) 설비 활용률 ① 평가 지표 및 산식 	항목	지표	지표정의	산식
---	---	---	---
자원 효율성 (서버)	CPU 활용률	측정한 전체 CPU 용량 대비 사용 CPU 용량의 비율(%)	(사용 CPU 용량 / 전체 CPU 용량) × 100
	메모리 활용률	서버의 물리적 메모리 총량 대비 사용 메모리의 비율(%)	(사용 메모리양 / 전체 메모리 용량) × 100
	디스크 활용률	디스크의 물리적 총 용량 대비 사용 디스크의 비율(%)	(사용 디스크 용량 / 전체 디스크 용량) × 100 | ② 자료 추출을 위한 사용 명령어 | 구분	명령어	비고
---	---	---
CPU 활용률	top, mpstat, sar, iostat	- 기기에 따라 지원하는 명령어 다를 수 있음 - GUI 기능으로 대체 가능
메모리 활용률	top, mpstat, sar, iostat	
디스크 활용률	fdisk, sfdisk, cfdisk, parted, df, pydf, lsblk		 ③ 평가방법

구분		진단 내용		평가점수
A	CPU	중앙 제어설비	30% 이하	5
		기타	20% 이하	
	메모리		20% 이하	
	디스크		20% 이하	
C	CPU	중앙 제어설비	30%~80%	3
		기타	20%~70%	
	메모리		20% 초과~80% 이하	
	디스크		20% 초과~80% 이하	
E	CPU	중앙 제어설비	80% 초과	1
		기타	70% 초과	
	메모리		80% 초과	
	디스크		90% 초과	

2) 고장·장애 횟수

① 장애의 등급
- A급 장애 시스템의 사용자에게 제공하는 모든 서비스 사용이 불가능한 상태 (주전산기 다운, DBMS 다운 등)
- B급 장애 시스템의 사용자에게 제공하는 일부 서비스 사용이 불가능한 상태 혹은 A급 장애가 최소 서비스 시간에 발생한 경우
- C급 장애 시스템의 일부에 문제가 있으나 사용자 업무처리상 장애가 없는 경우 (예: 백업장비에 이상이 있는 경우 등)
- D급 장애 천재지변 등 불가항력적인 사항 또는 통제범위를 벗어난 장애

② 장애의 측정 기법
- 측정 도구: NMS상 장애이력 정보
- 측정치의 정의: A급 장애 건수 + B급 장애 건수 × 0.7 (C, D급 장애는 장애건수에 산입하지 않는다)
- 측정 기간: 정밀진단 시, 이전 1개월 또는 3개월간

③ 평가방법

평가기준	진단 내용	평가점수
A	측정치 0~1건	5
C	측정치 2~3건	3
E	측정치 4건 이상	1

3.3 LTE-R 기지국설비 DU 정밀진단

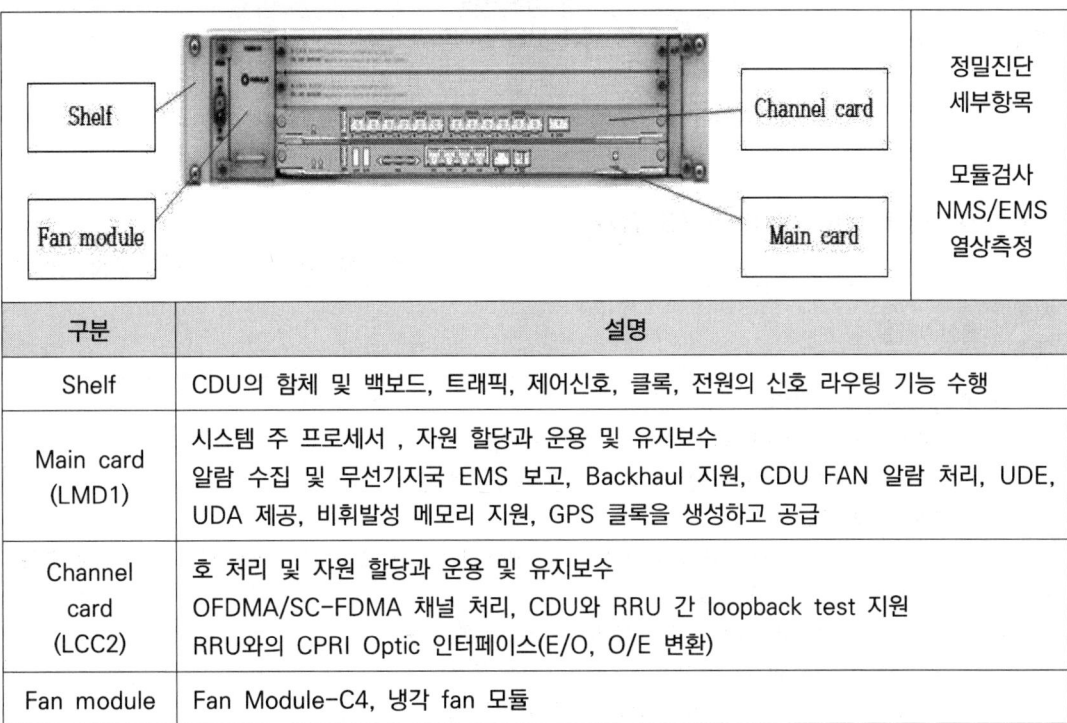

구분	설명
Shelf	CDU의 함체 및 백보드, 트래픽, 제어신호, 클록, 전원의 신호 라우팅 기능 수행
Main card (LMD1)	시스템 주 프로세서, 자원 할당과 운용 및 유지보수 알람 수집 및 무선기지국 EMS 보고, Backhaul 지원, CDU FAN 알람 처리, UDE, UDA 제공, 비휘발성 메모리 지원, GPS 클록을 생성하고 공급
Channel card (LCC2)	호 처리 및 자원 할당과 운용 및 유지보수 OFDMA/SC-FDMA 채널 처리, CDU와 RRU 간 loopback test 지원 RRU와의 CPRI Optic 인터페이스(E/O, O/E 변환)
Fan module	Fan Module-C4, 냉각 fan 모듈

가. 기지국설비 DU 모듈검사

시험 개소	통신기기실
시험 방법	① 상태 점검 　- 장비 관리자로부터 장비 상태 및 주의 사항을 숙지 　- EMS를 통하여 장비의 동작을 확인 (Active Side 확인: 제어부, 전원부) ② 장비 절체 　- EMS 기능을 통하여 진단 대상 장비 [제어부, 전원부]를 절체 명령을 수행하여 한쪽 계통의 장애 시 시스템 중단 없이 이중화 계통으로 자동절체 동작을 확인 　- 절체동작을 2회 실시하여, 최소 절체대상보드가 다시 Active상태로 복원되는지 확인 　- 정기점검 기록 자료확인 또는 EMS 로그기록 등을 통하여 진단을 수행함
시험 장비	없음
사용 양식	시험 표준양식(별지 제1-1호)

평가 기준	구분	진단 내용	평가점수
	A	절체 대상 모듈의 기능이 정상	5
	C	절체 대상 모듈 중 1개 모듈 비정상	3
	E	절체하여 정상(초기) 상태로 복귀하지 못하는 경우	1

나. 기지국설비 DU NMS/EMS 검사

설비활용율   고장발생횟수 ✓

시험 개소	통신기기실

시험
방법
	① 준비작업(상태 점검)
	  - 장비 관리자로부터 장비 상태 및 주의 사항을 숙지
	  - EMS를 통하여 장비의 동작(상태, 알람발생)을 확인
	② 경보 이력 로그 조회
	  - 장비 [EMS]기능을 이용하여 운용 EMS에서 저장되어 있는 데이터를 일정기간단위로 경보(장애 발생) 현황을 조회
	  - 조회: 저장된 경보내용을 일별/경보 등급별 조회 기능
	    ✓ 파일저장: 조회된 경보내용을 파일로 저장 가능
	    ✓ 조회기간 설정: 연월일을 입력하여 조회기간 설정
	③ 장애 이력 정보 보관
	  - 장비 상태가 정상임을 확인
	  - 저장된 장애관련 데이터를 저장장치에 복사

시험 장비	없음
사용 양식	시험 표준양식(별지 제2-5호)

평가
기준
	① 장애의 등급
	  - A급 장애: 시스템의 사용자에게 제공하는 모든 서비스 사용이 불가능한 상태
	  - B급 장애: 시스템의 사용자에게 제공하는 일부 서비스 사용이 불가능한 상태 혹은 A급 장애가 최소 서비스 시간에 발생한 경우
	  - C급 장애: 시스템의 일부에 문제가 있으나 사용자 업무처리상 장애가 없는 경우 (예: 백업장비에 이상이 있는 경우 등)
	  - D급 장애: 천재지변 등 불가항력적인 사항 또는 통제범위를 벗어난 장애
	② 장애의 측정 기법
	  - 측정 도구: EMS상 장애이력 정보
	  - 측정치의 정의: A급 장애 건수 + B급 장애 건수 × 0.7 (C, D급 장애는 장애건수에 산입하지 않는다)

- 측정 기간: 정밀진단 시, 전 12개월간
- 장애 범위: 장비자체에서 발생하는 장애에 한정

③ 평가방법

평가기준	진단 내용	평가점수
A	측정치 0~1건	5
C	측정치 2~3건	3
E	측정치 4건 이상	1

다. 기지국설비 DU 열상측정

시험 개소	통신기기실

시험 방법	① 선행작업
	  - 진단에 사용되는 열상카메라 검교정 상태를 확인
	  - 정밀진단대상 정상동작 상태(알람, LED) 확인
	② 진단수행(열상측정)
	  - 대상장비와 카메라를 일정한 간격(초점거리)으로 이격시키고 각 진단대상 장비 [Main card, Channel card] 열을 측정
	  - 허용온도(약 40℃)를 초과한 이상 발열 여부 확인
	  - 비접촉식 적외선카메라 측정방식으로 진단을 수행함. 단, 이상 징후가 감지되어 정밀진단이 필요한 경우에는 인터페이스 모듈을 사용하여 운전 설비에 영향이 없도록 사전에 관계기관의 승인을 받아서 실시함
	③ 후행작업(자료 정리)
	  - 측정 자료를 카메라에서 PC로 이동시킨 후, 측정 최소·최대 온도차를 평가기준에 따라 평가

시험 장비	열화상카메라
사용 양식	시험 표준양식(별지 제6-5호)
평가 기준	- 각각 측정된 온도(⊿T: 측정된 온도에서 설비 주변의 온도를 뺀 온도(OA) 또는 타개소 설비와의 온도 차이(OS))에 따라 정상, 불량 내지는 주의 점검 등 여러 판정 사항이 있으며, 이때 기준으로 IETA(International Electrical Testing Association)와 업체 기준을 이용한다. - IETA O/S 기법을 적용하여 온도의 차이에 따라 평가기준을 적용

구분	통신기기와 대기 간 온도차 (ΔT/OA)	통신기기 간 온도차 (ΔT/OS)	판 정	평가 점수
A	기준값 이내 및 하자기간 내 설비 및 1℃ 미만	기준값 이내 및 하자기간 내 설비 및 1℃ 미만	열화 가능성 없음	5
B	1℃~10℃ O/A 이하	1℃~3℃ O/S 이하	열화 가능성 미약	4
C	11℃~20℃ O/A	4℃~15℃ O/S	열화 가능성 있음	3
D	21℃~40℃ O/A	16℃~40℃ O/S	추후 결함으로 진전	2
E	〉40℃ O/A	〉40℃ O/S	결함	1

✓ OA: Over Ambient / 대기온도 증분(ΔT)
✓ OS: Over Similar / 유사설비 상간 증분(ΔT)

3.4 LTE-R 기지국설비 RRU 정밀진단

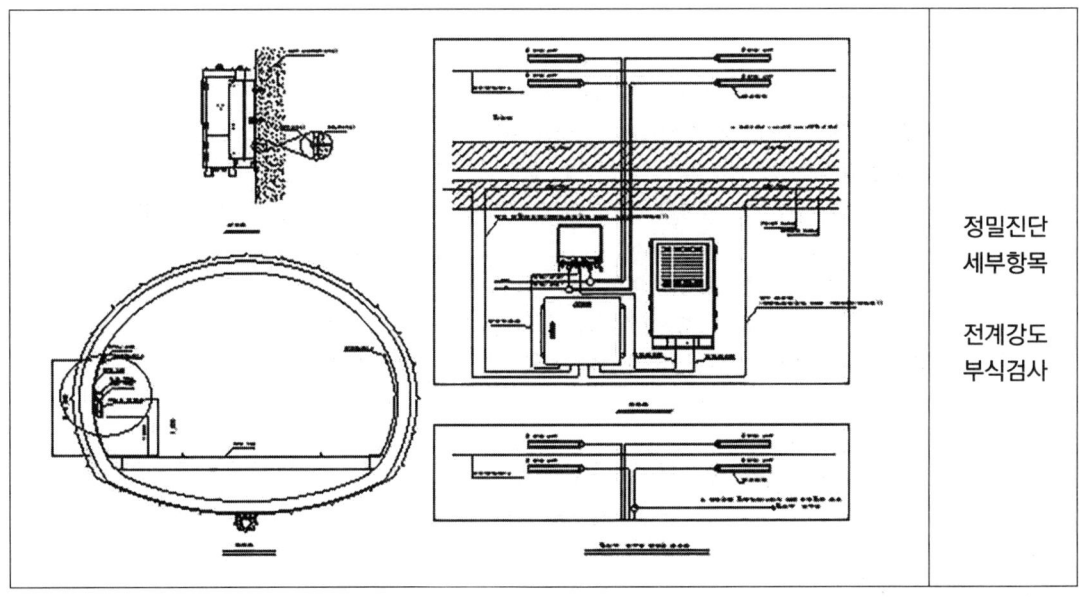

정밀진단 세부항목

전계강도
부식검사

가. LTE-R 기지국설비 RRU 전계강도 측정

시험 개소	열차탑승, 선로변
시험 방법	① 열차 탑승 전계강도 측정 - 열차 객실 내에서 수신되는 전계강도를 측정, 측정 노선에 대하여 주간/야간 각 1회 실시 ② 선로변에서 전계강도 측정 - 현장 팀과 DU EMS 제어 팀으로 구성

	- LTE-R 이중화 셀 커버리지 진단을 위하여, 측정팀은 측정대상 RRU 설치장소에서 수신된 전계강도를 측정하고, 제어팀은 DU NMS(EMS)를 이용하여 측정대상 RRU와 인접한 RRU들의 출력을 조정 - 셀 커버리지 이중화를 점검하기 위하여 중간에 있는 RRU 전파전파를 차단한 후 인접 RRU 전계 강도를 측정 - 시험 전 EMS를 통하여 망 상태를 확인하며, 조사 시행 후에는 열차운행 전 상태로 원상복구
시험 장비	전계강도 측정기, 스펙트럼 아날라이저
사용 양식	시험 표준양식(별지 제9-1-1호(열차 탑승용), 별지 제9-1-2호(선로변용))
평가 기준	<table><tr><th>구분</th><th>A</th><th>B</th><th>C</th><th>D</th><th>E</th></tr><tr><td>전계강도 (dBm)</td><td>-90(B) 초과 또는 하자 기간 내 설비</td><td>-90 이하~ -100 이상</td><td>-100 미만~ -110 이상</td><td>-110 미만~ -113 이상</td><td>-113 미만</td></tr><tr><td>평가점수</td><td>5</td><td>4</td><td>3</td><td>2</td><td>1</td></tr></table>

나. LTE-R 기지국설비 RRU 부식검사

시험 개소	선로변
시험 방법	축전지 외관 상태(배부름, 크랙, 누액, 파손), 단자 및 연결커넥터의 체결 상태를 육안으로 조사
시험 장비	없음
사용 양식	시험 표준양식(별지 제10-4호)
평가 기준	<table><tr><th>구분</th><th>진단 내용</th><th>평가점수</th></tr><tr><td>A</td><td>부식이 전혀 없음</td><td>5</td></tr><tr><td>B</td><td>국부적으로 부식이 발생(점부식발생 면적율 5% 미만)</td><td>4</td></tr><tr><td>C</td><td>부식이 다소 발생(점부식발생 면적율 5~15% 미만)</td><td>3</td></tr><tr><td>D</td><td>전반적으로 부식이 발생(점부식발생 면적율 15~30% 미만)</td><td>2</td></tr><tr><td>E</td><td>부식발생이 심화(점부식발생 면적율 30% 이상)</td><td>1</td></tr></table>

3.5 열차무선방호장치 중앙장치 정밀진단

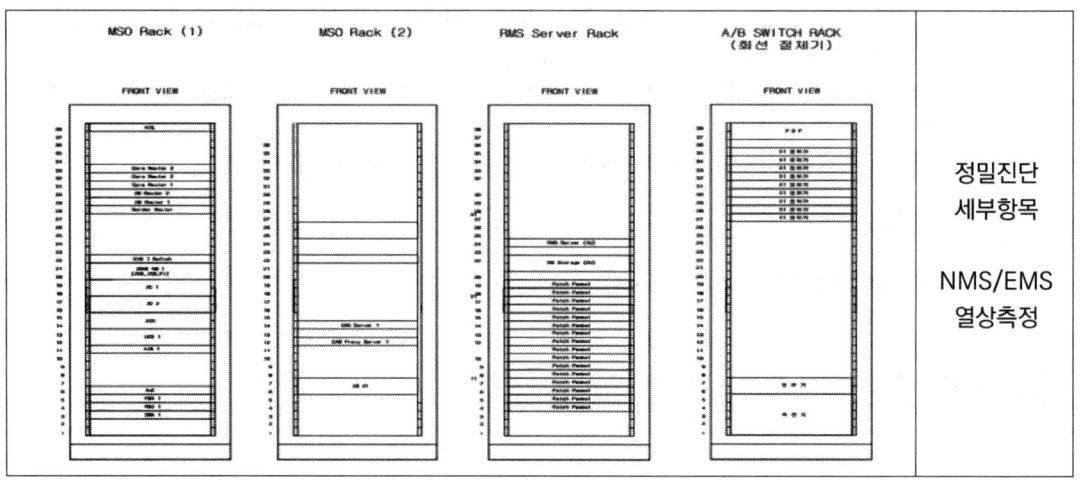

가. 열차무선방호장치 중앙장치 NMS/EMS 검사

설비활용율 ✓   고장발생횟수 ✓

시험 개소	통신기기실
시험 방법	① 준비작업(상태 점검) - 장비 관리자로부터 장비 상태 및 주의 사항을 숙지 - EMS를 통하여 장비의 동작(상태, 알람발생)을 확인 ② 진단수행(경보 이력 로그 조회) - 장비 [EMS] 기능을 이용하여 일정기간단위로 경보(장애 발생) 현황을 조회 - 조회: 저장된 경보내용을 일별/경보 등급별 조회 기능 　✓ 파일저장: 조회된 경보내용을 파일로 저장 가능 　✓ 조회기간 설정: 연월일을 입력하여 조회기간 설정 ③ 장애 이력 정보 보관 - 장비 상태가 정상임을 확인 - 저장된 장애관련 데이터를 저장장치에 복사
시험 장비	없음
사용 양식	시험 표준양식 (별지 제2-6호)
평가 기준	1) 설비 활용률

① 평가 지표 및 산식

항목	지표	지표정의	산식
자원 효율성 (서버)	CPU 활용률	측정한 전체 CPU 용량 대비 사용 CPU 용량의 비율(%)	(사용 CPU 용량 / 전체 CPU 용량) × 100
	메모리 활용률	서버의 물리적 메모리 총량 대비 사용 메모리의 비율(%)	(사용 메모리양 / 전체 메모리 용량) × 100
	디스크 활용률	디스크의 물리적 총 용량 대비 사용 디스크의 비율(%)	(사용 디스크 용량 / 전체 디스크 용량) × 100

② 자료 추출을 위한 사용 명령어

구분	명령어	비고
CPU 활용률	top, mpstat, sar, iostat	- 기기에 따라 지원하는 명령어 다를 수 있음 - GUI 기능으로 대체 가능
메모리 활용률	top, mpstat, sar, iostat	
디스크 활용률	fdisk, sfdisk, cfdisk, parted, df, pydf, lsblk	

③ 평가방법

구분		진단 내용		평가점수
A	CPU	중앙 제어설비	30% 이하	5
		기타	20% 이하	
	메모리		20% 이하	
	디스크		20% 이하	
C	CPU	중앙 제어설비	30%~80%	3
		기타	20%~70%	
	메모리		20% 초과~80% 이하	
	디스크		20% 초과~80% 이하	
E	CPU	중앙 제어설비	80% 초과	1
		기타	70% 초과	
	메모리		80% 초과	
	디스크		90% 초과	

2) 고장·장애 횟수

① 장애의 등급
- A급 장애시스템의 사용자에게 제공하는 모든 서비스 사용이 불가능한 상태 (주전산기 다운, DBMS 다운 등)
- B급 장애시스템의 사용자에게 제공하는 일부 서비스 사용이 불가능한 상태 혹은 A급 장애가 최소 서비스 시간에 발생한 경우
- C급 장애시스템의 일부에 문제가 있으나 사용자 업무처리상 장애가 없는 경우 (예: 백업장비에 이상이 있는 경우 등)
- D급 장애 천재지변 등 불가항력적인 사항 또는 통제범위를 벗어난 장애

② 장애의 측정 기법
  - 측정 도구: [NMS]상 장애이력 정보
  - 측정치의 정의: A급 장애 건수 + B급 장애 건수 × 0.7 (C, D급 장애는 장애건수에 산입하지 않는다)
  - 측정 기간: 정밀진단 시, 이전 1개월 또는 3개월간
③ 평가방법

평가기준	진단 내용	평가점수
A	측정치 0~1건	5
C	측정치 2~3건	3
E	측정치 4건 이상	1

나. 열차무선방호장치 중앙장치 열상측정

시험개소	통신기기실

시험방법	① 선행작업
	  - 진단에 사용되는 열상카메라 검교정 상태를 확인
	  - 정밀진단대상 정상동작 상태(알람, LED) 확인
	② 진단수행(열상측정)
	  - 대상장비와 카메라를 일정한 간격(초점거리)으로 이격시키고 각 진단대상 장비 [주제어서버 전원부 후면] 열을 측정
	  - 허용온도(약 40℃)를 초과한 이상 발열 여부 확인
	  - 비접촉식 적외선카메라 측정방식으로 진단을 수행함. 단, 이상 징후가 감지되어 정밀진단이 필요한 경우에는 인터페이스 모듈을 사용하여 운전 설비에 영향이 없도록 사전에 관계기관의 승인을 받아서 실시함
	③ 후행작업(자료 정리)
	  - 측정 자료를 카메라에서 PC로 이동시킨 후, 측정 최소·최대 온도차를 평가 기준에 따라 평가

시험장비	열화상카메라
사용양식	시험 표준양식(별지 제6-6호)
평가기준	- 각각 측정된 온도(ΔT: 측정된 온도에서 설비 주변의 온도를 뺀 온도(OA) 또는 타개소 설비와의 온도 차이(OS))에 따라 정상, 불량 내지 주의 점검 등 여러 판정 사항이 있으며, 이때 기준으로 IETA(International Electrical Testing Association)와 업체 기준을 이용한다. - IETA O/S 기법을 적용하여 온도의 차이에 따라 평가기준을 적용

구분	통신기기와 대기 간 온도차 (ΔT/OA)	통신기기 간 온도차 (ΔT/OS)	판 정	평가 점수
A	기준값 이내 및 하자기간 내 설비 및 1℃ 미만	기준값 이내 및 하자기간 내 설비 및 1℃ 미만	열화 가능성 없음	5
B	1℃~10℃ O/A 이하	1℃~3℃ O/S 이하	열화 가능성 미약	4
C	11℃~20℃ O/A	4℃~15℃ O/S	열화 가능성 있음	3
D	21℃~40℃ O/A	16℃~40℃ O/S	추후 결함으로 진전	2
E	〉40℃ O/A	〉40℃ O/S	결함	1

✓ OA: Over Ambient / 대기온도 증분(ΔT)
✓ OS: Over Similar / 유사설비 상간 증분(ΔT)

3.6 열차무선방호장치 자동점검시스템 정밀진단

정밀진단 세부항목

모듈검사
열상측정

가. 열차무선방호장치 자동점검시스템 모듈검사

시험 개소	통신기기실
시험 방법	① 선행작업 (상태 점검) - 장비 관리자로부터 장비 상태 및 주의 사항을 숙지 - 장비의 동작을 확인 (Active Side 확인: 제어부, 전원부) ② 진단작업 (장비 절체) - 진단 대상 장비 [(통신제어부)를 절체명령]을 수행하여 한쪽 계통의 장애 시 시스템 중단 없이 이중화 계통으로 자동절체 동작을 확인 - 절체동작을 2회 실시하여, 최소 절체대상보드가 다시 Active상태로 복원되는지 확인 - 정기점검 기록 자료확인 또는 EMS 로그기록 등을 통하여 진단을 수행함

시험 장비	없음
사용 양식	시험 표준양식(별지 제1-2호)

평가 기준	구분	진단 내용	평가점수
	A	절체 대상 모듈의 기능이 정상	5
	C	절체 대상 모듈 중 1개 모듈 비정상	3
	E	절체하여 정상(초기) 상태로 복귀하지 못하는 경우	1

나. 열차무선방호장치 자동점검시스템 열상측정

시험 개소	통신기기실
시험 방법	① 선행작업 - 진단에 사용되는 열상카메라 검교정 상태를 확인 - 정밀진단대상 정상동작 상태(알람, 상태) 확인 ② 진단수행(열상측정) - 대상장비와 카메라를 일정한 간격(초점거리)으로 이격시키고 각 진단대상 장비 [무선통신부 후면] 열을 측정 - 허용온도(약 40℃)를 초과한 이상 발열 여부 확인 - 비접촉식 적외선카메라 측정방식으로 진단을 수행함. 단, 이상 징후가 감지되어 정밀진단이 필요한 경우에는 인터페이스 모듈을 사용하여 운전 설비에 영향이 없도록 사전에 관계기관의 승인을 받아서 실시함 ③ 후행작업(자료 정리) - 측정 자료를 카메라에서 PC로 이동시킨 후, 측정 최소·최대 온도차를 평가기준에 따라 평가
시험 장비	열화상카메라
사용 양식	시험 표준양식(별지 제6-7호)
평가 기준	- 각각 측정된 온도(ΔT: 측정된 온도에서 설비 주변의 온도를 뺀 온도(OA) 또는 타개소 설비와의 온도 차이(OS))에 따라 정상, 불량 내지 주의 점검 등 여러 판정 사항이 있으며, 이때 기준으로 IETA(International Electrical Testing Association)와 업체 기준을 이용한다. - IETA O/S 기법을 적용하여 온도의 차이에 따라 평가기준을 적용

구분	통신기기와 대기 간 온도차 (ΔT/OA)	통신기기 간 온도차 (ΔT/OS)	판 정	평가 점수
A	기준값 이내 및 하자기간 내 설비 및 1℃ 미만	기준값 이내 및 하자기간 내 설비 및 1℃ 미만	열화 가능성 없음	5
B	1℃~10℃ O/A 이하	1℃~3℃ O/S 이하	열화 가능성 미약	4
C	11℃~20℃ O/A	4℃~15℃ O/S	열화 가능성 있음	3
D	21℃~40℃ O/A	16℃~40℃ O/S	추후 결함으로 진전	2
E	〉40℃ O/A	〉40℃ O/S	결함	1

✓ OA: Over Ambient / 대기온도 증분(ΔT)
✓ OS: Over Similar / 유사설비 상간 증분(ΔT)

3.7 열차무선방호장치 중계장치 정밀진단

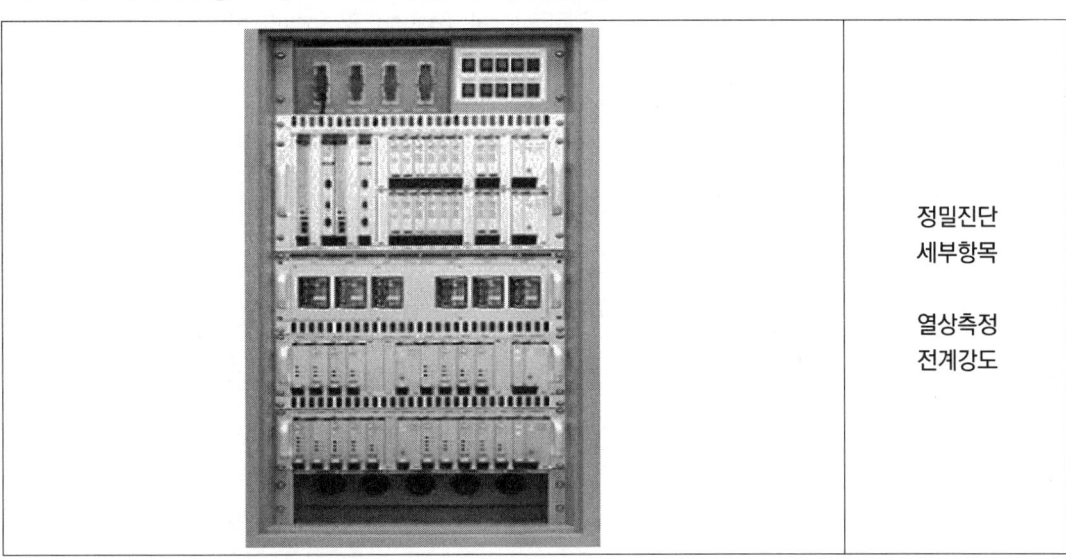

정밀진단
세부항목

열상측정
전계강도

가. 열차무선방호장치 중계장치 열상측정

시험 개소	선로변
시험 방법	① 선행작업 　- 진단에 사용되는 열상카메라 검교정 상태를 확인 　- 정밀진단대상 정상동작 상태(알람, LED) 확인 ② 진단수행(열상측정) 　- 대상장비와 카메라를 일정한 간격(초점거리)으로 이격시키고 각 진단대상 장비 [주제어부 전면부] 열을 측정

	- 허용온도(약 40℃)를 초과한 이상 발열 여부 확인 - 비접촉식 적외선카메라 측정방식으로 진단을 수행함. 단, 이상 징후가 감지되어 정밀진단이 필요한 경우에는 인터페이스 모듈을 사용하여 운전 설비에 영향이 없도록 사전에 관계기관의 승인을 받아서 실시함 ③ 후행작업 - 측정 자료를 카메라에서 PC로 이동시킨 후, 측정 최소·최대 온도차를 평가기준에 따라 평가
시험 장비	열화상카메라
사용 양식	시험 표준양식(별지 제6-8호)
평가 기준	- 각각 측정된 온도(ΔT: 측정된 온도에서 설비 주변의 온도를 뺀 온도(OA) 또는 타개소 설비와의 온도 차이(OS))에 따라 정상, 불량 내지는 주의 점검 등 여러 판정 사항이 있으며, 이때 기준으로 IETA(International Electrical Testing Association)와 업체 기준을 이용한다. - IETA O/S 기법을 적용하여 온도의 차이에 따라 평가기준을 적용 | 구분	통신기기와 대기 간 온도차 (ΔT/OA)	통신기기 간 온도차 (ΔT/OS)	판정	평가 점수
---	---	---	---	---
A	기준값 이내 및 하자기간 내 설비 및 1℃ 미만	기준값 이내 및 하자기간 내 설비 및 1℃ 미만	열화 가능성 없음	5
B	1℃~10℃ O/A 이하	1℃~3℃ O/S 이하	열화 가능성 미약	4
C	11℃~20℃ O/A	4℃~15℃ O/S	열화 가능성 있음	3
D	21℃~40℃ O/A	16℃~40℃ O/S	추후 결함으로 진전	2
E	〉 40℃ O/A	〉 40℃ O/S	결함	1	 ✓ OA: Over Ambient / 대기온도 증분(ΔT) ✓ OS: Over Similar / 유사설비 상간 증분(ΔT)

나. 열차무선방호장치 중계장치 전계강도

시험 개소	선로변
시험 방법	① 출력 확인 - 출력 범위가 1W~5W이며, 출력 범위가 상한 20%, 하한 50% ② 출력 측정 - 중계장치 [HPA와 급전선]을 해체하여, 그 사이에 Watt Meter를 삽입하여 커넥터를 체결함 - 시험장비를 이용하여 방사전력을 측정

시험 장비	전계강도 측정기, 스펙트럼 아날라이저				
사용 양식	시험 표준양식(별지 제9-2호)				
평가 기준	구분	A	B	C	D	E
	송신출력	무선국 신고값(B) 또는 하자기간 내 설비	무선국 신고값 ±5% 이내	무선국 신고값 ±5%~±10% 이내	-	무선국 신고값 ±10% 초과
	평가점수	5	4	3	2	1

3.8 열차무선방호장치 케이블안테나 정밀진단

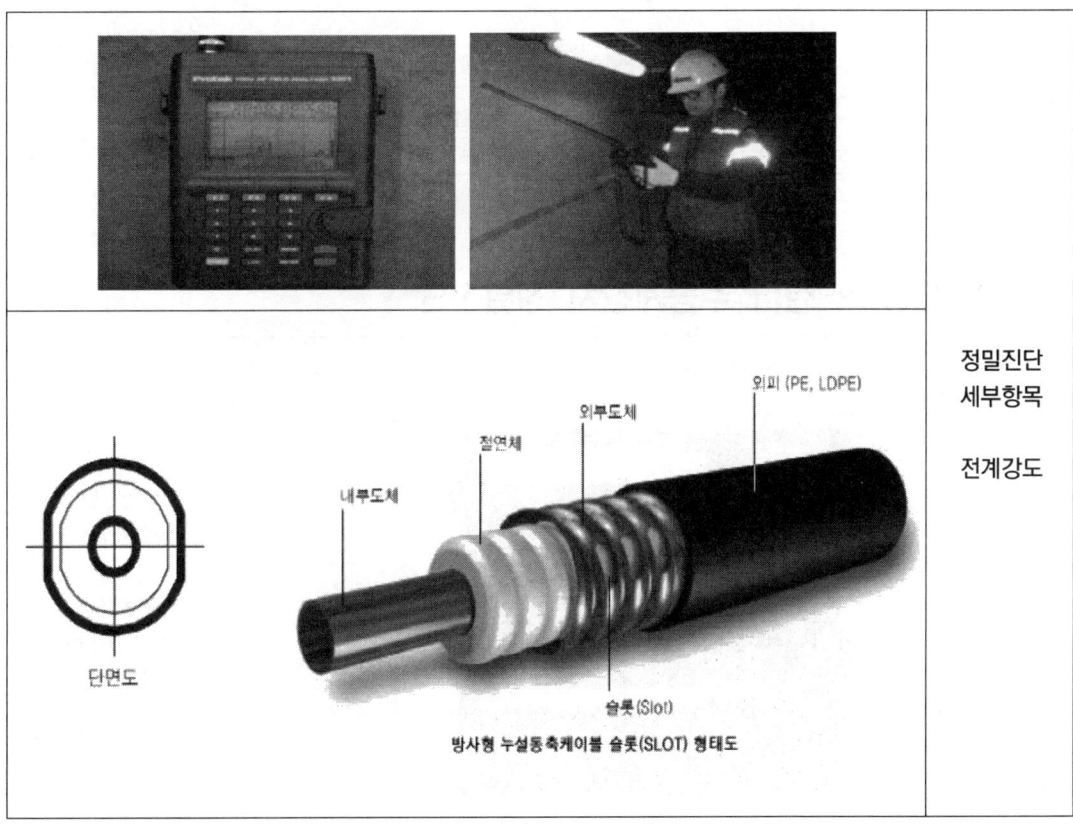

가. 열차무선방호장치 케이블안테나 전계강도 측정

시험 개소	터널 내

시험 방법	① 선행작업(전계강도 측정기 설정) 　- 주파수를 입력 (ex: 1534400.00Hz) 　- SPAN을 설정 (ex: 200KHz) ② 진단수행(전계강도 측정) 　- 터널 입구에서부터 터널 종단까지 [터널 내 케이블 안테나에서 반대편 벽쪽]에서 도보로 이동 　- 수신감도를 전계강도 측정기(RF Analyzer)를 이용하여 측정
시험 장비	전계강도 측정기, 스펙트럼 아날라이저
사용 양식	시험 표준양식(별지 제9-3호)

평가 기준 단위: [dBm]

구분	A	B	C	D	E
전계강도 (dBm)	-90(B) 초과 또는 하자 기간 내 설비	-90 이하~ -100 이상	-100 미만~ -110 이상	-110 미만~ -113 이상	-113 미만
평가점수	5	4	3	2	1

3.9 재난방송수신설비 주중계장치 정밀진단

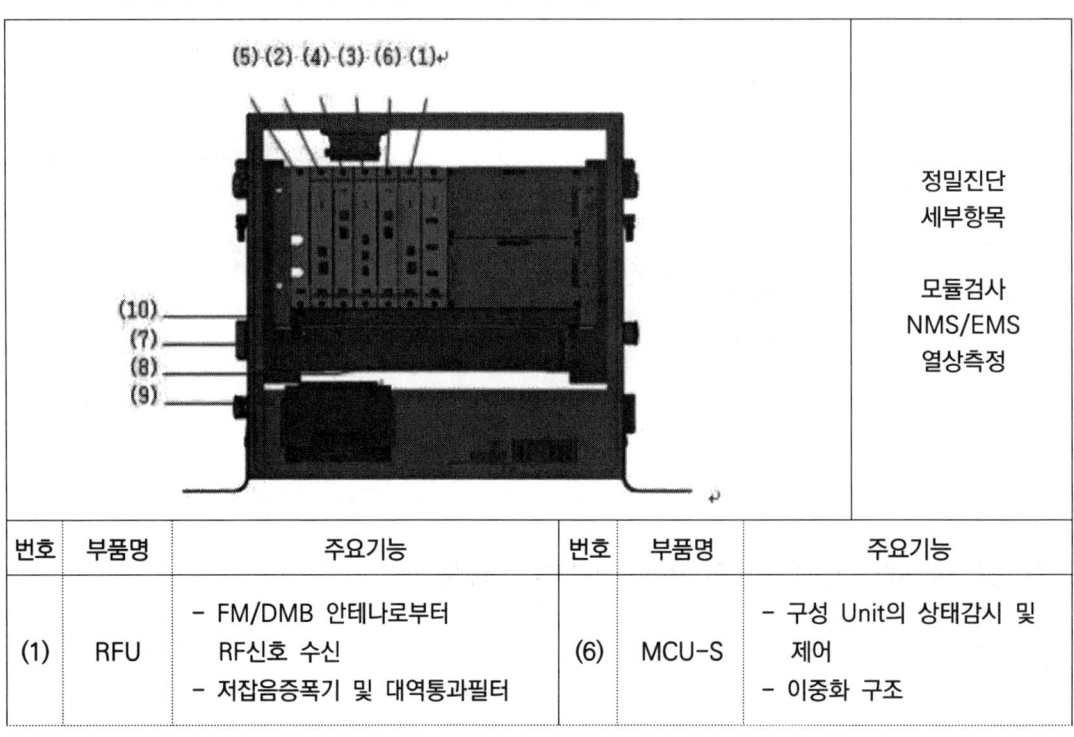

번호	부품명	주요기능	번호	부품명	주요기능
(1)	RFU	- FM/DMB 안테나로부터 RF신호 수신 - 저잡음증폭기 및 대역통과필터	(6)	MCU-S	- 구성 Unit의 상태감시 및 제어 - 이중화 구조

		- 이득제어, 입력레벨 감시 기능 - 과입력 ALC 기능 (45dB range)			- 원격유지관리장치(EMS) 연동 - GUI(USB-B) 제공
(2)	DTU-M	- FM/DMB RF신호를 광신호로 변환 및 광전송 - 이중화 구조 - 전송파장(속도): 150nm/1310nm(3Gbps)	(7)	PSU-M	- 구성 Unit에 전원 공급, 이중화구조 - AC알람, DC알람, BAT알람, 사용전압표시
(3)	DTU-S	- FM/DMB RF신호를 광신호로 변환 및 광전송 - 이중화 구조 - 전송파장(속도): 150/1310nm (3Gbps)	(8)	PSU-S	- 구성 Unit에 전원 공급, 이중화구조 - AC알람, DC알람, BAT알람, 사용전압표시
(4)	OSU	- 장애 시 bypass 기능 수행	(9)	BATERY	- 정전 시 30분 Back up 기능 - 12V/7AH
(5)	MCU-M	- 구성 Unit의 상태감시 및 제어 - 이중화 구조 - 원격유지관리장치(EMS) 연동 - GUI(USB-B)제공	(10)	FAU	- 방열을 위한 내부 열 순환

가. 재난방송수신설비 주중계장치 모듈검사

시험 개소	통신기기실
시험 방법	① 선행작업(Cable 접속 상태 및 LED 동작 상태) - 케이블 접속 상태를 확인 - PWR LED 점등 등 상태를 확인 ② 진단수행(전원 이중화 절체) - 기기의 정상 동작 상태를 확인 - 기기의 [Main PSU와 Sub PSU]가 ON상태임을 확인 - 기기의 출력과 LED가 정상 상태로 동작하는지 확인 - 정기점검 기록 자료 확인 또는 EMS 로그기록 등을 통하여 진단을 수행함
시험 장비	없음

사용 양식	시험 표준양식(별지 제1-3호)

평가 기준	구분	진단 내용	평가점수
	A	절체 대상 모듈의 기능이 정상	5
	C	절체 대상 모듈 중 1개 모듈 비정상	3
	E	절체하여 정상(초기) 상태로 복귀하지 못하는 경우	1

나. 재난방송수신설비 주중계장치 NMS/EMS 검사

설비활용율   고장발생횟수 ✓

시험 개소	통신기기실
시험 방법	① 상태 점검 　- 장비 관리자로부터 장비 상태 및 주의 사항을 숙지 　- EMS를 통하여 장비의 동작을 확인 ② 경보 이력 로그 조회 　- 장비 EMS 기능을 이용하여 운용 EMS에서 저장되어 있는 데이터를 일정기간단위로 경보 　　(장애 발생) 현황을 조회 　- 조회: 저장된 경보내용을 일별/경보 등급별 조회 기능 　　✓ 파일저장: 조회된 경보내용을 파일로 저장 가능 　　✓ 조회기간 설정: 연월일을 입력하여 조회기간 설정 ③ 장애 이력 정보 보관 　- 장비 상태가 정상임을 확인 　- 저장된 장애관련 데이터를 저장장치에 복사
시험 장비	없음
사용 양식	시험 표준양식(별지 제2-7호)
평가 기준	① 장애의 등급 　- A급 장애: 시스템의 사용자에게 제공하는 모든 서비스 사용이 불가능한 상태 　- B급 장애: 시스템의 사용자에게 제공하는 일부 서비스 사용이 불가능한 상태 혹은 A급 장 　　애가 최소 서비스 시간에 발생한 경우 　- C급 장애: 시스템의 일부에 문제가 있으나 사용자 업무처리상 장애가 없는 경우 (예: 백업 　　장비에 이상이 있는 경우 등) 　- D급 장애: 천재지변 등 불가항력적인 사항 또는 통제범위를 벗어난 장애

② 장애의 측정 기법
  - 측정 도구: EMS 상 장애이력 정보
  - 측정치의 정의: A급 장애 건수 + B급 장애 건수 × 0.7 (C, D급 장애는 장애건수에 산입하지 않는다)
  - 측정 기간: 정밀진단 시, 전 12개월간
  - 장애 범위: 장비자체에서 발생하는 장애에 한정
③ 평가방법

평가기준	진단 내용	평가점수
A	측정치 0~1건	5
C	측정치 2~3건	3
E	측정치 4건 이상	1

다. 재난방송수신설비 주중계장치 열상측정

시험 개소	통신기기실
시험 방법	① 선행작업 　- 진단에 사용되는 열상카메라 검교정 상태를 확인 　- 정밀진단대상 정상동작 상태(알람, LED) 확인 ② 진단수행(열상측정) 　- 대상장비와 카메라를 일정한 간격(초점거리)으로 이격시키고 각 진단대상 장비 [DTU-M, DTU-S] 열을 측정 　- 허용온도(약 40℃)를 초과한 이상 발열 여부 확인 　- 비접촉식 적외선카메라 측정방식으로 진단을 수행함. 단, 특별한 이상이 감지되어 인터페이스 모듈을 사용하는 경우에는 운전 설비에 영향이 없는 방법을 강구하여 사전에 관계기관의 승인을 받아서 실시함 ③ 후행작업 　- 측정 자료를 카메라에서 PC로 이동시킨 후, 측정 최소·최대 온도차를 평가기준에 따라 평가
시험 장비	열화상카메라
사용 양식	시험 표준양식(별지 제6-9호)
평가 기준	- 각각 측정된 온도(ΔT: 측정된 온도에서 설비 주변의 온도를 뺀 온도(OA) 또는 타개소 설비와의 온도 차이(OS))에 따라 정상, 불량 내지는 주의 점검 등 여러 판정 사항이 있으며, 이때 기준으로 IETA(International Electrical Testing Association)와 업체 기준을 이용한다. - IETA O/S 기법을 적용하여 온도의 차이에 따라 평가기준을 적용

구분	통신기기와 대기 간 온도차 (ΔT/OA)	통신기기 간 온도차 (ΔT/OS)	판 정	평가 점수
A	기준값 이내 및 하자기간 내 설비 및 1℃ 미만	기준값 이내 및 하자기간 내 설비 및 1℃ 미만	열화 가능성 없음	5
B	1℃~10℃ O/A 이하	1℃~3℃ O/S 이하	열화 가능성 미약	4
C	11℃~20℃ O/A	4℃~15℃ O/S	열화 가능성 있음	3
D	21℃~40℃ O/A	16℃~40℃ O/S	추후 결함으로 진전	2
E	〉40℃ O/A	〉40℃ O/S	결함	1

✓ OA: Over Ambient / 대기온도 증분(ΔT)
✓ OS: Over Similar / 유사설비 상간 증분(ΔT)

3.10 재난방송수신설비 보조중계장치 정밀진단

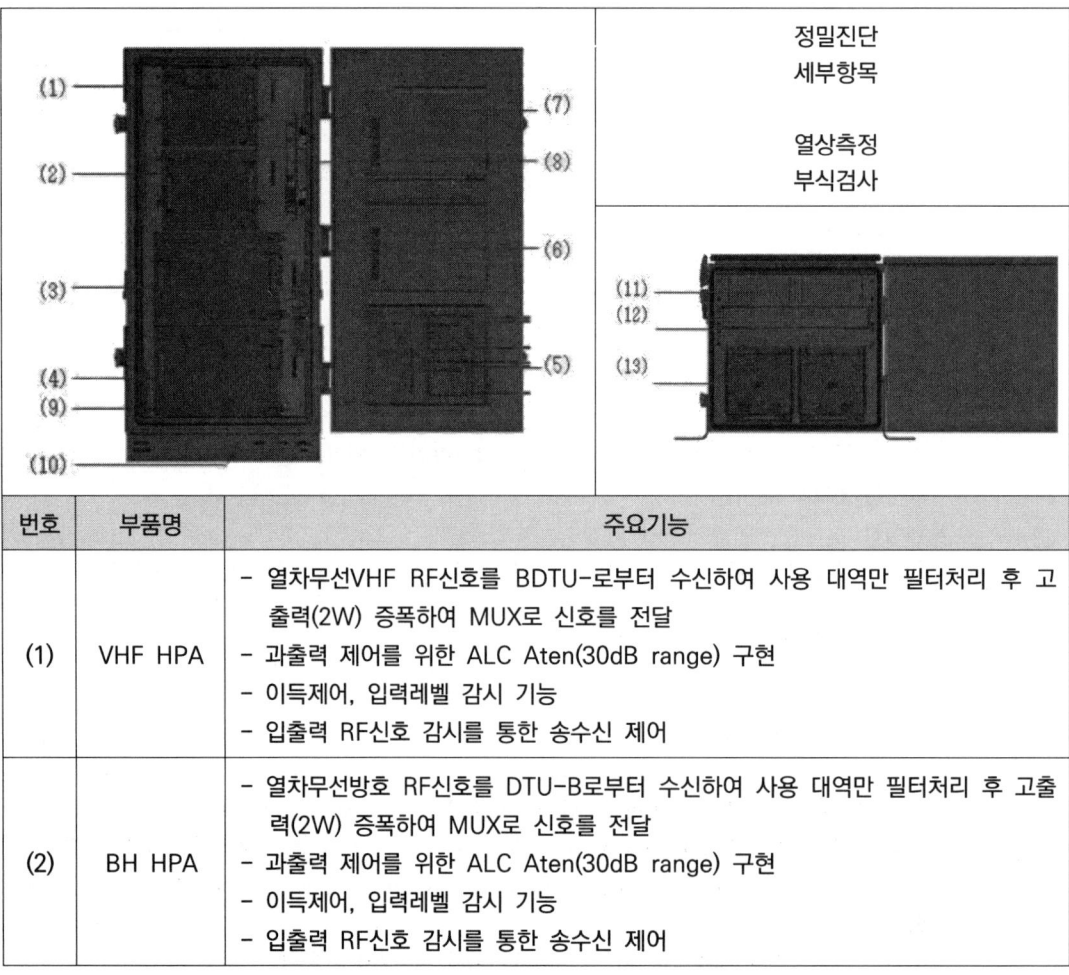

번호	부품명	주요기능
(1)	VHF HPA	- 열차무선VHF RF신호를 BDTU-로부터 수신하여 사용 대역만 필터처리 후 고출력(2W) 증폭하여 MUX로 신호를 전달 - 과출력 제어를 위한 ALC Aten(30dB range) 구현 - 이득제어, 입력레벨 감시 기능 - 입출력 RF신호 감시를 통한 송수신 제어
(2)	BH HPA	- 열차무선방호 RF신호를 DTU-B로부터 수신하여 사용 대역만 필터처리 후 고출력(2W) 증폭하여 MUX로 신호를 전달 - 과출력 제어를 위한 ALC Aten(30dB range) 구현 - 이득제어, 입력레벨 감시 기능 - 입출력 RF신호 감시를 통한 송수신 제어

(3)	DMB HPA	- DMB RF신호를 DTU-A로부터 수신하여 사용 대역만 필터처리 후 고출력 (20W0 증폭하여 MUX로 신호를 전달 - 과출력 제어를 위한 ALC Aten(30dB range) 구현 - 이득제어, 입력레벨 감시 기능 - 입출력 RF신호 감시를 통한 송수신 제어
(4)	FM HPA	- FM RF신호를 DTU-A로부터 수신하여 사용 대역만 필터 처리 후 고출력 (40W) 증폭하여 MUX로 신호를 전달 - 과출력 제어를 위한 ALC Aten(30dB range) 구현 - 이득제어, 입력레벨 감시 기능 - 입출력 RF신호 감시를 통한 송수신 제어
(5)	OSU	- 장애 시 bypass 기능 수행 - DTU-A(FM/DMB)의 광신호와 DTU-B(열차무선방호)의 광신호를 결합하여 광케이블 1core로 하위 장비에 광신호 전달
(6)	DTU-B	- 열차무선방호/열차무선VHF 광신호를 상단 장치로부터 수신하여 광·전변환을 통해 RF신호로 변환 - 전송파장(속도): TR 1450nm/1590nm (3Gbps), IR 1590nm/1450nm (3Gbps)
(7)	DTU-A	- FM DMB 광신호를 상위단 장치로 부터 수신하여 광·전 변환을 통해 RF신호로 변환 - 전송파장(속도): TR 1310nm/150nm (3Gbps), IR 150nm/1310nm (3Gbps)
(8)	MCU	- 구성 Unit의 상태감시 및 제어 - RF 입, 출력 신호 감시 - Optic 관련 정보 감시 - 방호, VHF 송수신 동작 제어 - Local GUI(USB-B)제공 - ALC, Shutdown, 온도보상기능 외 기능 수행
(9)	HEATER	- 함체내부의 온도를 일정하게 유지하기 위한 Heater
(10)	FAU	- 방열을 위한 내부 열 순환
(11)	PSU-M	- 구성 Unit에 전원 공급, 이중화구조 - AC알람, DC알람, BAT알람, 사용전압표시
(12)	PSU-S	- 구성 Unit에 전원 공급, 이중화구조 - AC알람, DC알람, BAT알람, 사용전압표시
(13)	BAU	- 정전 시 30분 Back up 기능 - 12V/18AH * 4개

가. 재난방송수신설비 보조중계장치 열상측정

시험 개소	통신기기실
시험 방법	① 선행작업 　- 진단에 사용되는 열상카메라 검교정 상태를 확인 　- 정밀진단대상 정상동작 상태(알람, LED) 확인 ② 진단수행(열상측정) 　- 대상장비와 카메라를 일정한 간격(초점거리)으로 이격시키고 각 진단대상 모듈 [HPA] 전면부 열을 측정 　- 허용온도(약 40℃)를 초과한 이상 발열 여부 확인 　- 비접촉식 적외선카메라 측정방식으로 진단을 수행함. 단, 이상 징후가 감지되어 정밀진단이 필요한 경우에는 인터페이스 모듈을 사용하여 운전 설비에 영향이 없도록 사전에 관계기관의 승인을 받아서 실시함 ③ 후행작업 　- 측정 자료를 카메라에서 PC로 이동시킨 후, 측정 최소·최대 온도차를 평가기준에 따라 평가
시험 장비	열화상카메라
사용 양식	시험 표준양식(별지 제6-10호)
평가 기준	- 각각 측정된 온도(ΔT: 측정된 온도에서 설비 주변의 온도를 뺀 온도(OA) 또는 타개소 설비와의 온도 차이(OS))에 따라 정상, 불량 내지는 주의 점검 등 여러 판정 사항이 있으며, 이때 기준으로 IETA(International Electrical Testing Association)와 업체 기준을 이용한다. - IETA O/S 기법을 적용하여 온도의 차이에 따라 평가기준을 적용 | 구분	통신기기와 대기 간 온도차 (ΔT/OA)	통신기기 간 온도차 (ΔT/OS)	판정	평가 점수
---	---	---	---	---
A	기준값 이내 및 하자기간 내 설비 및 1℃ 미만	기준값 이내 및 하자기간 내 설비 및 1℃ 미만	열화 가능성 없음	5
B	1℃~10℃ O/A 이하	1℃~3℃ O/S 이하	열화 가능성 미약	4
C	11℃~20℃ O/A	4℃~15℃ O/S	열화 가능성 있음	3
D	21℃~40℃ O/A	16℃~40℃ O/S	추후 결함으로 진전	2
E	〉 40℃ O/A	〉 40℃ O/S	결함	1	 ✓ OA: Over Ambient / 대기온도 증분(ΔT) ✓ OS: Over Similar / 유사설비 상간 증분(ΔT)

나. 재난방송수신설비 보조중계장치 부식검사

시험개소	선로변 (터널 내)		
시험방법	진단수행 - BAU, 케이블 안테나 접속부 등을 육안으로 [배터리 배부름 및 접속부식]의 여부를 조사		
시험장비	육안검사		
사용양식	시험 표준양식(별지 제10-6호)		
평가기준	구분	진단 내용	평가점수
	A	부식이 전혀 없음	5
	B	국부적으로 부식이 발생(점부식발생 면적율 5% 미만)	4
	C	부식이 다소 발생(점부식발생 면적율 5~15% 미만)	3
	D	전반적으로 부식이 발생(점부식발생 면적율 15~30% 미만)	2
	E	부식발생이 심화(점부식발생 면적율 30% 이상)	1

4. 전화교환설비

분류진단 항목집계	중분류	소분류	세분류	진단항목	설비의 유형
	전화 교환설비	전화 교환기	전자 교환기	모듈검사, NMS/EMS, BER측정, 열상측정	제어설비
			관제전화주장치	모듈검사, NMS/EMS, 열상측정	제어설비

4.1 전화교환기 전자교환기 정밀진단

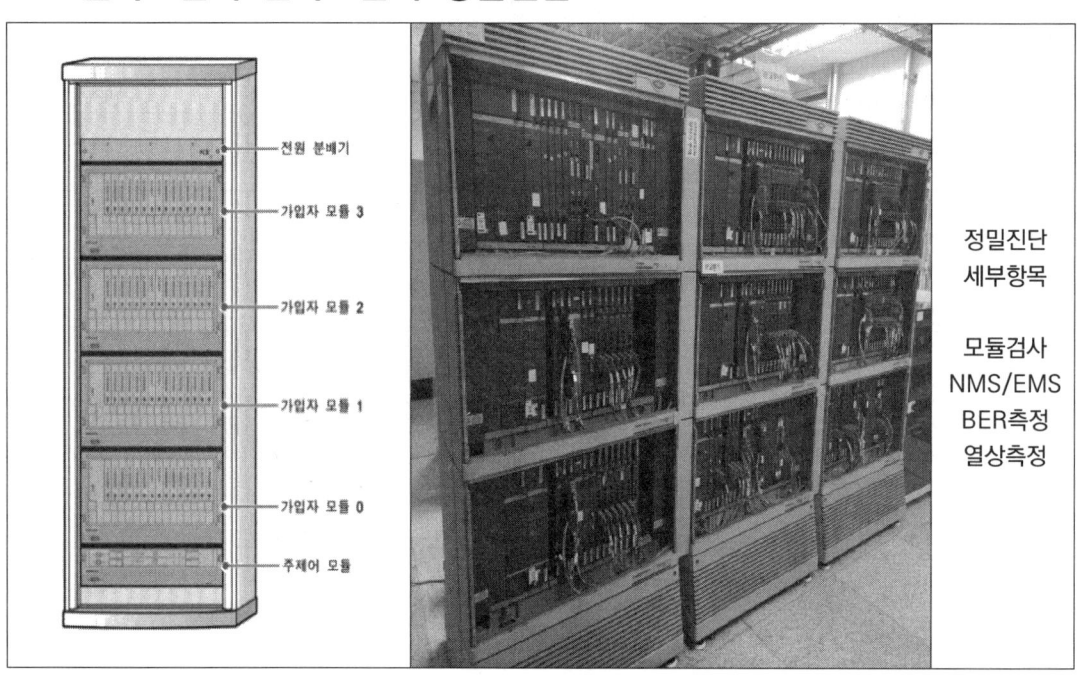

가. 전자교환기 모듈검사

시험 개소	통신기기실
시험 방법	① 선행작업 - 전원 출력(-48 V) 확인 - 배터리상태 확인 ② 진단수행 (절체 작업) - [이중화된 제어부] 진단을 위하여, 모듈 절체 전·과정·후에서 모듈의 정상동작여부를 조사 - 처음 제어부가 ACTIVE 상태가 되도록 절체 2번 연속 수행 - 정기점검 기록 자료확인 또는 EMS 로그기록 등을 통하여 진단을 수행함

시험 장비	없음			
사용 양식	시험 표준양식(별지 제1-4호)			
평가 기준	구분	진단 내용		평가점수
	A	절체 대상 모듈의 기능이 정상		5
	C	절체 대상 모듈 중 1개 모듈 비정상		3
	E	절체하여 정상(초기) 상태로 복귀하지 못하는 경우		1

나. 전자교환기 NMS/EMS 검사

<u>설비활용율</u> ✓   <u>고장발생횟수</u> ✓

시험 개소	통신기기실			

시험 방법	① 준비작업(상태 점검)
	  - 장비 관리자로부터 장비 상태 및 주의 사항을 숙지
	  - EMS를 통하여 장비의 동작을 확인
	② 진단수행(경보 이력 로그 조회)
	  - 장비 [EMS]를 통하여 일정기간단위로 경보(장애 발생) 현황을 조회
	  - 조회: 저장된 경보내용을 일별/경보 등급별 조회 기능
	    ✓ 파일저장: 조회된 경보내용을 파일로 저장 가능
	    ✓ 조회기간 설정: 연월일을 입력하여 조회기간 설정
	③ 후행작업 (이력 정보 저장)
	  - 장비 상태가 정상임을 확인
	  - 저장된 장애관련 데이터를 저장장치에 복사			

시험 장비	없음			
사용 양식	시험 표준양식(별지 제2-8호)			
평가 기준	1) 설비 활용률			
	① 평가 지표 및 산식			
	항목	지표	지표정의	산식
	자원 효율성	CPU 활용률	측정한 전체 CPU 용량 대비 사용 CPU 용량의 비율(%)	(사용 CPU 용량 / 전체 CPU 용량) × 100

항목	지표	지표정의	산식
(서버)	메모리 활용률	서버의 물리적 메모리 총량 대비 사용 메모리의 비율(%)	(사용 메모리양 / 전체 메모리 용량) × 100
	디스크 활용률	디스크의 물리적 총 용량 대비 사용 디스크의 비율(%)	(사용 디스크 용량 / 전체 디스크 용량) × 100

② 자료 추출을 위한 사용 명령어

구분	명령어	비고
CPU 활용률	top, mpstat, sar, iostat	- 기기에 따라 지원하는 명령어 다를 수 있음 - GUI 기능으로 대체 가능
메모리 활용률	top, mpstat, sar, iostat	
디스크 활용률	fdisk, sfdisk, cfdisk, parted, df, pydf, lsblk	

③ 평가방법

구분		진단 내용		평가점수
A	CPU	중앙 제어설비	30% 이하	5
		기타	20% 이하	
	메모리		20% 이하	
	디스크		20% 이하	
C	CPU	중앙 제어설비	30%~80%	3
		기타	20%~70%	
	메모리		20% 초과~80% 이하	
	디스크		20% 초과~80% 이하	
E	CPU	중앙 제어설비	80% 초과	1
		기타	70% 초과	
	메모리		80% 초과	
	디스크		90% 초과	

2) 고장·장애 횟수

① 장애의 등급
- A급 장애시스템의 사용자에게 제공하는 모든 서비스 사용이 불가능한 상태 (주전산기 다운, DBMS 다운 등)
- B급 장애시스템의 사용자에게 제공하는 일부 서비스 사용이 불가능한 상태 혹은 A급 장애가 최소 서비스 시간에 발생한 경우
- C급 장애시스템의 일부에 문제가 있으나 사용자 업무처리상 장애가 없는 경우 (예: 백업장비에 이상이 있는 경우 등)
- D급 장애 천재지변 등 불가항력적인 사항 또는 통제범위를 벗어난 장애

② 장애의 측정 기법
- 측정 도구: [NMS]상 장애이력 정보
- 측정치의 정의: A급 장애 건수 + B급 장애 건수 × 0.7 (C, D급 장애는 장애건수에 산입하지 않는다)
- 측정 기간: 정밀진단 시, 이전 1개월 또는 3개월간
③ 평가방법

평가기준	진단 내용	평가점수
A	측정치 0~1건	5
C	측정치 2~3건	3
E	측정치 4건 이상	1

다. 전자교환기 BER측정

시험개소	통신기기실
시험방법	진단수행 - 중계구간 전송설비의 광송수신 레벨, 성능 임계치값을 측정하여 [광송수신 유니트 및 광케이블]의 BER 성능을 판단
시험장비	BER측정기, 네트워크 아날라이저
사용양식	시험 표준양식(별지 제3-2호)

평가기준	구분	A	B	C	D	E
	오류초율(ES)	ES = 0 및 하자기간 내 설비	1~10	11~66	67 이상	-
	평가점수	5	4	3	2	1

라. 전자교환기 열상측정

시험개소	통신기기실
시험방법	① 선행작업 - 진단에 사용되는 열상카메라 검교정 상태를 확인 - 정밀진단대상 정상동작 상태(알람, LED) 확인 ② 진단수행(열상측정) - 대상장비와 카메라를 일정한 간격(초점거리)으로 이격시키고 각 진단대상 장비 [전원부 후면] 열을 측정

	- 허용온도(약 40℃)를 초과한 이상 발열 여부 확인 - 비접촉식 적외선카메라 측정방식으로 진단을 수행함. 단, 이상 징후가 감지되어 정밀진단이 필요한 경우에는 인터페이스 모듈을 사용하여 운전 설비에 영향이 없도록 사전에 관계기관의 승인을 받아서 실시함 ③ 후행작업 - 측정 자료를 카메라에서 PC로 이동시킨 후, 측정 최소·최대 온도차를 평가기준에 따라 평가
시험 장비	열화상카메라
사용 양식	시험 표준양식(별지 제6-11호)
평가 기준	- 각각 측정된 온도(ΔT: 측정된 온도에서 설비 주변의 온도를 뺀 온도(OA) 또는 타개소 설비와의 온도 차이(OS))에 따라 정상, 불량 내지는 주의 점검 등 여러 판정 사항이 있으며, 이때 기준으로 IETA(International Electrical Testing Association)와 업체 기준을 이용한다. - IETA O/S 기법을 적용하여 온도의 차이에 따라 평가기준을 적용 | 구분	통신기기와 대기 간 온도차 (ΔT/OA)	통신기기 간 온도차 (ΔT/OS)	판 정	평가 점수
---	---	---	---	---
A	기준값 이내 및 하자기간 내 설비 및 1℃ 미만	기준값 이내 및 하자기간 내 설비 및 1℃ 미만	열화 가능성 없음	5
B	1℃~10℃ O/A 이하	1℃~3℃ O/S 이하	열화 가능성 미약	4
C	11℃~20℃ O/A	4℃~15℃ O/S	열화 가능성 있음	3
D	21℃~40℃ O/A	16℃~40℃ O/S	추후 결함으로 진전	2
E	〉40℃ O/A	〉40℃ O/S	결함	1	 ✓ OA: Over Ambient / 대기온도 증분(ΔT) ✓ OS: Over Similar / 유사설비 상간 증분(ΔT)

4.2 전화교환기 관제전화주장치 정밀진단

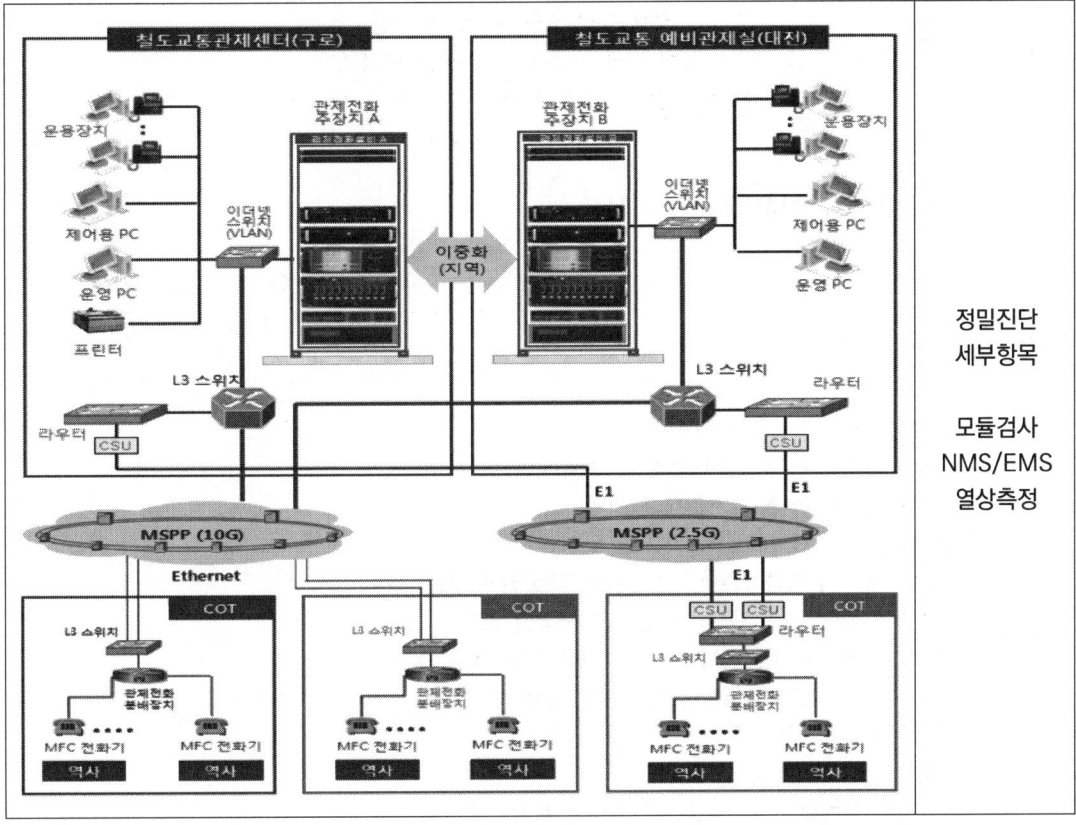

정밀진단 세부항목

모듈검사
NMS/EMS
열상측정

가. 관제전화주장치 모듈검사

시험 개소	통신기기실
시험 방법	① 선행작업 (사전준비) - 전원 출력(-48 V) 및 배터리상태 확인 ② 진단수행(절체 작업) - [이중화된 제어부] 진단을 위하여, 모듈 절체 전·과정·후에서 모듈의 정상동작여부를 조사 - 처음 제어부가 ACTIVE 상태가 되도록 절체 2번 연속 수행 - 정기점검 기록 자료확인 또는 EMS 로그기록 등을 통하여 진단을 수행함
시험 장비	없음
사용 양식	시험 표준양식(별지 제1-5호)

평가 기준	구분	진단 내용	평가점수
	A	절체 대상 모듈의 기능이 정상	5
	C	절체 대상 모듈 중 1개 모듈 비정상	3
	E	절체하여 정상(초기) 상태로 복귀하지 못하는 경우	1

나. 관제전화주장치 NMS/EMS 검사

설비활용율 ✓   고장발생횟수 ✓

시험 개소	통신기기실
시험 방법	① 선행작업 (장비 상태 점검) 　- 장비 관리자로부터 장비 상태 및 주의 사항을 숙지 　- EMS를 통하여 장비의 동작을 확인 ② 진단수행(경보 이력 로그 조회) 　- 장비 [EMS] 통하여 일정기간단위로 경보(장애 발생) 현황을 조회 　- 조회: 저장된 경보내용을 일별/경보 등급별 조회 기능 　　✓ 파일저장: 조회된 경보내용을 파일로 저장 가능 　　✓ 조회기간 설정: 연월일을 입력하여 조회기간 설정 ③ 후행작업 (이력 정보 저장) 　- 장비 상태가 정상임을 확인 　- 저장된 장애관련 데이터를 저장장치에 복사
시험 장비	없음
사용 양식	시험 표준양식(별지 제2-9호)

평가 기준	1) 설비 활용률 ① 평가 지표 및 산식

항목	지표	지표정의	산식
자원 효율성 (서버)	CPU 활용률	측정한 전체 CPU 용량 대비 사용 CPU 용량의 비율(%)	(사용 CPU 용량 / 전체 CPU 용량) × 100
	메모리 활용률	서버의 물리적 메모리 총량 대비 사용 메모리의 비율(%)	(사용 메모리양 / 전체 메모리 용량) × 100
	디스크 활용률	디스크의 물리적 총 용량 대비 사용 디스크의 비율(%)	(사용 디스크 용량 / 전체 디스크 용량) × 100

② 자료 추출을 위한 사용 명령어

구분	명령어	비고
CPU 활용률	top, mpstat, sar, iostat	- 기기에 따라 지원하는 명령어 다를 수 있음 - GUI 기능으로 대체 가능
메모리 활용률	top, mpstat, sar, iostat	
디스크 활용률	fdisk, sfdisk, cfdisk, parted, df, pydf, lsblk	

③ 평가방법

구분		진단 내용		평가점수
A	CPU	중앙 제어설비	30% 이하	5
		기타	20% 이하	
	메모리		20% 이하	
	디스크		20% 이하	
C	CPU	중앙 제어설비	30%~80%	3
		기타	20%~70%	
	메모리		20% 초과~80% 이하	
	디스크		20% 초과~80% 이하	
E	CPU	중앙 제어설비	80% 초과	1
		기타	70% 초과	
	메모리		80% 초과	
	디스크		90% 초과	

2) 고장·장애 횟수

① 장애의 등급
- A급 장애시스템의 사용자에게 제공하는 모든 서비스 사용이 불가능한 상태 (주전산기 다운, DBMS 다운 등)
- B급 장애시스템의 사용자에게 제공하는 일부 서비스 사용이 불가능한 상태 혹은 A급 장애가 최소 서비스 시간에 발생한 경우
- C급 장애시스템의 일부에 문제가 있으나 사용자 업무처리상 장애가 없는 경우 (예: 백업장비에 이상이 있는 경우 등)
- D급 장애 천재지변 등 불가항력적인 사항 또는 통제범위를 벗어난 장애

② 장애의 측정 기법
- 측정 도구: [NMS상 장애이력] 정보
- 측정치의 정의: A급 장애 건수 + B급 장애 건수 × 0.7 (C, D급 장애는 장애건수에 산입하지 않는다)
- 측정 기간: 정밀진단 시, 이전 1개월 또는 3개월간

	③ 평가방법		
	평가기준	진단 내용	평가점수
	A	측정치 0~1건	5
	C	측정치 2~3건	3
	E	측정치 4건 이상	1

다. 관제전화주장치 열상측정

시험 개소	통신기기실
시험 방법	① 선행작업 　- 진단에 사용되는 열상카메라 검교정 상태를 확인 　- 정밀진단대상 정상동작 상태(알람, LED) 확인 ② 진단수행(열상측정) 　- 대상장비와 카메라를 일정한 간격(초점거리)으로 이격시키고 각 진단대상 장비 [전원부 후면] 열을 측정 　- 허용온도(약 40℃)를 초과한 이상 발열 여부 확인 　- 비접촉식 적외선카메라 측정방식으로 진단을 수행함. 단, 이상 징후가 감지되어 정밀진단이 필요한 경우에는 인터페이스 모듈을 사용하여 운전 설비에 영향이 없도록 사전에 관계기관의 승인을 받아서 실시함 ③ 후행작업 　- 측정 자료를 카메라에서 PC로 이동시킨 후, 측정 최소·최대 온도차를 평가기준에 따라 평가
시험 장비	열화상카메라
사용 양식	시험 표준양식(별지 제6-12호)
평가 기준	- 각각 측정된 온도(ΔT: 측정된 온도에서 설비 주변의 온도를 뺀 온도 (OA) 또는 타개소 설비와의 온도 차이(OS))에 따라 정상, 불량 내지는 주의 점검 등 여러 판정 사항이 있으며, 이때 기준으로 IETA(International Electrical Testing Association)와 업체 기준을 이용한다. - IETA O/S 기법을 적용하여 온도의 차이에 따라 평가기준을 적용 　✓ OA: Over Ambient / 대기온도 증분(ΔT) 　✓ OS: Over Similar / 유사설비 상간 증분(ΔT)

구분	통신기기와 대기 간 온도차 (ΔT/OA)	통신기기 간 온도차 (ΔT/OS)	판 정	평가 점수
A	기준값 이내 및 하자기간 내 설비 및 1℃ 미만	기준값 이내 및 하자기간 내 설비 및 1℃ 미만	열화 가능성 없음	5
B	1℃~10℃ O/A 이하	1℃~3℃ O/S 이하	열화 가능성 미약	4
C	11℃~20℃ O/A	4℃~15℃ O/S	열화 가능성 있음	3
D	21℃~40℃ O/A	16℃~40℃ O/S	추후 결함으로 진전	2
E	〉40℃ O/A	〉40℃ O/S	결함	1

5. 역무용통신설비 정밀진단

	중분류	소분류	세분류	진단항목	설비의 유형
분류진단 항목집계	역무용 통신설비	여객안내 설비	중앙 제어설비	모듈검사, NMS/EMS, 열상측정	제어 설비
			역서버	열상측정	제어 설비
			표시기	열상측정, 부식검사	제어 설비
		방송설비	자동안내방송 주장치	저항/전압, 열상측정	제어 설비
			관제원격방송 주장치	NMS/EMS, 열상측정	제어 설비

5.1 중앙제어설비 정밀진단

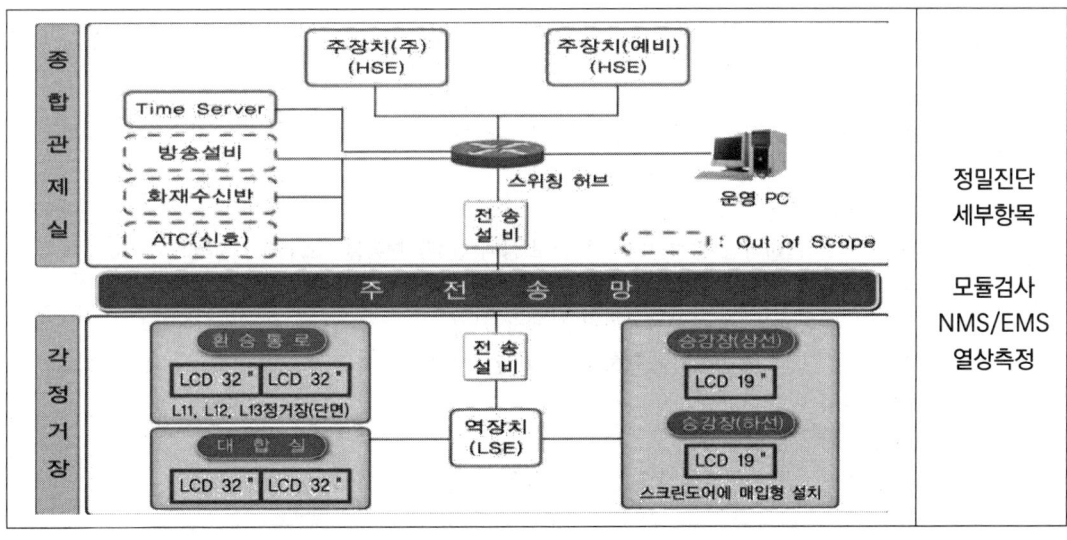

가. 중앙제어설비 모듈검사

시험 개소	통신기기실
시험 방법	① 선행작업 　- 운영자로부터 사용법 및 주의 사항을 숙지 　- 이중화 구성 확인 ② 진단수행(절체 시험) 　- 이중화된 장비 진단을 위하여, 모듈 절체 전·과정·후에서 모듈의 정상동작여부를 조사 　- 정기점검 기록 자료확인 또는 EMS 로그기록 등을 통하여 진단을 수행함 ③ 검사 정리: [운영장치를 통해 HSE]의 정상 동작확인
시험 장비	없음
사용 양식	시험 표준양식(별지 제1-6호)

평가 기준	구분	진단 내용	평가점수
	A	절체 대상 모듈의 기능이 정상	5
	C	절체 대상 모듈 중 1개 모듈 비정상	3
	E	절체하여 정상(초기) 상태로 복귀하지 못하는 경우	1

나. 중앙제어설비 NMS/EMS 검사

설비활용율 ✓　　　고장발생횟수 ✓

시험 개소	통신기기실
시험 방법	① 선행작업 (장비 상태 점검) 　- 장비 관리자로부터 장비 상태 및 주의 사항을 숙지 　- EMS를 통하여 장비의 동작을 확인 ② 진단수행(경보 이력 로그 조회) 　- 장비 [EMS] 통하여 일정기간단위로 경보(장애 발생) 현황을 조회 　- 조회: 저장된 경보내용을 일별/경보 등급별 조회 기능 　　✓ 파일저장: 조회된 경보내용을 파일로 저장 가능 　　✓ 조회기간 설정: 연월일을 입력하여 조회기간 설정 ③ 후행작업(이력 정보 저장) 　- 장비 상태가 정상임을 확인 　- 저장된 장애관련 데이터를 저장장치에 복사

시험 장비	없음		
사용 양식	시험 표준양식(별지 제2-10호)		
평가 기준	1) 설비 활용률		

1) 설비 활용률

① 평가 지표 및 산식

항목	지표	지표정의	산식
자원 효율성 (서버)	CPU 활용률	측정한 전체 CPU 용량 대비 사용 CPU 용량의 비율(%)	(사용 CPU 용량 / 전체 CPU 용량) × 100
	메모리 활용률	서버의 물리적 메모리 총량 대비 사용 메모리의 비율(%)	(사용 메모리양 / 전체 메모리 용량) × 100
	디스크 활용률	디스크의 물리적 총 용량 대비 사용 디스크의 비율(%)	(사용 디스크 용량 / 전체 디스크 용량) × 100

② 자료 추출을 위한 사용 명령어

구분	명령어	비고
CPU 활용률	top, mpstat, sar, iostat	- 기기에 따라 지원하는 명령어 다를 수 있음 - GUI 기능으로 대체 가능
메모리 활용률	top, mpstat, sar, iostat	
디스크 활용률	fdisk, sfdisk, cfdisk, parted, df, pydf, lsblk	

③ 평가방법

구분		진단 내용		평가점수
A	CPU	중앙 제어설비	30% 이하	5
		기타	20% 이하	
	메모리		20% 이하	
	디스크		20% 이하	
C	CPU	중앙 제어설비	30%~80%	3
		기타	20%~70%	
	메모리		20% 초과~80% 이하	
	디스크		20% 초과~80% 이하	
E	CPU	중앙 제어설비	80% 초과	1
		기타	70% 초과	
	메모리		80% 초과	
	디스크		90% 초과	

2) 고장·장애 횟수

① 장애의 등급
- A급 장애시스템의 사용자에게 제공하는 모든 서비스 사용이 불가능한 상태 (주전산기 다운, DBMS 다운 등)
- B급 장애시스템의 사용자에게 제공하는 일부 서비스 사용이 불가능한 상태 혹은 A급 장애가 최소 서비스 시간에 발생한 경우
- C급 장애시스템의 일부에 문제가 있으나 사용자 업무처리상 장애가 없는 경우 (예: 백업장비에 이상이 있는 경우 등)
- D급 장애 천재지변 등 불가항력적인 사항 또는 통제범위를 벗어난 장애

② 장애의 측정 기법
- 측정 도구: NMS상 장애이력 정보
- 측정치의 정의: A급 장애 건수 + B급 장애 건수 × 0.7 (C, D급 장애는 장애건수에 산입하지 않는다)
- 측정 기간: 정밀진단 시, 이전 1개월 또는 3개월간

③ 평가방법

평가기준	진단 내용	평가점수
A	측정치 0~1건	5
C	측정치 2~3건	3
E	측정치 4건 이상	1

다. 중앙제어설비 열상측정

시험 개소	통신기기실
시험 방법	① 선행작업 - 진단에 사용되는 열상카메라 검교정 상태를 확인 - 정밀진단대상 정상동작 상태(알람, LED) 확인 ② 진단수행(열상측정) - 대상장비와 카메라를 일정한 간격(초점거리)으로 이격시키고 각 진단대상 장비 [주제어서버 전원부후면] 열을 측정 - 허용온도(약 40℃)를 초과한 이상 발열 여부 확인 - 비접촉식 적외선카메라 측정방식으로 진단을 수행함. 단, 이상 징후가 감지되어 정밀진단이 필요한 경우에는 인터페이스 모듈을 사용하여 운전 설비에 영향이 없도록 사전에 관계기관의 승인을 받아서 실시함 ③ 후행작업 - 측정 자료를 카메라에서 PC로 이동시킨 후, 측정 최소·최대 온도차를 평가기준에 따라 평가
시험 장비	열화상카메라

사용 양식	시험 표준양식(별지 제6-13호)
평가 기준	- 각각 측정된 온도(ΔT: 측정된 온도에서 설비 주변의 온도를 뺀 온도 (OA) 또는 타개소 설비와의 온도 차이(OS))에 따라 정상, 불량 내지는 주의 점검 등 여러 판정 사항이 있으며, 이때 기준으로 IETA(International Electrical Testing Association)와 업체 기준을 이용한다. - IETA O/S 기법을 적용하여 온도의 차이에 따라 평가기준을 적용

구분	통신기기와 대기 간 온도차 (ΔT/OA)	통신기기 간 온도차 (ΔT/OS)	판 정	평가 점수
A	기준값 이내 및 하자기간 내 설비 및 1℃ 미만	기준값 이내 및 하자기간 내 설비 및 1℃ 미만	열화 가능성 없음	5
B	1℃~10℃ O/A 이하	1℃~3℃ O/S 이하	열화 가능성 미약	4
C	11℃~20℃ O/A	4℃~15℃ O/S	열화 가능성 있음	3
D	21℃~40℃ O/A	16℃~40℃ O/S	추후 결함으로 진전	2
E	〉40℃ O/A	〉40℃ O/S	결함	1

✓ OA: Over Ambient / 대기온도 증분(ΔT)
✓ OS: Over Similar / 유사설비 상간 증분(ΔT)

5.2 역서버 정밀진단

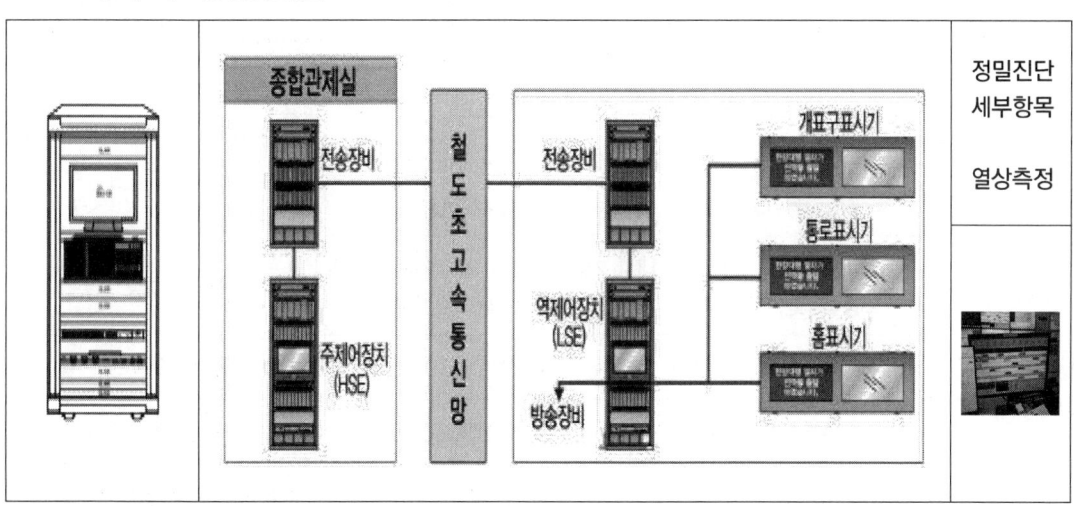

가. 여객안내설비 역서버 열상측정

시험 개소	통신기기실

구분	내용
시험 방법	① 선행작업 　- 진단에 사용되는 열상카메라 검교정 상태를 확인 　- 정밀진단대상 정상동작 상태(알람, LED) 확인 ② 진단수행(열상측정) 　- 대상장비와 카메라를 일정한 간격(초점거리)으로 이격시키고 각 진단대상 장비 [역제어서버 전원부후면] 열을 측정 　- 허용온도(약 40℃)를 초과한 이상 발열 여부 확인 　- 비접촉식 적외선카메라 측정방식으로 진단을 수행함. 단, 이상 징후가 감지되어 정밀진단이 필요한 경우에는 인터페이스 모듈을 사용하여 운전 설비에 영향이 없도록 사전에 관계기관의 승인을 받아서 실시함 ③ 후행작업 　- 측정 자료를 카메라에서 PC로 이동시킨 후, 측정 최소·최대 온도차를 평가기준에 따라 평가
시험 장비	열화상카메라
사용 양식	시험 표준양식(별지 제6-14호)
평가 기준	- 각각 측정된 온도(ΔT: 측정된 온도에서 설비 주변의 온도를 뺀 온도(OA) 또는 타개소 설비와의 온도 차이(OS))에 따라 정상, 불량 내지는 주의 점검 등 여러 판정 사항이 있으며, 이때 기준으로 IETA(International Electrical Testing Association)와 업체 기준을 이용한다. - IETA O/S 기법을 적용하여 온도의 차이에 따라 평가기준을 적용

구분	통신기기와 대기 간 온도차 (ΔT/OA)	통신기기 간 온도차 (ΔT/OS)	판 정	평가 점수
A	기준값 이내 및 하자기간 내 설비 및 1℃ 미만	기준값 이내 및 하자기간 내 설비 및 1℃ 미만	열화 가능성 없음	5
B	1℃~10℃ O/A 이하	1℃~3℃ O/S 이하	열화 가능성 미약	4
C	11℃~20℃ O/A	4℃~15℃ O/S	열화 가능성 있음	3
D	21℃~40℃ O/A	16℃~40℃ O/S	추후 결함으로 진전	2
E	〉40℃ O/A	〉40℃ O/S	결함	1

✓ OA: Over Ambient / 대기온도 증분(ΔT)
✓ OS: Over Similar / 유사설비 상간 증분(ΔT)

5.3 여객안내설비 표시기 정밀진단

정밀진단
세부항목

열상측정
부식검사

가. 여객안내설비 표시기 열상측정

시험 개소	승강장

시험
방법
	① 선행작업
	  - 진단에 사용되는 열상카메라 검교정 상태를 확인
	  - 정밀진단대상 정상동작 상태(알람, LED) 확인
	② 진단수행(열상측정)
	  - 대상장비와 카메라를 일정한 간격(초점거리)으로 이격시키고 각 진단대상 장비 [제어기, 모듈제어기] 전면부 열을 측정
	  - 허용온도(약 40℃)를 초과한 이상 발열 여부 확인
	  - 비접촉식 적외선카메라 측정방식으로 진단을 수행함. 단, 이상 징후가 감지되어 정밀진단이 필요한 경우에는 인터페이스 모듈을 사용하여 운전 설비에 영향이 없도록 사전에 관계기관의 승인을 받아서 실시함
	③ 후행작업 (자료정리)
	  - 측정 자료를 카메라에서 PC로 이동시킨 후, 측정 최소·최대 온도차를 평가기준에 따라 평가

시험 장비	열화상카메라
사용 양식	시험 표준양식(별지 제6-15호)
평가 기준	- 각각 측정된 온도(ΔT: 측정된 온도에서 설비 주변의 온도를 뺀 온도 (OA) 또는 타개소 설비와의 온도 차이(OS))에 따라 정상, 불량 내지는 주의 점검 등 여러 판정 사항이 있으며, 이때 기준으로 IETA(International Electrical Testing Association)와 업체 기준을 이용한다. - IETA O/S 기법을 적용하여 온도의 차이에 따라 평가기준을 적용

구분	통신기기와 대기 간 온도차 (ΔT/OA)	통신기기 간 온도차 (ΔT/OS)	판 정	평가 점수
A	기준값 이내 및 하자기간 내 설비 및 1℃ 미만	기준값 이내 및 하자기간 내 설비 및 1℃ 미만	열화 가능성 없음	5
B	1℃~10℃ O/A 이하	1℃~3℃ O/S 이하	열화 가능성 미약	4
C	11℃~20℃ O/A	4℃~15℃ O/S	열화 가능성 있음	3
D	21℃~40℃ O/A	16℃~40℃ O/S	추후 결함으로 진전	2
E	〉40℃ O/A	〉40℃ O/S	결함	1

✓ OA: Over Ambient / 대기온도 증분(ΔT)
✓ OS: Over Similar / 유사설비 상간 증분(ΔT)

나. 여객안내설비 표시기 부식검사

시험 개소	승강장
시험 방법	[함체 외관 및 내부]의 부식 상태와 함체내부의 부식 상태를 육안검사
시험 장비	육안검사
사용 양식	시험 표준양식(별지 제10-7호)
평가 기준	<table><tr><th>구분</th><th>진단 내용</th><th>평가 점수</th></tr><tr><td>A</td><td>부식이 전혀 없음</td><td>5</td></tr><tr><td>B</td><td>국부적으로 부식이 발생(점부식발생 면적율 5% 미만)</td><td>4</td></tr><tr><td>C</td><td>부식이 다소 발생(점부식발생 면적율 5~15% 미만)</td><td>3</td></tr><tr><td>D</td><td>전반적으로 부식이 발생(점부식발생 면적율 15~30% 미만)</td><td>2</td></tr><tr><td>E</td><td>부식발생이 심화(점부식발생 면적율 30% 이상)</td><td>1</td></tr></table>

5.4 방송설비 자동안내방송 주장치 정밀진단

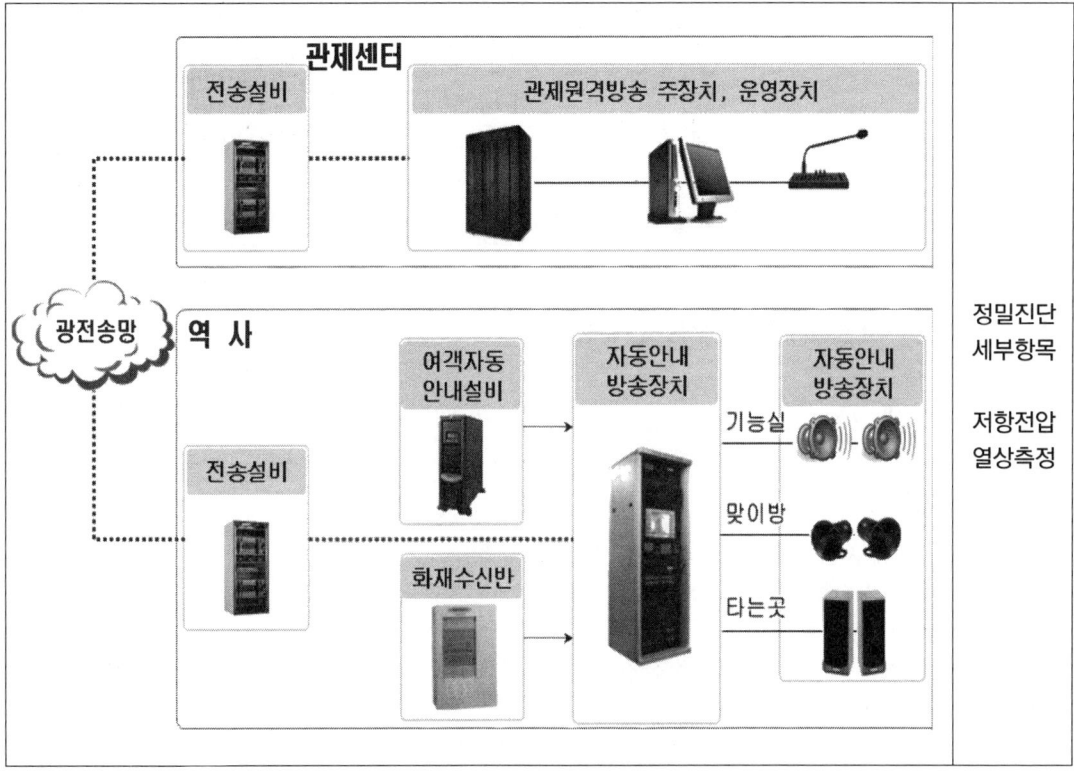

가. 방송설비 자동안내방송 주장치 저항전압

시험 개소	통신기기실
시험 방법	① 선행작업 - AC 전원이 차단되어 DC로 전환된 후에도 방송가능 여부를 진단 - KS C IEC 60268-3 "사운드 시스템 장비 - 제3부: 증폭기" 표준 평가기준에서 현장의 특수성으로 인하여 출력이 평가기준 ② 진단수행(출력 전압 측정) - [출력단자에 적정부하 저항]을 연결하고, DC-24V를 인가한 후 멀티테스터 리드를 접속하여 전압을 측정
시험 장비	멀티미터, 내부저항측정기
사용 양식	시험 표준양식(별지 제5-3호)

구분		출력 전압	진단 내용	평가점수
평가 기준	A	기준값(B) 내 또는 하자기간 내 설비	-	5
	B	정격 출력 100%	열화가능성 없음	4
	C	정격 출력(100%~80%)	열화가능성 있음	3
	D	-	-	2
	E	정격 출력(80% 미만)	추후 결함으로 진전	1

나. 방송설비 자동안내방송 주장치 열상측정

시험 개소	통신기기실

시험 방법	① 선행작업
	  - 진단에 사용되는 열상카메라 검교정 상태를 확인
	  - 정밀진단대상 정상동작 상태(알람, LED) 확인
	② 진단수행(열상측정)
	  - 대상장비와 카메라를 일정한 간격(초점거리)으로 이격시키고 각 진단대상 장비 [주증폭기의 전원부]를 측정
	  - 허용온도(약 40℃)를 초과한 이상 발열 여부 확인
	  - 비접촉식 적외선카메라 측정방식으로 진단을 수행함. 단, 이상 징후가 감지되어 정밀진단이 필요한 경우에는 인터페이스 모듈을 사용하여 운전 설비에 영향이 없도록 사전에 관계기관의 승인을 받아서 실시함
	③ 후행작업 (자료정리)
	  - 측정 자료를 카메라에서 PC로 이동시킨 후, 측정 최소·최대 온도차를 평가기준에 따라 평가

시험 장비	열화상카메라
사용 양식	시험 표준양식(별지 제6-16호)
평가 기준	- 각각 측정된 온도(ΔT: 측정된 온도에서 설비 주변의 온도를 뺀 온도(OA) 또는 타개소 설비와의 온도 차이(OS))에 따라 정상, 불량 내지는 주의 점검 등 여러 판정 사항이 있으며, 이때 기준으로 IETA(International Electrical Testing Association)와 업체 기준을 이용한다. - IETA O/S 기법을 적용하여 온도의 차이에 따라 평가기준을 적용

구분	통신기기와 대기 간 온도차 (ΔT/OA)	통신기기 간 온도차 (ΔT/OS)	판 정	평가 점수
A	기준값 이내 및 하자기간 내 설비 및 1℃ 미만	기준값 이내 및 하자기간 내 설비 및 1℃ 미만	열화 가능성 없음	5
B	1℃~10℃ O/A 이하	1℃~3℃ O/S 이하	열화 가능성 미약	4
C	11℃~20℃ O/A	4℃~15℃ O/S	열화 가능성 있음	3
D	21℃~40℃ O/A	16℃~40℃ O/S	추후 결함으로 진전	2
E	〉40℃ O/A	〉40℃ O/S	결함	1

- ✓ OA: Over Ambient / 대기온도 증분(ΔT)
- ✓ OS: Over Similar / 유사설비 상간 증분(ΔT)

5.5 방송설비 관제원격방송 주장치 정밀진단

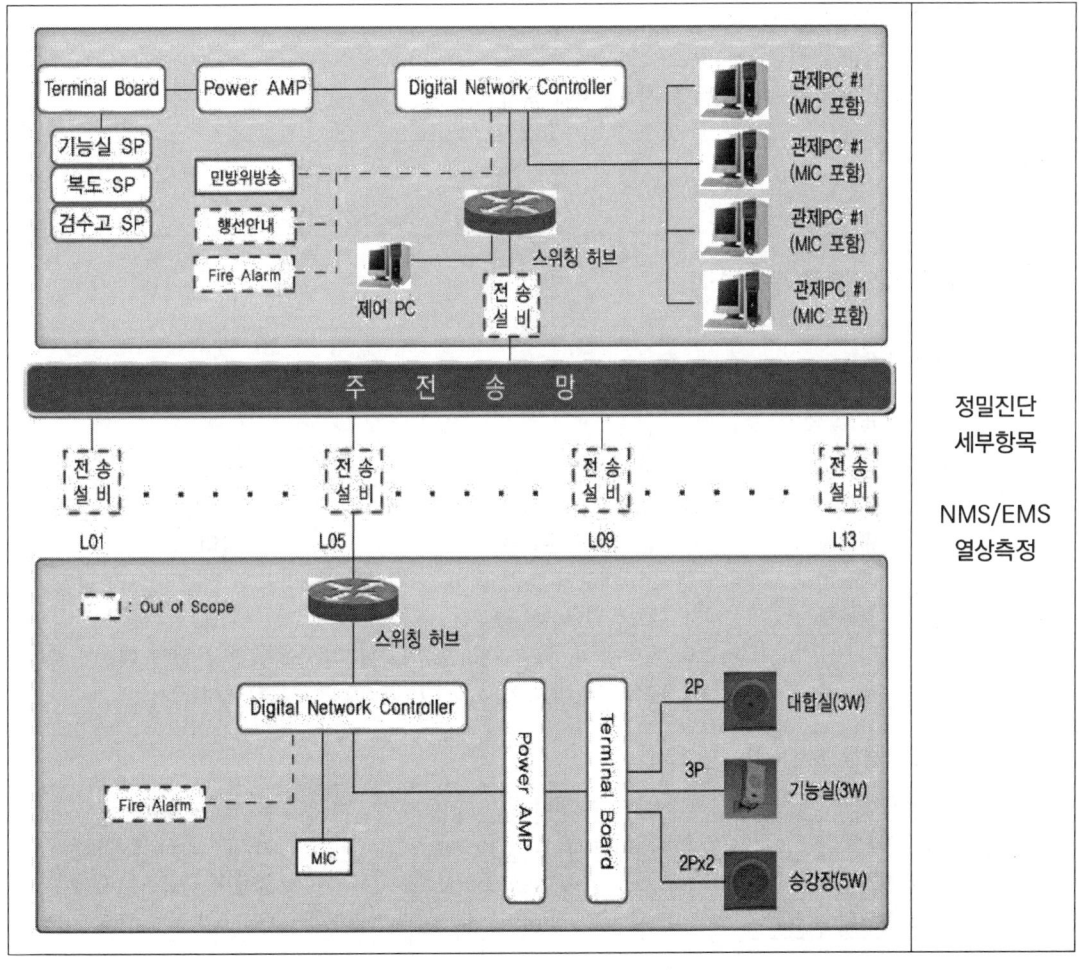

정밀진단 세부항목

NMS/EMS
열상측정

가. 관제원격방송 주장치 NMS/EMS 검사

<u>설비활용율</u> ✓   <u>고장발생횟수</u> ✓

시험 개소	통신기기실
시험 방법	① 선행작업 (장비 상태 점검) - 장비 관리자로부터 장비 상태 및 주의 사항을 숙지 - EMS를 통하여 장비의 동작을 확인 ② 진단수행(경보 이력 로그 조회) - 장비 [EMS]기능을 이용하여 운용 EMS에서 저장되어 있는 데이터를 일정기간단위로 경보 (장애 발생) 현황을 조회 - 조회: 저장된 경보 내용을 일별/경보 등급별 조회 기능 ✓ 파일저장: 조회된 경보내용을 파일로 저장 가능 ✓ 조회기간 설정: 연월일을 입력하여 조회기간 설정 ③ 후행작업(이력 정보 저장) - 장비 상태가 정상임을 확인 - 저장된 장애 관련 데이터를 저장장치에 복사
시험 장비	없음
사용 양식	시험 표준양식(별지 제2-11호)

평가 기준

1) 설비 활용률

① 평가 지표 및 산식

항목	지표	지표정의	산식
자원 효율성 (서버)	CPU 활용률	측정한 전체 CPU 용량 대비 사용 CPU 용량의 비율(%)	(사용 CPU 용량 / 전체 CPU 용량) × 100
	메모리 활용률	서버의 물리적 메모리 총량 대비 사용 메모리의 비율(%)	(사용 메모리양 / 전체 메모리 용량) × 100
	디스크 활용률	디스크의 물리적 총 용량 대비 사용 디스크의 비율(%)	(사용 디스크 용량 / 전체 디스크 용량) × 100

② 자료 추출을 위한 사용 명령어

구분	명령어	비고
CPU 활용률	top, mpstat, sar, iostat	- 기기에 따라 지원하는 명령어 다를 수 있음 - GUI 기능으로 대체 가능
메모리 활용률	top, mpstat, sar, iostat	
디스크 활용률	fdisk, sfdisk, cfdisk, parted, df, pydf, lsblk	

③ 평가방법

구분		진단 내용		평가점수
A	CPU	중앙 제어설비	30% 이하	5
		기타	20% 이하	
	메모리		20% 이하	
	디스크		20% 이하	
C	CPU	중앙 제어설비	30%~80%	3
		기타	20%~70%	
	메모리		20% 초과~80% 이하	
	디스크		20% 초과~80% 이하	
E	CPU	중앙 제어설비	80% 초과	1
		기타	70% 초과	
	메모리		80% 초과	
	디스크		90% 초과	

2) 고장·장애 횟수

① 장애의 등급
- A급 장애시스템의 사용자에게 제공하는 모든 서비스 사용이 불가능한 상태(주전산기 다운, DBMS 다운 등)
- B급 장애시스템의 사용자에게 제공하는 일부 서비스 사용이 불가능한 상태 혹은 A급 장애가 최소 서비스 시간에 발생한 경우
- C급 장애시스템의 일부에 문제가 있으나 사용자 업무처리상 장애가 없는 경우 (예: 백업장비에 이상이 있는 경우 등)
- D급 장애 천재지변 등 불가항력적인 사항 또는 통제범위를 벗어난 장애

② 장애의 측정 기법
- 측정 도구: NMS상 장애이력 정보
- 측정치의 정의: A급 장애 건수 + B급 장애 건수 × 0.7 (C, D급 장애는 장애건수에 산입하지 않는다)
- 측정 기간: 정밀진단 시, 이전 1개월 또는 3개월간

③ 평가방법

평가기준	진단 내용	평가점수
A	측정치 0~1건	5
C	측정치 2~3건	3
E	측정치 4건 이상	1

나. 관제원격방송 주장치 열상측정

시험 개소	통신기기실

시험 방법	① 선행작업
	  - 진단에 사용되는 열상카메라 검교정 상태를 확인
	  - 정밀진단대상 정상동작 상태(알람, LED) 확인
	② 진단수행(열상측정)
	  - 대상장비와 카메라를 일정한 간격(초점거리)으로 이격시키고 각 진단대상 장비 [운용서버의 전원부]를 측정
	  - 허용온도(약 40℃)를 초과한 이상 발열 여부 확인
	  - 비접촉식 적외선카메라 측정방식으로 진단을 수행함. 단, 이상 징후가 감지되어 정밀진단이 필요한 경우에는 인터페이스 모듈을 사용하여 운전 설비에 영향이 없도록 사전에 관계기관의 승인을 받아서 실시함
	③ 후행작업 (자료정리)
	  - 측정 자료를 카메라에서 PC로 이동시킨 후, 측정 최소·최대 온도차를 평가기준에 따라 평가

시험 장비	열화상카메라
사용 양식	시험 표준양식(별지 제6-17호)
평가 기준	- 각각 측정된 온도(ΔT: 측정된 온도에서 설비 주변의 온도를 뺀 온도(OA) 또는 타개소 설비와의 온도 차이(OS))에 따라 정상, 불량 내지는 주의 점검 등 여러 판정 사항이 있으며, 이때 기준으로 IETA(International Electrical Testing Association)와 업체 기준을 이용한다. - IETA O/S 기법을 적용하여 온도의 차이에 따라 평가기준을 적용 | 구분	통신기기와 대기 간 온도차 (ΔT/OA)	통신기기 간 온도차 (ΔT/OS)	판 정	평가 점수
---	---	---	---	---
A	기준값 이내 및 하자기간 내 설비 및 1℃ 미만	기준값 이내 및 하자기간 내 설비 및 1℃ 미만	열화 가능성 없음	5
B	1℃~10℃ O/A 이하	1℃~3℃ O/S 이하	열화 가능성 미약	4
C	11℃~20℃ O/A	4℃~15℃ O/S	열화 가능성 있음	3
D	21℃~40℃ O/A	16℃~40℃ O/S	추후 결함으로 진전	2
E	〉40℃ O/A	〉40℃ O/S	결함	1	 ✓ OA: Over Ambient / 대기온도 증분(ΔT) ✓ OS: Over Similar / 유사설비 상간 증분(ΔT)

6. 영상감시설비 정밀진단

	중분류	소분류	세분류	진단항목	설비의 유형
분류진단 항목집계	영상 설비	여객관리용 영상설비	영상저장장치	열상측정	제어설비
			영상운영장치	NMS/EMS	제어설비
			카메라	영상확인	제어설비
			UPS	절연저항, 저항/전압, 부식검사	제어설비
			축전지	저항/전압, 부식검사	제어설비
		시설감시용 영상설비	영상저장장치	열상측정	제어설비
			영상운영장치	NMS/EMS	제어설비
			카메라	영상확인	제어설비

6.1 여객관리용 영상설비 영상저장장치 정밀진단

장비 규격		
구분	사양	
CPU	Quad Core 3.0GHz 이상	정밀진단 세부항목 열상측정
RAM	8GB 이상	
프레임	30frame/sec 이상	
해상도	FHD급(20만 화소) 이상	
저장용량	6T 이상	
이더넷포트	10/10/100 1Port 이상	
저장채널수	16ch	

가. 여객관리용 영상설비 영상저장장치 열상측정

시험 개소	통신기기실
시험 방법	① 선행작업 　- 진단에 사용되는 열상카메라 검교정 상태를 확인 　- 정밀진단대상 정상동작 상태(알람, LED) 확인

	② 진단수행(열상측정) - CCTV 랙 후면을 열어, 대상장비와 카메라를 일정한 간격(초점거리)으로 이격시키고 각 진단대상 모듈[영상저장장치의 전원부] 후면의 열을 측정 - 허용온도(약 40℃)를 초과한 이상 발열 여부 확인 - 비접촉식 적외선카메라 측정방식으로 진단을 수행함. 단, 이상 징후가 감지되어 정밀진단이 필요한 경우에는 인터페이스 모듈을 사용하여 운전 설비에 영향이 없도록 사전에 관계기관의 승인을 받아서 실시함 ③ 후행작업 (자료정리) - 측정 자료를 카메라에서 PC로 이동시킨 후, 측정 최소·최대 온도차를 평가기준에 따라 평가
시험 장비	열화상카메라
사용 양식	시험 표준양식(별지 제6-18호)
평가 기준	- 각각 측정된 온도(ΔT: 측정된 온도에서 설비 주변의 온도를 뺀 온도(OA) 또는 타개소 설비와의 온도 차이(OS))에 따라 정상, 불량 내지는 주의 점검 등 여러 판정 사항이 있으며, 이때 기준으로 IETA(International Electrical Testing Association)와 업체 기준을 이용한다. - IETA O/S 기법을 적용하여 온도의 차이에 따라 평가기준을 적용 | 구분	통신기기와 대기 간 온도차 (ΔT/OA)	통신기기 간 온도차 (ΔT/OS)	판 정	평가 점수
---	---	---	---	---
A	기준값 이내 및 하자기간 내 설비 및 1℃ 미만	기준값 이내 및 하자기간 내 설비 및 1℃ 미만	열화 가능성 없음	5
B	1℃~10℃ O/A 이하	1℃~3℃ O/S 이하	열화 가능성 미약	4
C	11℃~20℃ O/A	4℃~15℃ O/S	열화 가능성 있음	3
D	21℃~40℃ O/A	16℃~40℃ O/S	추후 결함으로 진전	2
E	〉40℃ O/A	〉40℃ O/S	결함	1	 ✓ OA: Over Ambient / 대기온도 증분(ΔT) ✓ OS: Over Similar / 유사설비 상간 증분(ΔT)

6.2 여객관리용 영상설비 영상운영장치 정밀진단

장비 규격		정밀진단 세부항목
구분	사양	
CPU	Quad Core 3.0GHz 이상	NMS/EMS
RAM	8GB 이상	
HDD	1TB 이상	

가. 여객관리용 영상설비 영상운영장치 NMS/EMS 검사

설비활용율 ✓   고장발생횟수 ✓

시험 개소	통신기기실
시험 방법	① 선행작업 (장비 상태 점검) 　- 장비 관리자로부터 장비 상태 및 주의 사항을 숙지 　- EMS를 통하여 장비의 동작을 확인 ② 진단수행(경보 이력 로그 조회) 　- 장비 [EMS]기능 이용하여 운용 EMS에서 저장되어 있는 데이터를 일정기간단위로 경보(장애 발생) 현황을 조회 　- 조회: 저장된 경보내용을 일별/경보 등급별 조회 기능 　　✓ 파일저장: 조회된 경보내용을 파일로 저장 가능 　　✓ 조회기간 설정: 연월일을 입력하여 조회기간 설정 ③ 후행작업(이력 정보 저장) 　- 장비 상태가 정상임을 확인 　- 저장된 장애 관련 데이터를 저장장치에 복사
시험 장비	없음
사용 양식	시험 표준양식(별지 제2-12호)
평가 기준	1) 설비 활용률

① 평가 지표 및 산식

항목	지표	지표정의	산식
자원 효율성 (서버)	CPU 활용률	측정한 전체 CPU 용량 대비 사용 CPU 용량의 비율(%)	(사용 CPU 용량 / 전체 CPU 용량) × 100
	메모리 활용률	서버의 물리적 메모리 총량 대비 사용 메모리의 비율(%)	(사용 메모리양 / 전체 메모리 용량) × 100
	디스크 활용률	디스크의 물리적 총 용량 대비 사용 디스크의 비율(%)	(사용 디스크 용량 / 전체 디스크 용량) × 100

② 자료 추출을 위한 사용 명령어

구분	명령어	비고
CPU 활용률	top, mpstat, sar, iostat	- 기기에 따라 지원하는 명령어 다를 수 있음 - GUI 기능으로 대체 가능
메모리 활용률	top, mpstat, sar, iostat	
디스크 활용률	fdisk, sfdisk, cfdisk, parted, df, pydf, lsblk	

③ 평가방법

구분		진단 내용		평가점수
A	CPU	중앙 제어설비	30% 이하	5
		기타	20% 이하	
	메모리		20% 이하	
	디스크		20% 이하	
C	CPU	중앙 제어설비	30%~80%	3
		기타	20%~70%	
	메모리		20% 초과~80% 이하	
	디스크		20% 초과~80% 이하	
E	CPU	중앙 제어설비	80% 초과	1
		기타	70% 초과	
	메모리		80% 초과	
	디스크		90% 초과	

2) 고장·장애 횟수

① 장애의 등급
- A급 장애시스템의 사용자에게 제공하는 모든 서비스 사용이 불가능한 상태 (주전산기 다운, DBMS 다운 등)
- B급 장애시스템의 사용자에게 제공하는 일부 서비스 사용이 불가능한 상태 혹은 A급 장애가 최소 서비스 시간에 발생한 경우
- C급 장애시스템의 일부에 문제가 있으나 사용자 업무처리상 장애가 없는 경우
  (예: 백업장비에 이상이 있는 경우 등)
- D급 장애 천재지변 등 불가항력적인 사항 또는 통제범위를 벗어난 장애

② 장애의 측정 기법
- 측정 도구: [NMS상 장애이력] 정보
- 측정치의 정의: A급 장애 건수 + B급 장애 건수 × 0.7 (C, D급 장애는 장애건수에 산입하지 않는다)
- 측정 기간: 정밀진단 시, 이전 1개월 또는 3개월간

③ 평가방법

평가기준	진단 내용	평가점수
A	측정치 0~1건	5
C	측정치 2~3건	3
E	측정치 4건 이상	1

6.3 여객관리용 영상설비 카메라 정밀진단

정밀진단 세부항목

영상확인

가. 여객관리용 영상설비 카메라 영상확인

시험 개소	역무통신실
시험 방법	[모니터에 표출]된 카메라의 영상 상태를 육안으로 확인
시험 장비	-
사용 양식	시험 표준양식(별지 제8-1호)

평가기준		진단 내용	평가점수
평가 기준	A	최상의 상태 또는 하자기간 내 설비	5
	B	화질 저하 다소 감지되나, 감시 목적 지장 없음	4
	C	화질 저하가 감지되나 감시 목적으로 지장 없음	3
	D	화질 저하 감지되며, 감시 목적으로 다소 지장됨	2
	E	화질 저하 감지되며, 감시 어려움	1

6.4 여객관리용 영상설비 UPS 정밀진단

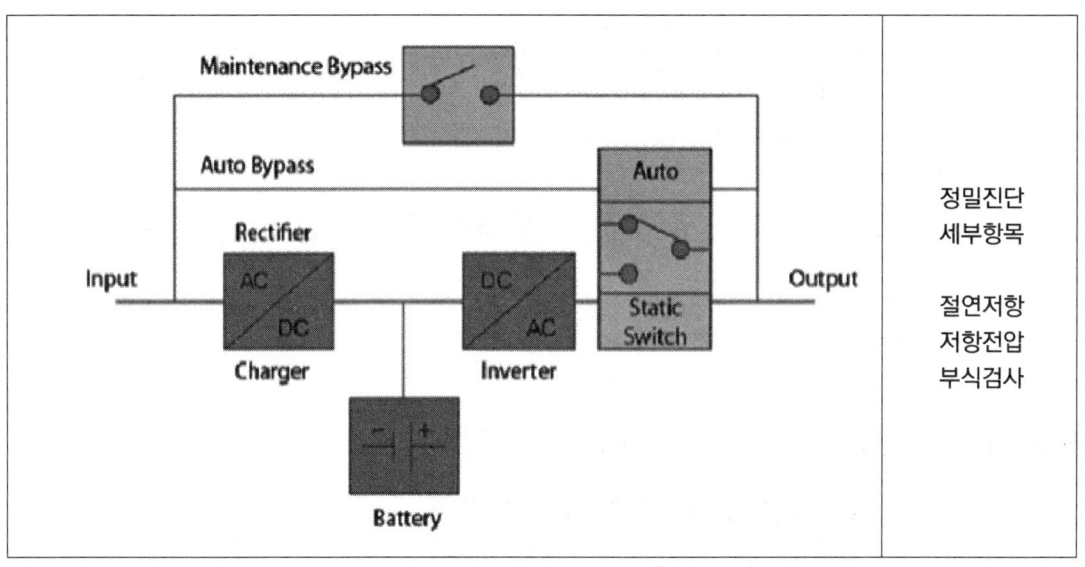

정밀진단 세부항목

절연저항
저항전압
부식검사

가. 영상설비 UPS 절연저항 측정

측정 개소	역무통신실
측정 방법	- 1차단자-대지 간 절연저항 측정(1000V/500V Megger)에 의한 열화측정 - 외함-대지 간 절연저항 측정(500V Megger)에 의한 열화측정
측정 장비	절연저항계, 저항/컨덕턴스 측정기
사용 양식	측정(시험)표준양식(별지 제4-2호)

평가 기준

단위: [MΩ]

구분	250V 이하	250V 초과 500V 미만	진단 내용	평가점수
A	기준값 이상 또는 하자기간 내 설비			5
B	0.5MΩ 이상	1.0MΩ 이상	열화가능성 없음	4
C	0.5 미만~0.4 이상	1.0 미만~0.8 이상	열화가능성 있음	3
D	0.4 이하~0.2 초과	0.8 이하~0.6 초과		2
E	0.2MΩ 이하	0.6MΩ 이하	추후 결함으로 진전	1

나. 영상설비 UPS 저항전압 측정

시험 개소	역무통신실
시험 방법	① 선행작업(상태 점검) - UPS의 입력전원 전압 확인 - UPS의 출력과 BATT & SYSTEM과의 결선상태를 점검 ② 진단수행(입력전압 측정) - 전면판넬에 표시전압을 확인 - UPS의 입력 단자에 전압계를 연결 측정 ③ 진단수행(출력전압 측정) - 전면판넬에 표시전압을 확인 - UPS의 출력 단자에 전압계를 연결 측정
시험 장비	멀티미터, 내부저항측정기
사용 양식	시험 표준양식(별지 제5-4호)

평가 기준	구분	입력 전압	출력 전압	진단 내용	평가점수
	A	기준값(B) 이상 또는 하자기간 내 설비		-	5
	B	220V	215V 이상~225V 이하	열화가능성 없음	4
	C	211V 이상~220V 미만 220V 초과~229V 이하	212V 이상~215V 미만 225V 초과~228V 이하	열화가능성 있음	3
	D	211V 이상~220V 미만 229V 초과~233V 이하	211V 이상~220V 미만 229V 초과~233V 이하	-	2
	E	233V 초과 207V 미만	233V 초과 207V 미만	추후 결함으로 진전	1

다. 영상설비 UPS 부식검사

시험 개소	통신기기실
시험 방법	[UPS 축전지 외관 배부름/협착/누액, 단자의 부식]을 육안으로 조사
시험 장비	육안검사
사용 양식	시험 표준양식(별지 제10-8호)
평가 기준	<table><tr><th>구분</th><th>진단 내용</th><th>평가점수</th></tr><tr><td>A</td><td>부식이 전혀 없음</td><td>5</td></tr><tr><td>B</td><td>국부적으로 부식이 발생(점부식발생 면적율 5% 미만)</td><td>4</td></tr><tr><td>C</td><td>부식이 다소 발생(점부식발생 면적율 5~15% 미만)</td><td>3</td></tr><tr><td>D</td><td>전반적으로 부식이 발생(점부식발생 면적율 15~30% 미만)</td><td>2</td></tr><tr><td>E</td><td>부식발생이 심화(점부식발생 면적율 30% 이상)</td><td>1</td></tr></table>

| UPS랙 및 전면LCD | 축전지 랙 | 단자전압 및 부식검사 | BMS화면 |

UPS 및 축전지 장치구성 예시

6.5 영상설비 축전지 정밀진단

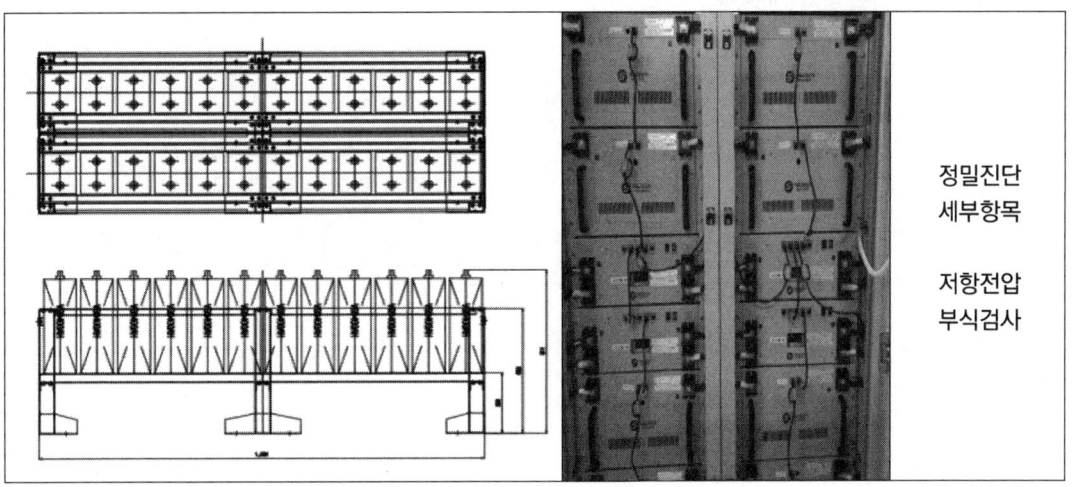

정밀진단 세부항목

저항전압 부식검사

가. 영상설비 축전지 저항전압 측정

시험 개소	역무통신실
시험 방법	① 선행작업 　- 축전지의 내부 저항값이 크게 증가된 것은 축전지의 특성이 크게 변화되었음을 표시하는 것이므로, 셀 내부저항을 측정으로 셀의 이상 유무를 확인할 수 있고 성능 저하된 축전지를 식별 　- 본 평가 기준은 IEEE(미국전기전자학회) 밀폐형 축전지의 권고사항에 의거하여 작성됨 　- 축전지 전원 CB(Circuit Breaker) 개방 　- 단전확인 　- 축전지 절연캡 분리 　- 볼트 조임 상태 및 단지 상태 확인 ② 진단수행(내부 저항 측정) 　- 측정기 상태 확인(시계, 저항/전압 범위 설정, 영점) 　- 단자에 측정기 케이블(lead)을 접속 　- [내부 저항] 측정 　- 측정값을 유지/보전(기록지에 기록에 활용) ③ 정리 　- 볼트 조임 상태 및 단지 상태 확인 　- 축전지 절연캡 설치 　- 축전지 전원 CB(Circuit Breaker) 가압
시험 장비	멀티미터, 내부저항측정기(축전지 테스터)

사용 양식	시험 표준양식(별지 제5-2호)				
평가 기준	구분	A	B	C	D	E
	내부저항 기준값	기준값(B) 이상 또는 하자기간 내 설비	130% 이하	130% 초과 ~140% 이하	140% 초과 ~150% 미만	150% 이상
	평가점수	5	4	3	2	1

나. 영상설비 축전지 부식검사

시험 개소	역무통신실
시험 방법	[축전지 외관 상태(배부름, 크랙, 누액, 파손), 단자 및 연결커넥터]의 체결 상태를 육안으로 조사
시험 장비	육안검사
사용 양식	시험 표준양식(별지 제10-9호)

	구분	진단 내용	평가점수
평가 기준	A	부식이 전혀 없음	5
	B	국부적으로 부식이 발생(점부식발생 면적율 5% 미만)	4
	C	부식이 다소 발생(점부식발생 면적율 5~15% 미만)	3
	D	전반적으로 부식이 발생(점부식발생 면적율 15~30% 미만)	2
	E	부식발생이 심화(점부식발생 면적율 30% 이상)	1

6.6 시설감시용 영상설비 영상저장장치 정밀진단

장비 규격		정밀진단 세부항목
구분	사양	
CPU	Quad Core 3.0GHz 이상	열상측정
RAM	8GB 이상	
프레임	30frame/sec 이상	
해상도	FHD급(20만 화소) 이상	
저장용량	6T 이상	
이더넷포트	10/10/100 1Port 이상	
저장채널수	16ch 이상	

가. 시설감시용 영상설비 영상저장장치 열상측정

시험개소	통신기기실
시험방법	① 선행작업 　- 진단에 사용되는 열상카메라 검교정 상태를 확인 　- 정밀진단대상 정상동작 상태(알람, LED) 확인 ② 진단수행(열상측정) 　- CCTV 랙 후면을 열어, 대상장비와 카메라를 일정한 간격(초점거리)으로 이격시키고 각 진단대상 모듈[영상저장장치의 전원부 후면]의 열을 측정 　- 허용온도(약 40℃)를 초과한 이상 발열 여부 확인 　- 비접촉식 적외선카메라 측정방식으로 진단을 수행함. 단, 이상 징후가 감지되어 정밀진단이 필요한 경우에는 인터페이스 모듈을 사용하여 운전 설비에 영향이 없도록 사전에 관계기관의 승인을 받아서 실시함 ③ 후행작업 (자료정리) 　- 측정 자료를 카메라에서 PC로 이동시킨 후, 측정 최소·최대 온도차를 평가기준에 따라 평가
시험장비	열화상카메라
사용양식	시험 표준양식(별지 제6-19호)

평가 기준	- 각각 측정된 온도(ΔT: 측정된 온도에서 설비 주변의 온도를 뺀 온도(OA) 또는 타개소 설비와의 온도 차이(OS))에 따라 정상, 불량 내지는 주의 점검 등 여러 판정 사항이 있으며, 이때 기준으로 IETA(International Electrical Testing Association)와 업체 기준을 이용한다. - IETA O/S 기법을 적용하여 온도의 차이에 따라 평가기준을 적용 | 구분	통신기기와 대기 간 온도차 (ΔT/OA)	통신기기 간 온도차 (ΔT/OS)	판 정	평가 점수
A	기준값 이내 및 하자기간 내 설비 및 1℃ 미만	기준값 이내 및 하자기간 내 설비 및 1℃ 미만	열화 가능성 없음	5
B	1℃~10℃ O/A 이하	1℃~3℃ O/S 이하	열화 가능성 미약	4
C	11℃~20℃ O/A	4℃~15℃ O/S	열화 가능성 있음	3
D	21℃~40℃ O/A	16℃~40℃ O/S	추후 결함으로 진전	2
E	〉40℃ O/A	〉40℃ O/S	결함	1

✓ OA: Over Ambient / 대기온도 증분(ΔT)
✓ OS: Over Similar / 유사설비 상간 증분(ΔT) |

6.7 시설감시용 영상설비 영상운영장치 정밀진단

장비 규격		정밀진단 세부항목
구분	사양	
CPU	Quad Core 3.0GHz 이상	NMS/EMS
RAM	8GB 이상	
HDD	1TB 이상	

가. 시설감시용 영상설비 영상운영장치 NMS/EMS 검사

<u>설비활용율</u> ✓   <u>고장발생횟수</u> ✓

시험 개소	역무통신실
시험 방법	① 선행작업 (장비 상태 점검) 　- 장비 관리자로부터 장비 상태 및 주의 사항을 숙지 　- 운영장치를 통하여 장비의 동작을 확인 ② 경보 이력 로그 조회 　- [영상운영장치 기능]을 이용하여 저장되어있는 데이터를 일정기간단위로 경보(장애 발생) 현황을 조회

	- 조회: 저장된 경보내용을 일별/경보 등급별 조회 기능
	    ✓ 파일저장: 조회된 경보내용을 파일로 저장 가능
	    ✓ 조회기간 설정: 연월일을 입력하여 조회기간 설정
	③ 장애이력 정보 보관
	    - 장비 상태가 정상임을 확인
	    - 저장된 장애관련 데이터를 저장장치에 복사

시험 장비	없음
사용 양식	시험 표준양식(별지 제2-13호)
평가 기준	1) 설비 활용률 ① 평가 지표 및 산식

평가 기준 표:

1) 설비 활용률

① 평가 지표 및 산식

항목	지표	지표정의	산식
자원 효율성 (서버)	CPU 활용률	측정한 전체 CPU 용량 대비 사용 CPU 용량의 비율(%)	(사용 CPU 용량/전체 CPU 용량) × 100
	메모리 활용률	서버의 물리적 메모리 총량 대비 사용 메모리의 비율(%)	(사용 메모리양/전체 메모리 용량) × 100
	디스크 활용률	디스크의 물리적 총 용량 대비 사용 디스크의 비율(%)	(사용 디스크 용량/전체 디스크 용량) × 100

② 자료 추출을 위한 사용 명령어

구분	명령어	비고
CPU 활용률	top, mpstat, sar, iostat	- 기기에 따라 지원하는 명령어 다를 수 있음 - GUI 기능으로 대체 가능
메모리 활용률	top, mpstat, sar, iostat	
디스크 활용률	fdisk, sfdisk, cfdisk, parted, df, pydf, lsblk	

③ 평가방법

구분	진단 내용			평가점수
A	CPU	중앙 제어설비	30% 이하	5
		기타	20% 이하	
	메모리		20% 이하	
	디스크		20% 이하	
C	CPU	중앙 제어설비	30%~80%	3
		기타	20%~70%	
	메모리		20% 초과~80% 이하	
	디스크		20% 초과~80% 이하	
E	CPU	중앙 제어설비	80% 초과	1
		기타	70% 초과	
	메모리		80% 초과	
	디스크		90% 초과	

2) 고장·장애 횟수

① 장애의 등급
- A급 장애시스템의 사용자에게 제공하는 모든 서비스 사용이 불가능한 상태 (주전산기 다운, DBMS 다운 등)
- B급 장애시스템의 사용자에게 제공하는 일부 서비스 사용이 불가능한 상태 혹은 A급 장애가 최소 서비스 시간에 발생한 경우
- C급 장애시스템의 일부에 문제가 있으나 사용자 업무처리상 장애가 없는 경우 (예: 백업장비에 이상이 있는 경우 등)
- D급 장애 천재지변 등 불가항력적인 사항 또는 통제범위를 벗어난 장애

② 장애의 측정 기법
- 측정 도구: [NMS상 장애이력] 정보
- 측정치의 정의: A급 장애 건수 + B급 장애 건수 × 0.7 (C, D급 장애는 장애건수에 산입하지 않는다)
- 측정 기간: 정밀진단 시, 이전 1개월 또는 3개월간

③ 평가방법

평가기준	진단 내용	평가점수
A	측정치 0~1건	5
C	측정치 2~3건	3
E	측정치 4건 이상	1

6.8 시설감시용 영상설비 카메라 정밀진단

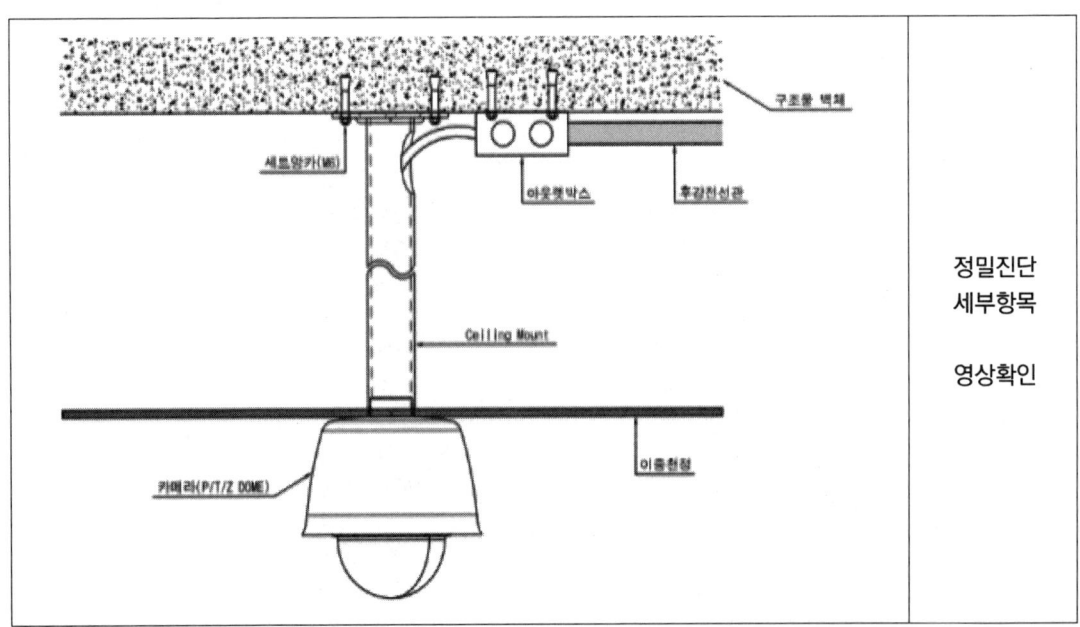

시험 개소	통신기기실		
시험 방법	[모니터에 표출]된 카메라의 영상 상태를 육안으로 확인		
시험 장비	-		
사용 양식	시험 표준양식(별지 제8-2호)		
평가 기준	평가기준	진단 내용	평가점수
	A	최상의 상태 또는 하자기간 내 설비	5
	B	화질 저하 다소 감지되나, 감시 목적 지장 없음	4
	C	화질 저하가 감지되나 감시 목적으로 지장 없음	3
	D	화질 저하 감지되며, 감시 목적으로 다소 지장됨	2
	E	화질 저하 감지되며, 감시 어려움	1

7. 역무자동화설비 정밀진단

중분류	소분류	세분류	진단항목	설비의 유형
분류진단 항목집계	역무자동화설비	전산장치	중앙전산기	모듈검사, NMS/EMS, 열상측정	제어설비
			역단위전산기	NMS/EMS, 열상측정	제어설비
		발매기	1회용발매/ 교통카드충전기	열상측정	제어설비
			교통카드 무인/ 정산충전기	열상측정	제어설비
			보증금 환급기	열상측정	제어설비
		게이트	자동개·집표기	열상측정, 전계강도	제어설비

7.1 역무자동설비 전산장치 중앙전산기 정밀진단

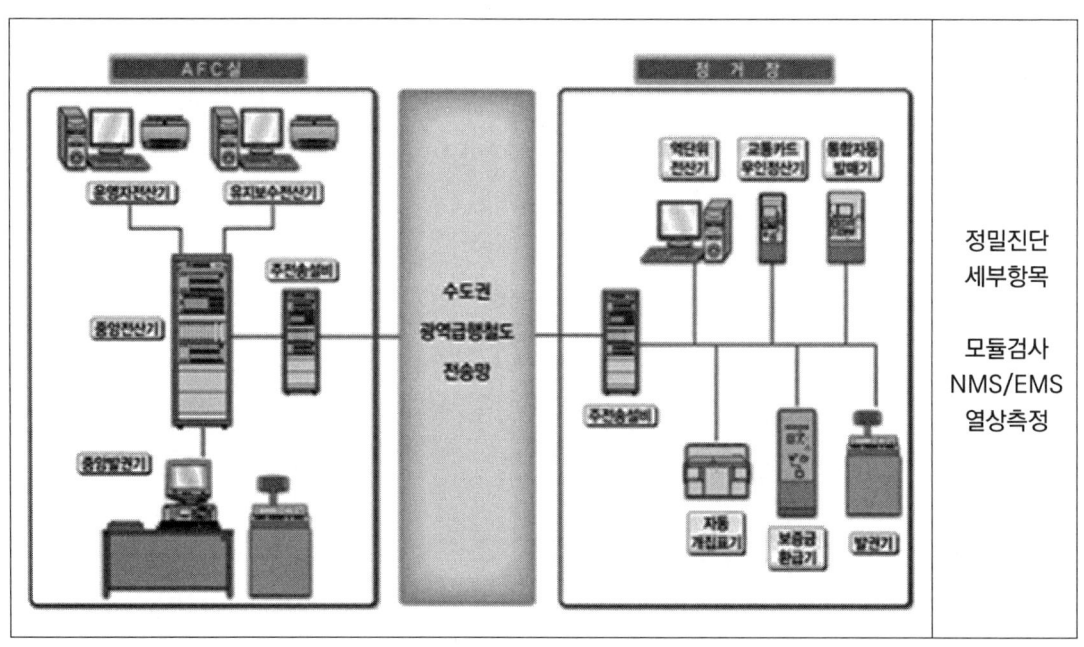

가. 역무자동설비 전산장치 중앙전산기 모듈검사

시험 개소	통신기기실

시험 방법	① 선행작업 　- 운영자로부터 사용법 및 주의 사항을 숙지 　- NMS를 통하여 장비의 동작을 확인. (Active Side 확인: 제어부, 전원부) ② 진단수행(장비 절체) 　- [NMS 기능]을 통하여 진단 대상 장비(제어부, 전원부)를 절체 명령을 수행하여 한쪽 계통의 장애 시 시스템 중단 없이 이중화 계통으로 자동절체 동작을 확인 　- 절체 동작을 2회 실시하여, 최소 절체 대상 서버를 다시 Active상태로 복원시킴 　- 정기점검 기록 자료확인 또는 EMS 로그기록 등을 통하여 진단을 수행함
시험 장비	없음
사용 양식	시험 표준양식(별지 제1-7호)
평가 기준	<table><tr><th>구분</th><th>진단 내용</th><th>평가점수</th></tr><tr><td>A</td><td>절체 대상 모듈의 기능이 정상</td><td>5</td></tr><tr><td>C</td><td>절체 대상 모듈 중 1개 모듈 비정상</td><td>3</td></tr><tr><td>E</td><td>절체하여 정상(초기) 상태로 복귀하지 못하는 경우</td><td>1</td></tr></table>

나. 역무자동설비 중앙전산기 NMS/EMS 검사

<u>설비활용율</u> ✓　　　<u>고장발생횟수</u> ✓

시험 개소	통신기기실
시험 방법	① 선행작업 (장비 상태 점검) 　- 장비 관리자로부터 장비 상태 및 주의 사항을 숙지 　- EMS를 통하여 장비의 동작을 확인 ② 진단수행(경보 이력 로그 조회) 　- 장비 [EMS 기능]을 이용하여 운용 EMS에서 저장되어 있는 데이터를 일정기간 단위로 경보(장애 발생) 현황을 조회 　- 조회: 저장된 경보내용을 일별/경보 등급별 조회 기능 　　✓ 파일저장: 조회된 경보내용을 파일로 저장 가능 　　✓ 조회기간 설정: 연월일을 입력하여 조회기간 설정 ③ 후행작업(이력 정보 저장) 　- 장비 상태가 정상임을 확인 　- 저장된 장애관련 데이터를 저장장치에 복사
시험 장비	없음

사용양식	시험 표준양식(별지 제2-14호)			
평가기준	1) 설비 활용률			
	① 평가 지표 및 산식			
	항목	지표	지표정의	산식
	자원 효율성 (서버)	CPU 활용률	측정한 전체 CPU 용량 대비 사용 CPU 용량의 비율(%)	(사용 CPU 용량 / 전체 CPU 용량) X 100
		메모리 활용률	서버의 물리적 메모리 총량 대비 사용 메모리의 비율(%)	(사용 메모리양 / 전체 메모리 용량) X 100
		디스크 활용률	디스크의 물리적 총 용량 대비 사용 디스크의 비율(%)	(사용 디스크 용량 / 전체 디스크 용량) X 100
	② 자료 추출을 위한 사용 명령어			
	구분	명령어		비고
	CPU 활용률	top, mpstat, sar, iostat		- 기기에 따라 지원하는 명령어 다를 수 있음 - GUI 기능으로 대체 가능
	메모리 활용률	top, mpstat, sar, iostat		
	디스크 활용률	fdisk, sfdisk, cfdisk, parted, df, pydf, lsblk		
	③ 평가방법			
	구분		진단 내용	평가점수
	A	CPU	중앙 제어설비	30% 이하	5
			기타	20% 이하	
		메모리		20% 이하	
		디스크		20% 이하	
	C	CPU	중앙 제어설비	30%~80%	3
			기타	20%~70%	
		메모리		20% 초과~80% 이하	
		디스크		20% 초과~80% 이하	
	E	CPU	중앙 제어설비	80% 초과	1
			기타	70% 초과	
		메모리		80% 초과	
		디스크		90% 초과	

2) 고장·장애 횟수

① 장애의 등급
- A급 장애시스템의 사용자에게 제공하는 모든 서비스 사용이 불가능한 상태
  (주전산기 다운, DBMS 다운 등)
- B급 장애시스템의 사용자에게 제공하는 일부 서비스 사용이 불가능한 상태 혹은 A급 장애가 최소 서비스 시간에 발생한 경우
- C급 장애시스템의 일부에 문제가 있으나 사용자 업무처리상 장애가 없는 경우
  (예: 백업장비에 이상이 있는 경우 등)
- D급 장애 천재지변 등 불가항력적인 사항 또는 통제범위를 벗어난 장애

② 장애의 측정 기법
- 측정 도구: NMS상 장애이력 정보
- 측정치의 정의: A급 장애 건수 + B급 장애 건수 × 0.7 (C, D급 장애는 장애건수에 산입하지 않는다)
- 측정 기간: 정밀진단 시, 이전 1개월 또는 3개월간

③ 평가방법

평가기준	진단 내용	평가점수
A	측정치 0~1건	5
C	측정치 2~3건	3
E	측정치 4건 이상	1

다. 역무자동설비 전산장치 중앙전산기 열상측정

시험개소	역무통신실
시험방법	① 선행작업 - 진단에 사용되는 열상카메라 검교정 상태를 확인 - 정밀진단대상 정상동작 상태(알람, LED) 확인 ② 진단수행(열상측정) - 대상장비와 카메라를 일정한 간격(초점거리)으로 이격시키고 각 진단대상 장비 [주제어보드] 열을 측정 - 허용온도(약 40℃)를 초과한 이상 발열 여부 확인 - 비접촉식 적외선카메라 측정방식으로 진단을 수행함. 단, 이상 징후가 감지되어 정밀진단이 필요한 경우에는 인터페이스 모듈을 사용하여 운전 설비에 영향이 없도록 사전에 관계기관의 승인을 받아서 실시함 ③ 후행작업 - 측정 자료를 카메라에서 PC로 이동시킨 후, 측정 최소·최대 온도차를 평가기준에 따라 평가

시험장비	열화상카메라
사용양식	시험 표준양식(별지 제6-20호)
평가기준	- 각각 측정된 온도(ΔT: 측정된 온도에서 설비 주변의 온도를 뺀 온도(OA) 또는 타개소 설비와의 온도 차이(OS))에 따라 정상, 불량 내지 주의 점검 등 여러 판정 사항이 있으며, 이때 기준으로 IETA(International Electrical Testing Association)와 업체 기준을 이용한다. - IETA O/S 기법을 적용하여 온도의 차이에 따라 평가기준을 적용 | 구분	통신기기와 대기 간 온도차 (ΔT/OA)	통신기기 간 온도차 (ΔT/OS)	판정	평가점수
---	---	---	---	---
A	기준값 이내 및 하자기간 내 설비 및 1℃ 미만	기준값 이내 및 하자기간 내 설비 및 1℃ 미만	열화 가능성 없음	5
B	1℃~10℃ O/A 이하	1℃~3℃ O/S 이하	열화 가능성 미약	4
C	11℃~20℃ O/A	4℃~15℃ O/S	열화 가능성 있음	3
D	21℃~40℃ O/A	16℃~40℃ O/S	추후 결함으로 진전	2
E	〉40℃ O/A	〉40℃ O/S	결함	1	 ✓ OA: Over Ambient / 대기온도 증분(ΔT) ✓ OS: Over Similar / 유사설비 상간 증분(ΔT)

7.2 역무자동설비 전산장치 역단위전산기 정밀진단

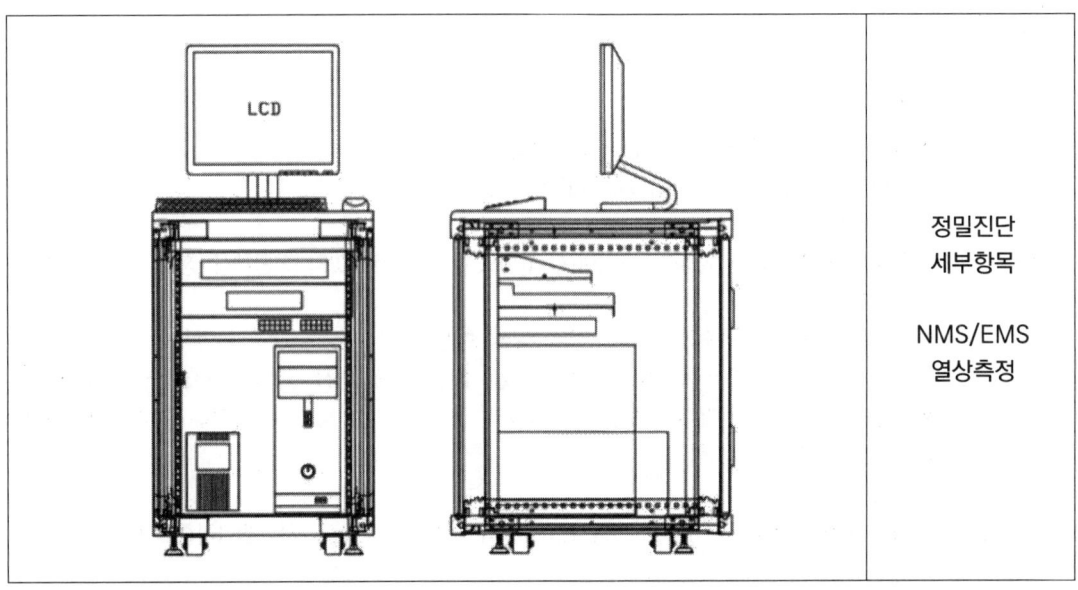

정밀진단 세부항목

NMS/EMS 열상측정

가. 역무자동설비 역단위전산기 NMS/EMS 검사

<u>설비활용율</u> ✓   <u>고장발생횟수</u> ✓

시험개소	통신기기실
시험방법	① 선행작업 (장비 상태 점검) - 장비 관리자로부터 장비 상태 및 주의 사항을 숙지 - EMS를 통하여 장비의 동작을 확인 ② 진단수행(경보 이력 로그 조회) - [장비 EMS] 기능을 이용하여 운용 EMS에서 저장되어 있는 데이터를 일정기간 단위로 경보(장애 발생) 현황을 조회 - 조회: 저장된 경보내용을 일별/경보 등급별 조회 기능 ✓ 파일저장: 조회된 경보내용을 파일로 저장 가능 ✓ 조회기간 설정: 연월일을 입력하여 조회기간 설정 ③ 후행작업(이력 정보 저장) - 장비 상태가 정상임을 확인 - 저장된 장애관련 데이터를 저장장치에 복사
시험장비	없음
사용양식	시험 표준양식(별지 제2-15호)
평가기준	1) 설비 활용률 ① 평가 지표 및 산식 {표1} ② 자료 추출을 위한 사용 명령어 {표2}

표1:

항목	지표	지표정의	산식
자원 효율성 (서버)	CPU 활용률	측정한 전체 CPU 용량 대비 사용 CPU 용량의 비율(%)	(사용 CPU 용량 / 전체 CPU 용량) × 100
	메모리 활용률	서버의 물리적 메모리 총량 대비 사용 메모리의 비율(%)	(사용 메모리양 / 전체 메모리 용량) × 100
	디스크 활용률	디스크의 물리적 총 용량 대비 사용 디스크의 비율(%)	(사용 디스크 용량 / 전체 디스크 용량) × 100

표2:

구분	명령어	비고
CPU 활용률	top, mpstat, sar, iostat	- 기기에 따라 지원하는 명령어 다를 수 있음 - GUI 기능으로 대체 가능
메모리 활용률	top, mpstat, sar, iostat	
디스크 활용률	fdisk, sfdisk, cfdisk, parted, df, pydf, lsblk	

③ 평가방법

구분		진단 내용		평가점수
A	CPU	중앙 제어설비	30% 이하	5
		기타	20% 이하	
	메모리		20% 이하	
	디스크		20% 이하	
C	CPU	중앙 제어설비	30%~80%	3
		기타	20%~70%	
	메모리		20% 초과~80% 이하	
	디스크		20% 초과~80% 이하	
E	CPU	중앙 제어설비	80% 초과	1
		기타	70% 초과	
	메모리		80% 초과	
	디스크		90% 초과	

2) 고장·장애 횟수

① 장애의 등급
- A급 장애시스템의 사용자에게 제공하는 모든 서비스 사용이 불가능한 상태
  (주전산기 다운, DBMS 다운 등)
- B급 장애시스템의 사용자에게 제공하는 일부 서비스 사용이 불가능한 상태 혹은 A급 장애가 최소 서비스 시간에 발생한 경우
- C급 장애시스템의 일부에 문제가 있으나 사용자 업무처리상 장애가 없는 경우
  (예: 백업장비에 이상이 있는 경우 등)
- D급 장애 천재지변 등 불가항력적인 사항 또는 통제범위를 벗어난 장애

② 장애의 측정 기법
- 측정 도구: [NMS상 장애이력] 정보
- 측정치의 정의: A급 장애 건수 + B급 장애 건수 × 0.7 (C, D급 장애는 장애건수에 산입하지 않는다)
- 측정 기간: 정밀진단 시, 이전 1개월 또는 3개월간

③ 평가방법

평가기준	진단 내용	평가점수
A	측정치 0~1건	5
C	측정치 2~3건	3
E	측정치 4건 이상	1

나. 역무자동설비 전산장치 중앙전산기 열상측정

시험 개소	역무통신실

시험
방법
	① 선행작업
	  - 진단에 사용되는 열상카메라 검교정 상태를 확인
	  - 정밀진단대상 정상동작 상태(알람, LED) 확인
	② 진단수행(열상측정)
	  - 대상장비와 카메라를 일정한 간격(초점거리)으로 이격시키고 각 진단대상 장비 [주제어보드] 열을 측정
	  - 허용온도(약 40℃)를 초과한 이상 발열 여부 확인
	  - 비접촉식 적외선카메라 측정방식으로 진단을 수행함. 단, 이상 징후가 감지되어 정밀진단이 필요한 경우에는 인터페이스 모듈을 사용하여 운전 설비에 영향이 없도록 사전에 관계기관의 승인을 받아서 실시함
	③ 후행작업
	  - 측정 자료를 카메라에서 PC로 이동시킨 후, 측정 최소·최대 온도차를 평가기준에 따라 평가

시험 장비	열화상카메라
사용 양식	시험 표준양식(별지 제6-21호)
평가 기준	- 각각 측정된 온도(ΔT: 측정된 온도에서 설비 주변의 온도를 뺀 온도(OA) 또는 타개소 설비와의 온도 차이(OS))에 따라 정상, 불량 내지는 주의 점검 등 여러 판정 사항이 있으며, 이때 기준으로 IETA(International Electrical Testing Association)와 업체 기준을 이용한다. - IETA O/S 기법을 적용하여 온도의 차이에 따라 평가기준을 적용 | 구분	통신기기와 대기 간 온도차 (ΔT/OA)	통신기기 간 온도차 (ΔT/OS)	판정	평가 점수
---	---	---	---	---
A	기준값 이내 및 하자기간 내 설비 및 1℃ 미만	기준값 이내 및 하자기간 내 설비 및 1℃ 미만	열화 가능성 없음	5
B	1℃~10℃ O/A 이하	1℃~3℃ O/S 이하	열화 가능성 미약	4
C	11℃~20℃ O/A	4℃~15℃ O/S	열화 가능성 있음	3
D	21℃~40℃ O/A	16℃~40℃ O/S	추후 결함으로 진전	2
E	〉40℃ O/A	〉40℃ O/S	결함	1	 ✓ OA: Over Ambient / 대기온도 증분(ΔT) ✓ OS: Over Similar / 유사설비 상간 증분(ΔT)

7.3 역무자동설비 발매기 1회용발매/교통카드 충전기 정밀진단

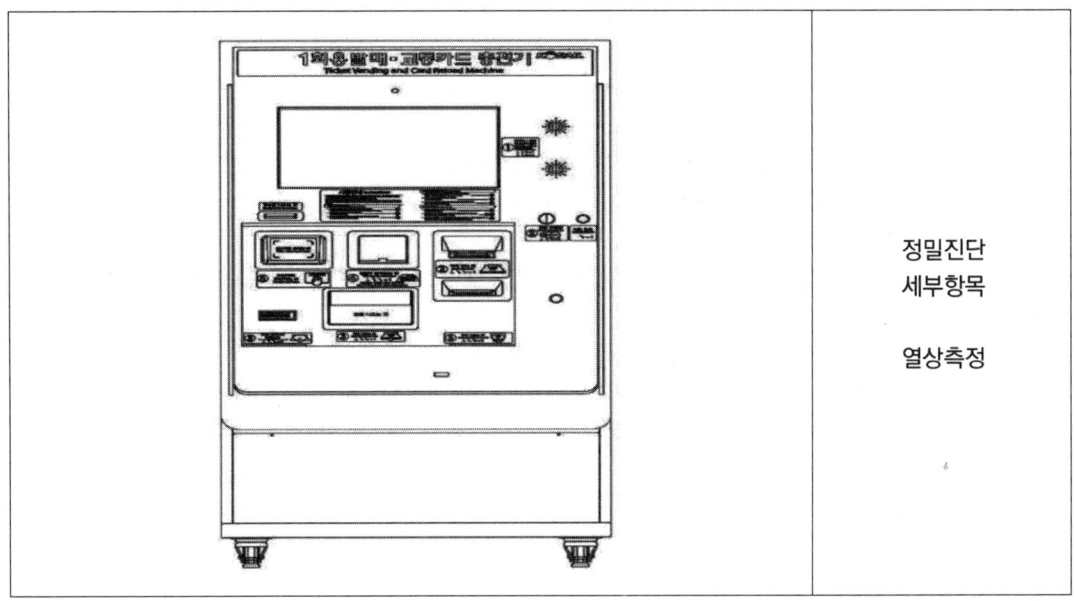

정밀진단
세부항목

열상측정

가. 역무자동설비 발매기 1회용발매/교통카드 충전기 열상측정

시험 개소	대합실
시험 방법	① 선행작업 - 현금을 취급하는 장비이므로, 진단업무 수행전 역무원에게 보고하며, 장비함체를 개폐할 때 역무원의 입회요청 - 진단에 사용되는 열상카메라 검교정 상태를 확인 - 정밀진단대상 정상동작 상태(알람, LED) 확인 ② 진단수행(열상측정) - 대상장비와 카메라를 일정한 간격(초점거리)으로 이격시키고 각 진단대상 장비 [주제어보드] 열을 측정 - 허용온도(약 40℃)를 초과한 이상 발열 여부 확인 - 비접촉식 적외선카메라 측정방식으로 진단을 수행함. 단, 이상 징후가 감지되어 정밀진단이 필요한 경우에는 인터페이스 모듈을 사용하여 운전 설비에 영향이 없도록 사전에 관계기관의 승인을 받아서 실시함 ③ 후행작업 - 측정 자료를 카메라에서 PC로 이동시킨 후, 측정 최소·최대 온도차를 평가기준에 따라 평가
시험 장비	열화상카메라

사용 양식	시험 표준양식(별지 제6-22호)
평가 기준	- 각각 측정된 온도(ΔT: 측정된 온도에서 설비 주변의 온도를 뺀 온도(OA) 또는 타개소 설비와의 온도 차이(OS))에 따라 정상, 불량 내지는 주의 점검 등 여러 판정 사항이 있으며, 이 때 기준으로 IETA(International Electrical Testing Association)와 업체 기준을 이용한다. - IETA O/S 기법을 적용하여 온도의 차이에 따라 평가기준을 적용

구분	통신기기와 대기 간 온도차 (ΔT/OA)	통신기기 간 온도차 (ΔT/OS)	판 정	평가 점수
A	기준값 이내 및 하자기간 내 설비 및 1℃ 미만	기준값 이내 및 하자기간 내 설비 및 1℃ 미만	열화 가능성 없음	5
B	1℃~10℃ O/A 이하	1℃~3℃ O/S 이하	열화 가능성 미약	4
C	11℃~20℃ O/A	4℃~15℃ O/S	열화 가능성 있음	3
D	21℃~40℃ O/A	16℃~40℃ O/S	추후 결함으로 진전	2
E	〉40℃ O/A	〉40℃ O/S	결함	1

✓ OA: Over Ambient / 대기온도 증분(ΔT)
✓ OS: Over Similar / 유사설비 상간 증분(ΔT)

7.4 역무자동설비 발매기 교통카드 무인/정산충전기 정밀진단

정밀진단
세부항목

열상측정

가. 역무자동설비 발매기 교통카드 무인/정산충전기 열상측정

시험 개소	대합실
시험 방법	① 선행작업 - 현금을 취급하는 장비이므로, 진단업무 수행전 역무원에게 보고하며, 장비함체를 개폐할 때 역무원의 입회요청 - 진단에 사용되는 열상카메라 검교정 상태를 확인 - 정밀진단대상 정상동작 상태(알람, LED) 확인

	② 진단수행(열상측정) - 대상장비와 카메라를 일정한 간격(초점거리)으로 이격시키고 각 진단대상 장비 [주제어보드] 열을 측정 - 허용온도(약 40℃)를 초과한 이상 발열 여부 확인 - 비접촉식 적외선카메라 측정방식으로 진단을 수행함. 단, 이상 징후가 감지되어 정밀진단이 필요한 경우에는 인터페이스 모듈을 사용하여 운전 설비에 영향이 없도록 사전에 관계기관의 승인을 받아서 실시함 ③ 후행작업 - 측정 자료를 카메라에서 PC로 이동시킨 후, 측정 최소·최대 온도차를 평가기준에 따라 평가
시험 장비	열화상카메라
사용 양식	시험 표준양식(별지 제6-23호)
평가 기준	- 각각 측정된 온도(ΔT: 측정된 온도에서 설비 주변의 온도를 뺀 온도(OA) 또는 타개소 설비와의 온도 차이(OS))에 따라 정상, 불량 내지는 주의 점검 등 여러 판정 사항이 있으며, 이때 기준으로 IETA(International Electrical Testing Association)와 업체 기준을 이용한다. - IETA O/S 기법을 적용하여 온도의 차이에 따라 평가기준을 적용 | 구분	통신기기와 대기 간 온도차 (ΔT/OA)	통신기기 간 온도차 (ΔT/OS)	판 정	평가 점수
---	---	---	---	---
A	기준값 이내 및 하자기간 내 설비 및 1℃ 미만	기준값 이내 및 하자기간 내 설비 및 1℃ 미만	열화 가능성 없음	5
B	1℃~10℃ O/A 이하	1℃~3℃ O/S 이하	열화 가능성 미약	4
C	11℃~20℃ O/A	4℃~15℃ O/S	열화 가능성 있음	3
D	21℃~40℃ O/A	16℃~40℃ O/S	추후 결함으로 진전	2
E	〉 40℃ O/A	〉 40℃ O/S	결함	1	 ✓ OA: Over Ambient / 대기온도 증분(ΔT) ✓ OS: Over Similar / 유사설비 상간 증분(ΔT)

7.5 역무자동설비 발매기 보증금 환급기 정밀진단

	정밀진단 세부항목 열상측정

가. 역무자동설비 발매기 보증금 환급기 열상측정

시험 개소	대합실
시험 방법	① 선행작업 　- 현금을 취급하는 장비이므로, 진단업무 수행전 역무원에게 보고하며, 장비함체를 개폐할 때 역무원의 입회요청 　- 진단에 사용되는 열상카메라 검교정 상태를 확인 　- 정밀진단대상 정상동작 상태(알람, LED) 확인 ② 진단수행(열상측정) 　- 대상장비와 카메라를 일정한 간격(초점거리)으로 이격시키고 각 진단대상 장비 [주제어보드] 열을 측정 　- 허용온도(약 40℃)를 초과한 이상 발열 여부 확인 　- 비접촉식 적외선카메라 측정방식으로 진단을 수행함. 단, 이상 징후가 감지되어 정밀진단이 필요한 경우에는 인터페이스 모듈을 사용하여 운전 설비에 영향이 없도록 사전에 관계기관의 승인을 받아서 실시함 ③ 후행작업 　- 측정 자료를 카메라에서 PC로 이동시킨 후, 측정 최소·최대 온도차를 평가기준에 따라 평가
시험 장비	열화상카메라
사용 양식	시험 표준양식(별지 제6-24호)

평가기준	구분	통신기기와 대기 간 온도차 (ΔT/OA)	통신기기 간 온도차 (ΔT/OS)	판정	평가점수
	A	기준값 이내 및 하자기간 내 설비 및 1℃ 미만	기준값 이내 및 하자기간 내 설비 및 1℃ 미만	열화 가능성 없음	5
	B	1℃~10℃ O/A 이하	1℃~3℃ O/S 이하	열화 가능성 미약	4
	C	11℃~20℃ O/A	4℃~15℃ O/S	열화 가능성 있음	3
	D	21℃~40℃ O/A	16℃~40℃ O/S	추후 결함으로 진전	2
	E	〉40℃ O/A	〉40℃ O/S	결함	1

- 각각 측정된 온도(ΔT: 측정된 온도에서 설비 주변의 온도를 뺀 온도(OA) 또는 타개소 설비와의 온도 차이(OS))에 따라 정상, 불량 내지는 주의 점검 등 여러 판정 사항이 있으며, 이 때 기준으로 IETA(International Electrical Testing Association)와 업체 기준을 이용한다.
- IETA O/S 기법을 적용하여 온도의 차이에 따라 평가기준을 적용

✓ OA: Over Ambient / 대기온도 증분(ΔT)
✓ OS: Over Similar / 유사설비 상간 증분(ΔT)

7.6 역무자동설비 발매기 자동 개·집표기 정밀진단

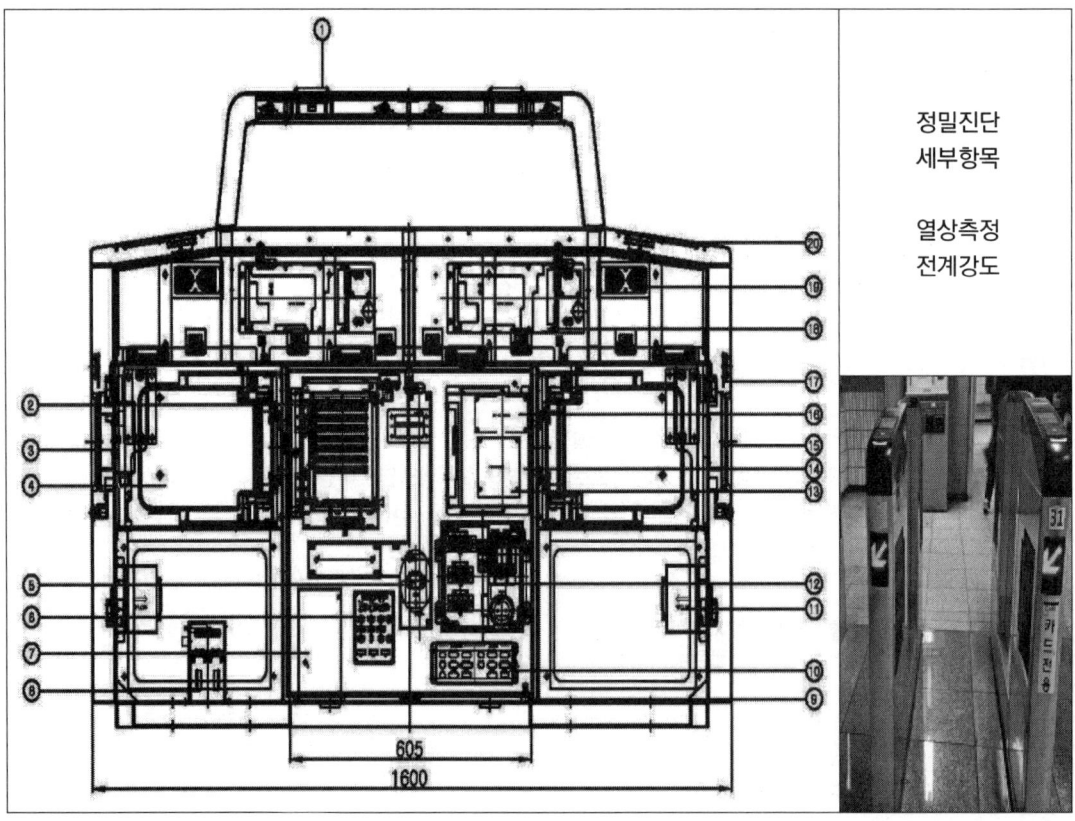

정밀진단 세부항목

열상측정 전계강도

번호	명칭	번호	명칭
2	주전자제어장치(MCU)	13	SEMI Herb 보드
3	Mode Switch	14	RF 단말기
4	Flap Door	15	방향 표시기
5	Fuse 보드	16	RF I/O 보드
6	전원공급장치	18	MPIO 보드
9	Link Panel	19	스피커
10	Heating Unit	20	RF 카드 인식부

가. 역무자동설비 발매기 자동 개·집표기 열상측정

시험 개소	대합실
시험 방법	① 선행작업 - 현금을 취급하는 장비이므로, 진단업무 수행전 역무원에게 보고하며, 장비함체를 개폐할 때 역무원의 입회요청 - 진단에 사용되는 열상카메라 검교정 상태를 확인 - 정밀진단대상 정상동작 상태(알람, LED) 확인 ② 진단수행 (열상측정) - 대상장비와 카메라를 일정한 간격(초점거리)으로 이격시키고 각 진단대상 장비 [주제어보드] 열을 측정 - 허용온도(약 40℃)를 초과한 이상 발열 여부 확인 - 비접촉식 적외선카메라 측정방식으로 진단을 수행함. 단, 이상 징후가 감지되어 정밀진단이 필요한 경우에는 인터페이스 모듈을 사용하여 운전 설비에 영향이 없도록 사전에 관계기관의 승인을 받아서 실시함 ③ 후행작업 - 측정 자료를 카메라에서 PC로 이동시킨 후, 측정 최소·최대 온도차를 평가기준에 따라 평가
시험 장비	열화상카메라
사용 양식	시험 표준양식(별지 제6-25호)
평가 기준	- 각각 측정된 온도(ΔT: 측정된 온도에서 설비 주변의 온도를 뺀 온도(OA) 또는 타개소 설비와의 온도 차이(OS))에 따라 정상, 불량 내지 주의 점검 등 여러 판정 사항이 있으며, 이때 기준으로 IETA(International Electrical Testing Association)와 업체 기준을 이용한다. - IETA O/S 기법을 적용하여 온도의 차이에 따라 평가기준을 적용

구분	통신기기와 대기 간 온도차 (ΔT/OA)	통신기기 간 온도차 (ΔT/OS)	판 정	평가 점수
A	기준값 이내 및 하자기간 내 설비 및 1℃ 미만	기준값 이내 및 하자기간 내 설비 및 1℃ 미만	열화 가능성 없음	5
B	1℃~10℃ O/A 이하	1℃~3℃ O/S 이하	열화 가능성 미약	4
C	11℃~20℃ O/A	4℃~15℃ O/S	열화 가능성 있음	3
D	21℃~40℃ O/A	16℃~40℃ O/S	추후 결함으로 진전	2
E	> 40℃ O/A	> 40℃ O/S	결함	1

✓ OA: Over Ambient / 대기온도 증분(ΔT)
✓ OS: Over Similar / 유사설비 상간 증분(ΔT)

나. 역무자동설비 발매기 자동 개·집표기 전계강도

시험 개소	대합실				
시험 방법	[자기장 거리측정 카드]를 RF교통카드단말기 리더 중앙에 올려놓고, 측정거리를 조정(0mm~30mm)하면서 자기장 세기를 측정				
시험 장비	전계강도 측정기, 스펙트럼 아날라이저				
사용 양식	시험 표준양식(별지 제9-4호)				
평가 기준	구분	A	B	C	D	E
	자기장 세기 (A/M)	기준값(B) 이상 또는 하자기간 내 설비	4A/m	4A/m초과~ 6A/m이하, 2A/m이상~ 4A/m미만	6A/m초과~ 7.5A/m이하, 1.5A/m이상~ 2A/m미만	7.5A/m초과, 1.5A/m미만
	평가점수	5	4	3	2	1

붙임 1. 정밀진단 [정보통신] 소요장비

정밀진단 정보통신 매뉴얼[6]
정밀진단 소요장비

목차

1. 손실 측정기	146
2. BER측정기	146
3. 전계강도 측정기	147
4. 열화상카메라	147
5. 저항/컨덕턴스 측정기	147
6. 멀티미터	148
7. RF통합 측정기	148

[6] 출처: 국가철도공단 정밀진단 정보통신 매뉴얼 2023.12.12.

1. 손실 측정기

장비명	사진	용도
광(원)파워미터 제조사: MS 모델명: KPM-35 KLS-35-MS		손실 측정: (광케이블)
스펙트럼 아날라이저 제조사: Instek 모델명: GPS		전계강도 측정 (LTE-R RRU, 열차무선 방호장치 (중계장치/케이블 안테나, 자동개·집표기 등)

2. BER측정기

장비명	사진	용도
BER측정기 제조사: Tektronix 모델명: bsx Series		BER측정 (STM 4/16/64, 전자교환기 등)
네트워크 아날라이저 제조사: Deviser 모델명: NA76xx Series		BER측정 (STM 4/16/64, 전자교환기 등)

3. 전계강도 측정기

장비명	사진	용도
전계강도 측정기 제조사: Anritsu 모델명: TM-195, MT8212E		전계강도 측정 (LTE-R RRU, 열차무선 방호장치 중계장치/케이블 안테나, 자동개·집표기 등)

4. 열화상카메라

장비명	사진	용도
열화상카메라 제조사: FLIR 모델명: E5		열화상 측정 (DWDM, 정류기, 열차무선 방호장치 중앙장치 등)

5. 저항/컨덕턴스 측정기

장비명	사진	용도
저항/컨덕턴스 측정기 제조사: 히오키 모델명: 3287		절연저항, 저항, 전압측정 (동케이블, 정류기, UPS 등)

6. 멀티미터

장비명	사진	용도
멀티미터 제조사: Fluke 모델명: 101		절연저항, 저항, 전압측정 (정류기, 축전지, 자동안내방송 주장치, UPS 등)

7. RF통합 측정기

구분	기능	규격
전기적 규격	측정 주파수	2 MHz~4 GHz for Cable & Antenna Analyzer 9 kHz~4 GHz for Spectrum Analyzer 10 MHz~4 GHz for Spectrum Analyzer
	신호 분석	RF품질, 변조품질, 다운링크 커버리지 품질
	Cable & Antenna 분석 측정 항목	정재파비, 반사손실, 케이블 손실, DTF 반사손실, DTF 정재파비, 1-port 위상, Smith Chart
	Spectrum 분석 측정 항목	Field Strength, Occupied Bandwidth, Channel Power, ACPR, AM/FM/SSB 복조, C/I
	전력 측정 범위	Power Sensor MA24108A True-RMS USB 타입, 주파수 10 MHz~4 GHz, 전력 -30 dBm~+20 dBm
RF통합 측정기	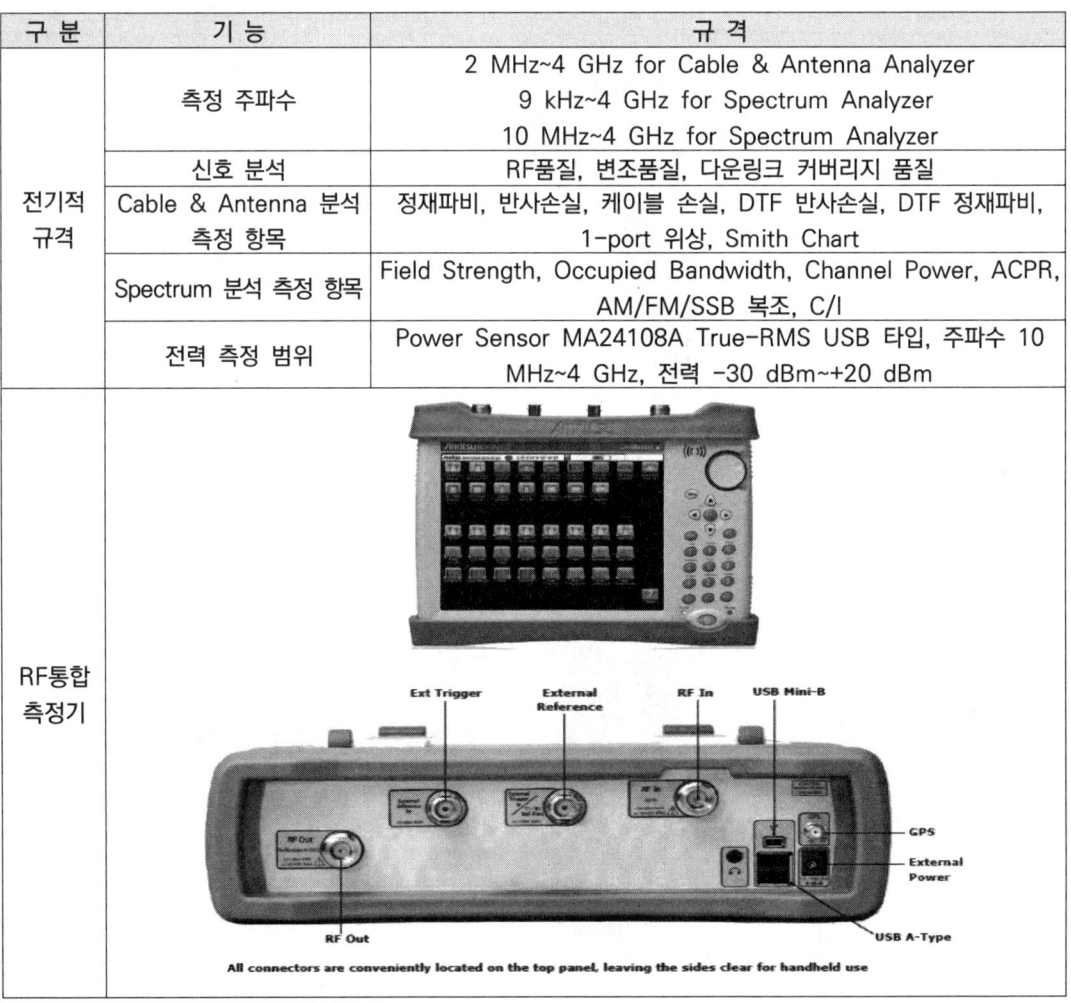	

붙임 2. 정밀진단 측정[시험] 표준양식

정밀진단 정보통신 매뉴얼[7]
[2023.11]
측정(시험) 표준양식

목차

1. 모듈검사 표준양식	LTE-R 기지국 설비 DU 모듈검사 측정 표준양식(별지 제1-1호) 등 7개	154
2. NMS/EMS 조사 표준양식	DWDM NMS/EMS 조사 표준양식(별지 제2-1호) 등 15개	157
3. BER측정 표준양식	STM 4/16/64 BER측정 검사 표준양식(별지 제3-1호) 등 2개	166
4. 절연저항 측정 표준양식	동케이블 절연저항 측정 표준양식(별지 제4-1호) 등 2개	167
5. 저항/전압 측정 표준양식	정류기 저항/전압 측정 표준양식(별지 제5-1호) 등 5개	168
6. 열상측정 표준양식	DWDM 장치 열상측정 표준양식(별지 제6-1호) 등 25개	170
7. 손실 측정 표준양식	광케이블 손실 측정 표준양식(별지 제7-1호)	183
8. 영상확인 표준양식	여객관리용 영상설비 카메라 영상확인 표준양식(별지 제8-1호) 등 2개	183
9. 전계강도 측정 표준양식	RRU 전계강도 측정 표준양식(별지 제9-1-1호, 열차 탑승용)	184
	RRU 전계강도 측정 표준양식(별지 제9-1-2호, 현장용)	185
	자동 개·집표기 전계강도 측정 표준양식(별지 제9-4호) 등 4개	186
10. 부식 측정 표준양식	선로변 통합 인터페이스 통신설비 부식 측정 표준양식(별지 제10-1호) 등 9개	187

7) 출처: 국가철도공단 정밀진단 정보통신 매뉴얼 2023.12.12.

정밀진단 수행을 위한 대상 설비별 측정(시험) 표준양식

정밀진단	대상 설비			측정(시험) 표준양식
1. 모듈검사	1.1 LTE-R 기지국 설비	DU	제어부, 전원부	별지 제1-1호
	1.2 열차무선방호장치	자동점검시스템	통신제어부	별지 제1-2호
	1.3 재난방송수신설비	주중계장치	PSU-S, PSU-M	별지 제1-3호
	1.4 전화 교환기	전자교환기		별지 제1-4호
		관제 전화 주장치		별지 제1-5호
	1.5 여객안내설비	중앙제어설비		별지 제1-6호
	1.6 역무자동화설비	중앙전산기		별지 제1-7호
2. NMS/EMS	2.1 전송설비	DWDM		별지 제2-1호
		STM 4/16/64		별지 제2-2호
	2.2 LTE-R 중앙제어설비	중앙제어장치		별지 제2-3호
		관제조작반		별지 제2-4호
	2.3 LTE-R 기지국 설비	DU	EMS 상 장애발생추이	별지 제2-5호
	2.4 열차무선방호장치	중앙장치		별지 제2-6호
	2.5 재난방송수신설비	주중계장치		별지 제2-7호
	2.6 전화 교환기	전자교환기		별지 제2-8호
		관제 전화 주장치		별지 제2-9호
	2.7 여객안내설비	중앙제어설비		별지 제2-10호
	2.8 방송설비	관제원격방송주장치	운영서버	별지 제2-11호
	2.9. 여객관리용 영상설비	영상운영장치	영상운영장치	별지 제2-12호
	2.10 시설감시용 영상설비	영상운영장치	영상운영장치	별지 제2-13호
	2.11 역무자동화설비	중앙전산기		별지 제2-14호
		역단위전산기		별지 제2-15호

3. BER 측정	3.1 전송설비	STM 4/16/64	회선 시험	별지 제3-1호
	3.2 전화 교환기	전자교환기	중계 회선	별지 제3-2호
4. 절연 저항 측정	4.1 동케이블	동케이블	통신기기실 MDF(상행방향, 하행방향)	별지 제4-1호
	4.2 여객관리용 영상설비	UPS	입력 케이블	별지 제4-2호
5. 저항 전압 측정	5.1 광전송설비	정류기	정류부	별지 제5-1호
		축전지	축전지 단자	별지 제5-2호
	5.2 방송설비장치	자동안내방송주장치	주 증폭기	별지 제5-3호
	5.3 여객관리용 영상설비	UPS	입력단자, 출력단자	별지 제5-4호
		축전지	축전지 단자	별지 제5-5호
6. 열상 측정	6.1 광전송설비	DWDM	전원부, 제어부	별지 제6-1호
		STM 4/16/64	전원부, 제어부	별지 제6-2호
		정류기	정류 유니트	별지 제6-3호
	6.2 LTE-R 중앙제어설비	중앙제어장치	AS(TAS),CSC,CSCF,DNS, E1게이트웨이, FOTA서버, HSS, IBCF, LTE-R NMS, MDM, MGCF, MME, SAE-GW, MRF, NTP, PCRF, PTT, PUSH 서버, SSO, TAP장치, 개통서버, 기지국, 기지국EMS, 민방위 방송 연동장치, 백업 스토리지, 열차운행 정보앱, 위치수집서버, 저장(녹취)서버, 주제어 EMS, 지령서버	별지 제6-4호
	6.3 LTE-R 기지국 설비	DU	메인 Card, 채널 Card	별지 제6-5호
	6.4 열차무선방호장치	중앙장치	주제어서버 전원부	별지 제6-6호
		자동점검시스템	무선통신부	별지 제6-7호
		중계 장치	주제어 PCB 전면	별지 제6-8호

		주중계장치	DTU-M, DTU-S	별지 제6-9호
	6.5 재난방송수신설비	보조중계장치	HPA	별지 제6-10호
	6.6 전화 교환기	전자교환기	전원부 분배기	별지 제6-11호
		관제 전화 주장치		별지 제6-12호
	6.7 여객안내설비	중앙제어설비	주제어서버 전원부	별지 제6-13호
		역서버	역제어 서버 전원모듈	별지 제6-14호
		표시기	제어 모듈 PCB	별지 제6-15호
	6.8 방송설비	자동안내방송 주장치	주 증폭기	별지 제6-16호
		관제원격방송 주장치	운영서버	별지 제6-17호
	6.9 여객관리용 영상설비	영상저장장치	영상저장 서버	별지 제6-18호
	6.10 시설감시용 영상설비	영상저장장치	영상저장 서버	별지 제6-19호
	6.11 역무자동화설비	중앙전산기	DB서버, 통합저장장치, NAS, 운용자용전산기, 원격운영관리전산기, 통계분석전산기, 백신서버, 보안키관리 전산기, 시각동화장치 통신제어전산기, SCP 저장장치, 상황판서버, 웹서버, 카드발행기, 카드발권기, RF 유지보수용 전산기	별지 제6-20호
		역단위전산기		별지 제6-21호
		1회용발매/교통카드 충전기	주제어 PCB	별지 제6-22호
		교통카드	주제어 PCB	별지 제6-23호

		무인/정산충전기		
		보증금 환급기	주제어 PCB	별지 제6-24호
		자동개·집표기	주제어 PCB	별지 제6-25호
7. 손실 측정	7.1 광케이블	광케이블	예비 광코어(상선/하선)	별지 제7-1호
8. 영상 확인	8.1 여객관리용 영상설비	카메라	운영장치 내 영상	별지 제8-1호
	8.2 시설감시용 영상설비	카메라	운영장치 내 영상	별지 제8-2호
9. 전계 강도 측정	9.1 LTE-R 기지국 설비	RRU	현장 인접 RRU 및 차량 탑승	별지 제9-1호
	9.2 열차무선방호장치	중계 장치		별지 제9-2호
		케이블안테나		별지 제9-3호
	9.3 역무자동화설비	자동개·집표기	RF Reader	별지 제9-4호
10. 부식 검사	10.1 선로변 통합인터페이스 통신설비		함체 및 L2 스위치	별지 제10-1호
	10.2 전송설비	정류기	제어부 및 단자	별지 제10-2호
		축전지	외관 및 단자	별지 제10-3호
	10.3 LTE-R 기지국 설비	RRU	축전지	별지 제10-4호
	10.4 열차무선방호장치	중계 장치	주제어 PCB	별지 제10-5호
	10.5 재난방송수신설비	보조중계장치	배터리 단자, 안테나 커넥터	별지 제10-6호
	10.6 여객안내설비	표시기	제어 모듈 PCB	별지 제10-7호
	10.7 여객관리용 영상설비	UPS	UPS외관 및 단자	별지 제10-8호
		축전지	축전지 외관 및 단자	별지 제10-9호

1. 모듈검사 표준양식

1.1 LTE-R 기지국 설비

DU 모듈검사 표준양식

별지 제1-1호

가. 모듈검사 측정표

측정(시험)업자		측정(시험)자				
측정(시험)시간		온도	℃	습도	%	날씨
설비명		설치장소				
		제작년도				
종류		장비 ID				
규격	kV	전송방식				
정격(선로)전압						

측정항목	측정장비	측정내용	판정	비고
모듈검사	해당없음			

나. 평가기준 - 모듈검사

구분	진단 내용	평가점수
A	절체 대상 모듈 중 1개 모듈의 기능이 정상	5
C	절체 대상 모듈 비정상(단중화 경우, 기능 정상)	3
E	연속 절체하여 정상(초기) 상태로 복귀하지 못하는 경우(단중화 경우, 기능 비정상)	1

다. 종합의견

1.2 열차무선방호장치

열차 무선 방호장치 자동점검 시스템 모듈검사 표준양식

별지 제1-2호

가. 모듈검사 측정표

측정(시험)업자		측정(시험)자				
측정(시험)시간		온도	℃	습도	%	날씨
설비명		설치장소				
		제작년도				
종류		장비 ID				
규격	kV	해당직류				
정격(선로)전압						

측정항목	측정장비	측 정 내 용	판정	비고
모듈검사	해당없음			

나. 평가기준 - 모듈검사

구분	진단 내용	평가점수
A	절체 대상 모듈 중 1개 모듈의 기능이 정상	5
C	절체 대상 모듈 비정상(단중화 경우, 기능 정상)	3
E	연속 절체하여 정상(초기) 상태로 복귀하지 못하는 경우(단중화 경우, 기능 비정상)	1

다. 종합의견

1. 모듈검사 표준양식

1.3 재난방송수신설비 — 재난방송수신설비 주종계장치 모듈검사 표준양식

별지 제1-3호

측정(시험)일자		측정(시험)자					
측정(시험)시간		온도		℃	습도	%	날씨

설비명		설치장소	
제작사		제작년도	
종류		규격	장비 ID	
정격(선로)전압	kV	허용전류	

가. 모듈검사 측정표

측정항목	측정장비	측정내용	판정	비고
모듈검사	해당없음			

나. 평가기준 - 모듈검사

구분	진단 내용	평가점수
A	점체 대상 모듈이 기능이 정상	5
C	점체 대상 모듈 중 1개 모듈 비정상(단중화 경우, 기능 정상)	3
E	연속 점체하여 정상(초기) 상태로 복귀하지 못하는 경우(단중화 경우, 기능 비정상)	1

다. 종합의견

1.4 전화 교환기 — 전자교환기 모듈검사 표준양식

별지 제1-4호

측정(시험)일자		측정(시험)자					
측정(시험)시간		온도		℃	습도	%	날씨

설비명		설치장소	
제작사		제작년도	
종류		규격	장비 ID	
정격(선로)전압	kV	허용전류	

가. 모듈검사 측정표

측정항목	측정장비	측정내용	판정	비고
모듈검사	해당없음			

나. 평가기준 - 모듈검사

구분	진단 내용	평가점수
A	점체 대상 모듈이 기능이 정상	5
C	점체 대상 모듈 중 1개 모듈 비정상(단중화 경우, 기능 정상)	3
E	연속 점체하여 정상(초기) 상태로 복귀하지 못하는 경우(단중화 경우, 기능 비정상)	1

다. 종합의견

1. 모풀검사 표준양식

1.4 전화 교환기 | 관제 전화 주장치 모풀검사 표준양식

별지 제1-5호

측정(시험)업자		측정(시험)자		온도	℃	습도	%	날씨	
측정(시험)시간									

설비명		설치장소	
	제작사		제작년도
	종류		장비 ID
규격	kV		허용전류 A
정격(선로)전압			

가. 모풀검사 측정표

측정항목	측정내용	측정장비	판정	비고
모풀검사	해당없음			

나. 평가기준 - 모풀검사

구분	진단 내용	평가점수
A	점체 대상 모풀의 기능이 정상	5
C	점체 대상 모풀 중 1개 모풀 비정상(단층화 경우, 기능 정상)	3
E	연속 절체하여 정상(초기) 상태로 복귀하지 못하는 경우(단층화 경우, 기능 비정상)	1

다. 종합의견

1.5 여객안내설비 | 중앙재어설비 모풀검사 표준양식

별지 제1-6호

측정(시험)업자		측정(시험)자		온도	℃	습도	%	날씨	
측정(시험)시간									

설비명		설치장소	
	제작사		제작년도
	종류		장비 ID
규격	kV		허용전류 A
정격(선로)전압			

가. 모풀검사 측정표

측정항목	측정내용	측정장비	판정	비고
모풀검사	해당없음			

나. 평가기준 - 모풀검사

구분	진단 내용	평가점수
A	점체 대상 모풀의 기능이 정상	5
C	점체 대상 모풀 중 1개 모풀 비정상(단층화 경우, 기능 정상)	3
E	연속 절체하여 정상(초기) 상태로 복귀하지 못하는 경우(단층화 경우, 기능 비정상)	1

다. 종합의견

1. 모듈검사 표준양식

1.6 역무자동화설비	중앙연산기 모듈검사 표준양식					

별지 제1-7호

측정(시험)일자		측정(시험)일자				
		온도	℃	습도	%	날씨
측정(시험)시간						

설비명		설치장소	
제작사		제작년도	
종류	규격	장비 ID	
정격(신로전압)	kV	허용전류	A

가. 모듈검사 측정표

측정항목	측정장비	측정내용	판정	비고
모듈검사	해당없음			

나. 평가기준 - 모듈검사

구분	진단 내용	평가점수
A	점검 대상 모듈의 기능이 정상	5
C	점검 대상 모듈 중 1개 모듈 비정상(단중화 경우, 기능 정상)	3
E	연속 점검하여 정상(초기) 상태로 복귀하지 못하는 경우(단중화 경우, 기능 비정상)	1

다. 종합의견

---

2. NMS/EMS 조사 표준양식

2.1 전송설비	DWDM NMS/EMS 조사 표준양식					

별지 제2-1호

측정(시험)일자		측정(시험)일자				
		온도	℃	습도	%	날씨
측정(시험)시간						

설비명		설치장소	
제작사		제작년도	
종류	규격	장비 ID	
사용파장		허용전류	A

가. NMS/EMS 점검표

점검항목	점검장비	점검내용		판정	비고
		점검개소	점검(건)		
NMS/EMS			건		
NMS/EMS			건		

나. NMS/EMS 점검 평가기준 - 고장장애 횟수

구분	진단 내용
A	측정치 0-1 건
C	측정치 2~3 건
E	측정치 4건 이상

항목	지표	지표정의
장애등급	A급	정보통신시스템이 사용자에게 제공하는 모든 서비스 사용이 불가능한 상태
	B급	정보통신시스템이 사용자에게 제공하는 일부 서비스 사용이 불가능한 상태
	C급	정보통신시스템의 일부에 문제가 있으나 사용자 업무처리상 장애가 없는 경우 혹은 긴급 장애가 최소 서비스 시간에 발생한 경우
	D급	천재지변 등 불가항력적인 사용 또는 통제범위를 벗어난 장애 (예: 부외장애인 경우 등)

※ 측정 기간: 정밀진단 시 전월 1개월 또는 3개월간
※ 측정치: A급 장애 건수 + B급 장애 건수 × 0.7 (*C, D급 장애는 장애건수에 산입하지 않는다.)

다. 종합의견

2. NMS/EMS 조사 표준양식

2.1 전송설비

STM 4/16/64 NMS/EMS 조사 표준양식

별지 제2-2호

측정(시험)일자		측정(시험)자				
측정(시험)시간		온도	℃	습도	%	날씨

가. NMS/EMS 점검

설비명	설치장소	
	제작사	제작년도
	종류	장비 ID
	규격	허용전류 A
사용파장		

NMS/EMS 점검표

점검항목	점검장비	점검 내용		판정	비고
		구분	점검개소		
NMS/EMS			점검(건) 건		
NMS/EMS			건		

나. NMS/EMS 점검 평가기준 - 고장·장애 횟수

구분	진단 내용
A	측정치 0-1건
C	측정치 2-3건
E	측정치 4건 이상

항목	지표	지표정의
장애등급	A급	정보통신시스템의 사용자에게 제공하는 모든 서비스 사용이 불가능한 상태
	B급	정보통신시스템의 사용자에게 제공하는 일부 서비스 사용이 불가능한 상태 혹은 A급 장애가 최소 서비스 시간에 발생한 경우
	C급	정보통신시스템의 일부에 문제가 있으나 사용자 업무처리상 장애가 없는 경우 (예: 백업장비에 이상이 있는 경우 등)
	D급	전재지변 등 불가항력적인 사유 또는 통제범위를 벗어난 장애

다. 종합의견

※ 측정 기간: 정밀진단 시, 전 12개월간
※ 측정치: A급 장애 건수 + B급 장애 건수 × 0.7 (C, D급 장애는 장애건수에 산입하지 않는다)

---

2. NMS/EMS 조사 표준양식

2.2 LTE-R 중앙제어설비

중앙제어장치 NMS/EMS 조사 표준양식

별지 제2-3호

측정(시험)일자		측정(시험)자				
측정(시험)시간		온도	℃	습도	%	날씨

가. NMS/EMS 점검

설비명	설치장소	
	제작사	제작년도
	종류	장비 ID
	규격	허용전류 A
사용파장		

NMS/EMS 점검표

점검항목	점검장비	점검 내용		판정	비고
		구분	점검개소		
NMS/EMS			점검치[%]/건 건		

나. NMS/EMS 점검 평가기준 - 설비 활용률

항목	지표	지표정의	산식
자원활용성(서버)	CPU 활용률	측정한 전체 CPU 용량 대비 사용 CPU 용량의 비율(%)	(사용 CPU 용량 / 전체 CPU 용량) × 100
	메모리 활용률	서버의 물리적 메모리 총량 대비 사용 메모리의 비율(%)	(사용 메모리량 / 전체 메모리 총량) × 100
	디스크 활용률	디스크의 물리적 총 용량 대비 사용 디스크의 비율(%)	(사용 디스크 용량 / 전체 디스크 용량) × 100

2. NMS/EMS 조사 표준양식

별지 제2-4호

2.2 LTE-R 중앙제어설비

관제조작반 NMS/EMS 조사 표준양식

측정(시험)일자		측정(시험)자				
측정(시험)시간		온도	℃	습도	%	날씨

설비명		설치장소	
제작사		제작연도	
종류		규격	장비 ID	
사용파장		허용전류	A

가. NMS/EMS 점검표

점검항목	점검장비	점검내용			비고
		구분	점검개소	점검치[%][건]	판정
NMS/EMS				%	
				건	

나. NMS/EMS 점검 평가기준 – 설비 활용률

항목	지표	지표정의	산식
자원효율성(서버)	CPU 활용률	측정한 전체 CPU 용량 대비 사용 CPU 용량의 비율(%)	(사용 CPU 용량 / 전체 CPU 용량) × 100
	메모리 활용률	서버의 물리적 메모리 총량 대비 사용 메모리의 비율(%)	(사용 메모리양 / 전체 메모리 총량) × 100
	디스크 활용률	디스크의 물리적 총 용량 대비 사용 디스크의 비율(%)	(사용 디스크 용량 / 전체 디스크 용량) × 100

구분		진단 내용	
A	CPU	중앙 제어설비	30% 이하
		기타	20% 이하
	메모리		20% 이하
	디스크		20% 이하
C	CPU	중앙 제어설비	30%~80%
		기타	20%~70%
	메모리		20% 초과~80% 이하
	디스크		20% 초과~80% 이하
E	CPU	중앙 제어설비	80% 초과
		기타	70% 초과
	메모리		80% 초과
	디스크		90% 초과

※ NMS/EMS: 설비 관리용 NMS/EMS 기능을 이용하여 설비 활용률과 기간 내 고장·장애발생 횟수를 조사 진단
※ NMS(Network Management System): EMS의 상위요소(속), EMS는 NMS의 하부구성요소)
※ EMS(Element Management System): 통신망 장비를 네트워크를 통해 감시 및 제어할 수 있는 시스템

- 고장·장애 횟수

평가기준	진단 내용
A	측정치 0~1건
C	측정치 2~3건
E	측정치 4건 이상

항목	지표	지표정의
장애등급	A급	정보통신시스템의 사용자에게 제공하는 모든 서비스 사용이 불가능한 상태 (주전산기 다운, DBMS 다운 등)
	B급	정보통신시스템의 사용자에게 제공하는 일부 서비스 사용이 불가능한 상태
	C급	정보통신시스템의 일부에 문제가 있으나 사용자 업무처리상 장애가 없는 경우 혹은 A급 장애가 최소 서비스 시간에 발생한 경우
	D급	전체지변 등 불가항력적인 사항 또는 통제범위를 벗어난 장애 (예: 백업장비에 이상이 있는 경우 등)

※ 측정 기간: 정밀진단 시 전월 1개월 또는 3개월간
※ 측정치: 측정치 = A급 장애 건수 + B급 장애 건수 × 0.7 (* C, D급 장애는 장애건수에 산입하지 않는다.)

다. 종합의견

별지 제2-5호

2. NMS/EMS 조사 표준양식

DU NMS/EMS 표준양식

2.3 LTE-R 기지국 설비

측정(시험)자		측정(시험)시간			
설비명		설치장소			
		제작년도			
규격	온도	°C	습도	%	날씨
	종류		장비 ID		
사용파장		허용전류			A

가. NMS/EMS 점검표

점검항목		점검 내용		비고
구분	점검장비	점검장소	점검(건)	
NMS/EMS			건	
NMS/EMS			건	

나. NMS/EMS 점검 평가기준 - 고장·장애 횟수

평가기준	진단 내용
A	측정치 0~1건
C	측정치 2~3건
E	측정치 4건 이상

항목	지표	지표정의
장애 등급	A급	정보통신시스템의 사용자에게 제공하는 모든 서비스 사용이 불가능한 상태
	B급	정보통신시스템의 사용자에게 제공하는 일부 서비스 사용이 불가능한 상태 혹은 A급 장애가 최소 서비스 시간에 발생한 경우
	C급	정보통신시스템의 일부에 문제가 있으나 사용자 업무처리상 장애가 없는 경우 (예: 백업장비에 이상이 있는 경우 등)
	D급	천재지변 등 불가항력적인 사항 또는 통제범위를 벗어난 장애

다. 종합의견

※ 측정 기간: 정밀진단 시 전월 1개월 또는 3개월간
※ 측정치: A급 장애 건수 + B급 장애 건수 × 0.7 (''C, D급 장애는 장애건수에 산입하지 않는다)

구분		진단 내용	
A	CPU	중앙 제어설비	30% 이하
		기타	20% 이하
		메모리	20% 이하
		디스크	20% 이하
C	CPU	중앙 제어설비	30%~80%
		기타	20%~70%
		메모리	20% 초과~80% 이하
		디스크	20% 초과~80% 이하
E	CPU	중앙 제어설비	80% 초과
		기타	70% 초과
		메모리	80% 초과
		디스크	90% 초과

※ NMS/EMS: 설비 관리에 NMS/EMS 기능을 이용하여 설비 활용률과 기간 내 고장·장애발생 횟수를 조사 후 진단
※ NMS(Network Management System): EMS의 상위시스템격, EMS의 하부구성도
※ EMS(Element Management System): 통신망 장비를 네트워크를 통해 감시 및 제어할 수 있는 시스템

- 고장·장애 횟수

평가기준	진단 내용
A	측정치 0~1건
C	측정치 2~3건
E	측정치 4건 이상

항목	지표	지표정의
장애 등급	A급	정보통신시스템의 사용자에게 제공하는 모든 서비스 사용이 불가능한 상태 (주전신기 다운, DBMS 다운 등)
	B급	정보통신시스템의 사용자에게 제공하는 일부 서비스 사용이 불가능한 상태 혹은 A급 장애가 최소 서비스 시간에 발생한 경우
	C급	정보통신시스템의 일부에 문제가 있으나 사용자 업무처리상 장애가 없는 경우 (예: 백업장비에 이상이 있는 경우 등)
	D급	천재지변 등 불가항력적인 사항 또는 통제범위를 벗어난 장애

다. 종합의견

※ 측정 기간: 정밀진단 시 전월 1개월 또는 3개월간
※ 측정치: A급 장애 건수 + B급 장애 건수 × 0.7 (''C, D급 장애는 장애건수에 산입하지 않는다)

2. NMS/EMS 조사 표준양식

중앙장치 NMS/EMS 조사 표준양식

별지 제2-6호

2.4 열차무선방호 장치

측정(시험)일자		측정(시험)자					
측정(시험)시간		온도	℃	습도	%	날씨	

설비명		설치장소	
제작사		제작연도	
종류		규격	장비 ID	
사용마장		허용전류	A

가. NMS/EMS 점검표

점검항목	점검장비	점검 내용		판정	비고
		구 분	점검개소	점검[건]		
NMS/EMS				건		
NMS/EMS				건		

나. NMS/EMS 점검 평가기준 – 설비 활용률

구분		진단 내용	
A	CPU	중앙 제어설비	30% 이하
		기타	20% 이하
	메모리		20% 이하
	디스크		20% 이하
C	CPU	중앙 제어설비	30%~80%
		기타	20%~70%
	메모리		20% 초과~80% 이하
	디스크		20% 초과~80% 이하
E	CPU	중앙 제어설비	80% 초과
		기타	70% 초과
	메모리		80% 초과
	디스크		90% 초과

항목	지표	지표정의	산식
자원 효율성 (서버)	CPU 활용률	측정한 전체 CPU 용량 대비 사용 CPU 용량의 비율(%)	(사용 CPU 용량 / 전체 CPU 용량) × 100
	메모리 활용률	서버의 물리적 메모리 총량 대비 사용 메모리의 비율(%)	(사용 메모리량/ 전체 메모리 총량) × 100
	디스크 활용률	디스크의 물리적 총 용량 대비 사용 디스크의 비율(%)	(사용 디스크 용량 / 전체 디스크 용량) × 100

다. 종합의견

주중계장치 NMS/EMS 조사 표준양식

별지 제2-7호

2.5 재난방송수신설비

측정(시험)일자		측정(시험)자					
측정(시험)시간		온도	℃	습도	%	날씨	

설비명		설치장소	
제작사		제작연도	
종류		규격	장비 ID	
사용마장		허용전류	A

가. NMS/EMS 점검표

점검항목	점검장비	점검 내용		판정	비고
		구 분	점검개소	점검[건]		
NMS/EMS				건		
NMS/EMS				건		

나. NMS/EMS 점검 평가기준 – 고장·장애 횟수

평가기준		진단 내용
A		측정치 0~1건
C		측정치 2~3건
E		측정치 4건 이상

항목	지표	지표정의
장애 등급	A급	정보통신시스템의 사용자에게 제공하는 모든 서비스 사용이 불가능한 상태
	B급	정보통신시스템의 사용자에게 제공하는 일부 서비스 사용이 불가능한 상태
	C급	정보통신시스템의 일부에 문제가 있거나 사용자 업무처리상 장애가 없는 경우 혹은 A급 장애가 최소 서비스 시간에 발생한 경우
	D급	천재지변 등 불가항력적인 사항 또는 통제범위를 벗어난 장애 (예: 백업장비에 이상이 있는 경우 등)

※ 측정 기준: 정밀진단 시 전월 1개월 또는 3개월간
※ 측정치: A급 장애 건수 + B급 장애 건수 × 0.7 (C, D급 장애는 장애건수에 산입하지 않습니다.)

다. 종합의견

2. NMS/EMS 조사 표준양식

2.6 전화 교환기 | 전자교환기 NMS/EMS 조사 표준양식

별지 제2-8호

가. NMS/EMS 점검표

점검항목	점검장비	점검 내용			판정	비고
		구분	점검개소	점검치[%][건]		
NMS/EMS		온도		℃		날씨
		습도		%		

측정(시험)일자 측정(시험)자
측정(시험)시간

설치장소
제작년도
장비 ID
허용전류 A

설비명
제작사
종류
사용파장

규격

나. NMS/EMS 점검 평가기준 - 설비 활용률

항목	지표	지표정의	산식
자원 효용성 (서버)	CPU 활용률	측정한 전체 CPU 용량 대비 사용 CPU 용량의 비율(%)	(사용 CPU 용량 / 전체 CPU 용량) × 100
	메모리 활용률	서버의 물리적 메모리 총량 대비 사용 메모리의 비율(%)	(사용 메모리양 / 전체 메모리 총량) × 100
	디스크 활용률	디스크의 물리적 총 용량 대비 사용 디스크의 비율(%)	(사용 디스크 용량 / 전체 디스크 용량) × 100

구분		진단 내용
A	CPU	30% 이하
	메모리	20% 이하
	디스크	20% 이하
	기타 중앙 제어설비	20% 이하
C	CPU	30%~80%
	메모리	20%~70%
	디스크	20% 초과~80% 이하
	기타 중앙 제어설비	20% 초과~80% 이하
E	CPU	80% 초과
	메모리	70% 초과
	디스크	90% 초과

다. 종합의견

---

2. NMS/EMS 조사 표준양식

2.6 전화 교환기 | 관제전화 주장치 NMS/EMS 조사 표준양식

별지 제2-9호

가. NMS/EMS 점검표

점검항목	점검장비	점검 내용			판정	비고
		구분	점검개소	점검치[건]		
NMS/EMS		온도		℃		날씨
NMS/EMS		습도		%		

측정(시험)일자 측정(시험)자
측정(시험)시간

설치장소
제작년도
장비 ID
허용전류 A

설비명
제작사
종류
사용파장

규격

나. NMS/EMS 점검 평가기준 - 설비 활용률

항목	지표	지표정의	산식
자원 효용성 (서버)	CPU 활용률	측정한 전체 CPU 용량 대비 사용 CPU 용량의 비율(%)	(사용 CPU 용량 / 전체 CPU 용량) × 100
	메모리 활용률	서버의 물리적 메모리 총량 대비 사용 메모리의 비율(%)	(사용 메모리양 / 전체 메모리 총량) × 100
	디스크 활용률	디스크의 물리적 총 용량 대비 사용 디스크의 비율(%)	(사용 디스크 용량 / 전체 디스크 용량) × 100

구분		진단 내용
A	CPU	30% 이하
	메모리	20% 이하
	디스크	20% 이하
	기타 중앙 제어설비	30%~80%
C	CPU	20%~70%
	메모리	20% 초과~80% 이하
	디스크	20% 초과~80% 이하
	기타 중앙 제어설비	80% 초과
E	CPU	70% 초과
	메모리	80% 초과
	디스크	90% 초과

다. 종합의견

2. NMS/EMS 조사 표준양식

2.7 여객안내설비 | 중앙제어설비 주장치 NMS/EMS 조사 표준양식

별지 제2-10호

측정(시험)일자		측정(시험)자				날씨	
측정(시험)시간		온도	℃	습도	%		

설비명		설치장소	
제작사		제작년도	
종류	규격	장비 ID	
사용파장		허용전류	A

가. NMS/EMS 점검표

점검항목	점검장비	점검내용		비고
		구분	점검개소	
		점검치[%][건]		
NMS/EMS		%		
		건		

나. NMS/EMS 점검 평가기준 - 설비 활용률

항목	지표	지표정의	산식
자원 효율성 (서버)	CPU 활용률	측정한 전체 CPU 용량 대비 사용 CPU 용량의 비율(%)	(사용 CPU 용량 / 전체 CPU 용량) × 100
	메모리 활용률	서버의 물리적 메모리 총량 대비 사용 메모리의 비율(%)	(사용 메모리양/ 전체 메모리 총량) × 100
	디스크 활용률	디스크의 물리적 총 용량 대비 사용 디스크의 비율(%)	(사용 디스크 용량 / 전체 디스크 용량) × 100

구분		진단 내용	산식
A	CPU	중앙 제어설비	30% 이하
		기타	20% 이하
	메모리		20% 이하
	디스크		20% 이하
C	CPU	중앙 제어설비	30%~80%
		기타	20%~70%
	메모리		20% 초과~80% 이하
	디스크		20% 초과~80% 이하
E	CPU	중앙 제어설비	80% 초과
		기타	70% 초과
	메모리		80% 초과
	디스크		90% 초과

다. 종합의견

2.8 방송설비 | 관제원격방송 주장치 NMS/EMS 조사 표준양식

별지 제2-11호

측정(시험)일자		측정(시험)자				날씨	
측정(시험)시간		온도	℃	습도	%		

설비명		설치장소	
제작사		제작년도	
종류	규격	장비 ID	
사용파장		허용전류	A

가. NMS/EMS 점검표

점검항목	점검장비	점검내용		판정	비고
		구분	점검개소	점검[건]	
NMS/EMS				건	
NMS/EMS				건	

나. NMS/EMS 점검 평가기준 - 설비 활용률

항목	지표	지표정의	산식
자원 효율성 (서버)	CPU 활용률	측정한 전체 CPU 용량 대비 사용 CPU 용량의 비율(%)	(사용 CPU 용량 / 전체 CPU 용량) × 100
	메모리 활용률	서버의 물리적 메모리 총량 대비 사용 메모리의 비율(%)	(사용 메모리양/ 전체 메모리 총량) × 100
	디스크 활용률	디스크의 물리적 총 용량 대비 사용 디스크의 비율(%)	(사용 디스크 용량 / 전체 디스크 용량) × 100

구분		진단 내용	산식
A	CPU	중앙 제어설비	30% 이하
		기타	20% 이하
	메모리		20% 이하
	디스크		20% 이하
C	CPU	중앙 제어설비	30%~80%
		기타	20%~70%
	메모리		20% 초과~80% 이하
	디스크		20% 초과~80% 이하
E	CPU	중앙 제어설비	80% 초과
		기타	70% 초과
	메모리		80% 초과
	디스크		90% 초과

다. 종합의견

2. NMS/EMS 조사 표준양식

2.9 역객실용 영상설비

역객관리용 영상설비 영상운영장치 NMS/EMS 조사 표준양식

별지 제2-12호

측정(시험)일자		측정(시험)자			날씨	
측정(시험)시간		온도	℃	습도	%	

가. NMS/EMS 점검표

점검항목	점검장비	점검 내용		평점	비고
		구분	점검개소	점검[건]	
설비명		설치장소			
제작사		제작년도			
종류	규격	장비 ID			
사용파장		허용전류			A

나. NMS/EMS 점검 평가기준 - 고장·장애 횟수

평가기준	진단 내용
A	측정치 0~1건
C	측정치 2~3건
E	측정치 4건 이상

항목	지표	지표정의
장애등급	A급	정보통신시스템의 사용자에게 제공하는 모든 서비스 사용이 불가능한 상태
	B급	정보통신시스템의 사용자에게 제공하는 일부 서비스 사용이 불가능한 상태 혹은 A급 장애가 최소 서비스 시간에 발생한 경우
	C급	정보통신시스템의 일부에 문제가 있으나 사용자 업무처리상 장애가 없는 경우 (예: 백업장비에 이상이 있는 경우 등)
	D급	천재지변 등 불가항력적인 사항 또는 통제범위를 벗어난 장애

※ 측정 기간: 정밀점검년 시 전월 1개월 또는 3개월간
※ 측정치: A급 장애 건수 + B급 장애 건수 × 0.7 (C, D급 장애는 장애건수에 산입하지 않는다.)

다. 종합의견

---

2. NMS/EMS 조사 표준양식

2.10 시설감시용 영상설비

시설감시용 영상설비 영상운영장치 NMS/EMS 조사 표준양식

별지 제2-13호

측정(시험)일자		측정(시험)자			날씨	
측정(시험)시간		온도	℃	습도	%	

가. NMS/EMS 점검표

점검항목	점검장비	점검 내용		평점	비고
		구분	점검개소	점검[건]	
설비명		설치장소			
제작사		제작년도			
종류	규격	장비 ID			
사용파장		허용전류			A

나. NMS/EMS 점검 평가기준 - 고장·장애 횟수

평가기준	진단 내용
A	측정치 0~1건
C	측정치 2~3건
E	측정치 4건 이상

항목	지표	지표정의
장애등급	A급	정보통신시스템의 사용자에게 제공하는 모든 서비스 사용이 불가능한 상태
	B급	정보통신시스템의 사용자에게 제공하는 일부 서비스 사용이 불가능한 상태 혹은 A급 장애가 최소 서비스 시간에 발생한 경우
	C급	정보통신시스템의 일부에 문제가 있으나 사용자 업무처리상 장애가 없는 경우 (예: 백업장비에 이상이 있는 경우 등)
	D급	천재지변 등 불가항력적인 사항 또는 통제범위를 벗어난 장애

※ 측정 기간: 정밀점검년 시 전월 1개월 또는 3개월간
※ 측정치: A급 장애 건수 + B급 장애 건수 × 0.7 (C, D급 장애는 장애건수에 산입하지 않는다.)

다. 종합의견

2. NMS/EMS 조사 표준양식

2.11 역무자동화설비 | 중앙전신기 NMS/EMS 조사 표준양식

별지 제2-14호

측정(시험)일자		측정(시험)자					
측정(시험)시간		온도		℃	습도	%	날씨
설비명					설치장소		
제작사					제작년도		
종류		규격			장비 ID		
사용파장					허용전류		A

가. NMS/EMS 점검표

점검항목	점검장비	점검내용		판정	비고
		구분	점검개소	점검치[건]	
NMS/EMS				%	
				건	

나. NMS/EMS 점검 평가기준 – 설비 활용률

항목	지표	지표정의	산식
자원효율성(서버)	CPU 활용률	측정한 전체 CPU 용량 대비 사용 CPU 용량의 비율(%)	(사용 CPU 용량 / 전체 CPU 용량) × 100
	메모리 활용률	서버의 물리적 메모리 총량 대비 사용 메모리의 비율(%)	(사용 메모리양 / 전체 메모리 총량) × 100
	디스크 활용률	디스크의 물리적 총용량 중 용량 대비 사용 디스크의 비율(%)	(사용 디스크 용량 / 전체 디스크 용량) × 100

구분		진단 내용	산식
A	CPU	중앙 제어설비	30% 이하
		기타	20% 이하
	메모리		20% 이하
	디스크		20% 이하
C	CPU	중앙 제어설비	30%~80%
		기타	20%~70%
	메모리		20% 초과~80% 이하
	디스크		20% 초과~80% 이하
E	CPU	중앙 제어설비	80% 초과
		기타	70% 초과
	메모리		80% 초과
	디스크		90% 초과

다. 종합의견

---

2. NMS/EMS 조사 표준양식

2.11 역무자동화설비 | 역단위전신기 NMS/EMS 조사 표준양식

별지 제2-15호

측정(시험)일자		측정(시험)자					
측정(시험)시간		온도		℃	습도	%	날씨
설비명					설치장소		
제작사					제작년도		
종류		규격			장비 ID		
사용파장					허용전류		A

가. NMS/EMS 점검표

점검항목	점검장비	점검내용		판정	비고
		구분	점검개소	점검[건]	
NMS/EMS				건	
NMS/EMS				건	

나. NMS/EMS 점검 평가기준 – 설비 활용률

항목	지표	지표정의	산식
자원효율성(서버)	CPU 활용률	측정한 전체 CPU 용량 대비 사용 CPU 용량의 비율(%)	(사용 CPU 용량 / 전체 CPU 용량) × 100
	메모리 활용률	서버의 물리적 메모리 총량 대비 사용 메모리의 비율(%)	(사용 메모리양 / 전체 메모리 총량) × 100
	디스크 활용률	디스크의 물리적 총용량 중 용량 대비 사용 디스크의 비율(%)	(사용 디스크 용량 / 전체 디스크 용량) × 100

구분		진단 내용	산식
A	CPU	중앙 제어설비	30% 이하
		기타	20% 이하
	메모리		20% 이하
	디스크		20% 이하
C	CPU	중앙 제어설비	30%~80%
		기타	20%~70%
	메모리		20% 초과~80% 이하
	디스크		20% 초과~80% 이하
E	CPU	중앙 제어설비	80% 초과
		기타	70% 초과
	메모리		80% 초과
	디스크		90% 초과

다. 종합의견

3. BER측정 표준양식

3.1 전송설비 | STM 4/16/64 BER측정 검사 표준양식

별지 제3-1호

측정(시험)일자		측정(시험)자			
측정(시험)시간		온도	℃	습도	% 날씨

설비명		설치장소	
제작사		제작년도	
종류		장비 ID	
규격			
사용파장		허용전류	A

가. 모듈검사 측정표

시험항목	시험장비	열화 시험 내용			판정	비고
		구분	시험개소	시험치[건]		
BER	BER측정기	회선	통신기기실			

나. 평가기준

구분	A	B	C	D	E
오류초퉄(ES)	ES = 0 및 하자기간 내 설비	1~10	11~66	67 이상	-
평가점수	5	4	3	2	1

다. 종합의견

3.2 전화교환기 | 전자교환기 BER측정 검사 표준양식

별지 제3-2호

측정(시험)일자		측정(시험)자			
측정(시험)시간		온도	℃	습도	% 날씨

설비명		설치장소	
제작사		제작년도	
종류		장비 ID	
규격			
사용파장		허용전류	A

가. 모듈검사 측정표

시험항목	시험장비	열화 시험 내용			판정	비고
		구분	시험개소	시험치[건]		
BER	BER측정기	회선	통신기기실			

나. 평가기준

구분	A	B	C	D	E
오류초퉄(ES)	ES = 0 및 하자기간 내 설비	1~10	11~66	67 이상	-
평가점수	5	4	3	2	1

다. 종합의견

4. 절연저항 측정 표준양식

4.1 동케이블 | 동케이블 절연저항 측정 표준양식

별지 제4-1호

측정(시험)일자		측정(시험)자				날씨
측정(시험)시간		온도		℃	습도	%
설비명				설치장소		
제작사				제작년도		
종류				규격		장비 ID
정격(선로)전압			kV	허용전류		A

가. 절연저항 측정표

측정항목	측정장비	구분	측정 내용		측정치[MΩ]	판정	비고
			측정개소				
절연저항 측정	절연저항측정기	동케이블	통신기실		MΩ		
					MΩ		
					MΩ		

나. 절연저항 평가기준

구분	등급	평가기준
시외케이블	A	기준값(b) 이상 및 하자기간 내 설비
	B	50[MΩ] 이상
	C	50 미만~47 이상[MΩ]
	D	47 미만~45 이상[MΩ]
	E	45 미만[MΩ]
시내케이블	A	기준값(b) 이상 및 하자기간 내 설비
	B	1000[MΩ] 이상
	C	1000 미만~950 이상[MΩ]
	D	950 미만~900 이상[MΩ]
	E	900 미만[MΩ]
Screen F/S케이블	A	기준값(b) 이상 및 하자기간 내 설비
	B	6,500[MΩ] 이상
	C	6,500 미만~6,000 이상[MΩ]
	D	6,000 미만~5,700 이상[MΩ]
	E	5,700 미만[MΩ]

다. 종합의견

4.2 여객관리용 영상설비 | UPS 절연저항 측정 표준양식

별지 제4-2호

측정(시험)일자		측정(시험)자				날씨
측정(시험)시간		온도		℃	습도	%
설비명				설치장소		
제작사				제작년도		
종류				규격		장비 ID
정격(선로)전압			kV	허용전류		A

가. 절연저항 측정표

측정항목	측정장비	구분	측정 내용		측정치[MΩ]	판정	비고
			측정개소				
절연저항 측정	절연저항측정기	UPS	통신기실		MΩ		
					MΩ		
					MΩ		

나. 절연저항 평가기준

단위: [MΩ]

구분	250V 이하	250V 초과 500V 미만	진단 내용	평가점수
A	기준값(B) 이상 또는 하자 기간내 설비		-	5
B	0.5MΩ 이상	1.0MΩ 이상	열화가능성 없음	4
C	0.5 미만~0.4 이상	1.0 미만~0.8 이상	열화가능성 있음	3
D	0.4 이하~0.2 초과	0.8 이하~0.6 초과	-	2
E	0.2MΩ 이하	0.6MΩ 이하	추후 경험으로 진단	1

다. 종합의견

5. 저항/전압 측정 표준양식

5.1 광전송설비 — 정류기 저항/전압 측정 표준양식

별지 제5-1호

측정(시험)일자		측정(시험)자				
측정(시험)시간		온도	℃	습도	%	날씨
설비명	설치장소					
	제작사					
	종류		제작년도			
			장비 ID			
정격(선로)전압	kV	허용전류	A			

가. 전기적 측정표

측정항목	측정장비	구분	측정개소	측정치[V]	판정	비고
전압	멀티테스터	전압장치	입력전압	V		
	멀티테스터	전압장치	출력전압	V		

나. 전기적 측정 평가기준

● 입력전압

구분	A	B	C	D	E
입력 전압(AC) 목표값: 220V	218V 이상~222V 이하 또는 하자기간 내 설비	215V 이상~218V 미만 222V 초과~225V 이하	211V 이상~ 215V 미만 225V 초과~ 229V 이하	207V 이상~ 211V 미만 229V 초과~ 233V 이하	207V 미만 233V 초과
평가점수	5	4	3	2	1

● 출력전압

구분	A	B	C	D	E
출력 전압(DC) 목표값: 12V × 4Cell: 54V 2V × 24Cell: 53.28V	53.5V 이상~ 54.5V 이하 (12V × 4Cell) 53.02V 이상 ~53.52V 이하 (2V × 24Cell)	53.0V 이상~ 53.5V 미만 54.5V 초과~ 54.8V 이하 52.76V 이상~ 53.02V 미만 53.52V 초과~ 53.76V 이하	52.5V 이상~ 53.0V 미만 54.8V 초과~ 54.5V 이하 52.5V 이상~ 52.76V 미만 53.76V 초과~ 54.0V 이하	52.5V 이상~ 52.5V 미만 54.5V 초과~ 55.6V 이하 52.5V 이상~ 52.5V 미만 54.0V 초과~ 54.5V 이하	50.0V 미만 55.6V 초과 50.0V 미만 54.5V 초과
평가점수	5	4	3	2	1

다. 종합의견

---

5. 저항/전압 측정 표준양식

5.1 광전송설비 — 축전지 저항/전압 측정 표준양식

별지 제5-2호

측정(시험)일자		측정(시험)자				
측정(시험)시간		온도	℃	습도	%	날씨
설비명	설치장소					
	제작사					
	종류		제작년도			
			장비 ID			
정격(선로)전압	kV	허용전류	A			

가. 전기적 측정표

측정항목	측정장비	구분	측정개소	측정치[V]	판정	비고
전압	멀티테스터	전압장치	입력전압	V		
	멀티테스터	전압장치	출력전압	V		

나. 전기적 측정 평가기준

구분	A	B	C	D	E
내부저항 기준값	기준값(B) 이상 또는 하자기간 내 설비	130% 이하	130%초과 ~140% 이하	140%초과 ~150% 미만	150% 이상
평가점수	5	4	3	2	1

다. 종합의견

5. 저항/전압 측정 표준양식

5.2 방송설비장치 | 자동안내방송 주장치 저항/전압 측정 표준양식

별지 제5-3호

측정(시험)일자		측정(시험)자			
측정(시험)시간		온도	℃	습도	%	날씨
설비명			설치장소		
제작사			제작연도		
종류		규격		장비 ID	
정격(선로)전압	kV			허용전류	A

가. 전기적 측정표

측정항목	측정장비	측정내용		측정치[V]	판정	비고
		구분	측정개소			
전압	멀티메타	전원장치	입력전압	V		
				V		
				V		
	멀티메타	전원장치	출력전압	V		
				V		
				V		

나. 전기적 측정 평가기준

구분	출력 전압		진단 내용	평가점수
	기준값(B) 내 또는 하자기간 내 설비		-	5
A				
B	정격 출력 100%		열화가능성 없음	4
C	정격 출력(100%~80%)		열화가능성 있음	3
D	-		-	2
E	정격 출력(80% 미만)		추후 결함으로 진전	1

다. 종합의견

5.3 영상설비 | 여객관리용 영상설비 UPS 저항/전압 측정 표준양식

별지 제5-4호

측정(시험)일자		측정(시험)자			
측정(시험)시간		온도	℃	습도	%	날씨
설비명			설치장소		
제작사			제작연도		
종류		규격		장비 ID	
정격(선로)전압	kV			허용전류	A

가. 전기적 측정표

측정항목	측정장비	측정내용		측정치[V]	판정	비고
		구분	측정개소			
전압	멀티메타	전원장치	입력전압	V		
				V		
				V		
	멀티메타	전원장치	출력전압	V		
				V		
				V		

나. 전기적 측정 평가기준

단위: [MΩ]

구분	250V 이하	250V 초과 500V 미만	진단 내용	평가점수
A	기준값 이상 또는 하자기간 내 설비			5
B	0.5MΩ 이상	1.0MΩ 이상	열화가능성 없음	4
C	0.5 미만~0.4 이상	1.0 미만~0.8 이상	열화가능성 있음	3
D	0.4 이하~0.2 초과	0.8 이하~0.6 초과		2
E	0.2MΩ 이하	0.6MΩ 이하	추후 결함으로 진전	1

다. 종합의견

붙임 2. 정밀진단 측정[시험] 표준양식

5. 저항/전압 측정 표준양식

5.3 영상설비

여객관람용 영상설비 측정지 저항/전압 측정 표준양식

별지 제5-5호

측정(시험)일자	측정(시험)자			
측정(시험)시간		온도	℃	습도 % 날씨
설비명		설치장소		
		제작년도		
		장비 ID		
종류	규격 kV	허용전류 A		
정격(선로)전압				

가. 전기적 측정표

측정항목	측정장비	구분	측정내용 측정개소	측정치[V]	판정	비고
전압	멀티메타	전원장치	입력전압	V		
			출력전압	V		
	멀티메타	전원장치	전압	V		

나. 전기적 측정 평가기준

구분	A	B	C	D	E
내부지침 기준값	기준값(B) 이상 또는 하지기간 내설비	130% 이하	130%초과 ~140% 이하	140%초과 ~150% 미만	150% 이상
평가점수	5	4	3	2	1

다. 종합의견

---

6. 열상측정 표준양식

6.1 광전송설비

DWDM 장치 열상측정 표준양식

별지 제6-1호

측정(시험)일자	측정(시험)자			
측정(시험)시간		온도 ℃	습도 %	날씨
설비명		설치장소		
		제작년도		
		장비 ID		
종류	규격 kV	허용전류 A		
정격(선로)전압				

가. 열화시험 시험표

측정항목	시험장비	구분	열화시험 내용	시험치[℃]	판정	비고
	열상카메라	열상카메라 평균값 구하기	동일 장비	℃	평균값	
	열상카메라	열화시험	열상시험	℃		
				℃		
				℃		

나. 열화시험 평가기준 - 평가기준

구분	통신기기와 대기간 온도차(ΔT/OA)	통신기기 간 온도차(ΔT/OS)	판정	평가점수
A	기준값 이내 및 하지기간 내 설비 및 1℃ 미만	기준값 이내 및 하지기간 내 설비 및 1℃ 미만	열화 가능성 없음	5
B	1℃~10℃ O/A 이하	1℃~3℃ O/S 이하	열화 가능성 미약	4
C	11℃~20℃ O/A	4℃~15℃ O/S	열화 가능성 있음	3
D	21℃~40℃ O/A	16℃~40℃ O/S	추후 결함으로 진전	2
E	>40℃ O/A	>40℃ O/S	결함	1

1. OA: Over Ambient (대기온도 총분ΔT)
2. OS: Over Similar (유사설비 상간 총분ΔT)

다. 종합의견

6. 열상측정 표준양식

6.1 광전송설비 | STM 4/16/64 장치 열상측정 표준양식

별지 제6-2호

측정(시험)일자		측정(시험)자				
측정(시험)시간		온도	℃	습도	%	날씨

설비명		설치장소	
제작사		제작년도	
종류		장비 ID	
정격(선로)전압	kV	허용전류	A

가. 열화시험 시험표

시험항목	시험장비	열화시험 내용		판정	비고
		구분	시험개소	시험치[℃]	
동일 장비 평균값 구하기	열상카메라			℃	평균값
				℃	
				℃	
열화시험	열상카메라			℃	
				℃	
				℃	

나. 열화시험 평가기준 - 평가기준

구분	통신기기와 대기 간 온도차(ΔT/OA)	통신기기 간 온도차(ΔT/OS)	판정	평가점수
A	기준값 이내 및 하자기간 내 설비 및 1℃ 미만	기준값 이내 및 하자기간 내 설비 및 1℃ 미만	열화 가능성 없음	5
B	1℃~10℃ O/A 이하	1℃~3℃ O/S 이하	열화 가능성 미약	4
C	11℃~20℃ O/A	4℃~15℃ O/S	열화 가능성 있음	3
D	21℃~40℃ O/A	16℃~40℃ O/S	추후 결함으로 진전	2
E	> 40℃ O/A	> 40℃ O/S	결함	1

1. OA: Over Ambient / 대기온도 증분(ΔT)
2. OS: Over Similar / 유사설비 상간 증분(ΔT)

다. 종합의견

---

6. 열상측정 표준양식

6.1 광전송설비 | 정류기 열상측정 표준양식

별지 제6-3호

측정(시험)일자		측정(시험)자				
측정(시험)시간		온도	℃	습도	%	날씨

설비명		설치장소	
제작사		제작년도	
종류		장비 ID	
정격(선로)전압	kV	허용전류	A

가. 열화시험 시험표

시험항목	시험장비	열화시험 내용		판정	비고
		구분	시험개소	시험치[℃]	
동일 장비 평균값 구하기	열상카메라			℃	평균값
				℃	
				℃	
열화시험	열상카메라			℃	
				℃	
				℃	

나. 열화시험 평가기준 - 평가기준

구분	통신기기와 대기 간 온도차(ΔT/OA)	통신기기 간 온도차(ΔT/OS)	판정	평가점수
A	기준값 이내 및 하자기간 내 설비 및 1℃ 미만	기준값 이내 및 하자기간 내 설비 및 1℃ 미만	열화 가능성 없음	5
B	1℃~10℃ O/A 이하	1℃~3℃ O/S 이하	열화 가능성 미약	4
C	11℃~20℃ O/A	4℃~15℃ O/S	열화 가능성 있음	3
D	21℃~40℃ O/A	16℃~40℃ O/S	추후 결함으로 진전	2
E	> 40℃ O/A	> 40℃ O/S	결함	1

1. OA: Over Ambient / 대기온도 증분(ΔT)
2. OS: Over Similar / 유사설비 상간 증분(ΔT)

다. 종합의견

6. 열상측정 표준양식

6.2 LTE-R 중앙제어설비 　　중앙제어장치 열상측정 표준양식

별지 제6-4호

측정(시험)일자		측정(시험)자			
측정(시험)시간		온도	℃	습도	%	날씨

설비명		설치장소	
	제작사	제작년도	
	종류	장비 ID	
정격(선로)전압	kV	허용전류	A

가. 열상시험 시험표

시험장비	구분	시험시 내용	시험개소	시험치[℃]	판정	비고
열상카메라	열상시험			℃		
				℃		
				℃	평균값	
				℃		
	동일 장비 평균값 구하기					

나. 열화시험 평가기준 - 평가기준

구분	통신시험 평가기준 - 평가기준		판정	평가점수
	통신기기와 내기 간 온도차(ΔT/OA)	통신기기 간 온도차(ΔT/OS)		
A	기준값 이내 및 하지기간 내 설비 및 1℃ 미만	열화 가능성 없음		5
B	1℃~10℃ O/A 이하	1℃~3℃ O/S 이하	열화 가능성 미약	4
C	11℃~20℃ O/A	4℃~15℃ O/S	열화 가능성 있음	3
D	21℃~40℃ O/A	16℃~40℃ O/S	추후 결함으로 진전	2
E	〉40℃ O/A	〉40℃ O/S	결함	1

1. OA: Over Ambient / (대기온도 증분ΔT)
2. OS: Over Similar / (유사설비 상간 증분ΔT)

다. 종합의견

6.3 LTE-R 기지국 장치 　　DU 장치 열상측정 표준양식

별지 제6-5호

측정(시험)일자		측정(시험)자			
측정(시험)시간		온도	℃	습도	%	날씨

설비명		설치장소	
	제작사	제작년도	
	종류	장비 ID	
정격(선로)전압	kV	허용전류	A

가. 열상시험 시험표

시험장비	구분	시험시 내용	시험개소	시험치[℃]	판정	비고
열상카메라	열상시험			℃		
				℃		
				℃	평균값	
				℃		
	동일 장비 평균값 구하기					

나. 열화시험 평가기준 - 평가기준

구분	통신시험 평가기준 - 평가기준		판정	평가점수
	통신기기와 내기 간 온도차(ΔT/OA)	통신기기 간 온도차(ΔT/OS)		
A	기준값 이내 및 하지기간 내 설비 및 1℃ 미만	열화 가능성 없음		5
B	1℃~10℃ O/A 이하	1℃~3℃ O/S 이하	열화 가능성 미약	4
C	11℃~20℃ O/A	4℃~15℃ O/S	열화 가능성 있음	3
D	21℃~40℃ O/A	16℃~40℃ O/S	추후 결함으로 진전	2
E	〉40℃ O/A	〉40℃ O/S	결함	1

1. OA: Over Ambient / (대기온도 증분ΔT)
2. OS: Over Similar / (유사설비 상간 증분ΔT)

다. 종합의견

6. 열상측정 표준양식

6.4 열차무선방호장치 | 중앙장치 열상측정 표준양식

별지 제6-6호

측정(시험)일자		측정(시험)자					
측정(시험)시간		온도		℃	습도	%	날씨

설비명		설치장소	
제작사		제작년도	
종류		규격	
정격(선로)전압	kV	허용전류	A

가. 열화시험 시험표

시험항목	시험장비	열화시험 내용			판정	비고
		구분	시험개소	시험치[℃]		
동일 장비 평균값 구하기	열상카메라			℃	평균값	
				℃		
				℃		
열화시험	열상카메라			℃		
				℃		
				℃		

나. 열화시험 평가기준 - 평가기준

구분	통신기기와 대기 간 온도차(ΔT/OA)	통신기기 간 온도차(ΔT/OS)	판정	평가점수
A	기준값 이내 및 하자기간 내 설비 및 1℃ 미만	기준값 이내 및 하자기간 내 설비 및 1℃ 미만	열화 가능성 없음	5
B	1℃~10℃ O/A 이하	1℃~3℃ O/S 이하	열화 가능성 미약	4
C	11℃~20℃ O/A	4℃~15℃ O/S	열화 가능성 있음	3
D	21℃~40℃ O/A	16℃~40℃ O/S	추후 결함으로 진전	2
E	>40℃ O/A	>40℃ O/S	결함	1

1. OA: Over Ambient / 대기온도 증분(ΔT)
2. OS: Over Similar / 유사설비 상간 증분(ΔT)

다. 종합의견

---

6. 열상측정 표준양식

6.4 열차무선방호장치 | 자동점검 시스템 열상측정 표준양식

별지 제6-7호

측정(시험)일자		측정(시험)자					
측정(시험)시간		온도		℃	습도	%	날씨

설비명		설치장소	
제작사		제작년도	
종류		장비 ID	
정격(선로)전압	kV	허용전류	A

가. 열화시험 시험표

시험항목	시험장비	열화시험 내용			판정	비고
		구분	시험개소	시험치[℃]		
동일 장비 평균값 구하기	열상카메라			℃	평균값	
				℃		
				℃		
열화시험	열상카메라			℃		
				℃		
				℃		

나. 열화시험 평가기준 - 평가기준

구분	통신기기와 대기 간 온도차(ΔT/OA)	통신기기 간 온도차(ΔT/OS)	판정	평가점수
A	기준값 이내 및 하자기간 내 설비 및 1℃ 미만	기준값 이내 및 하자기간 내 설비 및 1℃ 미만	열화 가능성 없음	5
B	1℃~10℃ O/A 이하	1℃~3℃ O/S 이하	열화 가능성 미약	4
C	11℃~20℃ O/A	4℃~15℃ O/S	열화 가능성 있음	3
D	21℃~40℃ O/A	16℃~40℃ O/S	추후 결함으로 진전	2
E	>40℃ O/A	>40℃ O/S	결함	1

1. OA: Over Ambient / 대기온도 증분(ΔT)
2. OS: Over Similar / 유사설비 상간 증분(ΔT)

다. 종합의견

6. 열상측정 표준양식

6.4 열차무선방송장치 — 중계 장치 열상측정 표준양식

별지 제6-8호

측정(시험)자						
측정(시험)시간		온도	℃	습도	%	날씨

설비명		
제작사		
종류		
정격(선로)전압	규격 kV	A

가. 열상시험 시험표

시험항목	시험장비	열화시험 시험내용		비 고
		구분	시험개소	시험치[℃]	
동일 장비 평균값 구하기	열상카메라			℃	평균값
				℃	
				℃	
				℃	
열상시험	열상카메라			℃	

나. 열상시험 평가기준 — 통신기기와 대기 간 온도차

구분	통신시험 평가기준 기준값 이내 및 하자기간 내 온도차(ΔT/OA)	판정	평가점수
A	설비 및 1℃ 미만	열화 가능성 없음	5
B	1℃~10℃ O/A 이하	열화 가능성 미약	4
C	11℃~20℃ O/A	열화 가능성 있음	3
D	21℃~40℃ O/A	추후 결함으로 진전	2
E	>40℃ O/A	결함	1

다. 종합의견

1. OA: Over Ambient (대기온도 총론 △T)
2. OS: Over Similar (유사설비 상간 총론 △T)

6.5 재난방송수신설비 — 주장치장치 열상측정 표준양식

별지 제6-9호

측정(시험)자						
측정(시험)시간		온도	℃	습도	%	날씨

설치장소		
제작년도		
장비 ID		
정격(선로)전압	규격 kV	A

가. 열화시험 시험표

시험항목	시험장비	열화시험 시험내용		비 고
		구분	시험개소	시험치[℃]	
동일 장비 평균값 구하기	열상카메라			℃	평균값
				℃	
				℃	
				℃	
열상시험	열상카메라			℃	

나. 열화시험 평가기준 — 통신기기와 대기 간 온도차

구분	통신시험 평가기준 기준값 이내 및 하자기간 내 온도차(ΔT/OS)	판정	평가점수
A	설비 및 1℃ 미만	열화 가능성 없음	5
B	1℃~3℃ O/S 이하	열화 가능성 미약	4
C	4℃~15℃ O/S	열화 가능성 있음	3
D	16℃~40℃ O/S	추후 결함으로 진전	2
E	>40℃ O/S	결함	1

다. 종합의견

1. OA: Over Ambient (대기온도 총론 △T)
2. OS: Over Similar (유사설비 상간 총론 △T)

6. 열상측정 표준양식

6.5 재난방송수신설비	보조중계장치 열상측정 표준양식					별지 제6-10호

	측정(시험)자					
측정(시험)일자		온도	℃	습도	%	날씨
측정(시험)시간						

설비명		설치장소	
제작사		제작년도	
종류		규격	
정격(선로)전압	kV	허용전류	A

가. 열화시험 시험표

시험항목	시험장비	열화시험내용		판정	비고
		구분	시험개소	시험치[℃]		
동일 장비 평균값 구하기	열상카메라			℃	평균값	
				℃		
				℃		
열화시험	열상카메라			℃		
				℃		
				℃		

나. 열화시험 평가기준 - 평가기준

구분	통신기기와 대기 간 온도차(ΔT/OA)	통신기기 간 온도차(ΔT/OS)	판정	평가점수
A	기준값 이내 및 하자기간 내 설비 및 1℃ 미만	기준값 이내 및 하자기간 내 설비 및 1℃ 미만	열화 가능성 없음	5
B	1℃~10℃ O/A 이하	1℃~3℃ O/S 이하	열화 가능성 미약	4
C	11℃~20℃ O/A	4℃~15℃ O/S	열화 가능성 있음	3
D	21℃~40℃ O/A	16℃~40℃ O/S	추후 결함으로 진전	2
E	>40℃ O/A	>40℃ O/S	결함	1

1. OA: Over Ambient / 대기온도 증분(ΔT)
2. OS: Over Similar / 유사설비 상간 증분(ΔT)

다. 종합의견

---

6. 열상측정 표준양식

6.6 전화 교환기	전자 교환기 열상측정 표준양식					별지 제6-11호

	측정(시험)자					
측정(시험)일자		온도	℃	습도	%	날씨
측정(시험)시간						

설비명		설치장소	
제작사		제작년도	
종류		장비 ID	
정격(선로)전압	kV	허용전류	A

가. 열화시험 시험표

시험항목	시험장비	열화시험내용		판정	비고
		구분	시험개소	시험치[℃]		
동일 장비 평균값 구하기	열상카메라			℃	평균값	
				℃		
				℃		
열화시험	열상카메라			℃		
				℃		
				℃		

나. 열화시험 평가기준 - 평가기준

구분	통신기기와 대기 간 온도차(ΔT/OA)	통신기기 간 온도차(ΔT/OS)	판정	평가점수
A	기준값 이내 및 하자기간 내 설비 및 1℃ 미만	기준값 이내 및 하자기간 내 설비 및 1℃ 미만	열화 가능성 없음	5
B	1℃~10℃ O/A 이하	1℃~3℃ O/S 이하	열화 가능성 미약	4
C	11℃~20℃ O/A	4℃~15℃ O/S	열화 가능성 있음	3
D	21℃~40℃ O/A	16℃~40℃ O/S	추후 결함으로 진전	2
E	>40℃ O/A	>40℃ O/S	결함	1

1. OA: Over Ambient / 대기온도 증분(ΔT)
2. OS: Over Similar / 유사설비 상간 증분(ΔT)

다. 종합의견

6. 열상측정 표준양식

6.6 전화 교환기 | 관제전화 주장치 열상측정 표준양식

별지 제6-12호

측정(시험)일자		측정(시험)자	
측정(시험)시간		온도 ℃ 습도 % 날씨	

설비명		설치장소	
		제작년도	
종류		장비 ID	
정격(선로)전압	kV	허용전류	A

가. 열화시험 시험표

시험항목	시험장비	열화시험 내용		판정	비고
		구분	시험개소	시험치[℃]	
동일 장비 평균값 구하기	열상카메라			℃	평균값
				℃	
				℃	
				℃	
열화시험	열상카메라			℃	

나. 열화시험 평가기준 - 평가기준

구분	통신기기와 대기 간 온도차(ΔT/OA)	통신기기 간 온도차(ΔT/OS)	판정	평가점수
A	기준값 이내 및 하자기간 내 설비 및 1℃ 미만	기준값 이내 및 하자기간 내 설비 및 1℃ 미만	열화 가능성 없음	5
B	1℃~10℃ O/A 이하	1℃~3℃ O/S 이하	열화 가능성 미약	4
C	11℃~20℃ O/A	4℃~15℃ O/S	열화 가능성 있음	3
D	21℃~40℃ O/A	16℃~40℃ O/S	추후 결함으로 진전	2
E	〉40℃ O/A	〉40℃ O/S	결함	1

1. OA: Over Ambient / 대기온도 초과(ΔT)
2. OS: Over Similar / 유사설비 상간 초과(ΔT)

다. 종합의견

---

6. 열상측정 표준양식

6.7 옥외안내설비 | 중앙제어설비 열상측정 표준양식

별지 제6-13호

측정(시험)일자		측정(시험)자	
측정(시험)시간		온도 ℃ 습도 % 날씨	

설비명		설치장소	
		제작년도	
종류		장비 ID	
정격(선로)전압	kV	허용전류	A

가. 열화시험 시험표

시험항목	시험장비	열화시험 내용		판정	비고
		구분	시험개소	시험치[℃]	
동일 장비 평균값 구하기	열상카메라			℃	평균값
				℃	
				℃	
				℃	
열화시험	열상카메라			℃	

나. 열화시험 평가기준 - 평가기준

구분	통신기기와 대기 간 온도차(ΔT/OA)	통신기기 간 온도차(ΔT/OS)	판정	평가점수
A	기준값 이내 및 하자기간 내 설비 및 1℃ 미만	기준값 이내 및 하자기간 내 설비 및 1℃ 미만	열화 가능성 없음	5
B	1℃~10℃ O/A 이하	1℃~3℃ O/S 이하	열화 가능성 미약	4
C	11℃~20℃ O/A	4℃~15℃ O/S	열화 가능성 있음	3
D	21℃~40℃ O/A	16℃~40℃ O/S	추후 결함으로 진전	2
E	〉40℃ O/A	〉40℃ O/S	결함	1

1. OA: Over Ambient / 대기온도 초과(ΔT)
2. OS: Over Similar / 유사설비 상간 초과(ΔT)

다. 종합의견

6. 열상측정 표준양식

역서버 열상측정 표준양식

6.7 여객안내설비					별지 제6-14호
측정(시험)일자		측정(시험)자			
측정(시험)시간		온도	℃	습도 %	날씨

설비명		설치장소	
제작사		제작년도	
종류	규격	장비 ID	
정격(선로)전압	kV	허용전류	A

가. 열화시험 시험표

시험항목	시험장비	열화시험 내용		판정	비고
		구분	시험개소	시험치[℃]	
동일 장비 평균값 구하기	열상카메라			℃	평균값
				℃	
				℃	
열화시험	열상카메라			℃	
				℃	

나. 열화시험 평가기준 – 평가기준

구분	통신기기와 대기 간 온도차(ΔT/OA)	통신기기 간 온도차(ΔT/OS)	판정	평가점수
A	기준값 이내 및 하자기간 내 설비 및 1℃ 미만	기준값 이내 및 하자기간 내 설비 및 1℃ 미만	열화 가능성 없음	5
B	1℃~10℃ O/A 이하	1℃~3℃ O/S 이하	열화 가능성 미약	4
C	11℃~20℃ O/A	4℃~15℃ O/S	열화 가능성 있음	3
D	21℃~40℃ O/A	16℃~40℃ O/S	추후 결함으로 진전	2
E	>40℃ O/A	>40℃ O/S	결함	1

1. OA: Over Ambient / 대기온도 증분(ΔT)
2. OS: Over Similar / 유사설비 상간 증분(ΔT)

다. 종합의견

역사버 표시기 열상측정 표준양식

6.7 여객안내설비					별지 제6-15호
측정(시험)일자		측정(시험)자			
측정(시험)시간		온도	℃	습도 %	날씨

설비명		설치장소	
제작사		제작년도	
종류	규격	장비 ID	
정격(선로)전압	kV	허용전류	A

가. 열화시험 시험표

시험항목	시험장비	열화시험 내용		판정	비고
		구분	시험개소	시험치[℃]	
동일 장비 평균값 구하기	열상카메라			℃	평균값
				℃	
				℃	
열화시험	열상카메라			℃	
				℃	

나. 열화시험 평가기준 – 평가기준

구분	통신기기와 대기 간 온도차(ΔT/OA)	통신기기 간 온도차(ΔT/OS)	판정	평가점수
A	기준값 이내 및 하자기간 내 설비 및 1℃ 미만	기준값 이내 및 하자기간 내 설비 및 1℃ 미만	열화 가능성 없음	5
B	1℃~10℃ O/A 이하	1℃~3℃ O/S 이하	열화 가능성 미약	4
C	11℃~20℃ O/A	4℃~15℃ O/S	열화 가능성 있음	3
D	21℃~40℃ O/A	16℃~40℃ O/S	추후 결함으로 진전	2
E	>40℃ O/A	>40℃ O/S	결함	1

1. OA: Over Ambient / 대기온도 증분(ΔT)
2. OS: Over Similar / 유사설비 상간 증분(ΔT)

다. 종합의견

6. 열상측정 표준양식

6.8 방송설비 — 자동안내방송 주장치 열상측정 표준양식

별지 제6-16호

측정(시험)일자		측정(시험)자	
측정(시험)시간		온도 ℃ 습도 % 날씨	

설비명		설치장소	
		제작년도	
		장비 ID	
종류		허용전류	A
규격	kV		
정격(선로)전압			

가. 열화시험 시험표

시험항목	시험장비		시험개소	시험내용	시험치[℃]	판정	비고
	구분	규격					
열화시험	열상카메라				℃	평균값	
					℃		
					℃		
평균값 구하기	동일 장비				℃		

나. 열화시험 평가기준 - 평가기준

구분	통신기기와 대기 간 온도차(ΔT/OA)	통신기기 간 온도차(ΔT/OS)	판정	평가점수
A	기준값 이내 및 하자기간 내 설비 및 1℃ 미만	설비 및 1℃ 미만	열화 가능성 없음	5
B	1℃~10℃ O/A 이하	1℃~3℃ O/S 이하	열화 가능성 미약	4
C	11℃~20℃ O/A	4℃~15℃ O/S	열화 가능성 있음	3
D	21℃~40℃ O/A	16℃~40℃ O/S	추후 결함으로 진전	2
E	〉40℃ O/A	〉40℃ O/S	결함	1

1. OA: Over Ambient / 대기온도 초과(ΔT)
2. OS: Over Similar / 유사설비 상간 초과(ΔT)

다. 종합의견

---

6. 열상측정 표준양식

6.8 방송설비 — 관제역격방송 주장치 열상측정 표준양식

별지 제6-17호

측정(시험)일자		측정(시험)자	
측정(시험)시간		온도 ℃ 습도 % 날씨	

설비명		설치장소	
		제작년도	
		장비 ID	
종류		허용전류	A
규격	kV		
정격(선로)전압			

가. 열화시험 시험표

시험항목	시험장비		시험개소	시험내용	시험치[℃]	판정	비고
	구분	규격					
열화시험	열상카메라				℃	평균값	
					℃		
					℃		
평균값 구하기	동일 장비				℃		

나. 열화시험 평가기준 - 평가기준

구분	통신기기와 대기 간 온도차(ΔT/OA)	통신기기 간 온도차(ΔT/OS)	판정	평가점수
A	기준값 이내 및 하자기간 내 설비 및 1℃ 미만	설비 및 1℃ 미만	열화 가능성 없음	5
B	1℃~10℃ O/A 이하	1℃~3℃ O/S 이하	열화 가능성 미약	4
C	11℃~20℃ O/A	4℃~15℃ O/S	열화 가능성 있음	3
D	21℃~40℃ O/A	16℃~40℃ O/S	추후 결함으로 진전	2
E	〉40℃ O/A	〉40℃ O/S	결함	1

1. OA: Over Ambient / 대기온도 초과(ΔT)
2. OS: Over Similar / 유사설비 상간 초과(ΔT)

다. 종합의견

6. 열상측정 표준양식

6.9 역각관리용 영상설비 | 영상저장장치 열상측정 표준양식

별지 제6-18호

측정(시험)일자		측정(시험)자					날씨
측정(시험)시간		온도		℃	습도	%	

설비명		설치장소	
제작사		제작년도	
종류		규격	
정격(선로)전압	kV	허용전류	A

가. 열화시험 시험표

시험항목	시험장비	열화시험 내용		판정	비고
		구분	시험개소	시험치[℃]		
동일 장비 평균값 구하기	열상카메라			℃	평균값	
				℃		
				℃		
열화시험	열상카메라			℃		
				℃		
				℃		

나. 열화시험 평가기준 - 평가기준

구분	통신기기와 대기 간 온도차(ΔT/OA)	통신기기 간 온도차(ΔT/OS)	판정	평가점수
A	기준값 이내 및 하자기간 내 설비 및 1℃ 미만	기준값 이내 및 하자기간 내 설비 및 1℃ 미만	열화 가능성 없음	5
B	1℃~10℃ O/A 이하	1℃~3℃ O/S 이하	열화 가능성 미약	4
C	11℃~20℃ O/A	4℃~15℃ O/S	열화 가능성 있음	3
D	21℃~40℃ O/A	16℃~40℃ O/S	추후 결함으로 진전	2
E	>40℃ O/A	>40℃ O/S	결함	1

1. OA: Over Ambient / 대기온도 증분(ΔT)
2. OS: Over Similar / 유사설비 상간 증분(ΔT)

다. 종합의견

---

6. 열상측정 표준양식

6.10 시설검사용 영상설비 | 영상저장장치 열상측정 표준양식

별지 제6-19호

측정(시험)일자		측정(시험)자					날씨
측정(시험)시간		온도		℃	습도	%	

설비명		설치장소	
제작사		제작년도	
종류		장비 ID	
정격(선로)전압	kV	허용전류	A

가. 열화시험 시험표

시험항목	시험장비	열화시험 내용		판정	비고
		구분	시험개소	시험치[℃]		
동일 장비 평균값 구하기	열상카메라			℃	평균값	
				℃		
				℃		
열화시험	열상카메라			℃		
				℃		
				℃		

나. 열화시험 평가기준 - 평가기준

구분	통신기기와 대기 간 온도차(ΔT/OA)	통신기기 간 온도차(ΔT/OS)	판정	평가점수
A	기준값 이내 및 하자기간 내 설비 및 1℃ 미만	기준값 이내 및 하자기간 내 설비 및 1℃ 미만	열화 가능성 없음	5
B	1℃~10℃ O/A 이하	1℃~3℃ O/S 이하	열화 가능성 미약	4
C	11℃~20℃ O/A	4℃~15℃ O/S	열화 가능성 있음	3
D	21℃~40℃ O/A	16℃~40℃ O/S	추후 결함으로 진전	2
E	>40℃ O/A	>40℃ O/S	결함	1

1. OA: Over Ambient / 대기온도 증분(ΔT)
2. OS: Over Similar / 유사설비 상간 증분(ΔT)

다. 종합의견

6. 열상측정 표준양식

6.11 역무자동화설비 — 중앙전산기 열상측정 표준양식

별지 제6-20호

측정(시험)일자		측정(시험)자			
측정(시험)시간		온도	℃	습도 %	날씨

설비명		설치장소	
		제작사	
		제작년도	
종류		장비 ID	
정격(선로)전압	kV	허용전류	A

가. 열화시험 시험표

시험항목	시험장비	열화시험 내용			판정	비고
		구분	시험개소	시험치[℃]		
동일 장비 평균값 구하기	열성카메라			℃	평균값	
				℃		
				℃		
				℃		
열성시험	열성카메라			℃		

나. 열화시험 평가기준 — 통신기기와 내기 간 온도차 - 평가기준

구분	통신기기와 내기 간 온도차(ΔT/OA)	통신기기 간 온도차(ΔT/OS)	판정	평가점수
A	기준값 이내 및 하자기간 내 설비 및 1℃ 미만	기준값 이내 및 하자기간 내 설비 및 1℃ 미만	열화 가능성 없음	5
B	1℃~10℃ O/A 이하	1℃~3℃ O/S 이하	열화 가능성 미약	4
C	11℃~20℃ O/A	4℃~15℃ O/S	열화 가능성 있음	3
D	21℃~40℃ O/A	16℃~40℃ O/S	추후 결함으로 진전	2
E	〉40℃ O/A	〉40℃ O/S	결함	1

1. OA: Over Ambient / 대기온도 중분(ΔT)
2. OS: Over Similar / 유사설비 상간 중분(ΔT)

다. 종합의견

6.11 역무자동화설비 — 역단위전산기 열상측정 표준양식

별지 제6-21호

측정(시험)일자		측정(시험)자			
측정(시험)시간		온도	℃	습도 %	날씨

설비명		설치장소	
		제작사	
		제작년도	
종류		장비 ID	
정격(선로)전압	kV	허용전류	A

가. 열화시험 시험표

시험항목	시험장비	열화시험 내용			판정	비고
		구분	시험개소	시험치[℃]		
동일 장비 평균값 구하기	열성카메라			℃	평균값	
				℃		
				℃		
				℃		
열성시험	열성카메라			℃		

나. 열화시험 평가기준 — 통신기기와 내기 간 온도차 - 평가기준

구분	통신기기와 내기 간 온도차(ΔT/OA)	통신기기 간 온도차(ΔT/OS)	판정	평가점수
A	기준값 이내 및 하자기간 내 설비 및 1℃ 미만	기준값 이내 및 하자기간 내 설비 및 1℃ 미만	열화 가능성 없음	5
B	1℃~10℃ O/A 이하	1℃~3℃ O/S 이하	열화 가능성 미약	4
C	11℃~20℃ O/A	4℃~15℃ O/S	열화 가능성 있음	3
D	21℃~40℃ O/A	16℃~40℃ O/S	추후 결함으로 진전	2
E	〉40℃ O/A	〉40℃ O/S	결함	1

1. OA: Over Ambient / 대기온도 중분(ΔT)
2. OS: Over Similar / 유사설비 상간 중분(ΔT)

다. 종합의견

6. 열상측정 표준양식

6.11 역무자동화설비	1호용 발매/교통카드 충전기 열상측정 표준양식				별지 제6-22호

측정(시험)일자		측정(시험)자			
		온도	℃	습도 %	날씨
측정(시험)시간					

설비명		설치장소	
제작사		제작년도	
종류	규격 kV	장비 ID	
정격(선로)전압		허용전류	A

가. 열화시험 시험표

시험항목	시험장비	열화시험 내용		판정	비고
		시험개소	시험치[℃]		
동일 장비 평균값 구하기	열상카메라		℃	평균값	
			℃		
			℃		
열화시험	열상카메라		℃		
			℃		
			℃		

나. 열화시험 평가기준 – 평가기준

구분	통신기기와 대기 간 온도차(ΔT/OA)	통신기기 간 온도차(ΔT/OS)	판정	평가점수
A	기준값 이내 및 하자기간 내 설비 및 1℃ 미만	기준값 이내 및 하자기간 내 설비 및 1℃ 미만	열화 가능성 없음	5
B	1℃~10℃ O/A 이하	1℃~3℃ O/S 이하	열화 가능성 미약	4
C	11℃~20℃ O/A	4℃~15℃ O/S	열화 가능성 있음	3
D	21℃~40℃ O/A	16℃~40℃ O/S	추후 결함으로 진전	2
E	> 40℃ O/A	> 40℃ O/S	결함	1

1. OA: Over Ambient / 대기온도 증분(ΔT)
2. OS: Over Similar / 유사설비 상간 증분(ΔT)

다. 종합의견

---

6. 열상측정 표준양식

6.11 역무자동화설비	교통카드 무인/정산 충전기 열상측정 표준양식				별지 제6-23호

측정(시험)일자		측정(시험)자			
		온도	℃	습도 %	날씨
측정(시험)시간					

설비명		설치장소	
제작사		제작년도	
종류	규격 kV	장비 ID	
정격(선로)전압		허용전류	A

가. 열화시험 시험표

시험항목	시험장비	열화시험 내용		판정	비고
		시험개소	시험치[℃]		
동일 장비 평균값 구하기	열상카메라		℃	평균값	
			℃		
			℃		
열화시험	열상카메라		℃		
			℃		
			℃		

나. 열화시험 평가기준 – 평가기준

구분	통신기기와 대기 간 온도차(ΔT/OA)	통신기기 간 온도차(ΔT/OS)	판정	평가점수
A	기준값 이내 및 하자기간 내 설비 및 1℃ 미만	기준값 이내 및 하자기간 내 설비 및 1℃ 미만	열화 가능성 없음	5
B	1℃~10℃ O/A 이하	1℃~3℃ O/S 이하	열화 가능성 미약	4
C	11℃~20℃ O/A	4℃~15℃ O/S	열화 가능성 있음	3
D	21℃~40℃ O/A	16℃~40℃ O/S	추후 결함으로 진전	2
E	> 40℃ O/A	> 40℃ O/S	결함	1

1. OA: Over Ambient / 대기온도 증분(ΔT)
2. OS: Over Similar / 유사설비 상간 증분(ΔT)

다. 종합의견

6. 열화측정 표준양식

6.11 역무자동화설비 — 보충금 함급기 열상측정 표준양식

별지 제6-24호

측정(시험)자

| 측정(시험)일자 | | 측정(시험)시간 | | 온도 | °C | 습도 | % | 날씨 | |

설비명

설비명			
제작사			
종류			
규격	kV	정격(선로)전압	A
		장비 ID	
		하용전류	

가. 열화시험 시험표

시험항목	시험장비	구분	열화시험 시험내용		판정	비고
			시험개소	시험치[°C]		
동일 장비 평균값 구하기	열상카메라			°C	평균값	
				°C		
				°C		
열화시험	열상카메라			°C		
				°C		

나. 열화시험 평가기준 — 평가기준 통신기기와 대기 간 온도차(ΔT/OA)

구분	통신기기와 대기 간 온도차(ΔT/OA)	통신기기 간 온도차(ΔT/OS)	판정	평가점수
A	기준값 이내 및 하자기간 내 설비 및 1°C 미만	기준값 이내 및 하자기간 내 설비 및 1°C 미만	열화 가능성 없음	5
B	1°C~10°C O/A 이하	1°C~3°C O/S 이하	열화 가능성 미약	4
C	11°C~20°C O/A	4°C~15°C O/S	열화 가능성 있음	3
D	21°C~40°C O/A	16°C~40°C O/S	추후 결함으로 진전	2
E	〉40°C O/A	〉40°C O/S	결함	1

1. OA: Over Ambient / 대기온도 총분(ΔT)
2. OS: Over Similar / 유사설비 상간 총분(ΔT)

다. 종합의견

---

6. 열상측정 표준양식

6.11 역무자동화설비 — 자동 개·집표기 열상측정 표준양식

별지 제6-25호

측정(시험)자

| 측정(시험)일자 | | 측정(시험)시간 | | 온도 | °C | 습도 | % | 날씨 | |

설비명

설비명			
제작사			
종류			
규격	kV	정격(선로)전압	A
		장비 ID	
		하용전류	

가. 열화시험 시험표

시험항목	시험장비	구분	열화시험 시험내용		판정	비고
			시험개소	시험치[°C]		
동일 장비 평균값 구하기	열상카메라			°C	평균값	
				°C		
				°C		
열화시험	열상카메라			°C		
				°C		

나. 열화시험 평가기준 — 평가기준 통신기기와 대기 간 온도차(ΔT/OA)

구분	통신기기와 대기 간 온도차(ΔT/OA)	통신기기 간 온도차(ΔT/OS)	판정	평가점수
A	기준값 이내 및 하자기간 내 설비 및 1°C 미만	기준값 이내 및 하자기간 내 설비 및 1°C 미만	열화 가능성 없음	5
B	1°C~10°C O/A 이하	1°C~3°C O/S 이하	열화 가능성 미약	4
C	11°C~20°C O/A	4°C~15°C O/S	열화 가능성 있음	3
D	21°C~40°C O/A	16°C~40°C O/S	추후 결함으로 진전	2
E	〉40°C O/A	〉40°C O/S	결함	1

1. OA: Over Ambient / 대기온도 총분(ΔT)
2. OS: Over Similar / 유사설비 상간 총분(ΔT)

다. 종합의견

7. 손실 측정 표준양식

7.1 케이블 광케이블 손실 측정 표준양식

별지 제7-1호

측정(시험)일자		측정(시험자)				
측정(시험)시간		온도	℃	습도	%	날씨
설비명			설치장소			
제작사			제작년도			
종류		규격	장비 ID			
측정구간 길이	Km		허용전류			

가. 손실 측정표

측정항목	측정장비	측정 내용			판정	비고
		유니트 번호	심선번호(색상)	손실[dB]		
손실 측정						
						사용 파장

나. 손실 평가기준

☐ 1310nm (융착개소 0(0.02dB)/커넥터 4개(0.3dB)/1Km(0.27dB)

구분	{1+(측정값-기준값)/기준값} * 100	진단 내용	평가점수
A	–	하자기간 내 설비	5
B	허용값 100% 이하	열화가능성 없음	4
C	허용값 100%초과~122% 이하	열화가능성 있음	3
D	허용값 122%초과~125% 이하	열화가능성 있음	2
E	허용값 125%초과	추후 결함으로 진전	1

※ 특정 준비 사항: 총 길이, 용착개소, 중착거리, 고속전송), 1550 nm (해저케이블 등 장거리)
※ 정(총) 파장대: 1310 nm (중거리, 고속전송), 1550 nm (해저케이블 등 장거리)

다. 종합의견

---

8. 영상확인 표준양식

8.1 영상설비 여객편리용 영상설비 카메라 영상확인 표준양식

별지 제8-1호

측정(시험)일자		측정(시험자)				
측정(시험)시간		온도	℃	습도	%	날씨
설비명			설치장소			
제작사			제작년도			
종류		규격	장비 ID			
정격(선로)전압	kV		허용전류			A

가. 모듈검사 측정표

측정항목	측정장비	측정내용	판정	비고
영상확인	–			

나. 평가기준

평가기준	진단 내용	평가점수
A	최상의 상태 및 하자기간 내 설비	5
B	화질 저하 다소 감지되나, 감시 목적 지장 없음	4
C	화질 저하가 감지되나 감시 목적으로 지장 없음	3
D	화질 저하 감지되며, 감시 목적으로 다소 지장됨	2
E	화질 저하 감지되며, 감시 어려움	1

다. 종합의견

8. 영상확인 표준양식

8.2 영상설비

시설감시용 영상설비 카메라 영상확인 표준양식

별지 제8-2호

영상확인 표준양식

측정(시험)일자		측정(시험)자				
측정(시험)시간		온도	℃	습도	%	날씨

설비명	설치장소	
	제작사	제작년도
종류		장비 ID
규격		
정격(선로)전압 kV		허용전류 A

가. 모듈검사 측정표

측정항목	측정장비	측정 내용	판정	비고
영상확인	-			

나. 평가기준

평가기준	진단 내용	평가점수
A	최상의 상태 및 하자기간 내 설비	5
B	화질 저하 다소 감지되나, 감시 목적 지장 없음	4
C	화질 저하가 감지되나 감시 목적으로 지장 없음	3
D	화질 저하 감지되며, 감시 목적으로 다소 지장됨	2
E	화질 저하 감지되며, 감시 어려움	1

다. 종합의견

---

9. 전계강도 측정 표준양식

9.1 LTE-R 기지국 장치

RRU 전계강도 측정 표준양식(열차 탑승용)

별지 제9-1-1호

측정(시험)일자		측정(시험)자				
측정(시험)시간		온도	℃	습도	%	날씨

노선명		구간	역~역
탐승위치	좌석	운행 방향	상행/하행
구축년도		안테나종류	
주파수 MHz		실시시간	주간/야간

가. 전기적 측정표

측정항목	측정장비	측정 내용		판정	비고
전계강도		구분	측정치[dBm]		
		최소			
		최대			
		스펙트럼 애널라이저			

(열차 레일 내에서 수신되는 전계강도를 측정, 측정 노선에 대하여 주간/야간 각 1회 실시)

나. 전계강도 측정 평가기준

단위: [dBm]

구분	A	B	C	D	E
전계강도 (dBm)	-90(B) 초과 및 하자 기간 내 설비	-90 이하~ -100 이상	-100 미만~ -110 이상	-110 미만~ -113 이상	-113 미만
평가점수	5	4	3	2	1

다. 종합의견

9. 전계강도 측정 표준양식

9.1 LTE-R 기지국 장치	RRU 전계강도 측정 표준양식(현장용)

별지 제9-1-2호

측정(시험)일자		측정(시험)자			
측정(시험)시간		온도	℃	습도	%	날씨

설비명		설치장소	
제작사		제작년도	
종류		관리 DU	
주파수	MHz	인접 RRU	

가. 전기적 측정표

측정항목	측정장비	측정내용		판정	비고
		구분	측정개소	측정치[dBm]		
전계강도	스펙트럼 애널라이저	인접 RRU				
		인접 RRU				
		RRU				

(LTE-R 이중화셀 커버리지 진단으로, 측정팀은 측정대상 RRU 설치장소에서 수신된 전계강도를 측정하고, 제어 팀은 DU NMS(EMS)를 이용하여 측정대상 RRU와 인접한 RRU들의 출력을 조정한다.)

나. 전계강도 측정 평가기준

단위: [dBm]

구분	A	B	C	D	E
전계강도 (dBm)	-90(B) 초과 및 하자 기간 내 설비	-90 이하~-100 이상	-100 미만~-110 이상	-110 미만~-113 이상	-113 미만
평가점수	5	4	3	2	1

다. 종합의견

---

9. 전계강도 측정 표준양식

9.2 열차무선방송장치	중계장치 전계강도 측정 표준양식

별지 제9-2호

측정(시험)일자		측정(시험)자			
측정(시험)시간		온도	℃	습도	%	날씨

설비명		설치장소	
제작사		제작년도	
종류		장비 ID	
주파수	MHz	허용전류	A

가. 전기적 측정표

측정항목	측정장비	측정내용		판정	비고
		구분	측정개소	측정치[dBm]		
전계강도	스펙트럼 애널라이저	수신전계				

나. 전계강도 측정 평가기준

구분	A	B	C	D	E
송신출력	무선국 신고값 또는 하자기간 내 설비	무선국 신고값 ±5% 이내	무선국 신고값 ±5%~±10% 이내	-	무선국 신고값 ±10% 초과
평가점수	5	4	3	2	1

다. 종합의견

붙임 2. 정밀진단 측정[시험] 표준양식

9. 전계강도 측정 표준양식

9.2 열차무선방호장치 | 케이블 안테나 전계강도 측정 표준양식

별지 제9-3호

측정(시험)일자		측정(시험)시간		온도	℃	습도	%	날씨	

설비명		설치장소	
제작사		제작년도	
종류		장비 ID	
주파수	규격	MHz	허용전류	A

가. 전기적 측정표

측정항목	측정장비	측정내용			판정	비고
		구분	측정개소	측정치[dBm]		
전계강도	스펙트럼 애널라이저 수신전계					

나. 전계강도 측정 평가기준

단위: [dBm]

구분	A	B	C	D	E
전계강도 (dBm)	−90(B) 초과 및 하자기간 내 설비	−90 이하~ −100 이상	−100 미만~ −110 이상	−110 미만~ −113 이상	−113 미만
평가점수	5	4	3	2	1

다. 종합의견

9.3 역무자동화설비 | 자동개집표기 전계강도 측정 표준양식

별지 제9-4호

측정(시험)일자		측정(시험)시간		온도	℃	습도	%	날씨	

설비명		설치장소	
제작사		제작년도	
종류		장비 ID	
주파수	규격	MHz	허용전류	A

가. 전기적 측정표

측정항목	측정장비	측정내용			판정	비고
		구분	측정개소(높이)	측정치[dBm]		
전계강도	자기장 세기 측정 카드 수신전계		0mm/30mm			

나. 전계강도 측정 평가기준

단위: [0m 또는 30mm]

구분	A	B	C	D	E
자기장 세기 (A/M)	기준값(B) 이상 및 하자기간 내 설비	4A/m	4A/m초과~6A/m이하, 2A/m이상~4A/m미만	6A/m초과~7.5A/m이하, 1.5A/m이상~2A/m미만	7.5A/m초과, 1.5A/m미만
평가점수	5	4	3	2	1

다. 종합의견

10. 부식 측정 표준양식

10.1 선로변 통합인터페이스 통신설비

선로변 통합인터페이스 통신설비 부식 측정 표준양식

별지 제10-1호

측정(시험)일자					
측정(시험)시간		온도	℃	습도	%	날씨

설비명		설치장소	
제작사		제작년도	
종류	규격	장비 ID	
정격(선로)전압	kV	허용전류	A

가. 부식 측정표

측정항목	측정장비	측정내용	판정	비고
부식				

나. 평가기준 - 부식(감구조물)

평가기준	평가점수	상태평가 내용
우수(A)	5	부식이 전혀 없음
양호(B)	4	국부적으로 부식이 발생(점부식발생 면적율 5% 미만)
보통(C)	3	부식이 다소발생(점부식발생 면적율 5~15% 미만)
미흡(D)	2	전반적으로 부식이 발생(점부식발생 면적율 15~30% 미만)
불량(E)	1	부식발생이 심화(점부식발생 면적율 30% 이상)

다. 종합의견

10.2 광전송설치

정류기 부식 측정 표준양식

별지 제10-2호

측정(시험)일자					
측정(시험)시간		온도	℃	습도	%	날씨

설비명		설치장소	
제작사		제작년도	
종류	규격	장비 ID	
정격(선로)전압	kV	허용전류	A

가. 부식 측정표

측정항목	측정장비	측정내용	판정	비고
부식				

나. 평가기준 - 부식(감구조물)

평가기준	평가점수	상태평가 내용
우수(A)	5	부식이 전혀 없음
양호(B)	4	국부적으로 부식이 발생(점부식발생 면적율 5% 미만)
보통(C)	3	부식이 다소발생(점부식발생 면적율 5~15% 미만)
미흡(D)	2	전반적으로 부식이 발생(점부식발생 면적율 15~30% 미만)
불량(E)	1	부식발생이 심화(점부식발생 면적율 30% 이상)

다. 종합의견

10.2 광전송설비

10. 부식 측정 표준양식

축전지 부식 측정 표준양식

별지 제10-3호

측정(시험)일자		측정(시험)자			
		온도	℃	습도	%	날씨

설비명		설치장소	
		제작년도	
종류		장비 ID	
정격(선로)전압	kV	허용전류	A

규격

가. 부식 측정표

측정항목	측정장비	측정 내용	판정	비고
부식				

나. 평가기준 - 부식(접구조물)

평가기준	평가점수	상태평가 내용
우수(A)	5	부식이 전혀 없음
양호(B)	4	국부적으로 부식이 발생(점부식발생 면적률 5% 미만)
보통(C)	3	부식이 다소발생(점부식발생 면적률 5~15% 미만)
미흡(D)	2	전반적으로 부식이 발생(점부식발생 면적률 15~30% 미만)
불량(E)	1	부식발생이 심화(점부식발생 면적률 30% 이상)

다. 종합의견

10.3 LTE-R 기지국 장치

10. 부식 측정 표준양식

RRU 부식 측정 표준양식

별지 제10-4호

측정(시험)일자		측정(시험)자			
		온도	℃	습도	%	날씨

설비명		설치장소	
		제작년도	
종류		장비 ID	
정격(선로)전압	kV	허용전류	A

규격

가. 부식 측정표

측정항목	측정장비	측정 내용	판정	비고
부식				

나. 평가기준 - 부식(접구조물)

평가기준	평가점수	상태평가 내용
우수(A)	5	부식이 전혀 없음
양호(B)	4	국부적으로 부식이 발생(점부식발생 면적률 5% 미만)
보통(C)	3	부식이 다소발생(점부식발생 면적률 5~15% 미만)
미흡(D)	2	전반적으로 부식이 발생(점부식발생 면적률 15~30% 미만)
불량(E)	1	부식발생이 심화(점부식발생 면적률 30% 이상)

다. 종합의견

10. 부식 측정 표준양식

10.4 열차무선방호 장치 | 중계장치 부식 측정 표준양식

별지 제10-5호

측정(시험)일자		측정(시험)자				
측정(시험)시간		온도	℃	습도	%	날씨

설비명		설치장소	
제작사		제작년도	
종류		장비 ID	
정격(선로)전압	kV	허용전류	A

가. 부식 측정표

측정항목	측정장비	측정내용	판정	비고
부식				

나. 평가기준 - 부식(강구조물)

평가기준	평가점수	상태평가 내용
우수(A)	5	부식이 전혀 없음
양호(B)	4	국부적으로 부식이 발생(점부식발생 면적율 5% 미만)
보통(C)	3	부식이 다소발생(점부식발생 면적율 5~15% 미만)
미흡(D)	2	전반적으로 부식이 발생(점부식발생 면적율 15~30% 미만)
불량(E)	1	부식발생이 심화(점부식발생 면적율 30% 이상)

다. 종합의견

---

10. 부식 측정 표준양식

10.5 재난방송수신설비 | 보조중계장치 부식 측정 표준양식

별지 제10-6호

측정(시험)일자		측정(시험)자				
측정(시험)시간		온도	℃	습도	%	날씨

설비명		설치장소	
제작사		제작년도	
종류		장비 ID	
정격(선로)전압	kV	허용전류	A

가. 부식 측정표

측정항목	측정장비	측정내용	판정	비고
부식				

나. 평가기준 - 부식(강구조물)

평가기준	평가점수	상태평가 내용
우수(A)	5	부식이 전혀 없음
양호(B)	4	국부적으로 부식이 발생(점부식발생 면적율 5% 미만)
보통(C)	3	부식이 다소발생(점부식발생 면적율 5~15% 미만)
미흡(D)	2	전반적으로 부식이 발생(점부식발생 면적율 15~30% 미만)
불량(E)	1	부식발생이 심화(점부식발생 면적율 30% 이상)

다. 종합의견

10.6 액세안내설비

10. 부식 측정 표준양식

표시기 부식 측정 표준양식

별지 제10-7호

측정(시험)일자			측정(시험)자	
측정(시험)시간	온도 ℃	습도 %	날씨	

설비명		설치장소	
제작사		제작년도	
종류	규격 kV	장비 ID	
정격(선도)전압		허용전류 A	

가. 부식 측정표

측정항목	측정장비	측 정 내 용	판 정	비 고
부식				

나. 평가기준

구분	진단 내용	평가점수
A	부식이 전혀 없음	5
B	국부적으로 부식이 발생(점부식발생 면적률 5% 미만)	4
C	부식이 다소발생(점부식발생 면적률 5~15% 미만)	3
D	전반적으로 부식이 다소발생(점부식발생 면적률 15~30% 미만)	2
E	부식발생이 심화(점부식발생 면적률 30% 이상)	1

다. 종합의견

10.7 액세관리용 영상설비

10. 부식 측정 표준양식

UPS 부식 측정 표준양식

별지 제10-8호

측정(시험)일자			측정(시험)자	
측정(시험)시간	온도 ℃	습도 %	날씨	

설비명		설치장소	
제작사		제작년도	
종류	규격 kV	장비 ID	
정격(선도)전압		허용전류 A	

가. 부식 측정표

측정항목	측정장비	측 정 내 용	판 정	비 고
부식				

나. 평가기준 - 부식(강구조물)

평가기준	상태평가 내용	평가점수
우수(A)	부식이 전혀 없음	5
양호(B)	국부적으로 부식이 발생(점부식발생 면적률 5% 미만)	4
보통(C)	부식이 다소발생(점부식발생 면적률 5~15% 미만)	3
미흡(D)	전반적으로 부식이 발생(점부식발생 면적률 15~30% 미만)	2
불량(E)	부식발생이 심화(점부식발생 면적률 30% 이상)	1

다. 종합의견

10. 부식 측정 표준양식

10.7 여객관리용 영상설비 | 축전지 부식 측정 표준양식

별지 제10-9호

측정(시험)일자		측정(시험)자				
측정(시험)시간		온도	℃	습도	%	날씨

설비명	
제작사	
종류	규격
정격(선로)전압	kV

설치장소	
제작년도	
장비 ID	
허용전류	A

가. 부식 측정표

측정항목	측정장비	측정내용	판정	비고
부식				

나. 평가기준 – 부식(강구조물)

평가기준	평가점수	상태평가 내용
우수(A)	5	부식이 전혀 없음
양호(B)	4	국부적으로 부식이 발생(점부식발생 면적율 5% 미만)
보통(C)	3	부식이 다소발생(점부식발생 면적율 5~15% 미만)
미흡(D)	2	전반적으로 부식이 발생(점부식발생 면적율 15~30% 미만)
불량(E)	1	부식발생이 심화(점부식발생 면적율 30% 이상)

다. 종합의견

제II편

전기설비 성능평가에 관한 세부기준[8] 이해

— 정보통신분야 —

2023. 11.

---

[8] 제2권 2편 『전기설비 성능평가에 관한 세부기준 이해』는 국가철도공단 전기설비 성능평가에 관한 세부기준 (정보통신분야: 2023.11. REV.1)을 기반으로 독자들이 이해하기 쉽도록 재구성되었습니다.

목차

1. 성능평가 요령(정보통신)   194
    1.1 성능평가 항목의 정의   194
    1.2 설비별 성능평가 항목   196
    1.3 성능평가 방법   197
    1.4 성능평가 기준 및 방법   206
    1.5 성능평가 대상설비 샘플링 수량 기준   297

〈별지〉 정보통신 체크리스트 갑지, 을지   298
1. 선로설비 성능평가 체크리스트   299
2. 전송설비 성능평가 체크리스트   302
3. 열차무선설비 성능평가 체크리스트   306
4. 전자 교환설비 성능평가 체크리스트   316
5. 역무용 통신설비 성능평가 체크리스트   318
6. 여객관리용 영상설비 성능평가 체크리스트   323
7. 시설감시용 영상설비 성능평가 체크리스트   328
8. 역무자동화설비 성능평가 체크리스트   331

1. 성능평가 요령(정보통신)

1.1 성능평가 항목의 정의

① 성능평가: 철도시설의 서비스 수준을 유지하기 위하여 요구되는 안전성, 내구성, 사용성 등의 성능을 종합적으로 평가하는 것
② 안전성: 철도시설의 요구조건하에서 인명의 사상, 시설물의 손상과 손실을 방지하는 성능
③ 내구성: 철도시설의 사용수명 동안 요구되는 기능을 유지시키기 위한 시설물의 성능
④ 사용성: 철도시설의 사용과 수요 측면에서 적절한 편의와 기능을 제공하는 성능
⑤ 전기 및 정보통신시설: 전기 및 정보통신시설은 철도의 전철전력설비, 신호제어설비, 정보통신설비
⑥ 성능지수: 성능평가항목의 평가결과와 중요도 가중치를 곱하여 계량화한 지수
⑦ 성능등급: 성능지수를 활용하여 평가한 등급
⑧ 중요도: 철도시설의 요구되는 서비스 수준에 영향을 미치는 정도
⑨ 열화: 절연체가 외부적인 영향이나 내부적인 영향에 따라 화학적 및 물리적 성질이 나빠지는 현상
⑩ 절연: 도체 사이에 부도체를 넣어서 전류나 열이 통하지 못하게 하는 현상
⑪ 마모: 마찰 부분이 닳아서 손상되는 현상
⑫ 강도: 재료나 부재에 부하를 주었을 때 파단되기까지의 변형 저항
⑬ 부식: 금속이 그 표면에서 화학적 또는 전기적으로 산화 또는 변질되어 가는 것
⑭ 균열: 열적 또는 기계적 응력 때문에 일어나는 국부적인 파단에 의해 생기는 틈 또는 불연속부

정밀진단 자체 적적성 심의 및 보고서평가[9]

제2조(정의) 이 지침에서 사용하는 용어의 뜻은 다음과 같다.

7. "평가기관"이란 법 제44조의9 및 「철도의 건설 및 철도시설 유지관리에 관한 법률 시행령」(이하 "영"이라 한다) 제34조의5에 따라 정밀진단·성능평가 결과보고서의 평가 업무를 위탁받은 다음 각 목의 기관을 말한다.

나. 「한국교통안전공단법」에 따른 한국교통안전공단(궤도, 전철전력, 신호제어 및 정보통신 분야

제21조(자체 위원회) ① 철도시설관리자는 분야별 전문가를 포함한 자체 위원회를 구성하여 정밀진단 및 성능평가 방법, 대상, 결과의 적정성 등을 심의해야 한다.

제35조(성능평가 결과보고서에 대한 평가항목)

① 정밀진단 또는 성능평가 결과보고서에 대한 평가를 하는 경우 평가항목 및 배점은 별지 제2호서식에 따르며, 평가방법에 관한 세부사항은 평가기관이 국토교통부 장관의 승인을 거쳐 별도로 정하는 「정밀진단·성능평가 결과보고서 평가규정」

② 정밀진단 또는 성능평가 결과보고서에 대한 중요평가항목은 각각 다음 각 호에 따른다.

2. 성능평가 중요평가항목: 별지 제2호서식 제2호사목, 아목 및 자목

■ 철도시설의 정기점검등에 관한 지침 [별지 제2호서식]

2. 성능평가 실시결과 평가표			
평가항목	가중치(%)	평가점수	비고(평가내용)
가. 평가계획 수립 및 보고서 체계의 적정성	5		
나. 자료수집 및 분석의 적정성	5		
다. 성능목표 및 관리지표 선정의 적정성	10		
라. 안전성 평가의 적절성	10		
마. 내구성 평가의 적절성	10		
바. 사용성 평가의 적절성	10		
사. 성능평가 결과의 시설별, 노선별, 구간별 분석의 적정성	15		
아. 종합평가 결과의 적정성	15		
자. 철도시설의 성능목표를 고려한 유지관리 전략 제안의 적정성	15		
차. 종합결론의 적정성	5		
평 가 점 수 (100점 만점)			

---

9) 철도시설의 정기점검등에 관한지침에 의해 작성된 정보통신분야 정밀진단 및 성능평가보고서는 시설관리자가 구성하는 자체위원회 적정성 심의와 국토교통부의 위탁은 받은 한국교통안전공단으로부터 (지침의 별지2호서식에 따른 평가항목) 평가받게 됩니다.

1.2 설비별 성능평가 항목

중분류	소분류	세분류	대상 장치	정밀진단											육안검사			숙성진단		
				모듈검사	NMS/EMS	BER측정	절연저항	지능·점검	영상확보	손실측정	영상확인	절체감도	결함손실	강도측정	마모측정	부식검사	내용 연수/설치 환경	사용 횟수	설치 운행 횟수	고장장애 횟수	제품 설비 단종 응답
선로 설비	광케이블	광케이블	케이블코어							◎						◎	◎		◎	◎	◎
	동케이블	동케이블	케이블심선				◎									◎	◎		◎	◎	◎
전송설비	광전송 설비	선로별 통합 인터페이스 통신설비														◎	◎		◎	◎	◎
		DWDM	중앙제어장치	◎	◎											◎	◎		◎	◎	◎
		STM 4/16/64	관제조작반	◎	◎	◎										◎	◎		◎	◎	◎
		정류기	장치출력					◎								◎	◎		◎	◎	◎
		축전지	내부자함					◎								◎	◎		◎	◎	◎
열차무선	LTE-R 중앙 제어설비	중앙제어장치	서버	◎	◎											◎	◎		◎	◎	◎
		관제조작반	서버	◎	◎											◎	◎		◎	◎	◎
	LTE-R 기지국 설비	DU	중복기/정류기/안테나/축전지	◎	◎											◎	◎		◎	◎	◎
		RRU		◎	◎											◎	◎		◎	◎	◎
역무통신설비	열차무선 방호장치	자동검사시스템	케이블안테나		◎											◎	◎		◎	◎	◎
	재난방송 수신설비	중계장치	케이블안테나		◎						◎					◎	◎		◎	◎	◎
		주조정실	주조정실		◎											◎	◎		◎	◎	◎
		보조정실	보조정실		◎											◎	◎		◎	◎	◎
전화교환설비	전화 교환기	전자교환기	전자교환실		◎								◎			◎	◎		◎	◎	◎
		관제전화주장치	관제전화설비		◎											◎	◎		◎	◎	◎
영상 설비	역객안내 설비	자동안내방송 주장치	역객안내		◎											◎	◎		◎	◎	◎
		자동열차운행 관제방송주장치			◎											◎	◎		◎	◎	◎
		역사내	저장장치		◎				◎							◎	◎		◎	◎	◎
	관람용 영상 설비	표시기	표시기						◎							◎	◎		◎	◎	◎
	영상 감시용 영상설비	카메라	카메라						◎							◎	◎		◎	◎	◎
		UPS	UPS					◎								◎	◎		◎	◎	◎
		축전지	축전지					◎								◎	◎		◎	◎	◎
		저장장치	저장장치						◎							◎	◎		◎	◎	◎
	시설용 영상설비	영상저장장치	저장장치						◎							◎	◎		◎	◎	◎
		영상운영장치			◎											◎	◎		◎	◎	◎
		카메라	카메라						◎							◎	◎		◎	◎	◎
역무자동화 설비	전산장치	중앙전산기	카메라영상		◎											◎	◎		◎	◎	◎
		전산운전실기기			◎											◎	◎		◎	◎	◎
		역단위전산기			◎											◎	◎		◎	◎	◎
	발매기	교통카드 무인/정산충전기														◎	◎		◎	◎	◎
		1회용발매기/교통카드 충전기														◎	◎		◎	◎	◎
		보증금환급기														◎	◎		◎	◎	◎
	게이트	자동개찰기														◎	◎		◎	◎	◎

1.3 성능평가 방법
1.3.1 성능평가 평가방법
가. 평가항목별 중요도에 따른 가중치 적용
성능평가는 평가항목별로 중요도를 감안하여 설비분류에 따라 평가지표별 가중치를 적용하며 가중치의 합이 100%가 되도록 한다. 또한, 성능평가 항목은 안전성, 내구성, 사용성으로 구성되며 항목별 가중치의 합이 100%가 되도록 산출한다.

평가항목	세부지표	평가기준	가중치
안전성 (70%)	평가지표 a		70%
	평가지표 b		10%
	평가지표 c		20%
내구성 (20%)	평가지표 d		30%
	평가지표 e		50%
	평가지표 f		20%
사용성 (10%)	평가지표 g		100%

각 성능항목별 가중치 합=100
안전성+내구성+사용성=100

나. 평가항목별 주요소 및 보조요소
평가부분에 영향을 미치는 정도에 따라 각각의 평가항목은 주요소와 보조요소의 진단항목으로 가중치를 적용하여 평가에 반영하며 평가항목별 주요소 및 보조요소는 다음 표와 같다.

[표1-2] 평가항목별 주요소 및 보조요소

평가항목	주요소	보조요소
안전성	열화·절연(A), 마모(B)	외관(C), 운행횟수(F), 고장장애횟수(G)
내구성	외관(C), 내용연수/사용횟수(D), 설치환경(E)	마모(B), 고장장애횟수(G)
사용성	내용연수/사용횟수(D), 고장장애횟수(G), 제품단종(H), 설비용량(I), 운행횟수(F)	설치환경(E)

[표1-5] 주요소와 보조요소의 가중치

구분	열화 절연	마모 강도	외관	내용연수/ 사용횟수	설치 환경	운행 회수	고장장애 횟수	제품 단종	설비 용량
안전성	100	70	30	0	0	30	20	0	0
내구성	0	30	70	100	70	0	20	0	0
사용성	0	0	0	0	30	70	60	100	100

다. 평가진단 항목별 가중치 부여방법

설비별 진단항목에 따른 평가점수는 1~5점이며 항목별 가중치(%)를 아래 표와 같이 평가점수에 반영하며 평가항목별 평가점수와 종합평가점수의 산출식은 다음과 같다.

① 진단항목별 가중치 부여방법

[표1-6] 평가진단 항목별 가중치

진 단 항 목	평가점수(1~5)	가중치(%)	가중치 반영 평가점수	평가요소
열화·절연	A	a	(A*a)/100	안전성
마모·강도	B	b	(B*b)/100	안전성 내구성
외관	C	c	(C*c)/100	내구성 안전성
내용연수/사용횟수	D	d	(D*d)/100	내구성
설치환경	E	e	(E*e)/100	내구성 사용성
운행횟수	F	f	(F*f)/100	사용성 안전성
고장·장애횟수	G	g	(G*g)/100	사용성 내구성 안전성
제품단종	H	h	(H*h)/100	사용성
설비용량	I	i	(I*i)/100	사용성
합계		100%	1~5(점수)	

② 안전성의 평가점수 산출식

$$\frac{(A \times a) + (B \times b \times 0.7) + (C \times c \times 0.3) + (F \times f \times 0.3) + (G \times g \times 0.2)}{a + (b \times 0.7) + (c \times 0.3) + (f \times 0.3) + (g \times 0.2)}$$

③ 내구성의 평가점수 산출식

$$\frac{(D\times d)+(C\times c\times 0.7)+(E\times e\times 0.7)+(B\times b\times 0.3)+(G\times g\times 0.2)}{d+(c\times 0.7)+(e\times 0.7)+(b\times 0.3)+(g\times 0.2)}$$

④ 사용성의 평가점수 산출식

$$\frac{(H\times h)+(I\times i)+(F\times f\times 0.7)+(G\times g\times 0.6)+(E\times e\times 0.3)}{h+i+(f\times 0.7)+(g\times 0.6)+(e\times 0.3)}$$

⑤ 종합 평가점수 산출식 - 성능평가지수(p)

성능평가지수(p) =
Σ{(선로설비 평가점수 × 중분류가중치) + (전송설비 평가점수 × 중분류가중치) + (열차무선설비 평가점수 × 중분류가중치) + (전화교환설비 평가점수 × 중분류가중치) + (역무통신평가점수 × 중분류가중치) + (영상설비 평가점수 × 중분류가중치) + (역무자동화설비 평가점수 × 중분류가중치)}

⑥ 성능지수 및 등급 산정
 - 각 항목별 5점 척도로 평가하여 산정된 총점이며, 성능지수 범위에 따라 성능등급 결정

[표1-7] 성능평가 및 등급 산정

성능평가지수(E)	성능평가등급	성능 수준 및 유지관리 필요성
4.5 ≤ E ≤ 5.0	A(우수)	결함·손상이 없고 내구성능 저하 가능성 낮음
3.5 ≤ E 〈 4.5	B(양호)	경미한 결함이 있는 상태로 진행여부를 지속 관찰
2.5 ≤ E 〈 3.5	C(보통)	안전에는 지장이 없으나, 간단한 보수·보강 필요
1.5 ≤ E 〈 2.5	D(미흡)	성능이 기준이 미치지 못해 긴급한 보수·보강 필요
1.0 ≤ E 〈 1.5	E(불량)	심각한 결함이 있어 즉각 사용중단하고 보강·개축 필요

1.3.2 성능평가 설비별 가중치

가. 대분류 가중치
구조물, 궤도시설, 건축물, 전철전력, 신호제어, 정보통신으로 구분되는 6개 분야에 대한 가중치로 국토부에서 별도의 전문가 AHP(Analytic Hierarchy Process)분석을 통하여 수행한다.

나. 중분류 가중치
선로설비, 전송설비, 무선설비, 전화교환설비, 역무통신설비, 영상설비, 역무자동화설비로 구분되는 7개 중분류 설비에 대하여 다음과 같은 가중치를 적용한다.

[표1-6] 중분류 가중치

구분	가중치	비고
선로설비	0.23	
전송설비	0.31	
열차무선설비	0.20	
전화교환설비	0.07	
역무통신설비	0.06	
영상감시설비	0.06	
역무자동화설비	0.07	
[소계]	1.00	

다. 소분류 가중치

정밀진단 및 속성진단 항목에 대한 평가점수를 반영한 16개 소분류에 대한 가중치는 다음과 같이 적용한다.

[표1-7] 소분류 가중치

설비	소분류	가중치	비고
선로설비	동케이블	0.19	
	광케이블	0.61	조정
	선로변 통합인터페이스 통신설비	0.20	신규
	[소계]	1.00	
전송설비	광전송설비	1.00	
	[소계]	1.00	
열차무선설비	LTE-R 중앙 제어설비	0.35	신규
	LTE-R 기지국 장치	0.35	신규
	열차무선 방호장치	0.15	신규
	재난방송 수신설비	0.15	신규
	[소계]	1.00	
전화교환설비	전화교환기	1.00	
	[소계]	1.00	
역무용통신설비	여객안내설비	0.46	
	자동안내방송설비	0.54	
	[소계]	1.00	
영상설비	여객관리용 영상감시설비	0.62	
	시설감시용 영상감시설비	0.38	
	[소계]	1.00	
역무자동화설비	전산장치	0.65	
	발매기	0.17	
	게이트	0.18	
	[소계]	1.00	

라. 세분류 가중치

세분류에 따른 진단항목별 가중치는 다음과 같은 비율(%)로 반영한다.

중분류	소분류	세분류	가중치	열화·절연	마모·강도	외관	내용연수/사용횟수	설치환경	운행횟수	고장장애횟수	제품단종	설비용량
선로설비	광케이블	광케이블	100	40	-	-	30	10	10	-	-	10
	동케이블	동케이블	100	40	-	-	30	10	10	-	-	10
	선로변 통합 인터페이스 통신		100	-	-	30	30	10	10	10	10	-
전송설비	광전송설비	DWDM	25	40	-	-	20	-	10	10	10	10
		STM 4/16/64	40	40	-	-	20	-	10	10	10	10
		정류기	25	30	-	10	20	-	10	10	10	10
		축전지	10	40	-	10	30	-	10	-	10	-
무선설비	LTE-R 중앙제어설비	주제어설비	90	40	-	-	30	-	10	10	10	-
		관제조작반	10	40	-	-	30	-	10	10	10	-
	LTE-R 기지국장치	DU	50	40	-	-	30	-	10	10	10	-
		RRU	50	20	-	10	30	10	10	10	10	-
	열차무선방호장치	중앙장치	20	40	-	-	30	-	10	10	10	-
		자동점검시스템	20	40	-	-	30	-	10	10	10	-
		중계 장치	30	30	-	-	30	10	10	10	10	-
		케이블안테나	30	30	-	-	50	10	10	-	-	-
	재난방송수신설비	주중계장치	50	40	-	-	30	-	10	10	10	-
		보조중계장치	50	20	-	10	30	10	10	10	10	-
전화교환설비	전화교환기	전자교환기	60	40	-	-	20	-	10	10	10	10
		관제전화주장치	40	40	-	-	30	-	10	10	10	-
역무통신설비	여객안내설비	중앙제어설비	50	40	-	-	30	-	10	10	10	-
		역서버	30	30	-	-	40	-	10	10	10	-
		표시기	20	20	-	10	30	10	10	10	10	-
	방송설비	자동안내방송주장치	50	40	-	-	30	-	10	10	10	-
		관제원격방송주장치	50	40	-	-	30	-	10	10	10	-
영상설비	여객관리용 영상설비	영상저장장치	25	20	-	-	40	-	10	10	10	10
		영상운영장치	20	30	-	-	40	-	10	10	10	-
		카메라	25	20	-	-	40	10	10	10	-	10
		UPS	20	30	-	10	20	-	10	10	10	10
		축전지	10	40	-	10	30	-	10	-	10	-
	시설감시용 영상설비	영상저장장치	40	20	-	-	40	-	10	10	10	10
		영상운영장치	30	30	-	-	40	-	10	10	10	-
		카메라	30	20	-	-	40	10	10	10	-	10

역무 자동화 설비	전산장치	중앙전산기	60	40	-	-	30	-	10	10	10	-
		역단위전산기	40	40	-	-	30	-	10	10	10	-
	발매기	1회용발매/교통카드충전기	40	20	-	-	40	10	10	10	10	-
		교통카드무인/정산충전기	30	20	-	-	40	10	10	10	10	-
		보증금환급기	30	20	-	-	40	10	10	10	10	-
	게이트	자동 개·집표기	100	30	-	-	30	10	10	10	10	-

마. 설비의 유형분류 및 가중치 적용

정보통신분야 설비는 다음과 같이 4개의 설비로 분류하며 설비별 평가항목에 대한 가중치(%) 적용은 아래 표와 같다.

[표1-9] 설비의 유형분류에 따른 가중치

대분류	전선류			기기 및 장치			제어설비		
	안전성	내구성	사용성	안전성	내구성	사용성	안전성	내구성	사용성
정보통신	57	27	16	62	21	18	60	15	25

바. 다수의 성능평가 진단항목에 대한 평가점수 적용

성능평가 진단항목이 열화·절연, 마모·강도, 내용연수/사용횟수 등 다수의 항목으로 구성된 경우, 각각의 평가점수 중에서 최젓값을 항목 평가점수로 적용한다.

사. 평가점수 산정 (예시)

[표1-10] 평가점수 산정 (예시)

설비명	세분류										안전성	내구성	사용성	합계	설비유형	세분류가중치
	열화절연	마모강도	외관검사	내용연수/사용횟수	설치환경	운행회수	고장장애횟수	제품단종	유지보수횟수	설비용량						
광케이블	5	x	x	3	4	3	x	x	x	5	4.86	3.19	4.15	4.28	전선류	100

① 안전성의 평가점수

$$광케이블 = \frac{(5 \times 0.4) + (0 \times 0 \times 0.7) + (0 \times 0 \times 0.3) + (3 \times 0.1 \times 0.3) + (0 \times 0 \times 0.2)}{0.4 + (0 \times 0.7) + (0 \times 0.3) + (0.1 \times 0.3) \times (0 \times 0.2)} = 4.86$$

② 내구성의 평가점수

$$광케이블 = \frac{(3\times0.3)+(0\times0\times0.7)+(4\times0.1\times0.7)+(0\times0\times0.3)+(0\times0\times0.2)}{0.3+(0\times0.7)+(0.1\times0.7)+(0\times0.3)\times(0\times0.2)} = 3.19$$

③ 사용성의 평가점수

$$광케이블 = \frac{(0\times0)+(5\times0.1)+(3\times0.1\times0.7)+(0\times0\times0.6)+(4\times0.1\times0.3)}{0+0.1+(0.1\times0.7)+(0\times0.6)+(0.1\times0.3)} = 4.15$$

④ 설비(전선류)의 합계점수(성능지수)

광케이블 = 4.86x0.57 + 3.19x0.27 + 4.15x0.16 = 4.30
 - 평가점수는 소수점 셋째자리에서 반올림한다.

⑤ 성능평가 등급: B

1.3.3 성능평가 수행 단계

가. 성능평가 계획수립

① 성능평가 대상선정
 - 주관부서는 성능평가 시행이 필요한 철도시설물을 구분하고 성능평가 시행계획을 수립
② 성능평가를 위한 용역 계약
 - 주관부서는 성능평가 시행계획의 내용, 관련규정, 입찰안내서 주요 적용 내용 등을 포함하는 입찰안내서 표준(안) 및 기술자문회의 운영지침을 고려하여 입찰안내서 작성 및 계약공고 시행
 - 사업수행능력평가를 통해 용역사 선정 후 용역 계약을 체결
③ 성능평가 수행계획 수립
 - 주관부서는 용역계약에 따라 성능평가 수행계획을 받음
 - 성능평가 수행계획의 적정성을 검토하고 확정된 결과를 용역사에 통보

나. 성능평가 수행

① 성능평가 수행
 - 용역사는 정밀진단 수행계획에 따라 시설물 준공 보고서, 정밀진단 결과, 성능평가 매뉴얼 등을 참고하여 성능평가를 실시
 - 시행부서는 용역사가 수행하는 성능평가의 대상을 확인하고 필요한 자료를 제공

② 성능평가 결과분석
- 용역사는 성능평가 결과를 분석하고 시설별·노선별·구간별 성능평가 평가등급 산정
③ 성능평가 결과검토
- 주관부서는 용역사의 성능평가 결과분석의 적정성을 검토
④ 성능평가 종합진단
- 주관부서는 전체시설물의 성능평가 등급을 산정하고 성능평가지수가 낮은 시설·노선·구간 제시
- 구간(노선)별 설비의 종합성능평가시 구간 내 **평균** 성능지수 적용
⑤ 성능평가 결과 및 유지보수 시행 방안
- 주관부서는 C등급 이하 시설에 대해 시설별·노선별 보수·보강 우선순위 검토 및 방법 제시
- 철도시설 성능목표 달성을 위한 합리적인 유지관리 전략 제시

[성능평가 수행절차]

절차	주요 내용
성능평가 대상선정	■ 철도시설 분류체계(대→중→소)에 따라 평가대상 시설을 선정 ■ 전수 평가를 원칙으로 하되, 필요시 표본조사 가능 ■ 효율적인 평가를 위해 노선별, 시설별로 구분하여 시행 가능
자료분석	■ 평가대상 시설에 대한 도면, 계산서 등 관련 자료를 수집·분석 - 설계도서·준공도서, 보수·보강·증축·개량공사 관련 자료 과거 정기점검·긴급점검·정밀진단·성능평가 자료 등
성능목표 설정	■ 평가대상 철도시설의 안전성과 장기적인 유지관리 효율성을 확보하기 위해 철도 시설이 만족해야 할 성능목표를 설정 ■ 영 제23조에 따른 시행계획에서 철도시설의 종합적인 성능, 안전관리 목표, 예산여건 등을 고려하여 결정

성능평가 시행	■ (개별시설 평가) 개별시설에 대한 성능평가지수, 성능평가등급 산정
	  - 소분류 개별시설에 대해 평가항목별로 시험·검사·평가 시행
	  - 항목별 평가점수를 바탕으로 안전성·내구성·사용성 성능 및 개별시설에 대한 성능 평가지수와 성능평가등급 산정
	■ (결과분석) 시설별·노선별·구간별 성능평가지수·등급 산정
	  - 개별시설 평가결과를 소·중·대분류별 중요도(가중치)를 고려하여 대분류별, 노선별, 구간별 철도시설 성능평가지수·등급을 산정

- (종합평가) 전체 시설에 대한 성능평가지수·등급을 산정하고, 성능평가지수가 낮은 시설·노선·구간을 제시하고 그 사유를 분석

개별시설 평가	결과분석	종합평가
■ 개별시설 안전성·내구성·사용성 평가 ■ 개별시설 성능평가 지수·등급 산정	■ 시설별·노선별·구간별 성능평가 지수·등급 산정	■ 전체시설 성능평가 지수·등급 산정 ■ 성능평가지수가 낮은 시설·노선·구간 제시
예) ○○설비 = 2.9(C등급)	예) 통신 = 3.7(B등급) 경부선 = 2.8(C등급)	예) 국가철도 = 3.3(C등급)

⇩

유지관리 전략제안
- C등급 이하 시설에 대한 보수·보강 방법 제시
- 시설별·노선별 보수·보강 우선순위를 검토
- 철도시설 성능목표를 달성을 위한 합리적인 유지관리 전략 제시

⇩

종합결론
- 성능평가 결과, 유지관리 시행방안(연차별 계획, 예산확보 등)

※ 최초 성능평가 시, 성능목표 및 관리지표를 설정하여 성능평가를 실시하고, 성능평가 결과를 토대로 전문가집단의 자문을 반영하여 성능목표 및 관리지표를 조정할 수 있음

1.3.4 평가항목의 정의

가. 열화·절연

운용·보수 및 경년변화 과정에서 시설물을 구성하는 전기/전자 부품 및 재료의 특성변화로 인하여 그 성능이 감쇠된 정도를 말하고, 절연이란 도체 사이에 부도체를 넣어서 전류나 열이 통하지 못하게 하는 현상을 말한다. 절연저항, 열화상 측정, PCB의 X-Ray 및 광학현미경 조사 등을 통하여 평가한다.

나. 마모, 강도

운용·보수 및 경년변화 과정에서 발생되는 접촉마모, 강도저하 등 물리적 특성변화의 위험 요소를 평가하는 것을 말한다. 마모로 인한 접촉 상태와 내구력 및 인장강도 등 기계적 특성에 대한 마모·강도를 평가한다.

다. 부식·균열

금속이 그 표면에서 화학적 또는 전기적으로 산화 또는 변질되어가는 것이고 균열이란 열적 또는 기계적 응력 때문에 일어나는 국부적인 파단에 의해 생기는 틈 또는 불연속부

라. 내용연수
어떤 시설물이나 부품이 그 기능을 상실할 때까지의 기간을 말한다. 사용개시일을 기준으로 내용연수 초과에 따른 노후진행도를 내용연수(법적수명)을 통하여 간접적으로 평가한다. 국가철도공단 『회계규정시행세칙』〈별표1〉 적용

마. 설치환경
운용·보수 및 경년변화 과정에서 발생할 수 있는 외적내구성 노후화의 설치환경 영향정도를 말한다. 시설물의 외적내구성 노후화에 영향을 미치는 청정, 염해 공해 등 주변 환경조건을 평가한다.

바. 운행횟수
열차 1일 편도 운행 횟수에 의한 시설물 상태 및 서비스 수준을 평가한다.

사. 고장·장애횟수
전기적, 물리적 특성변화로 발생한 고장횟수를 말한다. 운용·보수 및 경년변화 과정에서 발생되는 전기적, 물리적 특성저하로 발생한 직전년도 고장·장애 발생 횟수를 확인하여 노후정도를 간접적으로 평가한다. (하자기간 장해, 천재지변은 제외)

아. 제품단종
수리 또는 교체할 수 있는 제품의 생산 여부로서 부품 또는 설비의 생산 중단으로 고장 발생 시에 대체, 교체가 불가한 지에 대하여 평가한다.

자. 설비용량
예기치 못한 사고와 고객 수요증가에 따른 서비스 수준 및 공급 능력을 사용률 또는 예비율 등을 통하여 평가한다.

1.4 성능평가 기준 및 방법

1.4.1 열화, 절연

1.4.1.1 모듈검사
가. 시험(측정) 목적
정보통신의 설비의 고유 기능을 확인하기 위하여 이원화된 모듈에 대하여 절체 시험 전, 중간과정, 완료, 전 과정에서 기능동작을 확인

나. 시험(측정) 방법
① 상태 점검
- 장비 관리자로부터 장비 상태 및 주의 사항을 숙지
- EMS를 통하여 장비의 동작을 확인 [Active Side 확인: 제어부, 전원부]

② 장비 절체
- EMS 기능을 통하여 진단 대상 장비(제어부, 전원부)를 절체 명령을 수행하여 한쪽 계통의 장애시 시스템 중단 없이 이중화 계통으로 자동절체 동작을 확인
- 절체 동작을 2회 실시하여, 최소 절체대상 보드가 다시 Active 상태로 복원되는지 확인
- 정기점검 기록 자료확인 또는 EMS 로그기록 등을 통하여 진단을 수행함.

다. 판단기준
- 절체 시험 전, 중간과정, 완료, 전 과정에서 설비 전체의 정상동작을 확인

라. 평가기준

[표1-11] 모듈검사 평가기준

구분	진단 내용	평가점수
A	절체 대상 모듈의 기능이 정상	5
C	절체 대상 모듈 중 1개 모듈 비정상(단중화 경우, 기능 정상)	3
E	연속 절체하여 정상(초기) 상태로 복귀하지 못하는 경우 (단중화 경우, 기능 비정상)	1

1.4.1.2 NMS/EMS 검사

가. 시험(측정) 목적
① EMS(Element Management System)는 통신망 장비를 네트워크를 통해 감시 및 제어를 할 수 있는 시스템으로, NMS(Network Management System)의 하부 구성요소
② 설비를 관리하는 NMS/EMS 기능을 이용하여 설비의 활용률과 기간내 고장·장애발생 이력을 조사하여 진단

나. 시험(측정) 방법
① 상태 점검
- 장비 관리자로부터 장비 상태 및 주의 사항을 숙지
- 운영장치를 통하여 장비의 동작을 확인

② 경보 이력 로그 조회
- 영상운영장치 기능을 이용하여 저장되어 있는 데이터를 일정기간단위로 경보(장애 발생) 현황을 조회
- 조회: 저장된 경보내용을 일별/경보 등급별 조회 기능
  ✓ 파일저장: 조회된 경보내용을 파일로 저장 가능
  ✓ 조회기간 설정: 연월일을 입력하여 조회기간 설정

다. 판단기준
- NMS/EMS 기능을 이용하여 설비의 활용률과 기간 내 고장·장애발생 이력

라. 평가기준
1) 설비 활용률
① 평가 지표 및 산식

[표1-12] 설비 활용률 계산식

항목	지표	지표정의	산식
자원 효율성 (서버)	CPU 활용률	측정한 전체 CPU 용량 대비 사용 CPU 용량의 비율(%)	(사용 CPU 용량 / 전체 CPU 용량) × 100
	메모리 활용률	서버의 물리적 메모리 총량 대비 사용 메모리의 비율(%)	(사용 메모리양 / 전체 메모리 용량) × 100
	디스크 활용률	디스크의 물리적 총 용량 대비 사용 디스크의 비율(%)	(사용 디스크 용량 / 전체 디스크 용량) × 100

② 평가방법

[표1-13] 설비 활용률 기준

구분	진단 내용			평가점수
A	CPU	중앙 제어설비	30% 이하	5
		기타	20% 이하	
	메모리		20% 이하	
	디스크		20% 이하	
B	CPU	중앙 제어설비	30%~80%	3
		기타	20%~70%	
	메모리		20% 초과~80% 이하	
	디스크		20% 초과~80% 이하	
C	CPU	중앙 제어설비	80% 초과	1
		기타	70% 초과	
	메모리		80% 초과	
	디스크		90% 초과	

③ 자료 추출을 위한 사용 명령어

[표1-14] 설비 활용률 확인 명령어

구분	명령어	비고
CPU 활용률	top, mpstat, sar, iostat	- 기기에 따라 지원하는 명령어 다를 수 있음 - GUI 기능으로 대체 가능
메모리 활용률	top, mpstat, sar, iostat	
디스크 활용률	fdisk, sfdisk, cfdisk, parted, df, pydf, lsblk	

2) 고장·장애 횟수

① 장애의 등급
- A급 장애시스템의 사용자에게 제공하는 모든 서비스 사용이 불가능한 상태 (주 전산기 다운, DBMS 다운 등)
- B급 장애시스템의 사용자에게 제공하는 일부 서비스 사용이 불가능한 상태 혹은 A급 장애가 최소 서비스 시간에 발생한 경우
- C급 장애시스템의 일부에 문제가 있으나 사용자 업무처리상 장애가 없는 경우 (예: 백업장비에 이상이 있는 경우 등)
- D급 장애 천재지변 등 불가항력적인 사항 또는 통제범위를 벗어난 장애

② 장애의 측정 기법
- 측정 도구: **NMS상 장애이력** 정보
- 측정치의 정의: A급 장애 건수 + B급 장애 건수 × 0.7 (C, D급 장애는 장애 건수에 산입하지 않는다)
- 측정 기간: 정밀진단 시, 이전 1개월 또는 3개월간

③ 평가방법

[표1-15] 장애 발생 평가 기준

평가기준	진단 내용	평가점수
A	측정치 0~1건	5
C	측정치 2~3건	3
E	측정치 4건 이상	1

1.4.1.3 BER측정

가. 시험(측정) 목적

① 전송장비의 전반적인 성능 확인을 위하여 광 인터페이스에 대하여 BER 상태를 검사하여 전송장비의 전반적인 노후정도를 간접적으로 판단하기 목적이 있다.
② 비트오류율(bit error rate: BER)은 디지털 데이터 통신에서 주어진 시간 내에 수신한 데이터가 송신한 데이터에 비해 비트(bits)가 어느 정도 잘못되었는가의

비율이다. 무선통신에서 비트 오류율은 데이터 신호 속도와 전파 확산 요인에 의하여 통신 네트워크 상의 노이즈의 영향으로 발생한다.
③ 즉, 디지털 통신에서 나타나는 잡음, 왜곡 등 아날로그 특성 변화에 따른 디지털 신호의 영향을 종합적으로 평가할 수 있는 값으로 일반적으로, 전송된 총 비트수에 대한 오류 비트수의 비율(= bit errors occurred/bits sent %)로 나타낸다.

나. 시험(측정) 방법
- 전송장비와 BER 테스터를 연결하여 BER를 측정

다. 판단기준
- 국제전기통신연합(ITU-T) 규격 G.784 기준에 의한 제작사 제시 값(15분 기준)

[표1-16] ITU-T BER 판단기준

신 호	성 능	임 계 치
STM-4/16/64 (RS, MS)	ES	67 ≦
	SES	6 ≦
	UAS	900 ≦

라. 평가기준

[표1-17] BER측정 평가기준   단위: [15분]

구분	A	B	C	D	E
오류초율(ES)	ES = 0 또는 하자기간 내 설비	1~10	11~66	67 이상	-
평가점수	5	4	3	2	1

1.4.1.4 절연저항

가. 시험(측정) 목적
- 정보통신설비의 기기와 선로는 절연물로 보호되고 있으며, 시설물 사용에 따른 열화로 절연이 나빠지면 누전이나, 통신 품질이 낮아질 수 있다. 절연저항 측정 목적은 시설물의 절연상태를 파악하여 그때에 흐르는 누설전류를 측정함으로써 시설물에 대한 절연성능 및 안전성 여부를 판단한다.

나. 시험(측정) 방법
- 통신케이블 절연저항
  - ✓ 도통시험을 통해 루프저항값을 측정하여 케이블의 단선여부를 파악한다.
  - ✓ 500V Megger Tester를 사용하여 회선상호간(L1-L), 회선~대지간(L1~E1,

L2-E)의 절연저항을 측정한다.

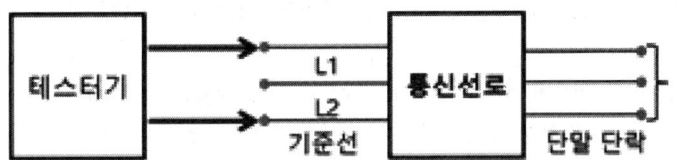

다. 판단기준

① 통신선로의 절연저항 판단기준

[표1-18] 절연저항 판단기준

구분	측정 구분	절연저항(MΩ)
절연저항	선로의 회선 상호 간, 회선과 대지 간 및 회선의 심선 상호간의 절연저항	10 이상

② 저압기기 및 저압케이블 절연저항 판단기준

[표1-19] 저압기기 및 저압케이블 절연저항 판단기준

구분	전로의 사용전압 구분	절연저항(MΩ)
400V 미만	대지전압(접지식 전로는 전선과 대지간의 전압, 비접지식 전로는 전선간의 전압을 말한다)이 150V 이하인 경우	0.1
	대지전압이 150V 초과 300V 이하인 경우 (전압측 전선과 중성선 또는 대지간의 절연저항)	0.2
	사용전압이 300V 초과 400V 미만의 경우	0.3
400V 이상		0.4

라. 평가기준

① 시외케이블

[표1-20] 시외케이블 절연저항 판단기준

구분	a	b	c	d	e	비고
DC500V - 1000MΩ 절연저항계	기준값 이상 및 하자기간 내 설비	50 이상	50 미만 ~47 이상	47 미만 ~45 이상	45 미만	
평가점수	5	4	3	2	1	

② 시내케이블

[표1-21] 시내케이블 절연저항 판단기준

구분	a	b	c	d	e	비고
DC500V - 1000MΩ 절연저항계	기준값 이상 및 하자기간 내 설비	1,000 이상	1,000 미만~ 950 이상	950 미만~ 900 이상	900 미만	
평가점수	5	4	3	2	1	

③ Screen F/S케이블

[표1-22] Screen F/S케이블 절연저항 판단기준

구분	a	b	c	d	e	비고
DC500V - 1000MΩ 절연저항계	기준값 이상 및 하자기간 내 설비	6,500 이상	6,500 미만~ 6,000 이상	6,000 미만~ 5,700 이상	5,700 미만	
평가점수	5	4	3	2	1	

1.4.1.5 저항·전압측정

가. 시험(측정) 목적

밀폐형 납축전지에 대한 점검으로 "셀 내부저항"을 측정하여 초기보다 상승상태를 확인하여 열화정도를 평가한다.

나. 시험(측정) 방법

1) 선행작업
   ① 본 평가 기준은 IEEE(미국전기전자학회) 밀폐형 축전지의 권고사항을 바탕으로 작성
   ② 축전지의 내부 저항값이 크게 증가된 것은 축전지의 특성이 크게 변화되었음을 표시하는 것이므로, 셀 내부저항을 측정으로 셀의 이상 유무를 확인할 수 있고 성능 저하된 축전지를 식별
   ③ 축전지 입력 전원 CB(Circuit Breaker) 개방 및 단전확인
   ④ 축전지 절연캡 분리
   ⑤ 볼트 조임 상태 및 단자 상태 확인
2) 진단수행(내부저항 측정)
   ① 측정기 상태 확인(저항/전압 범위 설정, 영점 조정)
   ② 단자에 측정기 케이블(lead)을 접속
   ③ **내부 저항 측정**
   ④ 측정값을 유지/보전/기록
3) 후행작업
   ① 볼트 조임 상태 및 단자 상태 확인
   ② 축전지 절연캡 설치
   ③ 축전지 전원 CB(Circuit Breaker)연결

다. 판단기준

축전지의 내부저항은 제작사마다 상이하므로 축전지 설치 시의 초기 내부저항 값 또는 제조사에서 제시하는 값을 기준값으로 적용한다.

[표1-23] 저항전압측정 판단 기준

구분	기준값	교체권고량 (밀폐형 납축전지)
내부저항	초기 축전지 내부저항(100%)	130%~150%

라. 평가기준

[표1-24] 저항전압측정 평가 기준

구분	A	B	C	D	E
내부저항 기준값	기준값(B) 이상 또는 하자기간 내 설비	130% 이하	130% 초과~ 140% 이하	140% 초과~ 150% 미만	150% 이상
평가점수	5	4	3	2	1

1.4.1.6 열상측정

가. 시험(측정) 목적

정보통신설비에 대하여 열화상 장치로 측정하여 부식, 열화, 누전 등으로 인한 장치의 저항 증대로 발생된 발열을 점검하여 이상 부분을 감시하는데 목적이 있다.

나. 시험(측정) 방법

1) 선행작업
  ① 진단에 사용되는 열상카메라 검교정 상태를 확인
  ② 정밀진단대상 정상동작 상태(알람, LED) 확인
2) 진단수행(열상측정)
  ① 대상장비와 카메라를 일정한 간격(초점거리)으로 이격시키고 각 진단대상 장비 **[전원부, 제어부 등] 후면부 열**을 측정
  ② 비접촉식 적외선카메라 측정방식으로 진단을 수행함. 단, 이상 징후가 감지되어 정밀진단이 필요한 경우에는 인터페이스 모듈을 사용하여 운전 설비에 영향이 없도록 사전에 관계기관의 승인을 받아서 실시
3) 후행작업(자료 정리)
  ① 측정 자료를 카메라에서 PC로 이동시킨 후, 측정 최소·최대 온도차를 평가기준에 따라 평가
4) 시험장비: 열상 카메라
5) 사용양식: 시험 표준양식(별지 제6-1호)

다. 판단기준

열화상 카메라로 특정 부품 또는 특정개소 온도가 높은 지점에 대하여 온도 측정 및 저장, 타 설비와의 온도차를 비교하여 이상 여부를 판단

라. 평가기준

① 각각 측정된 온도(ΔT: 측정된 온도에서 설비 주변의 온도를 뺀 온도(OA) 또는 타개소 설비와의 온도 차이(OS))에 따라 정상, 불량 내지는 주의 점검 등 여러 판정 사항이 있으며, 이때 기준으로 IETA(International Electrical Testing Association)와 업체 기준을 이용한다.

② IETA O/S 기법을 적용하여 온도의 차이에 따라 평가기준을 적용

[표1-25] 열상측정 평가기준

구분	통신기기와 대기 간 온도차 (ΔT/OA)	통신기기 간 온도차 (ΔT/OS)	판 정	평가 점수
A	기준값 이내 및 하자기간 내 설비 및 1℃ 미만	기준값 이내 및 하자기간 내 설비 및 1℃ 미만	열화 가능성 없음	5
B	1℃~10℃ O/A 이하	1℃~3℃ O/S 이하	열화 가능성 미약	4
C	11℃~20℃ O/A	4℃~15℃ O/S	열화 가능성 있음	3
D	21℃~40℃ O/A	16℃~40℃ O/S	추후 결함으로 진전	2
E	〉40℃ O/A	〉40℃ O/S	결함	1

✓ OA: Over Ambient / 대기온도 증분(ΔT)
✓ OS: Over Similar / 유사설비 상간 증분(ΔT)

1.4.1.7 손실측정

가. 시험(측정) 목적

광케이블의 전반적인 성능 확인을 위하여 구간별(OFD간) 광코어에 대하여 광 손실 상태를 검사하여 장시간 사용으로 인한 광섬유의 노후정도를 간접적으로 판단하는 데 목적이 있다.

나. 시험(측정) 방법

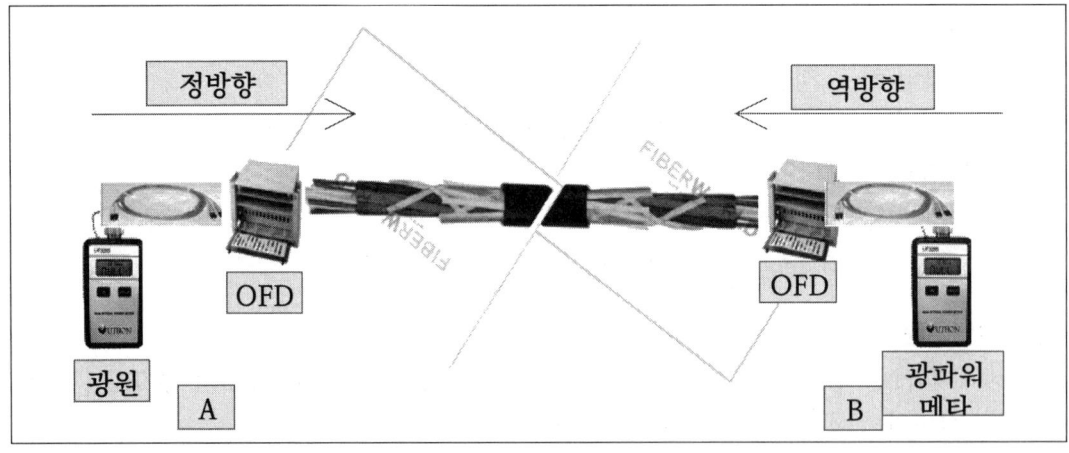

1) 선행작업
　① 광통신케이블 현황(케이블의 종류 및 규격, 설치년도, 예비코어 현황, 사용불가 코어의 확인 등) 파악
　② OTDR측정으로 접속 개소 및 케이블 길이, 커넥터 개수 파악하여 기준 손실값 산정
　③ 유지보수 데이터 활용가능 여부 및 광통신 사용 주파수/파장 파악
　　- 광통신 측정용 파장대역: 1310, 1550nm
2) 측정방법
　① A역 통신실의 OFD 함체에서 측정 대상 광코어를 광원에 연결
　② B역 통신실 OFD 함체에서 측정 대상 광코어에 광파워메타를 연결하여 거리 (광케이블 실거리, 케이블 여장)와 중간 광케이블 성단(융착, 패치)의 여부를 확인
　③ A역의 광원과 B역의 광파워메타의 광원의 파장을 1,550nm(또는 1,310nm)로 일치시킨 후, A역에서 광원을 송신하고 B역의 광파워메터에서 측정하여 광출력의 이득을 구함
　④ 광섬유 총손실 측정은 **역방향 3회, 정방향 3회 각각 측정**하여 **측정값의 평균**을 손실 값으로 적용함
　⑤ **예비 코어를 활용**하여 상선 케이블(상행방향/하행방향), 하선 케이블(상행방향/하행 방향)에서 각각 실시함

다. 판단기준
1) ITU-T 광섬유의 손실 기준
　① 광섬유 손실: ITU-T G.652C/D의 광섬유 손실 표준은 0.3dB/km
　② 광섬유 분산: ITU-T G.652C: 0.5ps/km, G.652D: 0.2ps/km
2) 한국철도공사 점검 기준
　① 접속손실: 0.02dB/개소
　② 케이블손실: 0.27dB/km
　③ 커넥터손실: 0.30dB/개소
3) 단위구간 총손실(Lt) 계산식

산출방법	비고
Lt(단위구간 총손실) = Lαt + nLsd + (0.3*m)	L : 전 구간 광케이블 길이[km] αt : 광섬유단위길이손실[dB/km](파장대별 적용) Lsd : 광섬유심선 평균접속손실 기준치[dB] n : 광섬유심선 접속수[개소수] m : 편단광점퍼코드와 광섬유심선의 커넥터수[개수]

✓ αt=0.27dB/km(1310/1550nm파장인 경우), Lsd=0.02 dB, 커넥터 4개(0.3dB)

라. 평가기준(파장: 1310nm/1550nm)

현장조사로 파악된 융착개소(0.02dB/개소), 커넥터(0.3dB/개), 광케이블 길이(0.27dB)를 기준으로 산정된 기준값과 현장에서 측정한 손실값을 비교하여 평가

[표1-26] 손실측정 평가기준

구분	{1+(측정값-기준값)/기준값} * 100	진단 내용	평가점수
A	-	하자기간 내 설비	5
B	허용값 100% 이하	열화가능성 없음	4
C	허용값 100%초과~122% 이하	열화가능성 있음	3
D	허용값 122%초과~125% 이하	열화가능성 있음	2
E	허용값 125%초과	추후 결함으로 진전	1

1.4.1.8 영상확인

가. 시험(측정) 목적

사고발생에 따른 영상검색시 영상화질 열화로 인하여 내용인지가 불가하므로, 이를 사전 파악하기 위하여 진단 대상 카메라로 촬영된 영상을 육안검사

나. 시험(측정) 방법

모니터에 표출된 카메라의 **영상 상태를 육안으로 확인**

다. 평가기준

[표1-27] 영상확인 평가기준

평가기준	진단 내용	평가점수
A	최상의 상태 또는 하자기간 내 설비	5
B	화질 저하 다소 감지되나, 감시 목적 지장 없음	4
C	화질 저하가 감지되나 감시 목적으로 지장 없음	3
D	화질 저하 감지되며, 감시 목적으로 다소 지장됨	2
E	화질 저하 감지되어, 감시 어려움	1

1.4.1.9 전계강도

가. RFID 전계강도

① 시험(측정) 목적
- RF교통카드단말기는 광역전철구간 안정적인 수입금 확보를 위한 것으로, RF교통카드 단말기 센서의 민감도를 측정

② 시험(측정) 방법
- 자기장 거리측정 카드를 RF교통카드단말기 레이턴트 중앙에 올려놓는다.
- 측정거리를 조정(0mm, 30mm)하면서 자기장 세기를 측정한다.
- 측정한 자기장의 세기를 기록하고 유지보수 기준값과 비교한다.

③ 평가기준
- 국내·외 표준화된 RFID규격(ISO14443)에 의거하여 설정된 기준값 따라 자기장 세기 측정

[표1-28] RFID 전계강도 평가기준

자기장 세기(A/m)		
높이(카드 ↔ 레이턴트)	1.5A/m(MIN)	7.5A/m(MAX)
0mm	≥(이상)	≤(이하)
30mm	≥(이상)	≤(이하)

④ 평가기준

[표1-29] RFID 전계강도 평가기준

구분	A	B	C	D	E
자기장 세기 (A/M)	기준값(B) 이상 또는 하자기간 내 설비	4A/m	4A/m 초과~ 6A/m 이하, 2A/m 이상~ 4A/m 미만	6A/m 초과~ 7.5A/m 이하, 1.5A/m 이상~ 2A/m 미만	7.5A/m 초과, 1.5A/m 미만
평가점수	5	4	3	2	1

나. 열차무선 전계강도

1) 시험(측정) 목적
○ 터널 중계설비의 전반적인 성능 확인을 위하여 터널내 설치되어 있는 케이블안테나로부터 방사되는 전파의 강도를 측정한다.

2) 측정방법
① 열차 탑승 전계강도 측정
- 열차 객실 내에서 수신되는 전계강도를 측정, 측정 노선에 대하여 주간/야간 각 1회 실시
② 선로변에서 전계강도 측정
- 현장 팀과 DU EMS 제어 팀으로 구성
- LTE-R 이중화 셀 커버리지 진단을 위하여, 측정팀은 측정대상 RRU 설치장소에서 수신된 전계강도를 측정하고, 제어 팀은 DU NMS(EMS)를 이용하여 측정대상 RRU와 인접한 RRU들의 출력을 조정
- 셀 커버리지 이중화를 점검하기 위하여 **중간에 있는 RRU 전파 전파를 차단한 후 인접 RRU 전계 강도를 측정**
- 시험 전 EMS 통하여 망 상태를 확인하며, 조사시행 후에는 열차운행 전 상태로 원상 복구

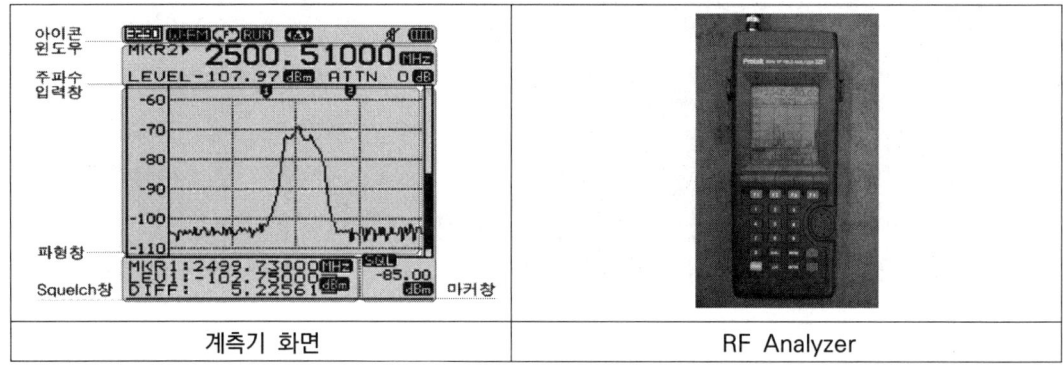

| 계측기 화면 | RF Analyzer |

다. 판단기준

기준값은 무선통신보조설비 설치기준 및 정보통신설비 유지보수지침 수신감도 -113dBm 값(감도 0.5μV 이하)으로 적용한다.

종류	출력	수신 감도
무선송수신기(휴대형PLL, 3W)	3W	0.5μV(20dB 잡음 억압 시)
무선송수신기(휴대형PLL, 4.8W)	4.8W	
무선송수신기(역용)	1종: 15W, 2종: 25W	
무선송수신기(열차무선용)		
무선송수신기(기관차용)	25W	
무선송수신기(복합전기동차용)	1종: 25W, 2종: 35W	
무선송수신기(역용)		
무선송수신기(전기동차용)	35W	
무선송수신기(DTMF 휴대용)	4.8W	

라. 평가기준

평가기준은 열차무선설비의 최저수신레벨 -113dBm 값(감도 0.5μV 이하)을 고려하여 철도공사 표준화 매뉴얼의 기준을 적용한다.(표준화 매뉴얼 K735-4-B104)

[표1-30] 열차무선 전계강도 평가기준   단위: [dBm]

구분	a	b	c	d	e	비고
전계강도 (dBm)	-90 초과 및 하자기간 내 설비	-90 이하~ -100 이상	-100 미만~ -110 이상	-110 미만~ -113 이상	-113 미만	
평가점수	5	4	3	2	1	

1.4.1.10 결합손실

가. 시험(측정)목적

케이블안테나의 성능을 대표하는 결합손실을 측정하여 케이블안테나의 노후 정도를 판단한다. 결합손실은 IEC 61196-4에 따라 케이블안테나로부터 방사되는 신호를 반파장 다이폴 안테나로 수신하여 수신율을 판단한다.

나. 시험(측정) 방법
 1) 케이블안테나의 결합손실의 측정은 IEC 61196-4에 따라 C50, C95를 측정
  ① 50% 수신 가능성: 측정된 샘플 값 중 50%가 수신되는 손실 범위
  ② 95% 수신 가능성: 측정된 샘플 값 중 95%가 수신되는 손실 범위
 2) 주파수의 측정은 90MHz, 150MHz, 450MHz, 900MHz에 대하여 측정
 3) 케이블안테나와 반파장 다이폴안테나의 거리는 2m를 기준

다. 판단기준
  ① 케이블안테나의 결합손실은 제조사 또는 제품마다 상이함으로 최초 설치 시 또는 제조사의 C50(50% 수신율), C95(90% 수신율) 표준 값을 적용한다.
  ② 국내 주요 케이블안테나 제조사 오차범위 10dB 이하

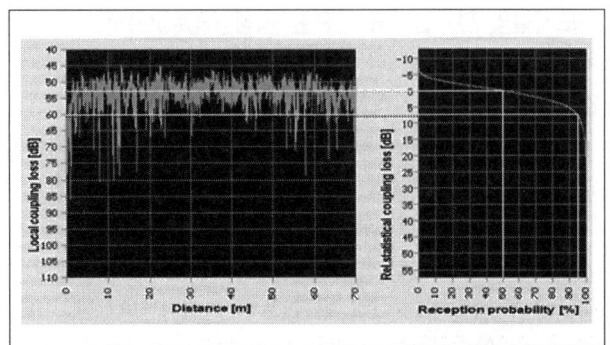

라. 평가기준

[표1-31] 결합손실 평가기준

구분	a	b	c	d	e
결합손실 측정값	기준값 이상 및 하자기간 내 설비	-	기준치~10dB 이하	-	10dB 초과
평가점수	5	4	3	2	1

1.4.2 외관검사
1.4.2.1 부식검사
가. 시험(측정) 목적

나. 시험(측정) 방법
① 시험개소: 선로변
② 시험장비: 육안검사
③ 사용양식: 시험 표준양식(별지 제11-1호)
 - [함체] 외관 및 내부의 부식 상태와 함체내부 [L2 스위치]의 부식상태를 조사

다. 평가기준

[표1-32] 부식검사 평가기준

구분	진단 내용	평가점수
A	부식이 전혀 없음	5
B	국부적으로 부식이 발생(점부식발생 면적율 5% 미만)	4
C	부식이 다소 발생(점부식발생 면적율 5~15% 미만)	3
D	전반적으로 부식이 발생(점부식발생 면적율 15~30% 미만)	2
E	부식발생이 심화(점부식발생 면적율 30% 이상)	1

철도시설의 정기점검등에 관한 지침 [국토교통부고시 제2023-868호, 2023. 12. 22]
제17조(정밀진단 및 성능평가의 방법) ① 철도시설에 대한 정밀진단은 안전성으로 평가하고, 성능평가는 안전성, 내구성 및 사용성으로 구분하여 평가한다.
② 철도시설관리자는 별표 3 및 별표 4에 따른 평가항목·기준·방법에 따라 정밀진단 및 성능평가를 실시하여야 한다. 다만, 소관 시설의 특성 반영 등을 위해 필요한 경우에는 철도시설관리자가 별도의 평가기준·항목·방법을 정하여 성능평가를 실시할 수 있다.
③ 철도시설관리자는 제2항 단서에 따라 별도의 평가기준·항목·방법을 정하는 경우에는 그 내용을 제19조에 따른 정밀진단 및 성능평가 결과보고서에 따른 시행계획에 그 사유를 명시하여야 한다.
④ 철도시설관리자는 일관되고 효율적인 정밀진단 및 성능평가를 위해 이 지침의 내용을 반영하여 세부적인 정밀진단 및 성능평가 기준을 수립하여야 한다.

1.4.3 성능평가 요령
1.4.3.1 광케이블
가. 광케이블 성능평가 항목

① 정밀진단 항목

구분		열화·절연									마모·강도		외관
세분류	대상장치	모듈검사	NMS/EMS	BER측정	절연저항	저항전압	열상측정	손실측정	영상확인	전계강도	결합손실	강도측정	마모측정	부식검사
광케이블	케이블코어							✓						

② 속성진단 항목

구분	내용연수/사용횟수	설치환경	운행횟수	고장·장애횟수	제품단종	설비용량
광케이블	✓	✓	✓			✓

나. 속성진단항목 평가 기준

내용연수/사용횟수			설치환경		
평가기준	가중치(%)	평가점수	평가기준	가중치(%)	평가점수
내용연수 여유율 75% 이상	a	5	하자기간 내	a	5
내용연수 여유율 50~75% 미만	b	4	토공구간(50% 이상)	b	4
내용연수 여유율 25~50% 미만	c	3	터널구간(50% 이상)	c	3
내용연수 여유율 0~25% 미만	d	2	교량구간(30% 이상)	d	2
내용연수 초과	e	1	교량구간(50% 이상)	e	1

※ 여유율 = {(내용연수−사용년수)/내용연수}*100 [%]

운행횟수			설비용량		
평가기준	가중치(%)	평가점수	평가기준	가중치(%)	평가점수
일편도 50회 미만	a	5	예비율 100% 이상	a	5
일편도 50회~150회 미만	b	4	예비율 85%~99% 미만	b	4
일편도 150회~300회 미만	c	3	예비율 70%~85% 미만	c	3
일편도 300회~500회 미만	d	2	예비율 50%~70% 미만	d	2
일편도 500회 이상	e	1	예비율 50% 미만	e	1

다. 가중치 적용방법

평가설비별 가중치				세분류 가중치		
대분류	전선류			소분류	세분류	세분류 가중치
	안전성	내구성	사용성			
정보통신	57	27	16	광케이블	광케이블	100

진단항목별(광케이블) 가중치									
세분류	설비유형	열화 절연(a)	마모 강도(b)	외관 검사(c)	내용연수/ 사용횟수(d)	설치 환경(e)	운행 횟수(f)	고장장애 횟수(g)	제품 단종(h)	설비 용량(i)
광케이블	전선류	40	0	0	30	10	10	0	0	10

평가항목별(광케이블) 가중치 부여방법				
평 가 항 목	평가점수(1~5)	가중치(%)	가중치 반영 평가점수	비고
열화·절연	A	a	(A*a)/100	
마모	B	b	(B*b)/100	
외관	C	c	(C*c)/100	
내용연수/사용횟수	D	d	(D*d)/100	
설치환경	E	e	(E*e)/100	
운행횟수	F	f	(F*f)/100	
고장·장애횟수	G	g	(G*g)/100	
제품단종	H	h	(H*h)/100	
설비용량	I	i	(I*i)/100	
합계		100%	1~5(점수)	

① 안전성의 평가점수 산출식

$$\frac{(A\times a)+(B\times b\times 0.7)+(C\times c\times 0.3)+(F\times f\times 0.3)+(G\times g\times 0.2)}{a+(b\times 0.7)+(c\times 0.3)+(f\times 0.3)+(g\times 0.2)}$$

② 내구성의 평가점수 산출식

$$\frac{(D\times d)+(C\times c\times 0.7)+(E\times e\times 0.7)+(B\times b\times 0.3)+(G\times g\times 0.2)}{d+(c\times 0.7)+(e\times 0.7)+(b\times 0.3)+(g\times 0.2)}$$

③ 사용성의 평가점수 산출식

$$\frac{(H\times h)+(I\times i)+(F\times f\times 0.7)+(G\times g\times 0.6)+(E\times e\times 0.3)}{h+i+(f\times 0.7)+(g\times 0.6)+(e\times 0.3)}$$

1.4.3.2 동케이블

가. 동케이블 성능평가 항목

① 정밀진단 항목

구분		열화·절연										마모·강도		외관
세분류	대상 장치	모듈 검사	NMS/ EMS	BER 측정	절연 저항	저항 전압	열상 측정	손실 측정	영상 확인	전계 강도	결합 손실	강도 측정	마모 측정	부식 검사
동케이블	케이블심선				✓									

② 속성진단 항목

구분	내용연수/사용횟수	설치환경	운행횟수	고장·장애횟수	제품단종	설비용량
동케이블	✓	✓	✓			✓

나. 속성진단항목 평가 기준

내용연수/사용횟수			설치환경		
평가기준	가중치(%)	평가점수	평가기준	가중치(%)	평가점수
내용연수 여유율 75% 이상	a	5	하자기간 내	a	5
내용연수 여유율 50~75% 미만	b	4	비전철 구간(지중관로)	b	4
내용연수 여유율 25~50% 미만	c	3	비전철 구간(기타 관로)	c	3
내용연수 여유율 0~25% 미만	d	2	전철 구간(지중관로)	d	2
내용연수 초과	e	1	전철 구간(기타 관로)	e	1

※ 여유율 = {(내용연수-사용년수)/내용연수}*100 [%]

운행횟수			설비용량		
평가기준	가중치(%)	평가점수	평가기준	가중치(%)	평가점수
일편도 50회 미만	a	5	예비율 100% 이상	a	5
일편도 50회~150회 미만	b	4	예비율 85%~99% 미만	b	4
일편도 150회~300회 미만	c	3	예비율 70%~85% 미만	c	3
일편도 300회~500회 미만	d	2	예비율 50%~70% 미만	d	2
일편도 500회 이상	e	1	예비율 50% 미만	e	1

다. 가중치 적용방법

평가설비별 가중치				세분류 가중치		
대분류	전선류			소분류	세분류	세분류 가중치
	안전성	내구성	사용성			
정보통신	57	27	16	동케이블	동케이블	100

진단항목별(동케이블) 가중치										
세분류	설비유형	열화 절연(a)	마모 강도(b)	외관 검사(c)	내용연수/ 사용횟수(d)	설치 환경(e)	운행 횟수(f)	고장장애 횟수(g)	제품 단종(h)	설비 용량(i)
동케이블	전선류	40	0	0	30	10	10	0	0	10

평가항목별(동케이블) 가중치 부여방법				
평 가 항 목	평가점수(1~5)	가중치(%)	가중치 반영 평가점수	비고
열화·절연	A	a	(A*a)/100	
마모	B	b	(B*b)/100	
외관	C	c	(C*c)/100	
내용연수/사용횟수	D	d	(D*d)/100	
설치환경	E	e	(E*e)/100	
운행횟수	F	f	(F*f)/100	
고장·장애횟수	G	g	(G*g)/100	
제품단종	H	h	(H*h)/100	
설비용량	I	i	(I*i)/100	
합계		100%	1~5(점수)	

① 안전성의 평가점수 산출식

$$\frac{(A \times a) + (B \times b \times 0.7) + (C \times c \times 0.3) + (F \times f \times 0.3) + (G \times g \times 0.2)}{a + (b \times 0.7) + (c \times 0.3) + (f \times 0.3) + (g \times 0.2)}$$

② 내구성의 평가점수 산출식

$$\frac{(D \times d) + (C \times c \times 0.7) + (E \times e \times 0.7) + (B \times b \times 0.3) + (G \times g \times 0.2)}{d + (c \times 0.7) + (e \times 0.7) + (b \times 0.3) + (g \times 0.2)}$$

③ 사용성의 평가점수 산출식

$$\frac{(H \times h) + (I \times i) + (F \times f \times 0.7) + (G \times g \times 0.6) + (E \times e \times 0.3)}{h + i + (f \times 0.7) + (g \times 0.6) + (e \times 0.3)}$$

1.4.3.3 선로변 통합인터페이스 통신설비
가. 선로변 통합인터페이스 통신설비 성능평가 항목
① 정밀진단 항목

구분				열화·절연								마모·강도		외관
세분류	대상 장치	모듈 검사	NMS/ EMS	BER 측정	절연 저항	저항 전압	열상 측정	손실 측정	영상 확인	전계 강도	결합 손실	강도 측정	마모 측정	부식 검사
선로변 통합인터페이스 통신설비														✓

② 속성진단 항목

구분	내용연수 /사용횟수	설치환경	운행횟수	고장·장애 횟수	제품 단종	설비 용량
선로변 통합인터페이스 통신설비	✓	✓	✓	✓	✓	

나. 선로변 통합인터페이스 통신설비 속성진단항목 평가 기준

내용연수/사용횟수			설치환경		
평가기준	가중치(%)	평가점수	평가기준	가중치(%)	평가점수
내용연수 여유율 75% 이상	a	5	하자기간 내	a	5
내용연수 여유율 50~75% 미만	b	4	터널(콘크리트 도상)	b	4
내용연수 여유율 25~50% 미만	c	3	터널(기타)	c	3
내용연수 여유율 0~25% 미만	d	2	기타 구간	d	2
내용연수 초과	e	1	염해	e	1
※ 여유율 = {(내용연수-사용년수)/내용연수}*100 [%]					

운행횟수			고장장애횟수		
평가기준	가중치(%)	평가점수	평가기준	가중치(%)	평가점수
일편도 50회 미만	a	5	발생없음	a	5
일편도 50회~150회 미만	b	4	직전년도 1회	b	4
일편도 150회~300회 미만	c	3	직전년도 2회	c	3
일편도 300회~500회 미만	d	2	직전년도 3회	d	2
일편도 500회 이상	e	1	직전년도 4회 이상	e	1

제품단종 여부		
평가기준	가중치(%)	평가점수
다수 제조사 생산	a	5
단일 제조사 생산	c	3
정품/대체품 단종	e	1

다. 가중치 적용방법

평가설비별 가중치				세분류 가중치		
대분류	제어설비			소분류	세분류	세분류 가중치
	안전성	내구성	사용성			
정보통신	60	15	25	선로변 통합 인터페이스 통신설비	선로변 통합 인터페이스 통신설비	100

진단항목별(선로변 통합인터페이스 통신설비) 가중치										
세분류	설비 유형	열화 절연(a)	마모 강도(b)	외관 검사(c)	내용연수/ 사용횟수(d)	설치 환경(e)	운행 횟수(f)	고장장애 횟수 (g)	제품 단종(h)	설비 용량(i)
선로변 통합 인터페이스 통신설비	제어 설비	-	-	30	30	10	10	10	10	-

항목별(선로변 통합인터페이스 통신설비) 가중치 부여방법				
평 가 항 목	평가점수(1~5)	가중치(%)	가중치 반영 평가점수	비고
열화·절연	A	a	(A*a)/100	
마모	B	b	(B*b)/100	
외관	C	c	(C*c)/100	
내용연수/사용횟수	D	d	(D*d)/100	
설치환경	E	e	(E*e)/100	
운행횟수	F	f	(F*f)/100	
고장·장애횟수	G	g	(G*g)/100	
제품단종	H	h	(H*h)/100	
설비용량	I	i	(I*i)/100	
합계		100%	1~5(점수)	

① 안전성의 평가점수 산출식

$$\frac{(A\times a)+(B\times b\times 0.7)+(C\times c\times 0.3)+(F\times f\times 0.3)+(G\times g\times 0.2)}{a+(b\times 0.7)+(c\times 0.3)+(f\times 0.3)+(g\times 0.2)}$$

② 내구성의 평가점수 산출식

$$\frac{(D\times d)+(C\times c\times 0.7)+(E\times e\times 0.7)+(B\times b\times 0.3)+(G\times g\times 0.2)}{d+(c\times 0.7)+(e\times 0.7)+(b\times 0.3)+(g\times 0.2)}$$

③ 사용성의 평가점수 산출식

$$\frac{(H\times h)+(I\times i)+(F\times f\times 0.7)+(G\times g\times 0.6)+(E\times e\times 0.3)}{h+i+(f\times 0.7)+(g\times 0.6)+(e\times 0.3)}$$

1.4.3.4 DWDM

가. DWDM 성능평가 항목

① 정밀진단 항목

구분	열화·절연										마모·강도		외관
세분류	대상 장치	모듈 검사	NMS/ EMS	BER 측정	절연 저항	저항 전압	열상 측정	손실 측정	영상 확인	전계 강도	결합 손실	강도 측정	마모 측정	부식 검사
DWDM			✓				✓							

② 속성진단 항목

구분	내용연수/사용횟수	설치환경	운행횟수	고장·장애횟수	제품단종	설비용량
DWDM	✓		✓	✓	✓	✓

나. 속성진단항목 평가 기준

내용연수/사용횟수			운행횟수		
평가기준	가중치(%)	평가점수	평가기준	가중치(%)	평가점수
내용연수 여유율 75% 이상	a	5	일편도 50회 미만	a	5
내용연수 여유율 50~75% 미만	b	4	일편도 50회~150회 미만	b	4
내용연수 여유율 25~50% 미만	c	3	일편도 150회~300회 미만	c	3
내용연수 여유율 0~25% 미만	d	2	일편도 300회~500회 미만	d	2
내용연수 초과	e	1	일편도 500회 이상	e	1

※ 여유율 = {(내용연수−사용년수)/내용연수}*100 [%]

고장장애횟수			설비용량		
평가기준	가중치(%)	평가점수	평가기준	가중치(%)	평가점수
발생없음	a	5	예비율 100% 이상	a	5
직전년도 1회	b	4	예비율 85%~99% 미만	b	4
직전년도 2회	c	3	예비율 70%~85% 미만	c	3
직전년도 3회	d	2	예비율 50%~70% 미만	d	2
직전년도 4회 이상	e	1	예비율 50% 미만	e	1

제품단종 여부		
평가기준	가중치(%)	평가점수
다수 제조사 생산	a	5
단일 제조사 생산	c	3
정품/대체품 단종	e	1

다. 가중치 적용방법

평가설비별 가중치				세분류 가중치		
대분류	제어설비			소분류	세분류	세분류 가중치
	안전성	내구성	사용성			
정보통신	60	15	25	광전송설비	DWDM	25
					STM-4/16/64	40
					정류기	25
					축전지	10

진단항목별(DWDM) 가중치										
세분류	설비유형	열화절연(a)	마모강도(b)	외관검사(c)	내용연수/사용횟수(d)	설치환경(e)	운행횟수(f)	고장장애횟수(g)	제품단종(h)	설비용량(i)
DWDM	제어설비	40	0	0	20	0	5	10	10	10

평가항목별(DWDM) 가중치 부여방법				
평 가 항 목	평가점수(1~5)	가중치(%)	가중치 반영 평가점수	비고
열화·절연	A	a	(A*a)/100	
마모	B	b	(B*b)/100	
외관	C	c	(C*c)/100	
내용연수/사용횟수	D	d	(D*d)/100	
설치환경	E	e	(E*e)/100	
운행횟수	F	f	(F*f)/100	
고장·장애횟수	G	g	(G*g)/100	
제품단종	H	h	(H*h)/100	
설비용량	I	i	(I*i)/100	
합계		100%	1~5(점수)	

① 안전성의 평가점수 산출식

$$\frac{(A \times a)+(B \times b \times 0.7)+(C \times c \times 0.3)+(F \times f \times 0.3)+(G \times g \times 0.2)}{a+(b \times 0.7)+(c \times 0.3)+(f \times 0.3)+(g \times 0.2)}$$

② 내구성의 평가점수 산출식

$$\frac{(D \times d)+(C \times c \times 0.7)+(E \times e \times 0.7)+(B \times b \times 0.3)+(G \times g \times 0.2)}{d+(c \times 0.7)+(e \times 0.7)+(b \times 0.3)+(g \times 0.2)}$$

③ 사용성의 평가점수 산출식

$$\frac{(H \times h)+(I \times i)+(F \times f \times 0.7)+(G \times g \times 0.6)+(E \times e \times 0.3)}{h+i+(f \times 0.7)+(g \times 0.6)+(e \times 0.3)}$$

1.4.3.5 STM 4/16/64
가. STM 4/16/64 성능평가 항목
① 정밀진단 항목

구분		열화·절연									마모·강도		외관
세분류	대상장치	모듈검사	NMS/EMS	BER측정	절연저항	저항전압	열상측정	손실측정	영상확인	전계강도	결합손실	강도측정	마모측정	부식검사
STM 4/16/64			✓	✓			✓							

② 속성진단 항목

구분	내용연수/사용횟수	설치환경	운행횟수	고장·장애횟수	제품단종	설비용량
STM 4/16/64	✓		✓	✓	✓	✓

나. 속성진단항목 평가 기준

내용연수/사용횟수			운행횟수		
평가기준	가중치(%)	평가점수	평가기준	가중치(%)	평가점수
내용연수 여유율 75% 이상	a	5	일편도 50회 미만	a	5
내용연수 여유율 50~75% 미만	b	4	일편도 50회~150회 미만	b	4
내용연수 여유율 25~50% 미만	c	3	일편도 150회~300회 미만	c	3
내용연수 여유율 0~25% 미만	d	2	일편도 300회~500회 미만	d	2
내용연수 초과	e	1	일편도 500회 이상	e	1
※ 여유율 = {(내용연수-사용년수)/내용연수}*100 [%]					

고장장애횟수			설비용량		
평가기준	가중치(%)	평가점수	평가기준	가중치(%)	평가점수
발생없음	a	5	예비율 100% 이상	a	5
직전년도 1회	b	4	예비율 85%~99% 미만	b	4
직전년도 2회	c	3	예비율 70%~85% 미만	c	3
직전년도 3회	d	2	예비율 50%~70% 미만	d	2
직전년도 4회 이상	e	1	예비율 50% 미만	e	1

제품단종 여부		
평가기준	가중치(%)	평가점수
다수 제조사 생산	a	5
단일 제조사 생산	c	3
정품/대체품 단종	e	1

다. 가중치 적용방법

평가설비별 가중치				세분류 가중치		
대분류	제어설비			소분류	세분류	세분류 가중치
	안전성	내구성	사용성			
정보통신	60	15	25	광전송설비	DWDM	25
					STM-4/16/64	40
					정류기	25
					축전지	10

평가항목별(STM 4/16/64) 가중치 부여방법				
평 가 항 목	평가점수(1~5)	가중치(%)	가중치 반영 평가점수	비고
열화·절연	A	a	(A*a)/100	
마모	B	b	(B*b)/100	
외관	C	c	(C*c)/100	
내용연수/사용횟수	D	d	(D*d)/100	
설치환경	E	e	(E*e)/100	
운행횟수	F	f	(F*f)/100	
고장·장애횟수	G	g	(G*g)/100	
제품단종	H	h	(H*h)/100	
설비용량	I	i	(I*i)/100	
합계		100%	1~5(점수)	

진단항목별(STM 4/16/64) 가중치										
세분류	설비유형	열화절연(a)	마모강도(b)	외관검사(c)	내용연수/사용횟수(d)	설치환경(e)	운행횟수(f)	고장장애횟수(g)	제품단종(h)	설비용량(i)
STM 4/16/64	제어설비	40	0	0	20	0	10	10	10	10

① 안전성의 평가점수 산출식

$$\frac{(A\times a)+(B\times b\times 0.7)+(C\times c\times 0.3)+(F\times f\times 0.3)+(G\times g\times 0.2)}{a+(b\times 0.7)+(c\times 0.3)+(f\times 0.3)+(g\times 0.2)}$$

② 내구성의 평가점수 산출식

$$\frac{(D\times d)+(C\times c\times 0.7)+(E\times e\times 0.7)+(B\times b\times 0.3)+(G\times g\times 0.2)}{d+(c\times 0.7)+(e\times 0.7)+(b\times 0.3)+(g\times 0.2)}$$

③ 사용성의 평가점수 산출식

$$\frac{(H\times h)+(I\times i)+(F\times f\times 0.7)+(G\times g\times 0.6)+(E\times e\times 0.3)}{h+i+(f\times 0.7)+(g\times 0.6)+(e\times 0.3)}$$

1.4.3.6 정류기

가. 정류기 성능평가 항목

① 정밀진단 항목

구분		열화·절연										마모·강도		외관
세분류	대상 장치	모듈 검사	NMS/ EMS	BER 측정	절연 저항	저항 전압	열상 측정	손실 측정	영상 확인	전계 강도	결합 손실	강도 측정	마모 측정	부식 검사
정류기	장치출력					✓	✓							✓

② 속성진단 항목

구분	내용연수/사용횟수	설치환경	운행횟수	고장·장애횟수	제품단종	설비용량
정류기	✓		✓	✓	✓	✓

나. 속성진단항목 평가 기준

내용연수/사용횟수			운행횟수		
평가기준	가중치(%)	평가점수	평가기준	가중치(%)	평가점수
내용연수 여유율 75% 이상	a	5	일편도 50회 미만	a	5
내용연수 여유율 50~75% 미만	b	4	일편도 50회~150회 미만	b	4
내용연수 여유율 25~50% 미만	c	3	일편도 150회~300회 미만	c	3
내용연수 여유율 0~25% 미만	d	2	일편도 300회~500회 미만	d	2
내용연수 초과	e	1	일편도 500회 이상	e	1

※ 여유율 = {(내용연수-사용년수)/내용연수}*100 [%]

고장장애횟수			설비용량		
평가기준	가중치(%)	평가점수	평가기준	가중치(%)	평가점수
발생없음	a	5	예비율 100% 이상	a	5
직전년도 1회	b	4	예비율 85%~99% 미만	b	4
직전년도 2회	c	3	예비율 70%~85% 미만	c	3
직전년도 3회	d	2	예비율 50%~70% 미만	d	2
직전년도 4회 이상	e	1	예비율 50% 미만	e	1

제품단종 여부		
평가기준	가중치(%)	평가점수
다수 제조사 생산	a	5
단일 제조사 생산	c	3
정품/대체품 단종	e	1

다. 가중치 적용방법

평가설비별 가중치				세분류 가중치		
대분류	제어설비			소분류	세분류	세분류 가중치
	안전성	내구성	사용성			
정보통신	60	15	25	광전송설비	DWDM	25
					STM-4/16/64	40
					정류기	25
					축전지	10

진단항목별(정류기) 가중치										
세분류	설비유형	열화절연(a)	마모강도(b)	외관검사(c)	내용연수/사용횟수(d)	설치환경(e)	운행횟수(f)	고장장애횟수(g)	제품단종(h)	설비용량(i)
정류기	제어설비	30	0	10	20	0	10	10	10	10

평가항목별(정류기) 가중치 부여방법				
평가항목	평가점수(1~5)	가중치(%)	가중치 반영 평가점수	비고
열화·절연	A	a	(A*a)/100	
마모·강도	B	b	(B*b)/100	
외관	C	c	(C*c)/100	
내용연수/사용횟수	D	d	(D*d)/100	
설치환경	E	e	(E*e)/100	
운행횟수	F	f	(F*f)/100	
고장·장애횟수	G	g	(G*g)/100	
제품단종	H	h	(H*h)/100	
설비용량	I	i	(I*i)/100	
합계		100%	1~5(점수)	

① 안전성의 평가점수 산출식

$$\frac{(A \times a) + (B \times b \times 0.7) + (C \times c \times 0.3) + (F \times f \times 0.3) + (G \times g \times 0.2)}{a + (b \times 0.7) + (c \times 0.3) + (f \times 0.3) + (g \times 0.2)}$$

② 내구성의 평가점수 산출식

$$\frac{(D \times d) + (C \times c \times 0.7) + (E \times e \times 0.7) + (B \times b \times 0.3) + (G \times g \times 0.2)}{d + (c \times 0.7) + (e \times 0.7) + (b \times 0.3) + (g \times 0.2)}$$

③ 사용성의 평가점수 산출식

$$\frac{(H \times h) + (I \times i) + (F \times f \times 0.7) + (G \times g \times 0.6) + (E \times e \times 0.3)}{h + i + (f \times 0.7) + (g \times 0.6) + (e \times 0.3)}$$

1.4.3.7 축전지
가. 축전지 성능평가 항목
① 정밀진단 항목

구분		열화·절연										마모·강도		외관
세분류	대상 장치	모듈 검사	NMS/ EMS	BER 측정	절연 저항	저항 전압	열상 측정	손실 측정	영상 확인	전계 강도	결합 손실	강도 측정	마모 측정	부식 검사
축전지	내부저항					✓								✓

② 속성진단 항목

구분	내용연수/사용횟수	설치환경	운행횟수	고장·장애횟수	제품단종	설비용량
축전지	✓		✓		✓	

나. 속성진단항목 평가 기준

내용연수/사용횟수			운행횟수		
평가기준	가중치(%)	평가점수	평가기준	가중치(%)	평가점수
내용연수 여유율 75% 이상	a	5	일편도 50회 미만	a	5
내용연수 여유율 50~75% 미만	b	4	일편도 50회~150회 미만	b	4
내용연수 여유율 25~50% 미만	c	3	일편도 150회~300회 미만	c	3
내용연수 여유율 0~25% 미만	d	2	일편도 300회~500회 미만	d	2
내용연수 초과	e	1	일편도 500회 이상	e	1

※ 여유율 = {(내용연수-사용년수)/내용연수}*100 [%]

제품단종 여부		
평가기준	가중치(%)	평가점수
다수 제조사 생산	a	5
단일 제조사 생산	c	3
정품/대체품 단종	e	1

다. 가중치 적용방법

평가설비별 가중치				세분류 가중치		
대분류	제어설비			소분류	세분류	세분류 가중치
	안전성	내구성	사용성			
정보통신	60	15	25	광전송설비	DWDM	25
					STM-4/16/64	40
					정류기	25
					축전지	10

진단항목별(축전지) 가중치

세분류	설비유형	열화절연(a)	마모강도(b)	외관검사(c)	내용연수/사용횟수(d)	설치환경(e)	운행횟수(f)	고장장애횟수(g)	제품단종(h)	설비용량(i)
축전지	제어설비	40	0	10	30	0	10	0	10	0

평가항목별(축전지) 가중치 부여방법

평 가 항 목	평가점수(1~5)	가중치(%)	가중치 반영 평가점수	비고
열화·절연	A	a	(A*a)/100	
마모	B	b	(B*b)/100	
외관	C	c	(C*c)/100	
내용연수/사용횟수	D	d	(D*d)/100	
설치환경	E	e	(E*e)/100	
운행횟수	F	f	(F*f)/100	
고장·장애횟수	G	g	(G*g)/100	
제품단종	H	h	(H*h)/100	
설비용량	I	i	(I*i)/100	
합계		100%	1~5(점수)	

① 안전성의 평가점수 산출식

$$\frac{(A\times a)+(B\times b\times 0.7)+(C\times c\times 0.3)+(F\times f\times 0.3)+(G\times g\times 0.2)}{a+(b\times 0.7)+(c\times 0.3)+(f\times 0.3)+(g\times 0.2)}$$

② 내구성의 평가점수 산출식

$$\frac{(D\times d)+(C\times c\times 0.7)+(E\times e\times 0.7)+(B\times b\times 0.3)+(G\times g\times 0.2)}{d+(c\times 0.7)+(e\times 0.7)+(b\times 0.3)+(g\times 0.2)}$$

③ 사용성의 평가점수 산출식

$$\frac{(H\times h)+(I\times i)+(F\times f\times 0.7)+(G\times g\times 0.6)+(E\times e\times 0.3)}{h+i+(f\times 0.7)+(g\times 0.6)+(e\times 0.3)}$$

1.4.3.8 LTE-R 중앙제어장치

가. LTE-R 중앙제어장치 성능평가 항목

① 정밀진단 항목

구분		열화·절연									마모·강도		외관
세분류	대상 장치	모듈 검사	NMS/ EMS	BER 측정	절연 저항	저항 전압	열상 측정	손실 측정	영상 확인	전계 강도	결합 손실	강도 측정	마모 측정	부식 검사
LTE-R 중앙제어장치	서버		✓				✓							

② 속성진단 항목

구분	내용연수/사용횟수	설치환경	운행횟수	고장·장애횟수	제품단종	설비용량
LTE-R 중앙제어장치	✓		✓	✓	✓	

나. 속성진단항목 평가 기준

내용연수/사용횟수				운행횟수		
평가기준	가중치(%)	평가점수		평가기준	가중치(%)	평가점수
내용연수 여유율 75% 이상	a	5		일편도 50회 미만	a	5
내용연수 여유율 50~75% 미만	b	4		일편도 50회~150회 미만	b	4
내용연수 여유율 25~50% 미만	c	3		일편도 150회~300회 미만	c	3
내용연수 여유율 0~25% 미만	d	2		일편도 300회~500회 미만	d	2
내용연수 초과	e	1		일편도 500회 이상	e	1

※ 여유율 = {(내용연수-사용년수)/내용연수}*100 [%]

고장장애횟수				제품단종 여부		
평가기준	가중치(%)	평가점수		평가기준	가중치(%)	평가점수
발생없음	a	5		다수 제조사 생산	a	5
직전년도 1회	b	4		단일 제조사 생산	c	3
직전년도 2회	c	3		정품/대체품 단종	e	1
직전년도 3회	d	2				
직전년도 4회 이상	e	1				

다. 가중치적용방법

평가설비별 가중치					세분류 가중치		
대분류	제어설비			소분류	세분류	세분류 가중치	
	안전성	내구성	사용성				
정보통신	60	15	25	통합무선망 중앙제어설비	중앙제어장치	90	
					관제조작반	10	

세분류	설비 유형	열화 절연(a)	마모 강도(b)	외관 검사(c)	내용연수/ 사용횟수(d)	설치 환경(e)	운행 횟수(f)	고장장애 횟수(g)	제품 단종(h)	설비 용량(i)
\multicolumn{11}{	c	}{진단항목별(통합무선망 중앙제어설비) 가중치}
통합무선망 중앙제어장치	제어 설비	40	0	0	30	0	0	10	10	10

평가항목별(통합무선망 중앙제어설비) 가중치 부여방법				
평 가 항 목	평가점수(1~5)	가중치(%)	가중치 반영 평가점수	비고
열화·절연	A	a	(A*a)/100	
마모	B	b	(B*b)/100	
외관	C	c	(C*c)/100	
내용연수/사용횟수	D	d	(D*d)/100	
설치환경	E	e	(E*e)/100	
운행횟수	F	f	(F*f)/100	
고장·장애횟수	G	g	(G*g)/100	
제품단종	H	h	(H*h)/100	
설비용량	I	i	(I*i)/100	
합계		100%	1~5(점수)	

① 안전성의 평가점수 산출식

$$\frac{(A \times a)+(B \times b \times 0.7)+(C \times c \times 0.3)+(F \times f \times 0.3)+(G \times g \times 0.2)}{a+(b \times 0.7)+(c \times 0.3)+(f \times 0.3)+(g \times 0.2)}$$

② 내구성의 평가점수 산출식

$$\frac{(D \times d)+(C \times c \times 0.7)+(E \times e \times 0.7)+(B \times b \times 0.3)+(G \times g \times 0.2)}{d+(c \times 0.7)+(e \times 0.7)+(b \times 0.3)+(g \times 0.2)}$$

③ 사용성의 평가점수 산출식

$$\frac{(H \times h)+(I \times i)+(F \times f \times 0.7)+(G \times g \times 0.6)+(E \times e \times 0.3)}{h+i+(f \times 0.7)+(g \times 0.6)+(e \times 0.3)}$$

1.4.3.9 관제조작반
가. 관제조작반 성능평가 항목
① 정밀진단 항목

구분		열화·절연									마모·강도		외관
세분류	대상 장치	모듈 검사	NMS/ EMS	BER 측정	절연 저항	저항 전압	열상 측정	손실 측정	영상 확인	전계 강도	결합 손실	강도 측정	마모 측정	부식 검사
관제조작반	서버		✓											

② 속성진단 항목

구분	내용연수/사용횟수	설치환경	운행횟수	고장·장애횟수	제품단종	설비용량
관제조작반	✓		✓	✓	✓	

나. 속성진단항목 평가 기준

내용연수/사용횟수			운행횟수		
평가기준	가중치(%)	평가점수	평가기준	가중치(%)	평가점수
내용연수 여유율 75% 이상	a	5	일편도 50회 미만	a	5
내용연수 여유율 50~75% 미만	b	4	일편도 50회~150회 미만	b	4
내용연수 여유율 25~50% 미만	c	3	일편도 150회~300회 미만	c	3
내용연수 여유율 0~25% 미만	d	2	일편도 300회~500회 미만	d	2
내용연수 초과	e	1	일편도 500회 이상	e	1

※ 여유율 = {(내용연수-사용년수)/내용연수}*100 [%]

고장장애횟수			제품단종 여부		
평가기준	가중치(%)	평가점수	평가기준	가중치(%)	평가점수
발생없음	a	5	다수 제조사 생산	a	5
직전년도 1회	b	4	단일 제조사 생산	c	3
직전년도 2회	c	3	정품/대체품 단종	e	1
직전년도 3회	d	2			
직전년도 4회 이상	e	1			

다. 가중치 적용방법

평가설비별 가중치				세분류 가중치		
대분류	제어설비			소분류	세분류	세분류 가중치
	안전성	내구성	사용성			
정보통신	60	15	25	통합무선망 중앙제어설비	중앙제어장치	90
					관제조작반	10

진단항목별(관제조작반) 가중치

세분류	설비 유형	열화 절연(a)	마모 강도(b)	외관 검사(c)	내용연수/ 사용횟수(d)	설치 환경(e)	운행 횟수(f)	고장장애 횟수(g)	제품 단종(h)	설비 용량(i)
관제조작반	제어 설비	40	0	0	30	0	0	10	10	10

평가항목별(관제조작반) 가중치 부여방법

평 가 항 목	평가점수(1~5)	가중치(%)	가중치 반영 평가점수	비고
열화·절연	A	a	(A*a)/100	
마모	B	b	(B*b)/100	
외관	C	c	(C*c)/100	
내용연수/사용횟수	D	d	(D*d)/100	
설치환경	E	e	(E*e)/100	
운행횟수	F	f	(F*f)/100	
고장·장애횟수	G	g	(G*g)/100	
제품단종	H	h	(H*h)/100	
설비용량	I	i	(I*i)/100	
합계		100%	1~5(점수)	

① 안전성의 평가점수 산출식

$$\frac{(A \times a)+(B \times b \times 0.7)+(C \times c \times 0.3)+(F \times f \times 0.3)+(G \times g \times 0.2)}{a+(b \times 0.7)+(c \times 0.3)+(f \times 0.3)+(g \times 0.2)}$$

② 내구성의 평가점수 산출식

$$\frac{(D \times d)+(C \times c \times 0.7)+(E \times e \times 0.7)+(B \times b \times 0.3)+(G \times g \times 0.2)}{d+(c \times 0.7)+(e \times 0.7)+(b \times 0.3)+(g \times 0.2)}$$

③ 사용성의 평가점수 산출식

$$\frac{(H \times h)+(I \times i)+(F \times f \times 0.7)+(G \times g \times 0.6)+(E \times e \times 0.3)}{h+i+(f \times 0.7)+(g \times 0.6)+(e \times 0.3)}$$

1.4.3.10 DU

가. DU 성능평가 항목

① 정밀진단 항목

구분		열화·절연										마모·강도		외관
세분류	대상 장치	모듈 검사	NMS/ EMS	BER 측정	절연 저항	저항 전압	열상 측정	손실 측정	영상 확인	전계 강도	결합 손실	강도 측정	마모 측정	부식 검사
DU	서버	✓	✓				✓							

② 속성진단 항목

구분	내용연수/사용횟수	설치환경	운행횟수	고장·장애횟수	제품단종	설비용량
DU	✓		✓	✓	✓	

나. 속성진단항목 평가 기준

내용연수/사용횟수			운행횟수		
평가기준	가중치(%)	평가점수	평가기준	가중치(%)	평가점수
내용연수 여유율 75% 이상	a	5	일편도 50회 미만	a	5
내용연수 여유율 50~75% 미만	b	4	일편도 50회~150회 미만	b	4
내용연수 여유율 25~50% 미만	c	3	일편도 150회~300회 미만	c	3
내용연수 여유율 0~25% 미만	d	2	일편도 300회~500회 미만	d	2
내용연수 초과	e	1	일편도 500회 이상	e	1

※ 여유율 = {(내용연수-사용년수)/내용연수}*100 [%]

고장장애횟수			제품단종 여부		
평가기준	가중치(%)	평가점수	평가기준	가중치(%)	평가점수
발생없음	a	5	다수 제조사 생산	a	5
직전년도 1회	b	4	단일 제조사 생산	c	3
직전년도 2회	c	3	정품/대체품 단종	e	1
직전년도 3회	d	2			
직전년도 4회 이상	e	1			

다. 가중치 적용방법

평가설비별 가중치				세분류 가중치		
대분류	제어설비			소분류	세분류	세분류 가중치
	안전성	내구성	사용성			
정보통신	60	15	25	LTE-R 기지국 장치	DU	50
					RRU	50

세분류	설비유형	진단항목별(DU) 가중치								
		열화절연(a)	마모강도(b)	외관검사(c)	내용연수/사용횟수(d)	설치환경(e)	운행횟수(f)	고장장애횟수(g)	제품단종(h)	설비용량(i)
DU	제어설비	40	0	0	30	0	0	10	10	10

평가항목별(DU) 가중치 부여방법				
평 가 항 목	평가점수(1~5)	가중치(%)	가중치 반영 평가점수	비고
열화·절연	A	a	(A*a)/100	
마모	B	b	(B*b)/100	
외관	C	c	(C*c)/100	
내용연수/사용횟수	D	d	(D*d)/100	
설치환경	E	e	(E*e)/100	
운행횟수	F	f	(F*f)/100	
고장·장애횟수	G	g	(G*g)/100	
제품단종	H	h	(H*h)/100	
설비용량	I	i	(I*i)/100	
합계		100%	1~5(점수)	

① 안전성의 평가점수 산출식

$$\frac{(A\times a)+(B\times b\times 0.7)+(C\times c\times 0.3)+(F\times f\times 0.3)+(G\times g\times 0.2)}{a+(b\times 0.7)+(c\times 0.3)+(f\times 0.3)+(g\times 0.2)}$$

② 내구성의 평가점수 산출식

$$\frac{(D\times d)+(C\times c\times 0.7)+(E\times e\times 0.7)+(B\times b\times 0.3)+(G\times g\times 0.2)}{d+(c\times 0.7)+(e\times 0.7)+(b\times 0.3)+(g\times 0.2)}$$

③ 사용성의 평가점수 산출식

$$\frac{(H\times h)+(I\times i)+(F\times f\times 0.7)+(G\times g\times 0.6)+(E\times e\times 0.3)}{h+i+(f\times 0.7)+(g\times 0.6)+(e\times 0.3)}$$

1.4.3.11 RRU
가. RRU 성능평가 항목
① 정밀진단 항목

구분		열화·절연										마모·강도		외관
세분류	대상장치	모듈 검사	NMS/ EMS	BER 측정	절연 저항	저항 전압	열상 측정	손실 측정	영상 확인	전계 강도	결합 손실	강도 측정	마모 측정	부식 검사
RRU	증폭기/정류기/ 안테나/축전지									✓				✓

② 속성진단 항목

구분	내용연수/사용횟수	설치환경	운행횟수	고장·장애횟수	제품단종	설비용량
RRU	✓	✓	✓	✓	✓	

나. RRU 성능평가 기준

내용연수/사용횟수			설치환경		
평가기준	가중치(%)	평가점수	평가기준	가중치(%)	평가점수
내용연수 여유율 75% 이상	a	5	하자기간 내	a	5
내용연수 여유율 50~75% 미만	b	4	일반옥외	b	4
내용연수 여유율 25~50% 미만	c	3	공해옥내	c	3
내용연수 여유율 0~25% 미만	d	2	공해옥외	d	2
내용연수 초과	e	1	염해	e	1
※ 여유율 = {(내용연수-사용년수)/내용연수}*100[%]					

운행횟수			고장장애횟수		
평가기준	가중치(%)	평가점수	평가기준	가중치(%)	평가점수
일편도 50회 미만	a	5	발생없음	a	5
일편도 50회~150회 미만	b	4	직전년도 1회	b	4
일편도 150회~300회 미만	c	3	직전년도 2회	c	3
일편도 300회~500회 미만	d	2	직전년도 3회	d	2
일편도 500회 이상	e	1	직전년도 4회 이상	e	1

제품단종 여부		
평가기준	가중치(%)	평가점수
다수 제조사 생산	a	5
단일 제조사 생산	c	3
정품/대체품 단종	e	1

다. 가중치 적용방법

평가설비별 가중치				세분류 가중치		
대분류	제어설비			소분류	세분류	세분류 가중치
	안전성	내구성	사용성			
정보통신	60	15	25	LTE-R 기지국 장치	DU	50
					RRU	50

진단항목별(RRU) 가중치										
세분류	설비 유형	열화 절연(a)	마모 강도(b)	외관 검사(c)	내용연수/ 사용횟수(d)	설치 환경(e)	운행횟수 (f)	고장장애 횟수 (g)	제품 단종(h)	설비 용량(i)
RRU	제어 설비	20	0	10	30	10	10	10	10	0

평가항목별(RRU) 가중치 부여방법				
평 가 항 목	평가점수(1~5)	가중치(%)	가중치 반영 평가점수	비고
열화·절연	A	a	(A*a)/100	
마모	B	b	(B*b)/100	
외관	C	c	(C*c)/100	
내용연수/사용횟수	D	d	(D*d)/100	
설치환경	E	e	(E*e)/100	
운행횟수	F	f	(F*f)/100	
고장·장애횟수	G	g	(G*g)/100	
제품단종	H	h	(H*h)/100	
설비용량	I	i	(I*i)/100	
합계		100%	1~5(점수)	

① 안전성의 평가점수 산출식

$$\frac{(A \times a) + (B \times b \times 0.7) + (C \times c \times 0.3) + (F \times f \times 0.3) + (G \times g \times 0.2)}{a + (b \times 0.7) + (c \times 0.3) + (f \times 0.3) + (g \times 0.2)}$$

② 내구성의 평가점수 산출식

$$\frac{(D \times d) + (C \times c \times 0.7) + (E \times e \times 0.7) + (B \times b \times 0.3) + (G \times g \times 0.2)}{d + (c \times 0.7) + (e \times 0.7) + (b \times 0.3) + (g \times 0.2)}$$

③ 사용성의 평가점수 산출식

$$\frac{(H \times h) + (I \times i) + (F \times f \times 0.7) + (G \times g \times 0.6) + (E \times e \times 0.3)}{h + i + (f \times 0.7) + (g \times 0.6) + (e \times 0.3)}$$

1.4.3.12 열차무선방호장치 중앙장치

가. 열차무선방호장치 중앙장치 성능평가 항목

① 정밀진단 항목

구분		열화·절연									마모·강도		외관
세분류	대상장치	모듈 검사	NMS /EMS	BER 측정	절연 저항	저항 전압	열상 측정	손실 측정	영상 확인	전계 강도	결합 손실	강도 측정	마모 측정	부식 검사
중앙장치			✓				✓							

② 속성진단 항목

구분	내용연수/사용횟수	설치환경	운행횟수	고장·장애횟수	제품단종	설비용량
중앙장치	✓		✓	✓	✓	

나. 속성진단항목 평가 기준

내용연수/사용횟수				운행횟수		
평가기준	가중치(%)	평가점수		평가기준	가중치(%)	평가점수
내용연수 여유율 75% 이상	a	5		일편도 50회 미만	a	5
내용연수 여유율 50~75% 미만	b	4		일편도 50회~150회 미만	b	4
내용연수 여유율 25~50% 미만	c	3		일편도 150회~300회 미만	c	3
내용연수 여유율 0~25% 미만	d	2		일편도 300회~500회 미만	d	2
내용연수 초과	e	1		일편도 500회 이상	e	1

※ 여유율 = {(내용연수−사용년수)/내용연수}*100 [%]

고장장애횟수				제품단종 여부		
평가기준	가중치(%)	평가점수		평가기준	가중치(%)	평가점수
발생없음	a	5		다수 제조사 생산	a	5
직전년도 1회	b	4		단일 제조사 생산	c	3
직전년도 2회	c	3		정품/대체품 단종	e	1
직전년도 3회	d	2				
직전년도 4회 이상	e	1				

다. 가중치 적용방법

평가설비별 가중치					세분류 가중치		
대분류	제어설비				소분류	세분류	세분류 가중치
	안전성	내구성	사용성				
정보통신	60	15	25		열차무선 방호장치	중앙장치	20
						자동점검시스템	20
						중계 장치	30
						케이블안테나	30

진단항목별(열차무선방호장치) 가중치											
세분류	설비 유형	열화 절연(a)	마모 강도(b)	외관 검사(c)	내용연수/ 사용횟수(d)	설치 환경(e)	운행횟수 (f)	고장장애 횟수 (g)	제품 단종(h)	설비 용량(i)
중앙장치	제어 설비	40	0	0	30	0	10	10	10	0

평가항목별(열차무선방호장치) 가중치 부여방법				
평 가 항 목	평가점수(1~5)	가중치(%)	가중치 반영 평가점수	비고
열화·절연	A	a	(A*a)/100	
마모	B	b	(B*b)/100	
외관	C	c	(C*c)/100	
내용연수/사용횟수	D	d	(D*d)/100	
설치환경	E	e	(E*e)/100	
운행횟수	F	f	(F*f)/100	
고장·장애횟수	G	g	(G*g)/100	
제품단종	H	h	(H*h)/100	
설비용량	I	i	(I*i)/100	
합계		100%	1~5(점수)	

① 안전성의 평가점수 산출식

$$\frac{(A\times a)+(B\times b\times 0.7)+(C\times c\times 0.3)+(F\times f\times 0.3)+(G\times g\times 0.2)}{a+(b\times 0.7)+(c\times 0.3)+(f\times 0.3)+(g\times 0.2)}$$

② 내구성의 평가점수 산출식

$$\frac{(D\times d)+(C\times c\times 0.7)+(E\times e\times 0.7)+(B\times b\times 0.3)+(G\times g\times 0.2)}{d+(c\times 0.7)+(e\times 0.7)+(b\times 0.3)+(g\times 0.2)}$$

③ 사용성의 평가점수 산출식

$$\frac{(H\times h)+(I\times i)+(F\times f\times 0.7)+(G\times g\times 0.6)+(E\times e\times 0.3)}{h+i+(f\times 0.7)+(g\times 0.6)+(e\times 0.3)}$$

1.4.3.13 열차무선방호장치 자동점검시스템

가. 열차무선방호장치 자동점검시스템 성능평가 항목

① 정밀진단 항목

구분		열화·절연								마모·강도		외관
세분류	대상장치	모듈 검사	NMS/ EMS	BER 측정	절연 저항	저항 전압	열상 측정	손실 측정	영상 확인	전계 강도	결합 손실	강도 측정	마모 측정	부식 검사
중앙장치		✓					✓							

② 속성진단 항목

구분	내용연수/사용횟수	설치환경	운행횟수	고장·장애횟수	제품단종	설비용량
중앙장치	✓		✓	✓	✓	

나. 속성진단항목 평가 기준

내용연수/사용횟수			운행횟수		
평가기준	가중치(%)	평가점수	평가기준	가중치(%)	평가점수
내용연수 여유율 75% 이상	a	5	일편도 50회 미만	a	5
내용연수 여유율 50~75% 미만	b	4	일편도 50회~150회 미만	b	4
내용연수 여유율 25~50% 미만	c	3	일편도 150회~300회 미만	c	3
내용연수 여유율 0~25% 미만	d	2	일편도 300회~500회 미만	d	2
내용연수 초과	e	1	일편도 500회 이상	e	1

※ 여유율 = {(내용연수−사용년수)/내용연수}*100 [%]

고장장애횟수			제품단종 여부		
평가기준	가중치(%)	평가점수	평가기준	가중치(%)	평가점수
발생없음	a	5	다수 제조사 생산	a	5
직전년도 1회	b	4	단일 제조사 생산	c	3
직전년도 2회	c	3	정품/대체품 단종	e	1
직전년도 3회	d	2			
직전년도 4회 이상	e	1			

다. 가중치 적용방법

평가설비별 가중치					세분류 가중치		
대분류	제어설비			소분류	세분류	세분류 가중치
	안전성	내구성	사용성			
정보통신	60	15	25	열차무선 방호장치	중앙장치	20
					자동점검시스템	20
					중계 장치	30
					케이블안테나	30

평가항목별(자동점검시스템) 가중치									
세분류	설비 유형	열화 절연(a)	마모 강도(b)	외관 검사(c)	내용연수/ 사용횟수(d)	설치 환경(e)	운행횟수 (f)	고장장애 횟수 (g)	제품 단종(h)	설비 용량(i)
중앙장치	제어 설비	40	0	0	30	0	10	10	10	0

평가항목별(자동점검시스템) 가중치 부여방법				
평 가 항 목	평가점수(1~5)	가중치(%)	가중치 반영 평가점수	비고
열화·절연	A	a	(A*a)/100	
마모	B	b	(B*b)/100	
외관	C	c	(C*c)/100	
내용연수/사용횟수	D	d	(D*d)/100	
설치환경	E	e	(E*e)/100	
운행횟수	F	f	(F*f)/100	
고장·장애횟수	G	g	(G*g)/100	
제품단종	H	h	(H*h)/100	
설비용량	I	i	(I*i)/100	
합계		100%	1~5(점수)	

① 안전성의 평가점수 산출식

$$\frac{(A\times a)+(B\times b\times 0.7)+(C\times c\times 0.3)+(F\times f\times 0.3)+(G\times g\times 0.2)}{a+(b\times 0.7)+(c\times 0.3)+(f\times 0.3)+(g\times 0.2)}$$

② 내구성의 평가점수 산출식

$$\frac{(D\times d)+(C\times c\times 0.7)+(E\times e\times 0.7)+(B\times b\times 0.3)+(G\times g\times 0.2)}{d+(c\times 0.7)+(e\times 0.7)+(b\times 0.3)+(g\times 0.2)}$$

③ 사용성의 평가점수 산출식

$$\frac{(H\times h)+(I\times i)+(F\times f\times 0.7)+(G\times g\times 0.6)+(E\times e\times 0.3)}{h+i+(f\times 0.7)+(g\times 0.6)+(e\times 0.3)}$$

1.4.3.14 열차무선방호방치 중계장치

가. 열차무선방호방치 중계장치 성능평가 항목

① 정밀진단 항목

구분		열화·절연										마모·강도		외관
세분류	대상장치	모듈검사	NMS/EMS	BER 측정	절연저항	저항전압	열상측정	손실측정	영상확인	전계강도	결합손실	강도측정	마모측정	부식검사
중계장치							✓			✓				

② 속성진단 항목

구분	내용연수/사용횟수	설치환경	운행횟수	고장·장애횟수	제품단종	설비용량
중계장치	✓	✓	✓	✓	✓	

나. 속성진단항목 평가 기준

내용연수/사용횟수				설치환경		
평가기준	가중치(%)	평가점수		평가기준	가중치(%)	평가점수
내용연수 여유율 75% 이상	a	5		하자기간 내	a	5
내용연수 여유율 50~75% 미만	b	4		터널내부	b	4
내용연수 여유율 25~50% 미만	c	3		터널외부(콘크리트도상)	c	3
내용연수 여유율 0~25% 미만	d	2		터널외부	d	2
내용연수 초과	e	1		염해	e	1

※ 여유율 = {(내용연수-사용년수)/내용연수}*100[%]

운행횟수				고장장애횟수		
평가기준	가중치(%)	평가점수		평가기준	가중치(%)	평가점수
일편도 50회 미만	a	5		발생없음	a	5
일편도 50회~150회 미만	b	4		직전년도 1회	b	4
일편도 150회~300회 미만	c	3		직전년도 2회	c	3
일편도 300회~500회 미만	d	2		직전년도 3회	d	2
일편도 500회 이상	e	1		직전년도 4회 이상	e	1

제품단종 여부		
평가기준	가중치(%)	평가점수
다수 제조사 생산	a	5
단일 제조사 생산	c	3
정품/대체품 단종	e	1

다. 가중치 적용방법

평가설비별 가중치				세분류 가중치		
대분류	제어설비			소분류	세분류	세분류 가중치
	안전성	내구성	사용성			
정보통신	60	15	25	열차무선방호장치	중앙장치	20
					자동점검시스템	20
					중계 장치	30
					케이블안테나	30

진단항목별(중계 장치) 가중치										
세분류	설비 유형	열화 절연(a)	마모 강도(b)	외관 검사(c)	내용연수/ 사용횟수(d)	설치 환경(e)	운행 횟수(f)	고장장애 횟수(g)	제품 단종(h)	설비 용량(i)
중계 장치	제어 설비	30	0	0	30	10	10	10	10	0

평가항목별(중계 장치) 가중치 부여방법				
평 가 항 목	평가점수(1~5)	가중치(%)	가중치 반영 평가점수	비고
열화·절연	A	a	(A*a)/100	
마모	B	b	(B*b)/100	
외관	C	c	(C*c)/100	
내용연수/사용횟수	D	d	(D*d)/100	
설치환경	E	e	(E*e)/100	
운행횟수	F	f	(F*f)/100	
고장·장애횟수	G	g	(G*g)/100	
제품단종	H	h	(H*h)/100	
설비용량	I	i	(I*i)/100	
합계		100%	1~5(점수)	

① 안전성의 평가점수 산출식

$$\frac{(A\times a)+(B\times b\times 0.7)+(C\times c\times 0.3)+(F\times f\times 0.3)+(G\times g\times 0.2)}{a+(b\times 0.7)+(c\times 0.3)+(f\times 0.3)+(g\times 0.2)}$$

② 내구성의 평가점수 산출식

$$\frac{(D\times d)+(C\times c\times 0.7)+(E\times e\times 0.7)+(B\times b\times 0.3)+(G\times g\times 0.2)}{d+(c\times 0.7)+(e\times 0.7)+(b\times 0.3)+(g\times 0.2)}$$

③ 사용성의 평가점수 산출식

$$\frac{(H\times h)+(I\times i)+(F\times f\times 0.7)+(G\times g\times 0.6)+(E\times e\times 0.3)}{h+i+(f\times 0.7)+(g\times 0.6)+(e\times 0.3)}$$

1.4.3.15 케이블안테나

가. 케이블안테나 성능평가 항목

① 정밀진단 항목

구분		열화·절연									마모·강도		외관
세분류	대상장치	모듈검사	NMS/EMS	BER 측정	절연저항	저항전압	열영상측정	손실측정	영상확인	전계강도	결합손실	강도측정	마모측정	부식검사
케이블안테나										✓				

② 속성진단 항목

구분	내용연수/사용횟수	설치환경	운행횟수	고장·장애횟수	제품단종	설비용량
케이블안테나	✓	✓	✓			

나. 속성진단항목 평가 기준

내용연수/사용횟수			설치환경		
평가기준	가중치(%)	평가점수	평가기준	가중치(%)	평가점수
내용연수 여유율 75% 이상	a	5	하자기간 내	a	5
내용연수 여유율 50~75% 미만	b	4	터널 준공 5년 내	b	4
내용연수 여유율 25~50% 미만	c	3	터널 준공 10년 내	c	3
내용연수 여유율 0~25% 미만	d	2	터널 준공 15년 내	d	2
내용연수 초과	e	1	기타	e	1

※ 여유율 = {(내용연수-사용년수)/내용연수}*100 [%]

운행횟수		
평가기준	가중치(%)	평가점수
일편도 50회 미만	a	5
일편도 50회~150회 미만	b	4
일편도 150회~300회 미만	c	3
일편도 300회~500회 미만	d	2
일편도 500회 이상	e	1

다. 가중치 적용방법

평가설비별 가중치					세분류 가중치			
대분류	전선류				소분류	세분류	세분류 가중치	
	안전성	내구성	사용성					
정보통신	57	27	16		터널중계설비	중계장치	65	
						케이블안테나	35	

평가항목별(케이블 안테나) 가중치										
세분류	설비유형	열화 절연(a)	마모 강도(b)	외관 검사(c)	내용연수/ 사용횟수(d)	설치 환경(e)	운행 횟수(f)	고장장애 횟수(g)	제품 단종(h)	설비 용량(i)
케이블 안테나	전선류	30	0	0	50	10	10	0	0	0

평가항목별(케이블 안테나) 가중치 부여방법				
평 가 항 목	평가점수(1~5)	가중치(%)	가중치 반영 평가점수	비고
열화·절연	A	a	(A*a)/100	
마모	B	b	(B*b)/100	
외관	C	c	(C*c)/100	
내용연수/사용횟수	D	d	(D*d)/100	
설치환경	E	e	(E*e)/100	
운행횟수	F	f	(F*f)/100	
고장·장애횟수	G	g	(G*g)/100	
제품단종	H	h	(H*h)/100	
설비용량	I	i	(I*i)/100	
합계		100%	1~5(점수)	

① 안전성의 평가점수 산출식

$$\frac{(A \times a)+(B \times b \times 0.7)+(C \times c \times 0.3)+(F \times f \times 0.3)+(G \times g \times 0.2)}{a+(b \times 0.7)+(c \times 0.3)+(f \times 0.3)+(g \times 0.2)}$$

② 내구성의 평가점수 산출식

$$\frac{(D \times d)+(C \times c \times 0.7)+(E \times e \times 0.7)+(B \times b \times 0.3)+(G \times g \times 0.2)}{d+(c \times 0.7)+(e \times 0.7)+(b \times 0.3)+(g \times 0.2)}$$

③ 사용성의 평가점수 산출식

$$\frac{(H \times h)+(I \times i)+(F \times f \times 0.7)+(G \times g \times 0.6)+(E \times e \times 0.3)}{h+i+(f \times 0.7)+(g \times 0.6)+(e \times 0.3)}$$

1.4.3.16 주중계장치

가. 주중계장치 성능평가 항목

① 정밀진단 항목

구분	대상 장치	열화·절연									마모·강도		외관
세분류		모듈 검사	NMS/ EMS	BER 측정	절연 저항	저항 전압	열상 측정	손실 측정	영상 확인	전계 강도	결합 손실	강도 측정	마모 측정	부식 검사
주중계장치		✓	✓				✓							

② 속성진단 항목

구분	내용연수/사용횟수	설치환경	운행횟수	고장·장애횟수	제품단종	설비용량
주중계장치	✓		✓	✓	✓	

나. 속성진단항목 평가 기준

내용연수/사용횟수		
평가기준	가중치(%)	평가점수
내용연수 여유율 75% 이상	a	5
내용연수 여유율 50~75% 미만	b	4
내용연수 여유율 25~50% 미만	c	3
내용연수 여유율 0~25% 미만	d	2
내용연수 초과	e	1

※ 여유율 = {(내용연수−사용년수)/내용연수}*100[%]

운행횟수		
평가기준	가중치(%)	평가점수
일편도 50회 미만	a	5
일편도 50회~150회 미만	b	4
일편도 150회~300회 미만	c	3
일편도 300회~500회 미만	d	2
일편도 500회 이상	e	1

고장장애횟수		
평가기준	가중치(%)	평가점수
발생없음	a	5
직전년도 1회	b	4
직전년도 2회	c	3
직전년도 3회	d	2
직전년도 4회 이상	e	1

제품단종 여부		
평가기준	가중치(%)	평가점수
다수 제조사 생산	a	5
단일 제조사 생산	c	3
정품/대체품 단종	e	1

다. 가중치 적용방법

평가설비별 가중치			
대분류	제어설비		
	안전성	내구성	사용성
정보통신	60	15	25

세분류 가중치		
소분류	세분류	세분류 가중치
재난방송 수신설비	주중계장치	50
	보조중계장치	50

진단항목별(주중계장치) 가중치									
세분류	설비 유형	열화 절연(a)	마모 강도(b)	외관 검사(c)	내용연수/ 사용횟수(d)	설치 환경(e)	운행 횟수(f)	고장장애 횟수(g)	제품 단종(h)	설비 용량(i)
주중계장치	제어 설비	40	0	0	30	0	10	10	10	0

평가항목별(주중계장치) 가중치 부여방법				
평 가 항 목	평가점수(1~5)	가중치(%)	가중치 반영 평가점수	비고
열화·절연	A	a	(A*a)/100	
마모	B	b	(B*b)/100	
외관	C	c	(C*c)/100	
내용연수/사용횟수	D	d	(D*d)/100	
설치환경	E	e	(E*e)/100	
운행횟수	F	f	(F*f)/100	
고장·장애횟수	G	g	(G*g)/100	
제품단종	H	h	(H*h)/100	
설비용량	I	i	(I*i)/100	
합계		100%	1~5(점수)	

① 안전성의 평가점수 산출식

$$\frac{(A \times a)+(B \times b \times 0.7)+(C \times c \times 0.3)+(F \times f \times 0.3)+(G \times g \times 0.2)}{a+(b \times 0.7)+(c \times 0.3)+(f \times 0.3)+(g \times 0.2)}$$

② 내구성의 평가점수 산출식

$$\frac{(D \times d)+(C \times c \times 0.7)+(E \times e \times 0.7)+(B \times b \times 0.3)+(G \times g \times 0.2)}{d+(c \times 0.7)+(e \times 0.7)+(b \times 0.3)+(g \times 0.2)}$$

③ 사용성의 평가점수 산출식

$$\frac{(H \times h)+(I \times i)+(F \times f \times 0.7)+(G \times g \times 0.6)+(E \times e \times 0.3)}{h+i+(f \times 0.7)+(g \times 0.6)+(e \times 0.3)}$$

1.4.3.17 보조중계장치
가. 보조중계장치 성능평가 항목
① 정밀진단 항목

구분		열화·절연									마모·강도		외관
세분류	대상장치	모듈검사	NMS/EMS	BER측정	절연저항	저항전압	열상측정	손실측정	영상확인	전계강도	결합손실	강도측정	마모측정	부식검사
보조중계장치							✓							✓

② 속성진단 항목

구분	내용연수/사용횟수	설치환경	운행횟수	고장·장애횟수	제품단종	설비용량
보조 중계장치	✓	✓	✓	✓	✓	

나. 속성진단항목 평가 기준

내용연수/사용횟수			설치환경		
평가기준	가중치(%)	평가점수	평가기준	가중치(%)	평가점수
내용연수 여유율 75% 이상	a	5	하자기간 내	a	5
내용연수 여유율 50~75% 미만	b	4	터널 내부(콘크리트 도상)	b	4
내용연수 여유율 25~50% 미만	c	3	터널 내부	c	3
내용연수 여유율 0~25% 미만	d	2	터널 내부(염해)	d	2
내용연수 초과	e	1	염해	e	1

※ 여유율 = {(내용연수-사용년수)/내용연수}*100 [%]

운행횟수			고장장애횟수		
평가기준	가중치(%)	평가점수	평가기준	가중치(%)	평가점수
일편도 50회 미만	a	5	발생없음	a	5
일편도 50회~150회 미만	b	4	직전년도 1회	b	4
일편도 150회~300회 미만	c	3	직전년도 2회	c	3
일편도 300회~500회 미만	d	2	직전년도 3회	d	2
일편도 500회 이상	e	1	직전년도 4회 이상	e	1

제품단종 여부		
평가기준	가중치(%)	평가점수
다수 제조사 생산	a	5
단일 제조사 생산	c	3
정품/대체품 단종	e	1

다. 가중치 적용방법

평가설비별 가중치				세분류 가중치		
대분류	제어설비			소분류	세분류	세분류 가중치
	안전성	내구성	사용성			
정보통신	60	15	25	재난방송 수신설비	주중계장치	50
					보조중계장치	50

진단항목별(보조중계장치) 가중치										
세분류	설비 유형	열화 절연(a)	마모 강도(b)	외관 검사(c)	내용연수/ 사용횟수(d)	설치 환경(e)	운행 횟수(f)	고장장애 횟수(g)	제품 단종(h)	설비 용량(i)
보조중계장치	제어 설비	20	0	10	30	10	10	10	10	0

평가항목별(보조중계장치) 가중치 부여방법				
평 가 항 목	평가점수(1~5)	가중치(%)	가중치 반영 평가점수	비고
열화·절연	A	a	(A*a)/100	
마모	B	b	(B*b)/100	
외관	C	c	(C*c)/100	
내용연수/사용횟수	D	d	(D*d)/100	
설치환경	E	e	(E*e)/100	
운행횟수	F	f	(F*f)/100	
고장·장애횟수	G	g	(G*g)/100	
제품단종	H	h	(H*h)/100	
설비용량	I	i	(I*i)/100	
합계		100%	1~5(점수)	

① 안전성의 평가점수 산출식

$$\frac{(A \times a)+(B \times b \times 0.7)+(C \times c \times 0.3)+(F \times f \times 0.3)+(G \times g \times 0.2)}{a+(b \times 0.7)+(c \times 0.3)+(f \times 0.3)+(g \times 0.2)}$$

② 내구성의 평가점수 산출식

$$\frac{(D \times d)+(C \times c \times 0.7)+(E \times e \times 0.7)+(B \times b \times 0.3)+(G \times g \times 0.2)}{d+(c \times 0.7)+(e \times 0.7)+(b \times 0.3)+(g \times 0.2)}$$

③ 사용성의 평가점수 산출식

$$\frac{(H \times h)+(I \times i)+(F \times f \times 0.7)+(G \times g \times 0.6)+(E \times e \times 0.3)}{h+i+(f \times 0.7)+(g \times 0.6)+(e \times 0.3)}$$

1.4.3.18 전자교환기

가. 전자교환기 성능평가 항목

① 정밀진단 항목

구분	대상 장치	열화·절연									마모·강도		외관
세분류		모듈 검사	NMS/ EMS	BER 측정	절연 저항	저항 전압	열상 측정	손실 측정	영상 확인	전계 강도	결합 손실	강도 측정	마모 측정	부식 검사
전자교환기		✓	✓	✓			✓							

② 속성진단 항목

구분	내용연수/사용횟수	설치환경	운행횟수	고장·장애횟수	제품단종	설비용량
전자교환기	✓		✓	✓	✓	✓

나. 속성진단항목 평가 기준

내용연수/사용횟수			운행횟수		
평가기준	가중치(%)	평가점수	평가기준	가중치(%)	평가점수
내용연수 여유율 75% 이상	a	5	일편도 50회 미만	a	5
내용연수 여유율 50~75% 미만	b	4	일편도 50회~150회 미만	b	4
내용연수 여유율 25~50% 미만	c	3	일편도 150회~300회 미만	c	3
내용연수 여유율 0~25% 미만	d	2	일편도 300회~500회 미만	d	2
내용연수 초과	e	1	일편도 500회 이상	e	1

※ 여유율 = {(내용연수-사용년수)/내용연수}*100[%]

고장장애횟수			설비용량		
평가기준	가중치(%)	평가점수	평가기준	가중치(%)	평가점수
발생없음	a	5	예비율 100% 이상	a	5
직전년도 1회	b	4	예비율 85%~99% 미만	b	4
직전년도 2회	c	3	예비율 70%~85% 미만	c	3
직전년도 3회	d	2	예비율 50%~70% 미만	d	2
직전년도 4회 이상	e	1	예비율 50% 미만	e	1

제품단종 여부		
평가기준	가중치(%)	평가점수
다수 제조사 생산	a	5
단일 제조사 생산	c	3
정품/대체품 단종	e	1

다. 가중치 적용방법

평가설비별 가중치				세분류 가중치		
대분류	제어설비			소분류	세분류	세분류 가중치
	안전성	내구성	사용성			
정보통신	60	15	25	전화교환기	전자교환기	60
					관제전화주장치	40

진단항목별(전화교환기) 가중치										
세분류	설비유형	열화절연(a)	마모강도(b)	외관검사(c)	내용연수/사용횟수(d)	설치환경(e)	운행횟수(f)	고장장애횟수(g)	제품단종(h)	설비용량(i)
전화교환기	제어설비	40	0	0	20	0	10	10	10	10

평가항목별(전화교환기) 가중치 부여방법				
평 가 항 목	평가점수(1~5)	가중치(%)	가중치 반영 평가점수	비고
열화·절연	A	a	(A*a)/100	
마모	B	b	(B*b)/100	
외관	C	c	(C*c)/100	
내용연수/사용횟수	D	d	(D*d)/100	
설치환경	E	e	(E*e)/100	
운행횟수	F	f	(F*f)/100	
고장·장애횟수	G	g	(G*g)/100	
제품단종	H	h	(H*h)/100	
설비용량	I	i	(I*i)/100	
합계		100%	1~5(점수)	

① 안전성의 평가점수 산출식

$$\frac{(A\times a)+(B\times b\times 0.7)+(C\times c\times 0.3)+(F\times f\times 0.3)+(G\times g\times 0.2)}{a+(b\times 0.7)+(c\times 0.3)+(f\times 0.3)+(g\times 0.2)}$$

② 내구성의 평가점수 산출식

$$\frac{(D\times d)+(C\times c\times 0.7)+(E\times e\times 0.7)+(B\times b\times 0.3)+(G\times g\times 0.2)}{d+(c\times 0.7)+(e\times 0.7)+(b\times 0.3)+(g\times 0.2)}$$

③ 사용성의 평가점수 산출식

$$\frac{(H\times h)+(I\times i)+(F\times f\times 0.7)+(G\times g\times 0.6)+(E\times e\times 0.3)}{h+i+(f\times 0.7)+(g\times 0.6)+(e\times 0.3)}$$

1.4.3.19 관제전화주장치

가. 관제전화주장치 성능평가 항목

① 정밀진단 항목

구분		열화·절연									마모·강도		외관
세분류	대상 장치	모듈 검사	NMS/ EMS	BER 측정	절연 저항	저항 전압	열상 측정	손실 측정	영상 확인	전계 강도	결합 손실	강도 측정	마모 측정	부식 검사
관제전화주장치		✓	✓				✓							

② 속성진단 항목

구분	내용연수/사용횟수	설치환경	운행횟수	고장·장애횟수	제품단종	설비용량
관제전화주장치	✓		✓	✓	✓	

나. 속성진단항목 평가 기준

내용연수/사용횟수			운행횟수		
평가기준	가중치(%)	평가점수	평가기준	가중치(%)	평가점수
내용연수 여유율 75% 이상	a	5	일편도 50회 미만	a	5
내용연수 여유율 50~75% 미만	b	4	일편도 50회~150회 미만	b	4
내용연수 여유율 25~50% 미만	c	3	일편도 150회~300회 미만	c	3
내용연수 여유율 0~25% 미만	d	2	일편도 300회~500회 미만	d	2
내용연수 초과	e	1	일편도 500회 이상	e	1

※ 여유율 = {(내용연수-사용년수)/내용연수}*100[%]

고장장애횟수			제품단종 여부		
평가기준	가중치(%)	평가점수	평가기준	가중치(%)	평가점수
발생없음	a	5	다수 제조사 생산	a	5
직전년도 1회	b	4	단일 제조사 생산	c	3
직전년도 2회	c	3	정품/대체품 단종	e	1
직전년도 3회	d	2			
직전년도 4회 이상	e	1			

다. 가중치 적용방법

평가설비별 가중치				세분류 가중치		
대분류	제어설비			소분류	세분류	세분류 가중치
	안전성	내구성	사용성			
정보통신	60	15	25	전화교환기	전화교환기	60
					관제전화주장치	40

세분류	설비 유형	열화 절연(a)	마모 강도(b)	외관 검사(c)	내용연수/ 사용횟수(d)	설치 환경(e)	운행 횟수(f)	고장장애 횟수(g)	제품 단종(h)	설비 용량(i)
					진단항목별(관제전화주장치) 가중치					
관제전화 주장치	제어 설비	40	0	0	30	0	10	10	10	0

평가항목(관제전화주장치) 가중치 부여방법				
평 가 항 목	평가점수(1~5)	가중치(%)	가중치 반영 평가점수	비고
열화·절연	A	a	(A*a)/100	
마모	B	b	(B*b)/100	
외관	C	c	(C*c)/100	
내용연수/사용횟수	D	d	(D*d)/100	
설치환경	E	e	(E*e)/100	
운행횟수	F	f	(F*f)/100	
고장·장애횟수	G	g	(G*g)/100	
제품단종	H	h	(H*h)/100	
설비용량	I	i	(I*i)/100	
합계		100%	1~5(점수)	

① 안전성의 평가점수 산출식

$$\frac{(A \times a)+(B \times b \times 0.7)+(C \times c \times 0.3)+(F \times f \times 0.3)+(G \times g \times 0.2)}{a+(b \times 0.7)+(c \times 0.3)+(f \times 0.3)+(g \times 0.2)}$$

② 내구성의 평가점수 산출식

$$\frac{(D \times d)+(C \times c \times 0.7)+(E \times e \times 0.7)+(B \times b \times 0.3)+(G \times g \times 0.2)}{d+(c \times 0.7)+(e \times 0.7)+(b \times 0.3)+(g \times 0.2)}$$

③ 사용성의 평가점수 산출식

$$\frac{(H \times h)+(I \times i)+(F \times f \times 0.7)+(G \times g \times 0.6)+(E \times e \times 0.3)}{h+i+(f \times 0.7)+(g \times 0.6)+(e \times 0.3)}$$

1.4.3.20 중앙제어설비

가. 중앙제어설비 성능평가 항목

① 정밀진단 항목

구분	대상 장치	열화·절연									마모·강도		외관
세분류		모듈 검사	NMS/ EMS	BER 측정	절연 저항	저항 전압	열상 측정	손실 측정	영상 확인	전계 강도	결합 손실	강도 측정	마모 측정	부식 검사
중앙제어설비		✓	✓				✓							

② 속성진단 항목

구분	내용연수/사용횟수	설치환경	운행횟수	고장·장애횟수	제품단종	설비용량
중앙제어설비	✓		✓	✓	✓	

나. 속성진단항목 평가 기준

내용연수/사용횟수			운행횟수		
평가기준	가중치(%)	평가점수	평가기준	가중치(%)	평가점수
내용연수 여유율 75% 이상	a	5	일편도 50회 미만	a	5
내용연수 여유율 50~75% 미만	b	4	일편도 50회~150회 미만	b	4
내용연수 여유율 25~50% 미만	c	3	일편도 150회~300회 미만	c	3
내용연수 여유율 0~25% 미만	d	2	일편도 300회~500회 미만	d	2
내용연수 초과	e	1	일편도 500회 이상	e	1

※ 여유율 = {(내용연수-사용년수)/내용연수}*100[%]

고장장애횟수			제품단종 여부		
평가기준	가중치(%)	평가점수	평가기준	가중치(%)	평가점수
발생없음	a	5	다수 제조사 생산	a	5
직전년도 1회	b	4	단일 제조사 생산	c	3
직전년도 2회	c	3	정품/대체품 단종	e	1
직전년도 3회	d	2			
직전년도 4회 이상	e	1			

다. 가중치 적용방법

평가설비별 가중치				세분류 가중치		
대분류	제어설비			소분류	세분류	세분류 가중치
	안전성	내구성	사용성			
정보통신	60	15	25	여객안내설비	중앙제어장치	50
					역서버	30
					표시기	20

진단항목별(중앙제어장치) 가중치

세분류	설비 유형	열화 절연(a)	마모 강도(b)	외관 검사(c)	내용연수/ 사용횟수(d)	설치 환경(e)	운행 횟수(f)	고장장애 횟수(g)	제품 단종(h)	설비 용량(i)
중앙제어장치	제어설비	40	0	0	30	0	10	10	10	0

평가항목별(중앙제어장치) 가중치 부여방법

평 가 항 목	평가점수(1~5)	가중치(%)	가중치 반영 평가점수	비고
열화·절연	A	a	(A*a)/100	
마모	B	b	(B*b)/100	
외관	C	c	(C*c)/100	
내용연수/사용횟수	D	d	(D*d)/100	
설치환경	E	e	(E*e)/100	
운행횟수	F	f	(F*f)/100	
고장·장애횟수	G	g	(G*g)/100	
제품단종	H	h	(H*h)/100	
설비용량	I	i	(I*i)/100	
합계		100%	1~5(점수)	

① 안전성의 평가점수 산출식

$$\frac{(A\times a)+(B\times b\times 0.7)+(C\times c\times 0.3)+(F\times f\times 0.3)+(G\times g\times 0.2)}{a+(b\times 0.7)+(c\times 0.3)+(f\times 0.3)+(g\times 0.2)}$$

② 내구성의 평가점수 산출식

$$\frac{(D\times d)+(C\times c\times 0.7)+(E\times e\times 0.7)+(B\times b\times 0.3)+(G\times g\times 0.2)}{d+(c\times 0.7)+(e\times 0.7)+(b\times 0.3)+(g\times 0.2)}$$

③ 사용성의 평가점수 산출식

$$\frac{(H\times h)+(I\times i)+(F\times f\times 0.7)+(G\times g\times 0.6)+(E\times e\times 0.3)}{h+i+(f\times 0.7)+(g\times 0.6)+(e\times 0.3)}$$

1.4.3.21 역서버

가. 역서버 성능평가 항목

① 정밀진단 항목

구분	대상 장치	열화·절연										마모·강도		외관
세분류		모듈 검사	NMS/ EMS	BER 측정	절연 저항	저항 전압	열상 측정	손실 측정	영상 확인	전계 강도	결합 손실	강도 측정	마모 측정	부식 검사
역서버							✓							

② 속성진단 항목

구분	내용연수/사용횟수	설치환경	운행횟수	고장·장애횟수	제품단종	설비용량
역서버	✓		✓	✓	✓	

나. 속성진단항목 평가 기준

내용연수/사용횟수			운행횟수		
평가기준	가중치(%)	평가점수	평가기준	가중치(%)	평가점수
내용연수 여유율 75% 이상	a	5	일편도 50회 미만	a	5
내용연수 여유율 50~75% 미만	b	4	일편도 50회~150회 미만	b	4
내용연수 여유율 25~50% 미만	c	3	일편도 150회~300회 미만	c	3
내용연수 여유율 0~25% 미만	d	2	일편도 300회~500회 미만	d	2
내용연수 초과	e	1	일편도 500회 이상	e	1

※ 여유율 = {(내용연수-사용년수)/내용연수}*100 [%]

고장장애횟수			제품단종 여부		
평가기준	가중치(%)	평가점수	평가기준	가중치(%)	평가점수
발생없음	a	5	다수 제조사 생산	a	5
직전년도 1회	b	4	단일 제조사 생산	c	3
직전년도 2회	c	3	정품/대체품 단종	e	1
직전년도 3회	d	2			
직전년도 4회 이상	e	1			

다. 가중치 적용방법

평가설비별 가중치				세분류 가중치		
대분류	제어설비			소분류	세분류	세분류 가중치
	안전성	내구성	사용성			
정보통신	60	15	25	여객안내설비	중앙제어장치	50
					역서버	30
					표시기	20

진단항목별(역서버) 가중치									
세분류	설비유형	열화절연(a)	마모강도(b)	외관검사(c)	내용연수/사용횟수(d)	설치환경(e)	운행횟수(f)	고장장애횟수(g)	제품단종(h)	설비용량(i)
역서버	제어설비	30	0	0	40	0	10	10	10	0

평가항목별(역서버) 가중치 부여방법				
평 가 항 목	평가점수(1~5)	가중치(%)	가중치 반영 평가점수	비고
열화·절연	A	a	(A*a)/100	
마모	B	b	(B*b)/100	
외관	C	c	(C*c)/100	
내용연수/사용횟수	D	d	(D*d)/100	
설치환경	E	e	(E*e)/100	
운행횟수	F	f	(F*f)/100	
고장·장애횟수	G	g	(G*g)/100	
제품단종	H	h	(H*h)/100	
설비용량	I	i	(I*i)/100	
합계		100%	1~5(점수)	

① 안전성의 평가점수 산출식

$$\frac{(A\times a)+(B\times b\times 0.7)+(C\times c\times 0.3)+(F\times f\times 0.3)+(G\times g\times 0.2)}{a+(b\times 0.7)+(c\times 0.3)+(f\times 0.3)+(g\times 0.2)}$$

② 내구성의 평가점수 산출식

$$\frac{(D\times d)+(C\times c\times 0.7)+(E\times e\times 0.7)+(B\times b\times 0.3)+(G\times g\times 0.2)}{d+(c\times 0.7)+(e\times 0.7)+(b\times 0.3)+(g\times 0.2)}$$

③ 사용성의 평가점수 산출식

$$\frac{(H\times h)+(I\times i)+(F\times f\times 0.7)+(G\times g\times 0.6)+(E\times e\times 0.3)}{h+i+(f\times 0.7)+(g\times 0.6)+(e\times 0.3)}$$

1.4.3.22 표시기
가. 표시기 성능평가 항목
① 정밀진단 항목

구분		열화·절연									마모·강도		외관
세분류	대상장치	모듈검사	NMS/EMS	BER측정	절연저항	저항전압	열상측정	손실측정	영상확인	전계강도	결합손실	강도측정	마모측정	부식검사
표시기							✓							✓

② 속성진단 항목

구분	내용연수/사용횟수	설치환경	운행횟수	고장·장애횟수	제품단종	설비용량
표시기	✓	✓	✓	✓	✓	

나. 속성진단항목 평가 기준

내용연수/사용횟수			설치환경		
평가기준	가중치(%)	평가점수	평가기준	구분	점수
내용연수 여유율 75% 이상	a	5	하자기간 내	a	5
내용연수 여유율 50~75% 미만	b	4	지하역사	b	4
내용연수 여유율 25~50% 미만	c	3	지상역사(광역철도 전용 구간)	c	3
내용연수 여유율 0~25% 미만	d	2	지상역사	d	2
내용연수 초과	e	1	염해	e	1

※ 여유율 = {(내용연수-사용년수)/내용연수}*100[%]

운행횟수			고장장애횟수		
평가기준	가중치(%)	평가점수	평가기준	가중치(%)	평가점수
일편도 50회 미만	a	5	발생없음	a	5
일편도 50회~150회 미만	b	4	직전년도 1회	b	4
일편도 150회~300회 미만	c	3	직전년도 2회	c	3
일편도 300회~500회 미만	d	2	직전년도 3회	d	2
일편도 500회 이상	e	1	직전년도 4회 이상	e	1

제품단종 여부		
평가기준	가중치(%)	평가점수
다수 제조사 생산	a	5
단일 제조사 생산	c	3
정품/대체품 단종	e	1

다. 가중치 적용방법

평가설비별 가중치				세분류 가중치		
대분류	제어설비			소분류	세분류	세분류 가중치
	안전성	내구성	사용성			
정보통신	60	15	25	여객안내설비	중앙제어장치	50
					역서버	30
					표시기	20

진단항목별(표시기) 가중치										
세분류	설비유형	열화절연(a)	마모강도(b)	외관검사(c)	내용연수/사용횟수(d)	설치환경(e)	운행횟수(f)	고장장애횟수(g)	제품단종(h)	설비용량(i)
표시기	제어설비	20	0	10	30	10	10	10	10	0

평가항목별(표시기) 가중치 부여방법				
평 가 항 목	평가점수(1~5)	가중치(%)	가중치 반영 평가점수	비고
열화·절연	A	a	(A*a)/100	
마모	B	b	(B*b)/100	
외관	C	c	(C*c)/100	
내용연수/사용횟수	D	d	(D*d)/100	
설치환경	E	e	(E*e)/100	
운행횟수	F	f	(F*f)/100	
고장·장애횟수	G	g	(G*g)/100	
제품단종	H	h	(H*h)/100	
설비용량	I	i	(I*i)/100	
합계		100%	1~5(점수)	

① 안전성의 평가점수 산출식

$$\frac{(A\times a)+(B\times b\times 0.7)+(C\times c\times 0.3)+(F\times f\times 0.3)+(G\times g\times 0.2)}{a+(b\times 0.7)+(c\times 0.3)+(f\times 0.3)+(g\times 0.2)}$$

② 내구성의 평가점수 산출식

$$\frac{(D\times d)+(C\times c\times 0.7)+(E\times e\times 0.7)+(B\times b\times 0.3)+(G\times g\times 0.2)}{d+(c\times 0.7)+(e\times 0.7)+(b\times 0.3)+(g\times 0.2)}$$

③ 사용성의 평가점수 산출식

$$\frac{(H\times h)+(I\times i)+(F\times f\times 0.7)+(G\times g\times 0.6)+(E\times e\times 0.3)}{h+i+(f\times 0.7)+(g\times 0.6)+(e\times 0.3)}$$

1.4.3.23 자동안내방송 주장치

가. 자동안내방송 주장치 성능평가 항목

① 정밀진단 항목

구분	대상 장치	열화·절연										마모·강도		외관
세분류		모듈 검사	NMS/ EMS	BER 측정	절연 저항	저항 전압	열상 측정	손실 측정	영상 확인	전계 강도	결합 손실	강도 측정	마모 측정	부식 검사
자동안내방송 주장치						✓	✓							

② 속성진단 항목

구분	내용연수/사용횟수	설치환경	운행횟수	고장·장애횟수	제품단종	설비용량
자동안내방송 주장치	✓		✓	✓	✓	

나. 속성진단항목 평가 기준

내용연수/사용횟수			운행횟수		
평가기준	가중치(%)	평가점수	평가기준	가중치(%)	평가점수
내용연수 여유율 75% 이상	a	5	일편도 50회 미만	a	5
내용연수 여유율 50~75% 미만	b	4	일편도 50회~150회 미만	b	4
내용연수 여유율 25~50% 미만	c	3	일편도 150회~300회 미만	c	3
내용연수 여유율 0~25% 미만	d	2	일편도 300회~500회 미만	d	2
내용연수 초과	e	1	일편도 500회 이상	e	1

※ 여유율 = {(내용연수−사용년수)/내용연수}*100 [%]

고장장애횟수			제품단종 여부		
평가기준	가중치(%)	평가점수	평가기준	가중치(%)	평가점수
발생없음	a	5	다수 제조사 생산	a	5
직전년도 1회	b	4	단일 제조사 생산	c	3
직전년도 2회	c	3	정품/대체품 단종	e	1
직전년도 3회	d	2			
직전년도 4회 이상	e	1			

다. 가중치 적용방법

평가설비별 가중치				세분류 가중치		
대분류	제어설비			소분류	세분류	세분류 가중치
	안전성	내구성	사용성			
정보통신	60	15	25	방송설비	자동안내방송주장치	50
					관제원격방송주장치	50

진단항목별(자동안내방송주장치) 가중치										
세분류	설비유형	열화절연(a)	마모강도(b)	외관검사(c)	내용연수/사용횟수(d)	설치환경(e)	운행횟수(f)	고장장애횟수(g)	제품단종(h)	설비용량(i)
자동안내방송주장치	제어설비	40	0	0	30	0	10	10	10	0

평가항목별(자동안내방송주장치) 가중치 부여방법				
평 가 항 목	평가점수(1~5)	가중치(%)	가중치 반영 평가점수	비고
열화·절연	A	a	(A*a)/100	
마모	B	b	(B*b)/100	
외관	C	c	(C*c)/100	
내용연수/사용횟수	D	d	(D*d)/100	
설치환경	E	e	(E*e)/100	
운행횟수	F	f	(F*f)/100	
고장·장애횟수	G	g	(G*g)/100	
제품단종	H	h	(H*h)/100	
설비용량	I	i	(I*i)/100	
합계		100%	1~5(점수)	

① 안전성의 평가점수 산출식

$$\frac{(A\times a)+(B\times b\times 0.7)+(C\times c\times 0.3)+(F\times f\times 0.3)+(G\times g\times 0.2)}{a+(b\times 0.7)+(c\times 0.3)+(f\times 0.3)+(g\times 0.2)}$$

② 내구성의 평가점수 산출식

$$\frac{(D\times d)+(C\times c\times 0.7)+(E\times e\times 0.7)+(B\times b\times 0.3)+(G\times g\times 0.2)}{d+(c\times 0.7)+(e\times 0.7)+(b\times 0.3)+(g\times 0.2)}$$

③ 사용성의 평가점수 산출식

$$\frac{(H\times h)+(I\times i)+(F\times f\times 0.7)+(G\times g\times 0.6)+(E\times e\times 0.3)}{h+i+(f\times 0.7)+(g\times 0.6)+(e\times 0.3)}$$

1.4.3.24 관제원격방송 주장치
가. 관제원격방송 주장치 성능평가 항목
① 정밀진단 항목

구분		열화·절연									마모·강도		외관
세분류	대상장치	모듈검사	NMS/EMS	BER측정	절연저항	저항전압	열상측정	손실측정	영상확인	전계강도	결합손실	강도측정	마모측정	부식검사
관제원격방송 주장치			✓				✓							

② 속성진단 항목

구분	내용연수/사용횟수	설치환경	운행횟수	고장·장애횟수	제품단종	설비용량
관제원격방송 주장치	✓		✓	✓	✓	

나. 속성진단항목 평가 기준

내용연수/사용횟수				운행횟수		
평가기준	가중치(%)	평가점수		평가기준	가중치(%)	평가점수
내용연수 여유율 75% 이상	a	5		일편도 50회 미만	a	5
내용연수 여유율 50~75% 미만	b	4		일편도 50회~150회 미만	b	4
내용연수 여유율 25~50% 미만	c	3		일편도 150회~300회 미만	c	3
내용연수 여유율 0~25% 미만	d	2		일편도 300회~500회 미만	d	2
내용연수 초과	e	1		일편도 500회 이상	e	1

※ 여유율 = {(내용연수-사용년수)/내용연수}*100 [%]

고장장애횟수				제품단종 여부		
평가기준	가중치(%)	평가점수		평가기준	가중치(%)	평가점수
발생없음	a	5		다수 제조사 생산	a	5
직전년도 1회	b	4		단일 제조사 생산	c	3
직전년도 2회	c	3		정품/대체품 단종	e	1
직전년도 3회	d	2				
직전년도 4회 이상	e	1				

다. 가중치 적용방법

평가설비별 가중치					세분류 가중치		
대분류	제어설비			소분류	세분류	세분류 가중치
	안전성	내구성	사용성			
정보통신	60	15	25	방송설비	자동안내방송주장치	50
					관제원격방송주장치	50

진단항목별(관제원격방송주장치) 가중치									
세분류	설비유형	열화절연(a)	마모강도(b)	외관검사(c)	내용연수/사용횟수(d)	설치환경(e)	운행횟수(f)	고장장애횟수(g)	제품단종(h)	설비용량(i)
관제원격방송주장치	제어설비	40	0	0	30	0	10	10	10	0

평가항목별(관제원격방송주장치) 가중치 부여방법				
평 가 항 목	평가점수(1~5)	가중치(%)	가중치 반영 평가점수	비고
열화·절연	A	a	(A*a)/100	
마모	B	b	(B*b)/100	
외관	C	c	(C*c)/100	
내용연수/사용횟수	D	d	(D*d)/100	
설치환경	E	e	(E*e)/100	
운행횟수	F	f	(F*f)/100	
고장·장애횟수	G	g	(G*g)/100	
제품단종	H	h	(H*h)/100	
설비용량	I	i	(I*i)/100	
합계		100%	1~5(점수)	

① 안전성의 평가점수 산출식

$$\frac{(A\times a)+(B\times b\times 0.7)+(C\times c\times 0.3)+(F\times f\times 0.3)+(G\times g\times 0.2)}{a+(b\times 0.7)+(c\times 0.3)+(f\times 0.3)+(g\times 0.2)}$$

② 내구성의 평가점수 산출식

$$\frac{(D\times d)+(C\times c\times 0.7)+(E\times e\times 0.7)+(B\times b\times 0.3)+(G\times g\times 0.2)}{d+(c\times 0.7)+(e\times 0.7)+(b\times 0.3)+(g\times 0.2)}$$

③ 사용성의 평가점수 산출식

$$\frac{(H\times h)+(I\times i)+(F\times f\times 0.7)+(G\times g\times 0.6)+(E\times e\times 0.3)}{h+i+(f\times 0.7)+(g\times 0.6)+(e\times 0.3)}$$

1.4.3.25 여객관리용 영상설비 영상저장장치
가. 영상저장장치 성능평가 항목
① 정밀진단 항목

구분		열화·절연									마모·강도		외관
세분류	대상 장치	모듈 검사	NMS/ EMS	BER 측정	절연 저항	저항 전압	열상 측정	손실 측정	영상 확인	전계 강도	결합 손실	강도 측정	마모 측정	부식 검사
영상저장장치	저장장치						✓							

② 속성진단 항목

구분	내용연수/사용횟수	설치환경	운행횟수	고장·장애횟수	제품단종	설비용량
영상저장장치	✓		✓	✓	✓	✓

나. 속성진단항목 평가 기준

내용연수/사용횟수			운행횟수		
평가기준	가중치(%)	평가점수	평가기준	가중치(%)	평가점수
내용연수 여유율 75% 이상	a	5	일편도 50회 미만	a	5
내용연수 여유율 50~75% 미만	b	4	일편도 50회~150회 미만	b	4
내용연수 여유율 25~50% 미만	c	3	일편도 150회~300회 미만	c	3
내용연수 여유율 0~25% 미만	d	2	일편도 300회~500회 미만	d	2
내용연수 초과	e	1	일편도 500회 이상	e	1

※ 여유율 = {(내용연수-사용년수)/내용연수}*100[%]

고장장애횟수			설비용량		
평가기준	가중치(%)	평가점수	평가기준	가중치(%)	평가점수
발생없음	a	5	예비율 100% 이상	a	5
직전년도 1회	b	4	예비율 85%~99% 미만	b	4
직전년도 2회	c	3	예비율 70%~85% 미만	c	3
직전년도 3회	d	2	예비율 50%~70% 미만	d	2
직전년도 4회 이상	e	1	예비율 50% 미만	e	1

제품단종 여부		
평가기준	가중치(%)	평가점수
다수 제조사 생산	a	5
단일 제조사 생산	c	3
정품/대체품 단종	e	1

다. 가중치 적용방법

평가설비별 가중치				세분류 가중치		
대분류	제어설비			소분류	세분류	세분류 가중치
	안전성	내구성	사용성			
정보통신	60	15	25	여객관리용 영상설비	영상저장장치	25
					영상운영장치	20
					카메라	25
					UPS	20
					축전지	10

평가항목별(영상저장장치) 가중치										
세분류	설비 유형	열화 절연(a)	마모 강도(b)	외관 검사(c)	내용연수/ 사용횟수(d)	설치 환경(e)	운행 횟수(f)	고장장애 횟수(g)	제품 단종(h)	설비 용량(i)
영상 저장장치	제어 설비	20	0	0	40	0	10	10	10	10

평가항목별(영상저장장치) 가중치 부여방법				
평 가 항 목	평가점수(1~5)	가중치(%)	가중치 반영 평가점수	비고
열화·절연	A	a	(A*a)/100	
마모	B	b	(B*b)/100	
외관	C	c	(C*c)/100	
내용연수/사용횟수	D	d	(D*d)/100	
설치환경	E	e	(E*e)/100	
운행횟수	F	f	(F*f)/100	
고장·장애횟수	G	g	(G*g)/100	
제품단종	H	h	(H*h)/100	
설비용량	I	i	(I*i)/100	
합계		100%	1~5(점수)	

① 안전성의 평가점수 산출식

$$\frac{(A \times a) + (B \times b \times 0.7) + (C \times c \times 0.3) + (F \times f \times 0.3) + (G \times g \times 0.2)}{a + (b \times 0.7) + (c \times 0.3) + (f \times 0.3) + (g \times 0.2)}$$

② 내구성의 평가점수 산출식

$$\frac{(D \times d) + (C \times c \times 0.7) + (E \times e \times 0.7) + (B \times b \times 0.3) + (G \times g \times 0.2)}{d + (c \times 0.7) + (e \times 0.7) + (b \times 0.3) + (g \times 0.2)}$$

③ 사용성의 평가점수 산출식

$$\frac{(H \times h) + (I \times i) + (F \times f \times 0.7) + (G \times g \times 0.6) + (E \times e \times 0.3)}{h + i + (f \times 0.7) + (g \times 0.6) + (e \times 0.3)}$$

1.4.3.26 여객관리용 영상설비 영상운영장치

가. 영상설비 영상운영장치 성능평가 항목

① 정밀진단 항목

구분		열화·절연									마모·강도		외관
세분류	대상 장치	모듈 검사	NMS/ EMS	BER 측정	절연 저항	저항 전압	열상 측정	손실 측정	영상 확인	전계 강도	결합 손실	강도 측정	마모 측정	부식 검사
영상운영장치			✓											

② 속성진단 항목

구분	내용연수/사용횟수	설치환경	운행횟수	고장·장애횟수	제품단종	설비용량
영상운영장치	✓		✓	✓	✓	

나. 속성진단항목 평가 기준

내용연수/사용횟수				운행횟수		
평가기준	가중치(%)	평가점수		평가기준	가중치(%)	평가점수
내용연수 여유율 75% 이상	a	5		일편도 50회 미만	a	5
내용연수 여유율 50~75% 미만	b	4		일편도 50회~150회 미만	b	4
내용연수 여유율 25~50% 미만	c	3		일편도 150회~300회 미만	c	3
내용연수 여유율 0~25% 미만	d	2		일편도 300회~500회 미만	d	2
내용연수 초과	e	1		일편도 500회 이상	e	1

※ 여유율 = {(내용연수-사용년수)/내용연수}*100 [%]

고장장애횟수				제품단종 여부		
평가기준	가중치(%)	평가점수		평가기준	가중치(%)	평가점수
발생없음	a	5		다수 제조사 생산	a	5
직전년도 1회	b	4		단일 제조사 생산	c	3
직전년도 2회	c	3		정품/대체품 단종	e	1
직전년도 3회	d	2				
직전년도 4회 이상	e	1				

다. 가중치 적용방법

평가설비별 가중치					세분류 가중치		
대분류	제어설비			소분류	세분류	세분류 가중치	
	안전성	내구성	사용성				
정보통신	60	15	25	여객관리용 영상설비	영상저장장치	25	
					영상운영장치	20	
					카메라	25	
					UPS	20	
					축전지	10	

진단항목별(영상운영장치) 가중치										
세분류	설비 유형	열화 절연(a)	마모 강도(b)	외관 검사(c)	내용연수/ 사용횟수(d)	설치 환경(e)	운행 횟수(f)	고장장애 횟수 (g)	제품 단종(h)	설비 용량(i)
영상 운영장치	제어 설비	30	0	0	40	0	10	10	10	0

평가항목별(영상운영장치) 가중치 부여방법				
평 가 항 목	평가점수(1~5)	가중치(%)	가중치 반영 평가점수	비고
열화·절연	A	a	(A*a)/100	
마모	B	b	(B*b)/100	
외관	C	c	(C*c)/100	
내용연수/사용횟수	D	d	(D*d)/100	
설치환경	E	e	(E*e)/100	
운행횟수	F	f	(F*f)/100	
고장·장애횟수	G	g	(G*g)/100	
제품단종	H	h	(H*h)/100	
설비용량	I	i	(I*i)/100	
합계		100%	1~5(점수)	

① 안전성의 평가점수 산출식

$$\frac{(A \times a) + (B \times b \times 0.7) + (C \times c \times 0.3) + (F \times f \times 0.3) + (G \times g \times 0.2)}{a + (b \times 0.7) + (c \times 0.3) + (f \times 0.3) + (g \times 0.2)}$$

② 내구성의 평가점수 산출식

$$\frac{(D \times d) + (C \times c \times 0.7) + (E \times e \times 0.7) + (B \times b \times 0.3) + (G \times g \times 0.2)}{d + (c \times 0.7) + (e \times 0.7) + (b \times 0.3) + (g \times 0.2)}$$

③ 사용성의 평가점수 산출식

$$\frac{(H \times h) + (I \times i) + (F \times f \times 0.7) + (G \times g \times 0.6) + (E \times e \times 0.3)}{h + i + (f \times 0.7) + (g \times 0.6) + (e \times 0.3)}$$

1.4.3.27 여객관리용 영상설비 카메라

가. 카메라 성능평가 항목

① 정밀진단 항목

구분		열화·절연									마모·강도		외관
세분류	대상장치	모듈 검사	NMS /EMS	BER 측정	절연 저항	저항 전압	열상 측정	손실 측정	영상 확인	전계 강도	결합 손실	강도 측정	마모 측정	부식 검사
카메라	카메라 영상								✓					

② 속성진단 항목

구분	내용연수/사용횟수	설치환경	운행횟수	고장·장애횟수	제품단종	설비용량
카메라	✓	✓	✓	✓		✓

나. 속성진단항목 평가 기준

내용연수/사용횟수				설치환경		
평가기준	가중치(%)	평가점수		평가기준	구분	점수
내용연수 여유율 75% 이상	a	5		하자기간 내	a	5
내용연수 여유율 50~75% 미만	b	4		일반옥외	b	4
내용연수 여유율 25~50% 미만	c	3		공해옥내	c	3
내용연수 여유율 0~25% 미만	d	2		공해옥외	d	2
내용연수 초과	e	1		염해	e	1

※ 여유율 = {(내용연수-사용년수)/내용연수}*100[%]

운행횟수				고장장애횟수		
평가기준	가중치(%)	평가점수		평가기준	가중치(%)	평가점수
일편도 50회 미만	a	5		발생없음	a	5
일편도 50회~150회 미만	b	4		직전년도 1회	b	4
일편도 150회~300회 미만	c	3		직전년도 2회	c	3
일편도 300회~500회 미만	d	2		직전년도 3회	d	2
일편도 500회 이상	e	1		직전년도 4회 이상	e	1

설비용량		
평가기준	가중치(%)	평가점수
예비율 100% 이상	a	5
예비율 85%~99% 미만	b	4
예비율 70%~85% 미만	c	3
예비율 50%~70% 미만	d	2
예비율 50% 미만	e	1

다. 가중치 적용방법

평가설비별 가중치				세분류 가중치		
대분류	제어설비			소분류	세분류	세분류 가중치
	안전성	내구성	사용성			
정보통신	60	15	25	여객관리용 영상설비	영상저장장치	25
					영상운영장치	20
					카메라	25
					UPS	20
					축전지	10

진단항목별(카메라) 가중치										
세분류	설비유형	열화절연(a)	마모강도(b)	외관검사(c)	내용연수/사용횟수(d)	설치환경(e)	운행횟수(f)	고장장애횟수(g)	제품단종(h)	설비용량(i)
카메라	제어설비	20	0	0	40	10	10	10	0	10

평가항목별(카메라) 가중치 부여방법				
평 가 항 목	평가점수(1~5)	가중치(%)	가중치 반영 평가점수	비고
열화·절연	A	a	(A*a)/100	
마모	B	b	(B*b)/100	
외관	C	c	(C*c)/100	
내용연수/사용횟수	D	d	(D*d)/100	
설치환경	E	e	(E*e)/100	
운행횟수	F	f	(F*f)/100	
고장·장애횟수	G	g	(G*g)/100	
제품단종	H	h	(H*h)/100	
설비용량	I	i	(I*i)/100	
합계		100%	1~5(점수)	

① 안전성의 평가점수 산출식

$$\frac{(A\times a)+(B\times b\times 0.7)+(C\times c\times 0.3)+(F\times f\times 0.3)+(G\times g\times 0.2)}{a+(b\times 0.7)+(c\times 0.3)+(f\times 0.3)+(g\times 0.2)}$$

② 내구성의 평가점수 산출식

$$\frac{(D\times d)+(C\times c\times 0.7)+(E\times e\times 0.7)+(B\times b\times 0.3)+(G\times g\times 0.2)}{d+(c\times 0.7)+(e\times 0.7)+(b\times 0.3)+(g\times 0.2)}$$

③ 사용성의 평가점수 산출식

$$\frac{(H\times h)+(I\times i)+(F\times f\times 0.7)+(G\times g\times 0.6)+(E\times e\times 0.3)}{h+i+(f\times 0.7)+(g\times 0.6)+(e\times 0.3)}$$

1.4.3.28 여객관리용 영상설비 UPS
가. UPS 성능평가 항목
① 정밀진단 항목

구분		열화·절연										마모·강도		외관
세분류	대상장치	모듈검사	NMS/EMS	BER측정	절연저항	저항전압	열상측정	손실측정	영상확인	전계강도	결합손실	강도측정	마모측정	부식검사
UPS	장치출력				✓	✓								✓

② 속성진단 항목

구분	내용연수/사용횟수	설치환경	운행횟수	고장·장애횟수	제품단종	설비용량
UPS	✓		✓	✓	✓	✓

나. 속성진단항목 평가 기준

내용연수/사용횟수			운행횟수		
평가기준	가중치(%)	평가점수	평가기준	가중치(%)	평가점수
내용연수 여유율 75% 이상	a	5	일편도 50회 미만	a	5
내용연수 여유율 50~75% 미만	b	4	일편도 50회~150회 미만	b	4
내용연수 여유율 25~50% 미만	c	3	일편도 150회~300회 미만	c	3
내용연수 여유율 0~25% 미만	d	2	일편도 300회~500회 미만	d	2
내용연수 초과	e	1	일편도 500회 이상	e	1

※ 여유율 = {(내용연수-사용년수)/내용연수}*100[%]

고장장애횟수			설비용량		
평가기준	가중치(%)	평가점수	평가기준	가중치(%)	평가점수
발생없음	a	5	예비율 100% 이상	a	5
직전년도 1회	b	4	예비율 85%~99% 미만	b	4
직전년도 2회	c	3	예비율 70%~85% 미만	c	3
직전년도 3회	d	2	예비율 50%~70% 미만	d	2
직전년도 4회 이상	e	1	예비율 50% 미만	e	1

제품단종 여부		
평가기준	가중치(%)	평가점수
다수 제조사 생산	a	5
단일 제조사 생산	c	3
정품/대체품 단종	e	1

다. 가중치 적용방법

평가설비별 가중치				세분류 가중치		
대분류	제어설비			소분류	세분류	세분류 가중치
	안전성	내구성	사용성			
정보통신	60	15	25	여객관리용 영상설비	영상저장장치	25
					영상운영장치	20
					카메라	25
					UPS	20
					축전지	10

진단항목별(UPS) 가중치										
세분류	설비 유형	열화 절연(a)	마모 강도(b)	외관 검사(c)	내용연수/ 사용횟수(d)	설치 환경(e)	운행 횟수(f)	고장장애 횟수(g)	제품 단(h)	설비 용량(i)
카메라	제어 설비	30	0	10	20	0	10	10	10	10

평가항목별(UPS) 가중치 부여방법				
평 가 항 목	평가점수(1~5)	가중치(%)	가중치 반영 평가점수	비고
열화·절연	A	a	(A*a)/100	
마모	B	b	(B*b)/100	
외관	C	c	(C*c)/100	
내용연수/사용횟수	D	d	(D*d)/100	
설치환경	E	e	(E*e)/100	
운행횟수	F	f	(F*f)/100	
고장·장애횟수	G	g	(G*g)/100	
제품단종	H	h	(H*h)/100	
설비용량	I	i	(I*i)/100	
합계		100%	1~5(점수)	

① 안전성의 평가점수 산출식

$$\frac{(A\times a)+(B\times b\times 0.7)+(C\times c\times 0.3)+(F\times f\times 0.3)+(G\times g\times 0.2)}{a+(b\times 0.7)+(c\times 0.3)+(f\times 0.3)+(g\times 0.2)}$$

② 내구성의 평가점수 산출식

$$\frac{(D\times d)+(C\times c\times 0.7)+(E\times e\times 0.7)+(B\times b\times 0.3)+(G\times g\times 0.2)}{d+(c\times 0.7)+(e\times 0.7)+(b\times 0.3)+(g\times 0.2)}$$

③ 사용성의 평가점수 산출식

$$\frac{(H\times h)+(I\times i)+(F\times f\times 0.7)+(G\times g\times 0.6)+(E\times e\times 0.3)}{h+i+(f\times 0.7)+(g\times 0.6)+(e\times 0.3)}$$

1.4.3.29 여객관리용 영상설비 축전지
가. 축전지 성능평가 항목
① 정밀진단 항목

구분		열화·절연									마모·강도		외관
세분류	대상장치	모듈검사	NMS/EMS	BER측정	절연저항	저항전압	열상측정	손실측정	영상확인	전계강도	결합손실	강도측정	마모측정	부식검사
축전지	내부저항					✓								✓

② 속성진단 항목

구분	내용연수/사용횟수	설치환경	운행횟수	고장·장애횟수	제품단종	설비용량
축전지	✓		✓		✓	

나. 속성진단항목 평가 기준

내용연수/사용횟수			운행횟수		
평가기준	가중치(%)	평가점수	평가기준	가중치(%)	평가점수
내용연수 여유율 75% 이상	a	5	일편도 50회 미만	a	5
내용연수 여유율 50~75% 미만	b	4	일편도 50회~150회 미만	b	4
내용연수 여유율 25~50% 미만	c	3	일편도 150회~300회 미만	c	3
내용연수 여유율 0~25% 미만	d	2	일편도 300회~500회 미만	d	2
내용연수 초과	e	1	일편도 500회 이상	e	1

※ 여유율 = {(내용연수−사용년수)/내용연수}*100[%]

제품단종 여부		
평가기준	가중치(%)	평가점수
다수 제조사 생산	a	5
단일 제조사 생산	c	3
정품/대체품 단종	e	1

다. 가중치 적용방법

평가설비별 가중치				세분류 가중치		
대분류	제어설비			소분류	세분류	세분류 가중치
	안전성	내구성	사용성			
정보통신	60	15	25	여객관리용 영상설비	영상저장장치	25
					영상운영장치	20
					카메라	25
					UPS	20
					축전지	10

| 세분류 | 설비 유형 | 진단항목별(축전지)가중치 |||||||||
		열화 절연(a)	마모 강도(b)	외관 검사(c)	내용연수/ 사용횟수(d)	설치 환경(e)	운행 횟수(f)	고장장애 횟수(g)	제품 단종(h)	설비 용량(i)
축전지	제어 설비	40	0	10	30	0	10	0	10	0

평가항목별(축전지) 가중치 부여방법				
평 가 항 목	평가점수(1~5)	가중치(%)	가중치 반영 평가점수	비고
열화·절연	A	a	(A*a)/100	
마모	B	b	(B*b)/100	
외관	C	c	(C*c)/100	
내용연수/사용횟수	D	d	(D*d)/100	
설치환경	E	e	(E*e)/100	
운행횟수	F	f	(F*f)/100	
고장·장애횟수	G	g	(G*g)/100	
제품단종	H	h	(H*h)/100	
설비용량	I	i	(I*i)/100	
합계		100%	1~5(점수)	

① 안전성의 평가점수 산출식

$$\frac{(A\times a)+(B\times b\times 0.7)+(C\times c\times 0.3)+(F\times f\times 0.3)+(G\times g\times 0.2)}{a+(b\times 0.7)+(c\times 0.3)+(f\times 0.3)+(g\times 0.2)}$$

② 내구성의 평가점수 산출식

$$\frac{(D\times d)+(C\times c\times 0.7)+(E\times e\times 0.7)+(B\times b\times 0.3)+(G\times g\times 0.2)}{d+(c\times 0.7)+(e\times 0.7)+(b\times 0.3)+(g\times 0.2)}$$

③ 사용성의 평가점수 산출식

$$\frac{(H\times h)+(I\times i)+(F\times f\times 0.7)+(G\times g\times 0.6)+(E\times e\times 0.3)}{h+i+(f\times 0.7)+(g\times 0.6)+(e\times 0.3)}$$

1.4.3.30 시설감시용 영상설비 영상저장장치

가. 영상저장장치 성능평가 항목

① 정밀진단 항목

구분		열화·절연									마모·강도		외관
세분류	대상 장치	모듈 검사	NMS/ EMS	BER 측정	절연 저항	저항 전압	열상 측정	손실 측정	영상 확인	전계 강도	결합 손실	강도 측정	마모 측정	부식 검사
영상저장장치	저장장치						✓							

② 속성진단 항목

구분	내용연수/사용횟수	설치환경	운행횟수	고장·장애횟수	제품단종	설비용량
영상저장장치	✓		✓	✓	✓	✓

나. 속성진단항목 평가 기준

내용연수/사용횟수			운행횟수		
평가기준	가중치(%)	평가점수	평가기준	가중치(%)	평가점수
내용연수 여유율 75% 이상	a	5	일편도 50회 미만	a	5
내용연수 여유율 50~75% 미만	b	4	일편도 50회~150회 미만	b	4
내용연수 여유율 25~50% 미만	c	3	일편도 150회~300회 미만	c	3
내용연수 여유율 0~25% 미만	d	2	일편도 300회~500회 미만	d	2
내용연수 초과	e	1	일편도 500회 이상	e	1
※ 여유율 = {(내용연수-사용년수)/내용연수}*100 [%]					

고장장애횟수			설비용량		
평가기준	가중치(%)	평가점수	평가기준	가중치(%)	평가점수
발생없음	a	5	예비율 100% 이상	a	5
직전년도 1회	b	4	예비율 85%~99% 미만	b	4
직전년도 2회	c	3	예비율 70%~85% 미만	c	3
직전년도 3회	d	2	예비율 50%~70% 미만	d	2
직전년도 4회 이상	e	1	예비율 50% 미만	e	1

제품단종 여부		
평가기준	가중치(%)	평가점수
다수 제조사 생산	a	5
단일 제조사 생산	c	3
정품/대체품 단종	e	1

다. 가중치 적용방법

평가설비별 가중치				세분류 가중치		
대분류	제어설비			소분류	세분류	세분류 가중치
	안전성	내구성	사용성			
정보통신	60	15	25	시설감시용 영상설비	영상저장장치	40
					영상운영장치	30
					카메라	30

진단항목별(영상저장장치) 가중치										
세분류	설비 유형	열화 절연(a)	마모 강도(b)	외관 검사(c)	내용연수/ 사용횟수(d)	설치 환경(e)	운행 횟수(f)	고장장애 횟수(g)	제품 단종(h)	설비 용량(i)
영상저장장치	제어 설비	20	0	0	40	0	10	10	10	10

평가항목별(영상저장장치) 가중치 부여방법				
평 가 항 목	평가점수(1~5)	가중치(%)	가중치 반영 평가점수	비고
열화·절연	A	a	(A*a)/100	
마모	B	b	(B*b)/100	
외관	C	c	(C*c)/100	
내용연수/사용횟수	D	d	(D*d)/100	
설치환경	E	e	(E*e)/100	
운행횟수	F	f	(F*f)/100	
고장·장애횟수	G	g	(G*g)/100	
제품단종	H	h	(H*h)/100	
설비용량	I	i	(I*i)/100	
합계		100%	1~5(점수)	

① 안전성의 평가점수 산출식

$$\frac{(A\times a)+(B\times b\times 0.7)+(C\times c\times 0.3)+(F\times f\times 0.3)+(G\times g\times 0.2)}{a+(b\times 0.7)+(c\times 0.3)+(f\times 0.3)+(g\times 0.2)}$$

② 내구성의 평가점수 산출식

$$\frac{(D\times d)+(C\times c\times 0.7)+(E\times e\times 0.7)+(B\times b\times 0.3)+(G\times g\times 0.2)}{d+(c\times 0.7)+(e\times 0.7)+(b\times 0.3)+(g\times 0.2)}$$

③ 사용성의 평가점수 산출식

$$\frac{(H\times h)+(I\times i)+(F\times f\times 0.7)+(G\times g\times 0.6)+(E\times e\times 0.3)}{h+i+(f\times 0.7)+(g\times 0.6)+(e\times 0.3)}$$

1.4.3.31 시설감시용 영상설비 영상운영장치

가. 영상설비 영상운영장치 성능평가 항목

① 정밀진단 항목

구분				열화·절연								마모·강도		외관
세분류	대상 장치	모듈 검사	NMS/ EMS	BER 측정	절연 저항	저항 전압	열상 측정	손실 측정	영상 확인	전계 강도	결합 손실	강도 측정	마모 측정	부식 검사
영상운영장치			✓											

② 속성진단 항목

구분	내용연수/사용횟수	설치환경	운행횟수	고장·장애횟수	제품단종	설비용량
영상운영장치	✓		✓	✓	✓	

나. 속성진단항목 평가 기준

내용연수/사용횟수				운행횟수		
평가기준	가중치(%)	평가점수		평가기준	가중치(%)	평가점수
내용연수 여유율 75% 이상	a	5		일편도 50회 미만	a	5
내용연수 여유율 50~75% 미만	b	4		일편도 50회~150회 미만	b	4
내용연수 여유율 25~50% 미만	c	3		일편도 150회~300회 미만	c	3
내용연수 여유율 0~25% 미만	d	2		일편도 300회~500회 미만	d	2
내용연수 초과	e	1		일편도 500회 이상	e	1

※ 여유율 = {(내용연수−사용년수)/내용연수}*100 [%]

고장장애횟수				제품단종 여부		
평가기준	가중치(%)	평가점수		평가기준	가중치(%)	평가점수
발생없음	a	5		다수 제조사 생산	a	5
직전년도 1회	b	4		단일 제조사 생산	c	3
직전년도 2회	c	3		정품/대체품 단종	e	1
직전년도 3회	d	2				
직전년도 4회 이상	e	1				

다. 가중치 적용방법

평가설비별 가중치					세분류 가중치		
대분류	제어설비				소분류	세분류	세분류 가중치
	안전성	내구성	사용성				
정보통신	60	15	25		시설감시용 영상설비	영상저장장치	40
						영상운영장치	30
						카메라	30

진단항목별(영상운영장치) 가중치

세분류	설비유형	열화절연(a)	마모강도(b)	외관검사(c)	내용연수/사용횟수(d)	설치환경(e)	운행횟수(f)	고장장애횟수(g)	제품단종(h)	설비용량(i)
영상운영장치	제어설비	30	0	0	40	0	10	10	10	0

평가항목별(영상운영장치) 가중치 부여방법

평 가 항 목	평가점수(1~5)	가중치(%)	가중치 반영 평가점수	비고
열화·절연	A	a	(A*a)/100	
마모	B	b	(B*b)/100	
외관	C	c	(C*c)/100	
내용연수/사용횟수	D	d	(D*d)/100	
설치환경	E	e	(E*e)/100	
운행횟수	F	f	(F*f)/100	
고장·장애횟수	G	g	(G*g)/100	
제품단종	H	h	(H*h)/100	
설비용량	I	i	(I*i)/100	
합계		100%	1~5(점수)	

① 안전성의 평가점수 산출식

$$\frac{(A \times a)+(B \times b \times 0.7)+(C \times c \times 0.3)+(F \times f \times 0.3)+(G \times g \times 0.2)}{a+(b \times 0.7)+(c \times 0.3)+(f \times 0.3)+(g \times 0.2)}$$

② 내구성의 평가점수 산출식

$$\frac{(D \times d)+(C \times c \times 0.7)+(E \times e \times 0.7)+(B \times b \times 0.3)+(G \times g \times 0.2)}{d+(c \times 0.7)+(e \times 0.7)+(b \times 0.3)+(g \times 0.2)}$$

③ 사용성의 평가점수 산출식

$$\frac{(H \times h)+(I \times i)+(F \times f \times 0.7)+(G \times g \times 0.6)+(E \times e \times 0.3)}{h+i+(f \times 0.7)+(g \times 0.6)+(e \times 0.3)}$$

1.4.3.32 시설감시용 영상설비 카메라

가. 카메라 성능평가 항목

① 정밀진단 항목

구분		열화·절연									마모·강도		외관
세분류	대상장치	모듈검사	NMS/EMS	BER측정	절연저항	저항전압	열상측정	손실측정	영상확인	전계강도	결합손실	강도측정	마모측정	부식검사
카메라	카메라 영상								✓					

② 속성진단 항목

구분	내용연수/사용횟수	설치환경	운행횟수	고장·장애횟수	제품단종	설비용량
카메라	✓	✓	✓	✓		✓

나. 속성진단항목 평가 기준

내용연수/사용횟수				설치환경		
평가기준	가중치(%)	평가점수		평가기준	구분	점수
내용연수 여유율 75% 이상	a	5		하자기간 내	a	5
내용연수 여유율 50~75% 미만	b	4		옥외 (비전철 구간)	b	4
내용연수 여유율 25~50% 미만	c	3		옥외 (전철 구간)	c	3
내용연수 여유율 0~25% 미만	d	2		-	d	2
내용연수 초과	e	1		염해	e	1

※ 여유율 = {(내용연수-사용년수)/내용연수}*100[%]

운행횟수				고장장애횟수		
평가기준	가중치(%)	평가점수		평가기준	가중치(%)	평가점수
일편도 50회 미만	a	5		발생없음	a	5
일편도 50회~150회 미만	b	4		직전년도 1회	b	4
일편도 150회~300회 미만	c	3		직전년도 2회	c	3
일편도 300회~500회 미만	d	2		직전년도 3회	d	2
일편도 500회 이상	e	1		직전년도 4회 이상	e	1

설비용량		
평가기준	가중치(%)	평가점수
예비율 100% 이상	a	5
예비율 85%~99% 미만	b	4
예비율 70%~85% 미만	c	3
예비율 50%~70% 미만	d	2
예비율 50% 미만	e	1

다. 가중치 적용방법

평가설비별 가중치				세분류 가중치		
대분류	제어설비			소분류	세분류	세분류 가중치
	안전성	내구성	사용성			
정보통신	60	15	25	여객관리용 영상설비	영상저장장치	40
					영상운영장치	30
					카메라	30

진단항목별(카메라) 가중치										
세분류	설비 유형	열화 절연(a)	마모 강도(b)	외관 검사(c)	내용연수/ 사용횟수(d)	설치 환경(e)	운행 횟수(f)	고장장애 횟수 (g)	제품 단종(h)	설비 용량(i)
카메라	제어 설비	20	0	0	40	10	10	10	0	10

평가항목별(카메라) 가중치 부여방법				
평 가 항 목	평가점수(1~5)	가중치(%)	가중치 반영 평가점수	비고
열화·절연	A	a	(A*a)/100	
마모	B	b	(B*b)/100	
외관	C	c	(C*c)/100	
내용연수/사용횟수	D	d	(D*d)/100	
설치환경	E	e	(E*e)/100	
운행횟수	F	f	(F*f)/100	
고장·장애횟수	G	g	(G*g)/100	
제품단종	H	h	(H*h)/100	
설비용량	I	i	(I*i)/100	
합계		100%	1~5(점수)	

① 안전성의 평가점수 산출식

$$\frac{(A\times a)+(B\times b\times 0.7)+(C\times c\times 0.3)+(F\times f\times 0.3)+(G\times g\times 0.2)}{a+(b\times 0.7)+(c\times 0.3)+(f\times 0.3)+(g\times 0.2)}$$

② 내구성의 평가점수 산출식

$$\frac{(D\times d)+(C\times c\times 0.7)+(E\times e\times 0.7)+(B\times b\times 0.3)+(G\times g\times 0.2)}{d+(c\times 0.7)+(e\times 0.7)+(b\times 0.3)+(g\times 0.2)}$$

③ 사용성의 평가점수 산출식

$$\frac{(H\times h)+(I\times i)+(F\times f\times 0.7)+(G\times g\times 0.6)+(E\times e\times 0.3)}{h+i+(f\times 0.7)+(g\times 0.6)+(e\times 0.3)}$$

1.4.3.33 역무자동화설비 전산장치 중앙전산기
가. 중앙전산기 성능평가 항목
① 정밀진단 항목

구분		열화·절연									마모·강도		외관
세분류	대상 장치	모듈 검사	NMS/ EMS	BER 측정	절연 저항	저항 전압	열상 측정	손실 측정	영상 확인	전계 강도	결합 손실	강도 측정	마모 측정	부식 검사
중앙전산기		✓	✓				✓							

② 속성진단 항목

구분	내용연수/사용횟수	설치환경	운행횟수	고장·장애횟수	제품단종	설비용량
중앙전산기	✓		✓	✓	✓	

나. 속성진단항목 평가 기준

내용연수/사용횟수			운행횟수		
평가기준	가중치(%)	평가점수	평가기준	가중치(%)	평가점수
내용연수 여유율 75% 이상	a	5	일편도 50회 미만	a	5
내용연수 여유율 50~75% 미만	b	4	일편도 50회~150회 미만	b	4
내용연수 여유율 25~50% 미만	c	3	일편도 150회~300회 미만	c	3
내용연수 여유율 0~25% 미만	d	2	일편도 300회~500회 미만	d	2
내용연수 초과	e	1	일편도 500회 이상	e	1

※ 여유율 = {(내용연수-사용년수)/내용연수}*100[%]

고장장애횟수			제품단종 여부		
평가기준	가중치(%)	평가점수	평가기준	가중치(%)	평가점수
발생없음	a	5	다수 제조사 생산	a	5
직전년도 1회	b	4	단일 제조사 생산	c	3
직전년도 2회	c	3	정품/대체품 단종	e	1
직전년도 3회	d	2			
직전년도 4회 이상	e	1			

다. 가중치 적용방법

평가설비별 가중치					세분류 가중치		
대분류	제어설비			소분류	세분류	세분류 가중치
	안전성	내구성	사용성			
정보통신	60	15	25	전산장치	중앙전산기	60
					역단위전산기	40

진단항목별(중앙전산기) 가중치

세분류	설비유형	열화절연(a)	마모강도(b)	외관검사(c)	내용연수/사용횟수(d)	설치환경(e)	운행횟수(f)	고장장애횟수(g)	제품단종(h)	설비용량(i)
중앙전산기	제어설비	40	0	0	30	0	10	10	10	0

평가항목별(중앙전산기) 가중치 부여방법

평 가 항 목	평가점수(1~5)	가중치(%)	가중치 반영 평가점수	비고
열화·절연	A	a	(A*a)/100	
마모	B	b	(B*b)/100	
외관	C	c	(C*c)/100	
내용연수/사용횟수	D	d	(D*d)/100	
설치환경	E	e	(E*e)/100	
운행횟수	F	f	(F*f)/100	
고장·장애횟수	G	g	(G*g)/100	
제품단종	H	h	(H*h)/100	
설비용량	I	i	(I*i)/100	
합계		100%	1~5(점수)	

① 안전성의 평가점수 산출식

$$\frac{(A\times a)+(B\times b\times 0.7)+(C\times c\times 0.3)+(F\times f\times 0.3)+(G\times g\times 0.2)}{a+(b\times 0.7)+(c\times 0.3)+(f\times 0.3)+(g\times 0.2)}$$

② 내구성의 평가점수 산출식

$$\frac{(D\times d)+(C\times c\times 0.7)+(E\times e\times 0.7)+(B\times b\times 0.3)+(G\times g\times 0.2)}{d+(c\times 0.7)+(e\times 0.7)+(b\times 0.3)+(g\times 0.2)}$$

③ 사용성의 평가점수 산출식

$$\frac{(H\times h)+(I\times i)+(F\times f\times 0.7)+(G\times g\times 0.6)+(E\times e\times 0.3)}{h+i+(f\times 0.7)+(g\times 0.6)+(e\times 0.3)}$$

1.4.3.34 역무자동화설비 전산장치 역단위전산기
가. 역단위전산기 성능평가 항목
① 정밀진단 항목

구분	대상 장치	열화·절연									마모·강도		외관
세분류	대상 장치	모듈 검사	NMS/ EMS	BER 측정	절연 저항	저항 전압	열상 측정	손실 측정	영상 확인	전계 강도	결합 손실	강도 측정	마모 측정	부식 검사
역단위전산기			✓				✓							

② 속성진단 항목

구분	내용연수/사용횟수	설치환경	운행횟수	고장·장애횟수	제품단종	설비용량
역단위전산기	✓		✓	✓	✓	

나. 속성진단항목 평가 기준

내용연수/사용횟수			운행횟수		
평가기준	가중치(%)	평가점수	평가기준	가중치(%)	평가점수
내용연수 여유율 75% 이상	a	5	일편도 50회 미만	a	5
내용연수 여유율 50~75% 미만	b	4	일편도 50회~150회 미만	b	4
내용연수 여유율 25~50% 미만	c	3	일편도 150회~300회 미만	c	3
내용연수 여유율 0~25% 미만	d	2	일편도 300회~500회 미만	d	2
내용연수 초과	e	1	일편도 500회 이상	e	1

※ 여유율 = {(내용연수-사용년수)/내용연수}*100[%]

고장장애횟수			제품단종 여부		
평가기준	가중치(%)	평가점수	평가기준	가중치(%)	평가점수
발생없음	a	5	다수 제조사 생산	a	5
직전년도 1회	b	4	단일 제조사 생산	c	3
직전년도 2회	c	3	정품/대체품 단종	e	1
직전년도 3회	d	2			
직전년도 4회 이상	e	1			

다. 가중치 적용방법

평가설비별 가중치				세분류 가중치		
대분류	제어설비			소분류	세분류	세분류 가중치
	안전성	내구성	사용성			
정보통신	60	15	25	전산장치	중앙전산기	60
					역단위전산기	40

진단항목별(역단위전산기) 가중치

세분류	설비 유형	열화 절연(a)	마모 강도(b)	외관 검사(c)	내용연수/ 사용횟수(d)	설치 환경(e)	운행 횟수(f)	고장장애 횟수(g)	제품 단종(h)	설비 용량(i)
역단위전산기	제어 설비	40	0	0	30	0	10	10	10	0

평가항목별(역단위전산기) 가중치 부여방법

평 가 항 목	평가점수(1~5)	가중치(%)	가중치 반영 평가점수	비고
열화·절연	A	a	(A*a)/100	
마모	B	b	(B*b)/100	
외관	C	c	(C*c)/100	
내용연수/사용횟수	D	d	(D*d)/100	
설치환경	E	e	(E*e)/100	
운행횟수	F	f	(F*f)/100	
고장·장애횟수	G	g	(G*g)/100	
제품단종	H	h	(H*h)/100	
설비용량	I	i	(I*i)/100	
합계		100%	1~5(점수)	

① 안전성의 평가점수 산출식

$$\frac{(A\times a)+(B\times b\times 0.7)+(C\times c\times 0.3)+(F\times f\times 0.3)+(G\times g\times 0.2)}{a+(b\times 0.7)+(c\times 0.3)+(f\times 0.3)+(g\times 0.2)}$$

② 내구성의 평가점수 산출식

$$\frac{(D\times d)+(C\times c\times 0.7)+(E\times e\times 0.7)+(B\times b\times 0.3)+(G\times g\times 0.2)}{d+(c\times 0.7)+(e\times 0.7)+(b\times 0.3)+(g\times 0.2)}$$

③ 사용성의 평가점수 산출식

$$\frac{(H\times h)+(I\times i)+(F\times f\times 0.7)+(G\times g\times 0.6)+(E\times e\times 0.3)}{h+i+(f\times 0.7)+(g\times 0.6)+(e\times 0.3)}$$

1.4.3.35 역무자동화설비 발매기 1회용발매/교통카드 충전기

가. 1회용발매/교통카드 충전기 성능평가 항목

① 정밀진단 항목

구분		열화·절연									마모·강도		외관
세분류	대상 장치	모듈 검사	NMS/ EMS	BER 측정	절연 저항	저항 전압	열상 측정	손실 측정	영상 확인	전계 강도	결합 손실	강도 측정	마모 측정	부식 검사
1회용발매/ 교통카드 충전기							✓							

② 속성진단 항목

구분	내용연수/사용횟수	설치환경	운행횟수	고장·장애횟수	제품단종	설비용량
1회용발매/교통카드 충전기	✓	✓	✓	✓	✓	

나. 속성진단항목 평가 기준

내용연수/사용횟수				설치환경		
평가기준	가중치(%)	평가점수		평가기준	구분	점수
내용연수 여유율 75% 이상	a	5		하자기간 내	a	5
내용연수 여유율 50~75% 미만	b	4		일반옥외	b	4
내용연수 여유율 25~50% 미만	c	3		공해옥내	c	3
내용연수 여유율 0~25% 미만	d	2		공해옥외	d	2
내용연수 초과	e	1		염해	e	1
※ 여유율 = {(내용연수-사용년수)/내용연수}*100[%]						

운행횟수				고장장애횟수		
평가기준	가중치(%)	평가점수		평가기준	가중치(%)	평가점수
일편도 50회 미만	a	5		발생없음	a	5
일편도 50회~150회 미만	b	4		직전년도 1회	b	4
일편도 150회~300회 미만	c	3		직전년도 2회	c	3
일편도 300회~500회 미만	d	2		직전년도 3회	d	2
일편도 500회 이상	e	1		직전년도 4회 이상	e	1

제품단종 여부		
평가기준	가중치(%)	평가점수
다수 제조사 생산	a	5
단일 제조사 생산	c	3
정품/대체품 단종	e	1

다. 가중치 적용방법

평가설비별 가중치				세분류 가중치		
대분류	제어설비			소분류	세분류	세분류 가중치
	안전성	내구성	사용성			
정보통신	60	15	25	발매기	1회용발매·교통카드충전기	40
					교통카드무인·정산충전기	30
					보증금환급기	30

진단항목별(1회용발매·교통카드충전기) 가중치										
세분류	설비유형	열화절연(a)	마모강도(b)	외관검사(c)	내용연수/사용횟수(d)	설치환경(e)	운행횟수(f)	고장장애횟수(g)	제품단종(h)	설비용량(i)
1회용발매 교통카드충전기	제어설비	20	0	0	40	10	10	10	10	0

평가항목별(1회용발매·교통카드충전기) 가중치 부여방법				
평 가 항 목	평가점수(1~5)	가중치(%)	가중치 반영 평가점수	비고
열화·절연	A	a	(A*a)/100	
마모	B	b	(B*b)/100	
외관	C	c	(C*c)/100	
내용연수/사용횟수	D	d	(D*d)/100	
설치환경	E	e	(E*e)/100	
운행횟수	F	f	(F*f)/100	
고장·장애횟수	G	g	(G*g)/100	
제품단종	H	h	(H*h)/100	
설비용량	I	i	(I*i)/100	
합계		100%	1~5(점수)	

① 안전성의 평가점수 산출식

$$\frac{(A\times a)+(B\times b\times 0.7)+(C\times c\times 0.3)+(F\times f\times 0.3)+(G\times g\times 0.2)}{a+(b\times 0.7)+(c\times 0.3)+(f\times 0.3)+(g\times 0.2)}$$

② 내구성의 평가점수 산출식

$$\frac{(D\times d)+(C\times c\times 0.7)+(E\times e\times 0.7)+(B\times b\times 0.3)+(G\times g\times 0.2)}{d+(c\times 0.7)+(e\times 0.7)+(b\times 0.3)+(g\times 0.2)}$$

③ 사용성의 평가점수 산출식

$$\frac{(H\times h)+(I\times i)+(F\times f\times 0.7)+(G\times g\times 0.6)+(E\times e\times 0.3)}{h+i+(f\times 0.7)+(g\times 0.6)+(e\times 0.3)}$$

1.4.3.36 역무자동화설비 발매기 무인/정산충전기

가. 무인/정산충전기 성능평가 항목

① 정밀진단 항목

구분		열화·절연									마모·강도		외관
세분류	대상 장치	모듈 검사	NMS/ EMS	BER 측정	절연 저항	저항 전압	열상 측정	손실 측정	영상 확인	전계 강도	결합 손실	강도 측정	마모 측정	부식 검사
무인/정산 충전기							✓							

② 속성진단 항목

구분	내용연수/사용횟수	설치환경	운행횟수	고장·장애횟수	제품단종	설비용량
무인/정산충전기	✓	✓	✓	✓	✓	

나. 속성진단항목 평가 기준

내용연수/사용횟수			설치환경		
평가기준	가중치(%)	평가점수	평가기준	구분	점수
내용연수 여유율 75% 이상	a	5	하자기간 내	a	5
내용연수 여유율 50~75% 미만	b	4	지하역사	b	4
내용연수 여유율 25~50% 미만	c	3	지상역사(광역철도 전용 구간)	c	3
내용연수 여유율 0~25% 미만	d	2	지상역사	d	2
내용연수 초과	e	1	염해	e	1

※ 여유율 = {(내용연수-사용년수)/내용연수}*100[%]

운행횟수			고장장애횟수		
평가기준	가중치(%)	평가점수	평가기준	가중치(%)	평가점수
일편도 50회 미만	a	5	발생없음	a	5
일편도 50회~150회 미만	b	4	직전년도 1회	b	4
일편도 150회~300회 미만	c	3	직전년도 2회	c	3
일편도 300회~500회 미만	d	2	직전년도 3회	d	2
일편도 500회 이상	e	1	직전년도 4회 이상	e	1

제품단종 여부		
평가기준	가중치(%)	평가점수
다수 제조사 생산	a	5
단일 제조사 생산	c	3
정품/대체품 단종	e	1

다. 가중치 적용방법

평가설비별 가중치				세분류 가중치		
대분류	제어설비			소분류	세분류	세분류 가중치
	안전성	내구성	사용성			
정보통신	60	15	25	발매기	1회용발매·교통카드충전기	40
					교통카드무인·정산충전기	30
					보증금환급기	30

진단항목별(무인·정산충전기) 가중치										
세분류	설비유형	열화절연(a)	마모강도(b)	외관검사(c)	내용연수/사용횟수(d)	설치환경(e)	운행횟수(f)	고장장애횟수(g)	제품단종(h)	설비용량(i)
교통카드 무인정산충전기	제어설비	20	0	0	40	10	10	10	10	0

평가항목별(무인·정산충전기) 가중치 부여방법				
평 가 항 목	평가점수(1~5)	가중치(%)	가중치 반영 평가점수	비고
열화·절연	A	a	(A*a)/100	
마모	B	b	(B*b)/100	
외관	C	c	(C*c)/100	
내용연수/사용횟수	D	d	(D*d)/100	
설치환경	E	e	(E*e)/100	
운행횟수	F	f	(F*f)/100	
고장·장애횟수	G	g	(G*g)/100	
제품단종	H	h	(H*h)/100	
설비용량	I	i	(I*i)/100	
합계		100%	1~5(점수)	

① 안전성의 평가점수 산출식

$$\frac{(A \times a)+(B \times b \times 0.7)+(C \times c \times 0.3)+(F \times f \times 0.3)+(G \times g \times 0.2)}{a+(b \times 0.7)+(c \times 0.3)+(f \times 0.3)+(g \times 0.2)}$$

② 내구성의 평가점수 산출식

$$\frac{(D \times d)+(C \times c \times 0.7)+(E \times e \times 0.7)+(B \times b \times 0.3)+(G \times g \times 0.2)}{d+(c \times 0.7)+(e \times 0.7)+(b \times 0.3)+(g \times 0.2)}$$

③ 사용성의 평가점수 산출식

$$\frac{(H \times h)+(I \times i)+(F \times f \times 0.7)+(G \times g \times 0.6)+(E \times e \times 0.3)}{h+i+(f \times 0.7)+(g \times 0.6)+(e \times 0.3)}$$

1.4.3.37 보증금 환급기
가. 보증금 환급기 성능평가 항목
① 정밀진단 항목

구분	열화·절연										마모·강도		외관
세분류	대상 장치	모듈 검사	NMS/ EMS	BER 측정	절연 저항	저항 전압	열상 측정	손실 측정	영상 확인	전계 강도	결합 손실	강도 측정	마모 측정	부식 검사
보증금 환급기							✓							

② 속성진단 항목

구분	내용연수/사용횟수	설치환경	운행횟수	고장·장애횟수	제품단종	설비용량
보증금 환급기	✓	✓	✓	✓	✓	

나. 속성진단항목 평가 기준

내용연수/사용횟수			설치환경		
평가기준	가중치(%)	평가점수	평가기준	구분	점수
내용연수 여유율 75% 이상	a	5	하자기간 내	a	5
내용연수 여유율 50~75% 미만	b	4	지하역사	b	4
내용연수 여유율 25~50% 미만	c	3	지상역사(광역철도 전용 구간)	c	3
내용연수 여유율 0~25% 미만	d	2	지상역사	d	2
내용연수 초과	e	1	염해	e	1

※ 여유율 = {(내용연수-사용년수)/내용연수}*100[%]

운행횟수			고장장애횟수		
평가기준	가중치(%)	평가점수	평가기준	가중치(%)	평가점수
일편도 50회 미만	a	5	발생없음	a	5
일편도 50회~150회 미만	b	4	직전년도 1회	b	4
일편도 150회~300회 미만	c	3	직전년도 2회	c	3
일편도 300회~500회 미만	d	2	직전년도 3회	d	2
일편도 500회 이상	e	1	직전년도 4회 이상	e	1

제품단종 여부		
평가기준	가중치(%)	평가점수
다수 제조사 생산	a	5
단일 제조사 생산	c	3
정품/대체품 단종	e	1

다. 가중치 적용방법

평가설비별 가중치				세분류 가중치		
대분류	제어설비			소분류	세분류	세분류 가중치
	안전성	내구성	사용성			
정보통신	60	15	25	발매기	1회용발매·교통카드충전기	40
					교통카드무인·정산충전기	30
					보증금환급기	30

진단항목별(보증금환급기) 가중치										
세분류	설비유형	열화절연(a)	마모강도(b)	외관검사(c)	내용연수/사용횟수(d)	설치환경(e)	운행횟수(f)	고장장애횟수(g)	제품단종(h)	설비용량(i)
1회용발매 교통카드충전기	제어설비	20	0	0	40	10	10	10	10	0

평가항목별(보증금환급기) 가중치 부여방법				
평 가 항 목	평가점수(1~5)	가중치(%)	가중치 반영 평가점수	비고
열화·절연	A	a	(A*a)/100	
마모	B	b	(B*b)/100	
외관	C	c	(C*c)/100	
내용연수/사용횟수	D	d	(D*d)/100	
설치환경	E	e	(E*e)/100	
운행횟수	F	f	(F*f)/100	
고장·장애횟수	G	g	(G*g)/100	
제품단종	H	h	(H*h)/100	
설비용량	I	i	(I*i)/100	
합계		100%	1~5(점수)	

① 안전성의 평가점수 산출식

$$\frac{(A \times a) + (B \times b \times 0.7) + (C \times c \times 0.3) + (F \times f \times 0.3) + (G \times g \times 0.2)}{a + (b \times 0.7) + (c \times 0.3) + (f \times 0.3) + (g \times 0.2)}$$

② 내구성의 평가점수 산출식

$$\frac{(D \times d) + (C \times c \times 0.7) + (E \times e \times 0.7) + (B \times b \times 0.3) + (G \times g \times 0.2)}{d + (c \times 0.7) + (e \times 0.7) + (b \times 0.3) + (g \times 0.2)}$$

③ 사용성의 평가점수 산출식

$$\frac{(H \times h) + (I \times i) + (F \times f \times 0.7) + (G \times g \times 0.6) + (E \times e \times 0.3)}{h + i + (f \times 0.7) + (g \times 0.6) + (e \times 0.3)}$$

1.4.3.38 역무자동화설비 게이트 자동 개·집표기
가. 자동 개·집표기 성능평가 항목
① 정밀진단 항목

구분					열화·절연							마모·강도		외관
세분류	대상 장치	모듈 검사	NMS/ EMS	BER 측정	절연 저항	저항 전압	열상 측정	손실 측정	영상 확인	전계 강도	결합 손실	강도 측정	마모 측정	부식 검사
자동 개·집표기							✓			✓				

② 속성진단 항목

구분	내용연수/사용횟수	설치환경	운행횟수	고장·장애횟수	제품단종	설비용량
자동 개·집표기	✓	✓	✓	✓	✓	

나. 속성진단항목 평가 기준

내용연수/사용횟수			설치환경		
평가기준	가중치(%)	평가점수	평가기준	구분	점수
내용연수 여유율 75% 이상	a	5	하자기간 내	a	5
내용연수 여유율 50~75% 미만	b	4	지하역사	b	4
내용연수 여유율 25~50% 미만	c	3	지상역사(광역철도 전용 구간)	c	3
내용연수 여유율 0~25% 미만	d	2	지상역사	d	2
내용연수 초과	e	1	염해	e	1

※ 여유율 = {(내용연수-사용년수)/내용연수}*100[%]

운행횟수			고장장애횟수		
평가기준	가중치(%)	평가점수	평가기준	가중치(%)	평가점수
일편도 50회 미만	a	5	발생없음	a	5
일편도 50회~150회 미만	b	4	직전년도 1회	b	4
일편도 150회~300회 미만	c	3	직전년도 2회	c	3
일편도 300회~500회 미만	d	2	직전년도 3회	d	2
일편도 500회 이상	e	1	직전년도 4회 이상	e	1

제품단종 여부		
평가기준	가중치(%)	평가점수
다수 제조사 생산	a	5
단일 제조사 생산	c	3
정품/대체품 단종	e	1

다. 가중치 적용방법

평가설비별 가중치				세분류 가중치		
대분류	제어설비			소분류	세분류	세분류 가중치
	안전성	내구성	사용성			
정보통신	60	15	25	게이트	자동개·집표기	100

진단항목별(자동개·집표기) 가중치										
세분류	설비유형	열화절연(a)	마모강도(b)	외관검사(c)	내용연수/사용횟수(d)	설치환경(e)	운행횟수(f)	고장장애횟수(g)	제품단종(h)	설비용량(i)
자동개·집표기	제어설비	30	0	0	30	10	10	10	10	0

평가항목별(자동개·집표기) 가중치 부여방법				
평 가 항 목	평가점수(1~5)	가중치(%)	가중치 반영 평가점수	비고
열화·절연	A	a	(A*a)/100	
마모	B	b	(B*b)/100	
외관	C	c	(C*c)/100	
내용연수/사용횟수	D	d	(D*d)/100	
설치환경	E	e	(E*e)/100	
운행횟수	F	f	(F*f)/100	
고장·장애횟수	G	g	(G*g)/100	
제품단종	H	h	(H*h)/100	
설비용량	I	i	(I*i)/100	
합계		100%	1~5(점수)	

① 안전성의 평가점수 산출식

$$\frac{(A \times a) + (B \times b \times 0.7) + (C \times c \times 0.3) + (F \times f \times 0.3) + (G \times g \times 0.2)}{a + (b \times 0.7) + (c \times 0.3) + (f \times 0.3) + (g \times 0.2)}$$

② 내구성의 평가점수 산출식

$$\frac{(D \times d) + (C \times c \times 0.7) + (E \times e \times 0.7) + (B \times b \times 0.3) + (G \times g \times 0.2)}{d + (c \times 0.7) + (e \times 0.7) + (b \times 0.3) + (g \times 0.2)}$$

③ 사용성의 평가점수 산출식

$$\frac{(H \times h) + (I \times i) + (F \times f \times 0.7) + (G \times g \times 0.6) + (E \times e \times 0.3)}{h + i + (f \times 0.7) + (g \times 0.6) + (e \times 0.3)}$$

1.5 성능평가 대상설비 샘플링 수량 기준

중분류	소분류	세분류	유형분류	샘플 적용 방법
선로설비	광케이블	광케이블	케이블	전수(통신기기실, 상선/하선 각각 예비 1코어)
	동케이블	동케이블	케이블류	상행방향/하행방향(통신기기실)
	선로변 통합인터페이스 통신설비		통신설비	전수
전송설비	광전송설비	DWDM	통신설비	전수
		STM 4/16/64	통신설비	전수
		정류기	통신설비	전수
		축전지	통신설비	전수
무선설비	LTE-R 중앙제어설비	중앙제어장치	통신설비	전수
		관제조작반	통신설비	전수
	LTE-R 기지국 장치	DU	통신설비	전수
		RRU	통신설비	전수
무선설비	무선방호장치	중앙장치	통신설비	전수
		자동점검시스템	통신설비	전수
		중계 장치	통신설비	전수
		케이블안테나	케이블류	전수 (케이블안테나 조장마다1개소)
	재난방송 수신설비	주중계장치	통신설비	전수
		보조중계장치	통신설비	전수
역무용 통신설비	전화 교환기	전자교환기	통신설비	전수(노선단위)
		관제 전화 주장치	통신설비	전수
	여객안내설비	중앙제어설비	통신설비	전수(노선단위)
		역서버	통신설비	전수
		표시기	통신설비	샘플링(동일노선 타는 곳마다 1개소)
	방송설비	자동안내방송 주장치	통신설비	전수
		관제원격방송 주장치	통신설비	전수
영상설비	여객관리용 영상설비	영상저장장치	통신설비	전수
		영상운영장치	통신설비	전수
		카메라	통신설비	샘플링(동일개소 25%)
		UPS	통신설비	전수
		축전지	통신설비	전수
영상설비	시설감시용 영상설비	영상저장장치	통신설비	전수(노선단위)
		영상운영장치	통신설비	전수(노선단위)
		카메라	통신설비	샘플링(동일개소 25%)
역무 자동화 설비	전산장치	중앙전산기	통신설비	전수
		역단위전산기	통신설비	전수(노선단위)
	발매기	1회용발매/교통카드 충전기	통신설비	전수
		교통카드 무인/정산충전기	통신설비	전수
		보증금 환급기	통신설비	전수
		자동개·집표기	통신설비	게이트 설치개소마다 2개 통로

〈별지〉 정보통신 체크리스트 갑지, 을지

정밀진단 및 성능평가 매뉴얼[10]
정보통신 체크리스트 갑지, 을지

2023. 11.

정보통신 성능평가 체크리스트 양식 (갑지, 을지) 목차

1. 선로설비 성능평가 체크리스트	299
2. 전송설비 성능평가 체크리스트	302
3. 열차무선설비 성능평가 체크리스트	306
4. 전자 교환설비 성능평가 체크리스트	316
5. 역무용 통신설비 성능평가 체크리스트	318
6. 여객관리용 영상설비 성능평가 체크리스트	323
7. 시설감시용 영상설비 성능평가 체크리스트	328
8. 역무자동화설비 성능평가 체크리스트	331

10) 출처: 국가철도공단 전기설비 성능평가에 관한 세부기준 (정보통신분야: 2023.11. REV.1)

철도정보통신설비 성능평가 체크리스트(1-을지)

평가 항목	평가방법	평가기준	평가결과		비고
			측정값	점수 5-1	
열화·절연	손실측정	성능평가 요령 1.4.1.7 따름			

* 1. 대상설비에 대한 평가방법은 "정보통신 정밀진단 매뉴얼"에 따라 체크리스트를 작성 평가한다.
2. 평가방법: 정량적 평가를 원칙으로 하고 부득이한 경우 정성적 평가를 수행한다.
3. 성능평가지는 측정값을 체크리스트(을지)에 기록하고, 평가기준과의 부합성 여부를 "성능평가기준"에 따른 점수로 평가한다.
4. 시험항목이 여러 개 있을 경우 최하점수를 적용한다.
5. 성능평가 샘플링 수량은 "성능평가기준 샘플링수량기준"에 따른다.

철도정보통신설비 성능평가 체크리스트(1-갑지)

시설 개요	노선명		설비명(세분류)		광케이블	
	구간명		설치위치			
	시설분류코드	F1101	대상장치		케이블코어	

평가항목	평가기준	점수	평가결과(M)	중요도(F)	평가지수(M×F)
열화·절연	체크리스트(을지)에 따른 평가결과	1~5		40	
마모·강도	체크리스트(을지)에 따른 평가결과	1~5	N/A		
외관(부식)	체크리스트(을지)에 따른 평가결과	1~5	N/A		
내용연수	내용연수 여유율 75% 이상 여유	5		30	
	내용연수 여유율 50~75% 미만	4			
	내용연수 여유율 25~50% 미만	3			
사용횟수	내용연수 여유율 0~25% 미만	2			
	내용연수 초과	1			
설치환경	하저기간 내	5		10	
	터널내부	4			
	터널외부(르크리트도상)	3			
	터널외부	2			
	염해	1			
운행횟수	일편도 50회 미만	5		10	
	일편도 50회~150회 미만	4			
	일편도 150회~300회 미만	3			
	일편도 300회~500회 미만	2			
	일편도 500회 이상	1			
고장·장애 횟수	발생없음	5	N/A		
	직전년도 1회	4			
	직전년도 2회	3			
	직전년도 3회	2			
	직전년도 4회 이상	1			
제품단종	다수 제조사 생산	5	N/A		
	단일 제조사 생산	3			
	정품/대체품 단종	1			
설비용량	예비율 100% 이상	5		10	
	예비율 85%~99% 미만	4			
	예비율 70%~85% 미만	3			
	예비율 50%~70% 미만	2			
	예비율 50% 미만	1			

평가지수 합계		종합평가결과		종합평가지수
		부문종요도	평가지수	
항목				
안전성(SF)		56%		
내구성(D)		28%		
사용성(S)		16%		

평가의견 및 기타사항:

※ 진하게 표시된 BOX 부분만 작성

철도정보통신설비 성능평가 체크리스트(2-김지)

시설개요

노선명 구간명	시설물코드	설비명(세부류)	설치위치	대상장치
	F1202	동케이블		케이블선진

평가현황

평가항목	평가기준	점수	평가결과(M)	중요도(F)	평가지수(M×F)
열화·점검	체크리스트(울지)에 따른 평가결과	1-5		40	
마모·강도	체크리스트(울지)에 따른 평가결과	1-5	N/A		
외관(부식)	체크리스트(울지)에 따른 평가결과	1-5	N/A		
내용연수	내용연수 약율 75% 이상 약후	5		30	
	내용연수 약율 50-75% 미만	4			
사용횟수	내용연수 약율 25-50% 미만	3			
	내용연수 약율 0-25% 미만	2			
	내용연수 초과	1			
설치환경	하자기간 내	5		10	
	비전철 구간(지중관로)	4			
	비전철 구간(기타 관로)	3			
	전철 구간(지중관로)	2			
	전철 구간(기타 관로)	1			
운행횟수	일평균도 50회 미만	5		10	
	일평균도 50회-150회 미만	4			
	일평균도 150회-300회 미만	3			
	일평균도 300회-500회 미만	2			
	일평균도 500회 이상	1			
고장·장애 횟수	발생없음	5		10	
	직전년도 1회	4	N/A		
	직전년도 2회	3			
	직전년도 3회	2			
	직전년도 4회 이상	1			
재료단종	다수 제조사 생산	5			
	단일 제조사 생산	3	N/A		
	정품/대체품 단종	1			
설비용량	예비율 100% 이상	5		10	
	예비율 85%-99% 미만	4			
	예비율 70%-85% 미만	3			
	예비율 50%-70% 미만	2			
	예비율 50% 미만	1			

부문	평가지수 합계	부문중요도	평가지수
안전성(SF)		56%	
내구성(D)		28%	
사용성(S)		16%	
종합평가결과:			종합평가지수

평가의견 및 기타사항:

※ 진하게 표시된 BOX 부문만 작성

철도정보통신설비 성능평가 체크리스트(2-올지)

평가항목	평가방법	평가기준	측정값 점수 5-1	비고
열화·점검	시외 케이블 절연저항	기준값(B) 이상 또는 하자기간 내 설비	5	
		50 이상	4	
		47 미만-47 이상	3	
		45 미만	2	
			1	
	시내 케이블	기준값(B) 이상 또는 하자기간 내 설비	5	
		1,000 이상	4	
		1,000 미만-950 이상	3	
		950 미만-900 이상	2	
		900 미만	1	
	Screen F/S 케이블	기준값(B) 이상 또는 하자기간 내 설비	5	성능평가 요령(정보통신) 1.4.1.4
		6,500 미만-6,000 이상	4	
		6,000 미만-5,700 이상	3	
		6,000 미만-5,700 이상	2	
		5,700 미만	1	

* 1. 대상설비에 대한 평가방법은 "정보통신 절업진단 매뉴얼"에 기록한다.
2. 평가방법: 정량적 평가부문 원칙으로 하고 부득이한 경우 정성적 평가를 수행한다.
3. 성능평가지수 측정값은 체크리스트(울지)에 기록하고, 평가기준과의 부합성 여부를 "성능평가기준"에 작성한다.
4. 시험항목이 여러 개 있을 경우 최하점수를 적용한다.
5. 성능평가 샘플링 수량은 "성능평가기준 대상설비 샘플링수량"에 따른다.

철도정보통신설비 성능평가 체크리스트(3-갑지)

시설개요	노선명		설비명(세분류)		선로변 통합 인터페이스 통신설비		
	구간명		설치위치				
	시설분류코드	F1303	대상장치				

평가항목	평가기준	점수	평가결과(M)	중요도(F)	평가지수(M×F)
열화·절연	체크리스트(을지)에 따른 평가결과	1-5	N/A		
마모·강도	체크리스트(을지)에 따른 평가결과	1-5	N/A		
외관(부식)	체크리스트(을지)에 따른 평가결과	1-5		30	
내용연수	내용연수 여유율 75% 이상 여유	5		30	
	내용연수 여유율 50-75% 미만	4			
	내용연수 여유율 25-50% 미만	3			
사용횟수	내용연수 여유율 0-25% 미만	2			
	내용횟수 초과	1			
설치환경	하저기간 내	5		10	
	터널내부	4			
	터널외부(콘크리트도상)	3			
	터널외부	2			
	염해	1			
운행횟수	일편도 50회 미만	5		10	
	일편도 50회-150회 미만	4			
	일편도 150회-300회 미만	3			
	일편도 300회-500회 미만	2			
	일편도 500회 이상	1			
고장·장애 횟수	발생없음	5		10	
	직전년도 1회	4			
	직전년도 2회	3			
	직전년도 3회	2			
	직전년도 4회 이상	1			
제품단종	다수 제조사 생산	5			N/A
	단일 제조사 생산	3			
	정품/대체품 단종	1			
설비용량	예비율 100% 이상	5		10	
	예비율 85%-99% 미만	4			
	예비율 70%-85% 미만	3			
	예비율 50%-70% 미만	2			
	예비율 50% 미만	1			

부문		부문중요도	평가지수	종합평가지수
안전성(SF)		40%		
내구성(D)		17%		
사용성(S)		43%		
평가지수 합계				
종합평가결과:				

평가의견 및 기타사항:

철도정보통신설비 성능평가 체크리스트(3-을지)

평가항목	평가방법	평가기준	평가결과 측정값	평가결과 점수 5-1	비고
외관	부식검사	부식이 전혀 없음		5	성능평가 요령 (정보통신) 1.4.2.1
		국부적으로 부식이 발생 (점부식발생 면적율 5% 미만)		4	
		부식이 다수 발생 (점부식발생 면적율 5-15% 미만)		3	
		전반적으로 부식이 발생 (점부식발생 면적율 15-30% 미만)		2	
		부식발생이 심화 (점부식발생 면적율 30% 이상)		1	

* 1. 대상설비에 대한 평가방법은 "정보통신 정밀진단 매뉴얼"에 따라 체크리스트를 작성 평가한다.
2. 평가방법: 정량적 평가를 원칙으로 하고 부득이한 경우 정성적 평가를 수행한다.
3. 성능평가자는 측정값을 체크리스트(을지)에 기록하고, 평가기준과의 부합성 여부를 성능평가기준에 따른 점수로 평가한다.
4. 시험항목이 여러 개 있을 경우 최하점수를 적용한다.
5. 성능평가 샘플링 수량은 "성능평가기준 대상설비 샘플링수량기준"에 따른다.

※ 진하게 표시된 BOX 부분만 작성

철도정보통신설비 성능평가 체크리스트(4-갑지)

시설개요	노선명		설비명(세부류)	DWDM
	구간명		설치위치	
	사설분류코드	F2101	대상장치	

부문	평가항목	평가기준	점수	평가결과(M)	중요도(F)	평가지수(M×F)
사용환경	열화/결함	체크리스트(을지)에 따른 평가결과	1-5		40	
	사용강도	체크리스트(을지)에 따른 평가결과	1-5	N/A		
	외관(부식)	체크리스트(을지)에 따른 평가결과	1-5	N/A		
	내용연수	내용연수 여유율 75% 이상 여유	5			
		내용연수 여유율 50-75% 미만	4			
		내용연수 여유율 25-50% 미만	3		20	
	사용횟수	내용연수 여유율 0-25% 미만	2			
		내용연수 초과	1			
설치환경		하자기간 내	5			
		터널내부	4			
		터널외부(준크리트도상)	3	N/A		
		터널외부	2			
		염해	1			
운행횟수		일평도 50회 미만	5			
		일평도 50회-150회 미만	4		10	
		일평도 150회-300회 미만	3			
	고장·장애횟수	일평도 300회-500회 미만	2			
		일평도 500회 이상	1			
제품단종		방생없음	5			
		직전년도 4회 이상	4		10	
		직전년도 3회	3			
		직전년도 2회	2			
		직전년도 1회	1			
설비용량		다수 제조사 생산	5			
		단일 제조사 생산	3		10	
		정품/대체품 단종	1			
		예비율 100% 이상	5			
		예비율 85%-99% 미만	4			
		예비율 70%-85% 미만	3		10	
		예비율 50%-70% 미만	2			
		예비율 50% 미만	1			

부문	평가지수 합계	부문중요도	평가지수	종합평가지수
안전성(SF)		40%		
내구성(D)		17%		
사용성(S)		43%		

평가의견 및 기타사항:

※ 진하게 표시된 BOX 부문만 작성

철도정보통신설비 성능평가 체크리스트(4-을지)

평가항목	평가방법	평가기준		평가결과		점수	비고
				축정값	점수 5-1		
열화결함	NMS/EMS 검사		축정치 0-1건		5		성능평가 (정보통신) 1.4.1.2
			축정치 2-3건		3		
			축정치 4건 이상		1		
	영상측정	1℃(기준값) 미만 또는 하자기간 내 설비		-	5		
		1℃이상-4℃미만		-	4		성능평가 요령 (정보통신) 1.4.1.6
		4℃이상-15℃미만		-	3		
		≥15℃이상		-	2		
		후후 경함으로 전전			1		

* 1. 대상설비에 대한 평가방법은 "정보통신 성능검진 매뉴얼"에 따라 체크리스트를 작성 평가한다.
2. 평가방법: 정량적 평가를 원칙으로 하고 부득이한 경우 정성적 평가를 수행한다.
3. 성능평가지수 축정값을 체크리스트(을지)에 기록하고, 평가기준값의 무항성 여부를 "성능평가기준"에 따른 점수로 평가한다.
4. 시험평가치 여러 개 있을 경우 최하점수를 적용한다.
5. 성능평가 샘플링 수량은 "성능평가기준 대상설비 샘플링평가기준"에 따른다.

철도정보통신설비 성능평가 체크리스트(5-갑지)

시설개요	노선명		설비명(세분류)		STM-4/16/64
	구간명		설치위치		
	시설분류코드	F2102	대상장치		

평가결과

평가항목	평가기준	점수	평가결과(M)	중요도(F)	평가지수 (M×F)
열화·절연	체크리스트(을지)에 따른 평가결과	1-5	N/A	40	
마모·강도	체크리스트(을지)에 따른 평가결과	1-5	N/A		
외관(부식)	체크리스트(을지)에 따른 평가결과	1-5		20	
	내용연수 여유율 75% 이상 여유	5			
내용연수	내용연수 여유율 50-75% 미만	4			
	내용연수 여유율 25-50% 미만	3			
	내용연수 여유율 0-25% 미만	2			
	내용연수 초과	1			
사용횟수	하자기간 내	5			
	터널내부	4	N/A	10	
설치환경	터널외부(콘크리트도상)	3			
	터널외부	2			
	연해	1			
	일평도 50회 미만	5			
운행횟수	일평도 50회-150회 미만	4		10	
	일평도 150회-300회 미만	3			
	일평도 300회-500회 미만	2			
	일평도 500회 이상	1			
	발생없음	5			
고장·장애 횟수	직전년도 1회	4		10	
	직전년도 2회	3			
	직전년도 3회	2			
	직전년도 4회 이상	1			
	다수 제조사 생산	5			
제품단종	정품/대체품 생산	3		10	
	단일 제조사 단종	1			
	예비율 100% 이상	5			
	예비율 85%-99% 미만	4			
설비용량	예비율 70%-85% 미만	3		10	
	예비율 50%-70% 미만	2			
	예비율 50% 미만	1			

종합평가결과:

부문	평가지수 합계	부문중요도	평가지수
안전성(SF)		40%	
내구성(D)		17%	
사용성(S)		43%	
종합평가지수			

평가의견 및 기타사항:

※ 진하게 표시된 BOX 부문만 작성

철도정보통신설비 성능평가 체크리스트(5-을지)

평가항목	평가방법	평가기준	평가결과		비고
			측정값	점수 5-1	
	NMS/EMS 검사	측정치 0-1건		5	성능평가 요령 (정보통신) 1.4.1.2
		측정치 2-3건		3	
		측정치 4건 이상		1	
	BER측정	ES = 0 및 하자기간 내 설비		5	성능평가 요령 (정보통신) 1.4.1.3
		1-10		4	
		11-66		3	
		67 이상		2	
열화·절연		-		1	
	열상측정	1℃(기준값) 미만 또는 하자기간 내 설비		5	성능평가 요령 (정보통신) 1.4.1.6
		1℃ 이상-4℃ 미만		4	
		4℃ 이상-15℃ 미만		3	
		열화가능성 없음			
		열화가능성 있음		2	
		≥ 15℃ 이상			
		추후 결함으로 진전		1	

* 1. 대상설비에 대한 평가방법은 "정보통신 정밀진단 매뉴얼"에 따라 체크리스트를 작성 평가한다.
2. 평가방법: 정량적 평가를 원칙으로 하고 부득이한 경우 정성적 평가를 수행한다.
3. 성능평가는 측정값을 체크리스트(을지)에 기록하고, 평가기준과의 부합성 여부를 "성능평가기준"에 따른 점수로 평가한다.
4. 시험항목이 여러 개 있을 경우 최하점수를 적용한다.
5. 성능평가 샘플링 수량은 "성능평가기준 대상설비 샘플링수량기준"에 따른다.

철도정보통신설비 성능평가 체크리스트(6-갑지)

시설개요	노선명			설비명(세부류)	정류기	
	구간명			설치위치		
	시설분류코드	F2103		대상장치		

평가항목		평가기준	점수	평가결과(M)	중요도(f)	평가지수(M×f)
평가항목	열화·점검	체크리스트(을지)에 따른 평가결과	1-5		30	
	미관·강도	체크리스트(을지)에 따른 평가결과	1-5			
	외관(부식)	체크리스트(을지)에 따른 평가결과	1-5		10	
	내용연수	내용연수 여유율 75% 이상 여유	5		20	
		내용연수 여유율 50-75% 미만	4			
		내용연수 여유율 25-50% 미만	3			
		내용연수 여유율 0-25% 미만	2			
		내용연수 초과	1			
	설치환경	옥내	5	N/A		
		터널내부(코리도성)	3			
		터널내부	4			
		터널외부	2			
		하저기간 내	1			
	사용횟수	일평균 50회 미만	5		10	
		일평균 50회-150회 미만	4			
		일평균 150회-300회 미만	3			
		일평균 300회-500회 미만	2			
		일평균 500회 이상	1			
	고장 장애 횟수	발생없음	5		10	
		직전년도 1회	4			
		직전년도 2회	3			
		직전년도 3회	2			
		직전년도 4회 이상	1			
	제품단종	다수 제조사 생산	5		10	
		단일 제조사 생산	3			
		정품/대체품 단종	1			
	설비용량	예비율 100% 이상	5		10	
		예비율 85%-99% 미만	4			
		예비율 70%-85% 미만	3			
		예비율 50%-70% 미만	2			
		예비율 50% 미만	1			

종합평가결과:

부문	평가지수 합계	부문중요도	평가지수	종합평가지수
안전성(SF)		40%		
내구성(D)		17%		
사용성(S)		43%		

평가의견 및 기타사항:

철도정보통신설비 성능평가 체크리스트(6-을지)

평가항목	평가방법	평가기준	측정값	점수 5-1	비고
열화점검	지향/점압 측정	성능평가 요령 1.4.1.5		5	성능평가(정보통신)1.4.1.6
				4	
				3	
				2	
				1	
	열상측정	1°C(기준값) 미만 또는 하자기간 내 설비		5	
		-		4	
		1°C 이상~4°C 미만		3	
		4°C 이상~15°C 미만		2	
		≥ 15°C 이상		1	
외관	부식검사	부식이 전혀 없음		5	추후 검험으로 진전
		부식이 다소 발생(점부식면적율 5% 미만)		4	
		부식이 부식이 발생(점부식면적율 5-15% 미만)		3	성능평가(정보통신)1.4.2.1
		전체적으로 부식이 발생(점부식면적율 15-30% 미만)		2	
		녹 부식심함이 심함(점부식면적율 30% 이상)		1	

* 1. 대상설비에 대한 평가방법은 "정보통신 정밀진단 매뉴얼"에 따라 체크리스트를 작성한다.
2. 평가방법: 정량적 평가를 원칙으로 하고 부득이한 경우 정성적 평가를 수행한다.
3. 성능평가지수 측정값을 체크리스트에 기록하고, 평가기준과 부합성 여부를 "성능평가기준"에 따른 점수로 평가한다.
4. 시행령 등의 개 있을 경우 최하등급을 적용한다.
5. 성능평가 생활을 수준은 "성능평가기준 대상설비 생활수량기준"에 따른다.

철도정보통신설비 성능평가 체크리스트(7-을지)

평가항목	평가방법	평가기준	평가결과		비고
			측정값	점수 5-1	
열화·절연	저항전압	기준값(B) 이상 또는 하자기간 내 설비		5	성능평가 요청 (정보통신) 1.4.1.5
		130% 이하		4	
		130% 초과~140% 이하		3	
		140% 초과~150% 미만		2	
		150% 이상		1	
외관	부식검사	부식이 전혀 없음		5	성능평가 요청 (정보통신) 1.4.2.1
		국부적으로 부식이 발생 (전부식발생 면적율 5% 미만)		4	
		부식이 다소 발생 (전부식발생 면적율 5~15% 미만)		3	
		전반적으로 부식이 발생 (전부식발생 면적율 15~30% 미만)		2	
		부식발생이 심각 (전부식발생 면적율 30% 이상)		1	

* 1. 대상설비에 대한 평가방법은 "정보통신 정밀진단 매뉴얼"에 따라 체크리스트를 작성 평가한다.
2. 평가방법: 정량적 평가를 원칙으로 하고 부득이한 경우 정성적 평가를 수행한다.
3. 성능평가지는 측정값을 체크리스트(을지)에 기록하고, 평가기준과의 부합성 여부를 "성능평가기준"에 따른 점수로 평가한다.
4. 시험항목이 여러 개 있을 경우 최하점수를 적용한다.
5. 성능평가 샘플링 수량은 "성능평가기준 대상설비 샘플링수량기준"에 따른다.

철도정보통신설비 성능평가 체크리스트(7-갑지)

시설개요	노선명		설비명(세부류)		측전지			
	구간명		설치위치					
	시설분류코드	F2104	대상장치		내부저항			

평가항목	평가결과					
	평가기준	점수	평가결과(M)	중요도(F)	평가지수(M×F)	
열화·절연	체크리스트(을지)에 따른 평가결과	1~5	N/A	40		
마모·강도	체크리스트(을지)에 따른 평가결과	1~5	N/A			
외관(부식)	체크리스트(을지)에 따른 평가결과	1~5	N/A	10		
내용연수/ 사용횟수	내용연수 여유율 75% 이상 여유	5		20		
	내용연수 여유율 50~75% 미만	4				
	내용연수 여유율 25~50% 미만	3				
	내용연수 여유율 0~25% 미만	2				
	내용연수 초과	1				
설치환경	하자기간 내	5	N/A			
	터널외	4				
	터널외부(콘크리트도상)	3				
	터널외부	2				
	염해	1				
운행횟수	일편도 50회 미만	5		10		
	일편도 50회~150회 미만	4				
	일편도 150회~300회 미만	3				
	일편도 300회~500회 미만	2				
	일편도 500회 이상	1				
고장·장애 횟수	발생없음	5	N/A			
	직전년도 1회	4				
	직전년도 2회	3				
	직전년도 3회	2				
	직전년도 4회 이상	1				
재품단종	다수 제조사 생산	5	N/A	10		
	단일 제조사 생산	3				
	정품/대체품 단종	1				
설비용량	예비율 100% 이상	5				
	예비율 85%~99% 미만	4				
	예비율 70%~85% 미만	3				
	예비율 50%~70% 미만	2				
	예비율 50% 미만	1				

부문	평가지수 합계	부문중요도	평가지수	종합평가결과:	종합평가지수
안전성(SF)		40%			
내구성(D)		17%			
사용성(S)		43%			

평가의견 및 기타사항:

※ 진하게 표시된 BOX 부분만 작성

철도정보통신설비 성능평가 체크리스트(8-갑지)

시설명	노선명		설비명(새분류)		설치장소	
개요	구간명		중앙제어장치		서버	
	시설분류코드	F3101	대상장치			

부문	평가항목	평가기준	점수	평가결과(M)	중요도(F)	평가지수(M×F)
설비이용률	열화·결함	체크리스트(을지)에 따른 평가결과	1-5		40	
	마감·강도	체크리스트(을지)에 따른 평가결과	1-5	N/A		
	외관(부식)	체크리스트(을지)에 따른 평가결과	1-5	N/A		
내용연수/ 사용횟수		내용연수 약용을 75% 이상 약용	5			
		내용연수 약용을 50-75% 약용	4		30	
		내용연수 약용을 25-50% 약용	3			
		내용연수 약용을 0-25% 약용	2			
		내용연수 초과	1			
설치환경		하자기간 내	5			
		터널외부(크리드내)	4		N/A	
		터널내부	3			
		터널외부(크리드도상)	2			
		터널외부	1			
운행횟수		일평균도 500회 이상	5			
		일평균도 300회-500회 미만	4		10	
		일평균도 150회-300회 미만	3			
		일평균도 50회-150회 미만	2			
		일평균도 50회 미만	1			
고장·장애 횟수		발생없음	5			
		직전년도 1회	4		10	
		직전년도 2회	3			
		직전년도 3회	2			
		직전년도 4회 이상	1			
재품단종		다수 제조사 생산	5			
		단일 제조사 생산	3		10	
		정동/대체품 단종	1			
설비이용율		예비율 100% 이상	5			
		예비율 85%-99% 미만	4		N/A	
		예비율 70%-85% 미만	3			
		예비율 50%-70% 미만	2			
		예비율 50% 미만	1			

부문	부문중요도	평가지수	종합평가기준	평가지수	종합평가지수
안전성(SF)	40%				
내구성(D)	17%				
사용성(S)	43%				
평가지수 합계				종합평가지수	

평가의견 및 기타사항:

※ 진하게 표시된 BOX 부문만 작성

철도정보통신설비 성능평가 체크리스트(8-을지)

평가방법	평가항목		평가기준	축정값	평가결과 점수 5-1	비고
열화·결함	설비 활용률	CPU	중앙 제어설비	30% 이하	5	
		메모리	중앙 제어설비	20% 이하		
		디스크	기타	20% 이하		
		CPU	중앙 제어설비	30%-80%	3	성능평가 요강(정보통신) 1.4.1.2
		메모리	중앙 제어설비	20%-70%		
		디스크	기타	20% 초과-80% 이하		
		CPU	중앙 제어설비	80% 초과	1	
		메모리	기타	70% 초과		
		디스크		80% 초과		
				90% 초과		
	NMS/ EMS 검사			-		
	고장·장애에 횟수		축정치 0-1건		5	
			축정치 2-3건		3	
			축정치 4건 이상		1	
	음성 축정		1℃(기준값) 미만 또는 하자기간 내 설비		5	
			1℃ 이상-4℃ 미만		4	성능평가 요강(정보통신) 1.4.1.6
			4℃ 이상-15℃ 미만		3	
			-		2	
			≥ 15℃ 이상		1	추후 검증으로 진전

* 1. 대상설비에 대한 평가방법은 "정보통신 정밀진단 하고 부득이한 경우 정성적 평가를 수행한다.
2. 평가방법 : 정량적 평가를 원칙으로 하고 부득이한 경우 정성적 평가를 수행한다.
3. 성능평가지수는 축정값을 체크리스트(을지)에 따라 평가기준에 부합성 여부를 "성능평가기준"에 따른 점수로 평가한다.
4. 시험항목이 여러 개 있을 경우 최하점수를 적용한다.
5. 성능평가 샘플링 수량은 대상설비 샘플링수량기준에 따른다.

철도정보통신설비 성능평가 체크리스트(9-갑지)

시설개요	노선명		설비명(세부류)		관제 조작판	
	구간명		설치위치			
	시설분류코드	F3102	대상장치		서버	

평가결과

평가항목	평가기준	점수	평가결과(M)	중요도(F)	평가지수(M×F)
열화·절연	체크리스트(을지)에 따른 평가결과	1-5	N/A	40	
마모·강도	체크리스트(을지)에 따른 평가결과	1-5	N/A		
외관(부식)	체크리스트(을지)에 따른 평가결과	1-5	N/A		
내용연수/사용횟수	내용연수 여유율 75% 이상 여유	5		30	
	내용연수 여유율 50-75% 미만	4			
	내용연수 여유율 25-50% 미만	3			
	내용연수 여유율 0-25% 미만	2			
	내용연수 초과	1			
설치환경	허자기간 내	5			
	타넬내부	4			
	타넬외부(크리티도상)	3		N/A	
	타넬외부	2			
	염해	1			
운행횟수	일편도 50회 미만	5		10	
	일편도 50회-150회 미만	4			
	일편도 150회-300회 미만	3			
	일편도 300회-500회 미만	2			
	일편도 500회 이상	1			
고장·장애 횟수	발생없음	5		10	
	직전연도 1회	4			
	직전연도 2회	3			
	직전연도 3회	2			
	직전연도 4회 이상	1			
제품단종	다수 제조사 생산	5			
	단일 제조사 생산	3		N/A	
	정품/대체품 단종	1			
설비용량	예비율 100% 이상	5		10	
	예비율 85%-99% 미만	4			
	예비율 70%-85% 미만	3			
	예비율 50%-70% 미만	2			
	예비율 50% 미만	1			

부문	평가지수 합계	부문중요도	평가지수
안전성(SF)		40%	
내구성(D)		17%	
사용성(S)		43%	
종합평가결과:		종합평가지수	

평가의견 및 기타사항:

※ 진하게 표시된 BOX 부분만 작성

철도정보통신설비 성능평가 체크리스트(9-을지)

평가항목	평가방법	평가기준		평가결과		비고
				측정값	점수 5-1	
열화·절연	설비 활용율 NMS/EMS 검사	CPU	30% 이하		5	성능평가 요령 (정보통신) 1.4.1.2
		메모리	20% 이하			
		디스크	20% 이하			
		CPU	30%-80%		3	
		메모리	20%-70%			
		디스크	20% 초과-80% 이하			
		CPU	20% 초과-80% 이하		1	
		메모리	80% 초과			
		디스크	70% 초과			
	고장·장애 횟수		측정치 0-1건		5	
			측정치 2-3건		3	
			측정치 4건 이상		1	

* 1. 대상설비에 대한 평가방법은 "정보통신 정밀진단 매뉴얼"에 따라 체크리스트를 작성 평가한다.
2. 평가방법: 정량적 측정값을 원칙으로 하고 부득이한 경우 정성적 평가를 수행한다.
3. 성능평가지는 측정값을 체크리스트(을지)에 기록하고, 평가기준과의 부합성 여부를 "성능평가기준"에 따른 점수로 평가한다.
4. 시험항목이 여러 개 있을 경우 최하점수를 적용한다.
5. 성능평가 샘플링 수량은 "성능평가기준 대상설비 샘플링수량기준"에 따른다.

철도정보통신설비 성능평가 체크리스트(10-갑지)

시설 개요	노선명		설비명(세부명)		DU
	시설물코드	F3201	설치위치		

구분	평가항목	평가기준	점수	평가 결과(M)	중요도 (F)	평가지수 (M×F)
시설물 개요	노후도(연식)	체크리스트(을지)에 따른 평가결과	1-5		40	
	파손 강도	체크리스트(을지)에 따른 평가결과	1-5	N/A		
	외관(부식)	체크리스트(을지)에 따른 평가결과	1-5	N/A		
	사용횟수	내용연수 여유율 75% 이상 여유	5		30	
		내용연수 여유율 50-75% 미만	4			
		내용연수 여유율 25-50% 미만	3			
		내용연수 여유율 0-25% 미만	2			
		내용연수 초과	1			
설치환경		터널외부(크리트도상)	5			
		터널내부	4		N/A	
		터널외부(크리트도상)	3			
		터널외부	2			
		염해	1			
운행횟수		일평균 50회 미만	5		10	
		일평균 50회-150회 미만	4			
		일평균 150회-300회 미만	3			
		일평균 300회-500회 미만	2			
		일평균 500회 이상	1			
고장·장애 횟수		발생없음	5		10	
		직전년도 1회	4			
		직전년도 2회	3			
		직전년도 3회	2			
		직전년도 4회 이상	1			
제품단종		다수 제조사 생산	5			
		단일 제조사 생산	3		10	
		정품/대체품 단종	1			
설비용량		예비율 100% 이상	5			
		예비율 85%-99% 미만	4			
		예비율 70%-85% 미만	3		N/A	
		예비율 50%-70% 미만	2			
		예비율 50% 미만	1			

부문	평가지수 합계	부문중요도	종합평가결과
안전성(SF)		40%	
내구성(D)		17%	
사용성(S)		43%	

평가의견 및 기타사항:

※ 진하게 표시된 BOX 부분만 작성

철도정보통신설비 성능평가 체크리스트(10-을지)

평가 항목	평가항목	평가기준	평가결과 측정값	점수 5-1	비고
	모듈검사	결체 대상 모듈의 기능이 정상		5	성능평가 요령 1.4.1.1
		결체하여 정상(초기) 상태로 복귀하지 못하는 경우		3	
	NMS/EMS	측정치 0-1건		5	성능평가 요령 1.4.1.2
		측정치 2-3건		3	
		측정치 4건 이상		1	
열화점 검	열상측정	1℃(기준) 미만 또는 하자기간 없음	-	5	성능평가 요령 (정보통신)
		1℃이상-4℃미만	-	4	열화가능성 없음
		4℃이상-15℃미만	-	3	열화가능성 있음
		≥15℃이상	-	2	추후 결함으로 진전

* 1. 대상설비에 대한 평가방법은 "정보통신 성능평가 매뉴얼"에 따라 체크리스트를 직접 평가한다.
2. 평가방법: 정량적 평가 원칙으로 하고 부득이한 경우 정성적 평가를 수행한다.
3. 성능평가지수는 측정값을 체크리스트(을지)에 기록하고, 평가기준과의 부합성 여부를 "성능평가기준"에 따라 평가한다.
4. 시험항목이 여러 개 있을 경우 최하점수를 적용한다.
5. 성능평가 샘플링 수량은 "성능평가기준 대상설비 샘플링수량기준"에 따른다.

철도정보통신설비 성능평가 체크리스트(11-을지)

평가항목	평가방법	평가기준	평가결과		비고
			측정값	점수 5-1	
열화·절연	전계강도	-90(B) 초과 또는 하자 기간 내 설비		5	성능평가 영역 (정보통신) 1.4.1.9
		-90 미만~-100 이상		4	
		-100 미만~-110 이상		3	
		-110 미만~-113 이상		2	
		-113 미만		1	
외관	부식검사	부식이 전혀 없음		5	성능평가 영역 (정보통신) 1.4.2.1
		국부적으로 부식이 발생 (전부식발생 면적율 5% 미만)		4	
		부식이 다소 발생 (전부식발생 면적율 5~15% 미만)		3	
		전반적으로 부식이 발생 (전부식발생 면적율 15~30% 미만)		2	
		부식발생이 심화 (전부식발생 면적율 30% 이상)		1	

* 1. 대상설비에 대한 평가방법은 "정보통신 정밀진단 매뉴얼"에 따라 체크리스트를 작성 평가한다.
2. 평가방법: 정량적 평가를 원칙으로 하고 부득이한 경우 정성적 평가를 수행한다.
3. 성능평가지는 측정값을 체크리스트(을지)에 기록하고, 평가기준과의 부합성 여부를 "성능평가기준"에 따른 점수로 평가한다.
4. 시험항목이 여러 개 있을 경우 최하한점수를 적용한다.
5. 성능평가 샘플링 수량은 "성능평가기준 대상설비 샘플링수량기준"에 따른다.

철도정보통신설비 성능평가 체크리스트(11-갑지)

시설 개요	노선명		설비명(세부류)		RRU	
	구간명		설치위치			
	시설분류코드	F3202	대상장치		증폭기/정류기/안테나/축전지	

평가항목	평가기준	평가결과			중요도(F)	평가지수 (M×F)
		점수		평가결과(M)		
열화·절연	체크리스트(을지)에 따른 평가결과	1~5		N/A	20	
마모 강도	체크리스트(을지)에 따른 평가결과	1~5			10	
외관(부식)	체크리스트(을지)에 따른 평가결과	1~5				
내용연수	내용연수 여유율 75% 이상 여유	5			30	
	내용연수 여유율 50~75% 미만	4				
	내용연수 여유율 25~50% 미만	3				
	내용연수 여유율 0~25% 미만	2				
	내용연수 초과	1				
사용횟수	하자기간 내	5			10	
	터널내부	4				
	터널외부(콘크리트도상)	3				
	터널외부	2				
	염해	1				
설치환경	일평도 50회 미만	5			10	
운행횟수	일평도 50회~150회 미만	4				
	일평도 150회~300회 미만	3				
	일평도 300회~500회 미만	2				
	일평도 500회 이상	1				
고장·장애 횟수	발생없음	5		N/A	10	
	직전년도 1회	4				
	직전년도 2회	3				
	직전년도 3회	2				
	직전년도 4회 이상	1				
제품단종	다수 제조사 생산	5			10	
	단일 제조사 생산	3				
	정품/대체품 단종	1				
설비용량	예비율 100% 이상	5				
	예비율 85%~99% 미만	4				
	예비율 70%~85% 미만	3				
	예비율 50%~70% 미만	2				
	예비율 50% 미만	1				

부문	평가지수 합계	부문중요도	평가지수	종합평가결과:
				종합평가지수
안전성(SF)		40%		
내구성(D)		17%		
사용성(S)		43%		

평가의견 및 기타사항:

※ 진하게 표시된 BOX 부분만 작성

철도정보통신설비 성능평가 체크리스트(12-갑지)

시설개요	노선명		설비명(세부품목)		중앙장치
	구간명		설치위치		
	시설분류코드	F3301	대상장치		

평가항목	평가기준	점수	평가결과(M)	중요도(F)	평가지수(M×F)
노후·경년	체크리스트(을지)에 따른 평가결과	1-5		40	
마모·강도	체크리스트(을지)에 따른 평가결과	1-5	N/A		N/A
외관(부식)	체크리스트(을지)에 따른 평가결과	1-5	N/A		N/A
내용연수/사용횟수	내용연수 여유율 75% 이상 여유	5		30	
	내용연수 여유율 50~75% 미만	4			
	내용연수 여유율 25~50% 미만	3			
	내용연수 여유율 0~25% 미만	2			
	내용연수 초과	1			
설치환경	하자기간 내	5		N/A	
	터널 내부	4			
	터널외부(크리도성)	3			
	터널외부	2			
	염해	1			
운행횟수	일평균도 50회 미만	5		10	
	일평균도 50회~150회 미만	4			
	일평균도 150회~300회 미만	3			
	일평균도 300회~500회 미만	2			
	일평균도 500회 이상	1			
고장·장애 횟수	발생없음	5		10	
	직전년도 1회	4			
	직전년도 2회	3			
	직전년도 3회	2			
	직전년도 4회 이상	1			
제품단종	다수 제조사 생산	5		10	
	단일 제조사 생산	3			
	정품/대체품 단종	1			
설비운용	예비율 100% 이상	5		N/A	
	예비율 85%~99% 미만	4			
	예비율 70%~85% 미만	3			
	예비율 50%~70% 미만	2			
	예비율 50% 미만	1			

부문	평가지수	부문중요도	평가결과		
안전성(SF)		40%	평가지수		
내구성(D)		17%			
사용성(S)		43%			
평가지수 합계		종합중요도	종합평가지수		

평가의견 및 기타사항:

※ 진하게 표시된 BOX 부문만 작성

철도정보통신설비 성능평가 체크리스트(12-을지)

평가항목	평가방법		평가기준	평가결과 측정값	점수 5-1	비고
열화·점검	NMS/EMS검사	CPU	중앙 제어설비 30% 이하		5	성능평가 요령(정보통신) 1.4.1.2
			메모리 20% 이하			
			디스크 20% 이하			
			기타 20% 이하			
		CPU	중앙 제어설비 30%~80%		3	
			메모리 20%~70%			
			디스크 20%, 초과~80% 이하			
			기타 20%, 초과~80% 이하			
		CPU	중앙 제어설비 80% 초과		1	
			메모리 70% 초과			
			디스크 80% 초과			
			기타 90% 초과			
	설비활용	실온측정	축정치 0-1건	-	5	
	고장·장애 횟수		축정치 2-3건	열화가능성 없음	3	
			축정치 4건 이상	열화가능성 있음	1	
			1℃(기준값) 미만 또는 하자기간 내 설비	-	5	성능평가 요령(정보통신) 1.4.1.6
			1℃이상~4℃이만		4	
			4℃이상~15℃이만		3	
			≥15℃이상	추후 검증으로 진단	1	

* 1. 대상설비에 대한 평가방법은 "정보통신 정밀진단 매뉴얼"에 따라 체크리스트를 작성 평가한다.
2. 평가방법: 정량적 평가방법은 하고 부득이한 경우 정성적 평가를 수행한다.
3. 성능평가지수 축정값을 체크리스트(을지)에 기재하고, 평가기준과의 부합성 여부를 "성능평가기준"에 따른 점수로 평가한다.
4. 시험항목이 여러 개 있을 경우 최하점수를 적용한다.
5. 성능평가 샘플의 수량은 "성능평가기준 대상설비 샘플수량기준"에 따른다.

철도정보통신설비 성능평가 체크리스트(13-을지)

평가항목	평가방법	평가기준		평가결과		비고
				측정값	점수 5-1	
열화·절연	모듈검사	절체 대상 모듈의 기능이 정상			5	성능평가 요령 (정보통신) 1.4.1.1
		절체하여 정상(초기) 상태로 복귀하지 못하는 경우			3	
		절체 대상 모듈 중 1개 모듈 비정상			1	
	열화측정	1℃(기준값) 미만 또는 하자기간 내 설비			5	성능평가 요령 (정보통신) 1.4.1.6
		1℃ 이상~4℃ 미만	-		4	
		4℃ 이상~15℃ 미만	열화가능성 없음		3	
		≥ 15℃ 이상	열화가능성 있음		2	
		추후 결함으로 진전			1	

* 1. 대상설비에 대한 평가방법은 "정보통신 정밀진단 매뉴얼"에 따라 체크리스트를 작성 평가한다.
* 2. 평가방법: 정량적 평가를 원칙으로 하고 부득이한 경우 정성적 평가를 수행한다.
* 3. 성능평가지수는 측정값을 체크리스트(을지)에 기록하고, 평가기준과의 부합성 여부를 "성능평가기준"에 따라 평가한다.
* 4. 시험항목이 여러 개 있을 경우 최하점수를 적용한다.
* 5. 성능평가 샘플링 수량은 "성능평가기준 대상설비 생플링수량기준"에 따른다.

철도정보통신설비 성능평가 체크리스트(13-갑지)

시설 개요	노선명		설비명(세분류)		자동점검시스템			
	구간명		설치위치					
	시설분류코드	F3302	대상장치					

평가항목	평가기준		점수	평가결과(M)	중요도(F)	평가지수(M×F)
열화·절연	체크리스트(을지)에 따른 평가결과		1-5	N/A	40	
마모·경도	체크리스트(을지)에 따른 평가결과		1-5	N/A		
부식, 균열, 누유, 경사, 침하	체크리스트(을지)에 따른 평가결과		1-5			
내용연수/ 사용횟수	내용연수 여유율 75% 이상 여유		5		30	
	내용연수 여유율 50-75% 미만		4			
	내용연수 여유율 25-50% 미만		3			
	내용연수 여유율 0-25% 미만		2			
	내용연수 초과		1			
	하자기간 내		5			
설치환경	터널내부		4	N/A	10	
	터널외부(콘크리트도상)		3			
	터널외부		2			
	염해		1			
운행횟수	일평도 50회 미만		5		10	
	일평도 50회-150회 미만		4			
	일평도 150회-300회 미만		3			
	일평도 300회-500회 미만		2			
	일평도 500회 이상		1			
고장·장애 횟수	발생없음		5		10	
	작전년도 1회		4			
	작전년도 2회		3			
	작전년도 3회		2			
	작전년도 4회 이상		1			
재품단종	다수 제조사 생산		5	N/A		
	단일 제조사 생산		3			
	정품/대체품 단종		1			
설비용량	예비율 100% 이상		5			
	예비율 85%-99% 미만		4			
	예비율 70%-85% 미만		3			
	예비율 50%-70% 미만		2			
	예비율 50% 미만		1			

종합평가결과:			
부문	평가지수 합계	부문중요도	평가지수
안전성(SF)		40%	
내구성(D)		17%	
사용성(S)		43%	
종합평가지수			

평가의견 및 기타사항:

※ 진하게 표시된 BOX 부분만 작성

철도정보통신설비 성능평가 체크리스트(14-갑지)

시설개요	노선명		설비명(세부품)		중계장치
	구간명		설치위치		
	시설분류코드	F3303	대상장치		

	평가항목	평가기준	점수	평가결과(M)	중요도(F)	평가지수(M×F)
설비개요	열화·결함	체크리스트(을지)에 따른 평가결과	1~5		30	
	마모·강도	체크리스트(을지)에 따른 평가결과	1~5	N/A	30	
	외관(부식)	내용연수 약율 75% 이상 여부	1~5	N/A		
내용연수/사용횟수	내용연수	내용연수 약율 50~75% 미만	5			
		내용연수 약율 25~50% 미만	4		30	
		내용연수 약율 0~25% 미만	3			
		내용연수 초과	2			
		하자기간 내	1			
설치환경	열해	열해있음	5			
	터널외부	터널내부	4		10	
		터널외부(크리프도상)	3			
		터널외부	2			
운행횟수	일평균 500회 이상		1			
	일평균 300회~500회 미만		5			
	일평균 150회~300회 미만		4		10	
	일평균 50회~150회 미만		3			
	일평균 50회 미만		2			
고장·장애 횟수	직전년도 4회 이상		1			
	직전년도 3회		5			
	직전년도 2회		4		10	
	직전년도 1회		3			
	다수 제조사 생산		2			
제품단종	단일 제조사 생산		1			
	정품/대체품 단종		5			
			4		10	
			3			
			2			
설비운영	예비율 100% 이상		1			
	예비율 85%~99% 미만		5			
	예비율 70%~85% 미만		4		N/A	
	예비율 50%~70% 미만		3			
	예비율 50% 미만		2			
			1			

부문	평가지수 합계	부문중요도	평가지수	종합평가지수
안전성(SF)		40%		
내구성(D)		17%		
사용성(S)		43%		

평가의견 및 기타사항:

※ 집계표 시트엔 BOX 부문만 작성

철도정보통신설비 성능평가 체크리스트(14-을지)

평가항목	평가방법	평가기준	평가결과 측정값 점수 5-1	비고
열화절연	절연강도	1℃(기준값) 미만 또는 하자기간 내 설비	5	성능평가 요령 (정보통신) 1.4.1.6
		1℃ 이상~4℃ 미만	4	
		4℃ 이상~15℃ 미만	3	
		≥ 15℃ 이상	2	
		추후 검함으로 진단	1	
		우선국 신고값 ±5% 이내	5	
		우선국 신고값 ±5%~±10% 이내	4	
		-	3	성능평가 요령 (정보통신) 1.4.1.9
		우선국 신고값 ±10% 초과	2	
			1	

* 1. 대상설비에 대한 평가방법은 "정보통신 정밀진단 매뉴얼"에 따라 체크리스트를 작성하여 평가한다.
2. 평가방법: 정량적 평가를 원칙으로 하고 부득이한 경우 정성적 평가를 수행한다.
3. 성능평가지수 측정값을 체크리스트(을지)에 기록하고, 평가기준과에 부합성 여부를 "성능평가기준"에 따른다.
4. 시험항목이 여러 개 있을 경우 최하점수를 적용한다.
5. 성능평가 샘플 수량은 "성능평가기준" 대상설비 샘플수량평가기준"에 따른다.

철도정보통신설비 성능평가 체크리스트(15-갑지)

시설개요	노선명		설비명(세부류)		케이블안테나		
	구간명		설치위치				
	시설분류코드	F3304	대상장치				

평가항목	평가기준	점수	평가결과(M)	중요도(F)	평가지수(M×F)
열화·절연	체크리스트(을지)에 따른 평가결과	1~5		30	
마모 강도	체크리스트(을지)에 따른 평가결과	1~5	N/A		
외관(부식)	체크리스트(을지)에 따른 평가결과	1~5	N/A		
내용연수/사용횟수	내용연수 여유율 75% 이상 여유	5		50	
	내용연수 여유율 50~75% 미만	4			
	내용연수 여유율 25~50% 미만	3			
	내용연수 여유율 0~25% 미만	2			
	내용연수 초과	1			
설치환경	하저기간 내	5		10	
	터널내부	4			
	터널외부(콘크리트도상)	3			
	터널외부	2			
	염해	1			
운행횟수	일평도 50회 미만	5		10	
	일평도 50회~150회 미만	4			
	일평도 150회~300회 미만	3			
	일평도 300회~500회 미만	2			
	일평도 500회 이상	1			
고장·장애 횟수	발생없음	5			
	직전년도 1회	4	N/A		
	직전년도 2회	3			
	직전년도 3회	2			
	직전년도 4회 이상	1			
제품단종	다수 제조사 생산	5			
	단일 제조사 생산	3	N/A		
	정품/대체품 단종	1			
설비용량	예비율 100% 이상	5			
	예비율 85%~99% 미만	4			
	예비율 70%~85% 미만	3	N/A		
	예비율 50%~70% 미만	2			
	예비율 50% 미만	1			

부문	부문중요도	평가지수
안전성(SF)	56%	
내구성(D)	28%	
사용성(S)	16%	
평가지수 합계	종합평가결과:	종합평가지수

평가의견 및 기타사항:

철도정보통신설비 성능평가 체크리스트(15-을지)

평가항목	평가방법	평가기준	평가결과		비고
			측정값	점수 5-1	
열화·절연	전계강도	-90(B) 초과 또는 하자 기간 내 설비		5	성능평가요령(정보통신) 1.4.1.9
		-90 이하~-100 이상		4	
		-100 미만~-110 이상		3	
		-110 미만~-113 이상		2	
		-113 미만		1	

* 1. 대상설비에 대한 평가방법은 "정보통신 성능진단 점검진단 매뉴얼"에 따라 체크리스트를 작성 평가한다.
2. 평가방법: 정량적 평가값을 원칙으로 하고 부득이한 경우 정성적 평가를 수행한다.
3. 성능평가지수 측정값을 체크리스트(을지)에 기록하고, 평가기준과의 부합성 "성능평가기준"에 따른 점수로 평가한다.
4. 시행항목이 여러 개 있을 경우 최하점수를 적용한다.
5. 성능평가 샘플링 수량은 "성능평가기준 대상설비 샘플링수량기준"에 따른다.

※ 진하게 표시된 BOX 부분만 작성

철도정보통신설비 성능평가 체크리스트(16-갑지)

시설개요

노선명		설비명(세부품목)		추중계장치
시설물코드	F3401	설치위치		

평가항목

평가항목		평가기준	점수	평가결과(M)	중요도(F)	평가지수(M×F)
설치환경	내용연수/사용연수	체크리스트(을지)에 따른 평가결과	1-5		40	
	미관(부식)	체크리스트(을지)에 따른 평가결과	1-5	N/A		
	외관(부식)	체크리스트(을지)에 따른 평가결과	1-5	N/A		
		내용연수 약율 75% 이상 여부	5			
		내용연수 약율 50-75% 미만	4		30	
		내용연수 약율 25-50% 미만	3			
		내용연수 약율 0-25% 미만	2			
		내용연수 초과	1			
설치환경		하저기간 내	5			
		터널내부	4	N/A		
		터널외부(준국도등성)	3			
	터널여부		2			
		염해	1			
운행현황		일평균 50회 미만	5		10	
		일평균 50회-150회 미만	4			
		일평균 150회-300회 미만	3			
		일평균 300회-500회 미만	2			
		일평균 500회 이상	1			
	고장·장애횟수	직전년도 4회 이상	5		10	
		직전년도 3회	4			
		직전년도 2회	3			
		직전년도 1회	2			
		결함없음	1			
	제품단종	다수 제조사 생산	5		10	
		단일 제조사 생산	3			
		정품/대체품 단종	1			
설비이용		예비율 100% 이상	5		N/A	
		예비율 85%-99% 미만	4			
		예비율 70%-85% 미만	3			
		예비율 50%-70% 미만	2			
		예비율 50% 미만	1			

부문	평가지수 합계	부문중요도	종합평가기준	평가지수	종합평가지수
안전성(SF)		40%			
내구성(D)		17%			
사용성(S)		43%			

평가의견 및 기타사항:

※ 진하게 표시된 BOX 부문만 작성

철도정보통신설비 성능평가 체크리스트(16-을지)

평가항목	평가방법	평가기준	평가결과 측정값	점수 5-1	비고
열화·점검	모듈검사	점체 대상 모듈의 기능이 정상		5	성능평가요령(정보통신) 1.4.1.1
		점체 대상 모듈 중 1개 모듈 비정상		3	
		점체 대상(초기) 상태를 독립하지 못하는 경우		1	
	NMS/EMS	측정치 0-1건		5	성능평가요령(정보통신) 1.4.1.2
		측정치 2-3건		3	
		측정치 4건 이상		1	
	열상측정	1℃(기준값) 미만 또는 하자기간 내 설비	-	5	
		1℃ 이상~4℃ 미만	열화기능성 없음	4	성능평가요령(정보통신) 1.4.1.6
		4℃ 이상~15℃ 미만	열화기능성 있음	3	
		≥ 15℃ 이상	추후 결함으로 진전	1	

* 1. 대상설비에 대한 평가방법은 "정보통신 정밀진단 매뉴얼"에 따라 체크리스트를 작성 평가한다.
2. 평가방법: 정량적 평가를 원칙으로 하고 부득이한 경우 정성적 평가를 수행한다.
3. 성능평가지는 측정값을 체크리스트(을지)에 기록하고, 평가기준과의 부합성 여부를 "성능평가기준"에 따른 점수로 평가한다.
4. 시험항목이 여러 개 있을 경우 최하점수를 적용한다.
5. 성능평가 샘플의 수량은 "성능평가기준 대상설비 샘플수량평가기준"에 따른다.

철도정보통신설비 성능평가 체크리스트(17-갑지)

시설개요	노선명		설비명(세분류)		보조중계장치	
	구간명		설치위치			
	시설분류코드	F3402	대상장치			

평가항목	평가기준	평가결과			
		점수	평가결과(M)	중요도(F)	평가지수(M×F)
열화·절연	체크리스트(을지)에 따른 평가결과	1-5	N/A	20	
마모강도	체크리스트(을지)에 따른 평가결과	1-5		10	
외관(부식)	체크리스트(을지)에 따른 평가결과	1-5			
내용연수/ 사용횟수	내용연수 여유율 75% 이상 여유	5		30	
	내용연수 여유율 50-75% 미만	4			
	내용연수 여유율 25-50% 미만	3			
	내용연수 여유율 0-25% 미만	2			
	내용연수 초과	1			
설치환경	하자기간 내	5		10	
	터널밖	4			
	터널외부(콘크리트도상)	3			
	터널내부	2			
	염해	1			
운행횟수	일평균 50회 미만	5		10	
	일평균 50회-150회 미만	4			
	일평균 150회-300회 미만	3			
	일평균 300회-500회 미만	2			
	일평균 500회 이상	1			
고장·장애 횟수	발생없음	5		10	
	직전연도 1회	4			
	직전연도 2회	3			
	직전연도 3회	2			
	직전연도 4회 이상	1			
제품단종	다수 제조사 생산	5		10	
	단일 제조사 생산	3	N/A		
	정품/대체품 단종	1			
설비용량	예비율 100% 이상	5		10	
	예비율 85%-99% 미만	4			
	예비율 70%-85% 미만	3			
	예비율 50%-70% 미만	2			
	예비율 50% 미만	1			

부문	평가지수 합계	부문중요도	평가지수	종합평가결과
안전성(SF)		40%		
내구성(D)		17%		
사용성(S)		43%		
종합평가지수				

평가의견 및 기타사항:

철도정보통신설비 성능평가 체크리스트(17-을지)

평가항목	평가방법	평가기준		평가결과		비고
				측정값	점수 5-1	
열화·절연	열상측정	1℃(기준값) 미만 또는 하자기간 내 설비	-		5	성능평가 요령 (정보통신) 1.4.1.6
		1℃ 이상-4℃ 미만	열화가능성 없음		4	
		4℃ 이상-15℃ 미만	열화가능성 있음		3	
		≥ 15℃ 이상	추후 결함으로 진전		2	
					1	
외관	부식검사	부식이 전혀 없음	-		5	성능평가 요령 (정보통신) 1.4.2.1
		국부적으로 부식이 발생 (전부식발생 면적율 5% 미만)	부식이 다소 발생		4	
		부식이 다소 발생 (전부식발생 면적율 5-15% 미만)			3	
		전반적으로 부식이 발생 (전부식발생 면적율 15-30% 미만)			2	
		부식발생이 심화 (전부식발생 면적율 30% 이상)			1	

* 1. 대상설비에 대한 평가방법은 "정보통신 정밀진단 매뉴얼"에 따라 체크리스트를 작성 평가한다.
2. 평가방법: 정성적 측정값을 원칙으로 하고 부득이한 경우 정성적 평가를 수행한다.
3. 성능평가지수는 측정값을 체크리스트(을지)에 기록하고, 평가기준과의 부합성 여부를 "성능평가기준"에 따른 점수로 평가한다.
4. 시험항목이 여러 개 있을 경우 최하점수를 적용한다.
5. 성능평가 샘플링 수량은 "성능평가기준 대상설비 샘플링수량기준"에 따른다.

철도정보통신설비 성능평가 체크리스트(18-갑지)

시설개요	노선명		설비명(세부명)	전자교환기
	구간명		설치위치	
	시설물코드	F4101	대상장치	

평가항목	구간	평가기준	평가결과	점수	평가결과(M)	중요도(F)	평가지수(M×F)
열화·접점		체크리스트(을지)에 따른 평가결과		1-5		40	
마모·강도		체크리스트(을지)에 따른 평가결과		1-5	N/A		
외관(부식)		체크리스트(을지)에 따른 평가결과		1-5	N/A		
내용연수/사용횟수		내용연수 여유율 75% 이상 여유		5		20	
		내용연수 여유율 50-75% 미만		4			
		내용연수 여유율 25-50% 미만		3			
		내용연수 여유율 0-25% 미만		2			
		내용연수 초과		1			
설치환경		허용기간 내		5			
		터널내부		4	N/A		
		터널외부(크리프드상)		3			
		터널외부		2			
		염해		1			
운행횟수		일평균 500회 이상		5		10	
		일평균 300회-500회 미만		4			
		일평균 150회-300회 미만		3			
		일평균 50회-150회 미만		2			
		일평균 50회 미만		1			
고장장애횟수		일평균 5건 이상		5		10	
		직전년도 4회 이상		4			
		직전년도 3회		3			
		직전년도 2회		2			
		직전년도 1회		1			
		발생없음		5			
제품단종		단일 제조사 생산		3		10	
		정품/대체품 단종		1			
설비용량		예비율 100% 이상		5		10	
		예비율 85%-99% 미만		4			
		예비율 70%-85% 미만		3			
		예비율 50%-70% 미만		2			
		예비율 50% 미만		1			

부문	평가지수 합계	부문중요도	총합평가지수	평가결과	평가지수	총합평가지수
안전성(SF)		40%				
내구성(D)		17%				
사용성(S)		43%				

평가의견 및 기타사항:

※ 진하게 표시된 BOX 부분만 작성

철도정보통신설비 성능평가 체크리스트(18-을지)

평가항목	평가방법			평가기준	평가결과 점수 5-1	비고
열화·접점	모듈검사			점검하여 정상(초기) 상태를 복구하지 못하는 경우	3	성능평가 (정보통신) 1.4.1.1
				전체 대상 모듈 중 1개 모듈이 정상	5	
	NMS/EMS 검사	CPU		30% 이하	5	성능평가 (정보통신) 1.4.1.2
			메모리	20% 이하	4	
			디스크	30%~80%	3	
			중앙 제어설비	20%~70%		
			기타	20% 초과-80% 이하	2	
		CPU		20% 초과	1	
			메모리	20% 초과-80% 이하		
			디스크	70% 초과		
			중앙 제어설비	80% 초과		
			기타	90% 초과		
설비 가동률	BER측정	CPU		ES = 0 및 하자기간 내 설비	5	성능평가 (정보통신) 1.4.1.3
			메모리	축정치 0-1건	4	
			디스크	축정치 2-3건	3	
			기타	축정치 4건 이상	2	
고장장애횟수	연수측정			1-10	5	
				11-66	4	
				67 이상	3	
	온상측정			1°C(기준값) 미만 또는 하자기간 내 설비	5	성능평가 (정보통신) 1.4.1.6
				1°C 이상-4°C 미만	4	
				4°C 이상-15°C 미만	3	
				≥ 15°C 이상	2	
				추후 결함으로 진전	1	

* 1. 대상설비에 대한 평가방법은 "정보통신 성능평가"의 해당 항목 체크리스트를 작성 평가한다.
2. 평가방법: 장력점 평가방법을 원칙으로 하고 부득이한 경우 정성적 평가를 수행한다.
3. 성능평가지수 측정값을 체크리스트에 기록하고, 평가기준에 부합한 여부를 "성능평가기준"에 따른다.
4. 시험항목이 여러 개 있을 경우 최하점수를 적용한다.
5. 성능평가 샘플 수량은 "성능평가기준 대상설비 샘플링수량기준"에 따른다.

철도정보통신설비 성능평가 체크리스트(19-갑지)

시설개요	노선명		설비명(세분류)		관제전화 주장치		
	구간명		설치위치				
	시설분류코드		대상장치				

평가항목	평가기준	F4102	평가결과				
		평가기준	점수	평가결과(M)	중요도(F)	평가지수(M×F)	
열화·절연	체크리스트(을지)에 따른 평가결과		1-5		40		
마모강도	체크리스트(을지)에 따른 평가결과		1-5	N/A			
외관(부식)	체크리스트(을지)에 따른 평가결과		1-5	N/A			
내용연수/사용횟수	내용연수 여유율 75% 이상 여유		5		30		
	내용연수 여유율 50~75% 미만		4				
	내용연수 여유율 25~50% 미만		3				
	내용연수 여유율 0~25% 미만		2				
	내용연수 초과		1				
설치환경	하자기간 내		5				
	터널내부		4	N/A			
	터널외부(콘크리트상)		3				
	터널외부		2				
	염해		1				
운행횟수	일변도 50회 미만		5		10		
	일변도 50회~150회 미만		4				
	일변도 150회~300회 미만		3				
	일변도 300회~500회 미만		2				
	일변도 500회 이상		1				
고장·장애 횟수	발생없음		5		10		
	직전년도 1회		4				
	직전년도 2회		3				
	직전년도 3회		2				
	직전년도 4회 이상		1				
제품단종	다수 제조사 생산		5		10		
	단일 제조사 생산		3	N/A			
	정품/대체품 단종		1				
설비용량	예비율 100% 이상		5				
	예비율 85%~99% 미만		4				
	예비율 70%~85% 미만		3				
	예비율 50%~70% 미만		2				
	예비율 50% 미만		1				

부문	부문중요도	평가지수		종합평가기준
안전성(SF)	40%			
내구성(D)	17%			
사용성(S)	43%			
평가지수 합계				종합평가지수

평가의견 및 기타사항:

※ 진하게 표시된 BOX 부분만 작성

철도정보통신설비 성능평가 체크리스트(19-을지)

평가항목	평가방법	평가기준		평가결과		비고
				측정값	점수 5-1	
열화·절연	모듈검사	절체 대상 모듈의 기능이 정상			5	성능평가 (정보통신) 1.4.1.1
		절체하여 정상(초기) 상태로 복귀하지 못하는 경우			3	
		절체 대상 모듈 중 1개 모듈 비정상			1	
	설비 활용률	CPU	중앙제어설비		5	
			기타	30% 이하		
			메모리	20% 이하		
			디스크	20% 이하		
	NMS/EMS 검사	CPU	중앙제어설비		3	성능평가 요령 (정보통신) 1.4.1.2
			기타	30%~80%		
			메모리	20%~70%		
			디스크	20% 초과~80% 이하		
		CPU	중앙제어설비		1	
			기타	80% 초과		
			메모리	70% 초과		
			디스크	80% 초과		
				90% 초과		
	고장·장애 횟수	측정치 0-1건			5	
		측정치 2-3건			3	
		측정치 4건 이상			1	
	염상측정	1℃(기준값) 미만 또는 하자기간 내 설비			5	성능평가 요령 (정보통신) 1.4.1.6
		1℃ 이상~4℃ 미만			4	
		4℃ 이상~15℃ 미만			3	
		≥ 15℃ 이상			2	
		추후 결합으로 진전			1	

* 1. 대상설비에 대한 평가방법은 "정보통신 점검진단 매뉴얼"에 따라 체크리스트를 작성 평가한다.
  2. 평가방법: 정량적 평가를 원칙으로 하고 부득이한 경우 정성적 평가를 수행한다.
  3. 성능평가치는 측정값을 체크리스트(을지)에 기록하고, 평가기준과의 부합성 여부를 "성능평가기준"에 따른 점수로 평가한다.
  4. 시험항목이 여러 개 있을 경우 최하점수를 적용한다.
  5. 성능평가 샘플링 수량은 "성능평가기준 대상설비 샘플링수량기준"에 따른다.

철도정보통신설비 성능평가 체크리스트 (20-갑지)

시설개요	노선명		설비명(세부류)		중앙 제어설비	
	구간명		설치위치			
	시설물코드	F5101	대상장치			

부문	평가항목	평가기준	점수	평가결과(M)	중요도(F)	평가지수(M×F)
설비용량	외관(부식)	체크리스트(을)지에 따른 평가결과	1-5	N/A		
	마모·강도	체크리스트(을)지에 따른 평가결과	1-5	N/A		
	열화·경년	체크리스트(을)지에 따른 평가결과	1-5	N/A		
내용연수/사용횟수	내용연수	내용연수 여유율 75% 이상 여유	5		40	
		내용연수 여유율 50-75% 미만	4			
		내용연수 여유율 25-50% 미만	3			
		내용연수 여유율 0-25% 미만	2			
		내용연수 초과	1			
설치환경	터널외부(크리트도상)	하자기간 내	5	N/A	30	
		터널내부	4			
		터널외부(크리트도상)	3			
		터널외부	2			
		염해	1			
운행환경	일평균횟수	일평균 50회 미만	5		10	
		일평균 50회-150회 미만	4			
		일평균 150회-300회 미만	3			
		일평균 300회-500회 미만	2			
		일평균 500회 이상	1			
고장·장해 횟수		직전년도 1회	5		10	
		직전년도 2회	4			
		직전년도 3회	3			
		직전년도 4회 이상	2			
		다수 제조사 생산	1			
제품단종		다수 제조사 생산	5		10	
		단일 제조사 생산	3			
		정품/대체품 단종	1			
설비용량		예비율 100% 이상	5	N/A		
		예비율 85%-99% 미만	4			
		예비율 70%-85% 미만	3			
		예비율 50%-70% 미만	2			
		예비율 50% 미만	1			

부문	평가지수 합계	부문중요도	평가지수	종합평가결과
안전성(SF)		40%		
내구성(D)		17%		
사용성(S)		43%		종합평가지수

평가의견 및 기타사항:

※ 진하게 표시된 BOX 부문만 작성

철도정보통신설비 성능평가 체크리스트 (20-을지)

평가항목	평가방법		평가기준	측정값	점수 5-1	비고
모듈검사			전체 대상 모듈 중 1개 모듈 정상		5	성능평가 요령(정보통신) 1.4.1.1
			30% 이하		3	
			정체하여 경상(초기) 상태로 복귀하지 못하는 경우		1	
열화·점검	CPU	중앙 제어설비	30% 이하		5	성능평가 요령(정보통신) 1.4.1.2
		기타	20% 이하			
	CPU	메모리	20% 이하			
		디스크	20%-80%			
		기타	20% 초과-80% 이하		3	
	CPU	메모리	20% 초과-80% 이하			
		디스크	70% 초과			
		기타	80% 초과		1	
			80% 초과			
			90% 초과			
고장·장해 횟수			축정치 0-1건	-	5	
			축정치 2-3건	-	3	
			축정치 4건 이상	-	1	
NMS/EMS 검사			영상가능성 없음		5	성능평가 요령(정보통신) 1.4.1.6
			영화가능성 있음		3	
			영화 결함으로 진단		1	
열화·측정			1℃(기준값) 미만 또는 하자기간 내 설비		5	
			1℃ 이상-4℃ 미만		4	
			4℃ 이상-15℃ 미만		3	
			≥ 15℃ 이상		2	
			추후 결함으로 진단		1	

* 1. 대상설비에 대한 평가방법은 "정보통신 갑지"에 따라 수행한다.
2. 평가방법: 정량적 평가를 원칙으로 하고 부득이한 경우 정성적 평가를 수행한다.
3. 성능평가지수 축정값은 체크리스트(을)지에 기록하고, 평가기준에 부합한 여부를 "성능평가기준"에 따라 점수로 평가한다.
4. 시험항목이 여러 개 있을 경우 최하점수를 적용한다.
5. 성능평가 샘플을 수량은 대상설비 샘플의 수량기준에 따른다.

철도정보통신설비 성능평가 체크리스트(21-을지)

평가항목	평가방법	평가기준		평가결과	
				측정값	점수 5-1
염화·절연	염성측정	1℃(기준값) 미만 또는 하자기간 내 설비	-		5
		1℃ 이상~-4℃ 미만	염화가능성 없음		4
		-4℃ 이상~-15℃ 미만	염화가능성 있음		3
		≥ -15℃ 이상	측후 결함으로 전환		2
					1

비고: 성능평가 요령(정보통신) 1.4.1.6

* 1. 대상설비에 대한 평가방법은 "정보통신 성능평가 매뉴얼"에 따라 체크리스트를 작성한다.
2. 평가방법: 정량적 평가는 염성으로 측정한 경우 정성적 평가를 수행한다.
3. 성능평가자는 측정값을 체크리스트(을지)에 기록하고, 평가기준과의 부합성 여부를 "성능평가기준"에 따른 점수로 평가한다.
4. 시험항목이 여러 개 있을 경우 최하점수를 적용한다.
5. 성능평가 샘플링 수량은 "성능평가기준 대상설비 샘플링수량평가"에 따른다.

철도정보통신설비 성능평가 체크리스트(21-갑지)

시설개요	노선명		설비명(세부류)		역사배	
	구간명		설치위치			
	시설분류코드	F5102	대상장치			

평가항목	평가기준	점수	평가결과(M)	중요도(F)	평가지수(M×F)
염화·절연	체크리스트(을지)에 따른 평가결과	1-5		30	
마모강도	체크리스트(을지)에 따른 평가결과	1-5	N/A		
외관(부식)	체크리스트(을지)에 따른 평가결과	1-5	N/A		
내용연수/사용횟수	내용연수 여유율 75% 이상 여유	5		40	
	내용연수 여유율 50-75% 미만	4			
	내용연수 여유율 25-50% 미만	3			
	내용연수 여유율 0-25% 미만	2			
	내용연수 초과	1			
설치환경	하자기간 내	5			
	터널내부	4	N/A		
	터널외부(콘크리트도상)	3			
	터널외부	2			
	염해	1			
운행횟수	일평도 50회 미만	5		10	
	일평도 50회-150회 미만	4			
	일평도 150회-300회 미만	3			
	일평도 300회-500회 미만	2			
	일평도 500회 이상	1			
고장·장애 횟수	발생없음	5		10	
	작전년도 1회	4			
	작전년도 2회	3			
	작전년도 3회	2			
	작전년도 4회 이상	1			
제품단종	다수 제조사 생산	5			
	단일 제조사 생산	3	N/A		
	정품/대체품 단종	1			
설비용량	예비율 100% 이상	5		10	
	예비율 85%-99% 미만	4			
	예비율 70%-85% 미만	3			
	예비율 50%-70% 미만	2			
	예비율 50% 미만	1			

종합평가결과:

부문	평가지수 합계	부문중요도	평가지수
안전성(SF)		40%	
내구성(D)		17%	
사용성(S)		43%	
종합평가지수			

평가의견 및 기타사항:

※ 진하게 표시된 BOX 부분만 작성

철도정보통신설비 성능평가 체크리스트(22-갑지)

시설개요				표시기		
노선명				설비명(세부류)		
구간명				설치위치		
시설물코드	F5103			대상장치		

부문	평가항목	평가기준	점수	평가결과(M)	중요도(f)	평가지수(M×f)
시설개요	열화·점연	체크리스트(을지)에 따른 평가결과	1-5		20	
	파손·균열	체크리스트(을지)에 따른 평가결과	1-5	N/A		
	부식, 균열, 누유, 경사, 침하	체크리스트(을지)에 따른 평가결과	1-5		10	
내용연수/사용횟수		내용연수 여유율 75% 이상 여유	5		30	
		내용연수 여유율 50-75% 미만	4			
		내용연수 여유율 25-50% 미만	3			
		내용연수 여유율 0-25% 미만	2			
		내용연수(출)기간 초과	1			
설치환경	터널외부(크리트도상)	하자기간 내	5		10	
		터널내부	4			
		염해	3			
		터널외부	2			
운행횟수		일평균 50회 미만	5		10	
	발생없음	일평균 50회-150회 미만	4			
		일평균 150회-300회 미만	3			
		일평균 300회-500회 미만	2			
		일평균 500회 이상	1			
고장·장애 횟수		직전년도 4회 이상	5		10	
		직전년도 3회	4			
		직전년도 2회	3			
		직전년도 1회	2			
		다수 제조사 생산	1			
제품단종		단일 제조사 생산	5		10	
		정품/대체품 단종	4	N/A		
설비용량		예비율 100% 이상	5		10	
		예비율 85%-99% 미만	4			
		예비율 70%-85% 미만	3			
		예비율 50%-70% 미만	2			
		예비율 50% 미만	1			

부문	평가지수 합계	부문중요도	종합평가결과:			
안전성(SF)		40%				
내구성(D)		17%	종합평가지수:			
사용성(S)		43%				

평가의견 및 기타사항:

철도정보통신설비 성능평가 체크리스트(22-을지)

평가항목	평가방법	평가기준	측정값	평가결과 점수 5-1	비고
열화·점연	열상촬영	1℃(기준값) 미만 또는 하자기간 내 설비	-	5	성능평가 요함 (정보통신) 1.4.1.6
		1℃ 이상-4℃ 미만	열화가능성 없음	4	
		4℃ 이상-15℃ 미만	열화가능성 있음	3	
		-	-	2	
		≥ 15℃ 이상	축후 결함으로 진전	1	
외관	부식검사	-	PCB의 부품의 손상이 없는 상태	5	성능평가 요함 (정보통신) 1.4.2.1
		-	PCB의 국히 미세한 손상이 있지만 사용에 지장없는 상태	4	
		-	PCB의 크랙이나 패턴부 Void가 발생한 경우	3	

* 1. 대상설비에 대한 평가방법은 "정보통신 정밀진단 매뉴얼"에 따라 체크리스트를 작성 평가한다.
2. 평가방법: 장비의 평가를 원칙으로 하고 부득이한 경우 정상성 평가를 수행한다.
3. 성능평가지수 축정값은 체크리스트(을지)에 기록하고, 평가기준과의 부합성 성능평가를 "성능평가기준"에 따른다.
4. 시험항목이 여러 개 있는 경우 최하위점수를 적용한다.
5. 성능평가 샘플을 수량은 "성능평가기준 대상설비 샘플수량기준"에 따른다.

철도정보통신설비 성능평가 체크리스트(23-갑지)

시설개요	노선명		설비명(세분류)	자동안내 방송주장치			
	구간명		설치위치				
	시설분류코드	F5201	대상장치				

평가결과

평가항목	평가기준	점수	평가결과(M)	중요도(F)	평가지수(M×F)
열화·절연	체크리스트(을지)에 따른 평가결과	1-5	N/A	40	
마모 강도	체크리스트(을지)에 따른 평가결과	1-5	N/A		
외관(부식)	체크리스트(을지)에 따른 평가결과	1-5			
내용연수/사용횟수	내용연수 여유율 75% 이상 여유	5		30	
	내용연수 여유율 50~75% 미만	4			
	내용연수 여유율 25~50% 미만	3			
	내용연수 여유율 0~25% 미만	2			
	내용연수 초과	1			
설치환경	하자기간 내	5		10	
	티끌내부	4			
	티끌외부(온크리트도상)	3	N/A		
	티끌외부	2			
	염해	1			
운영횟수	일별도 50회 미만	5		10	
	일별도 50회~150회 미만	4			
	일별도 150회~300회 미만	3			
	일별도 300회~500회 미만	2			
	일별도 500회 이상	1			
고장·장애 횟수	발생없음	5		10	
	직전년도 1회	4			
	직전년도 2회	3			
	직전년도 3회	2			
	직전년도 4회 이상	1			
제품단종	다수 제조사 생산	5		10	
	단일 제조사 생산	3	N/A		
	정품/대체품 단종	1			
설비유량	예비율 100% 이상	5			
	예비율 85%~99% 미만	4			
	예비율 70%~85% 미만	3			
	예비율 50%~70% 미만	2			
	예비율 50% 미만	1			

종합평가결과

부문	평가지수 합계	부문중요도	평가지수	종합평가지수
안전성(SF)		40%		
내구성(D)		17%		
사용성(S)		43%		

평가의견 및 기타사항:

※ 진하게 표시된 BOX 부분만 작성

철도정보통신설비 성능평가 체크리스트(23-을지)

평가항목	평가방법	평가기준		평가결과		비고
				측정값	점수 5-1	
열화·절연	저항점검	기준값(B) 내 또는 하자기간 내 설비	-		5	
		정격 출력 100%	열화가능성 없음		4	성능평가 요령(정보통신) 1.4.1.5
		정격 출력(100%~80%)	열화가능성 있음		3	
		정격 출력(80% 미만)	추후 결함으로 진전		2	
		1℃(기준값) 미만 또는 하자기간 내 설비	-		1	
	열상측정	1℃ 이상~4℃ 미만	열화가능성 없음		5	성능평가 요령(정보통신) 1.4.1.6
		4℃ 이상~15℃ 미만	열화가능성 있음		4	
		≥ 15℃ 이상	추후 결함으로 진전		3	
					2	
					1	

* 1. 대상설비에 대한 평가방법은 "정보통신 성능진단 매뉴얼"에 따라 체크리스트를 작성 평가한다.
2. 평가방법: 정량적 평가를 원칙으로 하고 부득이한 경우 정성적 평가를 수행한다.
3. 성능평가자는 측정값을 체크리스트(을지)에 기록하고, 평가기준과의 부합성 여부를 "성능평가기준"에 따른 점수로 평가한다.
4. 시험항목이 여러 개 있을 경우 최하점수를 적용한다.
5. 성능평가 샘플링 수량은 "성능평가기준 대상설비 샘플링수량기준"에 따른다.

철도정보통신설비 성능평가 체크리스트(24-갑지)

시설개요	노선명		설비명(세부목)		관제역각 방송주장치	
	시설분류코드	F5202	설치위치			
	구간명		대상장치			

평가항목		평가기준	점수	평가결과(M)	중요도(F)	평가지수(M×F)
시설개요	열화/점검	체크리스트(을지)에 따른 평가결과	1~5	N/A	40	
	마모/강도	체크리스트(을지)에 따른 평가결과	1~5	N/A		
	외관(부식)	체크리스트(을지)에 따른 평가결과	1~5	N/A		
내용연수/ 사용연수		내용연수 여유율 75% 이상 여유	5		30	
		내용연수 여유율 50~75% 미만	4			
		내용연수 여유율 25~50% 미만	3			
		내용연수 여유율 0~25% 미만	2			
		내용연수 초과	1			
설치환경		하자기간 내	5			
		터널내부	4			
		터널외부(크리트도상)	3	N/A		
		터널외부	2			
		염해	1			
운행횟수		일평균 50회 미만	5		10	
		일평균 50회~150회 미만	4			
		일평균 150회~300회 미만	3			
		일평균 300회~500회 미만	2			
		일평균 500회 이상	1			
고장/장애 횟수		발생없음	5		10	
		직전년도 1회	4			
		직전년도 2회	3			
		직전년도 3회	2			
		직전년도 4회 이상	1			
제품단종		다수 제조사 생산	5			
		단일 제조사 생산	3		10	
		정품/대체품 단종	1			
설비비용		예비율 100% 이상	5		N/A	
		예비율 85%~99% 미만	4			
		예비율 70%~85% 미만	3			
		예비율 50%~70% 미만	2			
		예비율 50% 미만	1			

부문	평가지수 합계	부문중요도	평가지수	종합평가결과
안전성(SF)		40%		
내구성(D)		17%		종합평가지수
사용성(S)		43%		

평가의견 및 기타사항:

※ 진하게 표시된 BOX 부문만 작성

철도정보통신설비 성능평가 체크리스트(24-을지)

평가항목	평가방법	평가기준		측정값	점수 5-1	비고
열화·점검	설비 활용율	CPU	중앙 제어실비	30% 이하	5	성능평가 요령 (정보통신) 1.4.1.2
			메모리	20% 이하		
			디스크	20% 이하		
			기타	20% 이하		
		CPU	중앙 제어실비	30%~80%	3	
			메모리	20%~70%		
			디스크	20%~80% 이하		
			기타	20% 초과~80% 이하		
		CPU	중앙 제어실비	80% 초과	1	
			메모리	70% 초과		
			디스크	80% 초과		
			기타	90% 초과		
	NMS/EMS 검사			열화기능성 없음	5	
				열화기능성 있음	3	
				추후 결함으로 진전	1	
	고장·장애 횟수 측정			축정치 0~1건	5	성능평가 요령 (정보통신) 1.4.1.6
				축정치 2~3건	3	
				축정치 4건 이상	1	
	온상 측정			1℃(기준값) 미만 또는 하지기간 내 설비	5	
				1℃ 이상~4℃ 미만	4	
				4℃ 이상~15℃ 미만	3	
				≥ 15℃ 이상	2	

* 1. 대상설비에 대한 평가방법은 "정보통신 점검진단 매뉴얼"에 따라 체크리스트를 작성 평가한다.
2. 평가방법: 정량적 평가를 원칙으로 하고 부득이한 경우 정성적 평가를 수행한다.
3. 성능평가지수는 축정값을 체크리스트(을지)에 기록하고, 평가기준에 부합한 대부를 "성능평가기준"에 따른 점수로 평가한다.
4. 시험항목이 여러 개 있을 경우 최하위수를 부여하여 적용한다.
5. 성능평가 샘플링 수량은 "성능평가기준 대상설비 샘플수량기준"에 따른다.

철도정보통신설비 성능평가 체크리스트(25-을지)

평가 항목	평가방법	평가기준	평가결과	
			측정값	점수 5-1
열화·절 연	열상 측정	1℃(기준값) 미만 또는 하자기간 내 설비	-	5
		1℃ 이상~4℃ 미만	열화가능성 없음	4
		4℃ 이상~15℃ 미만	-	3
		≥ 15℃ 이상	열화가능성 있음	2
			추후 결함으로 진전	1

비고: 성능평가
영향
(정보통신)
1.4.1.6

* 1. 대상설비에 대한 평가방법은 "정보통신 성능평가 매뉴얼"에 따라 체크리스트를 작성 평가한다.
* 2. 평가방법: 정량적 평가를 원칙으로 하고 부득이한 경우 정성적 평가를 수행한다.
* 3. 성능평가지는 측정값을 체크리스트(을지)에 기록하고, 평가기준과의 부합성 여부를 "성능평가기준"에 따른 점수로 평가한다.
* 4. 시행항목이 여러 개 있을 경우 최하점수를 적용한다.
* 5. 성능평가 샘플링 수량은 "성능평가기준 대상설비 샘플링수량기준"에 따른다.

철도정보통신설비 성능평가 체크리스트(25-갑지)

시설 개요	노선명		설비명(세분류)	영상저장 장치			
	구간명		설치위치				
	시설분류코드	F6101	대상장치				
부문	평가항목	평가기준	점수	평가 결과(M)	중요도 (F)	평가지수 (M×F)	
		평가결과					
	열화·절연	체크리스트(을지)에 따른 평가결과	1-5	N/A	20		
	마모·강도	체크리스트(을지)에 따른 평가결과	1-5	N/A			
	외관(부식)	체크리스트(을지)에 따른 평가결과	1-5	N/A			
내용연수/ 사용횟수		내용연수 여유율 75% 이상 여유	5		40		
		내용연수 여유율 50-75% 미만	4				
		내용연수 여유율 25-50% 미만	3				
		내용연수 여유율 0-25% 미만	2				
		내용연수 초과	1				
설치환경		하자기간 내	5				
		터널내부	4				
		터널외부(콘크리트상)	3				
		터널외부	2				
		염해	1				
운행횟수		일평도 50회 미만	5		10		
		일평도 50회-150회 미만	4				
		일평도 150회-300회 미만	3				
		일평도 300회-500회 미만	2				
		일평도 500회 이상	1				
고장 장애 횟수		발생없음	5		10		
		직전년도 1회	4				
		직전년도 2회	3				
		직전년도 3회	2				
		직전년도 4회 이상	1				
제품단종		다수 제조사 생산	5		10		
		단일 제조사 생산	3				
		정품/대체품 단종	1				
설비용량		예비율 100% 이상	5		10		
		예비율 85%~99% 미만	4				
		예비율 70%~85% 미만	3				
		예비율 50%~70% 미만	2				
		예비율 50% 미만	1				
	평가지수 합계		**부문중요도**		**평가지수**	**종합평가지수**	
안전성(SF)			40%				
내구성(D)			17%				
사용성(S)			43%				
평가의견 및 기타사항:				종합평가결과:			

※ 진하게 표시된 BOX 부분만 작성

철도정보통신설비 성능평가 체크리스트(26-갑지)

시설개요				
노선명	구간명	시설분류코드	설비명(세부류)	설치위치
		F6102	영상운영 장치	

평가항목		평가기준	점수	평가결과(M)	중요도(F)	평가지수(M×F)
열화·결함	미모·경도	체크리스트(을)지에 따른 평가결과	1-5		30	
	부식, 균열, 누유, 경사, 침하	체크리스트(을)지에 따른 평가결과	1-5	N/A		
내용연수/사용환경		내용연수 여유율 75% 이상 여부	5		40	
		내용연수 여유율 50-75% 미만	4			
		내용연수 여유율 25-50% 미만	3			
		내용연수 여유율 0-25% 미만	2			
		내용연수 초과	1			
설치환경		하자기간 내	5			
		터널내부	4	N/A		
		터널외부(근교리도상)	3			
		터널외부	2			
		염해	1			
운행횟수		일편도 50회 미만	5		10	
		일편도 50회~150회 미만	4			
		일편도 150회~300회 미만	3			
		일편도 300회~500회 미만	2			
		일편도 500회 이상	1			
고장·장애횟수		직전년도 4회 이상	1		10	
		직전년도 3회	2			
		직전년도 2회	3			
		직전년도 1회	4			
		발생없음	5			
제품단종		다수 제조사 생산	5		10	
		단일 제조사 생산	3			
		정품/대체품 단종	1	N/A		
설비운영		예비율 100% 이상	5			
		예비율 85%~99% 미만	4			
		예비율 70%~85% 미만	3			
		예비율 50%~70% 미만	2			
		예비율 50% 미만	1			

부문	평가지수 합계	부문중요도	평가지수	종합평가결과
안전성(SF)		40%		종합평가지수
내구성(D)		17%		
사용성(S)		43%		

평가의견 및 기타사항:

철도정보통신설비 성능평가 체크리스트(26-을지)

평가항목		평가방법	평가기준	평가결과 점수 5-1	비고
열화·결함	NMS/EMS 검사	CPU	중앙 제어설비	30% 이하	5	
			디스크	20% 이하		
			기타	20% 이하		
		CPU	중앙 제어설비	30%~80%	3	
			디스크	20%~70%		
			기타	20%~80% 이하		
		CPU	중앙 제어설비	80% 초과	1	성능평가보고서 (정보통신) 1.4.1.2
			디스크	70% 초과		
			기타	80% 초과		
설비활용율				90% 초과		
고장·장애횟수			축장치 0~1건		5	
			축장치 2~3건		3	
			축장치 4건 이상		1	

* 1. 대상설비에 대한 평가방법은 "정보통신 정밀진단 매뉴얼"에 따라 체크리스트를 작성 평가한다.
2. 평가방법: 정량적 평가를 원칙으로 하고 부득이한 경우 정성적 평가를 수행한다.
3. 성능평가지수 측정결과를 체크리스트(을)지에 기록하고, 평가기준과의 부합성 여부를 "성능평가기준"에 따라 점수로 평가한다.
4. 시험평가에 따라 개 최하점수 적용한다. 시험평가시 최하점수를 적용한다.
5. 성능평가 샘플링 수량은 "성능평가기준 대상설비 샘플링수량기준"에 따른다.

철도정보통신설비 성능평가 체크리스트(27-을지)

평가항목	평가방법	평가기준	평가결과		비고
			측정값	점수 5-1	
열화·절연	영상확인	최상의 상태 또는 하자기간 내 설비		5	성능평가 요령 (정보통신) 1.4.1.8
		화질 저하 다소 감지되나, 감시 목적 지장 없음		4	
		화질 저하가 감지되나 감시 목적으로 지장 없음		3	
		화질 저하 감지되며, 감시 목적으로 다소 지장됨		2	
		화질 저하 감지되며, 감시 어려움		1	

* 1. 대상설비에 대한 평가방법은 "정보통신 성능평가 요령"에 따라 체크리스트를 작성 평가한다.
2. 평가기준은 정량적 측정값을 원칙으로 하고 부득이한 경우 정성적 평가를 수행한다.
3. 성능평가는 측정값을 체크리스트(을지)에 기록하고, 평가기준과의 부합성 여부를 "성능평가기준"에 따른 점수로 평가한다.
4. 시험항목이 여러 개 있을 경우 최하점수를 적용한다.
5. 성능평가 샘플링 수량은 "성능평가기준 대상설비 샘플링수량평가기준"에 따른다.

철도정보통신설비 성능평가 체크리스트(27-갑지)

시설개요	노선명		설비명(세분류)	카메라			
	구간명		설치위치				
	시설분류코드	F6103	대상장치	카메라영상			

평가항목	평가기준	평가결과			중요도 (F)	평가지수 (M×F)
			점수	평가결과(M)		
열화·절연	체크리스트(을지)에 따른 평가결과		1-5		20	
마모 강도	체크리스트(을지)에 따른 평가결과		1-5	N/A		
외관(부식)	체크리스트(을지)에 따른 평가결과		1-5	N/A		
내용연수/ 사용횟수	내용연수 여유율 75% 이상 여유		5		40	
	내용연수 여유율 50-75% 미만		4			
	내용연수 여유율 25-50% 미만		3			
	내용연수 여유율 0-25% 미만		2			
	내용연수 초과		1			
설치환경	하자기간 내		5		10	
	터널내부		4			
	터널외부(콘크리트도상)		3			
	터널외부		2			
	염해		1			
운전횟수	일편도 50회 미만		5		10	
	일편도 50회-150회 미만		4			
	일편도 150회-300회 미만		3			
	일편도 300회-500회 미만		2			
	일편도 500회 이상		1			
고장·장애 횟수	발생없음		5		10	
	작전년도 1회		4			
	작전년도 2회		3			
	작전년도 3회		2			
	작전년도 4회 이상		1			
제품단종	다수 제조사 생산		5	N/A		
	단일 제조사 생산		3			
	정품/대체품 단종		1			
설비용량	예비율 100% 이상		5		10	
	예비율 85%-99% 미만		4			
	예비율 70%-85% 미만		3			
	예비율 50%-70% 미만		2			
	예비율 50% 미만		1			

부문	평가지수 합계	부문중요도	종합평가결과:		
			평가지수	종합평가지수	
안전성(SF)		40%			
내구성(D)		17%			
사용성(S)		43%			
평가의견 및 기타사항:					

※ 진하게 표시된 BOX 부분만 작성

〈별지〉 정보통신 체크리스트 갑지, 을지

철도정보통신설비 성능평가 체크리스트(28-갑지)

시설명		설비명(세부종류)		
시설개요	시설분류코드	설치위치		
	F6104	대상장치	UPS	

평가항목	평가기준	점수	평가결과(M)	중요도(F)	평가지수(M×F)
외관검사	체크리스트(을지)에 따른 평가결과	1-5	N/A	30	
마모/강도	체크리스트(을지)에 따른 평가결과	1-5	N/A		
열화/절연	체크리스트(을지)에 따른 평가결과	1-5		10	
내용연수/사용횟수	내용연수 여유율 75% 이상 여유	5		20	
	내용연수 여유율 50-75% 미만	4			
	내용연수 여유율 25-50% 미만	3			
	내용연수 여유율 0-25% 미만	2			
	내용연수 초과	1			
설치환경	하자기간 내	5		10	
	터널내부	4			
	터널외부(콘크리트도상)	3	N/A		
	터널외부	2			
	연해	1			
운행횟수	일평균 500회 이상	5		10	
	일평균 300회~500회 미만	4			
	일평균 150회~300회 미만	3			
	일평균 50회~150회 미만	2			
	일평균 50회 미만	1			
고장/장애 횟수	발생없음	5		10	
	직전년도 1회	4			
	직전년도 2회	3			
	직전년도 3회	2			
	직전년도 4회 이상	1			
제품단종	다수 제조사 생산	5		10	
	단일 제조사 생산	3			
	정품/대체품 단종	1			
설비운용	예비율 100% 이상	5		10	
	예비율 85%-99% 미만	4			
	예비율 70%-85% 미만	3			
	예비율 50%-70% 미만	2			
	예비율 50% 미만	1			

부문	평가지수 합계	부문중요도	총합평가지수
안전성(SF)		40%	
내구성(D)		17%	
사용성(S)		43%	
평가의견 및 기타사항:		총합평가결과:	

※ 진하게 표시된 BOX 부문만 작성

철도정보통신설비 성능평가 체크리스트(28-을지)

평가항목		평가기준		평가결과 점수 5-1	측정값	비고
열화/절연	절연저항	기준값 이상 또는 하자기간 내 설비	0.5MΩ 이상	5		성능평가 (정보통신 1.4.1.4)
			1.0MΩ 이상	4		
			0.5 미만~0.4 이상	3		
			0.8 이상~1.0 미만			
			0.4 이하~0.2 초과	2		열화가능성 없음
			0.6 초과~0.8 미만			
			0.2MΩ 이하	1		열화가능성 있음
			0.6MΩ 이하			추후 경향으로 진단
		기준값(B) 이상 또는 하자기간 내 설비	-			
		220V	215V 이상~225V이하	5		성능평가 (정보통신 1.4.1.5)
	저항접압		211V 이상~220V 미만	4		열화가능성 없음
			212V 이상~215V 미만			
			220V 초과~229V 이하			열화가능성 있음
			225V 초과~228V 이하	3		
			211V 미만	2		추후 경향으로 진단
			229V 초과~233V 이하			
			212V 미만	1		
			233V 초과			
			207V 미만			
			233V 초과			
			207V 미만			
외관	부식검사	부식이 전혀 없음		5		
		국부적으로 부식이 발생(점부식발생 면적율 5% 미만)		4		
		부식이 다소 발생(점부식발생 면적율 5-15% 미만)		3		
		전반적으로 부식이 발생(점부식발생 면적율 15-30% 미만)		2		
		부식발생이 심각(점부식발생 면적율 30% 이상)		1		

* 1. 대상설비에 대한 평가방법은 "정보통신 정밀진단 매뉴얼"에 따라 체크리스트를 작성 평가한다.
2. 평가방법: 정성적 평가결과 정량적 하고 부득이한 경우 정성적 평가를 수행한다.
3. 성능평가지수는 측정값을 체크리스트(을지)에 기록하고, 평가기준과의 부합성 여부를 "성능평가기준"에 따른 점수로 평가한다.
4. 시험항목이 여러 개 있을 경우 최하점수를 적용한다.
5. 성능평가 샘플링 수량은 "성능평가 대상설비 샘플수량기준"에 따른다.

철도정보통신설비 성능평가 체크리스트(29-을지)

평가항목	평가방법	평가기준	평가결과 측정값	평가결과 점수 5-1	비고
열화·절연	저항점검	기준값(B) 이상 또는 하자기간 내 설비		5	성능평가 요령(정보통신) 1.4.1.5
		130% 이하		4	
		130% 초과~140% 이하		3	
		140% 초과~150% 미만		2	
		150% 이상		1	
외관	부식검사	부식이 전혀 없음		5	성능평가 요령(정보통신) 1.4.2.1
		국부적으로 부식이 발생 (점부식발생 면적율 5% 미만)		4	
		부식이 다소 발생 (점부식발생 면적율 5~15% 미만)		3	
		전반적으로 부식이 발생 (점부식발생 면적율 15~30% 미만)		2	
		부식발생이 심화 (점부식발생 면적율 30% 이상)		1	

* 1. 대상설비에 대한 평가방법은 "정보통신 정밀진단 매뉴얼"에 따라 체크리스트 작성 평가한다.
2. 평가방법: 정성적 평가는 육안으로 하고 부득이한 경우 정성적 평가를 수행한다.
3. 성능평가자는 측정값(을지)을 체크리스트(을지)에 기록하고, 평가기준과의 부합성 여부를 "성능평가기준"에 따른 점수로 평가한다.
4. 시험항목이 여러 개 있을 경우 최하점수를 적용한다.
5. 성능평가 샘플링 수량은 "성능평가기준 대상설비 샘플링수량기준"에 따른다.

철도정보통신설비 성능평가 체크리스트(29-갑지)

시설개요	노선명		설비명(세분류)		축전지		
	구간명		설치위치				
	시설분류코드	F6105	대상장치		내부저항		

평가항목	평가기준	점수	평가결과(M)	중요도(F)	평가지수(M×F)
열화·절연	체크리스트(을지)에 따른 평가결과	1-5	N/A	40	
마모·경도	체크리스트(을지)에 따른 평가결과	1-5	N/A	10	
외관(부식)	체크리스트(을지)에 따른 평가결과	1-5		30	
내용연수/사용횟수	내용연수 여유율 75% 이상 여유	5			
	내용연수 여유율 50~75% 미만	4			
	내용연수 여유율 25~50% 미만	3			
	내용연수 여유율 0~25% 미만	2			
	내용연수 초과	1			
설치환경	하자기간 내	5	N/A	10	
	터널내부	4			
	터널외부(콘크리트도상)	3			
	터널외부	2			
	염해	1			
운행횟수	일평도 50회 미만	5			
	일평도 50회~150회 미만	4			
	일평도 150회~300회 미만	3			
	일평도 300회~500회 미만	2			
	일평도 500회 이상	1			
고장·장애 횟수	발생없음	5	N/A	10	
	직전년도 1회	4			
	직전년도 2회	3			
	직전년도 3회	2			
	직전년도 4회 이상	1			
제품단종	다수 제조사 생산	5	N/A	10	
	단일 제조사 생산	3			
	정품/대체품 단종	1			
설비운용	예비율 100% 이상	5			
	예비율 85%~99% 미만	4			
	예비율 70%~85% 미만	3			
	예비율 50%~70% 미만	2			
	예비율 50% 미만	1			

부문	평가지수 합계	종합평가결과 부문중요도	평가지수	종합평가지수
안전성(SF)		40%		
내구성(D)		17%		
사용성(S)		43%		

평가의견 및 기타사항:

※ 진하게 표시된 BOX 부문만 작성

철도정보통신설비 성능평가 체크리스트(30-갑지)

시설개요	노선명		설비명(세부류)		영상저장장치	
	구간명		설치위치			
	시설분류코드	F6201	대상장치			

평가항목	평가기준	점수	평가결과(M)	중요도(F)	평가지수(M×F)
외관(부식)	체크리스트(을지)에 따른 평가결과	1-5	N/A	20	
마모, 강도	체크리스트(을지)에 따른 평가결과	1-5	N/A		
열화, 절연	체크리스트(을지)에 따른 평가결과	1-5			
내용연수/사용횟수	내용연수 여유율 75% 이상 여유	5		40	
	내용연수 여유율 50~75% 미만	4			
	내용연수 여유율 25~50% 미만	3			
	내용연수 여유율 0~25% 미만	2			
	내용연수 초과	1			
설치환경	하자기간 내	5			
	터널내부	4			
	터널외부(크리드상)	3			
	터널외부	2			
	염해	1			
운행횟수	일평균 50회 미만	5		10	
	일평균 50회~150회 미만	4			
	일평균 150회~300회 미만	3			
	일평균 300회~500회 미만	2			
	일평균 500회 이상	1			
고장・장애 횟수	직전년도 4회 이상	5		10	
	직전년도 3회	4			
	직전년도 2회	3			
	직전년도 1회	2			
	발생없음	1			
재품단종	다수 제조사 생산	5		10	
	단일 제조사 생산	3			
	정품/대체품 단종	1			
설비용량	예비율 100% 이상	5		10	
	예비율 85%~99% 미만	4			
	예비율 70%~85% 미만	3			
	예비율 50%~70% 미만	2			
	예비율 50% 미만	1			

부문	평가지수 합계	부문중요도	평가지수
안전성(SF)		40%	
내구성(D)		17%	
사용성(S)		43%	
평가의견 및 기타사항:		총합평가기준:	종합평가지수

※ 진하게 표시된 BOX 부분만 작성

철도정보통신설비 성능평가 체크리스트(30-을지)

평가항목	평가방법	평가기준	평가결과 측정값	점수 5-1	비고
열화점검	영상측정	1℃(기준값) 미만 또는 하자기간 내 설비	-	5	성능평가 정보통신 1.4.1.6
		1℃ 이상~4℃ 미만	열화가능성 없음	4	
		4℃ 이상~15℃ 미만	열화가능성 없음	3	
		≥ 15℃ 이상	추후 결함으로 진전	2	
				1	

* 1. 대상설비에 대한 평가방법은 "정보통신 점검진단 매뉴얼"에 따라 체크리스트를 작성 평가한다.
2. 평가방법: 정량적 평가를 원칙으로 하고 부득이한 경우 정성적 평가를 수행한다.
3. 성능평가자는 측정값을 체크리스트에 기록하고, 평가기준의 부합성 여부를 "성능평가기준"에 따라 점수로 평가한다.
4. 시험항목이 여러 개 있을 경우 최하점수를 적용한다.
5. 성능평가 샘플 수량은 대상설비 샘플링수량기준"에 따른다.

철도정보통신설비 성능평가 체크리스트(31-갑지)

시설개요	노선명		설비명(세부류)		영상운영장치
	구간명		설치위치		
	시설분류코드	F6202	대상장치		

평가항목	평가기준	점수	평가결과(M)	중요도(F)	평가지수(M×F)
열화·절연	체크리스트(을지)에 따른 평가결과	1-5	N/A	30	
마모·강도	체크리스트(을지)에 따른 평가결과	1-5	N/A		
외관(미모)	체크리스트(을지)에 따른 평가결과	1-5	N/A		
내용연수/ 사용횟수	내용연수 여유율 75% 이상 여유	5		40	
	내용연수 여유율 50-75% 미만	4			
	내용연수 여유율 25-50% 미만	3			
	내용연수 여유율 0-25% 미만	2			
	내용연수 초과	1			
설치환경	하자기간 내	5	N/A		
	터널내부	4			
	터널외부(준크리트도상)	3			
	터널외부	2			
	염해	1			
운행횟수	일편도 50회 미만	5		10	
	일편도 50회-150회 미만	4			
	일편도 150회-300회 미만	3			
	일편도 300회-500회 미만	2			
	일편도 500회 이상	1			
고장·장애 횟수	발생없음	5		10	
	작전년도 1회	4			
	작전년도 2회	3			
	작전년도 3회	2			
	작전년도 4회 이상	1			
제품단종	다수 제조사 생산	5	N/A	10	
	단일 제조사 생산	3			
	정품/대체품 단종	1			
설비용량	예비율 100% 이상	5		10	
	예비율 85%-99% 미만	4			
	예비율 70%-85% 미만	3			
	예비율 50%-70% 미만	2			
	예비율 50% 미만	1			

부문	평가지수 합계	부문중요도	평가지수	종합평가지수
안전성(SF)		40%		
내구성(D)		17%		
사용성(S)		43%		

평가의견 및 기타사항:

※ 진하게 표시된 BOX 부문만 작성

철도정보통신설비 성능평가 체크리스트(31-을지)

평가항목	평가방법	평가기준		평가결과		비고
				측정값	점수 5-1	
열화·절연	설비 활용율	CPU	중앙 제어설비		5	
			30% 이하			
			20% 이하			
		메모리	20% 이하			
		디스크	20% 이하			
		CPU	기타 30%-80%		3	성능평가 요령 (정보통신) 1.4.1.2
			20%~70%			
		메모리	20% 초과-80% 이하			
		디스크	20% 초과-80% 이하			
	NMS /EMS 검사	CPU	중앙 제어설비 80% 초과		1	
			기타 70% 초과			
		메모리	80% 초과			
		디스크	90% 초과			
고장·장애 횟수		측정치 0-1건			5	
		측정치 2-3건			3	
		측정치 4건 이상			1	

* 1. 대상설비에 대한 평가방법은 "정보통신 성능진단 매뉴얼"에 따라 체크리스트를 작성 평가한다.
2. 평가방법: 정량적 평가값 체크리스트를 원칙으로 하고 부득이한 경우 정성적 평가를 수행한다.
3. 성능평가치는 측정값을 체크리스트(을지)에 기록하고, 평가기준과의 부합성 여부를 "성능평가기준"에 따른 점수로 평가한다.
4. 시험항목이 여러 개 있을 경우 최하위점수를 적용한다.
5. 성능평가 샘플링 수량은 "성능평가기준" 대상설비 샘플링수량기준"에 따른다.

철도정보통신설비 성능평가 체크리스트(32-갑지)

시설개요	노선명					
	구간명					
	시설물코드	F6203	설비명(세부품목)	카메라		
			설치위치			

평가항목	평가기준	평가결과 대상경차 카메라영상	점수	평가결과(M)	중요도(F)	평가지수(M×F)
열화, 결점	체크리스트(을지)에 따른 평가결과		1-5		20	
마모, 강도	체크리스트(을지)에 따른 평가결과		1-5	N/A		
외관(미관)	체크리스트(을지)에 따른 평가결과		1-5	N/A		
내용연수/사용횟수	내용연수 잔여율 75% 이상 여부		5		40	
	내용연수 잔여율 50~75% 미만		4			
	내용연수 잔여율 25~50% 미만		3			
	내용연수 잔여율 0~25% 미만		2			
	내용연수 초과		1			
설치환경	하자기간 내		5		10	
	터널내부		4			
	터널외부(콘크리트도상)		3			
	터널외부		2			
	염해		1			
운행횟수	일평균 50회 미만		5		10	
	일평균 50회~150회 미만		4			
	일평균 150회~300회 미만		3			
	일평균 300회~500회 미만		2			
	일평균 500회 이상		1			
고장장애 횟수	부생없음		5		10	
	직전년도 1회		4			
	직전년도 2회		3			
	직전년도 3회		2			
	직전년도 4회 이상		1			
제조단종	다수 제조사 생산		5	N/A		
	단일 제조사 생산		3			
	정품/대체품 단종		1			
설비용량	예비율 100% 이상		5		10	
	예비율 85%~99% 미만		4			
	예비율 70%~85% 미만		3			
	예비율 50%~70% 미만		2			
	예비율 50% 미만		1			

부문	평가지수 합계	부문중요도	평가지수
안전성(SF)		40%	
내구성(D)		17%	
사용성(S)		43%	
종합평가결과:			종합평가지수

평가의견 및 기타사항:

※ 진해계 표시된 BOX 부문만 작성

철도정보통신설비 성능평가 체크리스트(32-을지)

평가항목	평가방법	평가기준	평가결과 축정값	점수 5-1	비고
열화·결점	영상확인	최상의 상태 또는 하자기간 내 설비		5	성능평가 요령 1.4.1.8 (정보통신)
		화질 저하 다소 감지되나, 감시 목적 지장 없음		4	
		화질 저하가 감지되나 감시 목적으로 다소 어려움		3	
		화질 저하 감지되며, 감시 목적으로 다소 어려움		2	
		화질 저하 감지되며, 감시 어려움		1	

* 1. 대상설비에 대한 평가방법은 "정보통신 정밀진단 매뉴얼"에 따라 체크리스트를 작성 평가한다.
2. 평가방법: 정성적 평가로 육안으로 하고 부득이한 경우 정성적 평가를 수행한다.
3. 성능평가자는 축정값을 체크리스트에 기록하고, 평가기준과 부합성 여부를 "성능평가기준"에 따른 점수로 평가한다.
4. 시험항목이 여러 개 있을 경우 최하점수를 적용한다.
5. 성능평가 샘플링 수량은 "성능평가기준 대상설비 샘플링수량기준"에 따른다.

철도정보통신설비 성능평가 체크리스트(33-을지)

평가항목	평가방법	평가기준		평가결과		비고
				측정값	점수 5-1	
모듈검사		절체 대상 모듈이 기능이 정상			5	성능평가 요령 (정보통신) 1.4.1.1
		절체하여 정상(초기) 상태로 복귀하지 못하는 경우			3	
		절체 대상 모듈 중 1개 모듈 비정상			1	
설비 활용율	NMS/EMS 검사	CPU	중앙 제어설비		5	
			기타	30% 이하		
		메모리		20% 이하		
		디스크		20% 이하		
		CPU	중앙 제어설비	20% 이하	3	성능평가 요령 (정보통신) 1.4.1.2
			기타	30%-80%		
		메모리		20%~70%		
		디스크		20% 초과-80% 이하		
		CPU	중앙 제어설비	20% 초과-80% 이하	1	
			기타	80% 초과		
		메모리		70% 초과		
		디스크		80% 초과		
고장·장애 횟수				90% 초과		
		측정치 0-1건			5	
		측정치 2-3건			3	
		측정치 4건 이상			1	
열화·절연	열상 측정	1℃(기준값) 미만 또는 하자기간 내 설비			5	성능평가 요령 (정보통신) 1.4.1.6
		1℃ 이상-4℃ 미만		열화가능성 없음	4	
		4℃ 이상-15℃ 미만		열화가능성 있음	3	
		-		-	2	
		≥ 15℃ 이상		추후 검함으로 진전	1	

* 1. 대상설비에 대한 평가방법은 "정보통신 정밀진단 매뉴얼"에 따라 체크리스트를 작성 평가한다.
2. 평가방법: 정량적 평가를 원칙으로 하고 부득이한 경우 정성적 평가를 수행한다.
3. 성능평가치는 측정값을 체크리스트(을지)에 기록하고, 평가기준과의 부합성 여부를 "성능평가기준"에 따른 점수로 평가한다.
4. 시험항목이 여러 개 있을 경우 최하점수를 적용한다.
5. 성능평가 샘플링 수량은 "성능평가기준 대상설비 샘플링수량기준"에 따른다.

철도정보통신설비 성능평가 체크리스트(33-갑지)

시설개요	노선명				설비명(세분류)		중앙전신기	
	구간명				설치위치			
	시설분류코드	F7101			대상장치			

평가항목	평가기준	점수	평가결과(M)	중요도(F)	평가지수(M×F)
열화·절연	체크리스트(을지)에 따른 평가결과	1-5	40		
마모 강도	체크리스트(을지)에 따른 평가결과	1-5	N/A		
외관(마모)	체크리스트(을지)에 따른 평가결과	1-5	N/A		
내용연수/ 사용횟수	내용연수 여유율 75% 이상 여유	5		30	
	내용연수 여유율 50-75% 미만	4			
	내용연수 여유율 25-50% 미만	3			
	내용연수 여유율 0-25% 미만	2			
	내용연수 초과	1			
설치환경	하자기간 내	5	N/A		
	터널내부	4			
	터널외부(콘크리트도상)	3			
	터널외부	2			
	염해	1			
운행횟수	일편도 50회 미만	5		10	
	일편도 50회~150회 미만	4			
	일편도 150회~300회 미만	3			
	일편도 300회~500회 미만	2			
	일편도 500회 이상	1			
고장·장애 횟수	발생없음	5		10	
	직전년도 1회	4			
	직전년도 2회	3			
	직전년도 3회	2			
	직전년도 4회 이상	1			
제품단종	다수 제조사 생산	5			
	단일 제조사 생산	3	N/A		
	정품/대체품 단종	1			
설비운영	예비율 100% 이상	5		10	
	예비율 85%~99% 미만	4			
	예비율 70%~85% 미만	3			
	예비율 50%~70% 미만	2			
	예비율 50% 미만	1			

항목	평가지수 합계	부문중요도	평가지수	종합평가지수
안전성(SF)		40%		
내구성(D)		17%		
사용성(S)		43%		
평가의견 및 기타사항:				

※ 진하게 표시된 BOX 부분만 작성

철도정보통신설비 성능평가 체크리스트(34-갑지)

시설개요	노선명		설비명(세부목록)	역단위전산기	
	구간명		설치위치		
	시설분류코드	F7102	대상장치		

평가항목		평가기준	점수	평가결과(M)	중요도(F)	평가지수(M×F)
열화/경년		체크리스트(을지)에 따른 평가결과	1~5		40	
마감/강도		체크리스트(을지)에 따른 평가결과	1~5	N/A		
외관(부식)		체크리스트(을지)에 따른 평가결과	1~5	N/A		
내용연수/사용연수		내용연수 여유율 75% 이상	5		30	
		내용연수 여유율 50~75% 미만	4			
		체크리스트(을지)에 따른 평가결과	3			
		내용연수 여유율 25~50% 미만	2			
		내용연수 여유율 0~25% 미만	1			
설치환경		내용연수 초과	5			
		하자기간 내	4		N/A	
		터널내부	3			
		터널외부(크리도성)	2			
		터널외부	1			
운행횟수		일평균 50회 미만	5		10	
		일평균 50회~150회 미만	4			
		일평균 150회~300회 미만	3			
		일평균 300회~500회 미만	2			
		일평균 500회 이상	1			
고장·장애 빈도		직전년도 4회 이상	5		10	
		직전년도 3회	4			
		직전년도 2회	3			
		직전년도 1회	2			
		발생없음	1			
제품단종		다수 제조사 생산	5		10	
		단일 제조사 생산	3			
		정품대체품 단종	1			
설비용량		예비율 100% 이상	5		N/A	
		예비율 85%~99% 미만	4			
		예비율 70%~85% 미만	3			
		예비율 50%~70% 미만	2			
		예비율 50% 미만	1			

부문	평가지수 합계	종합평가기준	
		부문중요도	평가지수
안전성(SF)		40%	
내구성(D)		17%	
사용성(S)		43%	
평가의견 및 기타사항:		총합평가지수	

※ 진하게 표시된 BOX 부분만 작성

철도정보통신설비 성능평가 체크리스트(34-을지)

평가항목		평가방법	평가기준		측정값	평가결과 점수 5-1	비고
열화·경년	NMS/EMS 검사	CPU	중앙 제어설비	30% 이하		5	성능평가 (정보통신) 1.4.1.2
			20% 이하				
		메모리	20%~30% 이하				
		디스크	20%~80% 이하				
		기타	20%~70%				
	실비 활용량	CPU	예모리	20% 초과~80% 이하		3	
			중앙 제어실비 기타	20% 초과			
			80% 초과				
		CPU	메모리	70% 초과		1	
		디스크	90% 초과				
		기타					
	고장·장애 빈도 측정		축정치 0-1건			5	
			축정치 2-3건			4	
			축정치 4건 이상			3	
영상측정			1℃(기준값) 미만 또는 하자기간 내 설비	열화기능성 없음		5	성능평가 (정보통신) 1.4.1.6
			1℃ 이상~4℃ 미만	열화기능성 있음		4	
			4℃ 이상~15℃ 미만	-		3	
			≥ 15℃ 이상	축후 검침으로 진전		2	
						1	

* 1. 대상설비에 대한 정성적 평가방법은 "정보통신 정보집단 매뉴얼"에 따라 체크리스트를 작성 수행한다.
2. 평가방법: 정성적 평가를 원칙으로 하고 부득이한 경우 정성적 평가를 수행한다.
3. 성능평가지수 축정값을 체크리스트(을지)에 기록하고, 평가기준과의 부합성 여부를 "성능평가기준 대상설비 샘플수평가기준"에 따른다.
4. 시험항목이 여러 개 있을 경우 최하점수를 적용한다.
5. 성능평가 샘플링 수량: 성능평가기준 대상설비 샘플수평가기준에 따른다.

철도정보통신설비 성능평가 체크리스트(35-을지)

평가항목	평가방법	평가기준		평가결과	
				측정값	점수 5-1
열화·절연	열상 측정	1℃(기준값) 미만 또는 하자기간 내 설비	-		5
		1℃ 이상~4℃ 미만	열화가능성 없음		4
		4℃ 이상~15℃ 미만	열화가능성 있음		3
		-	-		2
		≥ 15℃ 이상	추후 결함으로 진전		1

비고: 성능평가 요령(정보통신) 1.4.1.6

* 1. 대상설비에 대한 평가방법은 "정보통신 성능진단 매뉴얼"에 따라 체크리스트를 작성 평가한다.
2. 평가방법: 정량적 평가를 원칙으로 하고 부득이한 경우 정성적 평가를 수행한다.
3. 성능평가는 정량적 측정값을 체크리스트(을지)에 기록하고, 평가기준과의 부합성 여부를 "성능평가기준"에 따른 점수로 평가한다.
4. 시험항목이 여러 개 있을 경우 최하점수를 적용한다.
5. 성능평가 샘플링 수량은 "성능평가기준 대상설비 샘플링수량기준"에 따른다.

철도정보통신설비 성능평가 체크리스트(35-갑지)

시설개요	노선명		설비명(세부류)		1회용발매/교통카드 충전기	
	구간명		설치위치			
	시설분류코드	F7201	대상장치			

평가항목	평가기준	점수	평가결과(M)	중요도(F)	평가지수(M×F)
열화·절연	체크리스트(을지)에 따른 평가결과	1-5	N/A	20	
파손·강도	체크리스트(을지)에 따른 평가결과	1-5	N/A		
외관(부식)	체크리스트(을지)에 따른 평가결과	1-5			
내용연수/사용횟수	내용연수 여유율 75% 이상 여유	5		40	
	내용연수 여유율 50-75% 미만	4			
	내용연수 여유율 25-50% 미만	3			
	내용연수 여유율 0-25% 미만	2			
	내용연수 초과	1			
설치환경	하자기간 내	5		10	
	터널내부	4			
	터널외부(콘크리트도상)	3			
	터널외부	2			
	염해	1			
운행횟수	일편도 50회 미만	5		10	
	일편도 50회-150회 미만	4			
	일편도 150회-300회 미만	3			
	일편도 300회-500회 미만	2			
	일편도 500회 이상	1			
고장·장애횟수	발생없음	5		10	
	직전년도 1회	4			
	직전년도 2회	3			
	직전년도 3회	2			
	직전년도 4회 이상	1			
제품단종	다수 제조사 생산	5		10	
	단일 제조사 생산	3	N/A		
	정품/대체품 단종	1			
설비용량	예비율 100% 이상	5			
	예비율 85%-99% 미만	4			
	예비율 70%-85% 미만	3			
	예비율 50%-70% 미만	2			
	예비율 50% 미만	1			

종합평가결과:

부문	평가지수 합계	부문중요도	평가지수
안전성(SF)		40%	
내구성(D)		17%	
사용성(S)		43%	
		종합평가지수	

평가의견 및 기타사항:

※ 진하게 표시된 BOX 부분만 작성

철도정보통신설비 성능평가 체크리스트(36-갑지)

시설개요	노선명		설비명(세부품)	교통카드무인/정산충전기		
	구간명		설치위치			
	시설물코드	F7202	대상정치			

평가항목	평가기준	점수	평가결과(M)	중요도(F)	평가지수(M×F)
외관(마모)	체크리스트(을지)에 따른 평가결과	1-5	N/A	20	
연화·강도	체크리스트(을지)에 따른 평가결과	1-5	N/A		
내용연수/사용환경	체크리스트(을지)에 따른 평가결과	1-5			
	내용연수 여유율 75% 이상 여유	5		40	
	내용연수 여유율 50~75% 미만	4			
	내용연수 여유율 25~50% 미만	3			
	내용연수 여유율 0~25% 미만	2			
	내용연수 초과	1			
설치환경	터널외부(크리트도상)	5		10	
	터널내부	4			
	터널외부(크리트도상)	3			
	터널외부	2			
	염해	1			
운행횟수	일평균 50회 미만	5		10	
	일평균 50회~150회 미만	4			
	일평균 150회~300회 미만	3			
	일평균 300회~500회 미만	2			
	일평균 500회 이상	1			
고장·장애빈도	직전년도 4회 이상	5		10	
	직전년도 3회	4			
	직전년도 2회	3			
	직전년도 1회	2			
	발생없음	1			
재료단종	다수 제조사 생산	5		10	
	단일 제조사 생산	3			
	정품/대체품 단종	1			
설비운용	예비율 100% 이상	5		N/A	
	예비율 85%~99% 미만	4			
	예비율 70%~85% 미만	3			
	예비율 50%~70% 미만	2			
	예비율 50% 미만	1			
		종합평가결과			

부문	평가지수 합계	부문중요도	평가지수
안전성(SF)		40%	
내구성(D)		17%	
사용성(S)		43%	
평가의견 및 기타사항:			
종합평가지수			

※ 진해계 표시된 BOX 부문만 작성

철도정보통신설비 성능평가 체크리스트(36-을지)

평가항목		평가기준	평가결과		비고
			측정값	점수 5-1	
열화·측정	열연	1℃기준값 미만 또는 하자기간 내 설비	-	5	
		1℃ 이상~4℃ 미만	열화가능성 없음	4	
		4℃ 이상~15℃ 미만	열화가능성 있음	3	성능평가 (정보통신) 1.4.1.6
		-	-	2	
		≥ 15℃ 이상	초후 결함으로 진전	1	

* 1. 대상설비에 대한 평가방법은 "정보통신 점검건단 매뉴얼"에 체크리스트를 작성 평가한다.
2. 평가방법: 정량적 평가를 원칙으로 하고 부득이한 경우 정성적 평가기준과 평가기준에 따라 평가를 수행한다.
3. 성능평가지수는 측정값을 체크리스트(을지)에 기록하고, 평가기준에 부합성 여부를 "성능평가기준"에 따른 점수로 평가한다.
4. 시험항목이 여러 개 요소를 최하값을 적용한다.
5. 성능평가 샘플링 수량은 "성능평가기준 대상설비 샘플링수량기준"에 따른다.

철도정보통신설비 성능평가 체크리스트(37-을지)

평가항목	평가방법	평가기준		평가결과	
				측정값	점수 5-1
열화·절연	열상측정	1℃(기준값) 미만 또는 하자기간 내 설비	–		5
		1℃ 이상~4℃ 미만	열화가능성 없음		4
		4℃ 이상~15℃ 미만	열화가능성 있음		3
		–	–		2
		≥ 15℃ 이상	추후 결함으로 진전		1

비고: 성능평가 요령 (정보통신) 1.4.1.6

* 1. 대상설비에 대한 평가방법은 "정보통신 정밀진단 매뉴얼"에 따라 체크리스트를 작성 평가한다.
* 2. 평가방법: 정량적 평가를 원칙으로 하고 부득이한 경우 정성적 평가를 수행한다.
* 3. 성능평가서는 측정값을 체크리스트(을지)에 기록하고, 평가기준과의 부합성 여부를 "성능평가기준"에 따른 점수로 평가한다.
* 4. 시험항목이 여러 개 있을 경우 최하점수를 적용한다.
* 5. 성능평가 생활량 수량은 "성능평가기준 생활량수량기준"에 따른다.

철도정보통신설비 성능평가 체크리스트(37-갑지)

시설개요	노선명		설비명(세분류)		보증금환급기			
	구간명		설치위치					
	시설분류코드	F7203	대상장치					
	평가결과							
평가항목	평가기준		점수	평가결과(M)	중요도(F)	평가지수(M×F)		
열화·절연	체크리스트(을지)에 따른 평가결과		1-5	N/A	20			
마모·경도	체크리스트(을지)에 따른 평가결과		1-5	N/A				
외관(부식)	체크리스트(을지)에 따른 평가결과		1-5					
내용연수/사용횟수	내용연수 여유율 75% 이상 여유		5		40			
	내용연수 여유율 50~75% 미만		4					
	내용연수 여유율 25~50% 미만		3					
	내용연수 여유율 0~25% 미만		2					
	내용연수 초과		1					
설치환경	터널내부		5		10			
	터널외부(콘크리트도상)		4					
	터널외부		3					
	염해		2					
	일평도 50회 미만		1					
운행횟수	일평도 50회 미만		5		10			
	일평도 50회-150회 미만		4					
	일평도 150회-300회 미만		3					
	일평도 300회-500회 미만		2					
	일평도 500회 이상		1					
고장·장애횟수	발생없음		5		10			
	직전년도 1회		4					
	직전년도 2회		3					
	직전년도 3회		2					
	직전년도 4회 이상		1					
제품단종	다수 제조사 생산		5		10	N/A		
	단일 제조사 생산		3					
	정품/대체품 단종		1					
설비용량	예비율 100% 이상		5					
	예비율 85%-99% 미만		4					
	예비율 70%-85% 미만		3					
	예비율 50%-70% 미만		2					
	예비율 50% 미만		1					
						종합평가지수		

부문	평가지수 합계	부문중요도	종합평가결과:	평가지수
안전성(SF)		40%		
내구성(D)		17%		
사용성(S)		43%		

평가의견 및 기타사항:

※ 진하게 표시된 BOX 부분만 작성

〈별지〉 정보통신 체크리스트 갑지, 을지

철도정보통신설비 성능평가 체크리스트(38-갑지)

시설개요				설비명(세부품목)		자동개집표기	
	노선명			설치위치			
	시설물구간			대상장치			
	시설물코드	F7301					

부문	평가항목	평가기준	점수	평가결과(M)	중요도(F)	평가지수(M×F)
설비용량	외관(부식)	체크리스트(을지)에 따른 평가결과	1-5	N/A	30	
	마모정도	체크리스트(을지)에 따른 평가결과	1-5	N/A		
	열화정도	체크리스트(을지)에 따른 평가기준	1-5			
설치환경	내용연수/사용연수	내용연수 약 75% 이상 약	5		30	
		내용연수 약 50-75% 미만	4			
		내용연수 약 25-50% 미만	3			
		내용연수 약 0-25% 미만	2			
		내용연수 초과	1			
	터널외부(콘크리트도상)	터널외부	5		10	
		터널내부	4			
		하저구간 내	3			
		염해	2			
		내몽상 없음	1			
운행횟수		일편도 50회 미만	5		10	
		일편도 50회-150회 미만	4			
		일편도 150회-300회 미만	3			
		일편도 300회-500회 미만	2			
		일편도 500회 이상	1			
고장장애 횟수		발생없음	5		10	
		직전년도 1회	4			
		직전년도 2회	3			
		직전년도 3회	2			
		직전년도 4회 이상	1			
제품단종		다수 제조사 생산	5		10	
		단일 제조사 생산	3			
		정품/대체품 단종	1			
설비용량		예비율 100% 이상	5	N/A		
		예비율 85%-99% 미만	4			
		예비율 70%-85% 미만	3			
		예비율 50%-70% 미만	2			
		예비율 50% 미만	1			

부문	평가지수 합계	부문중요도	평가지수
안전성(SF)		40%	
내구성(D)		17%	
사용성(S)		43%	

평가의견 및 기타사항:

※ 진하게 표시된 BOX 부문만 작성

철도정보통신설비 성능평가 체크리스트(38-을지)

평가항목	평가방법	평가기준	점수 평가결과 5-1	비고
열화 정도	열상측정	1℃(기준값) 미만 또는 하자기간 내 설비	5	
		1℃ 이상-4℃ 미만	4	
		4℃ 이상-15℃ 미만	3	
		-	2	
		≥ 15℃ 이상	1	성능평가요령(정보통신)1.4.1.6
		기준값(B) 이상 또는 하자기간 내 설비	5	열화기능성 없음
		-	4	열화기능성 있음
		-	3	
		-	2	축흡 결함으로 진전
		-	1	
	전계강도	4A/m	-	
		4A/m 초과-6A/m 이하, 2A/m 이상-4A/m 미만	5	
		6A/m 초과-7.5A/m 이하, 1.5A/m이상-2A/m 미만	4	
		7.5A/m 초과, 1.5A/m 미만	3	
			2	
			1	성능평가요령(정보통신)1.4.1.9

* 1. 대상설비에 대한 평가방법은 "정보통신 정밀진단 매뉴얼"에 따라 체크리스트를 작성 평가한다.
2. 평가방법: 정량적 평가를 원칙으로 하고 부득이한 경우 정성적 평가를 수행한다.
3. 성능평가지수는 측정값을 체크리스트(을지)에 기록하고, 평가기준과의 부합성 여부를 "성능평가기준"에 따른 점수로 평가한다.
4. 시험항목이 여러 개 있을 경우 최하점수를 적용한다.
5. 성능평가 샘플의 수량은 "성능평가기준" 대상설비 샘플수량기준"에 따른다.

국토교통부 철도시설의 점검등에 관한 지침 및
국가철도공단 전기설비 성능평가에 관한 세부기준에 따른

제 3 권

철도·지하철 정보통신설비 정밀진단 및 성능평가 보고서 완성

제 I 편 정보통신 정밀진단보고서 완성 현장실무
제 II 편 정보통신 성능평가보고서 완성 현장실무

목차

제 I 편   정보통신 정밀진단보고서 완성 현장실무 ... 339

제1장 | 정밀진단보고서 평가관련 지침 소개 ... 342
제2장 | 정밀진단 보고서 도입부 ... 345
제3장 | 현장조사 및 시험·분석 ... 365
제4장 | 평가항목별 진단 및 안전성 평가 분석 ... 393
제5장 | 철도·지하철 통신시설의 유지관리 전략 ... 430
제6장 | 종합결론 ... 439

제 II 편   정보통신 성능평가보고서 완성 현장실무 ... 440

제1장 | 성능평가보고서 관련 지침 소개 ... 443
제2장 | 성능평가보고서 작성 도입부 ... 448
제3장 | 안전성 부문평가 ... 462
제4장 | 내구성부문 평가 ... 487
제5장 | 사용성 부문 평가 ... 515
제6장 | 철도·지하철 통신시설의 종합평가 ... 544
제7장 | 철도·지하철 통신시설의 유지관리 전략 제안 ... 561
제8장 | 종합결론 ... 575

읽으면 술술 저절로 이해되는
철도통신설비(철도 및 지하철) 정밀진단 보고서 작성 활용서

제 I 편

정보통신 정밀진단보고서 완성 현장실무[11]

---

[11] 본 제3권 1편은 철도시설의 점검등에관한 지침 및 국가철도공단 전기설비 성능평가에 관한 세부기준(정보통신분야)을 반영하여 정밀진단보고서 작성하는 데 도움을 주고자 작성되었습니다. 지침의 표준목차에 따라 보고서에 담는 형식을 따랐으며 예시를 제시함으로써 독자의 이해도를 높였습니다.

목차

제1장 | 정밀진단보고서 평가관련 지침 소개   342

제2장 | 정밀진단 보고서 도입부   345
   2.1 서두   345
   2.2 정밀진단의 개요   352
   2.3 자료수집 및 분석   356
   2.4 정밀진단 성능목표 및 관리지표 선정   358

제3장 | 현장조사 및 시험·분석   365
   3.1 열화·절연 기능검사   365
   3.2 부식검사 (외관검사)   391

제4장 | 평가항목별 진단 및 안전성 평가 분석   393
   4.1 철도시설의 정밀진단 평가항목별 진단   393
      4.1.1 설비해석 및 사고위험 영향분석 예시   393
      4.1.2 정밀진단 설비의 낮은 등급평가 주요 원인 분석 예시   398
      4.1.3 설비별 현장 측정 및 시험 결과 분석 집계표   398
   4.2 안전성 평가 및 분석 기초   402
      4.2.1 안전성 평가를 위한 기초자료 분석   402
   4.3 설비별 안전성 평가 분석   407
      4.3.1 세분류 설비별 안전성 평가분석   407
      4.3.2 소분류별 설비 안전성 평가 및 분석   412
      4.3.3 중분류별 설비 안전성능 평가 및 분석   417
      4.3.4 노선별 구간별 설비 안전성 평가   420
      4.3.5 노선별 안전성 평가 예시   428

제5장 | 철도·지하철 통신시설의 유지관리 전략 　　　　　430
　5.1 유지관리 전략 기본 방향 　　　　　431
　5.2 설비별 안전성 부문 평가 결과 종합정리 및 집계 　　　　　433
　5.3 설비별 안전성능 저하설비 세부 분석 　　　　　434
　5.4 안전성능 저하설비 보수·보강 및 유지관리 전략 　　　　　437

제6장 | 종합결론 　　　　　439
　6.1 정밀진단 종합결론 　　　　　439
　6.2 유지관리 시 특별한 관리가 요구되는 사항 　　　　　439
　6.3 기타사항 　　　　　439

제1장 | 정밀진단보고서 평가관련 지침[12] 소개

제2조(정의) 이 지침에서 사용하는 용어의 뜻은 다음과 같다.
7. "평가기관"이란 법 제44조의9 및 「철도의 건설 및 철도시설 유지관리에 관한 법률 시행령」(이하 "영"이라 한다) 제34조의5에 따라 정밀진단·성능평가 결과보고서의 평가 업무를 위탁받은 다음 각 목의 기관을 말한다.

나. 「한국교통안전공단법」에 따른 한국교통안전공단(궤도, 전철전력, 신호제어 및 정보통신 분야

제21조(자체 위원회) ① 철도시설관리자는 분야별 전문가를 포함한 자체 위원회를 구성하여 정밀진단 및 성능평가 방법, 대상, 결과의 적정성 등을 심의해야 한다.

제35조(정밀진단 결과보고서에 대한 평가항목)
① 정밀진단 또는 성능평가 결과보고서에 대한 평가를 하는 경우 평가항목 및 배점은 별지 제2호서식에 따르며, 평가방법에 관한 세부사항은 평가기관이 국토교통부장관의 승인을 거쳐 별도로 정하는 「정밀진단·성능평가 결과보고서 평가규정」

② 정밀진단 또는 성능평가 결과보고서에 대한 중요평가항목은 각각 다음 각 호에 따른다.
1. 정밀진단 중요평가항목: 별지 제2호서식 제1호다목, 마목 및 사목
2. 성능평가 중요평가항목: 별지 제2호서식 제2호사목, 아목 및 자목

---
[12] 철도시설의 정기점검등에 관한지침

■ 철도시설의 정기점검등에 관한 지침 [별지 제2호서식]

1. 정밀진단 실시결과 평가표

평가항목	가중치(%)	평가점수	비고(평가내용)
가. 진단계획 수립 및 보고서 체계의 적정성	5		
나. 보수·보강, 고장·장애 이력 등에 관한 자료수집 및 분석의 적정성	10		
다. 현장조사 및 결과분석의 적정성	15		
라. 각종 시험·분석의 적정성	10		
마. 구조(설비)해석 및 안전성 검토 등의 적정성	15		
바. 손상 및 결함 등에 대한 원인 분석의 적정성	10		
사. 평가결과의 적정성	15		
아. 안전조치 및 보수·보강 방법의 적정성	10		
자. 종합결론의 적정성	10		
평가점수 (100점 만점)			

제36조(평가등급) 정밀진단 또는 성능평가 결과보고서에 대한 평가등급은 다음 각 호의 기준을 적용하여 적정, 미흡, 불량 또는 매우 불량으로 구분한다.

1. 적정: 해당 정밀진단 또는 성능평가 결과보고서에 대한 평가점수의 총점이 70점 이상이고, 중요평가항목의 평가점수 중 해당 항목 배점의 100분의 40 이하인 항목이 없는 경우

2. 미흡: 해당 정밀진단 또는 성능평가 결과보고서에 일부 미비점 등이 있어 보완이 필요하다고 인정되는 경우로서 평가점수의 총점이 65점 이상 70점 미만이거나, 중요평가항목의 평가점수 중 해당 항목 배점의 100분의 40 이하인 항목이 1개인 경우

3. 불량: 해당 정밀진단 또는 성능평가 결과보고서에 일부 불량하다고 인정되는 경우로서 평가점수의 총점이 60점 이상 65점 미만이거나, 중요평가항목의 평가점수 중 해당 항목 배점의 100분의 40 이하인 항목이 2개인 경우

4. 매우 불량: 해당 정밀진단 또는 성능평가 결과보고서에 실시결과가 전반적으로 불량하다고 인정되는 경우로서 평가점수의 총점이 60점 미만이거나, 중요평가항목의 평가점수 중 해당 항목 배점의 100분의 40 이하인 항목이 3개인 경우

제38조(평가결과에 대한 조치)
① 국토교통부장관은 다음 각 호에 해당하는 경우 법 제36조에 따라 시정을 명할 수 있다.
1. 평가대상 또는 항목의 누락 등 고의 또는 중대한 과실로 평가가 불가능할 경우
2. 법 제33조의2제3항에 따라 진단·평가실시자가 기한 내에 결과보고서의 수정이나 보완하지 않았을 경우
3. 법 제33조의2제2항에 따른 진단·평가실시자가 자료를 제출하지 않거나 거짓으로 제출한 경우

② 평가기관은 제36조제1항에 따른 정밀진단 또는 성능평가 결과보고서 평가등급이 '미흡', '불량' 또는 '매우 불량'으로 평가된 진단·평가실시자에게 해당 결과보고서의 수정이나 보완을 요구할 수 있다. 다만, 평가기관의 평가등급이 '적정'인 경우에도 정밀진단 또는 성능평가의 일부 대상·범위·항목 등을 과도하게 축소·누락하여 수정이나 보완이 필요하다고 평가기관이 판단하면 수정·보완을 요구할 수 있다.

③ 제2항에 따라 결과보고서의 수정이나 보완을 요구받은 진단·평가실시자는 제1항에 따른 통보를 받은 날부터 다음 각 호의 구분에 따른 기간 내에 수정하거나 보완한 결과보고서를 평가기관에게 제출해야 한다.
1. 정밀진단 결과보고서: 3개월 이내
2. 성능평가 결과보고서: 2개월 이내

제2장 | 정밀진단 보고서 도입부

2.1 서두
보고서의 첫 부분에 위치하며 정밀진단보고서 전체 내용을 조견할 수 있도록 제출문, 정밀진단의 대상설비의 실시내역 및 결과요약, 참여기술진, 진단대상설비별 주요 진단항목 및 사진, 대상설비 분류코드 및 보고서에 대한 목차 등을 기술한다.

가. 제출문
계약자 (공동 과업수행기관 날인포함)가 과업수행결과를 제출하는 문서형식

나. 정밀진단보고서 요약
① 일반현황, 정밀진단대상 및 진단결과, 설비별 주요보수·보강 방안
② 정밀진단 결과 요약문: 설비별 정밀진단 결과 및 책임기술자 종합의견
③ 시설물 위치도 및 내역: 과업수행 계약대비 증감변동표, 설비별/구간별 설비내역, 진단설비 주요부위별 사진

다. 참여기술진 현황
기관소속 및 참여기술자 정보, 참여기술 분야 및 역할 등 서술

철도의 건설 및 철도시설 유지관리에 관한 법시행령 [시행 2023. 12. 19.]
제28조(정밀진단의 실시)
② 법 제31조제1항 및 제2항에 따른 정밀진단을 실시할 수 있는 사람의 교육요건을 포함한 자격은 별표 3과 같다. 〈개정 2021. 6. 23.〉
[별표 3] 〈개정 2021. 6. 23.〉정밀진단 및 성능평가를 실시할 수 있는 사람의 자격
1. 자격요건정밀진단 및 성능평가를 실시할 수 있는 사람은 다음 각 호와 같다. 이 경우 마목부터 아목까지에 해당하는 사람은 가목부터 라목까지에 해당하는 사람의 감독 하에서만 정밀진단 및 성능평가를 실시할 수 있다.
다. 「정보통신공사업법 시행령」 별표 2에 따른 특급 감리원 또는 별표 6 제1호에따른 특급 기술자
사. 「정보통신공사업법 시행령」 별표 2에 따른 고급·중급·초급 감리원 또는 별표 6 제1호에 따른 고급·중급 또는 초급 기술자

2. 교육요건

구분	교육내용	교육시간
가. 정밀진단	1) 철도시설 일반 2) 정밀진단 방법 및 기술 3) 정밀진단 결과보고서 작성요령	1) 최초 교육은 70시간 2) 최초 교육을 받은 날부터 5년마다 14시간
나. 성능평가	1) 철도시설 안전성, 내구성 및 사용성 평가방법 2) 성능등급 산정 등 종합평가 방법 3) 성능평가 결과보고서 작성 요령	1) 최초 교육은 14시간 2) 최초 교육을 받은 날부터 5년마다 7시간

비고
2. 정밀진단을 실시하려는 자는 다음 각 목의 기관에서 실시하는 정밀진단에 관한 교육과정을 이수해야 하며, 성능평가를 실시하려는 자는 정밀진단에 관한 교육과정을 이수한 후 성능평가에 관한 교육과정을 이수해야 한다.
다. 「정보통신공사업법」 제38조에 따른 정보통신기술인력의 양성기관 및 같은 법 제41조에 따른 정보통신공사협회

라. 시설별, 구간별, 노선별 분류코드체계 및 내역

철도시설의 정기점검등에 관한지침 [국토교통부고시 제2023-868호]
제14조(정밀진단 및 성능평가 대상)
① 정밀진단 및 성능평가 대상 철도시설은 다음 각 호와 같이 구분한다.
1. 선로 및 건축시설: 구조물, 궤도시설, 건축물
2. 전기 및 통신설비: 전철전력설비, 신호제어설비, 정보통신설비
② 철도시설의 정밀진단 및 성능평가를 체계적으로 수행하고, 정밀진단 및 성능평가 결과를 효율적으로 관리하기 위하여 철도시설을 별표 1에 따른 분류체계 및 분류코드로 구분한다.

[별표 1] 철도시설 분류체계 및 시설분류코드
(1) 철도시설 분류코드
성능평가를 위한 데이터 관리용도로 노선, 구간, 시설명(대분류, 중분류, 소분류)과 세분류, 그리고 개별시설별 고유순번으로 구분하여 다음과 같이 부여한다.

가. 고속·일반·광역철도

노선(4자리)	구간(3자리)	선로(1자리)	시설(3자리)	세분류(전기)(2자리)	순번(3자리)
1010	001	0	A11	00	000

나. 도시철도

노선(2자리)	구간(4자리)	선로(1자리)	시설(3자리)	세분류(전기)(2자리)	순번(3자리)
00	0000	0	A11	00	000

(2) 노선 코드번호

가. 고속, 일반, 광역철도

노선 코드번호는 다음과 같은 노선번호를 활용하며, 철도의 종류별로 구분하여 건설순서 등에 따라 세 자리 숫자 또는 네 자리 숫자로 지정한다. 세 자리 노선번호는 끝자리에 '0'을 추가하여 표기한다.

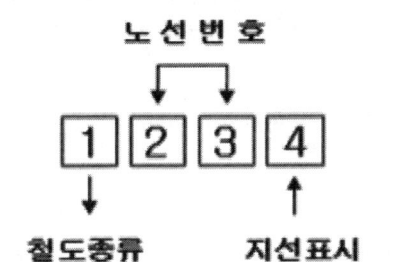

1. 첫째자리 숫자는 철도의 종류를 표시(고속철도 1, 일반철도 2, 광역철도 3)
2. 둘째자리 숫자와 셋째자리 숫자는 간선 또는 보조간선을 표시하되, 지정하는 순서대로 번호를 부여한다.
3. 넷째자리 숫자는 간선 또는 보조간선에서 분기되는 지선을 표시하되, 지정하는 순서대로 번호를 부여한다.

나. 도시철도
- 첫째자리 숫자는 지역 표시(서울 1, 부산 2, 대구 3, 인천 4, 광주 5, 대전 6, 기타 7)
- 둘째자리 숫자는 호선 표시(1호선 1, 2호선 2, …, 8호선 8, 기타 지역은 별도 규정)

(3) 구간 코드번호

가. 고속·일반·광역철도

노선의 시점부터 종점까지 역내, 역과 역간으로 구분하여 순차적으로 부여한 코드를 다음 예시와 같이 부여한다. 〈경부고속선 구간별 코드 부여 예시〉

노선명	구간명	노선/구간코드
경부고속선 (1010)	금천구청-광명역	1010001
	광명역	1010002
	천안아산역~~~	1010004~~~

나. 도시철도
- 구간 코드번호는 노선의 시점부터 종점까지 역내, 역과 역 간으로 구분하며 기존 각 호선별 역 번호를 활용하여 역내와 역과 역 간을 구분하여 다음과 같이 네 자리 숫자로 지정한다.
- 첫째자리~셋째자리: 역 번호 표시, 본선 역의 경우 둘째자리까지 번호를 부여하고 셋째자리는 0으로 하며, 지선 역의 경우 지선이 분기하는 본선 역 번호와 결합하여 셋째자리에 1~n까지 번호를 부여. 이때 모든 역 번호(본선, 지선 포함)는 기존 각 노선별 역 번호를 사용한다.
- 넷째자리는 역내, 역과 역간으로 구분하여 표시한다.(역내 0, 역과 역간 본선 1, 지선 2)

(4) 선로 코드번호(전체)
- 주본선과 부본선만을 대상으로 하며, 다음과 같은 코드번호를 활용한다.
단, 구분이 필요없는 경우에는 '0'으로 처리한다.

구분 불필요	주본선 단선	주본선 상선	주본선 하선	부본선 단선	부본선 상선	부본선 하선	구내 측선	기타
0	1	2	3	4	5	6	7	9

(5) 철도시설 코드번호
바. 통신(7개 중분류, 15개 설비): F

대분류	중분류	소분류	코드번호
정보통신	선로설비	광케이블	F11
		동케이블	F12
	전송설비	광전송설비	F21
		PCM 다중화 장치	F22
	무선설비	중앙제어설비	F31
		중계기지국설비	F32
		터널중계설비	F33
	전화교환설비	전화교환기	F41
	역무통신설비	여객안내설비	F51
		자동안내방송설비	F52
	영상설비	여객관리용 영상설비	F61
		시설감시용 영상설비	F62
	역무자동설비	전산장치	F71
		발매기	F72
		게이트	F73

(6) 세분류(전체)
전기 및 통신설비에 한하여 추가 부여할 수 있다. 세분류가 없는 시설물은 '00'으로 처리한다.

(7) 순번(전체)
개별시설별로 구간별 시점부터 종점까지 순차적으로 부여한다. 개소가 아닌 연장으로 평가되는 시설물은 순번코드는 '000'으로 표기한다. 단, 연장을 구분할 시에는 순번을 부여할 수 있다.

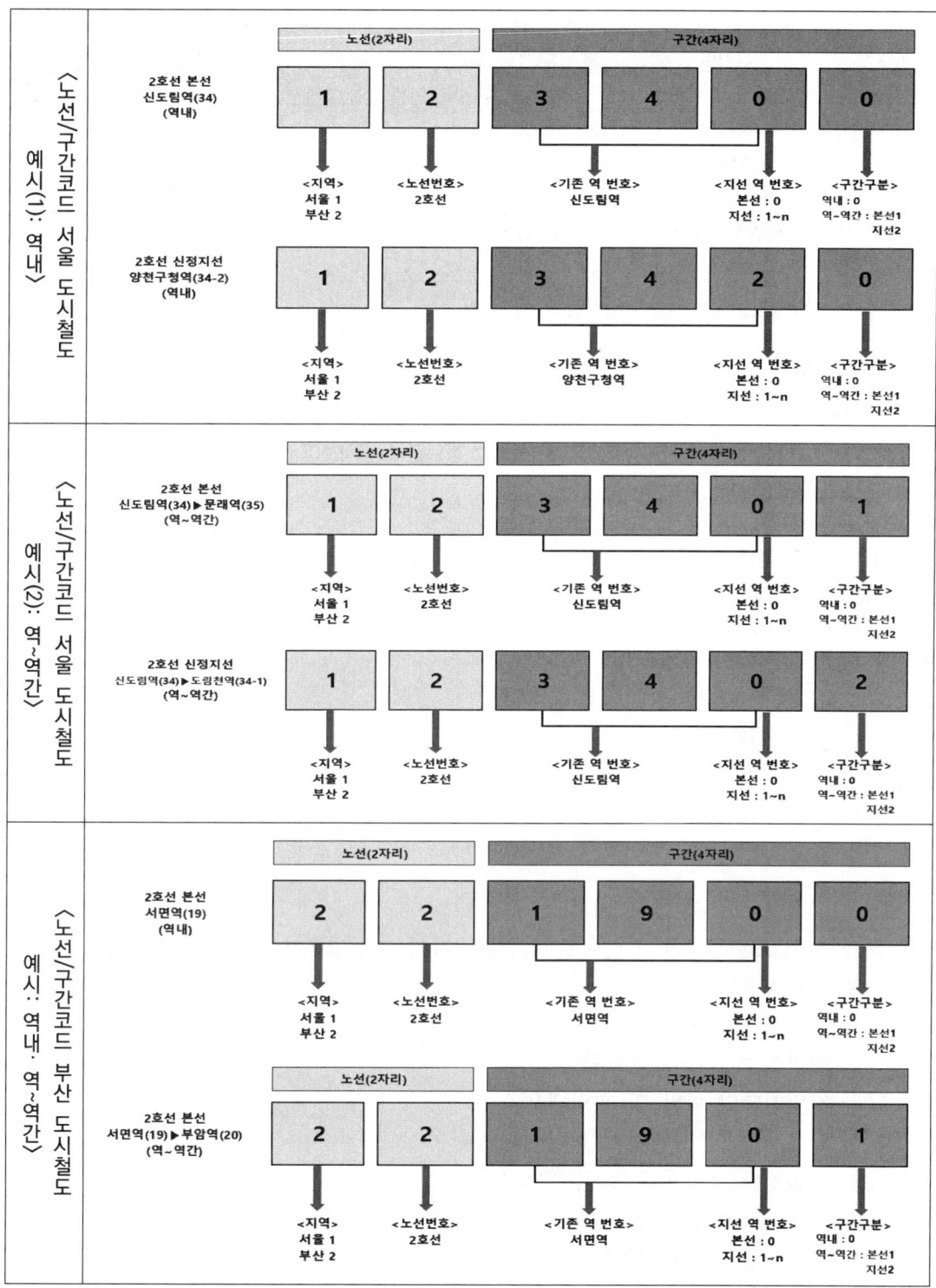

[서울지하철 노선, 구간별 분류번호부여 작성 예시]

노선명	구간명	노선	구간	선로(1자리)								
				구분 불필요	주본선			부본선			구내 측선	기타
					단선	상선	하선	단선	상선	하선		
서울지하철 2호선(본선)	홍대역	12	3900	0	1	2	3	4	5	6	7	9
	홍대역~신촌역	12	3901	0	1	2	3	4	5	6	7	9
서울지하철 2호선(지선)	신도림역	12	3400	0	1	2	3	4	5	6	7	9
	신도림역~도림천역	12	3402	0	1	2	3	4	5	6	7	9
서울지하철 5호선	여의도역	15	2600	0	1	2	3	4	5	6	7	9
	여의도역~여의나루역	15	2501	0	1	2	3	4	5	6	7	9

마. 기타 보고서 목차, 부록

① 보고서 목차

철도시설의 정기점검등에 관한지침 [별표 6] - (1) 정밀진단 결과보고서 표준목차
가. 서두
나. 정밀진단 개요
다. 자료수집 및 분석
라. 현장조사 및 결과분석
마. 각종 시험·분석
바. 구조(설비)해석 및 안전성 검토
사. 손상 및 결함 등에 대한 원인 분석
아. 평가결과의 적정성
자. 안전조치 및 보수·보강 방법의 적정성
차. 종합결론의 적정성
카. 부록

---

② 정밀진단 보고서 목차 예시
- 지침의 표준목차를 기준으로 시설관리자의 과업내용서에 맞추어 작성한다.

제Ⅰ장 정밀진단의 개요
1. 정밀진단의 목적
2. 설비의 개요 및 이력사항
3. 정밀진단의 범위 및 과업내용
4. 사용장비 및 시험기기 현황
5. 정밀진단 수행체계 및 수행일정

제Ⅱ장 자료수집 및 분석
1. 설비현황 및 설계도면
2. 기존 점검, 진단, 평가 결과

3. 보수·보강 및 유지보수 이력
　　4. 기타 관련자료
　제Ⅲ장 정밀진단 목표 및 관리지표의 선정
　　1. 안전성능 목표설정
　　2. 안전성능 목표달성 방안
　　3. 안전성능 목표 달성을 위한 관리지표
　제Ⅳ장 현장조사 및 시험
　　1. 열화·절연 기능검사
　　- 전기적 특성시험, 물리적 특성측정, 설비 주요기능 측정 등
　　2. 부식(외관)검사
　제Ⅴ장 철도시설의 정밀진단 평가항목별 진단
　　1. 설비해석 및 사고위험 영향분석
　　2. 정밀진단 설비별 주요한 결함(손상)의 발생 원인 분석
　　3. 측정, 시험 결과의 분석
　제Ⅵ장 철도시설의 안전성 평가 및 분석
　　1. 안전성 평가를 위한 시험 및 계측결과 분석
　　2. 세분류별 / 소분류별 / 중분류별 설비 안전성 평가 및 분석
　　3. 구간별 설비 / 노선별 설비 안전성 평가 및 분석
　제Ⅶ장 철도시설의 유지관리 전략제안
　　1. 설비의 안전성 확보를 위한 조치 방안
　　2. 고장, 장애, 손상에 대한 보수·교체 방법
　제Ⅷ장 종합결론
　　1. 정밀진단 결과에 따른 종합결론
　　2. 유지관리 시 특별한 관리가 요구되는 사항
　　3. 차기 정밀진단 시 중점 점검사항 등

③ 부록 예시
- 보고서 작성 시 사용했던 데이터의 증빙을 부록으로 첨부한다.
- 현장에서 측정한 계측 데이터와 현장사진, 현장조사 내역, 시설관리자(발주자)로부터 전달된 각종 자료, 성능평가에 적용된 가중치 및 계산과정 등 보고서 작성과정에 적용된 모든 문서 및 자료들을 포함하며 보고서의 신뢰성을 뒷받침할 수 있는 준거이다.
　　1. 정밀진단 및 성능평가 실시계획서
　　2. 대가 산정기준

3. 과업내용서
4. 자체위원회 심의결과 및 조치사항
5. 설비별 외관조사도 및 도면
6. 광케이블 직선도 및 망구성도
7. 설비별 현황 자료(제작, 설치년도, 하자기간 등)
8. 시설물 측정 및 시험 기록표(체크리스트)
9. 시설물 측정 및 시험 자료(표준양식)
10. 장비조사 위치도
11. 안전성능 평가결과 자료
12. 내구성능 평가결과 자료
13. 사용성능 평가결과 자료
14. 외관조사 사진첩
15. 사용장비, 기기의 사진 및 검·교정 자료
16. 참여인력의 자격증빙(경력증명서, 정밀진단 및 성능평가 교육수료증)
17. 사전조사자료
18. 기타 참고자료

2.2 정밀진단의 개요

정밀진단의 목적, 설비 개요 및 이력, 발주자와의 계약범위에 근거한 정밀진단 과업범위 및 내용, 사용장비 및 시험기기, 정밀진단 수행조직 및 일정을 기술한다.

가. 정밀진단의 목적

① 「철도의 건설 및 철도시설 유지관리에 관한 법률」 제31조[13](정밀진단의 실시)와 철도시설 관리자의 과업지시서에 따라 철도시설의 정기점검등에관한 지침을 준수하며 정밀진단을 시행한다.

> [철도시설의 정기점검등에 관한 지침]
> 제10조(정밀진단 일반) ① 정밀진단의 목적은 시설물의 물리적·기능적 결함을 발견하고, 그에 대한 신속하고 적절한 조치를 하기 위하여 구조적 안전성과 결함의 원인 등을 조사·측정·평가하여 보수·보강 등의 방법을 제시하는 데 있다.

---

13) 철도의 건설 및 철도시설 유지관리에 관한 법률(약칭: 철도건설법)[시행 2022. 12. 1.] [법률 제18522호,] 제31조(정밀진단의 실시) ① 철도시설관리자는 설치 후 10년 이상 지난 소관 철도시설에 대하여 제5항에 따라 정기적으로 정밀진단을 실시하여야 한다.

② 사업의 개요: 용역명, 참여사 및 기간, 정밀진단 대상 구간 및 노선도, 과업수행 적용 관련 규정 및 기준, 과업추진 방향

나. 과업설비 개요 및 이력사항

과업구간, 이력사항, 대상설비 설치위치 및 내역, 주요설비 사진, 설비의 속성내역 (제작사, 설치년월, 보수이력 등)

철도의 건설 및 철도시설 유지관리에 관한 법률 시행령 [별표 2] 〈개정 2023.12.19.〉
정밀진단의 실시시기(제28조제1항 관련)

비 고

성능등급	정밀진단의 실시시기
A등급	6년마다 1회
B·C등급	5년마다 1회
D·E등급	4년마다 1회

1. "성능등급"이란 별표 4 제2호가목에 따른 성능등급을 말한다.
2. 최초로 실시하는 정밀진단은 법 제16조에 따른 준공확인을 받은 날(준공 전 사용허가를 받은 경우에는 사용허가를 받은 날을 말한다)을 기준으로 10년이 되는 날부터 1년 이내에 실시한다.
3. 정밀진단의 실시시기는 직전 정밀진단을 완료한 날을 기준으로 한다. 다만, 정밀진단의 실시시기가 도래하기 전에 성능평가를 시행하여 성능등급이 변경된 경우에는 변경된 성능등급에 따른 정밀진단 실시시기를 적용한다.
4. 철도시설의 증축, 개축이나 수리 등을 위한 공사 중에 정밀진단의 실시시기가 도래한 경우에는 그 공사가 완료된 날(법 제16조에 따른 준공확인 대상인 경우에는 준공확인을 받은 날을, 준공 전 사용허가를 받은 경우에는 사용허가를 받은 날을 말한다. 이하 이 표에서 같다)을 기준으로 1년 이내에 정밀진단을 실시한다.
5. 철도시설을 교체한 경우 해당 철도시설에 대한 정밀진단은 교체를 위한 공사가 완료된 날을 기준으로 10년이 되는 날부터 1년 이내에 실시할 수 있다.
6. 철도시설의 교체를 위한 공사 중에 정밀진단의 실시시기가 도래한 경우에는 국토교통부장관과 협의하여 그 공사가 완료된 날을 기준으로 10년이 되는 날부터 1년 이내에 정밀진단을 실시할 수 있다.
7. 「시설물의 안전 및 유지관리에 관한 특별법」 제12조에 따른 정밀안전진단을 실시한 경우에는 정밀진단을 실시한 것으로 보아 그 실시시기를 조정할 수 있다.
8. 「철도사업법」 제12조에 따라 사업계획이 변경되거나 「철도산업발전기본법」 제34조에 따라 특정 노선 및 역이 폐지되어 철도시설의 사용이 중지된 경우에는 해당 철도시설의 사용이 재개되는 날 이전까지 정밀진단을 실시할 수 있다.

다. 정밀진단 범위 및 과업내용

과업범위, 진단대상 선정, 대상설비의 평가항목, 진단설비 설치장소별 수량
　① 정밀진단 과업 범위: 시설관리자(발주자)와의 과업지시에 따라 범위를 상세화한다.
　② 진단대상설비 선정: 전체수량 혹은 표본선정조사. 대상설비 수량명시

철도시설의 정기점검등에 관한지침 [국토부고시 제2023-868호 2023. 12. 22] 표본대상 선정방법
제14조(정밀진단 및 성능평가 대상)
④ 정밀진단 및 성능평가는 전수조사 또는 표본조사의 방법으로 실시한다.
⑤ 철도시설관리자는 제4항에 따라 표본조사를 실시하는 경우에는 해당 철도시설의 성능을 대표할 수 있도록 시설·전기·통계 등 관련 분야 전문가 의견을 반영하고, 다음 각 호를 고려하여 객관적이고 과학적인 기준에 따라 표본조사 항목·방법·수량 등을 정하여야 하며, 정밀진단 및 성능평가 결과보고서에 표본조사 항목·방법·수량 등을 정한 근거를 명시하여야 한다.
1. 철도시설의 설치 환경, 설치 시기, 설치 제원 등을 대표할 수 있을 것
2. 일정한 간격을 두고 분포될 수 있도록 할 것
3. 분야별 철도시설 특성을 고려하여 전체 성능을 충분히 확인할 수 있도록 표본 수량을 정할 것

라. 사용장비 및 시험기기 현황

철도의건설법 시행령 [별표5의2] 〈개정 2023.12.19.〉
법정보유 점검장비: 절연저항계[직류(DC) 500V 이상], 저항, 컨덕턴스 측정기, 멀티미터, 열화상 카메라, 광(원)파워메타, 전계강도측정기, 스펙트럼 애널라이저, 비트 오류율(Bit Error Rate) 측정기, 네트워크 애널라이저

철도시설의 정기점검등에 관한지침
제6조(정기점검 장비) ① 철도시설관리자는 철도시설에 대한 정기점검을 실시하는 경우 「국가표준기본법」 및 「계량에 관한 법률」에 따라 검·교정을 받은 장비를 사용하여야 하며, 소요성능 및 측정의 정밀·정확도를 유지하도록 장비를 관리하여야 한다. 다만, 「국가표준기본법」및「계량에 관한 법률」에 따른 검·교정 대상에 해당하지 아니하는 장비의 경우에는 그 소요성능을 갖춘 장비를 사용하여야 한다.
② 철도시설관리자는 정기점검에 사용하는 장비를 항상 최적의 상태로 정비하여야 한다.

마. 사업추진 수행체계 및 일정: 수행체계, 현장측장 일정, 예정공정표 제시

　① 정밀진단 수행단계[14]

단계	과업의 범위	과업의 내용
Ⅰ 자료수집 및 분석	현장답사	- 설비 위치 및 설치 현황조사(관제실, 유지보수 사업소, 현장 접근을 위한 작업조정회의 일정 등 확인) - 설비 수량 및 용량 현황조사

---
[14] 한국철도공단 정밀진단 매뉴얼 3. 정밀진단수행단계

단계	과업의 범위	과업의 내용
	관련자료 검토	- 기실시된 점검(유지보수) 및 진단 보고서 검토 - 관련 기술 수집 및 분석 - 개소별 장비 및 케이블 현황 - 노선별 관련 설비 개량 계획

Ⅱ 현장조사	육안 및 기능 조사	- 장비의 동작 및 상태를 조사
		  ✓ 기능 검사: 모듈 검사(절체시험), NMS/EMS (장애발생 현황)
		  ✓ 상태조사: 영상확인, 부식검사

	장비 측정	- 측정 장비를 이용한 장비 특성의 측정
		  ✓ BER측정: 전송설비 및 교환기
		  ✓ 절연저항: 동케이블, 전송설비, 열차무선
		  ✓ 저항/전압 측정: 정류기/UPS/축전지, 열차무선
		  ✓ 열상측정: 전송설비, 열차무선, 역무용통신설비, 영상설비 등
		  ✓ 전계강도/결합손실 측정: 열차무선
		  ✓ 손실 측정: 광케이블

Ⅲ 진단 평가	조사결과 종합분석	- 육안 및 기능 조사 결과분석 - 장비 측정 결과분석 - 장비 전체의 진단평가 결과에 대한 소견
Ⅳ 종합평가	종합평가	- 설비에 대한 종합평가 결과에 대한 소견
Ⅴ 보수보강대책	보수보강공법 유지관리방안	- 종합평가 결과 분석 후 방법 제시
Ⅵ 성과품 작성	보고서 작성	- 현장조사 및 관계기록 사진첩 작성 - 보고서 작성 - 최종 결과에 대한 보고회 실시

② 현장측정 일정 수립
  - 현장 조사일정 협의 및 계획수립: 날짜, 시간, 측정장소, 조사내용
  - 현장측정 세부일정 설계: 날짜 및 구체적시간대, 측정장소, 세분류 대상기기 및 수량, 측정 및 항목확인, 소요측정 장비(계측기등) 확보 및 측정항목 확인
③ 예정공정표 작성
  - 정밀진단 수행단계별 소요일정 및 진단기술자 동원계획반영

2.3 자료수집 및 분석

[철도시설의 정기점검등에 관한 지침]
제5조(자료의 수집 등) 철도시설관리자는 정기점검 계획을 수립·시행하기 위하여 다음 각 호의 자료를 수집·분석하여야 한다.
1. 철도시설의 설계도서 및 시공 관련 자료
2. 철도시설의 정기점검, 긴급점검 및 정밀진단 결과
3. 철도시설의 보수·보강·증축·개량 및 교체공사 관련 자료
4. 철도시설의 성능평가 결과

제15조(정밀진단 및 성능평가 절차) 정밀진단 및 성능평가 시행을 위한 세부적인 절차는 별표 2를 따른다.
[별표 2] 자료분석: 철도시설 정밀진단 및 성능평가 절차 (1) 정밀진단 절차
- 평가대상 시설에 대한 도면, 계산서 등 관련 자료를 수집·분석
- 설계도서·준공도서, 보수·보강·증축·개량공사 관련 자료각종 법령에 따라 실시한 과거 점검·점검·진단 및 성능평가 자료 등

[한국철도공단 정밀진단 매뉴얼] 3. 정밀진단수행단계 자료수집 및 분석
○ 기실시된 점검(유지보수) 및 진단 보고서 검토
○ 관련 기술 수집 및 분석
○ 개소별 장비 및 케이블 현황
○ 노선별 관련 설비 개량 계획

가. 설비 현황 및 설계도면(시공도면)
1) 노선별·구간별 설비현황 및 도면 확보
   ① 전선류: 광·동케이블, 케이블안테나 심선 구성도(배분도) 및 수용내역
   ② 제어설비 시스템구성도 및 계통도: 전송설비, 무선설비, 전화교환설비 역무용 통신설비, 영상설비, 역무자동화설비
2) 장소별 설비설치 현황 자료수집
   ① 설치장소별 현황: 관제설비실, 통신실, 기계실, 역무실 등 설비 배치도
   ② 설비설치 환경: 역사 내·외, 지상역사, 지하역사, 염해, 옥내, 옥외, 터널, 염해장소, 토공구간, 교량구간, 전철구간, 비전철구간, 지중관로구간 경우의수 고려 조사 분석

나. 기존점검, 진단, 평가 결과 확보계획 및 시행: 직영 및 위탁점검 포함
 1) 이전 정밀진단, 성능평가, 외부기관 점검 및 수검실적 등
 2) 정기점검 결과: 일일, 월간, 분기 연간점검기록
 3) 일상 점검 및 순회점검
 4) 비정기적·특별점검
  ① 해빙기, 동·하절기 취약개소 대상, 취약설비 점검 중점(관리) 점검
  ② 명절연휴대비점검 및 안전점검 등

다. 보수·보강 및 유지보수 이력
 1) 정보통신설비 주요 장애 및 고장 분석 현황
 2) 설비 보수·보강·개량 실적
  ○ 설비 성능개선 활동, SW 업그레이드, 취약구조 변경 등
 3) 위험 저감 대책 시행 실적
  ① 공사/용역 관리감독 대책, 부품고장 및 노후화 대책
  ② 사고·장애 발생 위험도 및 심각수준 분석
  ③ 사고·장애 처리 후 재발방지대책

라. 기타 관련 수집자료 분석
 1) 관련 규정 확보 검토:
  ① 관련 법령: 시설물의 안전관리에 관한 특별법 및 철도안전법
  ② 시설관리기관별 자체 정보통신설비·전자설비 유지보수규정 및 지침 등
 2) 운영 및 위탁요원 유지보수 능력 향상 자료
  ① 자체교육 및 외부 전문기관 위탁교육
  ② 실무 전문가 양성 교육
 3) 재난대비 모의 훈련: 장애복구(부분통합훈련, 불시훈련, 자체훈련)
 4) 위탁용역 관리 등 강화 실적
  ① 외주 용역 이행실태 및 합동점검 내역
  ② 이동통신사업자 시설관리 방안 시행
 5) 장애복구 표준업무 처리절차서(S.O.P) 운영 현황
  ○ 설비점검 절차서 및 점검 매뉴얼 운영

2.4 정밀진단 성능목표 및 관리지표 선정

○ 목표설정 관련근거 기준 제시 예시.
1. 철도시설관리자와의 용역계약서, 과업수행계획서등에 의거 성능평가 목표 선정
2. 국토교통부고시 제 2020-976호 「제1차 철도시설 유지관리 기본계획(2021~2025)」

국가철도분야 목표성능지수 ('20년 → '25년)			종합성능 목표성능지수
종합	3.40	3.6	도시철도 3.8(B) 유지
정보통신	2.96	3.54	민자철도 4.4(B) 유지

철도시설의 정기점검등에 관한지침 [별표 5] 정밀진단 방법 및 종합 성능평가 방법
(1) 개별 철도시설에 대한 정밀진단은 안전성에 대해 평가결과를 기록하고, 평가등급을 부여한다.

가. 안전성능 목표 설정

1) 정밀진단의 안전성평가 목표달성을 위한 관리지표를 설정하고 달성방안을 기술한다.
   ① 안전성능 목표 설정 및 근거
   ② 안전성능 목표 달성 방안
   ③ 안전성능 목표 달성을 위한 관리지표

2) 종합성능평가 지수에 따른 종합성능평가 등급부여 적용 기준

성능평가지수(E)	성능평가등급	성능 수준 및 유지관리 필요성
4.5 ≤ E ≤ 5.0	A(우수)	결함·손상이 없고 내구성능 저하 가능성 낮음
3.5 ≤ E < 4.5	B(양호)	경미한 결함이 있는 상태로 진행여부를 지속 관찰
2.5 ≤ E < 3.5	C(보통)	안전에는 지장이 없으나, 간단한 보수·보강 필요
1.5 ≤ E < 2.5	D(미흡)	성능이 기준이 미치지 못해 긴급한 보수·보강 필요
1.0 ≤ E < 1.5	E(불량)	심각한 결함이 있어 즉각 사용중단하고 보강·개축 필요

3) 노선별 세분류별 성능목표설정 (예시)

노선명	중분류	소분류	세분류	장치	성능목표[15]
A노선 A구간 A호선	선로설비	광케이블	광케이블	케이블코어	B
		동케이블	동케이블	케이블심선	B
		선로변 인터페이스			B
	전송설비	광전송설비	DWDM		B
			STM 4/16/64		B
			정류기	장치출력	B
			축전지	내부저항	B
	열차무선설비	LTE-R 중앙제어설비	중앙제어장치	서버	B
			관제조작반	서버	B
	~	~	~	~	~

나. 성능목표 달성 방안
1) 성능평가 결과를 기준으로 제시한 성능목표를 달성하기 위한 방안을 제시한다.
2) 현장조사결과 평가항목별 진단분석결과와 유지관리전략을 반영하여 달성방안을 발굴한다.
 ① 평가항목별 중요도에 따른 가중치 적용
  - 성능평가는 평가항목별로 중요도를 감안하여 설비분류에 따라 평가지표별 가중치를 적용하며 가중치의 합이 100%가 되도록 한다. 또한, 성능평가 항목은 안전성, 내구성, 사용성으로 구성되며 항목별 가중치의 합이 100%가 되도록 산출한다.
 ② 평가항목별 주요소 및 보조요소 적용가중치
  - 평가 부분에 영향을 미치는 정도에 따라 각각의 평가항목은 주요소와 보조요소의 진단항목으로 가중치를 적용하여 평가에 반영하며 평가항목별 주요소 및 보조요소는 다음 표와 같다.

구분	열화절연	마모강도	외관	내용연수/사용횟수	설치환경	운행횟수	고장장애횟수	제품단종	설비용량
안전성	100	70	30	0	0	30	20	0	0

 ③ 안전성능 평가진단 항목별 가중치 부여방법
  - 설비별 진단항목에 따른 평가점수는 1~5점이며 항목별 가중치(%)를 아래 표와 같이 평가점수에 반영하며 평가항목별 평가점수와 종합평가점수의 산출식은 다음과 같다.

 ④ 안전성능 평가점수 산출식

$$\frac{(A \times a) + (B \times b \times 0.7) + (C \times c \times 0.3) + (F \times f \times 0.3) + (G \times g \times 0.2)}{a + (b \times 0.7) + (c \times 0.3) + (f \times 0.3) + (g \times 0.2)}$$

열화절연 평가점수 A 가중치a 마모강도 평가점수 B 가중치b, 외관 평가점수C 가중치c
운행횟수 평가점수 F 가중치f, 고장·장애횟수 평가점수G 가중치g

 ⑤ 종합 평가점수 산출식 - 성능평가지수(p)

성능평가지수(p) =
Σ{(선로설비 평가점수 × 중분류가중치) + (전송설비 평가점수 × 중분류가중치) + (열차무선설비 평가점수 × 중분류가중치) + (전화교환설비 평가점수 × 중분류가중치) + (역무통신평가점수 × 중분류가중치) + (영상설비 평가점수 × 중분류가중치) + (역무자동화설비 평가점수 × 중분류가중치)}

---
15) 성능목표는 국토교통부고시 제2020-976호, 과업지시서등 기초로 시설관리자(발주처)와 협의 후 설정

다. 안전성능 목표달성을 위한 관리지표

1) 가중치 적용기준 선정

> 철도시설의 정기점검등에 관한지침 [별표 5] 정밀진단 방법 및 종합 성능평가 방법
> (4) 성능평가시 활용되는 중요도는 철도시설물의 서비스 제공에 영향을 미치는 정도를 말하며, 객관성을 확보하고 있는 전문가 10인 이상이 참여하는 계층화 분석법(Analytic Hierarchy Process, AHP)을 사용하여 결정한다. 개별시설 내에서 활용하는 중요도는 시설관리자 중에서 선정한 전문가들을 활용하여 AHP 분석방법으로 결정한다. 다만, AHP 분석이 적절치 않을 경우 전문가의 협의와 시설관리자의 참여하에 가중치를 결정할 수 있다.

① 대분류 가중치
 - 구조물, 궤도시설, 건축물, 전철전력, 신호제어, 정보통신으로 구분되는 6개 분야에 대한 가중치로 국토부에서 별도의 전문가 AHP(Analytic Hierarchy Process) 분석을 통하여 수행한다.

② 중분류 가중치
 - 선로설비, 전송설비, 무선설비, 전화교환설비, 역무통신설비, 영상설비, 역무자동화설비로 구분되는 7개 중분류 설비에 대하여 다음과 같은 가중치를 적용한다.

노선	중분류	가중치 관리지표	합계
A노선 A구간 A호선	선로설비	0.23	1.00
	전송설비	0.31	
	열차무선설비	0.20	
	전화교환설비	0.07	
	역무통신설비	0.06	
	영상감시설비	0.06	
	역무자동화설비	0.07	

③ 소분류 가중치
 - 정밀진단 및 속성진단 항목에 대한 평가점수를 반영한 16개 소분류에 대한 가중치는 다음과 같이 적용한다.

중분류	소분류	가중치	합계
선로설비	동케이블	0.19	1.00
	광케이블	0.61	
	선로변 통합인터페이스 통신설비	0.20	
전송설비	광전송설비	1.00	1.00

열차무선설비	LTE-R 중앙 제어설비	0.35	1.00
	LTE-R 기지국 장치	0.35	
	열차무선 방호장치	0.15	
	재난방송 수신설비	0.15	
전화교환설비	전화교환기	1.00	1.00
역무용통신설비	여객안내설비	0.46	1.00
	자동안내방송설비	0.54	
영상설비	여객관리용 영상설비	0.62	1.00
	시설감시용 영상설비	0.38	
역무자동화설비	전산장치	0.65	1.00
	발매기	0.17	
	게이트	0.18	

④ 세분류 가중치

- 세분류에 따른 진단항목별 가중치는 32개로 다음과 같은 비율(%)로 반영한다.

노선	중분류	소분류	세분류	가중치 관리지표	합계
A노선 A구간 A호선	선로설비	광케이블	광케이블	100	100
		동케이블	동케이블	100	100
		선로변 통합 인터페이스 통신		100	100
	전송설비	광전송 설비	DWDM	25	100
			STM 4/16/64	40	
			정류기	25	
			축전지	10	
	무선설비	LTE-R 중앙 제어설비	주제어설비	90	100
			관제조작반	10	
		LTE-R 기지국장치	DU	50	100
			RRU	50	
		열차무선 방호장치	중앙장치	20	100
			자동점검시스템	20	
			중계 장치	30	
			케이블안테나	30	
		재난방송 수신설비	주중계장치	50	100
			보조중계장치	50	
	전화교환설비	전화교환기	전자교환기	60	100
			관제전화주장치	40	
	역무통신설비	여객안내설비	중앙제어설비	50	100
			역서버	30	
			표시기	20	
		방송설비	자동안내방송주장치	50	100
			관제원격방송주장치	50	

			영상저장장치	25	
영상설비	여객 관리용 영상설비		영상운영장치	20	100
			카메라	25	
			UPS	20	
			축전지	10	
	시설 감시용 영상설비		영상저장장치	40	100
			영상운영장치	30	
			카메라	30	
역무자동화 설비	전산장치		중앙전산기	60	100
			역단위전산기	40	
	발매기		1회용발매/교통카드충전기	40	100
			교통카드무인/정산충전기	30	
			보증금환급기	30	
	게이트		자동 개·집표기	100	100

2) 진단항목별 관리지표
 - 세분류에 따른 진단항목별 가중치는 다음과 같은 비율(%)로 반영하며, 정밀진단 및 성능평가 진단항목이 열화·절연, 마모·강도, 내용연수/사용횟수 등 다수의 항목으로 구성된 경우, 각각의 평가점수 중에서 최젓값을 항목 평가점수로 적용한다.

중분류	소분류	세분류	열화·절연	마모·강도	외관	내용연수/사용횟수	설치환경	운행횟수	고장장애횟수	제품단종	설비용량
선로설비	광케이블	광케이블	40	-	-	30	10	10	-	-	10
	동케이블	동케이블	40	-	-	30	10	10	-	-	10
	선로변 통합 인터페이스 통신		-	-	30	30	10	10	10	10	-
전송설비	광전송설비	DWDM	40	-	-	20	-	10	10	10	10
		STM 4/16/64	40	-	-	20	-	10	10	10	10
		정류기	30	-	10	20	-	10	10	10	10
		축전지	40	-	10	30	-	10	-	10	-
무선설비	LTE-R 중앙제어설비	주제어설비	40	-	-	30	-	10	10	10	-
		관제조작반	40	-	-	30	-	10	10	10	-
	LTE-R 기지국장치	DU	40	-	-	30	-	10	10	10	-
		RRU	20	-	10	30	10	10	10	10	-
	열차무선방호장치	중앙장치	40	-	-	30	-	10	10	10	-
		자동점검시스템	40	-	-	30	-	10	10	10	-
		중계 장치	30	-	-	30	10	10	10	10	-
		케이블안테나	30	-	-	50	10	10	-	-	-

대분류	중분류	소분류								
	재난방송 수신설비	주중계장치	40	–	–	30	–	10	10	10	–
		보조중계장치	20	–	10	30	10	10	10	10	–
전화교환설비	전화교환기	전자교환기	40	–	–	20	–	10	10	10	10
		관제전화주장치	40	–	–	30	–	10	10	10	–
역무통신설비	여객안내설비	중앙제어설비	40	–	–	30	–	10	10	10	–
		역서버	30	–	–	40	–	10	10	10	–
		표시기	20	–	10	30	10	10	10	10	–
	방송설비	자동안내방송주장치	40	–	–	30	–	10	10	10	–
		관제원격방송주장치	40	–	–	30	–	10	10	10	–
영상설비	여객관리용 영상설비	영상저장장치	20	–	–	40	–	10	10	10	10
		영상운영장치	30	–	–	40	–	10	10	10	–
		카메라	20	–	–	40	10	10	10	–	10
		UPS	30	–	10	20	–	10	10	10	10
		축전지	40	–	10	30	–	10	–	10	–
	시설감시용 영상설비	영상저장장치	20	–	–	40	–	10	10	10	10
		영상운영장치	30	–	–	40	–	10	10	10	–
		카메라	20	–	–	40	10	10	10	–	10
역무자동화설비	전산장치	중앙전산기	40	–	–	30	–	10	10	10	–
		역단위전산기	40	–	–	30	–	10	10	10	–
	발매기	1회용발매/교통카드충전기	20	–	–	40	10	10	10	10	–
		교통카드무인/정산충전기	20	–	–	40	10	10	10	10	–
		보증금환급기	20	–	–	40	10	10	10	10	–
	게이트	자동 개·집표기	30	–	–	30	10	10	10	10	–

① 설비의 대분류 유형분류 및 가중치 적용

대분류	전선류			기기 및 장치			제어설비		
	안전성	내구성	사용성	안전성	내구성	사용성	안전성	내구성	사용성
정보통신	57	27	16	62	21	18	60	15	25

② 기타사항
 - 철도시설관리자(국가철도공단, 교통공사등 발주자)별 설비특수성을 반영하여 발주자와 협의하여 관리지표를 선정한다.

3) 안전성능 관리항목별 16) 상세 설명
   - 정밀진단 및 성능평가에 사용되는 관리지표는 열화·절연영역, 외관, 속성 영역으로 구분할 수 있으며, 관리지표로 사용되는 항목은 다음과 같다.

NO	항목	정의	비고
1	모듈검사	정보통신의 설비의 고유 기능을 확인하기 위하여 이원화된 모듈에 대하여 절체 시험 전, 중간과정, 완료, 전 과정에서 기능동작을 확인	열화·절연
2	NMS/EMS검사	설비를 관리하는 NMS/EMS 기능을 이용하여 설비의 활용률과 기간 내 고장·장애발생 이력을 조사하여 진단	
3	BER측정	전송장비의 전반적인 성능확인을 위하여 광인터페이스에 대하여 BER 상태를 검사하여 전송장비의 전반적인 노후정도를 간접적으로 판단	
4	절연저항	시설물의 절연상태를 파악하여 그때에 흐르는 누설전류를 측정함으로써 시설물에 대한 절연성능 및 안전성 여부를 판단	
5	저항전압	밀폐형 납축전지에 대한 점검으로 "셀 내부저항" 측정하여 초기보다 상승상태를 확인하여 열화정도를 평가	
6	열상측정	정보통신설비에 대하여 열화상장치로 측정하여 부식,열화, 누전 등으로 인한 장치의 저항증대로 발생된 발열을 점검하여 이상부분 감시	
7	손실측정	광케이블의 전반적인 성능 확인을 위하여 구간별(OFD간) 광코어에 대하여 광 손실 상태를 검사하여 장시간 사용으로 인한 광섬유의 노후정도를 간접적으로 판단	
8	영상확인	사고발생에 따른 영상검색 시 영상화질 열화상태 파악하기 위하여 진단 대상 카메라로 촬영된 영상을 육안검사	
9	전계강도	RF교통카드단말기는 광역전철구간 안정적인 수입금 확보를 위한 것으로, RF교통카드단말기 센서의 민감도를 측정	
11	부식검사	금속이 그 표면에서 화학적 또는 전기적으로 산화 또는 변질되어가는 상태 검사	외관 검사
14	운행횟수	열차 1일 편도 운행 횟수에 의한 시설물 상태 및 서비스 수준평가	속성 진단
15	고장장애횟수	전기적, 물리적 특성변화로 발생한 고장횟수	

---

16) **철도시설의 정기점검등에 관한지침** [별표 4] -(4) 정보통신설비 평가 기준, 전기설비성능평가에관한 세부기준 (정보통신) 1.2 설비별 성능평가 항목

제3장 | 현장조사 및 시험·분석

한국철도공단 정밀진단 매뉴얼 3. 정밀진단수행단계 II 현장조사
1. 육안 및 기능 조사: 장비의 동작 및 상태를 조사
- 기능 검사: 모듈 검사(절체시험), NMS/EMS (장애발생 현황)
상태조사: 영상확인, 부식검사
2. 장비 측정: 측정 장비를 이용한 장비 특성의 측정
BER측정: 전송설비 및 교환기
절연저항: 동케이블, 전송설비, 열차무선
저항/전압 측정: 정류기/UPS/축전지, 열차무선
열상측정: 전송설비, 열차무선, 역무용통신설비, 영상설비 등
전계강도/결합손실 측정: 열차무선
손실 측정: 광케이블

3.1. 열화·절연 기능검사

3.1.1 모듈검사(절체시험)

가. 시험(측정) 목적
정보통신의 설비의 고유 기능을 확인하기 위하여 이원화된 모듈에 대하여 절체 시험 전, 중간과정, 완료, 전 과정에서 기능동작을 확인

나. 시험(측정) 개소: 통신기계실

다. 시험(측정) 장비: 없음

라. 설비별 측정항목

중분류	소분류	세분류	대상부위	확인방법	시험표준양식
열차무선	LTE-R 기지국 설비	DU	제어부, 전원부	정기점검기록 혹은 EMS	별지 제1-1호
	열차무선방호장치	자동점검시스템	통신제어부		별지 제1-2호
	재난방송수신설비	주중계장치	PSU Main/Sub		별지 제1-3호
전화교환 설비	전화교환기	전자교환기	제어부	EMS	별지 제1-4호
		관제전화주장치	제어부	EMS	별지 제1-5호
역무용통신설비	여객안내설비	중앙제어설비	이중화 모듈	정기점검기록 혹은 EMS	별지 제1-6호
역무자동화설비	전산장치	중앙전산기	제어부, 전원부	NMS	별지 제1-7호

마. 시험(측정) 방법
1) 상태 점검
   ① 장비 관리자로부터 장비 상태 및 주의 사항을 숙지
   ② EMS를 통하여 장비의 동작을 확인(Active Side 확인: 제어부, 전원부)
2) 장비 절체
   ① EMS 기능을 통하여 진단 대상 장비(제어부, 전원부)를 절체 명령을 수행하여 한쪽 계통의 장애 시 시스템 중단 없이 이중화 계통으로 자동절체 동작을 확인
   ② 절체 동작을 2회 실시하여, 최소 절체 대상 보드가 다시 Active 상태로 복원되는지 확인
   ③ 정기점검 기록 자료 확인 또는 EMS 로그기록 등을 통하여 진단을 수행

바. 판단기준
절체 시험 전, 중간과정, 완료, 전 과정에서 설비 전체의 정상동작을 확인

사. 평가기준

구분	진단 내용	평가점수
A	절체 대상 모듈의 기능이 정상	5
C	절체 대상 모듈 중 1개 모듈 비정상(단중화 경우, 기능 정상)	3
E	연속 절체하여 정상(초기) 상태로 복귀하지 못하는 경우 (단중화 경우, 기능 비정상)	1

아. 모듈검사 평가결과 집계표 작성 예시
① 설비별 모듈검사 평가결과 집계내역

| 소분류 | 세분류 | 구분 | 평가등급별 수량 (단위: 개소, 대) | | | | | 소계 |
			A	B	C	D	E	
LTE-R 기지국 설비	DU		m1	n1	o1	p1	q1	Σ(m1~q1)
~	~	~	~	~	~	~	~	~
전화교환기	전자교환기		m3	n3	o3	p3	q3	Σ(m3~q3)
	관제전화주장치		m4	n4	o4	p4	q4	Σ(m4~q4)
~	~		~	~	~	~	~	~
합 계			Σmi	Σni	Σoi	Σpi	Σqi	

② 설치장소별 개별설비 모듈검사 평가 결과

소분류	세분류	측정구간	구분	측정내용(절체동작)	점수	등급	비고
LTE-R 기지국 설비	DU	AA역	#1	절체양호	1~5	A~E	
			~	~	~	~	
			~	~	~	~	

전화교환기	전자교환기	관제센터	#1	절체양호	1~5	A~E	
			~	~	~	~	
	관제전화주장치	BB역	역무실	절체복귀불가	1~5	A~E	
~	~	~	~	~			

3.1.2 NMS/EMS 검사

가. 시험(측정) 목적
1) EMS(Element Management System)는 통신망 장비를 네트워크를 통해 감시 및 제어를 할 수 있는 시스템으로, NMS(Network Management System)의 하부 구성요소
2) 설비를 관리하는 NMS/EMS 기능을 이용하여 설비의 활용률과 기간 내 고장·장애발생 이력을 조사하여 진단

나. 시험(측정) 방법
1) 상태 점검
   ① 장비 관리자로부터 장비 상태 및 주의 사항을 숙지
   ② 운영장치를 통하여 장비의 동작을 확인
2) 경보 이력 로그 조회
   ① 장비 EMS 기능을 이용하여 일정기간단위로 경보(장애 발생) 현황을 조회
   ② 조회: 저장된 경보내용을 일별/경보 등급별 조회 기능
   - 파일저장: 조회된 경보내용을 파일로 저장 가능
   - 조회기간 설정: 연월일을 입력하여 조회기간 설정

다. 판단기준
NMS/EMS 기능을 이용한 설비의 활용률과 기간 내 고장·장애발생 이력

라. 설비별 측정항목 정리

구 분	소분류	세분류	설비별 NMS/ENS 진단 항목		시험표준양식
			설비 활용율	고장장애 횟수	
전송설비	광전송 설비	DWDM	X	○	별지 제2-1호
		STM 4/16/64	X	○	별지 제2-2호
열차무선	LTE-R 중앙제어설비	중앙제어장치	CPU/MEM/DISK	○	별지 제2-3호
		관제조작반	CPU/MEM/DISK	○	별지 제2-4호
	LTE-R 기지국 설비	DU	X	○	별지 제2-5호
	열차무선 방호장치	중앙장치	CPU/MEM/DISK	○	별지 제2-6호
	재난방송 수신설비	주중계장치	X	○	별지 제2-7호

전화교환 설비	전화 교환기	전자교환기	CPU/MEM/DISK	○	별지 제2-8호
		관제전화주장치		○	별지 제2-9호
역무용 통신설비	여객안내 설비	중앙 제어설비 (HSE)	CPU/MEM/DISK	○	별지 제2-10호
	방송설비	관제원격방송주장치		○	별지 제2-11호
영상감시 설비	여객관리용 영상설비	영상운영장치	CPU/MEM/DISK	○	별지 제2-12호
	시설감시용 영상설비	영상운영장치		○	별지 제2-13호
역무자동 화설비	전산장치	중앙전산기	CPU/MEM/DISK	○	별지 제2-14호
		역단위전산기		○	별지 제2-15호

마. 설비 활용률

① 시험(측정) 개소: 통신기계실, 전산실, 고객지원센터
② 평가 지표 및 산식

항목	지표	지표정의	산식
자원 효율성 (서버)	CPU 활용률	측정한 전체 CPU 용량 대비 사용 CPU 용량의 비율(%)	(사용 CPU 용량 / 전체 CPU 용량) × 100
	메모리 활용률	서버의 물리적 메모리 총량 대비 사용 메모리의 비율(%)	(사용 메모리 용량 / 전체 메모리 용량) × 100
	디스크 활용률	디스크의 물리적 총 용량 대비 사용 디스크의 비율(%)	(사용 디스크 용량 / 전체 디스크 용량) × 100

③ 평가방법

구분		진단 내용		평가점수
A	CPU	중앙 제어설비	30% 이하	5
		기타	20% 이하	
	메모리		20% 이하	
	디스크		20% 이하	
C	CPU	중앙 제어설비	30%~80%	3
		기타	20%~70%	
	메모리		20% 초과~80% 이하	
	디스크		20% 초과~80% 이하	
E	CPU	중앙 제어설비	80% 초과	1
		기타	70% 초과	
	메모리		80% 초과	
	디스크		90% 초과	

④ 자료 추출을 위한 사용 명령어

구분	명령어	비고
CPU 활용률	top, mpstat, sar, iostat	- 기기에 따라 지원하는 명령어 다를 수 있음
메모리 활용률	top, mpstat, sar, iostat	
디스크 활용률	fdisk, sfdisk, cfdisk, parted, df, pydf, lsblk	- GUI 기능으로 대체 가능

바. 고장장애횟수

1) 시험(측정) 개소: 통신기계실
2) 평가기준
   ○ 장애의 등급
   - A급: 장애시스템의 사용자에게 제공하는 모든 서비스 사용이 불가능한 상태 (주전산기 다운, DBMS 다운 등)
   - B급: 장애시스템의 사용자에게 제공하는 일부 서비스 사용이 불가능한 상태 혹은 A급 장애가 최소 서비스 시간에 발생한 경우
   - C급: 장애시스템의 일부에 문제가 있으나 사용자 업무처리상 장애가 없는 경우 (예: 백업장비에 이상이 있는 경우 등)
   - D급: 장애 천재지변 등 불가항력적인 사항 또는 통제범위를 벗어난 장애
3) 장애의 측정 기법
   ① 측정 도구: NMS상 장애이력 정보
   ② 측정치의 정의
   - A급 장애 건수 + B급 장애 건수 × 0.7 (C, D급 장애는 장애건수에 산입하지 않는다)
   ③ 측정 기간
   - 정밀진단 시, 이전 12개월간: 전송설비, LTE-R 기지국설비(DU), 재난방송수신 주중계장치
   - 정밀진단 시, 이전 1개월 또는 3개월간: 무선설비 및 기타설비

소분류	세분류	고장장애횟수 조사기간 (정밀진단 시 이전 기준월)	
		이전 12개월간	이전 1개월 또는 3개월간
광전송 설비	DWDM	O	
	STM 4/16/64	O	
LTE-R 중앙제어설비	중앙제어장치	O	
	관제조작반		O
LTE-R 기지국 설비	DU	O	

열차무선 방호장치	중앙장치		O
재난방송 수신설비	주중계장치	O	
전화 교환기	전자교환기		O
	관제전화주장치		O
여객안내 설비	중앙 제어설비		O
방송설비	관제원격방송주장치		O
여객관리용 영상설비	영상운영장치		O
시설감시용 영상설비	영상운영장치		O
전산장치	중앙전산기		O
	역단위전산기		O

4) 평가방법

평가기준	진단 내용	평가점수
A	측정치 0~1건	5
C	측정치 2~3 건	3
E	측정치 4건 이상	1

사. NMS/EMS 검사 평가결과 집계 작성예시
① 설비별 모듈검사 평가결과 집계내역

소분류	세분류	구분	평가등급별 수량(단위:개소)					소계
			A	B	C	D	E	
광전송설비	DWDM		m1	n1	o1	p1	q1	Σ(m1~q1)
	~		~	~	~	~	~	~
LTE-R 중앙제어설비	중앙제어장치		m2	n2	o2	p2	q2	Σ(m2~q2)
	관제조작반		m3	n3	o3	p3	q3	Σ(m3~q3)
LTE-R 기지국설비	DU		m4	n4	o4	p4	q4	Σ(m4~q4)
~	~		~	~	~	~	~	~
전화 교환기	전자교환기		m5	n5	o5	p5	q5	Σ(m5~q5)
	관제전화주장치		m6	n6	o6	p6	q6	Σ(m6~q6)
~	~		~	~	~	~	~	~
합계			Σmi	Σni	Σoi	Σpi	Σqi	

② 설치장소별 개별설비 모듈검사 평가결과

소분류	세분류	측정구간	설치장소 (키로정)	측정내용 (절체동작)	점수	등급	비고
광전송설비	DWDM	관제센터	#1	절체양호	1~5	A~E	A
		AA역	#2	절체양호	1~5	A~E	A
		~	~	~	~	~	~
	~	~	~	~	~	~	~
LTE-R 기지국설비	DU	AA역	통신실 #1	절체양호	1~5	A~E	A
			통신실 #2	절체양호	1~5	A~E	A
		BB역	역무실	절체복귀불가	1~5	A~E	E
		~	~	~	~	~	~
~	~	~	~	~	~	~	~

3.1.3 BER측정

가. 시험(측정) 목적

① 전송장비의 전반적인 성능 확인을 위하여 광 인터페이스에 대하여 BER 상태를 검사하여 전송장비의 전반적인 노후정도를 간접적으로 판단하기 목적이 있다.

② 비트오류율(bit error rate: BER)은 디지털 데이터 통신에서 주어진 시간 내에 수신한 데이터가 송신한 데이터에 비해 비트(bits)가 어느 정도 잘못되었는가 하는 비율이다.

③ 즉, 디지털 통신에서 나타나는 잡음, 왜곡 등 아날로그 특성 변화에 따른 디지털 신호의 영향을 종합적으로 평가할 수 있는 값으로 일반적으로, 전송된 총 비트수에 대한 오류 비트수의 비율(= bit errors occurred/bits sent %)로 나타낸다.

나. 시험(측정) 개소: 관제센터, 통신실

다. 시험(측정) 장비: BER 테스터

라. 대상장치

소분류	세분류	진단 내용	시험표준양식
광전송설비	STM 4/16/64	회선시험	별지 제3-1호
전화교환기	전자교환기	중계시험	별지 제3-2호

마. 시험(측정) 방법: 전송장비와 BER 테스터를 연결하여 BER를 측정

바. 판단기준 (ITU-T BER 판단기준)

국제전기통신연합(ITU-T) 규격 G.784 기준에 의한 제작사 제시 값(15분 기준)

신 호	성 능[17]	임 계 치
STM-4/16/64 (RS, MS)	ES(Errored Second)	67 ≦
	SES(Severely Errored Second)	6 ≦
	UAS(Unavailable Second)	900 ≦

사. 평가기준: BER측정 평가기준: 단위: [15분]

구분	A	B	C	D	E
오류초율(ES)	ES = 0 또는 하자기간 내 설비	1~10	11~66	67 이상	-
평가점수	5	4	3	2	1

아. BER 검사 평가결과 집계 작성예시

① 설비별 BER측정 평가결과 집계내역

소분류	세분류	측정구간	구분	평가등급별 수량(단위:개소)					소계
				A	B	C	D	E	
광전송설비	STM 16	관제센터	#1	m1	n1	o1	p1	q1	Σ(m1~q1)
전화교환기	전자고환기	AA역	통신실	m2	n2	o2	p2	q2	Σ(m2~q2)
합 계				Σmi	Σni	Σoi	Σpi	Σqi	

② 설치장소별 개별설비 BER측정 평가결과

소분류	세분류	측정구간	구분	측정내용 (절체동작)	점수	등급	비고
광전송설비	STM 16	관제센터	#1	ES=0	1~5	A~E	A
			#2	ES=0	1~5	A~E	A
		AA역	통신실	ES=0	1~5	A~E	A
		~	~	~	~	~	~
전화교환기	전자고환기	AA역	통신실	ES=0	1~5	A~E	A
		~	~	~	~		

3.1.4 절연저항

가. 시험(측정) 목적

1) 절연저항은 전극 사이에 절연체를 놓고 직류전압을 인가했을 때 흐르는 전류와 인가전압의 비를 의미하며 케이블의 절연성능을 나타내는 기본적인 지수로서 저항은 커야 한다.

---

[17] ITU-T G.784 (03/2008) Management aspects of synchronous digital hierarchy (SDH) transport network elements

2) 정보통신설비의 기기와 선로는 절연물로 보호되고 있으며, 시설물 사용에 따른 열화로 절연이 나빠지면 누전이나, 통신품질이 낮아질 수 있다. 절연저항 측정 목적은 시설물의 절연상태를 파악하여 그때에 흐르는 누설전류를 측정함으로써 시설물에 대한 절연성능 및 안전성 여부를 판단한다.

나. 시험(측정) 개소: 통신기계실 MDF 1차측 회선상호간 및 회선대지간
다. 시험(측정) 장비: 절연저항계, 저항/컨덕턴스 측정기
라. 대상장치

소분류	세분류	진단부위	측정(시험)표준양식
동케이블	동케이블	MDF(상행/하행방향)	별지 제4-1호
여객관리용영상설비	UPS	입력케이블	별지 제4-2호

마. 동케이블 절연저항 시험(측정) 방법
1) 도통시험을 통해 루프저항값을 측정하여 케이블의 단선여부를 파악한다.
2) 500V Megger Tester를 사용하여 회선상호간(L1-L), 회선~대지간(L1~E1, L2-E)의 절연저항을 측정한다.

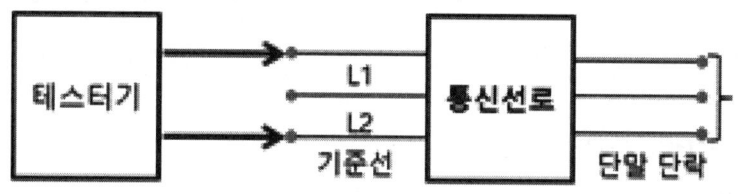

① 통신선로의 절연저항 판단기준

구분	측정 구분	절연저항(MΩ)
절연저항	선로의 회선 상호 간, 회선과 대지 간 및 회선의 심선 상호 간의 절연저항	10MΩ 이상

② 저압기기 및 저압케이블 절연저항 판단기준

구분	전로의 사용전압 구분	절연저항(MΩ)
400V 미만	대지전압(접지식 전로는 전선과 대지간의 전압, 비접지식 전로는 전선간의 전압을 말한다)이 150V 이하인 경우	0.1
	대지전압이 150V 초과 300V 이하인 경우. (전압측 전선과 중성선 또는 대지간의 절연저항)	0.2
	사용전압이 300V 초과 400V 미만의 경우	0.3
400V 이상		0.4

- 시외케이블 절연저항 판단기준

구분		a	b	c	d	e
DC500V - 1000MΩ 절연저항계		기준값 이상 및 하자기간 내 설비	50 이상	50 미만 ~47 이상	47 미만 ~45 이상	45 미만
평가점수		5	4	3	2	1

- 시내케이블 절연저항 판단기준

구분		a	b	c	d	e
DC500V - 1000MΩ 절연저항계		기준값 이상 및 하자기간 내 설비	1,000 이상	1,000 미만 ~950 이상	950 미만 ~900 이상	900 미만
평가점수		5	4	3	2	1

- Screen F/S케이블 절연저항 판단기준

구분		a	b	c	d	e
DC500V - 1000MΩ 절연저항계		기준값 이상 및 하자기간 내 설비	6,500 이상	6,500 미만 ~6,000 이상	6,000 미만 ~5,700 이상	5,700 미만
평가점수		5	4	3	2	1

바. UPS 절연저항 측정

1) 측정개소: 역무통신실
2) 측정방법
   ① 1차단자-대지 간 절연저항 측정(1000V/500V Megger)에 의한 열화측정
   ② 외함-대지 간 절연저항 측정(500V Megger)에 의한 열화측정
3) 측정장비: 절연저항계, 저항/컨덕턴스 측정기
4) 평가기준

구분	250V 이하	250V 초과 500V 미만	진단 내용	평가점수
A	기준값 이상 또는 하자기간 내 설비			5
B	0.5MΩ 이상	1.0MΩ 이상	열화가능성 없음	4
C	0.5MΩ 미만~0.4MΩ 이상	1.0MΩ 미만~0.8MΩ 이상	열화가능성 있음	3
D	0.4MΩ 이하~0.2MΩ 초과	0.8MΩ 이하~0.6MΩ 초과		2
E	0.2MΩ 이하	0.6MΩ 이하	추후 결함으로 진전	1

사. 절연저항 측정결과 작성예시

1) 설비별 구간별 절연저항측정 평가결과 집계내역

소분류	세분류	용도/장치	구간	평가등급별 수량(단위:개소)					소 계
				A	B	C	D	E	
동케이블	동케이블	역간용	YY역~ZZ역	m1	n1	o1	p1	q1	Σ(m1~q1)
		연선전화용	YY역~ZZ역	m2	n2	o2	p2	q2	Σ(m2~q2)
		~	~	~	~	~	~	~	~
		합 계		Σmi	Σni	Σoi	Σpi	Σqi	
여객관리용영상설비	UPS	AA노선 BB역		m1	n1	o1	p1	q1	Σ(m1~q1)

2) 구간별 개별 페어선로 절연저항측정 평가결과

소분류	세분류	용도/장치	구간	구 분	측 정 내 용		점수	등급
					페어번호	최저치[Ω]		
동케이블	동케이블	역간용	YY역~ZZ역		N1	0~∞	1~5	A~B
			~		~	~	~	~
		연선전화용	YY역~ZZ역		Mn	0~∞	1~5	A~B
			~		~	~	~	~

3.1.5 저항·전압

가. 시험(측정) 목적

1) 자동안내방송주장치 및 UPS장치에 대하여 시설물 사용에 따른 열화, 누전 등으로 인한 절연이 나빠지면 장치의 품질이 낮아질 수 있다. 장치의 저항전압 측정 목적은 시설물의 절연상태 및 품질저하 상태를 파악하여 시설물에 대한 전압성능 및 안전성 여부를 판단한다.
2) 밀폐형 납축전지에 대한 점검으로는 "셀 내부저항"을 측정하여 초기보다 상승상태를 확인하여 열화정도를 평가한다.

나. 시험(측정) 개소: 통신기계실, 전원실
다. 시험(측정) 장비: 멀티미터, 내부저항측정기
라. 대상장치

소분류	세분류	진단부위	측정(시험)표준양식
광전송설비	정류기	정류부	별지 제5-1호
	축전지	축전지단자	별지 제5-2호
방송설비	자동안내방송주장치	주 증폭기	별지 제5-3호
여객관리용영상설비	UPS	입력/출력단자	별지 제5-4호
	축전지	축전지단자	별지 제5-5호

마. 설비별 측정 적용방법

1) 자동 안내방송 주장치 시험방법:

① 선행작업
- AC 전원이 차단되어 DC로 전환된 후에도 방송가능 여부를 진단
- KS C IEC 60268-3 "사운드 시스템 장비 – 제3부:증폭기" 표준평가 기준에서 현장의 특수성으로 인하여 출력이 평가기준

② 진단수행(출력 전압 측정)
- 출력단자에 적정부하 저항을 연결하고, DC-24V를 인가한 후 멀티테스터 리드를 접속하여 전압을 측정

③ 평가기준

구분	출력 전압	진단 내용	평가점수
A	기준값(B) 내 또는 하자기간 내 설비	-	5
B	정격 출력 100%	열화가능성 없음	4
C	정격 출력(100%~80%)	열화가능성 있음	3
D	-	-	2
E	정격 출력(80% 미만)	추후 결함으로 진전	1

2) UPS 저항/전압 시험 방법

① 선행작업(상태 점검)
- UPS의 입력전원 전압 확인
- UPS의 출력과 BATT & SYSTEM과의 결선상태를 점검

② 진단수행(입력전압 측정)
- 전면판넬에 표시전압을 확인
- UPS의 입력 단자에 전압계를 연결 측정

③ 진단수행(출력전압 측정)
- 전면판넬에 표시전압을 확인
- UPS의 출력 단자에 전압계를 연결 측정

④ 평가기준

구분	입력 전압	출력 전압	진단 내용	평가점수
A	기준값(B) 이상 또는 하자기간 내 설비		-	5
B	220V	215V 이상~225V 이하	열화가능성 없음	4
C	211V 이상~220V 미만 220V 초과~229V 이하	212V 이상~215V 미만 225V 초과~228V 이하	열화가능성 있음	3
D	211V 이상~220V 미만 229V 초과~233V 이하	211V 이상~220V 미만 229V 초과~233V 이하	-	2
E	233V 초과, 207V 미만	233V 초과, 207V 미만	추후 결함으로 진전	1

3) 축전지 내부저항 시험(측정) 방법
 ① 시험장비: 멀티미터, 내부저항측정기(축전지 테스터)
 ② 선행작업
  - 본 평가 기준은 IEEE(미국전기전자학회) 밀폐형 축전지의 권고사항을 바탕으로 작성
  - 축전지의 내부 저항값이 크게 증가된 것은 축전지의 특성이 크게 변화되었음을 표시하는 것이므로, 셀 내부저항을 측정으로 셀의 이상 유무를 확인할 수 있고 성능저하 된 축전지를 식별 가능
  - 축전지 입력 전원 CB(Circuit Breaker) 개방 및 단전확인
  - 축전지 절연캡 분리
  - 볼트 조임 상태 및 단자 상태 확인
 ③ 진단수행(내부저항 측정)
  - 측정기 상태 확인(저항/전압 범위 설정, 영점 조정)
  - 단자에 측정기 케이블(lead)을 접속
  - 내부 저항 측정
  - 측정값을 유지/보전/기록
 ④ 후행작업
  - 볼트 조임 상태 및 단자 상태 확인
  - 축전지 절연캡 설치
  - 축전지 전원 CB(Circuit Breaker)연결
 ⑤ 축전지 저항전압측정 판단기준
  - 축전지의 내부저항은 제작사마다 상이하므로 축전지 설치 시의 초기 내부저항 값 또는 제조사에서 제시하는 값을 기준값으로 적용한다.

구분	기준값	교체권고량 (밀폐형 납축전지)
내부저항	초기 축전지 내부저항(100%)	130%~150%

 ⑥ 저항전압측정 평가 기준

구분	A	B	C	D	E
내부저항 기준값	기준값(B) 이상 또는 하자기간 내 설비	130% 이하	130% 초과~ 140% 이하	140% 초과~ 150% 미만	150% 이상
평가점수	5	4	3	2	1

4) 정류기 저항/전압 시험방법:
① 선행작업(상태 점검)
   - 정류시스템의 입력전원 전압 확인(단상 220V, 3상 380V)
   - 정류시스템의 출력과 BATT. & SYSTEM과의 결선상태를 점검
   - 정류시스템의 분배 NFB가 ON 위치에 있는지 확인
② 진단수행(입력전압 측정): 정류시스템의 입력 단자에 전압계를 연결 측정
③ 진단수행(출력전압 측정)
   - 제어모듈 전면 판넬에 표시전압을 확인
   - 정류시스템의 출력 단자에 전압계를 연결 측정
④ 시험장비: 멀티미터
⑤ 평가기준

구분	입력 전압(AC) 목푯값: 220V	출력 전압(DC) 목푯값: 12V x 4Cell: 54V :: 2V x 24Cell: 53.28V		진단 내용	평가 점수
		12V x 4Cell	2V x 24Cell		
A	218V 이상~222V 이하 또는 하자기간 내 설비	53.5V 이상~54.5V 이하 (12V x 4Cell)	53.02V 이상~53.52V 이하 (2V x 24Cell)	-	5
B	215V 이상~218V 미만 222V 초과~225V 이하	53.0V 이상~53.5V 미만 54.2V 초과~54.5V 이하	52.76V 이상~53.02V 미만 53.52V 초과~53.76V 이하	열화가능성 없음	4
C	211V 이상~215V 미만 225V 초과~229V 이하	52.5V 이상~53.0V 미만 54.5V 초과~54.8V 이하	52.5V 이상~52.76V 미만 53.76V 초과~54.0V 이하	열화가능성 있음	3
D	207V 이상~211V 미만 229V 초과~233V 이하	50.0V 이상~52.5V 미만 54.8V 초과~55.6V 이하	50.0V 이상~52.5V 미만 54.0V 초과~54.5V 이하	-	2
E	207V 미만 233V 초과	50.0V 미만 55.6V 초과	50.0V 미만 54.5V 초과	추후결함 으로 진전	1

바. 저항·전압 측정결과 작성예시
① 저항·전압측정 평가결과 집계내역

소분류	세분류	측정구간 (설치장소)	평가등급별 수량(단위: 개소)					계
			A	B	C	D	E	
방송설비	자동안내방송주장치	AA역	m1	n1	o1	p1	q1	Σ(m1~q1)
전송설비	정류기	AA역	m2	n2	o2	p2	q2	Σ(m2~q2)
여객관리용 영상설비	UPS	BB역	m3	n3	o3	p3	q3	Σ(m3~q3)
	축전지	BB역	m4	n4	o4	p4	q4	Σ(m4~q4)
합 계			Σmi	Σni	Σoi	Σpi	Σqi	

② 설치장소(역사)별 개별설비 저항·전압측정 평가결과

소분류	세분류	측정구간	구분	측정내용 (출력전압)	점수	등급	비고
방송설비	자동안내방송 주장치	관제센터	#1	YYY [V]	1~5	A~E	기준값 [%]
			#2	ZZZ [V]	1~5	A~E	
		~	~	~	~	~	
여객관리용 영상설비	UPS	AA역	통신기계실	YYY [V]	1~5	A~E	기준값 [V]
		~				~	
	축전지	AA역	통신기계실	YYY [V]	1~5	A~E	기준값 [%]
		BB역	역무실	ZZZ [V]	1~5	A~E	
		~	~	~	~	~	

3.1.6 열상측정

가. 시험(측정) 목적

정보통신설비에 대하여 열화상 장치로 측정하여 부식, 열화, 누전 등으로 인한 장치의 저항 증대로 발생된 발열을 점검하여 이상 부분을 감시하는 데 목적이 있다.

나. 시험(측정) 개소: 통신기계실, 선로변, 승강장, 대합실
다. 시험(측정) 장비: 열화상카메라
라. 대상장치

중분류	소분류	세분류	열상측정부위	시험 표준양식
전송 설비	광전송 설비	DWDM	전원부, 제어부 후면부	별지 제6-1호
		STM 4/16/64	전원부, 제어부 후면부	별지 제6-2호
		정류기	정류유니트 후면부	별지 제6-3호
열차 무선	LTE-R 중앙제어설비	중앙제어장치	서버후면 중앙	별지 제6-4호
	LTE-R 기지국 설비	DU	Main / Channel 카드	별지 제6-5호
	열차무선방호장치	중앙장치	주제어서버 전원부 후면	별지 제6-6호
		자동점검시스템	무선통신부 후면	별지 제6-7호
		중계장치	주 제어부 PCB전면부	별지 제6-8호
	재난방송수신설비	주중계장치	DTU-M, DTU-S 전면부	별지 제6-9호
		보조중계장치	HPA 전면부	별지 제6-10호

전화교환설비	전화교환기	전자교환기	전원부 후면	별지 제6-11호
		관제전화주장치	전원부 후면	별지 제6-12호
역무용통신설비	여객안내설비	중앙제어설비	주제어서버 전원부 후면	별지 제6-13호
		역서버	역제어서버 전원부 후면	별지 제6-14호
		표시기	제어기, 모듈제어기 전면부	별지 제6-15호
	방송설비	자동안내방송주장치	주 증폭기의 전원부	별지 제6-16호
		관제원격방송주장치	운용서버의 전원부	별지 제6-17호
영상감시설비	여객관리용영상설비	영상저장장치	저장장치 전원부 후면	별지 제6-18호
	시설감시용영상설비	영상저장장치	저장장치 전원부 후면	별지 제6-19호
역무자동화설비	전산장치	중앙전산기	주제어보드	별지 제6-20호
		역단위전산기	주제어보드	별지 제6-21호
	발매기	1회용발매/교통카드충전기	주제어보드	별지 제6-22호
		교통카드무인/정산충전기	주제어보드	별지 제6-23호
		보증금환급기	주제어보드	별지 제6-24호
	게이트	자동개·집표기	주제어보드	별지 제6-25호

마. 시험(측정) 방법
1) 선행작업
   ① 진단에 사용되는 열상카메라 검교정 상태를 확인
   ② 정밀진단대상 정상동작 상태(알람, LED) 확인
2) 진단수행(열상측정)
   ① 대상장비와 카메라를 일정한 간격(초점거리)으로 이격시키고 각 진단 대상장비 측정 부위의 열을 측정
   ② 비접촉식 적외선카메라 측정방식으로 진단을 수행함. 단, 이상 징후가 감지되어 정밀진단이 필요한 경우에는 인터페이스 모듈을 사용하여 운전 설비에 영향이 없도록 사전에 관계기관의 승인을 받아서 실시함
3) 후행작업(자료 정리)
   ○ 측정 자료를 카메라에서 PC로 이동시킨 후, 측정 최소·최대 온도차를 평가기준에 따라 평가

바. 판단기준
열화상 카메라로 특정 부품 또는 특정개소 온도가 높은 지점에 대하여 온도측정 및 저장, 타 설비와의 온도차를 비교하여 이상 여부를 판단

사. 열상측정 평가기준

① 각각 측정된 온도(ΔT: 측정된 온도에서 설비 주변의 온도를 뺀 온도(OA) 또는 타 개소설비와의 온도 차이(OS))에 따라 정상, 불량 내지는 주의 점검 등 여러 판정 사항이 있으며, 이때 기준으로 IETA(International Electrical Testing Associa tion)와 업체 기준을 이용한다.

② IETA O/S 기법을 적용하여 온도의 차이에 따라 평가기준을 적용

구분	통신기기와 대기 간 온도차 (ΔT/OA)	통신기기 간 온도차 (ΔT/OS)	판 정	평가 점수
A	기준값 이내 및 하자기간 내 설비 및 1℃ 미만	기준값 이내 및 하자기간 내 설비 및 1℃ 미만	열화 가능성 없음	5
B	1℃~10℃ O/A 이하	1℃~3℃ O/S 이하	열화 가능성 미약	4
C	11℃~20℃ O/A	4℃~15℃ O/S	열화 가능성 있음	3
D	21℃~40℃ O/A	16℃~40℃ O/S	추후 결함으로 진전	2
E	〉40℃ O/A	〉40℃ O/S	결함	1

✓ OA: Over Ambient / 대기온도 증분(ΔT)
✓ OS: Over Similar / 유사설비 상간 증분(ΔT)

아. 열상측정결과 작성예시

① 설비별 열상측정 평가결과 집계내역

소분류	세분류	측정구간 (설치장소)	평가등급별 수량(단위: 개소)					계
			A	B	C	D	E	
~	~	~	~	~	~	~	~	~
열차무선방호장치	중앙장치	관제센터	m1	n1	o1	p1	q1	Σ(m1~q1)
	자동점검시스템	AA역	m2	n2	o2	p2	q2	Σ(m2~q2)
	중계장치	BB역	m3	n3	o3	p3	q3	Σ(m3~q3)
재난방송수신설비	주중계장치	AA역	m4	n4	o4	p4	q4	Σ(m4~q4)
	보조중계장치	BB역	m5	n5	o5	p5	q5	Σ(m5~q5)
여객관리용영상설비	영상저장장치	AA역	m6	n6	o6	p6	q6	Σ(m6~q6)
~	~	~	~	~	~	~	~	~
합 계			Σmi	Σni	Σoi	Σpi	Σqi	

② 설치장소별 개별설비 열상측정 평가결과

소분류	세분류	측정구간	구분	측정내용 (℃)		점수	등급	기준값 온도 (OS, OA)
				최고값	온도차			
~	~	~	~			~	~	1) OS: 유사설비 평균값 온도 ZZ.Z℃
열차무선 방호장치	중앙장치	관제센터	#1	XX.X	xx.x	1~5	A~E	
		~	~	~		~	~	

재난방송 수신설비	주중계장치	AA역	통신실 #1	XX.X	xx.x	1~5	A~E	2) OA: 대기온도 ZZ.Z°C
		AA역	통신실 #2	YY.Y	yy.y	1~5	A~E	
	~	~	~	~		~	~	
여객관리용 영상설비	영상저장 장치	AA역	통신기계실	XX.X	xx.x	1~5	A~E	
		BB역	역무실 #1	XX.X	xx.x	1~5	A~E	
	~	~	~	~		~	~	

3.1.7 손실측정

가. 시험(측정) 목적

광케이블의 전반적인 성능 확인을 위하여 구간별(OFD 간) 광코어에 대하여 광 손실 상태를 검사하여 장시간 사용으로 인한 광섬유의 노후정도를 간접적으로 판단하는 데 목적이 있다.

나. 시험(측정) 개소: 통신기계실
다. 사용양식: 시험 표준양식(별지 제7-1호)
라. 시험(측정) 장비: 광(원)파워미터
마. 대상장치: 광케이블
바. 시험(측정) 방법

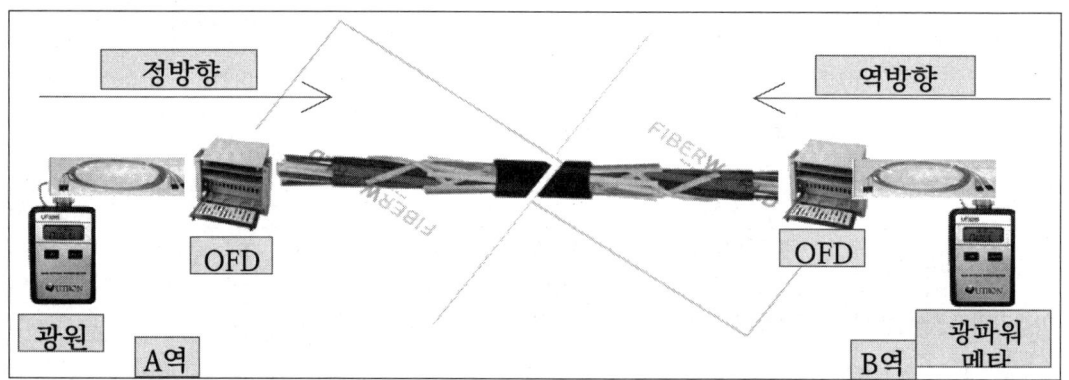

1) 선행작업
  ① 광통신케이블 현황(케이블의 종류 및 규격, 설치년도, 예비코어 현황, 사용불가 코어의 확인 등) 파악
  ② OTDR측정으로 접속 개소 및 케이블 길이, 커넥터 개수 파악하여 기준 손실값 산정
  ③ 유지보수 데이터 활용가능 여부 및 광통신 사용 주파수/파장 파악
    - 광통신 측정용 파장대역: 1310, 1550nm

2) 측정방법
① A역 통신실의 OFD 함체에서 측정 대상 광코어를 광원에 연결
② B역 통신실 OFD 함체에서 측정 대상 광코어에 광파워메타를 연결하여 거리(광케이블 실거리, 케이블 여장)와 중간 광케이블 성단(융착, 패치)의 여부를 확인
③ A역의 광원과 B역의 광파워메타의 광원의 파장을 1,550nm(또는 1,310nm)로 일치시킨 후, A역에서 광원을 송신하고 B역의 광파워메타에서 측정하여 광출력의 이득을 구함
④ 광섬유 총손실 측정은 역방향 3회, 정방향 3회 각각 측정하여 측정값의 평균을 손실 값으로 적용함
⑤ 예비 코어를 활용하여 상선 케이블(상행방향/하행방향), 하선 케이블(상행방향/하행 방향)에서 각각 실시함

사. 판단기준
1) ITU-T 광섬유의 손실 기준
  ① 광섬유 손실: ITU-T G.652C/D의 광섬유 손실 표준은 0.3dB/km
  ② 광섬유 분산: ITU-T G.652C: 0.5ps/km, G.652D: 0.2ps/km
2) 한국철도공사 점검 기준:
  ○ 접속손실 0.02dB/개소, 케이블손실 0.27dB/km, 커넥터손실 0.30dB/개소
3) 단위구간 총손실(Lt) 계산식

산출방법	비고
Lt (단위구간 총손실) = Lαt + nLsd + (0.3 × m)	L : 전 구간 광케이블 길이 [km] αt : 광섬유단위길이손실 [dB/km](파장대별 적용) Lsd : 광섬유심선 평균접속손실 기준치 [dB] n : 광섬유심선 접속수 [개소수] m : 편단광점퍼코드와 광섬유심선의 커넥터수 [개수]

✓ αt = 0.27dB/km(1310/1550nm 파장인 경우), Lsd = 0.02dB, 커넥터 4개(0.3dB)

아. 손실측정 평가기준(파장: 1310nm/1550nm)
현장조사로 파악된 융착개소(0.02dB/개소), 커넥터(0.3dB/개), 광케이블 길이(0.27dB)를 기준으로 산정된 기준값과 현장에서 측정한 손실값을 비교하여 평가

구분	{1 + (측정값 − 기준값)/기준값} × 100	진단 내용	평가점수
A	-	하자기간 내 설비	5
B	허용값 100% 이하	열화가능성 없음	4
C	허용값 100% 초과~122% 이하	열화가능성 있음	3
D	허용값 122% 초과~125% 이하	열화가능성 있음	2
E	허용값 125% 초과	추후 결함으로 진전	1

자. 손실측정결과 작성예시

① 설비별 손실측정 평가결과 집계내역

소분류	세분류	구 분 (용도·구간)	평가등급별 수량(단위:개소)					소 계
			A	B	C	D	E	
광케이블	광케이블	간선용	m1	n1	o1	p1	q1	Σ(m1~q1)
		구간용	m2	n2	o2	p2	q2	Σ(m2~q2)
		~	~	~	~	~	~	~
합 계			Σmi	Σni	Σoi	Σpi	Σqi	

② 구간별 구분별 손실측정 평가결과

세분류	구분 (용도별)	측정구간 (키로정)	측 정 내 용				점수	등급
			코어 번호	손실평균치	손실기준치	대비값		
광케이블	간선용	AA역~BB역(aa-Kaaa~bbKbbb)	Cn	XX.xx[dB]	ZZ.zz[dB]	△[%]	1~5	A~E
		BB역~CC역 (bbKbbb~ccKccc)	Cn	YY.yy[dB]	ZZ.zz[dB]	△[%]	1~5	A~E
		~	~	~	~	~	~	~
	구간용	AA역~BB역(aa-Kaaa~bbKbbb)	Cn	XX.xx[dB]	ZZ.zz[dB]	△[%]	1~5	A~E
		BB역~CC역 (bbKbbb~ccKccc)	Cn	YY.yy[dB]	ZZ.zz[dB]	△[%]	1~5	A~E
		~	~	~	~	~	~	~
	~	~	~	~	~	~	~	~

3.1.8 영상확인

가. 시험(측정) 목적
사고발생에 따른 영상검색 시 영상화질 열화로 인하여 내용인지가 불가하므로, 이를 사전에 파악하기 위하여 진단 대상 카메라로 촬영된 영상을 육안검사

나. 시험(측정) 개소: 고객지원센터, 운전취급실
다. 시험(측정) 장비: 없음
라. 대상장치

소분류	세분류	진단부위	측정(시험)표준양식
여객관리용영상설비	카메라	운영장치 내 영상	별지 제8-1호
시설감시용영상설비	카메라	운영장치 내 영상	별지 제8-2호

마. 시험(측정) 방법: 모니터에 표출된 카메라의 영상 상태를 육안으로 확인

바. 영상확인 평가기준

평가기준	진단 내용	평가점수
A	최상의 상태 또는 하자기간 내 설비	5
B	화질 저하 다소 감지되나, 감시 목적 지장 없음	4
C	화질 저하가 감지되나 감시 목적으로 지장 없음	3
D	화질 저하 감지되며, 감시 목적으로 다소 지장됨	2
E	화질 저하 감지되며, 감시 어려움	1

사. 영상확인결과 작성예시

① 설비별 영상확인 평가결과 집계내역

소분류	세분류	대상장치	평가등급별 수량(단위: 개소)					소계
			A	B	C	D	E	
여객관리용영상설비	카메라		m1	n1	o1	p1	q1	Σ(m1~q1)
시설감시용영상설비	카메라		m2	n2	o2	p2	q2	Σ(m2~q2)
합계			Σmi	Σni	Σoi	Σpi	Σqi	

② 구간별 설비별 영상확인 평가결과

소분류	세분류	측정구간	구분	측정내용	점수	등급
여객관리용 영상설비	카메라	AA역	승강장 #1	하자기간 내 설비	1~5	A~E
			승강장 #2	최상의 상태	1~5	A~E
			~	~	~	~
		~	~	~	~	~
시설감시용 영상설비	카메라	BB역	기계실 #1	화질다소저하, 감시 지장 없음	1~5	A~E
			기계실 #2	화질 저하, 감시 어려움	1~5	A~E
			~	~	~	~
		~	~	~	~	~

3.1.9 전계강도

가. 대상장치

소분류	세분류	진단부위	측정(시험)표준양식
LTE-R 기지국설비	RRU,	현장인접RRU, 차량탑승	별지 제9-1호
열차무선방호장치	중계장치	HPA와 급전선 사이	별지 제9-2호
	케이블안테나	터널 내 안테나 반대편 벽	별지 제9-3호
게이트	자동개·집표기	RF Reader	별지 제9-4호

나. 설비별 전계강도 측정

1) LTE-R 전계강도 측정
 ① 시험(측정) 목적
  - 터널 중계설비의 전반적인 성능 확인을 위하여 터널내 설치되어 있는 케이블안테나로부터 방사되는 전파의 강도를 측정한다.
 ② 시험(측정) 개소: 열차 탑승, 선로변, 역사 내
 ③ 시험(측정) 장비: 전계강도 측정기, 스펙트럼 아날라이저
 ④ 대상장치: LTE-R 기지국설비 RRU
 ⑤ 시험(측정) 방법
  - 열차 탑승 전계강도 측정
   ✓ 열차 객실 내에서 수신되는 전계강도를 측정, 측정 노선에 대하여 주간/야간 각 1회 실시
  - 선로변에서 전계강도 측정
   ✓ 현장 팀과 DU EMS 제어 팀(관제)으로 구성
   ✓ LTE-R 이중화 셀 커버리지 진단을 위하여, 측정팀은 측정대상 RU 설치장소에서 수신된 전계강도를 측정하고, 제어팀(관제)은 DU NMS(EMS)를 이용하여 측정대상 RU와 인접한 RU들의 출력을 조정
   ✓ 셀 커버리지 이중화를 점검하기 위하여 중간에 있는 RU 전파를 차단한 후 인접RU 전계 강도를 측정
   ✓ 시험 전 EMS를 통하여 망상태 확인하며, 조사 시행후 열차운행 전 상태로 원상 복구

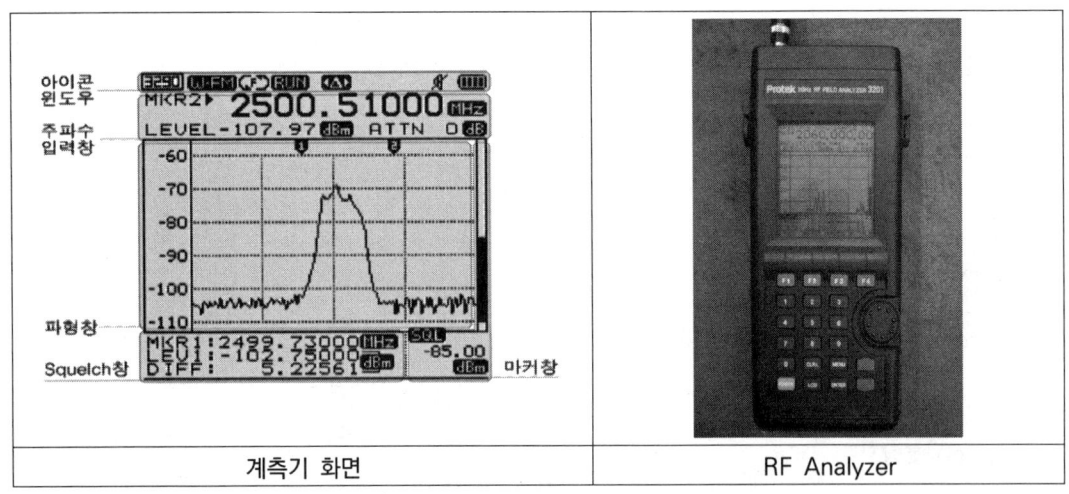

| 계측기 화면 | RF Analyzer |

⑥ 판단기준
- 기준값은 무선통신보조설비 설치기준 및 정보통신설비 유지보수지침 수신감도 -113dBm 값(감도 0.5㎶ 이하)으로 적용한다.

종류	출력	수신 감도
무선송수신기(휴대형PLL, 3W)	3W	0.5μV (20dB 잡음 억압 시)
무선송수신기(휴대형PLL, 4.8W)	4.8W	
무선송수신기(역용)	1종: 15W, 2종: 25W	
무선송수신기(열차무선용)		
무선송수신기(기관차용)	25W	
무선송수신기(복합전기동차용)	1종: 25W, 2종: 35W	
무선송수신기(역용)		
무선송수신기(전기동차용)	35W	
무선송수신기(DTMF 휴대용)	4.8W	

⑦ 열차무선 전계강도 평가기준
- 평가기준은 열차무선설비의 최저수신레벨 -113dBm 값(감도 0.5㎶ 이하)을 고려하여 철도공사 표준화 매뉴얼의 기준을 적용한다.(표준화 매뉴얼 K735-4-B104)

구분	a	b	c	d	e
전계강도 (dBm)	-90 초과 및 하자기간 내 설비	-90 이하~ -100 이상	-100 미만~ -110 이상	-110 미만~ -113 이상	-113 미만
평가점수	5	4	3	2	1

2) 열차무선방호방치 중계장치 전계강도 측정
 ① 시험개소: 선로변
 ② 시험방법:
  - 출력 확인: 출력 범위가 1W~5W이며, 출력 범위가 상한 20%, 하한 50%
  - 출력 측정
   ✓ 중계장치 HPA와 급전선을 해체하여, 그 사이에 Watt Meter를 삽입하여 커넥터를 체결함
   ✓ 시험장비를 이용하여 방사전력을 측정
 ③ 시험장비: 전계강도 측정기, 스펙트럼 아날라이저
 ④ 평가기준

구분	A	B	C	D	E
송신출력	무선국 신고값(B) 또는 하자기간 내 설비	무선국 신고값 ±5% 이내	무선국 신고값 ±5%~±10% 이내	-	무선국 신고값 ±10% 초과
평가점수	5	4	3	2	1

3) 열차무선방호장치 케이블안테나 전계강도 측정
① 시험개소: 터널 내
② 시험방법
  - 선행작업(전계강도 측정기 설정)
    ✓ 주파수를 입력(ex: 1534400.00Hz)
    ✓ SPAN을 설정(ex: 200KHz)
  - 진단수행(전계강도 측정)
    ✓ 터널입구에서부터 터널종단까지 터널 내 케이블 안테나에서 반대편 벽 쪽에서 도보로 이동
    ✓ 수신감도를 전계강도 측정기(RF Analyzer)를 이용하여 측정
③ 시험장비: 전계강도 측정기, 스펙트럼 아날라이저
④ 평가기준

구분	A	B	C	D	E
전계강도 (dBm)	-90(B) 초과 또는 하자 기간 내 설비	-90 이하~ -100 이상	-100 미만~ -110 이상	-110 미만~ -113 이상	-113 미만
평가점수	5	4	3	2	1

4) RFID 전계강도 측정
① 시험(측정) 목적
  - RF교통카드단말기는 광역전철구간 안정적인 수입금 확보를 위한 것으로, RF교통카드단말기 센서의 민감도를 측정
② 시험(측정) 개소: 대합실
③ 시험(측정) 장비: 자기장 거리측정 카드
④ 시험(측정) 방법
  - 자기장 거리측정 카드를 RF교통카드단말기 레이턴트 중앙에 올려놓는다.
  - 측정거리를 조정(0mm, 30mm)하면서 자기장 세기를 측정한다.
  - 측정한 자기장의 세기를 기록하고 유지보수 기준값과 비교한다.
⑤ RFID 전계강도 판단기준
  - 국내·외 표준화된 RFID규격(ISO 14443)에 의거하여 설정된 기준값에 따라 자기장 세기를 측정

RFID 자기장 세기(A/m)		
높이(카드 ↔ 레이턴트)	1.5A/m(MIN)	7.5A/m(MAX)
0mm	≥(이상)	≤(이하)
30mm	≥(이상)	≤(이하)

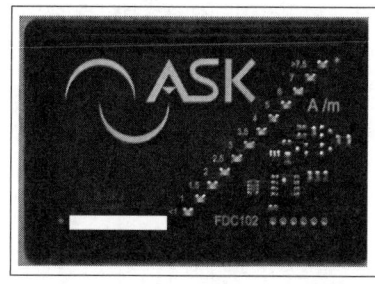 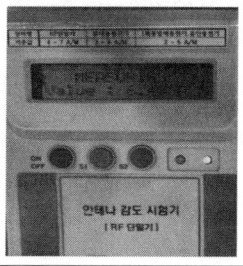 

⑥ RFID 전계강도 평가기준

구분	A	B	C	D	E
자기장 세기 (A/M)	기준값(B) 이상 또는 하자기간 내 설비	4A/m	4A/m 초과~6A/m 이하, 2A/m 이상~4A/m 미만	6A/m 초과~7.5A/m 이하, 1.5A/m 이상~2A/m 미만	7.5A/m 초과, 1.5A/m 미만
평가점수	5	4	3	2	1

다. 전계강도 측정결과 작성예시

1) 설비별 전계강도측정 평가결과 집계내역

소분류	세분류	대상장치	평가등급별 수량(단위:개소)					소 계
			A	B	C	D	E	
열차무선 기지국	RRU		m1	n1	o1	p1	q1	Σ(m1~q1)
열차무선방호장치	중계장치		m2	n2	o2	p2	q2	Σ(m2~q2)
	케이블안테나		m3	n3	o3	p3	q3	Σ(m3~q3)
게이트	자동개집표기		m4	n4	o4	p4	q4	Σ(m4~q4)
합 계			Σmi	Σni	Σoi	Σpi	Σqi	

2) 구간별(역사별) 설비기기별 전계강도측정 평가결과
① LTE-R 전계강도 측정 결과

소분류	세분류	측정구간	측정위치/키로정	측정값[dBm]	점수	등급
열차무선 기지국	RRU	AA역	승강장 #1	AA	1~5	A~E
			승강장 #2	BB	1~5	A~E
		AA역~BB역	aaKaaa	CC	1~5	A~E
			~	~	~	~
			~	~	~	~

② 열차무선방호방치 중계장치 전계강도 측정 결과 [신고값 대비 송신출력 측정값 비율 %]

소분류	세분류	측정구간	측정위치/키로정	송신출력 비율[%]	점수	등급
열차무선 방호장치	중계장치	AA역	통신기계실 #1	AA	1~5	A~E
			통신기계실 #2	BB	1~5	A~E
		AA역~BB역	aaKaaa	CC	1~5	A~E
			~	~	~	~
		~	~	~	~	~

③ 열차무선방호방치 케이블안테나 전계강도 측정 결과

소분류	세분류	측정구간	구분	측정위치/키로정	출력 [dBm]	점수	등급
열차무선 방호장치	케이블 안테나	AA역~BB역 ○○ 터널	#1	aaKaaa	AA	1~5	A~E
			#2	bbKbbb	BB	1~5	A~E
			~	~	~	~	~
		~	~	~	~	~	~

④ RFID 전계강도 측정 결과

소분류	세분류	측정구간	구분	측정내용 [A/m]		점수	등급
				0mm	30mm		
게이트	자동개·집표기	AA역	게이트 #1	XX.xx	AA.aa	1~5	A~E
			게이트 #2	YY.yy	BB.bb	1~5	A~E
		BB역	게이트 #1	ZZ.zz	CC.cc	1~5	A~E
			~	~	~	~	~
		~	~	~	~	~	~

3.2 부식검사 (외관검사)

가. 목적
시설물의 산화에 따른 외형적 파손의 위험을 진단하기 위하여 특성 진단 필요

나. 시험(측정) 장비: 없음, 육안검사
다. 대상장치 및 검사방법

소분류	세분류	시험 장소	검사대상부위	측정(시험) 표준양식
선로변 통합 인터페이스통신설비		선로변	[함체] 외관 및 내부의 부식 상태와 함체내부의 부식 상태를 육안검사	별지 제10-1호
광전송설비	정류기	통신 기기실	제어부 및 각종 단자(직류 분배반 구리 압출바, 입력단자, 출력단자)를 육안으로 부식 발생여부를 조사	별지 제10-2호
	축전지		축전지 외관 상태(배부름, 크랙, 누액, 파손), 단자 및 연결커넥터의 체결 상태를 육안으로 조사	별지 제10-3호
LTE-R 기지국 설비	RRU	선로변	축전지 외관 상태(배부름, 크랙, 누액, 파손), 단자 및 연결커넥터의 체결 상태를 육안으로 조사	별지 제10-4호
재난방송 수신설비	보조 중계장치	선로변 (터널 내)	BAU, 케이블 안테나 접속부 등을 육안으로 [배터리 배부름 및 단자접속부식]의 여부를 조사	별지 제10-6호
여객안내 설비	표시기	승강장	[제어모듈 PCB] 외관 및 내부의 부식상태와 함체내부의 부식 상태를 육안검사	별지 제10-7호
여객관리용 영상설비	UPS	통신 기기실	UPS 축전지 외관 배부름/협착/누액, 단자의 부식을 육안으로 조사	별지 제10-8호
	축전지	역무 통신실	[축전지 외관 상태(배부름, 크랙, 누액, 파손), 단자 및 연결커넥터]의 체결 상태를 육안으로 조사	별지 제10-9호

라. 부식검사 평가기준

구분	진단 내용	평가점수
A	부식이 전혀 없음	5
B	국부적으로 부식이 발생(점부식발생 면적율 5% 미만)	4
C	부식이 다소 발생(점부식발생 면적율 5~15% 미만)	3
D	전반적으로 부식이 발생(점부식발생 면적율 15~30% 미만)	2
E	부식발생이 심화(점부식발생 면적율 30% 이상)	1

마. 부식검사 (외관검사) 측정결과 작성예시

① 설비별 부식검사 평가결과 집계내역

소분류	세분류	대상장치	평가등급별 수량(단위:개소)					계
			A	B	C	D	E	
선로변통합인터페이스 통신설비		연선전화	m1	n1	o1	p1	q1	Σ(m1~q1)
		토크백	m2	n2	o2	p2	q2	Σ(m2~q2)
LTE-R 기지국설비	RRU		m3	n3	o3	p3	q3	Σ(m3~q3)
재난방송 수신설비	보조중계장치	FM/DMB	m4	n4	o4	p4	q4	Σ(m4~q4)
여객안내설비	표시기		m5	n5	o5	p5	q5	Σ(m5~q5)
여객관리용 영상설비	UPS		m6	n6	o6	p6	q6	Σ(m6~q6)
	축전지		m7	n7	o7	p7	q7	Σ(m7~q7)
합 계			Σmi	Σni	Σoi	Σpi	Σqi	

② 구간별(역사별) 설비기기별 부식검사 평가결과

설비(장치)	구간명	설치장소 (키로정)	측 정 내 용	증빙자료 (사진 등)	점수	판정
선로변통신설비	AA역~BB역	aaKaaa	점부식발생 5% 미만		1~5	A~E
		~	~		~	~
	~	~	~		~	~
LTE-R기지국설비 RRU	AA역	통신기기실 #1	외관부식, 연결커넥터		1~5	A~E
		~	~		~	~
~	~	~	~		~	~

제4장 | 평가항목별 진단 및 안전성 평가 분석

정밀진단 매뉴얼 3. 정밀진단수행단계 Ⅲ 진단평가 - 조사결과 종합분석
○ 육안 및 기능 조사 결과분석
○ 장비 측정 결과분석
○ 장비 전체의 진단평가 결과에 대한 소견

4.1 철도시설의 정밀진단 평가항목별 진단
4.1.1 설비해석 및 사고위험 영향분석 예시

가. 광케이블

1) 광케이블의 전기적 물리적 특성
  ○ 광케이블 자체 전송손실, 융착접속에 따른 접속손실, 커넥터 손실, 기타 곡률반경 초과나 순간적인 충격 등으로 생기는 마이크로 밴딩손실 등이 있으며, 케이블의 접속 및 종단함체 내 케이블 연결부의 오염 및 헐거워짐으로 인해 손실 및 누전이 발생될 수 있다.

2) 사고위험 영향분석
  ① 철도 전 구간에는 간선 케이블로 선로 좌측과 우측에 광케이블(Optical Fiber Cable)[18]을 시설하고 있다.
  ② 주 광케이블, 보조 광케이블은: 운용회선의 20% 이상 예비회선으로 설계하고 있고, 본선 내의 상하선 케이블은 트로프관로, 트레이, 지중관로 등 물리적 경로가 다르므로 동시에 광케이블 절손 등 고장이 발생할 확률은 낮다.
  ③ 상하선 광케이블은 각 역 통신실에 인입되어 성단되고 배선됨으로 통신실 OFD에 삼중화 광케이블이 사고 등으로 절손될 확률은 본선 내의 경우 보다 높은 것으로 예측된다.
  ④ 기간망 및 구간망 광케이블은 용도상, 용량상 중요한 역할을 하므로 절손시 열차운행에 막대한 지장이 초래될 것으로 사료된다.

---

18) KR I-02030 통신케이블 설계지침 및 편람

나. 동케이블

1) 동케이블의 전기적 물리적 특성
  ① 동케이블 절연재료의 초기 성능이 사용환경과 조건(전기적, 열적, 환경적, 기계적 요인)에 따라 시간과 더불어 점차 초기의 물성 특성치를 유지하지 못하고 변화하여 극단적으로 파괴되는 현상을 절연열화현상이 발생할 수 있으며 또한 케이블의 접속 및 종단함체 내 케이블 연결부의 오염 및 헐거워짐으로 인해 손실 및 누전이 발생 될 수 있다.
  ② 동케이블은 선로연변에 보조 통신케이블로 경제성, 선로조건 및 타분야 시설계획 등을 고려하여 시설되고 있다.
2) 사고위험 영향분석
  ① 케이블 심선경은 선로 손실치를 계산하여 전송손실 기준을 만족하는 범위 내에서 작은 심선경을 사용하며 교류전철구간이나 교류전철화 계획구간에는 차폐(15%)케이블을 시설한다.
  ② 동케이블 절손 시 연선전화, 역간직통전화, 토크백 등의 서비스 사용이 불가하나 열차무선용 무선단말기 등 타통신방식의 대체수단이 있어 사고영향은 낮은 수준이다.

다. 광전송설비

1) 전기적 물리적 특성
  ① 설비 주요 부품은 반도체소자 및 모듈화되어 있어 가중된 연산처리 및 출력으로 인한 열화, 용량초과 및 전자파 유도등의 영향으로 기능 및 성능 저하 발생할 수 있다.
  ② 반도체소자 및 전자부품 등에서 발생하는 내부 열을 감소시키기 위해 FAN 모듈이 있으며, 모터로 구동되기 때문에 사용년수에 따라 기능 저하가 확연히 나타날 수 있다.
2) 사고위험 영향분석
  ○ DWDM, IP/MPLS 및 Metro Ethernet망 등은 장애에 대비하여 장치주요부는 이중화, 노드이중화, 루트이원화를 구성하여 운용하고 있어 광전송기능의 생존성은 높으나 고장 시 영향은 매우 크다 판단된다.

라. 열차무선(LTE-R)설비

1) 전기적 물리적 특성
  ① 설비 주요 부품은 반도체소자 및 모듈화되어 있어 가중된 연산처리 및 출력으로 인한 열화, 용량초과 및 전자파 유도등의 영향으로 기능 및 성능 저하가 발생할 수 있다.

② 반도체소자 및 전자부품 등에서 발생하는 내부 열을 감소시키기 위해 FAN 모듈이 있으며, 모터로 구동되기 때문에 사용년수에 따라 기능 저하가 확연히 나타날 수 있다. 때문에 사용년수에 따라 기능 저하가 확연히 나타날 것이므로 주기적인 점검이 필요하다.

2) 사고위험 영향분석

① 열차무선(LTE-R)설비의 중앙제어장치는 차상 및 현장 지상설비를 모두 접속하여 중앙제어, 원격감시제어, 운행정보 전송 등에 필요한 중요한 통신을 담당하며 주요부는 이중화되어 일부 고장 시에도 망의 생존성/신뢰성을 유지할것으로 예상되나 시스템다운으로 고장발생 시 열차안전운행에 심각한 영향 있을 것으로 판단된다.

② 일반철도의 기지국 장치는 선로연변에 설치되는 무선설비로서 중앙제어장치 및 원격조정반(단말장치)에 접속하여 무선통화로 제공 및 역·터널통화권 선택을 제공하고 있으며 장애 시 관제사, 열차상호간 및 선로연변의 유지보수요원과 통화 불통상황이 발생할 수 있다.

마. 열차무선방호장치

1) 전기적 물리적 특성

① 설비 주요 부품은 반도체소자 및 모듈화되어 있어 가중된 연산처리 및 출력으로 인한 열화, 용량초과 및 전자파 유도등의 영향으로 기능 및 성능 저하가 발생할 수 있다.

② 반도체소자 및 전자부품 등에서 발생하는 내부 열을 감소시키기 위해 FAN 모듈이 있으며, 모터로 구동되기 때문에 사용년수에 따라 기능 저하가 확연히 나타날 수 있다.

2) 사고위험 영향분석

○ 열차무선방호장치는 철도선로에 인접한 사고 등 위급상황을 신속히 알려 연쇄사고를 예방하는 기능을 하며 전파 음영지역 해소를 위한 열차무선방호 중계장치를 설치한다. 장애 시 위급상황 전파불능으로 열차추돌의 최종방호기능을 상실하게 될 수가 있다.

바. 열차무선설비 재난방송수신설비

1) 전기적 물리적 특성

① 공중파 방송(FM, DMB)와 재난 시 지하구간에서 방송 청취를 위해 구축한 지하 복합 무선설비(주장치 및 보조장치) 등으로 구성되어 있으며 설비 주요 부품은 반도체소자 및 모듈화되어 있어 가중된 연산처리 및 출력으로 인한 열화, 용량초과 및 전자파 유도등의 영향으로 기능 및 성능 저하가 발생할 수 있다.

② 반도체소자 및 전자부품 등에서 발생하는 내부 열을 감소시키기 위해 FAN 모듈이 있으며, 모터로 구동되기 때문에 사용년수에 따라 기능 저하가 확연히 나타날 수 있다.
2) 사고위험 영향분석
○ 재난 시 공중파 방송(FM, DMB)을 지하구간에서 청취할 수 있도록 구축한 시설로 사고발생 시 재난상황전파에 중요한 역할을 하므로 사고현장에서 매우 중요하지만 활용빈도가 낮은 편으로 위험성 정도는 미미할 것으로 사료된다.

사. 전화교환설비 전자교환기
1) 전기적 물리적 특성
① 설비 주요 부품은 반도체소자 및 모듈화되어 있어 가중된 연산처리 및 출력으로 인한 열화, 용량초과 및 전자파 유도 등의 영향으로 기능 및 성능 저하가 발생할 수 있다.
② 반도체소자 및 전자부품 등에서 발생하는 내부 열을 감소시키기 위해 FAN 모듈이 있으며, 모터로 구동되기 때문에 사용년수에 따라 기능 저하가 확연히 나타날 수 있다.
2) 사고위험 영향분석
① 전자교환기
- 교환설비는 각종 정보통신기기와 정합되어 다양한 음성 및 데이터 통신서비스를 제공하며 이중화로 구성되어 장치 일부 고장 시 예비장치로 전환 운영되며
- 전화회선은 역무분야, 전기분야, 시설분야등의 다양한 장소에 설치 운용되어 고장 시 해당 분야의 서비스 제공이 불가능하나 현재 휴대폰, 무전기 등의 대체통신 수단의 구비로 제한적인 위협이 예상된다.
② 관제전화주장치
- 관제전화 조작반과 각 역 또는 관련 부서 내의 지하철 운행을 위한 관제전화설비로 관제전화, 자동전화, 직통전화를 연결하여 일제호출, 그룹호출, 개별호출 통신 기능을 하는 장치로 관제실의 주장치와 현장의 자장치로 구성된다.
- 장애발생시 관제사의 관제통화가 불가능하여 예비절체 기능이 있을지라도 사고 시 위험영향은 클 것으로 사료된다.

아. 역무통신설비 여객안내설비
1) 전기적 물리적 특성
① 설비 주요 부품은 반도체소자 및 모듈화되어 있어 가중된 연산처리 및 출력으로 인한 열화, 용량초과 및 전자파 유도등의 영향으로 기능 및 성능 저하가 발생할 수 있다.

② 반도체소자 및 전자부품 등에서 발생하는 내부 열을 감소시키기 위해 FAN 모듈이 있으며, 모터로 구동되기 때문에 사용년수에 따라 기능 저하가 확연히 나타날 수 있다.

2) 사고위험 영향분석
① 여객안내설비는 호스트 장치(HSE), 국부역 장치(LSE), 표시기장치(TDI)로 구성되며 HSE 고장 시 전 역사에 행선안내정보 표출이 불가하며 고장발생 시 승객에게 불편한 이용이 예상되며 운행에 직접적인 지장이 없으나 안전사고위험이 발생한다.
② 자동안내방송설비(자동안내방송주장치, 관제원격방송주장치) 승강장 및 대합실에 있는 여객에게 열차운행 등에 관한 안내방송을 제공하며 상·하행 승강장에서는 열차운행정보에 의하여 열차의 진입, 행선 안내, 도착 안내, 열차 진입주의에 대한 정보가 자동으로 방송된다. 열차운행사고 및 비상시 관제실에서 관제전화설비를 이용하여 역사 내 개별방송 및 일제방송을 하지 못하게 되어 사고로 고장 시 영향이 클 것으로 예상된다.

자. 영상설비 여객관리 및 시설감시용영상감시설비
1) 전기적 물리적 특성
① 설비 주요 부품은 반도체소자 및 모듈화되어 있어 가중된 연산처리 및 출력으로 인한 열화, 용량초과 및 전자파 유도등의 영향으로 기능 및 성능 저하가 발생할 수 있다.
② 반도체소자 및 전자부품 등에서 발생하는 내부 열을 감소시키기 위해 FAN 모듈이 있으며, 모터로 구동되기 때문에 사용년수에 따라 기능 저하가 확연히 나타날 수 있다.

2) 사고위험 영향분석
① 영상감시설비는 역사 승강장, 맞이방, 광장, 노선이 분기되는 개소, 변전소(구분소), 무인기능실 및 낙석우려개소, 건넘선 개소, 전차선로 절연구간, 주요 터널·교량, 시·종착역 반복선, 자전거보관소(단, 설치주체가 공단인 경우), 차량기지 및 감시가 필요한 취약개소 등에 설치하여 현장상황을 모니터링한다.
② 여객관리를 위한 역구내감시, 안전확보가 필요한 철도시설에 설치되어 설비고장 감시등을 수행하며 인적사고 예방 및 원인분석시 필요한 영상정보이므로 고장 시 위험성 정도는 보통으로 평가된다.

차. 역무자동화설비
1) 전기적 물리적 특성
① 설비 주요 부품은 반도체소자 및 모듈화되어 있어 가중된 연산처리 및 출력으로 인한 열화, 용량초과 및 전자파 유도등의 영향으로 기능 및 성능 저하가 발생할 수 있다.

② 반도체소자 및 전자부품 등에서 발생하는 내부 열을 감소시키기 위해 FAN 모듈이 있으며, 모터로 구동되기 때문에 사용년수에 따라 기능 저하가 확연히 나타날 수 있다.

2) 사고위험 영향분석

① 역무자동화설비 주장치, 전산장치는 승객이 철도를 이용하는 데 필요한 승차권의 발매, 개표, 집표 및 발매수입을 자동처리하기 위한 시스템으로 고장영향 정도는 크며, 고장 발생 시 승객의 열차 승·하차 등에 혼란이 발생하여 영향이 클 것으로 사료된다.

② 발매기 및 자동개집표기 등 일부 단말기는 한 지점에 복수개 설치되고 장치가 이중화되어 있어 고장으로 위험영향 정도는 크지 않을 것으로 사료된다.

4.1.2 정밀진단 설비의 낮은 등급평가 주요 원인 분석 예시

대상설비		구간 (키로정)	등급	결함주요내용
소분류	세분류			
광케이블	광케이블	AA역~BB역	D	aaKaaa지점 노후화로 접속부손실 0.5dB, 구간손실 2.8dB 추가 발생. 기준값 대비 124% 손실발생
		~	~	
LTE-R 기지국설비	RRU	aaKaaa	D	이중화셀커버리지 시험 전계강도 -105dBm
		~	~	
전화 교환기	전자 교환기	AA역 #1	C	모듈 1개 절체불량,
			C	중앙제어설비 CPU사용율 75%, 메모리사용율 70%,
			E	열상측정 평균대비 43°C 높음
		~	~	~
여객 안내설비	표시기	BB역 #2	E	열상측정 평균대비 43°C
			D	전계강도 0~30mm 거리당 6.5A/m, 1.7A/m
		~	~	
~	~	~	~	~

4.1.3 설비별 현장 측정 및 시험 결과 분석 집계표

소분류	세분류		정밀진단 항목	평가등급별 수량(단위: 개소)					소 계
				A	B	C	D	E	
광케이블	광케이블	간선용	손실측정	m1	n1	o1	p1	q1	Σ(m1~q1)
		구간용	손실측정	m2	n2	o2	p2	q2	Σ(m2~q2)
		역간용	손실측정	m3	n3	o3	p3	q3	Σ(m3~q3)
		소 계		Σmi	Σni	Σoi	Σpi	Σqi	

동케이블	동케이블	역간용	절연저항	m1	n1	o1	p1	q1	Σ(n1~q1)
		연선전화용	절연저항	m2	n2	o2	p2	q2	Σ(n2~q2)
		토크백	절연저항	m3	n3	o3	p3	q3	Σ(n3~q3)
	소 계			Σmi	Σni	Σoi	Σpi	Σqi	
선로변 인터페이스 통신설비			부식검사	m1	n1	o1	p1	q1	Σ(m1~q1)
광전송설비	광전송설비	DWDM	NMS/EMS	m1	n1	o1	p1	q1	Σ(m1~q1)
			열상측정	m2	n2	o2	p2	q2	Σ(m2~q2)
			소 계	Σmi	Σni	Σoi	Σpi	Σqi	
		STM 4/16/64	NMS/EMS	m1	n1	o1	p1	q1	Σ(m1~q1)
			BER측정	m2	n2	o2	p2	q2	Σ(m2~q2)
			열상측정	m3	n3	o3	p3	q3	Σ(m3~q3)
			소 계	Σmi	Σni	Σoi	Σpi	Σqi	
		정류기	저항·전압	m1	n1	o1	p1	q1	Σ(m1~q1)
			열상측정	m2	n2	o2	p2	q2	Σ(m2~q2)
			부식검사	m3	n3	o3	p3	q3	Σ(m3~q3)
			소 계	Σmi	Σni	Σoi	Σpi	Σqi	
		축전지	저항·전압	m1	n1	o1	p1	q1	Σ(m1~q1)
			부식검사	m2	n2	o2	p2	q2	Σ(m2~q2)
			소 계	Σmi	Σni	Σoi	Σpi	Σqi	
LTE-R 중앙제어 설비	중앙제어장치		NMS/EMS	m1	n1	o1	p1	q1	Σ(n1~q1)
			열상측정	m2	n2	o2	p2	q2	Σ(n2~q2)
			소 계	Σmi	Σni	Σoi	Σpi	Σqi	
	관제조작반		NMS/EMS	m3	n3	o3	p3	q3	Σ(n3~q3)
LTE-R 기지국 장치	DU		모듈검사	m1	n1	o1	p1	q1	Σ(m1~q1)
			NMS/EMS	m2	n2	o2	p2	q2	Σ(m2~q2)
			열상측정	m3	n3	o3	p3	q3	Σ(m3~q3)
			소 계	Σmi	Σni	Σoi	Σpi	Σqi	
	RRU		전계강도	m1	n1	o1	p1	q1	Σ(m1~q1)
			부식검사	m2	n2	o2	p2	q2	Σ(m2~q2)
			소 계	Σmi	Σni	Σoi	Σpi	Σqi	
열차무선 방호장치	중앙장치		NMS/EMS	m1	n1	o1	p1	q1	Σ(m1~q1)
			열상측정	m2	n2	o2	p2	q2	Σ(m2~q2)
			소 계	Σmi	Σni	Σoi	Σpi	Σqi	
	자동점검시스템		모듈검사	m1	n1	o1	p1	q1	Σ(m1~q1)
			열상측정	m2	n2	o2	p2	q2	Σ(m2~q2)
			소 계	Σmi	Σni	Σoi	Σpi	Σqi	

			열상측정	m1	n1	o1	p1	q1	Σ(m1~q1)
		중계장치	전계강도	m2	n2	o2	p2	q2	Σ(m2~q2)
			소 계	Σmi	Σni	Σoi	Σpi	Σqi	
		케이블안테나	전계강도	m1	n1	o1	p1	q1	Σ(m1~q1)
재난방송 수신설비 (FM/DMB)		주중계장치	모듈검사	m1	n1	o1	p1	q1	Σ(m1~q1)
			NMS/EMS	m2	n2	o2	p2	q2	Σ(m2~q2)
			열상측정	m3	n3	o3	p3	q3	Σ(m3~q3)
			소 계	Σmi	Σni	Σoi	Σpi	Σqi	
		보조중계장치	열상측정	m1	n1	o1	p1	q1	Σ(m1~q1)
			부식검사	m2	n2	o2	p2	q2	Σ(m2~q2)
			소 계	Σmi	Σni	Σoi	Σpi	Σqi	
전화교환기		전자교환기	모듈검사	m1	n1	o1	p1	q1	Σ(m1~q1)
			NMS/EMS	m2	n2	o2	p2	q2	Σ(m2~q2)
			BER측정	m3	n3	o3	p3	q3	Σ(m3~q3)
			열상측정	m4	n4	o4	p4	q4	Σ(m4~q4)
			소 계	Σmi	Σni	Σoi	Σpi	Σqi	
		관제전화주장치	모듈검사	m1	n1	o1	p1	q1	Σ(m1~q1)
			NMS/EMS	m2	n2	o2	p2	q2	Σ(m2~q2)
			열상측정	m3	n3	o3	p3	q3	Σ(m3~q3)
			소 계	Σmi	Σni	Σoi	Σpi	Σqi	
여객 안내설비		중앙제어설비	모듈검사	m1	n1	o1	p1	q1	Σ(m1~q1)
			NMS/EMS	m2	n2	o2	p2	q2	Σ(m2~q2)
			열상측정	m3	n3	o3	p3	q3	Σ(m3~q3)
			소 계	Σmi	Σni	Σoi	Σpi	Σqi	
		역서버	열상측정	m1	n1	o1	p1	q1	Σ(m1~q1)
		표시기	열상측정	m1	n1	o1	p1	q1	Σ(m1~q1)
			부식검사	m2	n2	o2	p2	q2	Σ(m2~q2)
			소 계	Σmi	Σni	Σoi	Σpi	Σqi	
방송설비		자동안내방송 주장치	저항·전압	m1	n1	o1	p1	q1	Σ(m1~q1)
			열상측정	m2	n2	o2	p2	q2	Σ(m2~q2)
			소 계	Σmi	Σni	Σoi	Σpi	Σqi	
		관제원격방송 주장치	NMS/EMS	m1	n1	o1	p1	q1	Σ(m1~q1)
			열상측정	m2	n2	o2	p2	q2	Σ(m2~q2)
			소 계	Σmi	Σni	Σoi	Σpi	Σqi	

분류		항목	m	n	o	p	q	계
여객관리용 영상설비	영상저장장치	열상측정	m1	n1	o1	p1	q1	Σ(m1~q1)
	영상운영장치	NMS/EMS	m1	n1	o1	p1	q1	Σ(m1~q1)
	카메라	영상확인	m1	n1	o1	p1	q1	Σ(m1~q1)
	UPS	절연저항	m1	n1	o1	p1	q1	Σ(m1~q1)
		저항·전압	m2	n2	o2	p2	q2	Σ(m2~q2)
		부식검사	m3	n3	o3	p3	q3	Σ(m3~q3)
		소 계	Σmi	Σni	Σoi	Σpi	Σqi	
	축전지	저항·전압	m1	n1	o1	p1	q1	Σ(m1~q1)
		부식검사	m2	n2	o2	p2	q2	Σ(m2~q2)
		소 계	Σmi	Σni	Σoi	Σpi	Σqi	
시설관리용 영상설비	영상저장장치	열상측정	m1	n1	o1	p1	q1	Σ(m1~q1)
	영상운영장치	NMS/EMS	m1	n1	o1	p1	q1	Σ(m1~q1)
	카메라	영상확인	m1	n1	o1	p1	q1	Σ(m1~q1)
전산장치	중앙전산기	모듈검사	m1	n1	o1	p1	q1	Σ(m1~q1)
		NMS/EMS	m2	n2	o2	p2	q2	Σ(m2~q2)
		열상측정	m3	n3	o3	p3	q3	Σ(m3~q3)
		소 계	Σmi	Σni	Σoi	Σpi	Σqi	
	역단위전산기	NMS/EMS	m1	n1	o1	p1	q1	Σ(m1~q1)
		열상측정	m2	n2	o2	p2	q2	Σ(m2~q2)
		소 계	Σmi	Σni	Σoi	Σpi	Σqi	
발매기	1회용발매/교통카드충전기	열상측정	n1	m1	o1	p1	q1	Σ(n1~q1)
	교통카드무인/정산충전기	열상측정	m1	n1	o1	p1	q1	Σ(m1~q1)
	보증금환급기	열상측정	m1	n1	o1	p1	q1	Σ(m1~q1)
게이트	자동개·집표기	열상측정	m1	n1	o1	p1	q1	Σ(m1~q1)
		전계강도	m2	n2	o2	p2	q2	Σ(m2~q2)
		소 계	Σmi	Σni	Σoi	Σpi	Σqi	

4.2 안전성 평가 및 분석 기초

"안전성"[19]이란 철도시설의 요구조건하에서 인명의 사상, 철도시설의 손상과 손실을 방지하는 성능을 말하며 개별 철도시설에 대한 정밀진단은 안전성에 대해 **평가결과를 기록**[20]하고, 평가등급을 부여한다.

성능평가 등급부여 기준[21]

성능평가지수(E)	성능평가등급	성능 수준 및 유지관리 필요성
4.5 ≤ E ≤ 5.0	A(우수)	결함·손상이 없고 내구성능 저하 가능성 낮음
3.5 ≤ E < 4.5	B(양호)	경미한 결함이 있는 상태로 진행여부를 지속 관찰
2.5 ≤ E < 3.5	C(보통)	안전에는 지장이 없으나, 간단한 보수·보강 필요
1.5 ≤ E < 2.5	D(미흡)	성능이 기준이 미치지 못해 긴급한 보수·보강 필요
1.0 ≤ E < 1.5	E(불량)	심각한 결함이 있어 즉각 사용 중단하고 보강·개축 필요

4.2.1 안전성 평가를 위한 기초자료 분석

가. 설비별 안전성능 측정항목

대상설비		세분류	안전성능			
			정밀진단		속성진단	
			열화·절연	외관	운행횟수	고장장애횟수
선로설비		광케이블	◎		◎	
		동케이블	◎		◎	
		선로변 인터페이스 통신설비		◎	◎	◎
전송설비	광전송설비	DWDM	◎		◎	◎
		STM 4/16/64	◎		◎	◎
		정류기	◎	◎	◎	◎
		축전지	◎	◎		
열차무선	LTE-R 중앙제어설비	중앙제어장치	◎		◎	◎
		관제조작반	◎		◎	◎
	LTE-R 기지국설비	DU	◎		◎	◎
		RU	◎	◎	◎	◎
	열차무선방호장치	중앙장치	◎		◎	◎
		자동점검시스템	◎		◎	◎
		중계 장치	◎		◎	◎
		케이블안테나	◎		◎	
	재난방송수신설비	주중계장치	◎		◎	◎
		보조중계장치	◎	◎	◎	◎

---

[19] 철도시설의 정기점검등에 관한지침 용어정의
[20] [별표 5] 정밀진단 방법 및 종합 성능평가 방법 - (1)
[21] 철도시설의 정기점검등에 관한지침 [별표 5] 정밀진단 방법 및 종합 성능평가 방법

전화교환설비	전화교환기	전자교환기	◎		◎	◎
		관제전화주장치	◎		◎	◎
역무통신설비	여객안내설비	중앙제어설비	◎		◎	◎
		역서버	◎		◎	◎
		표시기	◎	◎	◎	◎
	방송설비	자동안내방송 주장치	◎		◎	◎
		관제원격방송 주장치	◎		◎	◎
영상설비	여객관리용 영상설비	영상저장장치	◎		◎	◎
		영상운영장치	◎		◎	◎
		카메라	◎		◎	◎
		UPS	◎	◎	◎	◎
		축전지	◎	◎	◎	◎
	시설감시용 영상설비	영상저장장치	◎		◎	◎
		영상운영장치	◎		◎	◎
		카메라	◎		◎	◎
역무자동화설비	전산장치	중앙전산기	◎		◎	◎
		역단위전산기	◎		◎	◎
	발매기	1회용 교통카드충전기	◎		◎	◎
		무인충전기	◎		◎	◎
		보증금환급기	◎		◎	◎
	게이트	자동개·집표기	◎		◎	◎

나. 안전성능 평가 적용기준

① 속성진단항목 평가기준

가중치(%)	평가점수	운행횟수 평가기준	고장장애횟수 평가기준
a	5	일편도 50회 미만	발생 없음
b	4	일편도 50회~150회 미만	직전년도 1회
c	3	일편도 150회~300회 미만	직전년도 2회
d	2	일편도 300회~500회 미만	직전년도 3회
e	1	일편도 500회 이상	직전년도 4회 이상

✓ 운행횟수 평가: 열차의 일편도 정거장 통과횟수를 기준으로 평가한다.
✓ 고장장애횟수 평가: 전기적, 물리적 특성변화로 발생한 고장횟수를 말하며 직전년도 고장장애횟수를 확인하여 평가한다. (TNMS, ERP등의 고장장애 정보 활용)

② 안전성능 평가기준: 평가 항목은 주요소와 보조요소의 진단항목으로 가중치를 적용하여 평가

평가항목	주요소	보조요소
안전성	열화·절연, 마모	외관, 운행횟수, 고장장애횟수

③ 측정항목별 안전성 가중치 기준

구 분	열화절연	마모강도	외관	내용연수/사용횟수	설치환경	운행횟수	고장장애횟수	제품단종	설비용량
안전성	100	70	30	-	-	30	20	-	-

다. 설비별 가중치 기준

① 세분류 설비 진단항목별 가중치기준

중분류	소분류	세분류	열화·절연[22]	마모·강도	외관	운행횟수	고장장애 횟수
선로설비	광케이블	광케이블	40	-	-	10	-
	동케이블	동케이블	40	-	-	10	-
		선로변 통합 인터페이스 통신	-	-	30	10	10
전송설비	광전송설비	DWDM	40	-	-	10	10
		STM 4/16/64	40	-	-	10	10
		정류기	30	-	10	10	10
		축전지	40	-	10	10	-
무선설비	LTE-R 중앙제어설비	주제어설비	40	-	-	10	10
		관제조작반	40	-	-	10	10
	LTE-R 기지국장치	DU	40	-	-	10	10
		RRU	20	-	10	10	10
	열차무선방호장치	중앙장치	40	-	-	10	10
		자동점검시스템	40	-	-	10	10
		중계 장치	30	-	-	10	10
		케이블안테나	30	-	-	10	-
	재난방송수신설비	주중계장치	40	-	-	10	10
		보조중계장치	20	-	10	10	10
전화교환설비	전화교환기	전자교환기	40	-	-	10	10
		관제전화주장치	40	-	-	10	10
역무통신설비	여객안내설비	중앙제어설비	40	-	-	10	10
		역서버	30	-	-	10	10
		표시기	20	-	10	10	10
	방송설비	자동안내방송주장치	40	-	-	10	10
		관제원격방송주장치	40	-	-	10	10

영상 설비	여객관리용 영상설비	영상저장장치	20	-	-	10	10
		영상운영장치	30	-	-	10	10
		카메라	20	-	-	10	10
		UPS	30	-	10	10	10
		축전지	40	-	10	10	-
	시설감시용 영상설비	영상저장장치	20	-	-	10	10
		영상운영장치	30	-	-	10	10
		카메라	20	-	-	10	10
역무 자동화 설비	전산장치	중앙전산기	40	-	-	10	10
		역단위전산기	40	-	-	10	10
	발매기	1회용발매/교통카드충전기	20	-	-	10	10
		교통카드무인/정산충전기	20	-	-	10	10
		보증금환급기	20	-	-	10	10
	게이트	자동 개·집표기	30	-	-	10	10

② 세분류 설비별 가중치

노선	중분류	소분류	세분류	가중치 관리지표	합계
A노선 A구간 A호선	선로설비	광케이블	광케이블	100	100
		동케이블	동케이블	100	100
		선로변 통합 인터페이스 통신		100	100
	전송설비	광전송 설비	DWDM	25	100
			STM 4/16/64	40	
			정류기	25	
			축전지	10	
	열차 무선설비	LTE-R 중앙 제어설비	주제어설비	90	100
			관제조작반	10	
		LTE-R 기지국장치	DU	50	100
			RRU	50	
		열차무선 방호장치	중앙장치	20	100
			자동점검시스템	20	
			중계 장치	30	
			케이블안테나	30	
		재난방송 수신설비	주중계장치	50	100
			보조중계장치	50	
	전화교환 설비	전화 교환기	전자교환기	60	100
			관제전화주장치	40	
	역무통신 설비	여객 안내설비	중앙제어설비	50	100
			역서버	30	
			표시기	20	
		방송설비	자동안내방송주장치	50	100
			관제원격방송주장치	50	

22) 전기설비성능평가에관한 세부기준 1.3.2-바 ○ 다수의 성능평가 진단항목에 대한 평가점수 적용

	영상설비	여객 관리용 영상설비	영상저장장치	25	100
			영상운영장치	20	
			카메라	25	
			UPS	20	
			축전지	10	
		시설 감시용 영상설비	영상저장장치	40	100
			영상운영장치	30	
			카메라	30	
	역무자동화 설비	전산장치	중앙전산기	60	100
			역단위전산기	40	
		발매기	1회용발매/교통카드충전기	40	100
			교통카드무인/정산충전기	30	
			보증금환급기	30	
		게이트	자동 개·집표기	100	100

③ 소분류 설비별 가중치

중분류	소분류	가중치	합계
선로설비	동케이블	0.19	1.00
	광케이블	0.61	
	선로변 통합인터페이스 통신설비	0.20	
전송설비	광전송설비	1.00	1.00
열차무선설비	LTE-R 중앙 제어설비	0.35	1.00
	LTE-R 기지국 장치	0.35	
	열차무선 방호장치	0.15	
	재난방송 수신설비	0.15	
전화교환설비	전화교환기	1.00	1.00
역무용통신설비	여객안내설비	0.46	1.00
	자동안내방송설비	0.54	
영상설비	여객관리용 영상설비	0.62	1.00
	시설감시용 영상설비	0.38	
역무자동화설비	전산장치	0.65	1.00
	발매기	0.17	
	게이트	0.18	

④ 중분류 설비별 가중치

노선	중분류	가중치 관리지표	합계
A노선 A구간 A호선	선로설비	0.23	1.00
	전송설비	0.31	
	열차무선설비	0.20	
	전화교환설비	0.07	
	역무통신설비	0.06	
	영상감시설비	0.06	
	역무자동화설비	0.07	

4.3 설비별 안전성 평가 분석
4.3.1 세분류 설비별 안전성 평가분석

세분류단위 설비별 (단위기기 및 단위구간) 안전성평가대상 현장진단항목(열화절연, 마모강도, 외관)과 속성항목(내용연수, 운행횟수)의 값을 표에 반영하여 작성한다.

> 철도시설의 정기점검등에 관한지침 [별표 5] 정밀진단 방법 및 종합 성능평가 방법
> (4) 성능평가시 활용되는 중요도는 철도시설물의 서비스 제공에 영향을 미치는 정도를 말하며, 객관성을 확보하고 있는 전문가 10인 이상이 참여하는 계층화 분석법(Analytic Hierarchy Process, AHP)을 사용하여 결정한다. 개별시설 내에서 활용하는 중요도는 시설관리자 중에서 선정한 전문가들을 활용하여 AHP 분석방법으로 결정한다. 다만, AHP 분석이 적절치 않을 경우 전문가의 협의와 시설관리자의 참여하에 가중치를 결정할 수 있다.

가. 세분류 설비별 안전성 평가점수 집계표

대상설비		평가지수	등급	대상설비		평가지수	등급
광케이블		1~5	A~E	전화교환기	전자교환기	1~5	A~E
동케이블		1~5	A~E		관제전화주장치	1~5	A~E
선로변통합인터페이스통신설비		1~5	A~E	여객 안내설비	중앙제어설비	1~5	A~E
광전송 설비	DWDM	1~5	A~E		역서버	1~5	A~E
	STM 4/16/64	1~5	A~E		표시기	1~5	A~E
	정류기	1~5	A~E	방송설비	자동안내방송주장치	1~5	A~E
	축전지	1~5	A~E		관제원격방송주장치	1~5	A~E
LTE-R 기지국설비	DU	1~5	A~E	시설감시용 영상설비	영상저장장치	1~5	A~E
	~	~	~		영상운영장치	1~5	A~E
~	~	~	~	~	~	~	~

나. 세분류 설비별 안전성 평가 결과 예시
1) 선로설비 안전성 평가
① 광케이블 및 동케이블

구 간 별			평가점수	열화/절연	운행횟수
광케이블	#A 케이블 #3Core	AA역~BB역	X	1~5	1~5
	#A 케이블 #12Core	BB역~CC역	Y	1~5	1~5
	평 균		Avg(X+Y)	Avg( )	Avg( )
동케이블	#A 케이블 #3심선	AA역~BB역	X	1~5	1~5

② 선로변통합인터페이스통신설비 안전성 평가

설비		위치(키로정)	평가점수	외관	운행횟수	고장장애횟수
선로변통합 인터페이스 통신설비	연선전화 #2	AA노선 BB역	X	1~5	1~5	1~5
	연선전화 #3	AA노선 BB역	Y	1~5	1~5	1~5
	평 균		Avg(X+Y)	Avg( )	Avg( )	Avg( )

2) 광전송 설비 안전성 평가

① DWDM 및 STM 설비

설비명	설치장소	구 분	평가점수	열화/절연	운행횟수	고장장애 횟수
DWDM	AA역	#1 남부링	X	1~5	1~5	1~5
	BB역	#1 남부링	Y	1~5	1~5	1~5
	평 균		Avg(X+Y)	Avg( )	Avg( )	Avg( )
STM 16	AA역	AA노선 BB역	Z	1~5	1~5	1~5

② 정류기 설비

장비명	설치장소	평가점수	열화/절연	외관	운행횟수	고장장애 횟수
정류기	AA역	Y	1~5	1~5	1~5	1~5

③ 축전지 설비

장비명	설치장소	평가점수	열화절연	외관	운행횟수
축전지	AA역	Y	1~5	1~5	1~5

3) 열차무선설비 안전성 평가

① LTE-R 중앙제어장치 및 관제조작반

설비명	설치장소		평가점수	열화/절연	운행횟수	고장장애횟수
LTE-R 중앙제어설비	EPC #1	AA 관제센터	X	1~5	1~5	1~5
	EPC #2	AA 관제센터	Y	1~5	1~5	1~5
	평 균		Avg(X+Y)	Avg( )	Avg( )	Avg( )
관제조작반	AA 관제센터		Z	1~5	1~5	1~5

② LTE-R 기지국 설비 DU

설비명	설치장소(키로정)	평가점수	열화/절연	운행횟수	고장장애횟수
DU #1	AA노선 BB역	Y	1~5	1~5	1~5

③ LTE-R 기지국 설비 RRU

설비명	설치장소(키로정)	평가점수	열화/절연	외관(부식)	운행횟수	고장장애횟수
RRU #1	AA노선 BB역	Y	1~5	1~5	1~5	1~5

④ 열차무선방호장치 중앙장치 / 자동점검시스템 / 중계장치

설비명	설치장소(키로정)	평가점수	열화/절연	운행횟수	고장장애횟수
열차무선방호장치 중앙장치 #1	AA노선 BB역	X	1~5	1~5	1~5
열차무선방호장치 자동점검시스템 #1	AA노선 BB역	Y	1~5	1~5	1~5

⑤ 열차무선방호장치 케이블안테나

설비명	설치장소	키로정(위치)	평가점수	열화/절연	운행횟수
케이블안테나	AA노선 BB터널	-	Y	1~5	1~5

⑥ 재난방송수신설비 주중계장치

대상장치	설치장소	구분	평가점수	열화/절연	운행횟수	고장장애횟수
주중계장치	AA노선 BB역		Y	1~5	1~5	1~5

⑦ 재난방송수신설비 보조중계장치

설비명	설치장소(키로정)	구분	평가점수	열화/절연	부식검사	운행횟수	고장장애횟수
보조중계장치	AA노선 BB역		X	1~5	1~5	1~5	1~5
	AA노선 CC역		Y	1~5	1~5	1~5	1~5
	평 균		Avg(X+Y)	Avg( )	Avg( )	Avg( )	Avg( )

4) 전화교환설비 안전성 평가

① 전자교환기

대상장치	설치장소	구분	평가점수	열화/절연	운행횟수	고장장애횟수
전자교환기	AA노선 BB역		Y	1~5	1~5	1~5

② 관제전화주장치

대상장치	설치장소	평가점수	열화/절연	운행횟수	고장장애횟수
관제전화주장치	AA노선 #1관제센터	Y	1~5	1~5	1~5

5) 역무용 통신설비 안전성 평가

① 여객안내설비 중앙제어설비, 역서버

설비명	설치장소	평가점수	열화/절연	운행횟수	고장장애횟수
중앙제어설비	AA노선 관제센터 #1	X	1~5	1~5	1~5
	AA노선 관제센터 #2	Y	1~5	1~5	1~5
	평 균	Avg(X+Y)	Avg( )	Avg( )	Avg( )
역서버	AA노선 BB역	X	1~5	1~5	1~5
	AA노선 CC역	Y	1~5	1~5	1~5
	AA노선 DD역	Z	1~5	1~5	1~5
	평 균	Avg(X+Y+Z)	Avg( )	Avg( )	Avg( )

② 여객안내설비 표시기

설비명	설치장소	구분	평가점수	열화/절연	부식검사	운행횟수	고장장애횟수
표시기	AA노선 BB역 대합실	#1	X	1~5	1~5	1~5	1~5
	AA노선 BB역 대합실	#2	Y	1~5	1~5	1~5	1~5
	평 균		Avg(X+Y)	Avg( )	Avg( )	Avg( )	Avg( )

③ 방송설비 자동안내방송 주장치, 관제원격방송 주장치

설비명	설치장소	평가점수	열화/절연	운행횟수	고장장애횟수
관제원격방송 주장치	AA노선 BB역 #1	X	1~5	1~5	1~5
	AA노선 BB역 #2	Y	1~5	1~5	1~5
	평 균	Avg(X+Y)	Avg( )	Avg( )	Avg( )
자동안내방송 주장치	AA노선 BB역	X	1~5	1~5	1~5

6) 영상설비 안전성 평가

① 여객관리용 영상설비 영상저장장치, 시설감시용 영상설비 영상저장장치

설비명	설치장소	구분	평가점수	열화/절연	운행횟수	고장장애횟수
영상저장장치	AA역	#1	X	1~5	1~5	1~5
	AA역	#2	Y	1~5	1~5	1~5
	평 균		Avg(X+Y)	Avg( )	Avg( )	Avg( )

② 여객관리용 영상설비 영상운영장치, 시설감시용 영상설비 영상운영장치

설비명	설치장소	구분	평가점수	열화/절연	운행횟수	고장장애횟수
영상운영장치	AA관제센터	#1	X	1~5	1~5	1~5
	AA관제센터	#2	Y	1~5	1~5	1~5
	평 균		Avg(X+Y)	Avg( )	Avg( )	Avg( )

③ 여객관리용 영상설비 카메라, 시설감시용 영상설비 카메라

설비명	설치장소	구분	평가점수	열화/절연	운행횟수	고장장애횟수
카메라	AA노선 BB역	#1	X	1~5	1~5	1~5
	AA노선 BB역	#2	Y	1~5	1~5	1~5
	AA노선 BB역	#5	Z	1~5	1~5	1~5
	평 균		Avg(X+Y+Z)	Avg( )	Avg( )	Avg( )

④ 여객관리용 영상설비 UPS

설비명	설치장소	평가점수	열화/절연	부식검사	운행횟수	고장장애횟수
UPS	AA노선 BB역	X	1~5	1~5	1~5	1~5
	AA노선 BB역	Y	1~5	1~5	1~5	1~5
	평 균	Avg(X+Y)	Avg( )	Avg( )	Avg( )	Avg( )

⑤ 여객관리용 영상설비 축전지

설비명	설치장소	구분	평가점수	열화/절연	부식검사	운행횟수
축전지	AA노선 BB역	#1	X	1~5	1~5	1~5
	AA노선 BB역	#2	Y	1~5	1~5	1~5
	평 균		Avg(X+Y)	Avg( )	Avg( )	Avg( )

7) 역무자동화설비 안전성 평가

① 전산장치 중앙전산기, 역단위전산기

설비명	설치장소	구분	평가점수	열화/절연	운행횟수	고장장애횟수
중앙전산기	AA노선 BB역		X	1~5	1~5	1~5
역단위전산기	AA노선 BB역		Y	1~5	1~5	1~5

② 발매기 1회용발매/교통카드충전기, 교통카드무인/정산충전기, 보증금환급기

설비명	설치장소	평가점수	열화/절연	운행횟수	고장장애횟수
1회용 교통카드 발매/충전기	AA노선 BB역 #1	X	1~5	1~5	1~5
	AA노선 BB역 #3	Y	1~5	1~5	1~5
	평 균	Avg(X+Y)	Avg( )	Avg( )	Avg( )
교통카드정산/ 충전기	AA노선 BB역 #1	X	1~5	1~5	1~5
	AA노선 BB역 #3	Y	1~5	1~5	1~5
	평 균	Avg(X+Y)	Avg( )	Avg( )	Avg( )
보증금환급기	AA노선 BB역 #1	X	1~5	1~5	1~5
	AA노선 BB역 #3	Y	1~5	1~5	1~5
	평 균	Avg(X+Y)	Avg( )	Avg( )	Avg( )

③ 게이트 자동개·집표기

설비명	설치장소	평가점수	열화/절연	운행횟수	고장장애횟수
자동개·집표기	AA노선 BB역 #1	X	1~5	1~5	1~5
	AA노선 BB역 #3	Y	1~5	1~5	1~5
	평 균	Avg(X+Y)	Avg( )	Avg( )	Avg( )

4.3.2 소분류별 설비 안전성 평가 및 분석
가. 세분류 설비별 가중치

노선	중분류	소분류	세분류	세분류 가중치	합계
A노선 A구간 A호선	선로설비	광케이블	광케이블	100	100
		동케이블	동케이블	100	100
		선로변 통합 인터페이스 통신		100	100
	전송설비	광전송 설비	DWDM	25	100
			STM 4/16/64	40	
			정류기	25	
			축전지	10	
	열차 무선설비	LTE-R 중앙 제어설비	주제어설비	90	100
			관제조작반	10	
		LTE-R 기지국장치	DU	50	100
			RRU	50	
		열차무선 방호장치	중앙장치	20	100
			자동점검시스템	20	
			중계 장치	30	
			케이블안테나	30	
		재난방송 수신설비	주중계장치	50	100
			보조중계장치	50	
	전화교환 설비	전화 교환기	전자교환기	60	100
			관제전화주장치	40	
	역무통신 설비	여객 안내설비	중앙제어설비	50	100
			역서버	30	
			표시기	20	
		방송설비	자동안내방송주장치	50	100
			관제원격방송주장치	50	
	영상설비	여객 관리용 영상설비	영상저장장치	25	100
			영상운영장치	20	
			카메라	25	
			UPS	20	
			축전지	10	
		시설 감시용 영상설비	영상저장장치	40	100
			영상운영장치	30	
			카메라	30	
	역무자동화 설비	전산장치	중앙전산기	60	100
			역단위전산기	40	
		발매기	1회용발매/교통카드충전기	40	100
			교통카드무인/정산충전기	30	
			보증금환급기	30	
		게이트	자동 개·집표기	100	100

나. 소분류 설비별 안전성 평가점수 집계표 예시

설비	소분류	평가지수	평가등급
선로설비	동케이블	1~5	A~E
	광케이블	1~5	A~E
	선로변 통합인터페이스 통신설비	1~5	A~E
전송설비	광전송설비	1~5	A~E
열차무선설비	LTE-R 중앙 제어설비	1~5	A~E
	LTE-R 기지국 장치	1~5	A~E
	열차무선 방호장치	1~5	A~E
	재난방송 수신설비	1~5	A~E
전화교환설비	전화교환기	1~5	A~E
역무용통신설비	여객안내설비	1~5	A~E
	자동안내방송설비	1~5	A~E
영상설비	여객관리용 영상감시설비	1~5	A~E
	시설감시용 영상감시설비	1~5	A~E
역무자동화설비	전산장치	1~5	A~E
	발매기	1~5	A~E
	게이트	1~5	A~E

다. 소분류 설비별 안전성 평가 예시

1) 소분류 선로설비 안전성능 평가산출

소분류	세분류	세분류 평가지수	세분류 가중치	소분류평가지수
광케이블	광케이블	A	1.0	A*1
동케이블	동케이블	B	1.0	B*1
선로변 인터페이스		C	1.0	C*1

2) 광전송실비 안전성능 평가산출

소분류	세분류	세분류 평가지수	세분류 가중치	소분류 평가지수	평가등급
광전송설비	DWDM	A	0.25	A*0.25 + B*0.40 + C*0.25 + D*0.10	A~E
	STM 4/16/64	B	0.40		
	정류기	C	0.25		
	축전지	D	0.10		

① 예시: 광전송설비 세분류 4종 대상 안전성 평가

소분류	세분류	세분류 평가지수	세분류 가중치	소분류 평가지수	등급
소분류	DWDM	4.25	0.25	0.25*4.25 + 0.40*3.52 + 0.25*3.83 + 0.10*3.83 = 3.81	B
	STM 4/16/64	3.52	0.40		
	정류기	3.83	0.25		
	축전지	3.83	0.10		

② 예시: 광전송설비 DWDM, STM 세분류 2종 대상 안전성평가

소분류	세분류	세분류 평가지수	세분류 가중치	소분류 평가지수	등급
	DWDM	4.25	0.38	0.38 * 4.25 + 0.62 * 3.52 = 3.80	B
	STM 4/16/64	3.52	0.62		

- ✓ DWDM가중치 = 0.25 [1+ (0.25+0.10)/(0.25+0.40)] = 0.384
- ✓ STM 가중치 = 0.40 [1+ (0.25+0.10)/(0.25+0.40)] = 0.615

3) LTE-R 중앙제어설비 안전성능 평가

소분류	세분류	세분류 평가지수	세분류 가중치	소분류 평가지수
LTE-R 중앙제어설비	중앙제어장치	A	0.9	A*0.9 + B*0.1
	관제조작반	B	0.1	

○ 예시: LTE-R중앙제어설비 안전성평가

소분류	세분류	세분류 평가지수	세분류 가중치	소분류 평가지수	등급
	중앙제어장치	4.5	0.9	0.9*4.5 + 0.1*3.8 = 4.43	B
	관제조작반	3.8	0.1		

4) LTE-R 기지국설비 안전성 평가

소분류	세분류	세분류 평가지수	세분류 가중치	소분류 평가지수
LTE-R 기지국설비	DU	A	0.5	A*0.5 + B*0.5
	RRU	B	0.5	

5) 열차무선방호장치 안전성 평가

소분류	세분류	세분류 평가지수	세분류 가중치	소분류 평가지수
열차무선 방호장치	중앙장치	A	0.2	A*0.2 + B*0.2 + C*0.3 + D*0.3
	자동점검시스템	B	0.2	
	중계 장치	C	0.3	
	케이블안테나	D	0.3	

6) 재난방송 수신설비 안전성 평가

소분류	세분류	세분류 평가지수	세분류 가중치	소분류 평가지수
재난방송 수신설비	주중계장치	A	0.5	A*0.5 + B*0.5
	보조중계장치	B	0.5	

7) 전화교환기 안전성 평가

소분류	세분류	세분류 평가지수	세분류 가중치	소분류 평가지수
전화교환기	전자교환기	A	0.6	A*0.6 + B*0.4
	관제전화주장치	B	0.4	

8) 여객안내설비 안전성 평가

소분류	세분류	세분류 평가지수	세분류 가중치	소분류 평가지수
여객안내설비	중앙제어설비	A	0.5	A*0.5 + B*0.3 + C*0.2
	역서버	B	0.3	
	표시기	C	0.2	

9) 방송설비 안전성능 평가

소분류	세분류	세분류 평가지수	세분류 가중치	소분류 평가지수
방송설비	자동안내주장치	A	0.5	A*0.5 + B*0.5
	관제원격주장치	B	0.5	

10) 여객관리용 영상설비 안전성 평가

소분류	세분류	세분류 평가지수	세분류 가중치	소분류 평가지수
여객관리용 영상설비	영상저장장치	A	0.25	A*0.25 + B*0.20 + C*0.25 + D*0.20 + E*0.10
	영상운영장치	B	0.20	
	카메라	C	0.25	
	UPS	D	0.20	
	축전지	E	0.10	

① 예시: 여객관리용영상설비 세부류 5종 대상 안전성 평가

소분류	세분류	세분류 평가지수	세분류 가중치	소분류 평가지수	등급
소분류	영상저장장치	3.85	0.25	0.25*3.85 + 0.2*3.24 + 0.25*3.52 + 0.2*3.48 + 0.1*3.48 = 3.53	B
	영상운영장치	3.24	0.20		
	카메라	3.52	0.25		
	UPS	3.48	0.20		
	축전지	3.48	0.10		

② 예시: 여객관리용영상설비 세분류 2종 (영상운영장치, 카메라) 대상 안전성 평가

소분류	세분류	세분류 평가지수	세분류 가중치	소분류 평가지수	등급
소분류	영상운영장치	3.24	0.44	0.44*3.24 + 0.56*3.52 = 3.40	C
	카메라	3.52	0.56		

✓ 영상운영장치 가중치 = 0.20*[1+(0.25+0.20+0.10)/(0.20+0.25)] = 0.444
✓ 카메라 가중치 = 0.25* [1+(0.25+0.20+0.10)/(0.20+0.25)] = 0.555

11) 시설감시용 영상설비 안전성 평가

소분류	세분류	세분류 평가지수	세분류 가중치	소분류 평가지수
시설감시용 영상설비	영상저장장치	A	0.4	A*0.4 + B*0.3 + C*0.3
	영상운영장치	B	0.3	
	카메라	C	0.3	

12) (역무자동화설비) 전산장치 안전성 평가

소분류	세분류	세분류 평가지수	세분류 가중치	소분류 평가지수
전산장치	중앙전산기	A	0.6	A*0.6 + B*0.4
	역단위전산기	B	0.4	

① 예시: 전산장치 세분류 2종 대상 안전성 평가

소분류	세분류	세분류 평가지수	세분류 가중치	소분류 평가지수	등급
소분류	중앙전산기	4.30	0.6	4.3*0.6 + 3.8*0.4 = 4.10	B
	역단위전산기	3.80	0.4		

② 예시: 전산장치 중앙전산기 대상 안전성 평가

소분류	세분류	세분류 평가지수	세분류 가중치	소분류 평가지수	등급
소분류	중앙전산기	4.30	1.0	4.30*1.0 = 4.30	B

13) (역무자동화설비) 발매기 안전성 평가

소분류	세분류	세분류 평가지수	세분류 가중치	소분류 평가지수
발매기	1회용발매/교통카드 충전기	A	0.4	A*0.4 + B*0.3 + C*0.3
	교통카드 무인/정산충전기	B	0.3	
	보증금환급기	C	0.3	

14) (역무자동화설비) 게이트 안전성 평가

소분류	세분류	세분류 평가지수	세분류 가중치	소분류평가지수
게이트	자동개집표기	A	1.0	1*A

4.3.3 중분류별 설비 안전성능 평가 및 분석

가. 소분류 설비별 가중치

설비	소분류	소분류 가중치	합계
선로설비	동케이블	0.19	1.00
	광케이블	0.61	
	선로변 통합인터페이스 통신설비	0.20	
전송설비	광전송설비	1.00	1.00
열차무선설비	LTE-R 중앙 제어설비	0.35	1.00
	LTE-R 기지국 장치	0.35	
	열차무선 방호장치	0.15	
	재난방송 수신설비	0.15	
전화교환설비	전화교환기	1.00	1.00
역무용통신설비	여객안내설비	0.46	1.00
	자동안내방송설비	0.54	
영상설비	여객관리용 영상감시설비	0.62	1.00
	시설감시용 영상감시설비	0.38	
역무자동화설비	전산장치	0.65	1.00
	발매기	0.17	
	게이트	0.18	

나. 중분류 설비별 안전성 평가지수 집계표 예시

설비명	안전성 점수	등급	설비	안전성 점수	등급
선로설비	1~5	A~E	역무용통신설비	1~5	A~E
전송설비	1~5	A~E	영상설비	1~5	A~E
무선설비	1~5	A~E	역무자동화설비	1~5	A~E
전화교환설비	1~5	A~E			

다. 중분류 설비별 안전성 평가

1) 선로설비 안전성 평가산출

중분류	소분류	소분류가중치	소분류평가지수	중분류평가지수
선로설비	동케이블	0.19	A	A*0.19 + B*0.61 + C*0.20
	광케이블	0.61	B	
	선로변 통합인터페이스 통신설비	0.20	C	

① 예시: 선로설비 소분류 3종 대상 안전성 평가

중분류	소분류	소분류가중치	소분류평가지수	중분류평가지수	등급
중분류	동케이블	0.19	2.55	0.19*2.55 + 0.61*3.62 + 0.2*3.54 = 3.40	C
	광케이블	0.61	3.62		
	선로변 통합인터페이스 통신설비	0.20	3.54		

② 예시: 선로설비 소분류 2종 (동케이블, 선로변 통신설비) 대상 안전성 평가

중분류	소분류	소분류가중치	소분류평가지수	중분류평가지수	등급
중분류	동케이블	0.49	2.55	0.19*2.55 + 0.2*3.54 = 3.05	C
	선로변 통합인터페이스 통신설비	0.51	3.54		

✓ 동케이블 가중치 = 0.19*[1+0.61/(0.19+0.20)] = 0.487
✓ 선로변통합인터페이스 통신설비 가중치 = 0.20*[1+0.61/(0.19+0.20)] = 0.513

2) 전송실비 안전성 평가

중분류	소분류	소분류가중치	소분류평가지수	중분류평가지수
전송설비	광전송설비	1.00	A	A*1

○ 예시: 전송설비 안전성 평가

중분류	소분류	소분류가중치	소분류평가지수	중분류평가지수	등급
중분류	광전송설비	1.00	4.52	1*4.52 = 4.52	A

3) 무선설비 안전성 평가

중분류	소분류	소분류가중치	소분류평가지수	중분류평가지수
열차무선설비	LTE-R 중앙 제어설비	0.35	A	A*0.35 + B*0.35 + C*0.15 + D*0.15
	LTE-R 기지국 장치	0.35	B	
	열차무선 방호장치	0.15	C	
	재난방송 수신설비	0.15	D	

① 예시: 무선설비 소분류 4종 안전성 평가

중분류	소분류	소분류가중치	소분류평가지수	중분류평가지수	등급
중분류	LTE-R 중앙 제어설비	0.35	4.60	0.35*4.6 + 0.35*4.23 + 0.15*3.87 + 0.15*2.85 = 4.10	B
	LTE-R 기지국 장치	0.35	4.23		
	열차무선 방호장치	0.15	3.87		
	재난방송 수신설비	0.15	2.85		

② 예시: 무선설비 소분류 2종(LTE-R 중앙제어설비, 재난방송수신설비) 대상 안전성 평가

중분류	소분류	소분류가중치	소분류평가지수	중분류평가지수	등급
중분류	LTE-R 중앙 제어설비	0.70	4.60	0.70*4.60 + 0.30*2.85 = 4.08	B
	재난방송 수신설비	0.30	2.85		

✓ LTE-R 중앙제어설비 가중치 = 0.35*[1+(0.35+0.15)/(0.35+0.15)] = 0.70
✓ 재난방송수신설비 가중치 = 0.15*[1+(0.35+0.15)/(0.35+0.15)] = 0.30

4) 전화교환기 안전성 평가

중분류	소분류	소분류가중치	소분류평가지수	중분류평가지수
전화교환설비	전화교환기	1.00	A	1*A

○ 예시: 전화교환기 안전성 평가

중분류	소분류	소분류가중치	소분류평가지수	중분류평가지수	등급
중분류	전화교환기	1.00	3.25	1*3.25 = 3.25	C

5) 역무용통신설비 안전성 평가

중분류	소분류	소분류가중치	소분류평가지수	중분류평가지수
역무용통신설비	여객안내설비	0.46	A	A*0.46 + B*0.54
	자동안내방송설비	0.54	B	

○ 예시: 역무용통신설비 안전성 평가

중분류	소분류	소분류가중치	소분류평가지수	중분류평가지수	등급
중분류	여객안내설비	0.46	4.21	0.46*4.21 + 0.54*3.58 = 3.87	B
	자동안내방송설비	0.54	3.58		

6) 영상설비 안전성 평가

중분류	소분류	소분류가중치	소분류평가지수	중분류평가지수
영상설비	여객관리용 영상감시설비	0.62	A	A*0.62 + B*0.38
	시설감시용 영상감시설비	0.38	B	

○ 예시: 영상설비 안전성 평가

중분류	소분류	소분류가중치	소분류평가지수	중분류평가지수	등급
중분류	여객관리용 영상감시설비	0.62	3.52	0.62*3.52 + 0.38*4.25 = 3.80	B
	시설감시용 영상감시설비	0.38	4.25		

7) 역무자동화설비 안전성 평가

중분류	소분류	소분류가중치	소분류평가지수	중분류평가지수
역무자동화설비	전산장치	0.65	A	0.65*A + 0.17*B + 0.18*C
	발매기	0.17	B	
	게이트	0.18	C	

① 예시: 역무자동화설비 소분류 3종 안전성 평가

중분류	소분류	소분류가중치	소분류평가지수	중분류평가지수	등급
중분류	전산장치	0.65	3.82	0.65*3.82 + 0.17*3.28 + 0.18*3.35 = 3.64	B
	발매기	0.17	3.28		
	게이트	0.18	3.35		

② 예시: 역무자동화설비 소분류 2종(발매기, 게이트) 안전성평가

중분류	소분류	소분류가중치	소분류평가지수	중분류평가지수	등급
중분류	발매기	0.49	3.28	0.49*3.28 + 0.51*3.35 = 3.32	C
	게이트	0.51	3.35		

✓ 발매기 가중치 = 0.17*[1+0.65/(0.17+0.18)] = 0.486
✓ 게이트 가중치 = 0.18*[1+0.65/(0.17+0.18)) = 0.514

4.3.4 노선별 구간별 설비 안전성 평가

철도시설의 정기점검등에 관한지침 [별표 5] 정밀진단 방법 및 종합 성능평가 방법
(4) 성능평가시 활용되는 중요도는 철도시설물의 서비스 제공에 영향을 미치는 정도를 말하며, 객관성을 확보하고 있는 전문가 10인 이상이 참여하는 계층화 분석법(Analytic Hierarchy Process, AHP)을 사용하여 결정한다. 개별시설 내에서 활용하는 중요도는 시설관리자 중에서 선정한 전문가들을 활용하여 AHP 분석방법으로 결정한다. 다만, AHP 분석이 적절치 않을 경우 전문가의 협의와 시설관리자의 참여하에 가중치를 결정할 수 있다.
(6) 철도시설 종합평가는 구간별로 성능평가지수와 성능평가등급을 평가하고, 이 평가한 결과를 바탕으로 노선별로 성능평가지수와 성능평가등급을 도출한다. 종합성능평가 지수에 따른 종합성능평가 등급부여 기준은 다음과 같다.

성능평가지수(E)	성능평가등급	성능 수준 및 유지관리 필요성
4.5 ≤ E ≤ 5.0	A(우수)	결함·손상이 없고 내구성능 저하 가능성 낮음
3.5 ≤ E < 4.5	B(양호)	경미한 결함이 있는 상태로 진행여부를 지속 관찰
2.5 ≤ E < 3.5	C(보통)	안전에는 지장이 없으나, 간단한 보수·보강 필요
1.5 ≤ E < 2.5	D(미흡)	성능이 기준에 미치지 못해 긴급한 보수·보강 필요
1.0 ≤ E < 1.5	E(불량)	심각한 결함이 있어 즉각 사용중단하고 보강·개축 필요

① 성능평가 대상에 대해 역사별 제어설비의 성능과 구간별 선로설비 등의 성능을 평가하고 세/소/중분류 설비 단계로 가중치를 부여하여 성능을 평가한다.

② 일반적으로 역사별 구간별 성능평가대상설비가 일정하지 않으므로 (모든 종류의 철도통신 설비가 특정역사 혹은 특정구간에 설치되어있는 것은 아니므로) 평가 대상설비의 가중치합(미평가 대상설비의 가중치를 제외)이 설비별 기준 가중치를 유지하여야 적정한 평가가 이루어진다.

③ 적용 가중치는 대상설비별 기준 가중치를 비례배분하고 가중치 조정내용은 시설관리자의 승인하에 결정한다.

가. 설비분류별 기준 가중치

철도통신설비 정밀진단이나 성능평가 시 모든 종류의 세분류 설비가 대상설비일 경우도 있겠지만 샘플선정 등으로 일부 세분류 설비가 평가대상 설비에 포함되지 않는 경우가 반드시 발생한다. 즉 중분류/소분류/세분류설비 중 일부 설비가 평가대상일 경우가 대부분이므로 미대상설비의 가중치를 대상설비별로 가중치를 조정하여야 성능점수 산정이 가능하다.

구간	중분류	소분류	세분류	세분류 안전성 가중치	소계	소분류 안전성 가중치	소계	중분류 안전성 가중치	소계
AA~BB 구간 AA역	선로설비	광케이블	광케이블	100	100	0.61	1.00	0.23	1.00
		동케이블	동케이블	100	100	0.19			
			선로변 통합 인터페이스 통신	100	100	0.20			
	전송설비	광전송 설비	DWDM	25	100	1.00	1.00	0.31	
			STM 4/16/64	40					
			정류기	25					
			축전지	10					
	열차무선 설비	LTE-R 중앙제어설비	주제어설비	90	100	0.35	1.00	0.20	
			관제조작반	10					
		LTE-R 기지국장치	DU	50	100	0.35			
			RRU	50					
		열차무선 방호장치	중앙장치	20	100	0.15			
			자동점검시스템	20					
			중계 장치	30					
			케이블안테나	30					
		재난방송 수신설비	주중계장치	50	100	0.15			
			보조중계장치	50					
	전화교환 설비	전화 교환기	전자교환기	60	100	1.00	1.00	0.07	
			관제전화주장치	40					

구분								
역무통신 설비	여객 안내설비	중앙제어설비	50	100	0.46	1.00	0.06	
		역서버	30					
		표시기	20					
	방송설비	자동안내방송주장치	50	100	0.54			
		관제원격방송주장치	50					
영상설비	여객 관리용 영상설비	영상저장장치	25	100	0.62	1.00	0.06	
		영상운영장치	20					
		카메라	25					
		UPS	20					
		축전지	10					
	시설 감시용 영상설비	영상저장장치	40	100	0.38			
		영상운영장치	30					
		카메라	30					
역무 자동화 설비	전산장치	중앙전산기	60	100	0.65	1.00	0.07	
		역단위전산기	40					
	발매기	1회용발매/교통카드충전기	40	100	0.17			
		교통카드무인/정산충전기	30					
		보증금환급기	30					
	게이트	자동 개·집표기	100	100	0.18			

나. 구간별 안전성평가 산출 예시

1) YY역에 세분류 전체종류의 설비가 성능평가 대상일 경우 (기기별 4.50점 가정)

구분	중분류	소분류	세분류	세분류		소분류		중분류		대분류	
				안전성 점수	가중치	안전성 점수	가중치	안전성 점수	가중치	안전성 점수	등급
YY역 ZZ구간	선로 설비	광케이블	광케이블	4.50	1.00	4.50	0.61	4.50	0.23	4.50	A
		동케이블	동케이블	4.50	1.00	4.50	0.19				
		선로변 통합 인터페이스 통신		4.50	1.00	4.50	0.20				
	전송 설비	광전송 설비	DWDM	4.50	0.25	4.50	1.00	4.50	0.31		
			STM 4/16/64	4.50	0.40						
			정류기	4.50	0.25						
			축전지	4.50	0.10						

열차 무선 설비	LTE-R 중앙제어설비	주제어설비	4.50	0.90	4.50	0.35	4.50	0.20
		관제조작반	4.50	0.10				
	LTE-R 기지국장치	DU	4.50	0.50	4.50	0.35		
		RRU	4.50	0.50				
	열차무선 방호장치	중앙장치	4.50	0.20	4.50	0.15		
		자동점검시스템	4.50	0.20				
		중계 장치	4.50	0.30				
		케이블안테나	4.50	0.30				
	재난방송 수신설비	주중계장치	4.50	0.50	4.50	0.15		
		보조중계장치	4.50	0.50				
전화 교환 설비	전화 교환기	전자교환기	4.50	0.60	4.50	1.00	4.50	0.07
		관제전화주장치	4.50	0.40				
역무 통신 설비	여객 안내설비	중앙제어설비	4.50	0.50	4.50	0.46	4.50	0.06
		역서버	4.50	0.30				
		표시기	4.50	0.20				
	방송설비	자동안내방송 주장치	4.50	0.50	4.50	0.54		
		관제원격방송 주장치	4.50	0.50				
영상 설비	여객 관리용 영상설비	영상저장장치	4.50	0.25	4.50	0.62	4.50	0.06
		영상운영장치	4.50	0.20				
		카메라	4.50	0.25				
		UPS	4.50	0.20				
		축전지	4.50	0.10				
	시설 감시용 영상설비	영상저장장치	4.50	0.40	4.50	0.38		
		영상운영장치	4.50	0.30				
		카메라	4.50	0.30				
역무 자동화 설비	전산장치	중앙전산기	4.50	0.60	4.50	0.65	4.50	0.07
		역단위전산기	4.50	0.40				
	발매기	1회용발매/ 교통카드충전기	4.50	0.40	4.50	0.17		
		교통카드무인/ 정산충전기	4.50	0.30				
		보증금환급기	4.50	0.30				
	게이트	자동 개·집표기	4.50	0.10	4.50	0.18		

2) AA역의 여객관리용 영상저장장치와 설비감시용 영상운영장치만 성능평가대상일 경우

대상설비			안전성능 점수 및 등급						
중분류	소분류	세분류	세분류		소분류		중분류		정보통신	
			점수	가중치	점수	가중치	점수	가중치	점수	등급
영상 설비	여객관리용영상설비	영상저장장치	A	1.00	A*1	0.62	A*0.62 + B*0.38	1.00	(0.62A+0.38B)*1	A~E
	설비감시용영상설비	영상운영장치	B	1.00	B*1	0.38				

- 2종의 세분류 영상설비는 각각 1종의 세분류로 대표되므로 세분류 가중치는 환산되어 각각1.00이 되며 여객관리와 설비감시용 2종 세분류설비 점수에 세분류 가중치를 적용하여 소분류 점수를 산출한다.
- 가중치가 적용된 소분류 점수에 소분류가중치 0.62, 0.38을 곱하고 합한 점수가 중분류 점수가 된다.
- AA역에는 7개 중분류 설비 중 영상설비 1개종만 성능평가 대상이므로 영상설비가 AA역의 중분류 및 대분류 정보통신설비의 안전성지수 점수가 되며 이때 중분류 가중치는 1.00을 적용한다.
✓ 이전의 성능평가 결과를 활용하여 미대상 설비의 성능평가 점수에 반영하여 성능평가를 시행할 경우 성능평가 결과지수값은 달라질 수 있다.

철도시설의 정기점검등에 관한지침 제12조(정기점검 및 정밀진단과 성능평가의 관계)
① 철도시설관리자는 소관 철도시설에 대한 성능평가를 법 제29조 및 제31조에 따른 정기점검 및 정밀진단을 포함하여 실시하거나 성능평가 착수일을 기준으로 <u>3년 이내에 완료된 최근의 정기점검·정밀진단 또는 다른 법령에 따른 점검·진단·검사 등의 결과를 활용</u>할 수 있다.

---

① 예시: AA역 중분류 정보통신설비 안정성 평가

대상설비			안전성능 점수 및 등급				
중분류	소분류	세분류	세분류 점수	소분류 점수	중분류 점수	정보통신	
						점수	등급
영상 설비	여객관리용 영상설비	영상저장장치	3.80	3.80*1	(3.80*0.62+4.50*0.38) = 4.07	4.07*1 = 4.07	B
	설비감시용 영상설비	영상운영장치	4.50	4.50*1			

② 예시: AA역 중분류 정보통신설비 가중치 계산

대상설비			안전성 지수 및 등급			
중분류	소분류	세분류	세분류 가중치	소분류 가중치	중분류 가중치 산출	
					기준	환산적용 가중치
영상 설비	여객관리용영상설비	영상저장장치	1.00	0.62	0.06	1.00
	설비감시용영상설비	영상운영장치	1.00	0.38		

- 평가대상 중분류 설비 영상감시설비 가중치: 0.06
- 미대상 중분류 설비 (선로+전송+열차무선+전화교환+역무통신+역무자동화설비) 가중치의 합: 0.94
✓ AA역의 성능평가대상 중분류설비는 영상감시설비만 해당되므로 중분류 가중치는 1.00을 적용한다.

3) AA~BB역 본선구간에 세분류 3종의 설비만 성능평가 대상일 경우

대상설비			안전성 지수 및 등급							
중분류	소분류	세분류	세분류		소분류		중분류		정보통신	
			지수	가중치	지수	가중치	지수	가중치	지수	등급
선로 설비	광케이블	광케이블	A	1.00	1*A	0.61	0.61*A + 0.19*B + 0.20*C	1.00	(0.61*A+0.19B +0.20*C)*1	A~E
	동케이블	동케이블	B	1.00	1*B	0.19				
		선로변통합인터페이스통신설비	C	1.00	1*C	0.20				

① 예시: AA~BB역 본선구간의 안정성 평가

대상설비			안전성 지수 및 등급					
중분류	소분류	세분류	세분류 지수	소분류 지수	중분류 지수		정보통신	
							지수	등급
선로설비	광케이블	광케이블	3.50	3.5*1=3.50	3.5*0.61 + 2.8*0.19 + 3.3*0.2 = 3.33		3.33*1 = 3.33	C
	동케이블	동케이블	2.80	2.8*1=2.80				
		선로변통합인터페이스통신설비	3.30	3.3*1=3.30				

② 예시: AA~BB역 본선구간의 중분류 가중치 계산

대상설비			안전성 지수 및 등급	
중분류	소분류	세분류	소분류 가중치	중분류 적용 가중치
선로설비	광케이블	광케이블	0.61	1.00
	동케이블	동케이블	0.19	
		선로변통합인터페이스통신설비	0.20	

- 평가대상 중분류 선로설비 가중치 합: 0.23
- 미대상 중분류 6종설비 (전송+열차무선+전화교환+역무통신+영상감시+역무자동화설비)
  ✓ 가중치의 합: 0.77 (0.31+0.20+0.07+0.06+0.06+0.07)
- 평가제외 중분류 선로설비 가중치의 합을 평가대상설비에 비례 배분
  ✓ 평가대상설비가 대상구간의 통신설비의 성능을 대표한다.
  ✓ 선로설비의 중분류가중치: 1.00

4) BB역에서 광전송 설비 STM, LTE-R 기지국설비 RRU, 재난방송수신 주중계장치, 여객안내설비 표시기, 발매기3종, 게이트 자동개·집표기설비가 성능평가 대상설비일 경우

대상설비			안전성능 점수 및 등급							
중분류	소분류	세분류	세분류		소분류		중분류		정보통신	
			지수	가중치	지수	가중치	지수	가중치	지수	등급
전송설비	광전송설비	STM 4/16/64	A	1.00	A*1	1.00	A*1*1	0.49	0.49A + (0.7B+0.3C)*0.31 + 0.09D + [(0.4E+0.3F +0.3G)*0.49 +0.51H]*0.11	A ~ E
무선설비	LTE-R 기지국설비	RRU	B	1.00	B*1	0.70	B*1*0.7 + C*1*0.3	0.31		
	재난방송 수신설비	주중계장치	C	1.00	C*1	0.30				
역무용 통신설비	여객안내 설비	표시기	D	1.00	D*1	1.00	D*1*1	0.09		
역무자동 화설비	발매기	1회용발매기	E	0.40	E*0.4 + F*0.3 + G*0.3	0.49	(E*0.4+F*0.3 + G*0.3)*0.49 + H*1*0.51	0.11		
		교통카드충전기	F	0.30						
		보증급환급기	G	0.30						
	게이트	자동개·집표기	H	1.00	1*H	0.51				

① 예시: BB역 구간의 안정성 평가

대상설비			안전성 지수 및 등급				
중분류	소분류	세분류	세분류 지수	소분류 지수	중분류 지수	정보통신 지수	등급
전송설비	광전송설비	STM 4/16/64	4.30	4.3*1 = 4.30	4.3*1 = 4.30	4.30*0.49 + 3.85*0.31 + 2.80*0.09 + 2.86*0.11 = 3.87	B
열차무선 설비	LTE-R 기지국설비	RRU	4.00	4.0*1 = 4.00	4*0.7 + 3.5*0.3 = 3.85		
	재난방송 수신설비	주중계장치	3.50	3.5*1 = 3.50			
역무통신 설비	여객안내설비	표시기	2.80	2.8*1 = 2.80	2.8*1 = 2.80		
역무자동 화설비	발매기	1회용발매기	3.20	3.2*0.4 + 3.5*0.3 + 3.0*0.3 = 3.23	3.23*0.49 + 2.50*0.51 = 2.86		
		교통카드충전기	3.50				
		보증급환급기	3.00				
	게이트	자동개·집표기	2.50	2.5*1 = 2.50			

② 예시: BB역 구간의 중분류 가중치 계산

대상설비			설비 분류별 가중치 산출					
중분류	소분류	세분류	세분류 가중치		소분류 가중치		중분류 가중치	
			기준	환산적용	기준	환산적용	기준	환산적용
전송설비	광전송설비	STM 4/16/64	0.40	1.00	1.00	1.00	0.31	0.49
열차무선 설비	LTE-R 기지국설비	RRU	0.50	1.00	0.35	0.70	0.20	0.31
	재난방송 수신설비	주중계장치	0.50	1.00	0.15	0.30		
역무통신 설비	여객안내설비	표시기	0.20	1.00	0.46	1.00	0.06	0.09
역무자동화 설비	발매기	1회용발매/충전기	0.40	0.40	0.17	0.49	0.07	0.11
		교통카드무인충전기	0.30	0.30				
		보증급환급기	0.30	0.30				
	게이트	자동개·집표기	1.00	1.00	0.18	0.51		

소분류 적용가중치 산출

① 열차무선설비
 - 평가대상 열차무선설비 2종 소분류 가중치 산출 (LTE-R기지국, 재난방송수신) 가중치합: 0.50
 - 평가제외 2종설비 (LTE-R 중앙제어+열차무선방호장치) 가중치의 합: 0.50
 - 환산가중치
  ✓ RRU 소분류 가중치: 0.35 + 0.35*0.5/0.5 = 0.70
  ✓ 재난방송수신설비 가중치: 0.15 + 0.15*0.5/0.5 = 0.30

② 역무자동화설비
 - 평가대상 열차무선설비 2종 소분류 가중치 산출 (발매기, 게이트) 가중치합: 0.35
 - 평가제외 1종설비 (전산장치) 가중치: 0.65
 - 환산가중치
  ✓ 발매기 소분류 가중치: 0.17 + 0.17*0.65/0.35 = 0.49
  ✓ 게이트 가중치: 0.18 + 0.18*0.65/0.35 = 0.51

중분류 가중치 산출

 - 평가대상 중분류4종(전송+열차무선+역무통신+역무자동화) 가중치합: 0.64
 - 평가제외 3종설비(선로+전화교환+영상설비) 가중치의 합: 0.36
 - 환산가중치
  ✓ 전송설비 중분류 가중치: 0.31 + 0.31*0.36/0.64 = 0.49
  ✓ 열차무선설비 가중치: 0.20 + 0.20*0.36/0.64 = 0.31
  ✓ 역무통신설비 가중치: 0.06 + 0.06*0.36/0.64 = 0.09
  ✓ 역무자동화설비 가중치: 0.07 + 0.07*0.36/0.64 = 0.11

4.3.5 노선별 안전성 평가 예시
가. 설비분류별 기준 가중치
① 중분류 가중치

구분	가중치	합 계
선로설비	0.23	
전송설비	0.31	
무선설비	0.2	
전화교환설비	0.07	1.00
역무용통신설비	0.06	
영상설비	0.06	
역무자동화설비	0.07	

② 노선별 중분류 설비의 평가대상 유무에 따른 중분류가중치 환산 예시

| 구분 | AA 노선 | | BB 노선 | | CC 노선 | | 합계 |
	설비유무	조정 가중치	설비유무	조정 가중치	설비유무	조정 가중치	
선로설비	○	0.29	○	0.33	○	0.25	
전송설비	○	0.39	없음	0.00	○	0.33	
무선설비	없음	0	○	0.29	○	0.22	
전화교환설비	○	0.09	○	0.10	없음	0.00	1.00
역무용통신설비	○	0.07	○	0.09	○	0.06	
영상설비	○	0.07	○	0.09	○	0.06	
역무자동화설비	○	0.09	○	0.10	○	0.08	
합 계		1.00		1.00		1.00	

✓ 중분류설비의 가중치는 성능평가 미대상설비의 가중치를 대상설비에 중요도(가중치 크기)에 따라 비례 배분한다.

나. 노선별 안전성 평가 지수 및 등급

설비명	평가지수	가중치	중분류 설비별 안전성 지수	노선 (전체구간) 지수	등급
선로설비	σ	0.23	$\sigma*0.23$		
전송설비	τ	0.31	$\tau*0.31$		
무선설비	υ	0.2	$\upsilon*0.20$	$\sigma*0.23 + \tau*0.31$	
전화교환설비	φ	0.07	$\varphi*0.07$	$+ \upsilon*0.20 + \varphi*0.07$	A~E
역무용통신설비	x	0.06	$x*0.06$	$+ x*0.06 + \psi*0.06$	
영상설비	ψ	0.06	$\psi*0.06$	$+ \omega*0.07$	
역무자동화설비	ω	0.07	$\omega*0.07$		

다. KK노선 (AA역~BB역 구간) 안전성 성능평가 산출 예시[23]

설치구간	설치 장비 (세분류 설비 안전성 점수 가정치)
AA역	여객관리용 영상저장장치 (3.80), 설비감시용 영상운영장치 (4.50)
AA역~BB역 본선구간	광케이블(3.50), 동케이블(2.80), 선로변통합인터페이스 동신설비(3.30)
BB역	광전송설비 STM(4.30), LTE-R 기지국설비 RRU(4.00), 재난방송주중계설비(3.50), 여객안내설비 표시기(2.80), 1회용발매충전기(3.20), 교통카드정산충전기(3.50), 보증금환급기(3.00), 자동개·집표기(2.50)

구분	중분류	소분류	세분류	세분류 안전성지수	세분류 가중치	소분류 안전성지수	소분류 가중치	중분류 안전성지수	중분류 가중치	대분류 안전성지수	등급
KK 노선	선로설비	광케이블	광케이블	3.50	1.00	3.50	0.61	3.33	0.25	3.74	B
		동케이블	동케이블	2.80	1.00	2.80	0.19				
			선로변 통합 인터페이스 통신	3.30	1.00	3.30	0.20				
	전송설비	광전송 설비	DWDM	–		4.30	1.00	4.30	0.33		
			STM 4/16/64	4.30	1.00						
			정류기	–							
			축전지	–							
	열차무선 설비	LTE-R 중앙제어설비	주제어설비	–	–	–	–	3.85	0.22		
			관제조작반	–	–						
		LTE-R 기지국장치	DU	–	–	4.00	0.70				
			RRU	4.00	1.00						
		열차무선 방호장치	중앙장치	–	–						
			자동점검시스템	–	–						
			중계 장치	–	–						
			케이블안테나	–	–						
		재난방송 수신설비	주중계장치	3.50	1.00	3.50	0.30				
			보조중계장치	–	–						
	전화교환 설비	전화 교환기	전자교환기	–	0.60	–	–	–	–		
			관제전화주장치	–	0.40						
	역무통신 설비	여객 안내설비	중앙제어설비	–		2.80	1.00	2.80	0.06		
			역서버	–							
			표시기	2.80	1.00						
		방송설비	자동안내방송주장치	–	0.50	–	–				
			관제원격방송주장치	–	0.50						
	영상설비	여객 관리용 영상설비	영상저장장치	3.80	1.00	3.80	0.62	4.07	0.06		
			영상운영장치	–							
			카메라	–							
			UPS	–							
			축전지	–							
		시설 감시용 영상설비	영상저장장치	–	–	4.50	0.38				
			영상운영장치	4.50	1.00						
			카메라	–	–						
	역무 자동화 설비	전산장치	중앙전산기	–	0.60	–	–	2.86	0.08		
			역단위전산기	–	0.40						
		발매기	1회용발매/교통카드충전기	3.20	0.40	3.23	0.49				
			교통카드무인/정산충전기	3.50	0.30						
			보증금환급기	3.00	0.30						
		게이트	자동 개·집표기	2.50	0.10	2.50	0.51				

---

23) 소분류 및 중분류 가중치는 "3.5.4 나. 구간별 안전성평가 산출 예시" 가중치 환산적용 참고

제5장 | 철도·지하철 통신시설의 유지관리 전략

> 철도시설의 정기점검등에 관한지침
> 제18조(정밀진단 및 성능평가 결과의 정리)
> ③ 성능평가실시자는 성능평가 결과를 활용하여 보수·보강의 우선순위와 방법 등을 검토·분석하여 철도시설의 성능목표를 달성할 수 있는 합리적인 유지관리 전략을 제안하여야 한다.
> [별표 2] 철도시설 정밀진단 및 성능평가 절차 (1) 정밀진단 절차 - 보수·보강방법 제안
> - 정밀진단 결과 C등급 이하 시설에 대한 보수·보강 방법 제시
> - 보수·보강방법에 대한 개요, 시공방법, 시공시 주의사항 등 제시
> - 당해 시설물의 유지관리를 위한 요령, 대책 등 제시
> - 안전성평가 결과에 따라 손상 및 결함이 있는 부위 또는 부재에 대하여 적용할 보수보강 방법을 제시
>
> 정밀진단매뉴얼 국가철도공단Rev.1(23.11) 3. 정밀진단수행단계 Ⅴ보수보강대책
> - 과업의 범위: 보수·보강공법, 유지관리방안
> - 과업의 내용: 종합평가 결과 분석 후 방법 제시

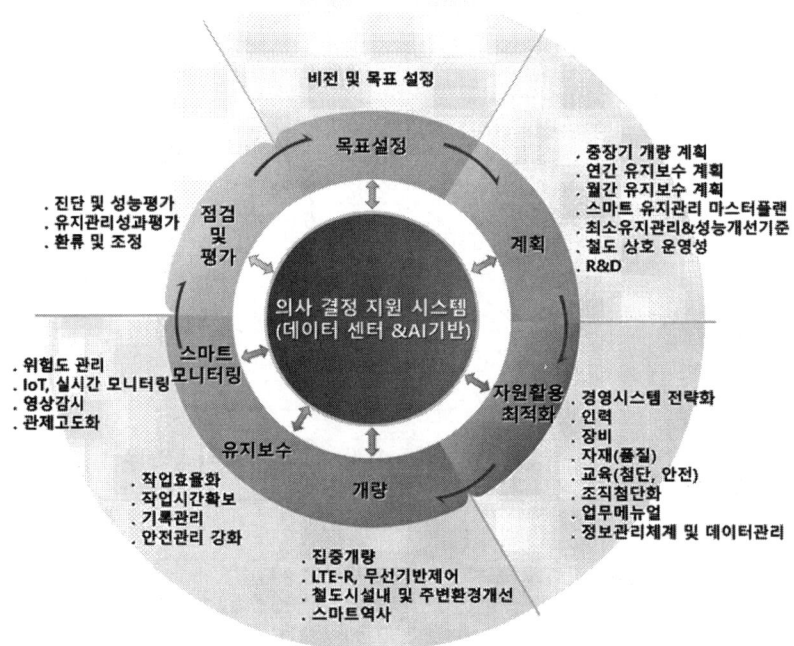

철도시설 유지관리의 절차
[출처: 제1차 철도시설 유지관리 기본계획(안) 국토교통부]

5.1 유지관리 전략 기본 방향

가. 개요
① 정밀진단이 철도시설의 물리적·기능적 결함을 발견하고 그에 대한 신속하고 적절한 조치를 하기 위하여 물리적 안전성과 성능저하의 원인 등을 조사·측정·평가하여 보수·보강 등의 방법을 제시하는 활동이므로, 평가결과가 낮은 경우에 보수·보강 계획을 수립한다.
② 통상 보수는 정보통신 장비에 작용한 위해 요인에 의해 발생된 장비의 손상을 치유하는 것을 말하며, 보강이란 설계용량 이상의 용량 등 위해 요인에 장비가 안전하도록 운용하는 데 필요한 조치를 말한다.
③ 노후화된 장비에 대한 보수·보강은 손상 및 장애가 설비전체에 대한 영향도, 장비의 중요도, 사용 환경조건 및 경제성 등에 의해서 보수·보강 방법 및 수준을 정하도록 한다.

나. 보수·보강의 절차
1) 필요성 검토 및 판단
① 현장 측정 및 점검 결과와 안전성 평가결과를 검토하고 목표성능 이하의 설비에 대해 낮은 품질의 원인을 분석한다.
② 보수의 필요성은 발생된 손상(장애) 등이 어느 정도까지 허용되는가의 판단에 의하여야 하며, 이를 위해 각종 기준(장비 표준시방서 등)을 참조한다.
③ 보강의 경우는 장비의 사용률 등을 각종 기준에서 정하는 수치 이하로 유지하기 위하여 어느 정도까지 성능 향상을 하여야 하는가의 판단에 의한다.

2) 보수·보강 시공방법의 선정
① 장비결함에 따른 보수·보강시 기능성, 내구성, 안전성 등을 검토하여 결정한다.
② 정밀진단 시 수행한 각종 조사 및 측정자료, 유지보수 자료를 기초로 하여 결함 발생원인에 대한 정확한 추정 후 보수·보강공법을 선택한다.

원 인	대책 방향 예시
열화 발생	- 통신 기계실의 온습도 환경 개선
단종 발생	- 예비품 및 대체품 확보
설비 용량	- H/W 설비용량 증설 및 S/W 개선
사용 년수	- 기존 설비와 정합할 수 있는 설비로 개량 - 중앙에서 원격 감시 및 제어 가능하도록 구성

3) 보수·보강 수준결정
 ① 주요고려사항: 설비의 기능 및 중요도, 보수 후의 기대 내용연수, 시공성과 경제성
 ② 노후화된 대상설비가 손상 및 장애로 인한 전체 통신시스템에 대한 영향도, 장비중요도, 사용 환경조건 및 소요예산 등에 의해서 보수·보강 방법 및 수준을 정한다.
  - 수명과 장·단기 대책을 고려 국부 또는 전반적 보수범위 산정
 ③ 보수·보강 수준: 현상유지, 초기수준 이상으로 개선, 교체 신설

4) 우선순위 결정
 ① 안전성평가결과를 검토하여 노선별, 구간별, 중분류설비, 소분류설비, 세분류설비 순으로 낮은 성능의 설비를 분류하고 분석한다.
  - 안전성 D등급 이하 부문별 성능 시설을 분류한다.
 ② 낮은성능(점수)의 세분류설비는 장치별 열화절연 점수와 속성점수를 검토하여 낮은 점수의 주요원인을 분석하고 점수 상향을 위한 핵심항목을 파악한다.
 ③ 평가점수가 낮고 가중치가 높은 요소들을 선정하여 성능목표와 관리지표와 부합하는 수준으로 개선하기 위한 설비별 보수·보강 우선순위를 결정한다.
 ④ 각 장비는 주요 모듈과 보조 모듈로 이루어져 있으며 이들 장비에서 발생된 각종 손상에 대하여, 모듈보다 주요 모듈을 우선하여 보수·보강 우선순위를 결정하며, 또한 분류별 정보통설비에서의 우선순위 결정은 각 장비가 가지는 중요도, 발생한 손상의 심각성 등을 종합검토 후 단기, 중기, 장기로 구분하여 결정한다.

우선순위	검토내용	비고
긴급(즉시) 보수	- 열차운행 지장 및 승객 불편을 초래할 수 있으며, 안전사고 발생 우려 있는 경우	E등급
1순위 (단기: 1년)	- 설비운영에 문제를 유발시킬 수 있는 장애 - 설비 운영에 지장이 없는 성능까지 회복하여야 할 손상	E, D등급
2순위 (중기 2년)	- 발생된 손상이 경미하여, 유지관리를 통한 점검이 필요한 경우 - 현상유지(진행 억제)를 위해 필요로 하는 대책	D등급
3순위 (장기3년 이상)	- 발생된 손상이 경미하거나, 정기점검, 유지관리를 통한 지속 관찰이 필요한 경우 - 기대수명을 고려하여 부품 수리, 노후부품 교체 등 실시 - 현상유지(진행 억제)를 위해 필요로 하는 대책(매뉴얼정비 등)	C등급

5.2 설비별 안전성 부문 평가 결과 종합정리 및 집계

구분	중분류	소분류	세분류	세분류 안전성지수	등급	소분류 안전성지수	등급	중분류 안전성지수	등급	대분류 안전성지수	등급
AA역 A~B구간 YY노선	선로설비	광케이블	광케이블	1~5	A~E	1~5	A~E	1~5	A~E	1~5	A~E
		동케이블	동케이블	1~5	A~E	1~5	A~E				
		선로변 통합 인터페이스 통신		1~5	A~E	1~5	A~E				
	전송설비	광전송설비	DWDM	1~5	A~E	1~5	A~E	1~5	A~E		
			STM 4/16/64	1~5	A~E						
			정류기	1~5	A~E						
			축전지	1~5	A~E						
	열차무선설비	LTE-R 중앙제어설비	주제어설비	1~5	A~E	1~5	A~E	1~5	A~E		
			관제조작반	1~5	A~E						
		LTE-R 기지국장치	DU	1~5	A~E	1~5	A~E				
			RRU	1~5	A~E						
		열차무선방호장치	중앙장치	1~5	A~E	1~5	A~E				
			자동점검시스템	1~5	A~E						
			중계 장치	1~5	A~E						
			케이블안테나	1~5	A~E						
		재난방송 수신설비	주중계장치	1~5	A~E	1~5	A~E				
			보조중계장치	1~5	A~E						
	전화교환설비	전화교환기	전자교환기	1~5	A~E	1~5	A~E	1~5	A~E		
			관제전화주장치	1~5	A~E						
	역무통신설비	여객안내설비	중앙제어설비	1~5	A~E	1~5	A~E	1~5	A~E		
			역서버	1~5	A~E						
			표시기	1~5	A~E						
		방송설비	자동안내방송주장치	1~5	A~E	1~5	A~E				
			관제원격방송주장치	1~5	A~E						
	영상설비	여객관리용영상설비	영상저장장치	1~5	A~E	1~5	A~E	1~5	A~E		
			영상운영장치	1~5	A~E						
			카메라	1~5	A~E						
			UPS	1~5	A~E						
			축전지	1~5	A~E						
		시설감시용영상설비	영상저장장치	1~5	A~E	1~5	A~E				
			영상운영장치	1~5	A~E						
			카메라	1~5	A~E						
	역무자동화설비	전산장치	중앙전산기	1~5	A~E	1~5	A~E	1~5	A~E		
			역단위전산기	1~5	A~E						
		발매기	1회용발매/교통카드충전기	1~5	A~E	1~5	A~E				
			교통카드무인/정산충전기	1~5	A~E						
			보증금환급기	1~5	A~E						
		게이트	자동 개·집표기	1~5	A~E	1~5	A~E				

5.3 설비별 안전성능 저하설비 세부 분석

가. 안전성능평가 결과 분석 및 C등급이하 보수·보강 대상설비 검토

제3장 안전성능 평가결과 중 C등급 이하 C~E등급 설비를 보수·보강 대상설비로 정리한다.

설비분류별 안전성능 지수 및 등급 (C~E 등급대상 설비를 검토한다)

구분	중분류	소분류	세분류	세분류 안전성 지수	등급	소분류 안전성 지수	등급	중분류 안전성 지수	등급	대분류 안전성 지수	등급
KK역 YY노선 ZZ구간	선로설비	광케이블	광케이블	1~5	A~E	1~5	A~E	1.0~3.5	C~E	1.0~3.5	C~E
		동케이블	동케이블	1.0~3.5	C~E	1.0~3.5	C~E				
		선로변 통합 인터페이스 통신		1.0~3.5	C~E	1.0~3.5	C~E				
	전송설비	광전송 설비	DWDM	1~5	A~E	1~5	A~E	1~5	A~E		
			STM 4/16/64	1~5	A~E						
			정류기	1~5	A~E						
			축전지	1~5	A~E						
	~	~	~	~	~	~	~	~	~		
	역무 자동화 설비	발매기	1회용발매기	1.0~3.5	C~E	1.0~3.5	C~E	1.0~3.5	C~E		
			교통카드충전기	1.0~3.5	C~E						
			보증급환급기	1.0~3.5	C~E						
		게이트	자동개·집표기	1.0~3.5	C~E	1.0~3.5	C~E				

나. 보수·보강 대상설비 안전성능저하 원인분석 검토

1) 안전성에 영향을 주는 설비별 진단항목 분석: 세분류 설비의 기기별 안전성능저하 주요요인으로 아래요소 등을 분석할 필요가 있다.

① 정밀진단항목
 - 모듈검사, NMS/EMS, BER측정, 절연저항, 열상측정, 손실측정, 영상확인, 전계강도, 결합손실, 외관(부식검사)

② 속성진단항목
 - 운행횟수, 고장장애횟수

③ 주·보조요소 안전성 가중치
  - 열화절연 100%, 외관 30%, 운행횟수 30%, 고장장애횟수 20%

설비별 안전성에 영향을 주는 진단 항목		
소분류	세분류	열화절연, 외관검사, 속성진단
광케이블	광케이블	손실측정, 운행횟수,
동케이블	동케이블	절연저항, 운행횟수,
선로변 통합 인터페이스통신설비		부식검사, 운행횟수, 고장장애횟수
광전송 설비	DWDM	NMS/EMS, 열상측정, 운행횟수, 고장장애횟수
	STM 4/16/64	NMS/EMS, BER측정 열상측정, 운행횟수, 고장장애횟수
	정류기	저항·전압, 열상측정, 부식검사, 운행횟수, 고장장애횟수
	축전지	저항·전압, 부식검사, 운행횟수,
LTE-R 중앙제어설비	중앙제어장치	NMS/EMS 열상측정, 운행횟수, 고장장애횟수
	관제조작반	NMS/EMS, 운행횟수, 고장장애횟수
LTE-R 기지국설비	DU	모듈검사, NMS/EMS, 열상측정, 운행횟수, 고장장애횟수
	RRU	전계강도, 부식검사, 운행횟수, 고장장애횟수
열차무선 방호장치	중앙장치	NMS/EMS 열상측정, 운행횟수, 고장장애횟수
	자동점검시스템	모듈검사, 열상측정, 운행횟수, 고장장애횟수
	중계장치	열상측정, 전계강도, 운행횟수, 고장장애횟수
	케이블안테나	전계강도, 운행횟수,
재난방송 수신설비	주중계장치	모듈검사, NMS/EMS, 열상측정, 운행횟수, 고장장애횟수
	보조중계장치	열상측정, 부식검사, 운행횟수, 고장장애횟수
전화 교환기	전자교환기	모듈검사, NMS/EMS, BER,측정, 열상측정, 운행횟수, 고장장애횟수
	관제전화주장치	모듈검사, NMS/EMS, 열상측정, 운행횟수, 고장장애횟수
여객 안내 설비	중앙제어설비	모듈검사, NMS/EMS, 열상측정, 운행횟수, 고장장애횟수
	역서버	열상측정, 운행횟수, 고장장애횟수
	표시기	열상측정, 부식검사, 운행횟수, 고장장애횟수
방송 설비	자동안내방송 주장치	저항·전압, 열상측정, 운행횟수, 고장장애횟수
	관제원격방송 주장치	NMS/EMS 열상측정, 운행횟수, 고장장애횟수
여객 관리용 영상설비	영상저장장치	열상측정, 운행횟수, 고장장애횟수
	영상운영장치	NMS/EMS, 운행횟수, 고장장애횟수
	카메라	영상확인, 운행횟수, 고장장애횟수
	UPS	절연저항, 저항·전압, 부식검사, 운행횟수, 고장장애횟수
	축전지	저항·전압, 부식검사, 운행횟수,
시설 감시용 영상설비	영상저장장치	열상측정, 운행횟수, 고장장애횟수
	영상운영장치	NMS/EMS, 운행횟수, 고장장애횟수
	카메라	영상확인, 운행횟수, 고장장애횟수

전산 장치	중앙전산기	모듈검사, NMS/EMS, 열상측정, 운행횟수, 고장장애횟수
	역단위전산기	NMS/EMS, 열상측정, 운행횟수, 고장장애횟수
발매기	1회용발매/교통카드충전기	열상측정, 운행횟수, 고장장애횟수
	교통카드무인/정산충전기	열상측정, 운행횟수, 고장장애횟수
	보증금환급기	열상측정, 운행횟수, 고장장애횟수
게이트	자동개·집표기	열상측정, 전계강도, 운행횟수, 고장장애횟수

2) 안전성능이 낮은 설비별 원인분석 내용

안전성능 평가지수/등급 낮은 설비 분석 (예시)			평가점수 낮은 항목 (예시)
YY노선 ZZ구간	C	동케이블	E	낮은 절연저항으로 열화절연
		광케이블	D	선로손실 기준치이상 손실측정
		LTE-R기지국 DU	C	절체시험불량, 장애횟수과다, 높은 열상온도
		관제전화주장치	D	제어부 절체 불량, 높은 열상온도, 설비활용율 E등급
		역무자동화설비 발매기	E	주제어보드 열상온도 E등급
		~	~	~
~	~	~	~	~

5.4 안전성능 저하설비 보수·보강 및 유지관리 전략

가. 보수·보강 필요성 검토
① 본 정밀진단 결과 C등급이하 지수 설비를 대강으로 보수·보강 계획을 수립하여야 한다.
② 보수의 필요성은 발생된 세분류 설비 기기별 열화 및 손상 등이 어느 정도까지 허용되는가의 판단에 의하여야 하며, 이를 위해 각종 기준(장비 표준시방서 등)을 참조한다.
③ 보강의 경우는 장비의 사용률 등을 각종 기준에서 정하는 수치 이하로 유지하기 위하여 어느 정도까지 성능 향상을 하여야 하는가를 판단하고 결정하여야 한다.
④ 보수·보강만으로 목표로 하는 성능수준 달성이 어렵다고 판단되면 타당성을 적시하여 교체사유를 제시하고 필요시 소요 투자비를 제시하도록 한다.
⑤ 검토방향
- 현장조사내용, 정밀진단결과 및 원인분석내용, 보수·보강공법내용, 유지관리 방안검토

나. 보수·보강 우선순위 결정
① 성능평가 결과와 시설관리자의 유지보수 정책에 부합하는 보수·보강 우선순위 결정
② 보수·보강 등 대상설비 우선순위 선정 예시[24]

다. 보수·보강 수준결정
① 주요고려사항
- 설비의 기능 및 중요도, 보수 후의 기대 내용연수, 시공성과 경제성
② 노후화된 대상설비가 손상 및 장애로 인한 전체 통신시스템에 대한 영향도, 장비중요도, 사용 환경조건 및 소요예산 등에 의해서 보수·보강 방법 및 수준을 정한다.
- 수명과 장·단기 대책을 고려 국부 또는 전반적 보수범위 산정
③ 보수·보강 수준
- 현상유지, 초기수준 이상으로 개선, 교체 신설

---

[24] 철도시설 운영기준 및 방침, 설비의 특수성, 보수·보강 비용수준, 유지보수전략 등에 따라 용역사의 역량이 담기는 부분으로 철도시설관리자의 의견을 참고하여 우선순위를 검토한다.

라. 보수·보강 시공방법의 선정
① 안전성능이 낮은 설비별 원인분석 내용을 기준으로 성능개선방향을 결정한다.
② 정밀진단 시 수행한 각종 조사 및 측정자료, 유지보수 자료를 기초로 하여 결함 발생 원인에 대한 정확한 추정 후 보수·보강공법을 선택한다.

마. 보수·보강 등 유지관리 방안 수립 및 작성 순서
① 안전성능 C등급 이하설비 확인
② 열화절연, 외관, 속성점수 낮은 항목 검토한다.
③ 기술기준이나 규칙 등에 위배되는 사항 발생여부를 확인한다.
④ 필요성, 시공방법, 수준, 우선순위 등을 검토한다.
⑤ 설비특성과 개선효과 높은 방향으로 보수·보강 및 유지관리 방안 서술한다.
 - 정기점검 항목, 주기, 절차 및 방법 등을 제시한다.
 - 고장발생시 인지, 초기대응 등 최적화된 처리 SOP를 제시한다.
 - 설비별 최신공법 및 유지관리기법을 제시한다.
⑥ 성능개선 목표등급에 적정한 수준으로 개선되는지를 확인한다.
⑦ 보수·보강에 소요되는 소요 투자예산을 산정한다.

바. 평가등급 C등급 이하 개소 보수·보강 등 유지관리 방안 (예시)

설비 구분	보수·보강 및 유지관리 방안
선로설비 전송설비 열차무선설비 전화교환설비 역무용통신설비 영상설비 역무자동화설비	① 광/동케이블/선로변 통합인터페이스 통신설비 - 케이블 포설/접속공사 시 시공 절차 유의점, 용량검토, 계측기사용법, 현장설비 점검 항목별 적정 주기, 장애처리 및 점검SOP운영 등 ② 전송설비 - NMS/EMS 데이터활용방안, 설치환경유지, 장애처리 절차 및 요령제시 등 ③ 열차무선설비 - 절체시험, 정기적 열상시험, 전계강도측정 절차 및 기준, 설비별 운용환경, 적정용량확인, 장애처리 방안 등 제공 ④ 전화교환설비 - 절체시험, NMS/EMS확인, 단종설비 대응, 장애처리 절차 및 요령등 제시 ⑤ 역무용통신설비 - 모듈절체, NMS/EMS 데이터활용, 설치환경, 장애처리 및 점검요령등 제시 ⑥ 영상설비 - 여객관리 및 철도설비감시특성을 반영한 영상설비 점검 및 운영, 보수보강방안 제시, 저장장치용량관리 및 운영장치 사용성을 고려한 배치 등 ⑦ 역무자동화설비 - 모듈절체, NMS/EMS 데이터활용, 요금징수정확도 및 사용자편의성 향상, 가동장치 장애발생 조치, 보수보강방안 제시

제6장 | 종합결론

> 철도시설의 정기점검등에 관한지침
> 제15조(정밀진단 및 성능평가 절차)
> 정밀진단 및 성능평가 시행을 위한 세부적인 절차는 별표 2를 따른다.
> [별표 2] - (정밀진단 절차)
> 종합결론: 정밀진단 결과, 유지관리 시행방안 (연차별 계획, 예산확보 등)

6.1 정밀진단 종합결론

호선별, 노선별, 설비별 성능평가 분석결과에 따른 전체적인 내용을 기술한다.
　① 노선별, 구간별 안전성능평가결과에 대한 의견
　② 설비별 안전성능평가결과에 대한 의견
　③ B등급이상 설비에 대한 안전성능평가 내역 및 의견
　④ C등급 이하설비에 대한 안전성능평가 내역 및 의견
　　- 보수·보강·교체에 대한 설비별 특이사항

6.2 유지관리 시 특별한 관리가 요구되는 사항

　① 제3장 평가항목별 진단 및 안전성 평가 분석과정에 확인된 설비별 특이사항을 요약 기술한다.
　② 4장 철도시설의 유지관리 전략제안에서 도출된 요구사항을 요약한다.
　③ 안전성능평가 결과 긴급히 조치가 필요한 내역을 제시한다.
　④ 연차별 보수·보강에 따른 소요예산에 대한 내용을 기술한다.

6.3. 기타사항

　① 정밀진단과정에 도출된 유지관리에 필요한 특이사항
　② 성능평가지침, 규정등의 개선필요 사항 제시
　③ 차기 성능평가 시 중점개소 및 대상설비

읽으면 술술 저절로 이해되는
철도통신설비(철도 및 지하철) 성능평가 보고서 작성 활용서

제II편

정보통신 성능평가보고서 완성 현장실무[11]

---

25) 본 제3권 2편은 철도시설의 점검등에 관한 지침 및 국가철도공단 전기설비 성능평가에 관한 세부기준(정보통신분야)을 반영하여 성능평가 보고서 작성하는 데 도움을 주고자 작성되었습니다. 지침의 표준목차에 따라 보고서에 담는 형식을 따랐으며 예시를 제시함으로써 독자의 이해도를 높였습니다.

목차

제1장 | 성능평가보고서 관련 지침 소개 　443

제2장 | 성능평가보고서 작성 도입부 　448
2.1 서두 　448
2.2 성능평가의 개요 　448
2.3 자료수집 및 분석 　449
2.4 성능목표 및 관리지표 선정 　451
2.5 평가대상 표본조사 대상 선정 　460

제3장 | 안전성 부문평가 　462
3.1 안전성평가 관련자료 수집 　462
3.2 세분류별 설비 안전성 평가 예시 　464
3.3 소분류 설비별 안전성 평가 　469
3.4 중분류 설비별 안전성 평가 　474
3.5 노선별 구간별 설비 안전성 평가 　477

제4장 | 내구성부문 평가 　487
4.1 내구성 평가 관련 자료 수집 　487
4.2 세분류 설비별 내구성 평가 　490
4.3 소분류 설비별 내구성 평가 　496
4.4 중분류 설비별 내구성 평가 　501
4.5 노선별 구간별 설비 내구성 평가 작성 　505

제5장 | 사용성 부문 평가 　515
5.1 사용성 평가 관련 기초자료 수집 　515
5.2 세분류 설비별 사용성 평가 　519
5.3 소분류 설비별 사용성 평가 　525
5.4 중분류 설비별 사용성 평가 　530
5.5 노선별 구간별 설비 사용성 평가 　533

제6장 | 철도·지하철 통신시설의 종합평가   544
    6.1 부문별 성능등급 결과 분석   544
    6.2 설비별 구간별 종합 성능평가   548
    6.3 노선별 구간별 종합 성능평가   552
    6.4 종합 성능평가 결과 분석   557

제7장 | 철도·지하철 통신시설의 유지관리 전략 제안   561
    7.1 설비의 성능목표와 종합성능평가 결과 분석   561
    7.2 보수·보강 등 대상설비 선정 시 고려사항   562
    7.3 보수·보강 등 대상설비 우선순위 선정   564
    7.4 보수·보강 등 유지관리 방법 및 전략   566
    7.5 보수·보강 등 유지관리 방안   567

제8장 | 종합결론   575
    8.1 성능평가 종합결론   576
    8.2 유지관리 시 특별한 관리가 요구되는 사항   576
    8.3 성능평가관련 기타사항   576

제1장 | 성능평가보고서 관련 지침 소개

> 철도시설의 정기점검등에 관한 지침 개요 [국토교통부고시 제2023-868호, 2023. 12. 22.]

제1조(목적) 이 지침은 「철도의 건설 및 철도시설 유지관리에 관한 법률」 제29조, 제31조, 제33조, 제33조의2, 같은 법 시행령 제26조, 제28조, 제31조 및 같은 법 시행규칙 제10조의2에 따라 철도시설에 대한 정기점검 및 정밀진단·성능평가의 실시 방법·절차, 정밀진단·성능평가 실시자에 대한 교육 및 정밀진단·성능평가 결과보고서의 평가 등에 필요한 사항을 정함을 목적으로 한다.

제2조(용어정의)
- "안전성"이란 철도시설의 요구조건하에서 인명의 사상, 철도시설의 손상과 손실을 방지하는 성능
- "내구성"이란 철도시설의 사용수명 동안 요구되는 기능을 유지시키기 위한 철도시설의 성능
- "사용성"이란 철도시설의 사용과 수요 측면에서 적절한 편의와 기능을 제공하는 성능
- "성능평가지수"란 성능평가항목의 평가결과와 중요도 가중치를 곱하여 계량화한 지수
- "성능평가등급"이란 성능평가지수를 활용하여 평가한 등급
- "정보통신분야 평가기관": 한국교통안전공단법」에 따른 한국교통안전공단

제5조(자료의 수집 등) 철도시설관리자는 정기점검 계획을 수립·시행하기 위하여 다음 각 호의 자료를 수집·분석하여야 한다.
1. 철도시설의 설계도서 및 시공 관련 자료
2. 철도시설의 정기점검, 긴급점검 및 정밀진단 결과
3. 철도시설의 보수·보강·증축·개량 및 교체공사 관련 자료
4. 철도시설의 성능평가 결과

제10조(정밀진단 일반)
① 정밀진단의 목적은 시설물의 물리적·기능적 결함을 발견하고, 그에 대한 신속하고 적절한 조치를 하기 위하여 구조적 안전성과 결함의 원인 등을 조사·측정·평가하여 보수·보강 등의 방법을 제시하는 데 있다.
② 철도시설관리자는 소관 철도시설에 대하여 영 제23조에 따른 시행계획에 따라 체계적이고 일관성 있는 정밀진단을 실시해야 한다.

제11조(성능평가 일반)
① 성능평가의 목적은 현장조사 및 각종 시험에 의해 철도시설의 성능을 종합적으로 평가하여 철도시설의 객관적인 현재의 상태와 장래의 성능 변화를 파악·예측하고 이를 통해 철도시설관리자가 보수·개량 등의 최적 시기 결정 등 합리적 유지관리 전략을 마련하는데 있다.
② 철도시설관리자는 소관 철도시설에 대하여 영 제23조에 따른 시행계획에 따라 체계적이고 일관성 있는 성능평가를 실시해야 한다.

제12조(정기점검 및 정밀진단과 성능평가의 관계)
① 철도시설관리자는 소관 철도시설에 대한 성능평가를 법 제29조 및 제31조에 따른 정기점검 및 정밀진단을 포함하여 실시하거나 성능평가 착수일을 기준으로 3년 이내에 완료된 최근의 정기점검·정밀진단 또는 다른 법령에 따른 점검·진단·검사 등의 결과를 활용할 수 있다.
② 철도시설관리자는 제1항에 따라 정기점검 및 정밀진단 결과를 활용하는 데 있어 그 자료가 부족한 때에는 관련된 과업을 추가하여 실시할 수 있다.

제13조(자료의 수집 등) 성능평가를 실시하는 자(이하 "성능평가실시자"라 한다)는 성능평가를 시행하기 위하여 제5조 각 호의 자료를 수집·분석하여야 한다.

제14조(정밀진단 및 성능평가 대상)
① 정밀진단 및 성능평가 대상 철도시설은 다음 각 호와 같이 구분한다.
1. 선로 및 건축시설: 구조물, 궤도시설, 건축물
2. 전기 및 통신설비: 전철전력설비, 신호제어설비, 정보통신설비

제16조(정밀진단 및 성능평가 실시계획의 수립)

① 철도시설관리자는 소관 철도시설에 대한 정밀진단 및 성능평가를 착수하기 전에 정밀진단 및 성능평가 실시계획을 수립하여야 한다.
② 제1항에 따른 정밀진단 및 성능평가 실시계획에는 다음 각 호의 사항이 포함되어야 한다.
1. 철도시설 정밀진단·성능평가 대상
2. 철도시설 정밀진단·성능평가실시자 및 세부일정
3. 철도시설 정밀진단·성능평가 기준 및 평가방법
4. 철도시설에 대한 성능목표 및 관리지표
5. 철도시설의 성능목표 달성 방법에 관한 사항
6. 결과보고서 작성 등 후속조치에 관한 사항

제17조(정밀진단 및 성능평가의 방법)

① 철도시설에 대한 정밀진단은 안전성으로 평가하고, 성능평가는 안전성, 내구성 및 사용성으로 구분하여 평가한다.
② 철도시설관리자는 별표 3 및 별표 4에 따른 평가항목·기준·방법에 따라 정밀진단 및 성능평가를 실시하여야 한다. 다만, 소관 시설의 특성 반영 등을 위해 필요한 경우에는 철도시설관리자가 별도의 평가기준·항목·방법을 정하여 성능평가를 실시할 수 있다.

제18조(정밀진단 및 성능평가 결과의 정리)

① 해당 철도시설에 대한 정밀진단 및 성능평가 결과를 별표 5에 따른 방법으로 제시하여야 한다.
② 개별 시설에 대한 정밀진단 및 성능평가 결과를 시설별, 노선별, 구간별로 구분하여 분석하고, 그 결과를 제시하여야 한다.
③ 성능평가 결과를 활용하여 보수·보강의 우선순위와 방법 등을 검토·분석하여 철도시설의 성능목표를 달성할 수 있는 합리적인 유지관리 전략을 제안하여야 한다.

제19조(정밀진단 및 성능평가 결과의 보고)

① 철도시설관리자는 별표 6의 표준목차에 따라 소관 철도시설에 대한 정밀진단 및 성능평가 결과보고서를 작성하고, 이를 관계 행정기관의 장에게 제출하여야 한다.
② 소관 철도시설에 대한 안전성 및 성능의 변화 추이를 분석하여 체계적이고 과학적인 유지관리 계획을 수립·시행할 수 있도록 제1항에 따른 정밀진단 및 성능평가 결과보고서를 보존하고 관리하여야 한다.

제20조(정밀진단 및 성능평가 결과의 조치)
① 소관 철도시설에 대해 제19조의 정밀진단 결과보고서에 따른 안전조치 및 보수·보강을 시행하여야 한다.
② 철도시설관리자는 소관 철도시설의 성능평가등급이 C(보통)등급 이하인 경우 해당 철도시설의 성능을 향상하기 위한 보수·보강 등 유지관리 계획을 수립·시행하여야 한다.
③ 철도시설관리자는 제1항에도 불구하고 소관 철도시설의 안전성, 내구성, 사용성 중 어느 하나 이상이 D(미흡)등급 이하인 경우에는 해당 철도시설의 해당 성능을 향상하기 위한 보수·보강 등 유지관리 계획을 수립·시행하여야 한다.

제36조(정밀진단 및 성능평가 결과보고서 평가등급 구분)
1. 적정: 해당 정밀진단 또는 성능평가 결과보고서에 대한 평가점수의 총점이 70점 이상이고, 중요평가항목의 평가점수 중 해당 항목 배점의 100분의 40 이하인 항목이 없는 경우
2. 미흡: 해당 정밀진단 또는 성능평가 결과보고서에 일부 미비점 등이 있어 보완이 필요하다고 인정되는 경우로서 평가점수의 총점이 65점 이상 70점 미만이거나, 중요평가항목의 평가점수 중 해당 항목 배점의 100분의 40 이하인 항목이 1개인 경우
3. 불량: 해당 정밀진단 또는 성능평가 결과보고서에 일부 불량하다고 인정되는 경우로서 평가점수의 총점이 60점 이상 65점 미만이거나, 중요평가항목의 평가점수 중 해당 항목 배점의 100분의 40 이하인 항목이 2개인 경우
4. 매우 불량: 해당 정밀진단 또는 성능평가 결과보고서에 실시결과가 전반적으로 불량하다고 인정되는 경우로서 평가점수의 총점이 60점 미만이거나, 중요평가항목의 평가점수 중 해당 항목 배점의 100분의 40 이하인 항목이 3개인 경우

[별표 6]-(2) 성능평가 결과보고서 표준목차
가. 서두
나. 성능평가 개요
다. 자료수집 및 분석
라. 성능목표 및 관리지표 선정
마. 철도시설의 평가부문별(안전성, 내구성, 사용성) 평가
바. 성능평가결과의 시설별, 노선별, 구간별 분석
사. 철도시설의 종합평가 결과
아. 철도시설의 유지관리 전략제안
자. 종합결론
차. 부록

[별지 2] 성능평가 결과보고서 (실시결과) 평가표			
평가항목	가중치 (%)	평가 점수	비고 (평가내용)
가. 평가계획 수립 및 보고서 체계의 적정성	5		
나. 자료수집 및 분석의 적정성	5		
다. 성능목표 및 관리지표 선정의 적정성	10		
라. 안전성 평가의 적절성	10		
마. 내구성 평가의 적절성	10		
바. 사용성 평가의 적절성	10		
사. 성능평가 결과의 시설별, 노선별, 구간별 분석의 적정성	15		
아. 종합평가 결과의 적정성	15		
자. 철도시설의 성능목표를 고려한 유지관리 전략 제안의 적정성	15		
차. 종합결론의 적정성	5		
평 가 점 수 (100점 만점)			

제2장 | 성능평가보고서 작성 도입부

2.1 서두
1) 성능진단 대상설비의 목표성능, 실시내역 및 결과에 대한 내용을 기술한다.
2) 참여기술진, 대상설비개요, 후속 보고서에 대한 목차를 기술한다.
 ① 제출문
 ② 목표성능 및 성능평가 결과표
  - 목표성능 대비 설비별, 구간별, 노선별 성능평가 결과
 ③ 참여 기술진 명단
 ④ 성능평가 실시결과 요약문 (설비별 책임기술자 종합의견)
 ⑤ 대상설비의 위치도 및 현황, 전경 및 부위별 사진
 ⑥ 대상설비의 분류코드 체계
 ⑦ 성능평가 보고서 목차

2.2 성능평가의 개요
1) 성능평가의 목적, 설비 개요 및 이력, 발주자와의 계약범위에 근거한 성능평가 과업범위 및 내용을 기술한다.

[철도시설의 정기점검등에 관한 지침]
제14조(정밀진단 및 성능평가 대상)
① 정밀진단 및 성능평가 대상 철도시설 구분 내역.
1. 선로 및 건축시설: 구조물, 궤도시설, 건축물
2. 전기 및 통신설비: 전철전력설비, 신호제어설비, 정보통신설비
② 체계적 수행 효율적관리위해 철도시설을 별표 1에 따른 분류체계 및 분류코드로 구분한다.
③ 철도시설관리자는 소관 철도시설의 특성을 고려, 대상 철도시설을 추가·수정·삭제할 수 있다.
④ 정밀진단 및 성능평가는 전수조사 또는 표본조사의 방법으로 실시한다.
⑤ 철도시설관리자는 제4항에 따라 표본조사를 실시하는 경우에는
- 해당 시설의 성능을 대표할 수 있도록 시설·전기·통계 등 관련 분야 전문가 의견 반영
- 다음 각 호를 고려하여 객관적이고 과학적인 기준에 따라 표본조사항목·방법·수량 등을 선정 정밀진단 및 성능평가 결과보고서에 표본조사 항목·방법·수량 등을 정한 근거를 명시.
1. 철도시설의 설치 환경, 설치 시기, 설치 제원 등을 대표할 수 있을 것
2. 일정한 간격을 두고 분포될 수 있도록 할 것
3. 분야별 철도시설 특성을 고려하여 전체 성능을 충분히 확인할 수 있도록 표본 수량 정할 것

2) 성능평가 수행 조직, 일정, 평가대상선정 기준, 장비 및 측정기기현황 등을 명시한다.
① 성능평가의 목적
② 설비의 개요 및 이력사항
③ 성능평가의 범위 및 과업내용
④ 성능평가 수행체계, 수행단계 및 수행일정
⑤ 표본조사 방법 (표본조사 시)
⑥ 사용장비 및 측정기기 현황

2.3 자료수집 및 분석

[철도시설의 정기점검등에 관한 지침]
제5조(자료의 수집 등) 철도시설관리자는 정기점검 계획을 수립·시행하기 위하여 다음 각 호의 자료를 수집·분석하여야 한다.
1. 철도시설의 설계도서 및 시공 관련 자료
2. 철도시설의 정기점검, 긴급점검 및 정밀진단 결과
3. 철도시설의 보수·보강·증축·개량 및 교체공사 관련 자료
4. 철도시설의 성능평가 결과
제13조(자료의 수집 등) 성능평가를 실시하는 자(이하 "성능평가실시자"라 한다)는 성능평가를 시행하기 위하여 제5조 각 호의 자료를 수집·분석하여야 한다.

[별표 2] 자료분석: 철도시설 정밀진단 및 성능평가 절차
■ 평가대상 시설에 대한 도면, 계산서 등 관련 자료를 수집·분석
– 설계도서·준공도서, 보수·보강·증축·개량공사 관련 자료각종 법령에 따라 실시한 과거 점검·점검·진단 및 성능평가 자료 등

1) 성능평가 대상설비의 현황, 수량, 특성과 기존 점검·진단·평가내용을 수집 분석한다.
2) 안전성, 사용성, 내구성 평가를 위한 속성 항목자료를 수집 분석 하고 아래 내용을 기술한다.
① 설비특성, 현황 및 수량
② 기존 점검·진단·평가 결과
③ 안전성능, 내구성능 및 사용성능 평가를 위한 자료수집 현황
④ 보수·보강·고장장애·교체 이력
⑤ 기타 관련자료

성능평가절차	성능평가 단계별 주요 내용
성능평가 대상선정	■ 철도시설 분류체계(대→중→소)에 따라 평가대상 시설을 선정, 전수 평가를 원칙 ■ 효율적인 평가를 위해 노선별, 시설별로 구분하여 시행 가능
⇩	
자료분석	■ 평가대상 시설에 대한 도면, 계산서 등 관련 자료를 수집·분석 - 설계도서·준공도서, 보수·보강·증축·개량공사 관련 자료, 과거 점검·성능평가 자료 등
⇩	
성능목표 설정	■ 평가대상 철도시설이 만족해야 할 성능목표를 설정 ■ 영 제23조에 따른 시행계획에서 철도시설의 종합적인 성능, 안전관리 목표, 예산여건 등을 고려하여 결정
⇩	
성능평가 시행	■ (개별시설 평가) 개별시설에 대한 성능평가지수, 성능평가등급 산정 ■ (결과분석) 시설별·노선별·구간별 성능평가지수·등급 산정 ■ (종합평가) 전체 시설에 대한 성능평가지수·등급을 산정하고, 성능평가지수가 낮은 시설·노선·구간을 제시하고 그 사유를 분석

개별시설 평가	결과분석	종합평가
■ 개별시설 안전성·내구성·사용성 평가 ■ 개별시설 성능평가 지수·등급 산정	■ 시설별·노선별·구간별 성능평가 지수·등급 산정	■ 전체시설 성능평가 지수·등급 산정 ■ 성능평가지수가 낮은 시설·노선·구간 제시
예) OO설비 = 2.9(C등급)	예) 통신 = 3.7(B등급) 경부선 = 2.8(C등급)	예) 국가철도= 3.3(C등급)

성능평가절차	성능평가 단계별 주요 내용
⇩	
유지관리 전략제안	■ C등급 이하 시설 보수·보강 방법 제시. 시설별·노선별 보수·보강 우선순위 검토 ■ 철도시설 성능목표를 달성을 위한 합리적인 유지관리 전략 제시
⇩	
종합결론	■ 성능평가 결과, 유지관리 시행방안(연차별 계획, 예산확보 등)

2.4 성능목표 및 관리지표 선정

2.4.1 성능목표 관련 기준

○ 목표설정 관련근거 기준 제시 예시.
1. 철도시설관리자와의 용역계약서, 과업수행계획서등에 의거 성능평가 목표 선정
2. 국토교통부고시 제 2020-976호 「제1차 철도시설 유지관리 기본계획(2021~2025)」

국가철도분야 목표성능지수 ('20년 → '25년)			종합성능 목표성능지수
종합	3.40	3.6	도시철도 3.8(B) 유지
정보통신	2.96	3.54	민자철도 4.4(B) 유지

철도시설의 정기점검등에 관한지침 [별표 5] 정밀진단 방법 및 종합 성능평가 방법
(1) 개별 철도시설에 대한 정밀진단은 안전성에 대해 평가결과를 기록하고, 평가등급을 부여한다.

성능평가 목표달성을 위한 관리지표를 설정하고 달성방안을 기술한다.
 ① 성능목표 설정 및 근거
 ② 성능목표 달성 방안
 ③ 성능목표 달성을 위한 관리지표

2.4.2 종합성능목표 등급부여 기준

종합성능평가 지수에 따른 종합성능평가 등급부여 기준

철도시설의 정기점검등에 관한지침 [별표 5] 정밀진단 방법 및 종합 성능평가 방법
(6) 철도시설 종합평가는 구간별로 성능평가지수와 성능평가등급을 평가하고, 이 평가한 결과를 바탕으로 노선별로 성능평가지수와 성능평가등급을 도출한다. 종합성능평가 지수에 따른 종합성능평가 등급부여 기준은 다음과 같다.

성능평가지수(E)	성능평가등급	성능 수준 및 유지관리 필요성
4.5≤ E ≤5.0	A(우수)	결함·손상이 없고 내구성능 저하 가능성 낮음
3.5≤ E <4.5	B(양호)	경미한 결함이 있는 상태로 진행여부를 지속 관찰
2.5≤ E <3.5	C(보통)	안전에는 지장이 없으나, 간단한 보수·보강 필요
1.5≤ E <2.5	D(미흡)	성능이 기준이 미치지 못해 긴급한 보수·보강 필요
1.0≤ E <1.5	E(불량)	심각한 결함이 있어 즉각 사용중단하고 보강·개축 필요

2.4.3 성능목표 선정
노선별 세분류별 성능목표 예시표

노선명	중분류	소분류	세분류	장치	성능목표[26]
A노선 A구간 A호선	선로설비	광케이블	광케이블	케이블코어	B
		동케이블	동케이블	케이블심선	B
		선로변 인터페이스			B
	전송설비	광전송설비	DWDM		B
			STM 4/16/64		B
			정류기	장치출력	B
			축전지	내부저항	B
	열차무선설비	LTE-R 중앙제어설비	중앙제어장치	서버	B
			관제조작반	서버	B
	~	~	~	~	~

2.4.4 성능목표 달성 방안
가. 성능평가 시 평가항목별 중요도에 따른 가중치 적용

성능평가는 평가항목별로 중요도를 감안하여 설비분류에 따라 평가지표별 가중치를 적용하며 가중치의 합이 100%가 되도록 한다. 또한, 성능평가 항목은 안전성, 내구성, 사용성으로 구성되며 항목별 가중치의 합이 100%가 되도록 산출한다.

평가항목	세부지표	평가기준	가중치
안전성 (70%)	평가지표 a		70%
	평가지표 b		10%
	평가지표 c		20%
내구성 (20%)	평가지표 d		30%
	평가지표 e		50%
	평가지표 f		20%
사용성 (10%)	평가지표 g		100%

각 성능항목별 가중치 합=100

안전성+내구성+사용성=100

---

[26] 성능목표 수준은 국토교통부고시 제 2020-976호, 계약서 등에 의해 시설관리자(발주자)와 협의 후 설정.

나. 평가항목별 주요소 및 보조요소 가중치 적용

① 평가항목별 주요소 및 보조요소 구성요소
- 평가 부분에 영향을 미치는 정도에 따라 각각의 평가항목은 주요소와 보조요소의 진단항목으로 가중치를 적용하여 평가에 반영하며 평가항목별 주요소 및 보조요소는 다음 표와 같다.

평가항목	주요소	보조요소
안전성	열화·절연(A), 마모(B)	외관(C), 운행횟수(F), 고장장애횟수(G)
내구성	외관(C), 내용연수/사용횟수(D), 설치환경(E)	마모(B), 고장장애횟수(G)
사용성	고장장애횟수(G), 제품단종(H), 설비용량(I), 운행횟수(F)	설치환경(E)

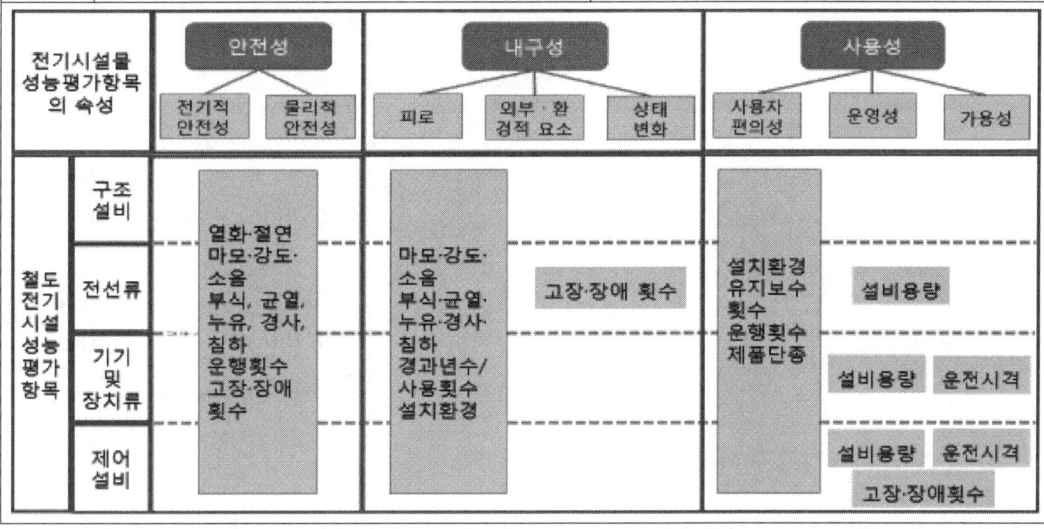

② 주요소와 보조요소의 가중치
- 정보통신분야 설비는 주요소와 보조요소의 가중치가 다음과 같다.

구분	열화절연	마모강도	외관	내용연수/사용횟수	설치환경	운행회수	고장장애횟수	제품단종	설비용량
안전성	100	70	30	0	0	30	20	0	0
내구성	0	30	70	100	70	0	20	0	0
사용성	0	0	0	0	30	70	60	100	100

다. 평가진단 항목별 가중치 부여방법

설비별 진단항목에 따른 평가점수는 1~5점이며 항목별 가중치(%)를 아래 표와 같이 평가점수에 반영하며 평가항목별 평가점수와 종합평가점수의 산출식은 다음과 같다.

① 진단항목별 가중치 부여방법

진단항목	평가점수(1~5)	가중치(%)	가중치 반영 평가점수	평가요소
열화·절연	A	a	(A*a)/100	안전성
마모·강도	B	b	(B*b)/100	안전성 내구성
외관	C	c	(C*c)/100	내구성 안전성
내용연수/사용횟수	D	d	(D*d)/100	내구성
설치환경	E	e	(E*e)/100	내구성 사용성
운행횟수	F	f	(F*f)/100	사용성 안전성
고장·장애횟수	G	g	(G*g)/100	사용성 내구성 안전성
제품단종	H	h	(H*h)/100	사용성
설비용량	I	i	(I*i)/100	사용성
합계		100%	1~5(점수)	

② 안전성의 평가점수 산출식

$$\frac{(A \times a)+(B \times b \times 0.7)+(C \times c \times 0.3)+(F \times f \times 0.3)+(G \times g \times 0.2)}{a+(b \times 0.7)+(c \times 0.3)+(f \times 0.3)+(g \times 0.2)}$$

③ 내구성의 평가점수 산출식

$$\frac{(D \times d)+(C \times c \times 0.7)+(E \times e \times 0.7)+(B \times b \times 0.3)+(G \times g \times 0.2)}{d+(c \times 0.7)+(e \times 0.7)+(b \times 0.3)+(g \times 0.2)}$$

④ 사용성의 평가점수 산출식

$$\frac{(H \times h)+(I \times i)+(F \times f \times 0.7)+(G \times g \times 0.6)+(E \times e \times 0.3)}{h+i+(f \times 0.7)+(g \times 0.6)+(e \times 0.3)}$$

⑤ 종합 평가점수 산출식 - 성능평가지수(p)

성능평가지수(p) =
Σ{(선로설비 평가점수 × 중분류가중치) + (전송설비 평가점수 × 중분류가중치) + (열차무선설비 평가점수 × 중분류가중치) + (전화교환설비 평가점수 × 중분류가중치) + (역무통신평가점수 × 중분류가중치) + (영상설비 평가점수 × 중분류가중치) + (역무자동화설비 평가점수 × 중분류가중치)}

라. 성능지수 및 등급 산정

성능평가지수(E)	성능평가등급	성능 수준 및 유지관리 필요성
4.5≤ E ≤5.0	A(우수)	결함·손상이 없고 내구성능 저하 가능성 낮음
3.5≤ E <4.5	B(양호)	경미한 결함이 있는 상태로 진행여부를 지속 관찰
2.5≤ E <3.5	C(보통)	안전에는 지장이 없으나, 간단한 보수·보강 필요
1.5≤ E <2.5	D(미흡)	성능이 기준이 미치지 못해 긴급한 보수·보강 필요
1.0≤ E <1.5	E(불량)	심각한 결함이 있어 즉각 사용중단하고 보강·개축 필요

마. 다수의 성능평가 진단항목에 대한 평가점수 적용

성능평가 진단항목이 열화·절연, 마모·강도, 내용연수/사용횟수 등 다수의 항목으로 구성된 경우, 각각의 평가점수 중에서 최젓값을 항목 평가점수로 적용한다.

2.4.5 성능목표 달성을 위한 관리지표

가. 관리지표 운용을 위한 항목 정의

정밀진단 및 성능평가에 사용되는 관리지표는 열화·절연영역과 속성 영역으로 구분할 수 있으며, 관리지표로 사용되는 항목은 다음과 같다.

NO	항목	정의	비고
1	모듈검사	정보통신의 설비의 고유 기능을 확인하기 위하여 이원화된 모듈에 대하여 절체 시험 전, 중간과정, 완료, 전 과정에서 기능동작을 확인	열화·절연영역
2	NMS/EMS검사	설비를 관리하는 NMS/EMS 기능을 이용하여 설비의 활용률과 기간 내 고장·장애발생 이력을 조사하여 진단	
3	BER측정	전송장비의 전반적인 성능 확인을 위하여 광 인터페이스에 대하여 BER 상태를 검사하여 전송장비의 전반적인 노후정도를 간접적으로 판단하기 목적이 있다.	
4	절연저항	시설물의 절연상태를 파악하여 그때에 흐르는 누설전류를 측정함으로써 시설물에 대한 절연성능 및 안전성 여부를 판단한다.	
5	저항·전압	밀폐형 납축전지에 대한 점검으로 "셀 내부저항" 측정하여 초기보다 상승상태를 확인하여 열화정도를 평가한다.	
6	열상측정	열화상 장치로 측정하여 부식, 열화, 누전 등으로 인한 장치의 저항 증대로 발생된 발열을 점검하여 이상부분 감시하는 데 목적이 있다.	

7	손실측정	광케이블의 전반적인 성능 확인을 위하여 구간별(OFD간) 광코어에 대하여 광손실 상태를 검사하여 장시간 사용으로 인한 광섬유의 노후정도를 간접적으로 판단하는 데 목적이 있다.	
8	영상확인	사고발생에 따른 영상검색 시 영상화질열화로 인하여 내용인지가 불가하므로, 이를 사전 파악하기 위하여 진단대상 카메라로 촬영된 영상을 육안검사	
9	전계강도	RF교통카드단말기는 광역전철구간 안정적인 수입금 확보를 위한 것으로, RF교통카드단말기 센서의 민감도를 측정	
11	부식검사	금속이 그 표면에서 화학적 또는 전기적으로 산화 또는 변질되어 가는 것이고 균열이란 열적 또는 기계적 응력 때문에 일어나는 국부적인 파단에 의해 생기는 틈 또는 불연속부 검사	외관
12	내용연수/사용횟수	어떤 시설물이나 부품이 그 기능을 상실할 때까지의 기간을 말한다.	속성영역
13	설치환경	시설물의 외적내구성 노후화에 영향을 미치는 청정, 염해 공해 등 주변 환경조건을 평가한다.	
14	운행횟수	열차 1일 편도 운행 횟수에 의한 시설물 상태 및 서비스수준 평가	
15	고장·장애 횟수	전기적, 물리적 특성변화로 발생한 고장횟수를 말한다.	
16	제품단종	수리 또는 교체할 수 있는 제품의 생산여부로서 부품 또는 설비의 생산중단으로 고장발생 시 대체, 교체가 불가한지에 대하여 평가	
17	설비용량	예기치 못한 사고와 고객 수요증가에 따른 서비스 수준 및 공급 능력을 사용율 또는 예비율 등을 통하여 평가한다.	

나. 가중치 적용기준 선정

철도시설의 정기점검등에 관한지침 [별표 5] 정밀진단 방법 및 종합 성능평가 방법
(4) 성능평가시 활용되는 중요도는 철도시설물의 서비스 제공에 영향을 미치는 정도를 말하며, 객관성을 확보하고 있는 전문가 10인 이상이 참여하는 계층화 분석법(Analytic Hierarchy Process, AHP)을 사용하여 결정한다. 개별시설 내에서 활용하는 중요도는 시설관리자 중에서 선정한 전문가들을 활용하여 AHP 분석방법으로 결정한다. 다만, AHP 분석이 적절치 않을 경우 전문가의 협의와 시설관리자의 참여하에 가중치를 결정할 수 있다.

① 대분류 가중치
- 구조물, 궤도시설, 건축물, 전철전력, 신호제어, 정보통신으로 구분되는 6개 분야에 대한 가중치로 국토부에서 별도의 전문가 AHP(Analytic Hierarchy Process) 분석을 통하여 수행한다.

② 중분류 가중치
- 선로설비, 전송설비, 무선설비, 전화교환설비, 역무통신설비, 영상설비, 역무자동화설비로 구분되는 7개 중분류 설비에 대하여 다음과 같은 가중치를 적용한다.

노선	중 분 류	가중치 관리지표	합계
A노선 A구간 A호선	선로설비	0.23	1.00
	전송설비	0.31	
	열차무선설비	0.20	
	전화교환설비	0.07	
	역무통신설비	0.06	
	영상감시설비	0.06	
	역무자동화설비	0.07	

③ 소분류 가중치
- 정밀진단 및 속성진단 항목에 대한 평가점수를 반영한 16개 소분류에 대한 가중치는 다음과 같이 적용한다.

중분류	소분류	가중치	합계
선로설비	동케이블	0.19	1.00
	광케이블	0.61	
	선로변 통합인터페이스 통신설비	0.20	
전송설비	광전송설비	1.00	1.00
열차무선설비	LTE-R 중앙 제어설비	0.35	1.00
	LTE-R 기지국 장치	0.35	
	열차무선 방호장치	0.15	
	재난방송 수신설비	0.15	
전화교환설비	전화교환기	1.00	1.00
역무용통신설비	여객안내설비	0.46	1.00
	자동안내방송설비	0.54	
영상설비	여객관리용 영상설비	0.62	1.00
	시설감시용 영상설비	0.38	
역무자동화설비	전산장치	0.65	1.00
	발매기	0.17	
	게이트	0.18	

④ 세분류 설비별 가중치

노선	중분류	소분류	세분류	가중치 관리지표	합계
A노선 A구간 A호선	선로설비	광케이블	광케이블	100	100
		동케이블	동케이블	100	100
		선로변 통합 인터페이스 통신		100	100
	전송설비	광전송 설비	DWDM	25	100
			STM 4/16/64	40	
			정류기	25	
			축전지	10	
	열차 무선설비	LTE-R 중앙 제어설비	주제어설비	90	100
			관제조작반	10	
		LTE-R 기지국장치	DU	50	100
			RRU	50	
		열차무선 방호장치	중앙장치	20	100
			자동점검시스템	20	
			중계 장치	30	
			케이블안테나	30	
		재난방송 수신설비	주중계장치	50	100
			보조중계장치	50	
	전화교환 설비	전화 교환기	전자교환기	60	100
			관제전화주장치	40	
	역무통신 설비	여객 안내설비	중앙제어설비	50	100
			역서버	30	
			표시기	20	
		방송설비	자동안내방송주장치	50	100
			관제원격방송주장치	50	
	영상설비	여객 관리용 영상설비	영상저장장치	25	100
			영상운영장치	20	
			카메라	25	
			UPS	20	
			축전지	10	
		시설 감시용 영상설비	영상저장장치	40	100
			영상운영장치	30	
			카메라	30	
	역무자동화 설비	전산장치	중앙전산기	60	100
			역단위전산기	40	
		발매기	1회용발매/교통카드충전기	40	100
			교통카드무인/정산충전기	30	
			보증금환급기	30	
		게이트	자동 개·집표기	100	100

다. 세분류설비 진단항목별 관리지표

세분류에 따른 진단항목별 가중치는 다음과 같은 비율(%)로 반영하며, 정밀진단 및 성능평가 진단항목이 열화·절연, 마모·강도, 내용연수/사용횟수 등 다수의 항목으로 구성된 경우, 각각의 평가점수 중에서 최젓값을 항목 평가점수로 적용한다.

중분류	소분류	세분류	열화·절연	마모·강도	외관	내용연수	설치환경	운행횟수	고장장애횟수	제품단종	설비용량
선로설비	광케이블	광케이블	40	-	-	30	10	10	-	-	10
	동케이블	동케이블	40	-	-	30	10	10	-	-	10
		선로변 통합 인터페이스 통신	-	-	30	30	10	10	10	10	-
전송설비	광전송설비	DWDM	40	-	-	20	-	10	10	10	10
		STM 4/16/64	40	-	-	20	-	10	10	10	10
		정류기	30	-	10	20	-	10	10	10	10
		축전지	40	-	10	30	-	10	-	10	-
무선설비	LTE-R 중앙제어설비	주제어설비	40	-	-	30	-	10	10	10	-
		관제조작반	40	-	-	30	-	10	10	10	-
	LTE-R 기지국장치	DU	40	-	-	30	-	10	10	10	-
		RRU	20	-	10	30	10	10	10	10	-
	열차무선방호장치	중앙장치	40	-	-	30	-	10	10	10	-
		자동점검시스템	40	-	-	30	-	10	10	10	-
		중계 장치	30	-	-	30	10	10	10	10	-
		케이블안테나	30	-	-	50	10	10	-	-	-
	재난방송수신설비	주중계장치	40	-	-	30	-	10	10	10	-
		보조중계장치	20	-	10	30	10	10	10	10	-
전화교환설비	전화교환기	전자교환기	40	-	-	20	-	10	10	10	10
		관제전화주장치	40	-	-	30	-	10	10	10	-
역무통신설비	여객안내설비	중앙제어설비	40	-	-	30	-	10	10	10	-
		역서버	30	-	-	40	-	10	10	10	-
		표시기	20	-	10	30	10	10	10	10	-
	방송설비	자동안내방송주장치	40	-	-	30	-	10	10	10	-
		관제원격방송주장치	40	-	-	30	-	10	10	10	-
영상설비	여객관리용영상설비	영상저장장치	20	-	-	40	-	10	10	10	10
		영상운영장치	30	-	-	40	-	10	10	10	-
		카메라	20	-	-	40	10	10	10	-	10
		UPS	30	-	10	20	-	10	10	10	10
		축전지	40	-	10	30	-	10	-	10	-
	시설감시용영상설비	영상저장장치	20	-	-	40	-	10	10	10	10
		영상운영장치	30	-	-	40	-	10	10	10	-
		카메라	20	-	-	40	10	10	10	-	10
역무자동화설비	전산장치	중앙전산기	40	-	-	30	-	10	10	10	-
		역단위전산기	40	-	-	30	-	10	10	10	-
	발매기	1회용발매/교통카드충전기	20	-	-	40	10	10	10	10	-
		교통카드무인/정산충전기	20	-	-	40	10	10	10	10	-
		보증금환급기	20	-	-	40	10	10	10	10	-
	게이트	자동 개·집표기	30	-	-	30	10	10	10	10	-

라. 설비의 유형분류 및 가중치 적용

정보통신설비 및 전자분야 설비는 다음과 같이 4개의 설비로 분류하며 설비별 평가항목에 대한 가중치(%) 적용은 아래 표와 같다.

대분류	전선류			기기 및 장치			제어설비		
	안전성	내구성	사용성	안전성	내구성	사용성	안전성	내구성	사용성
정보통신	57	27	16	62	21	18	60	15	25

마. 기타사항

철도시설관리자(국가철도공단, 교통공사등 발주자)별 설비특수성을 반영하여 발주자와 협의하여 관리지표를 선정한다.

2.5 평가대상 표본조사 대상 선정

> 철도시설의 정기점검등에 관한지침 표본대상 선정방법
> 제14조(정밀진단 및 성능평가 대상)
> ④ 정밀진단 및 성능평가는 전수조사 또는 표본조사의 방법으로 실시한다.
> ⑤ 철도시설관리자는 제4항에 따라 표본조사를 실시하는 경우에는 해당 철도시설의 성능을 대표할 수 있도록 시설·전기·통계 등 관련 분야 전문가 의견을 반영하고, 다음 각 호를 고려하여 객관적이고 과학적인 기준에 따라 표본조사 항목·방법·수량 등을 정하여야 하며, 정밀진단 및 성능평가 결과보고서에 표본조사 항목·방법·수량 등을 정한 근거를 명시하여야 한다.
> 1. 철도시설의 설치 환경, 설치 시기, 설치 제원 등을 대표할 수 있을 것
> 2. 일정한 간격을 두고 분포될 수 있도록 할 것
> 3. 분야별 철도시설 특성을 고려하여 전체 성능을 충분히 확인할 수 있도록 표본 수량을 정할 것

성능평가 대상설비 샘플링 수량 기준[27]

중분류	소분류	세분류	유형분류	샘플 적용 방법
선로설비	광케이블	광케이블	케이블	전수(통신기기실, 상선/하선각각 예비 1코어)
	동케이블	동케이블	케이블류	상행방향/하행방향(통신기기실)
		선로변 통합인터페이스 통신설비	통신설비	전수
전송설비	광전송설비	DWDM	통신설비	전수
		STM 4/16/64	통신설비	전수
		정류기	통신설비	전수
		축전지	통신설비	전수

---

[27] 국가철도공단 전기설비성능평가에관한 세부기준(정보통신분야 Rev.1 23.11) - 1.5 성능평가대상설비 샘플링수량기준 적용

무선설비	LTE-R 중앙제어설비	중앙제어장치	통신설비	전수
		관제조작반	통신설비	전수
	LTE-R 기지국장치	DU	통신설비	전수
		RRU	통신설비	전수
무선설비	무선방호장치	중앙장치	통신설비	전수
		자동점검시스템	통신설비	전수
		중계 장치	통신설비	전수
		케이블안테나	케이블류	전수 (케이블안테나 조장마다 1개소)
	재난방송 수신설비	주중계장치	통신설비	전수
		보조중계장치	통신설비	전수
역무용 통신설비	전화 교환기	전자교환기	통신설비	전수(노선단위)
		관제 전화 주장치	통신설비	전수
	여객안내설비	중앙제어설비	통신설비	전수(노선단위)
		역서버	통신설비	전수
		표시기	통신설비	샘플링(동일노선 타는 곳마다 1개소)
	방송설비	자동안내방송 주장치	통신설비	전수
		관제원격방송 주장치	통신설비	전수
영상설비	여객관리용 영상설비	영상저장장치	통신설비	전수
		영상운영장치	통신설비	전수
		카메라	통신설비	샘플링(동일개소 25%)
		UPS	통신설비	전수
		축전지	통신설비	전수
영상설비	시설감시용 영상설비	영상저장장치	통신설비	전수(노선단위)
		영상운영장치	통신설비	전수(노선단위)
		카메라	통신설비	샘플링(동일개소 25%)
역무 자동화 설비	전산장치	중앙전산기	통신설비	전수
		역단위전산기	통신설비	전수(노선단위)
	발매기	1회용 발매/교통카드 충전기	통신설비	전수
		교통카드 무인/정산충전기	통신설비	전수
		보증금 환급기	통신설비	전수
		자동개·집표기	통신설비	게이트 설치개소마다 2개 통로

제3장 | 안전성 부문평가

"안전성"28)이란 철도시설의 요구조건하에서 인명의 사상, 철도시설의 손상과 손실을 방지하는 성능을 말한다.

3.1. 안전성평가 관련자료 수집
가. 설비별 안전성능 측정항목 검토

대상설비		세분류	안전성능			
			정밀진단		속성진단	
			열화·절연	외관	운행횟수	고장장애횟수
선로설비		광케이블	◎		◎	
		동케이블	◎		◎	
		선로변 인터페이스 통신설비		◎	◎	◎
전송설비	광전송설비	DWDM	◎		◎	◎
		STM 4/16/64	◎		◎	◎
		정류기	◎	◎	◎	◎
		축전지	◎	◎	◎	
열차무선	LTE-R 중앙제어설비	중앙제어장치	◎		◎	◎
		관제조작반	◎		◎	◎
	LTE-R 기지국설비	DU	◎		◎	◎
		RU	◎	◎	◎	◎
	열차무선 방호장치	중앙장치	◎		◎	◎
		자동점검시스템	◎		◎	◎
		중계 장치	◎		◎	◎
		케이블안테나	◎		◎	
	재난방송 수신설비	주중계장치	◎		◎	◎
		보조중계장치	◎	◎	◎	◎
전화교환설비	전화교환기	전자교환기	◎		◎	◎
		관제전화주장치	◎		◎	◎

---
28) 철도시설의 정기점검등에 관한지침 용어 정의

역무통신설비	여객안내설비	중앙제어설비	◎		◎	◎
		역서버	◎		◎	◎
		표시기	◎	◎	◎	◎
	방송설비	자동안내방송 주장치	◎		◎	◎
		관제원격방송 주장치	◎		◎	◎
영상설비	여객관리용 영상설비	영상저장장치	◎		◎	◎
		영상운영장치	◎		◎	◎
		카메라	◎		◎	◎
		UPS	◎	◎	◎	◎
		축전지	◎	◎	◎	
	시설감시용 영상설비	영상저장장치	◎		◎	◎
		영상운영장치	◎		◎	◎
		카메라	◎		◎	◎
역무자동화설비	전산장치	중앙전산기	◎		◎	◎
		역단위전산기	◎		◎	◎
	발매기	1회용 발매/교통카드충전기	◎		◎	◎
		교통카드 무인정산/충전기	◎		◎	◎
		보증금환급기	◎		◎	◎
	게이트	자동개·집표기	◎		◎	◎

나. 속성진단 평가기준

가중치(%)	평가점수	운행횟수 평가기준	고장장애횟수 평가기준
a	5	일편도 50회 미만	발생없음
b	4	일편도 50회~150회 미만	직전년도 1회
c	3	일편도 150회~300회 미만	직전년도 2회
d	2	일편도 300회~500회 미만	직전년도 3회
e	1	일편도 500회 이상	직전년도 4회 이상

✓ 운행횟수 평가: 열차의 일편도 정거장 통과횟수를 기준으로 평가한다.
✓ 고장장애횟수 평가: 전기적, 물리적 특성변화로 발생한 고장횟수를 말하며 직전년도 고장장애횟수를 확인하여 평가한다. (TNMS, ERP등의 고장장애 정보 활용)

다. 정밀진단 현장측정 및 시험 결과분석

① 안전성능 평가는 절연·열화 등 전기적 특성, 마모·강도 등 물리적 특성, 고장장애 횟수 등을 종합적으로 검토하여 평가

② 안전성능 평가기준
- 평가 항목은 주요소와 보조요소의 진단항목으로 가중치를 적용하여 평가

평가항목	주요소	보조요소
안전성	열화·절연, 마모	외관, 운행횟수, 고장장애횟수

③ 안전성 가중치 기준
- 주요소와 보조요소의 가중치는 안전성 및 내구성, 사용성 등을 고려하여 적용

구 분	열화 절연	마모 강도	외관	내용연수/ 사용횟수	설치 환경	운행 횟수	고장장애횟수	제품 단종	설비 용량
안전성	100	70	30	-	-	30	20	-	-

3.2. 세분류별 설비 안전성 평가 예시

세분류단위 설비별 (단위기기 및 단위구간) 안전성평가대상 현장진단항목(열화절연, 마모강도, 외관)과 속성항목(내용연수, 운행횟수)의 값을 표에 반영하여 작성한다.

철도시설의 정기점검등에 관한지침 [별표 5] 정밀진단 방법 및 종합 성능평가 방법
(4) 성능평가시 활용되는 중요도는 철도시설물의 서비스 제공에 영향을 미치는 정도를 말하며, 객관성을 확보하고 있는 전문가 10인 이상이 참여하는 계층화 분석법(Analytic Hierarchy Process, AHP)을 사용하여 결정한다. 개별시설 내에서 활용하는 중요도는 시설관리자 중에서 선정한 전문가들을 활용하여 AHP 분석방법으로 결정한다. 다만, AHP 분석이 적절치 않을 경우 전문가의 협의와 시설관리자의 참여하에 가중치를 결정할 수 있다.

3.2.1 세분류 설비별 안전성 평가결과 집계표 예시

대상설비		안전성지수	등급	대상설비		안전성지수	등급
광케이블		1~5	A~E	전화교환기	전자교환기	1~5	A~E
동케이블		1~5	A~E		관제전화주장치	1~5	A~E
선로변통합인터페이스통신설비		1~5	A~E	여객 안내설비	중앙제어설비	1~5	A~E
광전송 설비	DWDM	1~5	A~E		역서버	1~5	A~E
	STM 4/16/64	1~5	A~E		표시기	1~5	A~E
	정류기	1~5	A~E	방송설비	자동안내방송주장치	1~5	A~E
	축전지	1~5	A~E		관제원격방송주장치	1~5	A~E
LTE-R 기지국설비	DU	1~5	A~E	시설감시용 영상설비	영상저장장치	1~5	A~E
	-	-	-		영상운영장치	1~5	A~E
-	-	-	-		-	-	-

3.2.2 세분류 설비별 안전성 평가결과 예시
가. 선로설비 안전성 평가
① 광케이블 및 동케이블

구간별			평가점수	열화/절연	운행횟수
광케이블	#A 케이블 #3Core	AA역~BB역	X	1~5	1~5
	#A 케이블 #12Core	BB역~CC역	Y	1~5	1~5
	평 균		Avg(X+Y)	Avg( )	Avg( )
동케이블	#A 케이블 #3심선	AA역~BB역	X	1~5	1~5

② 선로변 통합인터페이스 통신설비 안전성 평가

설비		위치(키로정)	평가점수	외관	운행횟수	고장장애횟수
선로변통합 인터페이스 통신설비	연선전화 #2	AA노선 BB역	X	1~5	1~5	1~5
	연선전화 #3	AA노선 BB역	Y	1~5	1~5	1~5
	평 균		Avg(X+Y)	Avg( )	Avg( )	Avg( )

나. 광전송설비 안전성 평가
① DWDM 및 STM 설비

설비명	설치장소	구 분	평가점수	열화/절연	운행횟수	고장장애 횟수
DWDM	AA역	# 1 남부링	X	1~5	1~5	1~5
	BB역	# 1 남부링	Y	1~5	1~5	1~5
	평 균		Avg(X+Y)	Avg( )	Avg( )	Avg( )
STM 16	AA역	AA노선 BB역	Z	1~5	1~5	1~5

② 정류기 설비

설비명	설치장소	평가점수	열화/절연	외관	운행횟수	고장장애 횟수
정류기	AA역	Y	1~5	1~5	1~5	1~5

③ 축전지 설비

설비명	설치장소	평가점수	열화절연	외관	운행횟수
축전지	AA역	Y	1~5	1~5	1~5

다. 열차무선설비 안전성 평가
① LTE-R 중앙제어장치 및 관제조작반

설비명		설치장소	평가점수	열화/절연	운행횟수	고장장애횟수
LTE-R 중앙제어설비	EPC #1	AA 관제센터	X	1~5	1~5	1~5
	EPC #2	AA 관제센터	Y	1~5	1~5	1~5
	평 균		Avg(X+Y)	Avg( )	Avg( )	Avg( )
관제조작반		AA 관제센터	Z	1~5	1~5	1~5

② LTE-R 기지국 설비 DU

설비명	설치장소(키로정)	평가점수	열화/절연	운행횟수	고장장애횟수
DU #1	AA노선 BB역	Y	1~5	1~5	1~5

③ LTE-R 기지국 설비 RRU

설비명	설치장소(키로정)	평가점수	열화/절연	외관(부식)	운행횟수	고장장애횟수
RRU #1	AA노선 BB역	Y	1~5	1~5	1~5	1~5

④ 열차무선방호장치 중앙장치 / 자동점검시스템 / 중계장치

설비명	설치장소(키로정)	평가점수	열화/절연	운행횟수	고장장애횟수
열차무선방호장치 중앙장치 #1	AA노선 BB역	X	1~5	1~5	1~5
열차무선방호장치 자동점검시스템 #1	AA노선 BB역	Y	1~5	1~5	1~5

⑤ 열차무선방호장치 케이블안테나

설비명	설치장소	키로정	평가점수	열화/절연	운행횟수
케이블안테나	AA노선 BB터널	-	Y	1~5	1~5

⑥ 재난방송수신설비 주중계장치

설비명	설치장소	구분	평가점수	열화/절연	운행횟수	고장장애횟수
주중계장치	AA노선 BB역		Y	1~5	1~5	1~5

⑦ 재난방송수신설비 보조중계장치

설비명	설치장소(키로정)	구분	평가점수	열화/절연	부식검사	운행횟수	고장장애횟수
보조중계장치	AA노선 BB역		X	1~5	1~5	1~5	1~5
	AA노선 CC역		Y	1~5	1~5	1~5	1~5
	평 균		Avg(X+Y)	Avg( )	Avg( )	Avg( )	Avg( )

라. 전화교환설비 안전성 평가

① 전자교환기

설비명	설치장소	구분	평가점수	열화/절연	운행횟수	고장장애횟수
전자교환기	AA노선 BB역		Y	1~5	1~5	1~5

② 관제전화주장치

설비명	설치장소	평가점수	열화/절연	운행횟수	고장장애횟수
관제전화주장치	AA노선 #1관제센터	Y	1~5	1~5	1~5

마. 역무용 통신설비 안전성 평가

① 여객안내설비 중앙제어설비, 역서버

설비명	설치장소	평가점수	열화/절연	운행횟수	고장장애횟수
중앙제어설비	AA노선 관제센터 #1	X	1~5	1~5	1~5
	AA노선 관제센터 #2	Y	1~5	1~5	1~5
	평 균	Avg(X+Y)	Avg( )	Avg( )	Avg( )
역서버	AA노선 BB역	X	1~5	1~5	1~5
	AA노선 CC역	Y	1~5	1~5	1~5
	AA노선 DD역	Z	1~5	1~5	1~5
	평 균	Avg(X+Y+Z)	Avg( )	Avg( )	Avg( )

② 여객안내설비 표시기

설비명	설치장소	구분	평가점수	열화/절연	부식검사	운행횟수	고장장애횟수
표시기	AA노선 BB역 대합실	#1	X	1~5	1~5	1~5	1~5
	AA노선 BB역 대합실	#2	Y	1~5	1~5	1~5	1~5
	평 균		Avg(X+Y)	Avg( )	Avg( )	Avg( )	Avg( )

③ 방송설비 자동안내방송 주장치, 관제원격방송 주장치

설비명	설치장소	평가점수	열화/절연	운행횟수	고장장애횟수
관제원격방송 주장치	AA노선 BB역 #1	X	1~5	1~5	1~5
	AA노선 BB역 #2	Y	1~5	1~5	1~5
	평 균	Avg(X+Y)	Avg( )	Avg( )	Avg( )
자동안내방송 주장치	AA노선 BB역	X	1~5	1~5	1~5

바. 영상설비 안전성 평가

① 여객관리용 영상설비 영상저장장치, 시설감시용 영상설비 영상저장장치

설비명	설치장소	구분	평가점수	열화/절연	운행횟수	고장장애횟수
영상저장장치	AA역	#1	X	1~5	1~5	1~5
	AA역	#2	Y	1~5	1~5	1~5
	평 균		Avg(X+Y)	Avg( )	Avg( )	Avg( )

② 여객관리용 영상설비 영상운영장치, 시설감시용 영상설비 영상운영장치

설비명	설치장소	구분	평가점수	열화/절연	운행횟수	고장장애횟수
영상운영장치	AA관제센터	#1	X	1~5	1~5	1~5
	AA관제센터	#2	Y	1~5	1~5	1~5
	평 균		Avg(X+Y)	Avg( )	Avg( )	Avg( )

③ 여객관리용 영상설비 카메라, 시설감시용 영상설비 카메라

설비명	설치장소	구분	평가점수	열화/절연	운행횟수	고장장애횟수
카메라	AA노선 BB역	#1	X	1~5	1~5	1~5
	AA노선 BB역	#2	Y	1~5	1~5	1~5
	AA노선 BB역	#5	Z	1~5	1~5	1~5
	평 균		Avg(X+Y+Z)	Avg( )	Avg( )	Avg( )

④ 여객관리용 영상설비 UPS

설비명	설치장소	평가점수	열화/절연	부식검사	운행횟수	고장장애횟수
UPS	AA노선 BB역	X	1~5	1~5	1~5	1~5
	AA노선 BB역	Y	1~5	1~5	1~5	1~5
	평 균	Avg(X+Y)	Avg( )	Avg( )	Avg( )	Avg( )

⑤ 여객관리용 영상설비 축전지

설비명	설치장소	구분	평가점수	열화/절연	부식검사	운행횟수
축전지	AA노선 BB역	#1	X	1~5	1~5	1~5
	AA노선 BB역	#2	Y	1~5	1~5	1~5
	평 균		Avg(X+Y)	Avg( )	Avg( )	Avg( )

사. 역무자동화설비 안전성 평가

① 전산장치 중앙전산기, 역단위전산기

설비명	설치장소	구분	평가점수	열화/절연	운행횟수	고장장애횟수
중앙전산기	AA노선 BB역		X	1~5	1~5	1~5
역단위전산기	AA노선 BB역		Y	1~5	1~5	1~5

② 발매기 1회용발매/교통카드충전기, 교통카드무인/정산충전기, 보증금환급기

설비명	설치장소	평가점수	열화/절연	운행횟수	고장장애횟수
1회용 교통카드 발매/충전기	AA노선 BB역 #1	X	1~5	1~5	1~5
	AA노선 BB역 #3	Y	1~5	1~5	1~5
	평 균	Avg(X+Y)	Avg( )	Avg( )	Avg( )
교통카드정산/충전기	AA노선 BB역 #1	X	1~5	1~5	1~5
	AA노선 BB역 #3	Y	1~5	1~5	1~5
	평 균	Avg(X+Y)	Avg( )	Avg( )	Avg( )
보증금환급기	AA노선 BB역 #1	X	1~5	1~5	1~5
	AA노선 BB역 #3	Y	1~5	1~5	1~5
	평 균	Avg(X+Y)	Avg( )	Avg( )	Avg( )

③ 게이트 자동개·집표기

설비명	설치장소	평가점수	열화/절연	운행횟수	고장장애횟수
자동개·집표기	AA노선 BB역 #1	X	1~5	1~5	1~5
	AA노선 BB역 #3	Y	1~5	1~5	1~5
	평 균	Avg(X+Y)	Avg( )	Avg( )	Avg( )

3.3 소분류 설비별 안전성 평가
3.3.1 세분류 설비별 가중치

노선	중분류	소분류	세분류	세분류 가중치	합계
A노선 A구간 A호선	선로설비	광케이블	광케이블	100	100
		동케이블	동케이블	100	100
		선로변 통합 인터페이스 통신		100	100
	전송설비	광전송 설비	DWDM	25	100
			STM 4/16/64	40	
			정류기	25	
			축전지	10	
	열차 무선설비	LTE-R 중앙제어설비	주제어설비	90	100
			관제조작반	10	
		LTE-R 기지국장치	DU	50	100
			RRU	50	
		열차무선 방호장치	중앙장치	20	100
			자동점검시스템	20	
			중계 장치	30	
			케이블안테나	30	
		재난방송 수신설비	주중계장치	50	100
			보조중계장치	50	
	전화교환 설비	전화 교환기	전자교환기	60	100
			관제전화주장치	40	
	역무통신 설비	여객 안내설비	중앙제어설비	50	100
			역서버	30	
			표시기	20	
		방송설비	자동안내방송주장치	50	100
			관제원격방송주장치	50	
	영상설비	여객 관리용 영상설비	영상저장장치	25	100
			영상운영장치	20	
			카메라	25	
			UPS	20	
			축전지	10	
		시설 감시용 영상설비	영상저장장치	40	100
			영상운영장치	30	
			카메라	30	
	역무자동화 설비	전산장치	중앙전산기	60	100
			역단위전산기	40	
		발매기	1회용발매/교통카드충전기	40	100
			교통카드무인/정산충전기	30	
			보증금환급기	30	
		게이트	자동 개·집표기	100	100

3.3.2 소분류 설비별 안전성 평가점수 집계표 예시

설비	소분류	평가지수	평가등급
선로설비	동케이블	1~5	A~E
	광케이블	1~5	A~E
	선로변 통합인터페이스 통신설비	1~5	A~E
전송설비	광전송설비	1~5	A~E
열차무선설비	LTE-R 중앙 제어설비	1~5	A~E
	LTE-R 기지국 장치	1~5	A~E
	열차무선 방호장치	1~5	A~E
	재난방송 수신설비	1~5	A~E
전화교환설비	전화교환기	1~5	A~E
역무용통신설비	여객안내설비	1~5	A~E
	자동안내방송설비	1~5	A~E
영상설비	여객관리용 영상감시설비	1~5	A~E
	시설감시용 영상감시설비	1~5	A~E
역무자동화설비	전산장치	1~5	A~E
	발매기	1~5	A~E
	게이트	1~5	A~E

3.3.3 소분류 설비별 안전성 평가 예시

가. 선로설비 안전성 평가

소분류	세분류	세분류 평가지수	세분류 가중치	소분류평가지수
광케이블	광케이블	A	1.0	A*1
동케이블	동케이블	B	1.0	B*1
선로변 인터페이스		C	1.0	C*1

나. 광전송설비 안전성 평가

소분류	세분류	세분류 평가지수	세분류가중치	소분류 평가지수	평가등급
광전송설비	DWDM	A	0.25	A*0.25 + B*0.40 +C*0.25 + D*0.10	A~E
	STM 4/16/64	B	0.40		
	정류기	C	0.25		
	축전지	D	0.10		

① 예시: 광전송설비 세분류 4종 대상 안전성 평가

소분류	세분류	세분류 평가지수	세분류 가중치	소분류 평가지수	등급
소분류	DWDM	4.25	0.25	0.25*4.25 + 0.40*3.52 + 0.25*3.83 + 0.10*3.83 = 3.81	B
	STM 4/16/64	3.52	0.40		
	정류기	3.83	0.25		
	축전지	3.83	0.10		

② 예시: 광전송설비 DWDM, STM 세분류 2종 대상 안전성평가

소분류	세분류	세분류 평가지수	세분류 가중치	소분류 평가지수	등급
소분류	DWDM	4.25	0.38	0.38*4.25 + 0.62*3.52 = 3.80	B
	STM 4/16/64	3.52	0.62		

✓ DWDM가중치 = 0.25 [1+ (0.25+0.10)/(0.25+0.40)] = 0.384
✓ STM 가중치 = 0.40 [1+ (0.25+0.10)/(0.25+0.40)] = 0.615

다. LTE-R 중앙제어설비 안전성 평가

소분류	세분류	세분류 평가지수	세분류 가중치	소분류 평가지수
LTE-R 중앙제어설비	중앙제어장치	A	0.9	A*0.9 + B*0.1
	관제조작반	B	0.1	

○ 예시: LTE-R중앙제어설비 안전성평가

소분류	세분류	세분류 평가지수	세분류 가중치	소분류 평가지수	등급
소분류	중앙제어장치	4.5	0.9	0.9*4.5 + 0.1*3.8 = 4.43	B
	관제조작반	3.8	0.1		

라. LTE-R 기지국설비 안전성 평가

소분류	세분류	세분류 평가지수	세분류 가중치	소분류 평가지수
LTE-R 기지국설비	DU	A	0.5	A*0.5 + B*0.5
	RRU	B	0.5	

마. 열차무선방호장치 안전성 평가

소분류	세분류	세분류 평가지수	세분류 가중치	소분류 평가지수
열차무선 방호장치	중앙장치	A	0.2	A*0.2 + B*0.2 + C*0.3 + D*0.3
	자동점검시스템	B	0.2	
	중계 장치	C	0.3	
	케이블안테나	D	0.3	

바. 재난방송 수신설비 안전성 평가

소분류	세분류	세분류 평가지수	세분류 가중치	소분류 평가지수
재난방송 수신설비	주중계장치	A	0.5	A*0.5 + B*0.5
	보조중계장치	B	0.5	

사. 전화교환기 안전성 평가

소분류	세분류	세분류 평가지수	세분류 가중치	소분류 평가지수
전화교환기	전자교환기	A	0.6	A*0.6 + B*0.4
	관제전화주장치	B	0.4	

아. 여객안내설비 안전성 평가

소분류	세분류	세분류 평가지수	세분류 가중치	소분류 평가지수
여객안내설비	중앙제어설비	A	0.5	A*0.5 + B*0.3 + C*0.2
	역서버	B	0.3	
	표시기	C	0.2	

자. 방송설비 안전성 평가

소분류	세분류	세분류 평가지수	세분류 가중치	소분류 평가지수
방송설비	자동안내주장치	A	0.5	A*0.5 + B*0.5
	관제원격주장치	B	0.5	

차. 여객관리용 영상설비 안전성 평가

소분류	세분류	세분류 평가지수	세분류 가중치	소분류 평가지수
여객관리용 영상설비	영상저장장치	A	0.25	A*0.25 + B*0.20 + C*0.25 + D*0.20 + E*0.10
	영상운영장치	B	0.20	
	카메라	C	0.25	
	UPS	D	0.20	
	축전지	E	0.10	

① 예시: 여객관리용영상설비 세부류 5종 대상 안전성 평가

	세분류	세분류 평가지수	세분류 가중치	소분류 평가지수	등급
소분류	영상저장장치	3.85	0.25	0.25*3.85 + 0.2*3.24 + 0.25*3.52 + 0.2*3.48 + 0.1*3.48 = 3.53	B
	영상운영장치	3.24	0.20		
	카메라	3.52	0.25		
	UPS	3.48	0.20		
	축전지	3.48	0.10		

② 예시: 여객관리용영상설비 세분류 2종 (영상운영장치, 카메라) 대상 안전성 평가

소분류	세분류	세분류 평가지수	세분류 가중치	소분류 평가지수	등급
	영상운영장치	3.24	0.44	0.44*3.24 + 0.56*3.52 = 3.40	C
	카메라	3.52	0.56		

✓ 영상운영장치 가중치 = 0.20*[1+(0.25+0.20+0.10)/(0.20+0.25)] = 0.444
✓ 카메라 가중치 = 0.25*[1+(0.25+0.20+0.10)/(0.20+0.25)] = 0.555

카. 시설감시용 영상설비 안전성 평가

소분류	세분류	세분류 평가지수	세분류 가중치	소분류 평가지수
시설감시용 영상설비	영상저장장치	A	0.4	A*0.4 + B*0.3 + C*0.3
	영상운영장치	B	0.3	
	카메라	C	0.3	

타. (역무자동화설비) 전산장치 안전성 평가

소분류	세분류	세분류 평가지수	세분류 가중치	소분류 평가지수
전산장치	중앙전산기	A	0.6	A*0.6 + B*0.4
	역단위전산기	B	0.4	

① 예시: 전산장치 세분류 2종 대상 안전성 평가

소분류	세분류	세분류 평가지수	세분류 가중치	소분류 평가지수	등급
	중앙전산기	4.30	0.6	4.3*0.6 + 3.8*0.4 = 4.10	B
	역단위전산기	3.80	0.4		

② 예시: 전산장치 중앙전산기 대상 안전성 평가

소분류	세분류	세분류 평가지수	세분류 가중치	소분류 평가지수	등급
	중앙전산기	4.30	1.0	4.30*1.0 = 4.30	B

파. (역무자동화설비) 발매기 안전성 평가

소분류	세분류	세분류 평가지수	세분류 가중치	소분류 평가지수
발매기	1회용발매/교통카드 충전기	A	0.4	A*0.4 + B*0.3 + C*0.3
	교통카드 무인/정산충전기	B	0.3	
	보증금환급기	C	0.3	

하. (역무자동화설비) 게이트 안전성 평가

소분류	세분류	세분류 평가지수	세분류 가중치	소분류평가지수
게이트	자동개집표기	A	1.0	1*A

3.4 중분류 설비별 안전성 평가
3.4.1 소분류 설비별 가중치

설비	소분류	소분류 가중치	합계
선로설비	동케이블	0.19	1.00
	광케이블	0.61	
	선로변 통합인터페이스 통신설비	0.20	
전송설비	광전송설비	1.00	1.00
열차무선설비	LTE-R 중앙 제어설비	0.35	1.00
	LTE-R 기지국 장치	0.35	
	열차무선 방호장치	0.15	
	재난방송 수신설비	0.15	
전화교환설비	전화교환기	1.00	1.00
역무용통신설비	여객안내설비	0.46	1.00
	자동안내방송설비	0.54	
영상설비	여객관리용 영상감시설비	0.62	1.00
	시설감시용 영상감시설비	0.38	
역무자동화설비	전산장치	0.65	1.00
	발매기	0.17	
	게이트	0.18	

3.4.2 중분류설비별 안전성 평가지수 집계표 예시

설비명	안전성 지수	등급	설비	안전성 지수	등급
선로설비	1~5	A~E	역무용통신설비	1~5	A~E
전송설비	1~5	A~E	영상설비	1~5	A~E
무선설비	1~5	A~E	역무자동화설비	1~5	A~E
전화교환설비	1~5	A~E			

3.4.3. 중분류설비별 안전성 평가
가. 선로설비 안전성 평가

중분류	소분류	소분류가중치	소분류평가지수	중분류평가지수
선로설비	동케이블	0.19	A	A*0.19 + B*0.61 + C*0.20
	광케이블	0.61	B	
	선로변 통합인터페이스 통신설비	0.20	C	

① 예시: 선로설비 소분류 3종 대상 안전성 평가

중분류	소분류	소분류가중치	소분류평가지수	중분류평가지수	등급
	동케이블	0.19	2.55	0.19*2.55 + 0.61*3.62 + 0.2*3.54 = 3.40	C
	광케이블	0.61	3.62		
	선로변 통합인터페이스 통신설비	0.20	3.54		

② 예시: 선로설비 소분류 2종(동케이블, 선로변 통신설비) 대상 안전성 평가

중분류	소분류	소분류가중치	소분류평가지수	중분류평가지수	등급
	동케이블	0.49	2.55	0.19*2.55 + 0.2*3.54 = 3.05	C
	선로변 통합인터페이스 통신설비	0.51	3.54		

- ✓ 동케이블 가중치 = 0.19*[1+0.61/(0.19+0.20)] = 0.487
- ✓ 선로변통합인터페이스 통신설비 가중치 = 0.20*[1+0.61/(0.19+0.20)] = 0.513

나. 전송설비 안전성 평가

중분류	소분류	소분류가중치	소분류평가지수	중분류평가지수
전송설비	광전송설비	1.00	A	A*1

○ 예시: 전송설비 안전성 평가

중분류	소분류	소분류가중치	소분류평가지수	중분류평가지수	등급
	광전송설비	1.00	4.52	1*4.52 =4.52	A

다. 무선설비 안전성 평가

중분류	소분류	소분류가중치	소분류평가지수	중분류평가지수
열차무선설비	LTE-R 중앙 제어설비	0.35	A	A*0.35 + B*0.35 + C*0.15 + D*0.15
	LTE-R 기지국 장치	0.35	B	
	열차무선 방호장치	0.15	C	
	재난방송 수신설비	0.15	D	

① 예시: 무선설비 소분류 4종 안전성 평가

중분류	소분류	소분류가중치	소분류평가지수	중분류평가지수	등급
	LTE-R 중앙 제어설비	0.35	4.60	0.35*4.6 + 0.35*4.23 + 0.15*3.87 + 0.15*2.85 = 4.10	B
	LTE-R 기지국 장치	0.35	4.23		
	열차무선 방호장치	0.15	3.87		
	재난방송 수신설비	0.15	2.85		

② 예시: 무선설비 소분류 2종(LTE-R 중앙제어설비, 재난방송수신설비) 대상 안전성 평가

중분류	소분류	소분류가중치	소분류평가지수	중분류평가지수	등급
	LTE-R 중앙 제어설비	0.70	4.60	0.70*4.60 + 0.30*2.85 = 4.08	B
	재난방송 수신설비	0.30	2.85		

- ✓ LTE-R 중앙제어설비 가중치 = 0.35*[1 + (0.35+0.15)/(0.35+0.15)] = 0.70
- ✓ 재난방송수신설비 가중치 = 0.15*[1 + (0.35+0.15)/(0.35+0.15)] = 0.30

라. 전화교환기 안전성 평가

중분류	소분류	소분류가중치	소분류평가지수	중분류평가지수
전화교환설비	전화교환기	1.00	A	1*A

○ 예시: 전화교환기 안전성 평가

중분류	소분류	소분류가중치	소분류평가지수	중분류평가지수	등급
	전화교환기	1.00	3.25	1*3.25 = 3.25	C

마. 역무용 통신설비 안전성 평가

중분류	소분류	소분류가중치	소분류평가지수	중분류평가지수
역무용 통신설비	여객안내설비	0.46	A	A*0.46 + B*0.54
	자동안내방송설비	0.54	B	

○ 예시: 역무용통신설비 안전성 평가

중분류	소분류	소분류가중치	소분류평가지수	중분류평가지수	등급
	여객안내설비	0.46	4.21	0.46*4.21 + 0.54*3.58 = 3.87	B
	자동안내방송설비	0.54	3.58		

바. 영상설비 안전성 평가

중분류	소분류	소분류가중치	소분류평가지수	중분류평가지수
영상설비	여객관리용 영상감시설비	0.62	A	A*0.62 + B*0.38
	시설감시용 영상감시설비	0.38	B	

○ 예시: 영상설비 안전성 평가

중분류	소분류	소분류가중치	소분류평가지수	중분류평가지수	등급
	여객관리용 영상감시설비	0.62	3.52	0.62*3.52 + 0.38*4.25 = 3.80	B
	시설감시용 영상감시설비	0.38	4.25		

사. 역무자동화설비 안전성 평가

중분류	소분류	소분류가중치	소분류평가지수	중분류평가지수
역무자동화설비	전산장치	0.65	A	0.65*A + 0.17*B + 0.18*C
	발매기	0.17	B	
	게이트	0.18	C	

① 예시: 역무자동화설비 소분류 3종 안전성 평가

중분류	소분류	소분류가중치	소분류평가지수	중분류평가지수	등급
	전산장치	0.65	3.82	0.65*3.82 + 0.17*3.28 + 0.18*3.35 = 3.64	B
	발매기	0.17	3.28		
	게이트	0.18	3.35		

② 예시: 역무자동화설비 소분류 2종(발매기, 게이트) 안전성평가

중분류	소분류	소분류가중치	소분류평가지수	중분류평가지수	등급
	발매기	0.49	3.28	0.49*3.28 + 0.51*3.35 = 3.32	C
	게이트	0.51	3.35		

✓ 발매기 가중치 = 0.17*[1+0.65/(0.17+0.18)] = 0.486
✓ 게이트 가중치 = 0.18*[1+0.65/(0.17+0.18)) = 0.514

3.5 노선별 구간별 설비 안전성 평가

철도시설의 정기점검등에 관한지침 [별표 5] 정밀진단 방법 및 종합 성능평가 방법

(4) 성능평가시 활용되는 중요도는 철도시설물의 서비스 제공에 영향을 미치는 정도를 말하며, 객관성을 확보하고 있는 전문가 10인 이상이 참여하는 계층화 분석법(Analytic Hierarchy Process, AHP)을 사용하여 결정한다. 개별시설 내에서 활용하는 중요도는 시설관리자 중에서 선정한 전문가들을 활용하여 AHP 분석방법으로 결정한다. 다만, AHP 분석이 적절치 않을 경우 전문가의 협의와 시설관리자의 참여하에 가중치를 결정할 수 있다.

(6) 철도시설 종합평가는 구간별로 성능평가지수와 성능평가등급을 평가하고, 이 평가한 결과를 바탕으로 노선별로 성능평가지수와 성능평가등급을 도출한다. 종합성능평가 지수에 따른 종합성능평가 등급부여 기준은 다음과 같다.

성능평가지수(E)	성능평가등급	성능 수준 및 유지관리 필요성
4.5 ≤ E ≤ 5.0	A(우수)	결함·손상이 없고 내구성능 저하 가능성 낮음
3.5 ≤ E < 4.5	B(양호)	경미한 결함이 있는 상태로 진행여부를 지속 관찰
2.5 ≤ E < 3.5	C(보통)	안전에는 지장이 없으나, 간단한 보수·보강 필요
1.5 ≤ E < 2.5	D(미흡)	성능이 기준이 미치지 못해 긴급한 보수·보강 필요
1.0 ≤ E < 1.5	E(불량)	심각한 결함이 있어 즉각 사용중단하고 보강·개축 필요

① 성능평가 대상에 대해 역사별 제어설비의 성능과 구간별 선로설비등의 성능을 평가하고 세/소/중분류 설비 단계로 가중치를 부여하여 성능을 평가한다.
② 일반적으로 역사별 구간별 성능평가대상설비가 일정하지 않으므로 (모든 종류의 철도통신 설비가 특정역사 혹은 특정구간에 설치되어있는 것은 아니므로) 평가 대상설비의 가중치합(미평가 대상설비의 가중치를 제외)이 설비별 기준 가중치를 유지하여야 적정한 평가가 이루어진다.
- 적용 가중치는 대상설비별 기준 가중치를 비례배분하고 가중치 조정내용은 시설관리자의 승인하에 결정한다.

3.5.1 설비분류별 기준 가중치

철도통신설비 정밀진단이나 성능평가시 모든 종류의 세분류 설비가 대상설비일 경우도 있겠지만 샘플선정 등으로 일부 세분류 설비가 평가대상 설비에 포함되지 않는 경우가 반드시 발생한다. 즉 중분류/소분류/세분류설비 중 일부설비가 평가대상일 경우가 대부분이므로 미대상설비의 가중치를 대상설비별로 가중치를 조정하여야 성능점수 산정이 가능하다.

구간	중분류	소분류	세분류	세분류 안전성 가중치	소계	소분류 안전성 가중치	소계	중분류 안전성 가중치	소계
AA~BB 구간 AA역	선로설비	광케이블	광케이블	100	100	0.61	1.00	0.23	1.00
		동케이블	동케이블	100	100	0.19			
		선로변 통합 인터페이스 통신		100	100	0.20			
	전송설비	광전송 설비	DWDM	25	100	1.00	1.00	0.31	
			STM 4/16/64	40					
			정류기	25					
			축전지	10					
	무선 설비	LTE-R 중앙제어설비	주제어설비	90	100	0.35	1.00	0.20	
			관제조작반	10					
		LTE-R 기지국장치	DU	50	100	0.35			
			RRU	50					
		열차무선 방호장치	중앙장치	20	100	0.15			
			자동점검시스템	20					
			중계 장치	30					
			케이블안테나	30					
		재난방송 수신설비	주중계장치	50	100	0.15			
			보조중계장치	50					
	전화교환 설비	전화 교환기	전자교환기	60	100	1.00	1.00	0.07	
			관제전화주장치	40					

역무통신설비	여객안내설비	중앙제어설비	50	100	0.46	1.00	0.06
		역서버	30				
		표시기	20				
	방송설비	자동안내방송주장치	50	100	0.54		
		관제원격방송주장치	50				
영상설비	여객관리용 영상설비	영상저장장치	25	100	0.62	1.00	0.06
		영상운영장치	20				
		카메라	25				
		UPS	20				
		축전지	10				
	시설감시용 영상설비	영상저장장치	40	100	0.38		
		영상운영장치	30				
		카메라	30				
역무자동화설비	전산장치	중앙전산기	60	100	0.65	1.00	0.07
		역단위전산기	40				
	발매기	1회용발매/교통카드충전기	40	100	0.17		
		교통카드무인/정산충전기	30				
		보증금환급기	30				
	게이트	자동 개·집표기	100	100	0.18		

3.5.2 구간별 안전성 평가 산출 예시

가. YY역에 세분류 전체종류의 설비가 성능평가 대상일 경우 (기기별 4.50점 가정)

구분	중분류	소분류	세분류	세분류		소분류		중분류		대분류	
				안전성지수	가중치	안전성지수	가중치	안전성지수	가중치	안전성지수	등급
YY역 Y구간	선로설비	광케이블	광케이블	4.50	1.00	4.50	0.61	4.50	0.23	4.50	A
		동케이블	동케이블	4.50	1.00	4.50	0.19				
		선로변 통합 인터페이스 통신		4.50	1.00	4.50	0.20				
	전송설비	광전송설비	DWDM	4.50	0.25	4.50	1.00	4.50	0.31		
			STM 4/16/64	4.50	0.40						
			정류기	4.50	0.25						
			축전지	4.50	0.10						
	열차무선설비	LTE-R 중앙제어설비	주제어설비	4.50	0.90	4.50	0.35	4.50	0.20		
			관제조작반	4.50	0.10						
		LTE-R 기지국장치	DU	4.50	0.50	4.50	0.35				
			RRU	4.50	0.50						
		열차무선방호장치	중앙장치	4.50	0.20	4.50	0.15				
			자동점검시스템	4.50	0.20						
			중계 장치	4.50	0.30						
			케이블안테나	4.50	0.30						
		재난방송 수신설비	주중계장치	4.50	0.50	4.50	0.15				
			보조중계장치	4.50	0.50						

중분류	소분류	세분류	점수	가중치	점수	가중치	점수	가중치
전화교환설비	전화교환기	전자교환기	4.50	0.60	4.50	1.00	4.50	0.07
		관제전화주장치	4.50	0.40				
역무통신설비	여객안내설비	중앙제어설비	4.50	0.50	4.50	0.46	4.50	0.06
		역서버	4.50	0.30				
		표시기	4.50	0.20				
	방송설비	자동안내방송주장치	4.50	0.50	4.50	0.54		
		관제원격방송주장치	4.50	0.50				
영상설비	여객관리용 영상설비	영상저장장치	4.50	0.25	4.50	0.62	4.50	0.06
		영상운영장치	4.50	0.20				
		카메라	4.50	0.25				
		UPS	4.50	0.20				
		축전지	4.50	0.10				
	시설감시용 영상설비	영상저장장치	4.50	0.40	4.50	0.38		
		영상운영장치	4.50	0.30				
		카메라	4.50	0.30				
역무자동화설비	전산장치	중앙전산기	4.50	0.60	4.50	0.65	4.50	0.07
		역단위전산기	4.50	0.40				
	발매기	1회용발매/교통카드충전기	4.50	0.40	4.50	0.17		
		교통카드무인/정산충전기	4.50	0.30				
		보증금환급기	4.50	0.30				
	게이트	자동 개·집표기	4.50	0.10	4.50	0.18		

나. AA역의 여객관리용 영상저장장치와 설비감시용 영상운영장치만 성능평가 대상일 경우

대상설비			안전성능 점수 및 등급						
중분류	소분류	세분류	세분류		소분류		중분류		정보통신	
			점수	가중치	점수	가중치	점수	가중치	점수	등급
영상설비	여객관리용영상설비	영상저장장치	A	1.00	A*1	0.62	A*0.62 + B*0.38	1.00	(0.62A+0.38B)*1	A~E
	설비감시용영상설비	영상운영장치	B	1.00	B*1	0.38				

- 2종의 세분류 영상설비는 각각 1종의 세분류로 대표되므로 세분류 가중치는 환산되어 각각 1.00이 되며 여객관리와 설비감시용 2종 세분류설비 점수에 세분류 가중치를 적용하여 소분류 점수를 산출한다.
- 가중치가 적용된 소분류 점수에 소분류가중치 0.62, 0.38을 곱하고 합한 점수가 중분류 점수가 된다.
- AA역에는 7개중분류 설비 중 영상설비 1개종만 성능평가 대상이므로 영상설비가 AA역의 중분류 및 대분류 정보통신설비의 안전성지수 점수가 되며 이때 중분류 가중치는 1.00을 적용한다.
  ✓ 이전의 성능평가 결과를 활용하여 미대상 설비의 성능평가 점수에 반영하여 성능평가를 시행할 경우 성능평가 결과지수값은 달라질 수 있다.

철도시설의 정기점검등에 관한지침 제12조(정기점검 및 정밀진단과 성능평가의 관계)
① 철도시설관리자는 소관 철도시설에 대한 성능평가를 법 제29조 및 제31조에 따른 정기점검 및 정밀진단을 포함하여 실시하거나 성능평가 착수일을 기준으로 3년 이내에 완료된 최근의 정기점검·정밀진단 또는 다른 법령에 따른 점검·진단·검사 등의 결과를 활용할 수 있다.

① 예시: AA역 중분류 정보통신설비 안정성 평가

대상설비			안전성능 점수 및 등급				
중분류	소분류	세분류	세분류 점수	소분류 점수	중분류 점수	정보통신 점수	등급
영상 설비	여객관리용 영상설비	영상저장장치	3.80	3.80*1	(3.80*0.62+4.50*0.38) = 4.07	4.07*1 = 4.07	B
	설비감시용 영상설비	영상운영장치	4.50	4.50*1			

② 예시: AA역 중분류 정보통신설비 가중치 계산

대상설비			안전성능 점수 및 등급			
중분류	소분류	세분류	세분류 가중치	소분류 가중치	중분류 가중치 산출	
					기준	환산적용 가중치
영상 설비	여객관리용영상설비	영상저장장치	1.00	0.62	0.06	1.00
	설비감시용영상설비	영상운영장치	1.00	0.38		

- 평가대상 중분류 설비 영상감시설비 가중치: 0.06
- 미대상 중분류 설비 (선로+전송+열차무선+전화교환+역무통신+역무자동화설비) 가중치의 합: 0.94
- AA역의 성능평가대상 중분류설비는 영상감시설비만 해당되므로 중분류 가중치는 1.00을 적용한다.

다. AA~BB역 본선구간에 세분류 3종의 설비만 성능평가 대상일 경우

대상설비			안전성 지수 및 등급							
중분류	소분류	세분류	세분류		소분류		중분류		정보통신	
			지수	가중치	지수	가중치	지수	가중치	지수	등급
선로설비	광케이블	광케이블	A	1.00	1*A	0.61	0.61*A + 0.19*B + 0.20*C	1.00	(0.61*A+ 0.19B +0.20*C) *1	A~E
	동케이블	동케이블	B	1.00	1*B	0.19				
		선로변통합인터페이스통신설비	C	1.00	1*C	0.20				

① 예시: AA~BB역 본선구간의 안정성 평가

대상설비			안전성 지수 및 등급				
중분류	소분류	세분류	세분류 지수	소분류 지수	중분류 지수	정보통신	
						지수	등급
선로설비	광케이블	광케이블	3.50	3.5*1 = 3.50	3.5*0.61 + 2.8*0.19 + 3.3*0.2 = 3.33	3.33*1 =3.33	C
	동케이블	동케이블	2.80	2.8*1 = 2.80			
		선로변통합인터페이스통신설비	3.30	3.3*1 = 3.30			

② 예시: AA~BB역 본선구간의 중분류 가중치 계산

대상설비			안전성 지수 및 등급	
중분류	소분류	세분류	소분류 가중치	중분류 적용 가중치
선로설비	광케이블	광케이블	0.61	1.00
	동케이블	동케이블	0.19	
	선로변통합인터페이스통신설비		0.20	

- 평가대상 중분류 선로설비 가중치 합: 0.23
- 미대상 중분류 6종설비 (전송+열차무선+전화교환+역무통신+영상감시+역무자동화설비) - 가중치의 합: 0.77 (0.31+0.20+0.07+0.06+0.06+0.07)
- 평가제외 중분류 선로설비 가중치의 합을 평가대상설비에 비례 배분
  ✓ 평가대상설비가 대상구간의 통신설비의 성능을 대표한다.
  ✓ 선로설비의 중분류가중치: 1.00

라. BB역에서 광전송 설비 STM, LTE-R 기지국설비 RRU, 재난방송수신 주중계장치, 여객안내설비 표시기, 발매기3종, 게이트 자동개·집표기설비가 성능평가 대상설비일 경우

대상설비			안전성 지수 및 등급						정보통신	
중분류	소분류	세분류	세분류		소분류		중분류		지수	등급
			지수	가중치	지수	가중치	지수	가중치		
전송설비	광전송설비	STM 4/16/64	A	1.00	A*1	1.00	A*1*1	0.49	0.49A + (0.7B+0.3C)* 0.31 + 0.09D + [(0.4E+0.3F +0.3G)*0.49 +0.51H]*0.1 1	A ~ E
무선설비	LTE-R 기지국설비	RRU	B	1.00	B*1	0.70	B*1*0.7+ C*1*0.3	0.31		
	재난방송 수신설비	주중계장치	C	1.00	C*1	0.30				
역무용 통신설비	여객안내 설비	표시기	D	1.00	D*1	1.00	D*1*1	0.09		
역무자동 화설비	발매기	1회용발매기	E	0.40	E*0.4+ F*0.3+ G*0.3	0.49	(E*0.4+ F*0.3+ G*0.3) *0.49 + H*1*0.51	0.11		
		교통카드충전기	F	0.30						
		보증급환급기	G	0.30						
	게이트	자동개·집표기	H	1.00	1*H	0.51				

① 예시: BB역 구간의 안정성 평가

대상설비			안전성 지수 및 등급				
중분류	소분류	세분류	세분류 지수	소분류 지수	중분류 지수	정보통신 지수	등급
전송설비	광전송설비	STM 4/16/64	4.30	4.3*1 = 4.30	4.3*1 = 4.30	4.30*0.49 + 3.85*0.31 + 2.80*0.09 + 2.86*0.11 = 3.87	B
열차무선 설비	LTE-R 기지국설비	RRU	4.00	4.0*1 = 4.00	4*0.7 + 3.5*0.3 = 3.85		
	재난방송수신설비	주중계장치	3.50	3.5*1 = 3.50			
역무 통신설비	여객안내설비	표시기	2.80	2.8*1 = 2.80	2.8*1 = 2.80		
역무자동 화설비	발매기	1회용발매기	3.20	3.2*0.4 + 3.5*0.3 + 3.0*0.3 = 3.23	3.23*0.49 + 2.50*0.51 = 2.86		
		교통카드충전기	3.50				
		보증급환급기	3.00				
	게이트	자동개·집표기	2.50	2.5*1 = 2.50			

② 예시: BB역 구간의 중분류 가중치 계산

대상설비			설비 분류별 가중치 산출					
중분류	소분류	세분류	세분류 가중치		소분류 가중치		중분류 가중치	
			기준	환산적용	기준	환산적용	기준	환산적용
전송설비	광전송설비	STM 4/16/64	0.40	1.00	1.00	1.00	0.31	0.49
열차무선 설비	LTE-R 기지국 설비	RRU	0.50	1.00	0.35	0.70	0.20	0.31
	재난방송수신설비	주중계장치	0.50	1.00	0.15	0.30		
역무통신 설비	여객안내설비	표시기	0.20	1.00	0.46	1.00	0.06	0.09
역무자동화 설비	발매기	1회용발매/충전기	0.40	0.40	0.17	0.49	0.07	0.11
		교통카드무인충전기	0.30	0.30				
		보증급환급기	0.30	0.30				
	게이트	자동개·집표기	1.00	1.00	0.18	0.51		

소분류 적용가중치 산출
① 열차무선설비
  - 평가대상 열차무선설비 2종 소분류 가중치 산출 (LTE-R기지국, 재난방송수신) 가중치합: 0.50
  - 평가제외 2종설비 (LTE-R 중앙제어+열차무선방호장치) 가중치의 합: 0.50
  - 환산가중치
    ✓ RRU 소분류 가중치: 0.35+0.35*0.5/0.5=0.70
    ✓ 재난방송수신설비 가중치: 0.15+0.15*0.5/0.5 = 0.30

② 역무자동화설비
- 평가대상 열차무선설비 2종 소분류 가중치 산출 (발매기, 게이트) 가중치합: 0.35
- 평가제외 1종설비 (전산장치) 가중치: 0.65
- 환산가중치
  ✓ 발매기 소분류 가중치: 0.17+0.17*0.65/0.35 = 0.49
  ✓ 게이트 가중치: 0.18+0.18*0.65/0.35 = 0.51

중분류 가중치 산출
- 평가대상 중분류4종(전송+열차무선+역무통신+역무자동화) 가중치합: 0.64
- 평가제외 3종설비 (선로+전화교환+영상설비) 가중치의 합: 0.36
- 환산가중치
  ✓ 전송설비 중분류 가중치: 0.31 + 0.31*0.36/0.64 = 0.49
  ✓ 열차무선설비 가중치: 0.20 + 0.20*0.36/0.64 = 0.31
  ✓ 역무통신설비 가중치: 0.06 + 0.06*0.36/0.64 = 0.09
  ✓ 역무자동화설비 가중치: 0.07 + 0.07*0.36/0.64 = 0.11

3.5.3 노선별 안전성 평가 예시
가. 설비분류별 기준 가중치
① 중분류 가중치

구분	가중치	합계
선로설비	0.23	
전송설비	0.31	
무선설비	0.2	
전화교환설비	0.07	1.00
역무용통신설비	0.06	
영상설비	0.06	
역무자동화설비	0.07	

② 노선별 중분류 설비의 평가대상 유무에 따른 중분류가중치 환산 예시

| 구분 | AA 노선 | | BB 노선 | | CC 노선 | | 합계 |
	설비 유무	조정 가중치	설비 유무	조정 가중치	설비 유무	조정 가중치	
선로설비	○	0.29	○	0.33	○	0.25	
전송설비	○	0.39	없음	0.00	○	0.33	1.00
무선설비	없음	0	○	0.29	○	0.22	
전화교환설비	○	0.09	○	0.10	없음	0.00	

역무용통신설비	○	0.07	○	0.09	○	0.06
영상설비	○	0.07	○	0.09	○	0.06
역무자동화설비	○	0.09	○	0.10	○	0.08
합 계		1.00		1.00		1.00

✓ 중분류설비의 가중치는 성능평가 미대상설비의 가중치를 평가대상설비 중요도 (가중치 크기)에 따라 비례 배분한다.

나. 노선별 안전성 평가 지수 및 등급

설비명	평가지수	가중치	중분류 설비별 안전성 지수	노선 (전체구간) 지수	등급
선로설비	σ	0.23	σ*0.23	σ*0.23 + τ*0.31 + υ*0.20 + φ*0.07 + x*0.06 + ψ*0.06 + ω*0.07	A~E
전송설비	τ	0.31	τ*0.31		
무선설비	υ	0.2	υ*0.20		
전화교환설비	φ	0.07	φ*0.07		
역무용통신설비	x	0.06	x*0.06		
영상설비	ψ	0.06	ψ*0.06		
역무자동화설비	ω	0.07	ω*0.07		

다. KK노선 (AA역~BB역구간) 안전성 성능평가 산출 예시[29]

설치구간	설치 장비 (세분류 설비 안전성 지수 가정치)
AA역	여객관리용 영상저장장치(3.80), 설비감시용 영상운영장치(4.50)
AA역~BB역 본선구간	광케이블(3.50), 동케이블(2.80), 선로변통합인터페이스 통신설비(3.30)
BB역	광전송설비 STM(4.30), LTE-R 기지국설비 RRU(4.00), 재난방송주중계설비(3.50), 여객안내설비 표시기(2.80), 1회용발매충전기(3.20), 교통카드정산충전기(3.50), 보증금환급기(3.00), 자동개·집표기(2.50)

구분	중분류	소분류	세분류	세분류 안전성 지수	세분류 가중치	소분류 안전성 지수	소분류 가중치	중분류 안전성 지수	중분류 가중치	대분류 안전성 지수	등급
KK 노선	선로설비	광케이블	광케이블	3.50	1.00	3.50	0.61	3.33	0.25	3.74	B
		동케이블	동케이블	2.80	1.00	2.80	0.19				
		선로변 통합 인터페이스 통신		3.30	1.00	3.30	0.20				
	전송설비	광전송 설비	DWDM	−		4.30	1.00	4.30	0.33		
			STM 4/16/64	4.30	1.00						
			정류기	−							
			축전지	−							

29) 소분류 및 중분류 가중치는 "3.5.2 구간별 안전성평가 산출 예시" 가중치 환산 적용 참고

		LTE-R 중앙제어설비	주제어설비	–	–	–	–	3.85	0.22
			관제조작반	–	–				
		LTE-R 기지국장치	DU	–	–	4.00	0.70		
			RRU	4.00	1.00				
	열차무선설비	열차무선방호장치	중앙장치	–	–	–	–		
			자동점검시스템	–	–				
			중계 장치	–	–				
			케이블안테나	–	–				
		재난방송수신설비	주중계장치	3.50	1.00	3.50	0.30		
			보조중계장치	–	–				
전화교환설비		전화교환기	전자교환기	–	0.60	–	–	–	
			관제전화주장치	–	0.40				
역무통신설비		여객안내설비	중앙제어설비	–		2.80	1.00	2.80	0.06
			역서버	–					
			표시기	2.80	1.00				
		방송설비	자동안내방송주장치	–	0.50	–	–		
			관제원격방송주장치	–	0.50				
영상설비		여객관리용영상설비	영상저장장치	3.80	1.00	3.80	0.62	4.07	0.06
			영상운영장치	–					
			카메라	–					
			UPS	–					
			축전지	–					
		시설감시용영상설비	영상저장장치	–	–	4.50	0.38		
			영상운영장치	4.50	1.00				
			카메라	–	–				
역무자동화설비		전산장치	중앙전산기	–	0.60	–	–	2.86	0.08
			역단위전산기	–	0.40				
		발매기	1회용발매/교통카드충전기	3.20	0.40	3.23	0.49		
			교통카드무인/정산충전기	3.50	0.30				
			보증금환급기	3.00	0.30				
		게이트	자동 개·집표기	2.50	1.00	2.50	0.51		

제4장 | 내구성부문 평가

"내구성"30)이란 철도시설의 사용수명 동안 요구되는 기능을 유지시키기 위한 철도시설의 성능을 말한다.

4.1. 내구성 평가 관련 자료 수집

가. 설비별 내구성능 측정항목

대상설비		세분류	내구성능			
			정밀진단	속성진단		
			외관 (부식검사)	내용연수/ 사용횟수	설치환경	고장장애횟수
선로 설비		광케이블		◎	◎	
		동케이블		◎	◎	
		선로변 인터페이스 통신설비	◎	◎	◎	◎
전송 설비	광전송설비	DWDM		◎		◎
		STM 4/16/64		◎		◎
		정류기	◎	◎		◎
		축전지	◎			
열차 무선	LTE-R 중앙제어설비	중앙제어장치		◎		◎
		관제조작반		◎		◎
	LTE-R 기지국설비	DU		◎		◎
		RU	◎	◎	◎	◎
	열차무선 방호장치	중앙장치		◎		◎
		자동점검시스템		◎		◎
		중계 장치		◎	◎	◎
		케이블안테나		◎	◎	
	재난방송 수신설비	주중계장치		◎		◎
		보조중계장치	◎	◎	◎	◎

---

30) 철도시설의 정기점검등에 관한지침 용어정의

설비	구분	장치				
전화 교환설비	전화교환기	전자교환기		◎		◎
		관제전화주장치		◎		◎
역무 통신설비	여객안내설비	중앙제어설비		◎		◎
		역서버		◎		◎
		표시기	◎	◎	◎	◎
	방송설비	자동안내방송 주장치		◎		◎
		관제원격방송 주장치		◎		◎
영상 설비	여객관리용 영상설비	영상저장장치		◎		◎
		영상운영장치		◎		◎
		카메라		◎	◎	◎
		UPS	◎	◎		◎
		축전지	◎	◎		
	시설감시용 영상설비	영상저장장치		◎		◎
		영상운영장치		◎		◎
		카메라		◎	◎	◎
역무 자동화설비	전산장치	중앙전산기		◎		◎
		역단위전산기		◎		◎
	발매기	1회용 교통카드충전기		◎	◎	◎
		무인충전기		◎	◎	◎
		보증금환급기		◎	◎	◎
	게이트	자동개·집표기		◎	◎	◎

나. 속성진단 평가기준

① 내용연수 평가
 - 설비의 부품이나 기능을 상실할 때까지의 기간으로 사용개시일 기준으로 내용년수 초과에 따른 노후진행도 평가 (내규, 회계규정시행세칙등 설비내용년수 기준)

② 설치환경 평가
 - 운용·보수 및 경년열화 과정에서 발생할 수 있는 외적내구성 노후화의 설치환경 영향정도를 말하며 청정, 염해, 공해등 주변환경조건을 평가한다.

③ 고장장애횟수 평가
 - 전기적, 물리적 특성변화로 발생한 고장횟수를 말하며 직전년도 고장장애횟수를 확인하여 평가한다. (TNMS, ERP등의 고장장애 정보 활용)

1) 설치환경 평가기준[31]

역사 내·외등 설치환경 평가기준					
가중치(%)	평가점수	평가기준구분1[32]	평가기준구분2[33]	평가기준 구분3	평가기준 구분4
a	5	하자기간 내	하자기간 내	하자기간 내	하자기간 내
b	4	지하역사	일반옥외	옥외(비전철 구간)	터널(콘크리트 도상)
c	3	지상역사(광역철도 전용구간)	공해옥내	옥외(전철 구간)	터널(기타)
d	2	지상역사	공해옥외	-	기타 구간
e	1	염해	염해	염해	염해
적용설비 예시		각주 2	각주 3	시설감시용 카메라	선로변통합인터페이스설비

선형설비등 설치환경 평가기준				
가중치(%)	평가점수	평가기준 구분5	평가기준 구분6	평가기준 구분7
a	5	하자기간 내	하자기간 내	하자기간 내
b	4	토공구간(50% 이상)	비전철구간(지중관로)	터널준공 5년 내
c	3	터널구간(50% 이상)	비전철구간(기타관로)	터널준공 10년 내
d	2	교량구간(30% 이상)	전철 구간(지중관로)	터널준공 15년 내
e	1	교량구간(50% 이상)	전철 구간(기타관로)	기타
적용설비 예시		광케이블	동케이블	케이블안테나

구 분		선로변등 설치환경 평가기준	
가중치(%)	평가점수	평가기준 구분8	평가기준 구분9
a	5	하자기간 내	하자기간 내
b	4	터널 내부	터널 내부 (콘크리트 도상)
c	3	터널외부 (콘크리트 도상)	터널 내부
d	2	터널 외부	터널 내부 (염해)
e	1	염해	염해
적용설비 예시		열차무선방호방치 중계장치	재난방송보조중계장치

2) 내용연수 및 고장장애횟수 평가기준

가중치(%)	평가점수	평가기준	
		내용연수/사용횟수	고장장애횟수
a	5	내용연수 여유율 75% 이상	발생없음
b	4	내용연수 여유율 50~75% 미만	직전년도 1회
c	3	내용연수 여유율 25~50% 미만	직전년도 2회
d	2	내용연수 여유율 0~25% 미만	직전년도 3회
e	1	내용연수 초과	직전년도 4회 이상

---

31) 평가기준 구분1~9는 독자의 이해를 돕기 위해서 매뉴얼 기준으로 필자가 재분류하였습니다.
32) 여객안내설비 표시기 / 역무자동화설비 발매기 교통카드무인·정산충전기 / 보증금 환급기 / 게이트 자동 개·집표기
33) LTE-R기지국설비RRU, 여객관리용 영상설비 카메라 / 역무자동화설비 발매기1회용발매·교통카드 충전기, 재난방송주중계장치, 역단위전산기

다. 정밀진단 현장측정 및 시험 결과분석
① 내구성능 평가기준
- 평가 항목은 주요소와 보조요소의 진단항목으로 가중치를 적용하여 평가

평가항목	주요소	보조요소
내구성	외관, 내용연수/사용횟수, 설치환경	마모, 고장장애횟수

② 내구성 가중치 기준
- 주요소와 보조요소의 가중치는 안전성 및 내구성, 사용성 등을 고려하여 적용

구분	열화절연	마모강도	외관	내용연수/사용횟수	설치환경	운행횟수	고장장애횟수	제품단종	설비용량
내구성	-	30	70	100	70	-	20		

4.2. 세분류 설비별 내구성 평가

시설물의 사용 수명 동안 요구되는 기능을 유지시키기 위한 성능을 확인하기 위해 내용연수·사용횟수로 인한 피로도, 외부환경적 요소(염해, 공해 등) 및 부식·균열·누유 등 상태 변화를 종합적으로 검토하여 평가한다.

> 철도시설의 정기점검등에 관한지침 [별표 5] 정밀진단 방법 및 종합 성능평가 방법
> (4) 성능평가시 활용되는 중요도는 철도시설물의 서비스 제공에 영향을 미치는 정도를 말하며, 객관성을 확보하고 있는 전문가 10인 이상이 참여하는 계층화 분석법(Analytic Hierarchy Process, AHP)을 사용하여 결정한다. 개별시설 내에서 활용하는 중요도는 시설관리자 중에서 선정한 전문가들을 활용하여 AHP 분석방법으로 결정한다. 다만, AHP 분석이 적절치 않을 경우 전문가의 협의와 시설관리자의 참여하에 가중치를 결정할 수 있다.

4.2.1 세분류 설비별 내구성 평가점수 집계표 예시

대상설비		내구성지수	등급	대상설비		내구성지수	등급
광케이블		1~5	A~E	전화교환기	전자교환기	1~5	A~E
동케이블		1~5	A~E		관제전화주장치	1~5	A~E
선로변통합인터페이스통신설비		1~5	A~E	여객안내설비	중앙제어설비	1~5	A~E
광전송설비	DWDM	1~5	A~E		역서버	1~5	A~E
	STM 4/16/64	1~5	A~E		표시기	1~5	A~E
	정류기	1~5	A~E	방송설비	자동안내방송주장치	1~5	A~E
	축전지	1~5	A~E		관제원격방송주장치	1~5	A~E
LTE-R 기지국설비	DU	1~5	A~E	시설감시용 영상설비	영상저장장치	1~5	A~E
	-	-	-		영상운영장치	1~5	A~E
-	-	-	-	-	-	-	-

4.2.2 세분류 설비별 내구성 평가 작성 예시

가. 선로설비 내구성 평가

① 광케이블 및 동케이블

구간별			평가점수	내용연수/사용횟수	설치환경
광케이블	#A 케이블 #3Core	AA역~BB역	X	1~5	1~5
	#A 케이블 #12Core	BB역~CC역	Y	1~5	1~5
	평 균		Avg(X+Y)	Avg( )	Avg( )
동케이블	#A 케이블 #3심선	AA역~BB역	X	1~5	1~5

② 선로변통합인터페이스통신설비 내구성 평가

설 비 명		위치(키로정)	평가점수	부식검사	내용연수/사용횟수	설치환경	고장장애 횟수
선로변통합 인터페이스 통신설비	연선전화 #2	AA노선 BB역	X	1~5	1~5	1~5	1~5
	연선전화 #3	AA노선 BB역	Y	1~5	1~5	1~5	1~5
	평 균		Avg(X+Y)	Avg( )	Avg( )	Avg( )	Avg( )

나. 광전송설비 내구성 평가

① DWDM 및 STM 설비

설비명	설치장소	구 분	평가점수	내용연수/사용횟수	고장장애횟수
DWDM	AA역	# 1 남부링	X	1~5	1~5
	BB역	# 1 남부링	Y	1~5	1~5
	평 균		Avg(X+Y)	Avg( )	Avg( )
STM 16	AA역	AA노선 BB역	Z	1~5	1~5

② 정류기 설비

설비명	설치장소	평가점수	외관	내용연수/사용횟수	고장장애 횟수
정류기	AA역	Y	1~5	1~5	1~5

③ 축전지 설비

설비명	설치장소	평가점수	외관	내용연수/사용횟수
축전지	AA역	Y	1~5	1~5

다. 열차무선설비 내구성 평가

① LTE-R 중앙제어설비 및 관제조작반

설비명		설치장소	평가점수	내용연수/사용횟수	고장장애횟수
LTE-R 중앙제어 설비	EPC #1	AA 관제센터	X	1~5	1~5
	EPC #2	AA 관제센터	Y	1~5	1~5
	평 균		Avg(X+Y)	Avg( )	Avg( )
관제조작반		AA 관제센터	Z	1~5	1~5

② LTE-R 기지국 설비 DU

설비명	설치장소(키로정)	평가점수	내용연수/사용횟수	고장장애횟수
DU # 1	AA노선 BB역	X	1~5	1~5

③ LTE-R 기지국 설비 RRU

설비명	설치장소(키로정)	평가점수	부식검사	내용연수/사용횟수	설치환경	고장장애횟수
RRU #1	AA노선 BB역	Y	1~5	1~5	1~5	1~5

④ 열차무선방호장치 중앙장치와 자동점검시스템

설비명	설치장소(키로정)	평가점수	내용연수/사용횟수	고장장애횟수
열차무선방호장치 중앙장치 #1	AA노선 BB역	Y	1~5	1~5
열차무선방호장치 자동점검시스템 #1	AA노선 BB역	Z	1~5	1~5

⑤ 열차무선방호장치 중계장치

설비명	설치장소(키로정)	평가점수	내용연수/사용횟수	설치환경	고장장애횟수
열차무선방호장치 중계장치 #1	AA노선 BB역	X	1~5	1~5	1~5

⑥ 열차무선방호장치 케이블안테나

설비명	설치장소(키로정)	구 분	평가점수	내용연수/사용횟수	설치환경
케이블안테나	AA노선 BB터널	-	Y	1~5	1~5

⑦ 재난방송수신설비 주중계장치

설비명	설치장소	구분	평가점수	내용연수/사용횟수	고장장애횟수
주중계장치	AA노선 BB역		Y	1~5	1~5

⑧ 재난방송수신설비 보조중계장치

설비명	설치장소(키로정)	번호	평가점수	외관(부식)	내용연수	설치환경	고장장애횟수
보조중계장치	AA노선 BB역		X	1~5	1~5	1~5	1~5
보조중계장치	AA노선 CC역		Y	1~5	1~5	1~5	1~5
평 균			Avg(X+Y)	Avg( )	Avg( )	Avg( )	Avg( )

라. 전화교환설비 내구성 평가

① 전자교환기

설비명	설치장소	구분	평가점수	내용연수/사용횟수	고장장애횟수
전자교환기	AA노선 BB역		Y	1~5	1~5

② 관제전화주장치

설비명	설치장소	평가점수	내용연수/사용횟수	고장장애횟수
관제전화주장치	AA노선 #1관제센터	Y	1~5	1~5

마. 역무용 통신설비 내구성 평가

① 여객안내설비 중앙제어설비, 역서버

설비명	설치장소	평가점수	내용연수/사용횟수	고장장애횟수
중앙제어설비	AA노선 관제센터 #1	X	1~5	1~5
	AA노선 관제센터 #2	Y	1~5	1~5
	평 균	Avg(X+Y)	Avg( )	Avg( )
역서버	AA노선 BB역	X	1~5	1~5
	AA노선 CC역	Y	1~5	1~5
	AA노선 DD역	Z	1~5	1~5
	평 균	Avg(X+Y+Z)	Avg( )	Avg( )

② 여객안내설비 표시기

설비명	설치장소	구분	평가점수	부식검사	내용연수/사용횟수	설치환경	고장장애횟수
표시기	AA노선 BB역 대합실	#1	X	1~5	1~5	1~5	1~5
	AA노선 BB역 대합실	#2	Y	1~5	1~5	1~5	1~5
	평 균		Avg(X+Y)	Avg( )	Avg( )	Avg( )	Avg( )

③ 방송설비 자동안내방송 주장치, 관제원격방송 주장치

설비명	설치장소	평가점수	내용연수/사용횟수	고장장애횟수
관제원격방송 주장치	AA노선 BB역 #1	X	1~5	1~5
	AA노선 BB역 #2	Y	1~5	1~5
	평 균	Avg(X+Y)	Avg( )	Avg( )
자동안내방송 주장치	AA노선 BB역	X	1~5	1~5

바. 영상설비 내구성 평가

① 여객관리용 영상설비 영상저장장치, 시설감시용 영상설비 영상저장장치

설비명	설치장소	구분	평가점수	내용연수/사용횟수	고장장애횟수
영상저장장치	AA역	#1	X	1~5	1~5
	AA역	#2	Y	1~5	1~5
	평 균		Avg(X+Y)	Avg( )	Avg( )

② 여객관리용 영상설비 영상운영장치, 시설감시용 영상설비 영상운영장치

설비명	설치장소	구분	평가점수	내용연수/사용횟수	고장장애횟수
영상운영장치	AA관제센터	#1	X	1~5	1~5
	AA관제센터	#2	Y	1~5	1~5
	평 균		Avg(X+Y)	Avg( )	Avg( )

③ 여객관리용 영상설비 카메라, 시설감시용 영상설비 카메라

설비명	설치장소	구분	평가점수	내용연수/사용횟수	설치환경	고장장애횟수
카메라	AA노선 BB역	#1	X	1~5	1~5	1~5
	AA노선 BB역	#2	Y	1~5	1~5	1~5
	AA노선 BB역	#5	Z	1~5	1~5	1~5
	평 균		Avg(X+Y+Z)	Avg( )	Avg( )	Avg( )

④ 여객관리용 영상설비 UPS

설비명	설치장소	평가점수	부식검사	내용연수/사용횟수	고장장애횟수
UPS	AA노선 BB역	X	1~5	1~5	1~5
	AA노선 BB역	Y	1~5	1~5	1~5
	평 균	Avg(X+Y)	Avg( )	Avg( )	Avg( )

⑤ 여객관리용 영상설비 축전지

설비명	설치장소	구분	평가점수	부식검사	내용연수/사용횟수
축전지	AA노선 BB역	#1	X	1~5	1~5
	AA노선 BB역	#2	Y	1~5	1~5
	평 균		Avg(X+Y)	Avg( )	Avg( )

사. 역무자동화설비 내구성 평가

① 전산장치 중앙전산기, 역단위전산기

설비명	설치장소	구분	평가점수	내용연수/사용횟수	고장장애횟수
중앙전산기	AA노선 BB역		X	1~5	1~5
역단위전산기	AA노선 BB역		Y	1~5	1~5

② 발매기 1회용발매/교통카드충전기, 교통카드무인/정산충전기, 보증금환급기

설비명	설치장소	평가점수	내용연수/사용횟수	설치환경	고장장애횟수
1회용 교통카드 발매/충전기	AA노선 BB역 #1	X	1~5	1~5	1~5
	AA노선 BB역 #3	Y	1~5	1~5	1~5
	평 균	Avg(X+Y)	Avg( )	Avg( )	Avg( )
교통카드정산/충전기	AA노선 BB역 #1	X	1~5	1~5	1~5
	AA노선 BB역 #3	Y	1~5	1~5	1~5
	평 균	Avg(X+Y)	Avg( )	Avg( )	Avg( )
보증금환급기	AA노선 BB역 #1	X	1~5	1~5	1~5
	AA노선 BB역 #3	Y	1~5	1~5	1~5
	평 균	Avg(X+Y)	Avg( )	Avg( )	Avg( )

③ 게이트 자동개·집표기

설비명	설치장소	평가점수	내용연수/사용횟수	설치환경	고장장애횟수
자동개·집표기	AA노선 BB역 #1	X	1~5	1~5	1~5
	AA노선 BB역 #3	Y	1~5	1~5	1~5
	평 균	Avg(X+Y)	Avg( )	Avg( )	Avg( )

4.3 소분류 설비별 내구성 평가
4.3.1 세분류 설비별 가중치

노선	중분류	소분류	세분류	세분류 가중치	합계
A노선 A구간 A호선	선로설비	광케이블	광케이블	100	100
		동케이블	동케이블	100	100
		선로변 통합 인터페이스 통신		100	100
	전송설비	광전송 설비	DWDM	25	100
			STM 4/16/64	40	
			정류기	25	
			축전지	10	
	무선설비	LTE-R 중앙제어설비	주제어설비	90	100
			관제조작반	10	
		LTE-R 기지국장치	DU	50	100
			RRU	50	
		열차무선 방호장치	중앙장치	20	100
			자동점검시스템	20	
			중계 장치	30	
			케이블안테나	30	
		재난방송 수신설비	주중계장치	50	100
			보조중계장치	50	
	전화교환 설비	전화 교환기	전자교환기	60	100
			관제전화주장치	40	
	역무통신 설비	여객 안내설비	중앙제어설비	50	100
			역서버	30	
			표시기	20	
		방송설비	자동안내방송주장치	50	100
			관제원격방송주장치	50	
	영상설비	여객 관리용 영상설비	영상저장장치	25	100
			영상운영장치	20	
			카메라	25	
			UPS	20	
			축전지	10	
		시설 감시용 영상설비	영상저장장치	40	100
			영상운영장치	30	
			카메라	30	
	역무자동화 설비	전산장치	중앙전산기	60	100
			역단위전산기	40	
		발매기	1회용발매/교통카드충전기	40	100
			교통카드무인/정산충전기	30	
			보증금환급기	30	
		게이트	자동 개·집표기	100	100

4.3.2 소분류 설비별 내구성 평가점수 집계표 예시

설비	소분류	평가지수	평가등급
선로설비	동케이블	1~5	A~E
	광케이블	1~5	A~E
	선로변 통합인터페이스 통신설비	1~5	A~E
전송설비	광전송설비	1~5	A~E
열차무선설비	LTE-R 중앙제어설비	1~5	A~E
	LTE-R 기지국장치	1~5	A~E
	열차무선 방호장치	1~5	A~E
	재난방송 수신설비	1~5	A~E
전화교환설비	전화교환기	1~5	A~E
역무용통신설비	여객안내설비	1~5	A~E
	자동안내방송설비	1~5	A~E
영상설비	여객관리용 영상감시설비	1~5	A~E
	시설감시용 영상감시설비	1~5	A~E
역무자동화설비	전산장치	1~5	A~E
	발매기	1~5	A~E
	게이트	1~5	A~E

4.3.3 소분류 설비별 내구성 평가 예시

가. 선로설비 내구성 평가 산출

소분류	세분류	세분류 평가지수	세분류 가중치	소분류평가지수
광케이블	광케이블	A	1.0	A*1
동케이블	동케이블	B	1.0	B*1
선로변 인터페이스		C	1.0	C*1

나. 광전송설비 내구성 평가 산출

소분류	세분류	세분류 평가지수	세분류 가중치	소분류 평가지수	평가등급
광전송설비	DWDM	A	0.25	A*0.25 + B*0.40 + C*0.25 + D*0.10	A~E
	STM 4/16/64	B	0.40		
	정류기	C	0.25		
	축전지	D	0.10		

① 예시: 광전송설비 세분류 4종 대상 내구성평가

소분류	세분류	세분류 평가지수	세분류 가중치	소분류 평가지수	등급
소분류	DWDM	4.25	0.25	0.25*4.25 + 0.40*3.52 + 0.25*3.83 + 0.10*3.83 = 3.81	B
	STM 4/16/64	3.52	0.40		
	정류기	3.83	0.25		
	축전지	3.83	0.10		

② 예시: 광전송설비 DWDM, STM 세분류 2종 대상 내구성평가

소분류	세분류	세분류 평가지수	세분류 가중치	소분류 평가지수	등급
소분류	DWDM	4.25	0.38	0.38*4.25 + 0.62*3.52 = 3.80	B
	STM 4/16/64	3.52	0.62		

✓ DWDM가중치 = 0.25[1+(0.25+0.10)/(0.25+0.40)] = 0.384
✓ STM 가중치 = 0.40[1+(0.25+0.10)/(0.25+0.40)] = 0.615

다. LTE-R 중앙제어설비 내구성 평가 산출

소분류	세분류	세분류 평가지수	세분류 가중치	소분류 평가지수
LTE-R 중앙제어설비	중앙제어장치	A	0.9	A*0.9+B*0.1
	관제조작반	B	0.1	

○ 예시: LTE-R중앙제어설비 내구성평가

소분류	세분류	세분류 평가지수	세분류 가중치	소분류 평가지수	등급
소분류	중앙제어장치	4.5	0.9	0.9*4.5 + 0.1*3.8 = 4.43	B
	관제조작반	3.8	0.1		

라. LTE-R 기지국설비 내구성 평가 산출

소분류	세분류	세분류 평가지수	세분류 가중치	소분류 평가지수
LTE-R 기지국설비	DU	A	0.5	A*0.5 + B*0.5
	RRU	B	0.5	

마. 열차무선방호장치 내구성 평가 산출

소분류	세분류	세분류 평가지수	세분류 가중치	소분류 평가지수
열차무선 방호장치	중앙장치	A	0.2	A*0.2 + B*0.2 + C*0.3 + D*0.3
	자동점검시스템	B	0.2	
	중계 장치	C	0.3	
	케이블안테나	D	0.3	

바. 재난방송 수신설비 내구성 평가 산출

소분류	세분류	세분류 평가지수	세분류 가중치	소분류 평가지수
재난방송 수신설비	주중계장치	A	0.5	A*0.5 + B*0.5
	보조중계장치	B	0.5	

사. 전화교환기 내구성 평가 산출

소분류	세분류	세분류 평가지수	세분류 가중치	소분류 평가지수
전화교환기	전자교환기	A	0.6	A*0.6 + B*0.4
	관제전화주장치	B	0.4	

아. 여객안내설비 내구성 평가 산출

소분류	세분류	세분류 평가지수	세분류 가중치	소분류 평가지수
여객안내설비	중앙제어설비	A	0.5	A*0.5 + B*0.3 + C*0.2
	역서버	B	0.3	
	표시기	C	0.2	

자. 방송설비 내구성 평가 산출

소분류	세분류	세분류 평가지수	세분류 가중치	소분류 평가지수
방송설비	자동안내주장치	A	0.5	A*0.5 + B*0.5
	관제원격주장치	B	0.5	

차. 여객관리용 영상설비 내구성 평가 산출

소분류	세분류	세분류 평가지수	세분류 가중치	소분류 평가지수
여객관리용 영상설비	영상저장장치	A	0.25	A*0.25 + B*0.20 + C*0.25 + D*0.20 + E*0.10
	영상운영장치	B	0.20	
	카메라	C	0.25	
	UPS	D	0.20	
	축전지	E	0.10	

① 예시: 여객관리용영상설비 세부류 5종 대상 내구성평가

	세분류	세분류 평가지수	세분류 가중치	소분류 평가지수	등급
소분류	영상저장장치	3.85	0.25	0.25*3.85 + 0.2*3.24 + 0.25*3.52 + 0.2*3.48 + 0.1*3.48 = 3.53	B
	영상운영장치	3.24	0.20		
	카메라	3.52	0.25		
	UPS	3.48	0.20		
	축전지	3.48	0.10		

② 예시: 여객관리용영상설비 세분류 2종 (영상운영장치, 카메라) 대상 내구성평가

소분류	세분류	세분류 평가지수	세분류 가중치	소분류 평가지수	등급
	영상운영장치	3.24	0.44	0.44*3.24 + 0.56*3.52 = 3.40	C
	카메라	3.52	0.56		

- ✓ 영상운영장치 가중치 = 0.20*[1+(0.25+0.20+0.10)/(0.20+0.25)] = 0.444
- ✓ 카메라 가중치 = 0.25*[1+(0.25+0.20+0.10)/(0.20+0.25)] = 0.555

카. 시설감시용 영상설비 내구성 평가지수

소분류	세분류	세분류 평가지수	세분류 가중치	소분류 평가지수
시설감시용 영상설비	영상저장장치	A	0.4	A*0.4 + B*0.3 + C*0.3
	영상운영장치	B	0.3	
	카메라	C	0.3	

타. (역무자동화설비) 전산장치 내구성 평가지수

소분류	세분류	세분류 평가지수	세분류 가중치	소분류 평가지수
전산장치	중앙전산기	A	0.6	A*0.6 + B*0.4
	역단위전산기	B	0.4	

① 예시 전산장치 세분류 2종 대상 내구성 평가

소분류	세분류	세분류 평가지수	세분류 가중치	소분류 평가지수	등급
	중앙전산기	4.30	0.6	4.3*0.6 + 3.8*0.4 = 4.10	B
	역단위전산기	3.80	0.4		

② 예시: 전산장치 중앙전산기 대상 내구성 평가

소분류	세분류	세분류 평가지수	세분류 가중치	소분류 평가지수	등급
	중앙전산기	4.30	1.0	4.30*1.0 = 4.30	B

파. (역무자동화설비) 발매기 내구성 평가지수

소분류	세분류	세분류 평가지수	세분류 가중치	소분류 평가지수
발매기	1회용발매/교통카드 충전기	A	0.4	A*0.4 + B*0.3 + C*0.3
	교통카드 무인/정산충전기	B	0.3	
	보증금환급기	C	0.3	

하. (역무자동화설비) 게이트 내구성 평가지수

소분류	세분류	세분류 평가지수	세분류 가중치	소분류평가지수
게이트	자동개집표기	A	1.0	1*A

4.4 중분류 설비별 내구성 평가
4.4.1 소분류 설비별 가중치

설비	소분류	소분류 가중치	합계
선로설비	동케이블	0.19	1.00
	광케이블	0.61	
	선로변 통합인터페이스 통신설비	0.20	
전송설비	광전송설비	1.00	1.00
열차무선설비	LTE-R 중앙 제어설비	0.35	1.00
	LTE-R 기지국 장치	0.35	
	열차무선 방호장치	0.15	
	재난방송 수신설비	0.15	
전화교환설비	전화교환기	1.00	1.00
역무용통신설비	여객안내설비	0.46	1.00
	자동안내방송설비	0.54	
영상설비	여객관리용 영상감시설비	0.62	1.00
	시설감시용 영상감시설비	0.38	
역무자동화설비	전산장치	0.65	1.00
	발매기	0.17	
	게이트	0.18	

4.4.2 중분류설비별 내구성 평가지수 집계표 예시

설비명	내구성 지수	등급	설비	내구성 지수	등급
선로설비	1~5	A~E	역무용통신설비	1~5	A~E
전송설비	1~5	A~E	영상설비	1~5	A~E
무선설비	1~5	A~E	역무자동화설비	1~5	A~E
전화교환설비	1~5	A~E			

4.4.3 중분류 설비별 내구성 평가 산출
가. 선로설비 내구성 평가산출

중분류	소분류	소분류가중치	소분류평가지수	중분류평가지수
선로설비	동케이블	0.19	A	A*0.19 + B*0.61 + C*0.20
	광케이블	0.61	B	
	선로변 통합인터페이스 통신설비	0.20	C	

① 예시: 선로설비 소분류 3종 대상 내구성 평가

중분류	소분류	소분류가중치	소분류평가지수	중분류평가지수	등급
중분류	동케이블	0.19	2.55	0.19*2.55 + 0.61*3.62 + 0.2*3.54 = 3.40	C
	광케이블	0.61	3.62		
	선로변 통합인터페이스 통신설비	0.20	3.54		

② 예시: 선로설비 소분류 2종(동케이블, 선로변 통신설비) 대상 내구성 평가

중분류	소분류	소분류가중치	소분류평가지수	중분류평가지수	등급
중분류	동케이블	0.49	2.55	0.19*2.55 + 0.2*3.54 = 3.05	C
	선로변 통합인터페이스 통신설비	0.51	3.54		

✓ 동케이블 가중치 = 0.19*[1+0.61/(0.19+0.20)] = 0.487
✓ 선로변통합인터페이스 통신설비 가중치 = 0.20*[1+0.61/(0.19+0.20)] = 0.513

나. 전송설비 내구성 평가

중분류	소분류	소분류가중치	소분류평가지수	중분류평가지수
전송설비	광전송설비	1.00	A	A*1

○ 예시: 전송설비 내구성 평가

중분류	소분류	소분류가중치	소분류평가지수	중분류평가지수	등급
중분류	광전송설비	1.00	4.52	1*4.52 = 4.52	A

다. 무선설비 내구성 평가산출

중분류	소분류	소분류가중치	소분류평가지수	중분류평가지수
무선설비	LTE-R 중앙 제어설비	0.35	A	A*0.35 + B*0.35 + C*0.15 + D*0.15
	LTE-R 기지국 장치	0.35	B	
	열차무선 방호장치	0.15	C	
	재난방송 수신설비	0.15	D	

① 예시: 무선설비 소분류 4종 내구성 평가

중분류	소분류	소분류가중치	소분류평가지수	중분류평가지수	등급
중분류	LTE-R 중앙 제어설비	0.35	4.60	0.35*4.6 + 0.35*4.23 + 0.15*3.87 + 0.15*2.85 = 4.10	B
	LTE-R 기지국 장치	0.35	4.23		
	열차무선 방호장치	0.15	3.87		
	재난방송 수신설비	0.15	2.85		

② 예시: 무선설비 소분류 2종(LTE-R 중앙제어설비, 재난방송수신설비) 대상 내구성 평가

중분류	소분류	소분류가중치	소분류평가지수	중분류평가지수	등급
	LTE-R 중앙 제어설비	0.70	4.60	0.70*4.60 + 0.30*2.85 = 4.08	B
	재난방송 수신설비	0.30	2.85		

✓ LTE-R 중앙제어설비 가중치 = 0.35*[1 + (0.35+0.15)/(0.35+0.15)] = 0.70
✓ 재난방송수신설비 가중치 = 0.15*[1 + (0.35+0.15)/(0.35+0.15)] = 0.30

라. 전화교환기 내구성 평가산출

중분류	소분류	소분류가중치	소분류평가지수	중분류평가지수
전화교환설비	전화교환기	1.00	A	A*1

○ 예시: 전화교환기 내구성 평가

중분류	소분류	소분류가중치	소분류평가지수	중분류평가지수	등급
	전화교환기	1.00	3.25	1*3.25 = 3.25	C

마. 역무통신설비 내구성 평가산출

중분류	소분류	소분류가중치	소분류평가지수	중분류평가지수
역무용통신설비	여객안내설비	0.46	A	A*0.46 + B*0.54
	자동안내방송설비	0.54	B	

○ 예시: 역무용통신설비 내구성 평가

중분류	소분류	소분류가중치	소분류평가지수	중분류평가지수	등급
	여객안내설비	0.46	4.21	0.46*4.21 + 0.54*3.58 = 3.87	B
	자동안내방송설비	0.54	3.58		

바. 영상설비 내구성 평가산출

중분류	소분류	소분류가중치	소분류평가지수	중분류평가지수
영상설비	여객관리용 영상감시설비	0.62	A	A*0.62 + B*0.38
	시설감시용 영상감시설비	0.38	B	

○ 예시: 영상설비 내구성 평가

중분류	소분류	소분류가중치	소분류평가지수	중분류평가지수	등급
	여객관리용 영상감시설비	0.62	3.52	0.62*3.52 + 0.38*4.25 = 3.80	B
	시설감시용 영상감시설비	0.38	4.25		

사. 역무자동화설비 내구성 평가

중분류	소분류	소분류가중치	소분류평가지수	중분류평가지수
역무자동화설비	전산장치	0.65	A	A*0.65 + B*0.17 + C*0.18
	발매기	0.17	B	
	게이트	0.18	C	

① 예시: 역무자동화설비 소분류 4종 내구성 평가

중분류	소분류	소분류가중치	소분류평가지수	중분류평가지수	등급
	전산장치	0.65	3.82	0.65*3.82+0.17*3.28 +0.18*3.35 = 3.64	B
	발매기	0.17	3.28		
	게이트	0.18	3.35		

② 예시: 역무자동화설비 소분류 2종(발매기, 게이트) 내구성 평가

중분류	소분류	소분류가중치	소분류평가지수	중분류평가지수	등급
	발매기	0.49	3.28	0.49*3.28 + 0.51*3.35 = 3.32	C
	게이트	0.51	3.35		

✓ 발매기 가중치 = 0.17*[1+0.65/(0.17+0.18)] = 0.486
✓ 게이트 가중치 = 0.18*[1+0.65/(0.17+0.18)) = 0.514

4.5 노선별 구간별 설비 내구성 평가 작성

> 철도시설의 정기점검등에 관한지침 [별표 5] 정밀진단 방법 및 종합 성능평가 방법
> (4) 성능평가시 활용되는 중요도는 철도시설물의 서비스 제공에 영향을 미치는 정도를 말하며, 객관성을 확보하고 있는 전문가 10인 이상이 참여하는 계층화 분석법(Analytic Hierarchy Process, AHP)을 사용하여 결정한다. 개별시설 내에서 활용하는 중요도는 시설관리자 중에서 선정한 전문가들을 활용하여 AHP 분석방법으로 결정한다. 다만, AHP 분석이 적절치 않을 경우 전문가의 협의와 시설관리자의 참여하에 가중치를 결정할 수 있다.
> (6) 철도시설 종합평가는 구간별로 성능평가지수와 성능평가등급을 평가하고, 이 평가한 결과를 바탕으로 노선별로 성능평가지수와 성능평가등급을 도출한다. 종합성능평가 지수에 따른 종합성능평가 등급부여 기준은 다음과 같다.
>
> | 성능평가지수(E) | 성능평가등급 | 성능 수준 및 유지관리 필요성 |
> |---|---|---|
> | 4.5≤ E ≤5.0 | A(우수) | 결함·손상이 없고 내구성능 저하 가능성 낮음 |
> | 3.5≤ E <4.5 | B(양호) | 경미한 결함이 있는 상태로 진행여부를 지속 관찰 |
> | 2.5≤ E <3.5 | C(보통) | 안전에는 지장이 없으나, 간단한 보수·보강 필요 |
> | 1.5≤ E <2.5 | D(미흡) | 성능이 기준이 미치지 못해 긴급한 보수·보강 필요 |
> | 1.0≤ E <1.5 | E(불량) | 심각한 결함이 있어 즉각 사용중단하고 보강·개축 필요 |

① 성능평가 대상에 대해 역사별 제어설비의 성능과 구간별 선로설비 등의 성능을 평가하고 세/소/중분류 설비 단계로 가중치를 부여하여 성능을 평가한다.
② 일반적으로 역사별 구간별 성능평가대상설비가 일정하지 않으므로 (모든 종류의 철도통신 설비가 특정역사 혹은 특정구간에 설치되어 있는 것은 아니므로) 평가대상설비의 가중치합(미평가 대상설비의 가중치를 제외)이 설비별 기준 가중치를 유지하여야 적정한 평가가 이루어진다.
 - 적용 가중치는 대상설비별 기준 가중치를 비례배분하고 가중치 조정내용은 시설관리자의 승인하에 결정한다.

4.5.1 설비분류별 기준 가중치

철도통신설비 정밀진단이나 성능평가 시 모든 종류의 세분류 설비가 대상설비일 경우도 있겠지만 샘플선정 등으로 일부 세분류 설비가 평가대상 설비에 포함되지 않는 경우가 반드시 발생한다. 즉 중분류/소분류/세분류설비 중 일부설비가 평가대상일 경우가 대부분이므로 미대상설비의 가중치를 대상설비별로 가중치를 조정하여야 성능점수 산정이 가능하다.

구분	중분류	소분류	세분류	세분류 내구성 가중치	소계	소분류 내구성 가중치	소계	중분류 내구성 가중치	소계	소계
A노선 A구간 A호선	선로설비	광케이블	광케이블	100	100	0.61	1.00	0.23		1.00
		동케이블	동케이블	100	100	0.19				
		선로변 통합 인터페이스 통신		100	100	0.20				
	전송설비	광전송 설비	DWDM	25	100	1.00	1.00	0.31		
			STM 4/16/64	40						
			정류기	25						
			축전지	10						
	무선 설비	LTE-R 중앙제어설비	주제어설비	90	100	0.35	1.00	0.20		
			관제조작반	10						
		LTE-R 기지국장치	DU	50	100	0.35				
			RRU	50						
		열차무선 방호장치	중앙장치	20	100	0.15				
			자동점검시스템	20						
			중계 장치	30						
			케이블안테나	30						
		재난방송 수신설비	주중계장치	50	100	0.15				
			보조중계장치	50						
	전화교환 설비	전화 교환기	전자교환기	60	100	1.00	1.00	0.07		
			관제전화주장치	40						
	역무통신 설비	여객 안내설비	중앙제어설비	50	100	0.46	1.00	0.06		
			역서버	30						
			표시기	20						
		방송설비	자동안내방송주장치	50	100	0.54				
			관제원격방송주장치	50						
	영상설비	여객 관리용 영상설비	영상저장장치	25	100	0.62	1.00	0.06		
			영상운영장치	20						
			카메라	25						
			UPS	20						
			축전지	10						
		시설 감시용 영상설비	영상저장장치	40	100	0.38				
			영상운영장치	30						
			카메라	30						
	역무자동화 설비	전산장치	중앙전산기	60	100	0.65	1.00	0.07		
			역단위전산기	40						
		발매기	1회용발매/교통카드충전기	40	100	0.17				
			교통카드무인/정산충전기	30						
			보증금환급기	30						
		게이트	자동 개·집표기	100	100	0.18				

4.5.2 구간별 내구성 평가 산출 예시
가. YY역에 세분류 전체종류의 설비가 성능평가 대상일 경우 (기기별 4.50점 가정)

구분	중분류	소분류	세분류	세분류 내구성 지수	세분류 가중치	소분류 내구성 지수	소분류 가중치	중분류 내구성 지수	중분류 가중치	대분류 내구성 지수	대분류 가중치
YY역	선로설비	광케이블	광케이블	4.50	1.00	4.50	0.61	4.50	0.23	4.50	A
		동케이블	동케이블	4.50	1.00	4.50	0.19				
		선로변 통합 인터페이스 통신		4.50	1.00	4.50	0.20				
	전송설비	광전송 설비	DWDM	4.50	0.25	4.50	1.00	4.50	0.31		
			STM 4/16/64	4.50	0.40						
			정류기	4.50	0.25						
			축전지	4.50	0.10						
	열차무선 설비	LTE-R 중앙제어설비	주제어설비	4.50	0.90	4.50	0.35	4.50	0.20		
			관제조작반	4.50	0.10						
		LTE-R 기지국장치	DU	4.50	0.50	4.50	0.35				
			RRU	4.50	0.50						
		열차무선 방호장치	중앙장치	4.50	0.20	4.50	0.15				
			자동점검시스템	4.50	0.20						
			중계 장치	4.50	0.30						
			케이블안테나	4.50	0.30						
		재난방송 수신설비	주중계장치	4.50	0.50	4.50	0.15				
			보조중계장치	4.50	0.50						
	전화교환 설비	전화 교환기	전자교환기	4.50	0.60	4.50	1.00	4.50	0.07		
			관제전화주장치	4.50	0.40						
	역무통신 설비	여객 안내설비	중앙제어설비	4.50	0.50	4.50	0.46	4.50	0.06		
			역서버	4.50	0.30						
			표시기	4.50	0.20						
		방송설비	자동안내방송주장치	4.50	0.50	4.50	0.54				
			관제원격방송주장치	4.50	0.50						
	영상설비	여객 관리용 영상설비	영상저장장치	4.50	0.25	4.50	0.62	4.50	0.06		
			영상운영장치	4.50	0.20						
			카메라	4.50	0.25						
			UPS	4.50	0.20						
			축전지	4.50	0.10						
		시설 감시용 영상설비	영상저장장치	4.50	0.40	4.50	0.38				
			영상운영장치	4.50	0.30						
			카메라	4.50	0.30						
	역무자 동화설비	전산장치	중앙전산기	4.50	0.60	4.50	0.65	4.50	0.07		
			역단위전산기	4.50	0.40						
		발매기	1회용발매/교통카드충전기	4.50	0.40	4.50	0.17				
			교통카드무인/정산충전기	4.50	0.30						
			보증금환급기	4.50	0.30						
		게이트	자동 개·집표기	4.50	0.10	4.50	0.18				

나. AA 역에 여객관리용 영상저장장치와 설비감시용 영상운영장치 대상 성능평가 할 경우

대상설비			내구성능 점수 및 등급							
중분류	소분류	세분류	세분류		소분류		중분류		정보통신	
			점수	가중치	점수	가중치	점수	가중치	점수	등급
영상 설비	여객관리용영상설비	영상저장장치	A	1.00	A*1	0.62	A*0.62 + B*0.38	1.00	(0.62A+0.38B)*1	A~E
	설비감시용영상설비	영상운영장치	B	1.00	B*1	0.38				

- 2종의 세분류 영상설비는 각각 1종의 세분류로 대표되므로 세분류 가중치는 환산되어 각각 1.00이 되며 여객관리와 설비감시용 2종 세분류설비 점수에 세분류 가중치를 적용하여 소분류 점수를 산출한다.
- 가중치가 적용된 소분류 점수에 소분류가중치 0.62, 0.38을 곱하고 합한 점수가 중분류 점수가 된다.
- AA역에는 7개 중분류 설비 중 영상설비 1개종만 성능평가 대상이므로 영상설비가 AA역의 중분류 및 대분류 정보통신설비의 안전성지수 점수가 되며 이때 중분류 가중치는 1.00을 적용한다.
- ✓ 이전의 성능평가 결과를 활용하여 미대상 설비의 성능평가 점수에 반영하여 성능평가시행 할 경우 성능평가 결과지수값은 달라질 수 있다.

<u>철도시설의 정기점검등에 관한지침 제12조(정기점검 및 정밀진단과 성능평가의 관계)</u>
① 철도시설관리자는 소관 철도시설에 대한 성능평가를 법 제29조 및 제31조에 따른 정기점검 및 정밀진단을 포함하여 실시하거나 성능평가 착수일을 기준으로 <u>3년 이내에 완료된 최근의 정기점검·정밀진단</u> 또는 다른 법령에 따른 점검·진단·검사 등의 결과를 활용할 수 있다.

① 예시: AA역 중분류 및 정보통신설비 내구성 평가

대상설비			내구성능 점수 및 등급				
중분류	소분류	세분류	세분류 점수	소분류 점수	중분류 점수	정보통신	
						점수	등급
영상 설비	여객관리용영상설비	영상저장장치	3.80	3.80*1	(3.80*0.62+4.50*0.38) = 4.07	4.07*1 = 4.07	B
	설비감시용영상설비	영상운영장치	4.50	4.50*1			

② 예시: AA역 중분류 영상설비 가중치 계산

대상설비			내구성능 점수 및 등급			
중분류	소분류	세분류	세분류 가중치	소분류 가중치	중분류 가중치 산출	
					기준	환산적용 가중치
영상 설비	여객관리용영상설비	영상저장장치	1.00	0.62	0.06	1.00
	설비감시용영상설비	영상운영장치	1.00	0.38		

- 평가대상 중분류 설비 영상설비 가중치: 0.06
- 미대상 중분류 설비(선로+전송+열차무선+전화교환+역무통신+역무자동화설비) 가중치의 합: 0.94
- ✓ AA역의 성능평가대상 중분류설비는 영상설비만 해당되므로 중분류 가중치는 1.00을 적용한다.

다. AA~BB역 본선구간에 세분류 3종의 설비만 성능평가 대상일 경우

대상설비			내구성능 점수 및 등급							
중분류	소분류	세분류	세분류		소분류		중분류		정보통신	
			점수	가중치	점수	가중치	점수	가중치	점수	등급
선로설비	광케이블	광케이블	A	1.00	1*A	0.61	0.61*A +0.19*B +0.20*C	1.00	(0.61*A+0.19B +0.20*C) *1	A~E
	동케이블	동케이블	B	1.00	1*B	0.19				
		선로변통합인터페이스통신설비	C	1.00	1*C	0.20				

① 예시: AA~BB역 본선구간의 내구성 평가

대상설비			내구성능 점수 및 등급					
중분류	소분류	세분류	세분류 점수	소분류 점수	중분류 점수	정보통신	
						점수	등급
선로설비	광케이블	광케이블	3.50	3.5*1 = 3.5	3.5*0.61 + 2.8*0.19 + 3.3*0.2 = 3.33	3.33*1 = 3.33	C
	동케이블	동케이블	2.80	2.8*1 = 2.8			
		선로변통합인터페이스통신설비	3.30	3.3*1 = 3.3			

② 예시: AA~BB역 본선구간의 중분류 가중치 계산

대상설비			내구성능 점수 및 등급	
중분류	소분류	세분류	소분류 가중치	중분류 적용 가중치
선로설비	광케이블	광케이블	0.61	1.00
	동케이블	동케이블	0.19	
		선로변통합인터페이스통신설비	0.20	

① 평가대상 중분류 설비 (선로설비 3종) 가중치 합: 0.23
② 미대상 중분류 6종설비(전송+열차무선+전화교환+역무통신+영상감시+역무자동화설비) 가중치의 합: 0.77(0.31+0.20+0.07+0.06+0.06+0.07)
  – 평가제외 중분류 선로설비 가중치의 합을 평가대상설비에 비례 배분
  ✓ 평가대상설비가 대상구간의 통신설비의 성능을 대표한다.
  ✓ 선로설비의 중분류가중치 1.00

라. BB역에서 광전송 설비 STM, LTE-R 기지국설비 RRU, 재난방송수신 주중계장치, 여객안내 설비 표시기, 발매기3종, 게이트 자동개·집표기설비가 성능평가 대상설비일 경우

대상설비			내구성능 점수 및 등급							
중분류	소분류	세분류	세분류		소분류		중분류		정보통신	
			점수	가중치	점수	가중치	점수	가중치	점수	등급
전송설비	광전송설비	STM 4/16/64	A	1.00	A*1	1.00	A*1*1	0.49	0.49A + (0.7B+0.3C)* 0.31+0.09D+ [(0.4E+0.3F +0.3G)*0.49 +0.51H]*0.11	A ~ E
무선설비	LTE-R 기지국설비	RRU	B	1.00	B*1	0.70	B*1*0.7+ C*1*0.3	0.31		
	재난방송 수신설비	주중계장치	C	1.00	C*1	0.30				
역무용 통신설비	여객안내 설비	표시기	D	1.00	D*1	1.00	D*1*1	0.09		
역무자동 화설비	발매기	1회용발매기	E	0.40	E*0.4 + F*0.3 + G*0.3	0.49	(E*0.4+ F*0.3+ G*0.3)*0.49 +H*1*0.51	0.11		
		교통카드충전기	F	0.30						
		보증급환급기	G	0.30						
	게이트	자동개·집표기	H	1.00	1*H	0.51				

① 예시: BB역 구간의 내구성 평가 점수산출 예

대상설비			내구성능 점수 및 등급					
중분류	소분류	세분류	세분류 점수	소분류 점수	중분류 점수	정보통신 점수		등급
전송설비	광전송설비	STM 4/16/64	4.30	4.3*1 = 4.30	4.3*1 = 4.30	4.30*0.49 + 3.85*0.31 + 2.80*0.09 + 2.86*0.11 = 3.87		B
열차무선 설비	LTE-R기지국 설비	RRU	4.00	4.0*1 = 4.00	4*0.7 + 3.5*0.3 = 3.85			
	재난방송수신설비	주중계장치	3.50	3.5*1 = 3.50				
역무 통신설비	여객안내설비	표시기	2.80	2.8*1 = 2.80	2.8*1 = 2.80			
역무자동 화설비	발매기	1회용발매기	3.20	3.2*0.4 + 3.5*0.3 + 3.0*0.3 = 3.23	3.23*0.49 + 2.50*0.51 = 2.86			
		교통카드충전기	3.50					
		보증급환급기	3.00					
	게이트	자동개·집표기	2.50	2.5*1 = 2.50				

② 예시: BB역 구간의 중분류 가중치 계산 예

대상설비			설비 분류별 가중치 산출					
			세분류 가중치		소분류 가중치		중분류 가중치	
중분류	소분류	세분류	기준	환산 적용	기준	환산 적용	기준	환산 적용
전송설비	광전송설비	STM 4/16/64	0.40	1.00	1.00	1.00	0.31	0.49
열차무선 설비	LTE-R 기지국설비	RRU	0.50	1.00	0.35	0.70	0.20	0.31
	재난방송수신설비	주중계장치	0.50	1.00	0.15	0.30		
역무통신 설비	여객안내설비	표시기	0.20	1.00	0.46	1.00	0.06	0.09
역무자동화설비	발매기	1회용발매/충전기	0.40	0.40	0.17	0.49	0.07	0.11
		교통카드무인충전기	0.30	0.30				
		보증급환급기	0.30	0.30				
	게이트	자동개·집표기	1.00	1.00	0.18	0.51		

소분류 적용가중치 산출
① 열차무선설비
 - 평가대상 열차무선설비 2종 소분류 가중치 산출 (LTE-R기지국, 재난방송수신) 가중치합: 0.50
 - 평가제외 2종설비(LTE-R 중앙제어+열차무선방호장치) 가중치의 합: 0.50
 - 환산가중치
  ✓ RRU 소분류 가중치: 0.35+0.35*0.5/0.5=0.70
  ✓ 재난방송수신설비 가중치: 0.15+0.15*0.5/0.5 = 0.30
② 역무자동화설비
 - 평가대상 열차무선설비 2종 소분류 가중치 산출 (발매기, 게이트) 가중치합: 0.35
 - 평가제외 1종설비 (전산장치) 가중치: 0.65
 - 환산가중치
  ✓ 발매기 소분류 가중치: 0.17+0.17*0.65/0.35 = 0.49
  ✓ 게이트 가중치: 0.18+0.18*0.65/0.35 = 0.51

중분류 가중치 산출
 - 평가대상 중분류4종(전송+열차무선+역무통신+역무자동화) 가중치합: 0.64
 - 평가제외 3종설비 (선로+전화교환+영상설비) 가중치의 합: 0.36
 - 환산가중치
  ✓ 전송설비 중분류 가중치: 0.31+0.31*0.36/0.64= 0.49
  ✓ 열차무선설비 가중치: 0.20+0.20*0.36/0.64 = 0.31
  ✓ 역무통신설비 가중치: 0.06+0.06*0.36/0.64 = 0.09
  ✓ 역무자동화설비 가중치: 0.07+0.07*0.36/0.64 = 0.11

4.5.3 노선별 내구성 평가 산출 예시
가. 설비분류별 기준 가중치
① 중분류 가중치

구분	가중치	합 계
선로설비	0.23	
전송설비	0.31	
열차무선설비	0.2	
전화교환설비	0.07	1.00
역무용통신설비	0.06	
영상설비	0.06	
역무자동화설비	0.07	

② 노선별 중분류 설비의 평가대상 유무에 따른 중분류가중치 환산 예시

구분	AA 노선 설비 유무	AA 노선 조정 가중치	BB 노선 설비 유무	BB 노선 조정 가중치	CC 노선 설비 유무	CC 노선 조정 가중치	합 계
선로설비	○	0.29	○	0.33	○	0.25	
전송설비	○	0.39	없음	0.00	○	0.33	
무선설비	없음	0	○	0.29	○	0.22	
전화교환설비	○	0.09	○	0.10	없음	0.00	1.00
역무용통신설비	○	0.07	○	0.09	○	0.06	
영상설비	○	0.07	○	0.09	○	0.06	
역무자동화설비	○	0.09	○	0.10	○	0.08	
합 계		1.00		1.00		1.00	

✓ 중분류설비의 가중치는 성능평가 미대상설비의 가중치를 대상설비에 중요도에 따라 비례배분한다.

나. 노선별 내구성평가 점수 및 등급

설비명	평가지수	가중치	중분류 설비별 내구성 점수	전체 구간 점수	등급
선로설비	σ	0.23	$\sigma*0.23$		
전송설비	τ	0.31	$\tau*0.31$		
무선설비	υ	0.2	$\upsilon*0.20$	$\sigma*0.23 + \tau*0.31 + \upsilon*0.20$	
전화교환설비	φ	0.07	$\varphi*0.07$	$+ \varphi*0.07 + x*0.06 + \psi$	A~E
역무용통신설비	x	0.06	$x*0.06$	$*0.06 + \omega*0.07$	
영상설비	ψ	0.06	$\psi*0.06$		
역무자동화설비	ω	0.07	$\omega*0.07$		

다. KK노선 (AA역~BB역구간) 내구성 성능평가[34]

설치구간	설치 장비 (세분류 설비 내구성 지수 가정치)
AA역	여객관리용 영상저장장치 (3.80), 설비감시용 영상운영장치(4.50)
AA역~BB역 본선구간	광케이블(3.50), 동케이블(2.80), 선로변통합인터페이스 동신설비(3.30)
BB역	광전송설비 STM(4.30), LTE-R 기지국설비 RRU(4.00), 재난방송주중계설비(3.50), 여객안내설비 표시기(2.80), 1회용발매충전기(3.20), 교통카드정산충전기(3.50), 보증금환급기(3.00), 자동개·집표기(2.50)

구분	중분류	소분류	세분류	세분류 내구성지수	세분류 가중치	소분류 내구성지수	소분류 가중치	중분류 내구성지수	중분류 가중치	대분류 내구성지수	등급
KK노선	선로설비	광케이블	광케이블	3.50	1.00	3.50	0.61	3.33	0.25	3.74	B
		동케이블	동케이블	2.80	1.00	2.80	0.19				
		선로변 통합 인터페이스 통신		3.30	1.00	3.30	0.20				
	전송설비	광전송설비	DWDM	–		4.30	1.00	4.30	0.33		
			STM 4/16/64	4.30	1.00						
			정류기	–							
			축전지	–							
	열차무선설비	LTE-R 중앙제어설비	주제어설비	–	–	–	–	3.85	0.22		
			관제조작반	–	–						
		LTE-R 기지국장치	DU	–	–	4.00	0.70				
			RRU	4.00	1.00						
		열차무선방호장치	중앙장치	–	–	–	–				
			자동점검시스템	–	–						
			중계 장치	–	–						
			케이블안테나	–	–						
		재난방송 수신설비	주중계장치	3.50	1.00	3.50	0.30				
			보조중계장치	–	–						
	전화교환설비	전화교환기	전자교환기	–	–	–	–	–			
			관제전화주장치	–	–						
	역무통신설비	여객안내설비	중앙제어설비	–	–	2.80	1.00	2.80	0.06		
			역서버	–	–						
			표시기	2.80	1.00						
		방송설비	자동안내방송주장치	–	0.50	–	–				
			관제원격방송주장치	–	0.50						

[34] 소분류 및 중분류 가중치는 "4.5.2 구간별 내구성평가 산출 예시" 적용 가중치 참고

영상설비	여객 관리용 영상설비	영상저장장치	3.80	1.00	3.80	0.62	4.07	0.06	
		영상운영장치	–						
		카메라	–						
		UPS	–						
		축전지	–						
	시설 감시용 영상설비	영상저장장치	–	–	4.50	0.38			
		영상운영장치	4.50	1.00					
		카메라	–	–					
역무 자동화 설비	전산장치	중앙전산기	–	–	–	–	2.86	0.08	
		역단위전산기	–	–					
	발매기	1회용발매/ 교통카드충전기	3.20	0.40	3.23	0.49			
		교통카드무인/ 정산충전기	3.50	0.30					
		보증금환급기	3.00	0.30					
	게이트	자동 개·집표기	2.50	1.00	2.50	0.51			

제5장 | 사용성 부문 평가

"사용성"35)이란 철도시설의 사용과 수요측면에서 적절한 편의와 기능을 제공하는 성능을 말한다.

5.1. 사용성 평가 관련 기초자료 수집

가. 설비별 사용성능 측정항목

대상설비		세분류	사용성능 (속성진단)				
			설치환경	운행횟수	고장장애횟수	제품단종	설비용량
선로 설비		광케이블	◎	◎			◎
		동케이블	◎	◎			◎
		선로변 인터페이스 통신설비	◎	◎	◎	◎	
전송 설비	광전송설비	DWDM		◎	◎	◎	◎
		STM 4/16/64		◎	◎	◎	◎
		정류기		◎	◎	◎	◎
		축전지		◎		◎	
열차 무선	LTE-R 중앙제어설비	중앙제어장치		◎	◎	◎	
		관제조작반		◎	◎	◎	
	LTE-R 기지국설비	DU		◎	◎	◎	
		RU	◎	◎	◎	◎	
	열차무선 방호장치	중앙장치		◎	◎	◎	
		자동점검시스템		◎	◎	◎	
		중계 장치	◎	◎	◎	◎	
		케이블안테나	◎	◎			
	재난방송 수신설비	주중계장치		◎	◎	◎	
		보조중계장치	◎	◎	◎	◎	
전화 교환설비	전화교환기	전자교환기		◎	◎	◎	◎
		관제전화주장치		◎	◎	◎	

---
35) 철도시설의 정기점검등에 관한지침 용어정의

역무통신설비	여객안내설비	중앙제어설비		◎	◎	◎	
		역서버		◎	◎	◎	
		표시기	◎	◎	◎	◎	
	방송설비	자동안내방송 주장치		◎	◎	◎	
		관제원격방송 주장치		◎	◎	◎	
영상설비	여객관리용 영상설비	영상저장장치		◎	◎	◎	◎
		영상운영장치		◎	◎	◎	
		카메라	◎	◎	◎		◎
		UPS		◎	◎	◎	◎
		축전지		◎		◎	
	시설감시용 영상설비	영상저장장치		◎	◎	◎	◎
		영상운영장치		◎	◎	◎	
		카메라	◎	◎	◎		◎
역무자동화설비	전산장치	중앙전산기		◎	◎	◎	
		역단위전산기		◎	◎	◎	
	발매기	1회용 교통카드충전기	◎	◎	◎	◎	
		무인충전기	◎	◎	◎	◎	
		보증금환급기	◎	◎	◎	◎	
	게이트	자동개·집표기	◎	◎	◎	◎	

나. 속성진단 평가기준

① 설치환경 평가
- 운용·보수 및 경년열화 과정에서 발생할 수 있는 외적내구성 노후화의 설치환경 영향정도를 말하며 청정, 염해, 공해 등 주변환경조건을 평가한다.

② 운행횟수 평가
- 열차 일일편도 운행횟수에 대한 시설물의 상태 및 서비스수준 평가한다.

③ 고장장애횟수 평가
- 전기적, 물리적 특성변화로 발생한 고장횟수를 말하며 직전년도 고장장애횟수를 확인하여 평가한다. (TNMS, ERP등의 고장장애 정보 활용)

④ 제품단종여부 평가
- 수리 또는 교체할 수 있는 제품의 생산여부로써 부품 또는 설비의 생산중단으로 고장발생 시에 대체, 교체가 불가한지에 대하여 평가한다.

⑤ 설비용량 평가 기준
- 예기치 못한 사고의 고객수요증가에 따른 서비스수준 및 공급능력을 사용율 또는 예비율 등을 통하여 평가한다. 제어설비 서버는 CPU, 메모리, 디스크 여유용량, 선로설비인 경우 사용회선과 예비회선을 비교하여 산정한다.

1) 설치환경 평가기준[36]

역사 내·외등 설치환경 평가기준					
가중치(%)	평가점수	평가기준 1[37]	평가기준 2[38]	평가기준 3	평가기준 4
a	5	하자기간 내	하자기간 내	하자기간 내	하자기간 내
b	4	지하역사	일반옥외	옥외(비전철 구간)	터널(콘크리트 도상)
c	3	지상역사(광역철도전용구간)	공해옥내	옥외(전철 구간)	터널(기타)
d	2	지상역사	공해옥외	-	기타 구간
e	1	염해	염해	염해	염해
적용설비		각주 2	각주 3	시설감시용 카메라	선로변통합인터페이스설비

선형설비등 설치환경 평가기준				
가중치(%)	평가점수	평가기준4	평가기준5	평가기준6
a	5	하자기간 내	하자기간 내	하자기간 내
b	4	토공구간(50% 이상)	비전철구간(지중관로)	터널준공 5년내
c	3	터널구간(50% 이상)	비전철구간(기타관로)	터널준공 10년내
d	2	교량구간(30% 이상)	전철 구간(지중관로)	터널준공 15년내
e	1	교량구간(50% 이상)	전철 구간(기타관로)	기타
적용설비		광케이블	동케이블	케이블안테나

구 분		선로변등 설치환경 평가기준	
가중치(%)	평가점수	평가기준7	평가기준8
a	5	하자기간 내	하자기간 내
b	4	터널내부	터널 내부 (콘크리트 도상)
c	3	터널외부 (콘크리트도상)	터널 내부
d	2	터널외부	터널 내부 (염해)
e	1	염해	염해
적용설비		열차무선방호방치 중계장치	재난방송보조중계장치

2) 운행횟수 및 고장장애횟수 평가기준

가중치(%)	평가점수	운행횟수 평가기준	고장장애횟수 평가기준
a	5	일편도 50회 미만	발생없음
b	4	일편도 50회~150회 미만	직전년도 1회
c	3	일편도 150회~300회 미만	직전년도 2회
d	2	일편도 300회~500회 미만	직전년도 3회
e	1	일편도 500회 이상	직전년도 4회 이상

---

36) 평가기준 구분1~9는 독자의 이해를 돕기 위해서 매뉴얼 기준으로 필자가 재분류하였습니다.
37) 여객안내설비 표시기 / 역무자동화설비 발매기 교통카드무인·정산충전기 / 보증금 환급기 / 게이트 자동 개·집표기
38) LTE-R기지국설비RRU, 여객관리용 영상설비 카메라 / 역무자동화설비 발매기1회용발매·교통카드 충전기, 재난방송 주중계장치, 역단위전산기

3) 설비단종여부 및 설비용량평가 기준

가중치(%)	평가점수	제품단종 평가기준	설비용량 평가기준
a	5	다수 제조사 생산	예비율 100% 이상
b	4	-	예비율 85%~99% 미만
c	3	단일 제조사 생산	예비율 70%~85% 미만
d	2	-	예비율 50%~70% 미만
e	1	정품/대체품 단종	예비율 50% 미만

다. 정밀진단 현장측정 및 시험 결과분석

① 사용성 평가기준
 - 평가 항목은 주요소와 보조요소의 진단항목으로 가중치를 적용하여 평가

평가항목	주요소	보조요소
사용성	운행횟수, 고장장애 횟수, 제품단종, 설비용량	설치환경

② 사용성 가중치 기준
 - 주요소와 보조요소의 가중치는 안전성 및 내구성, 사용성 등을 고려하여 적용

구 분	열화절연	마모강도	외관	내용연수/사용횟수	설치환경	운행횟수	고장장애횟수	제품단종	설비용량
사용성	-	-	-	-	30	70	60	100	100

5.2. 세분류 설비별 사용성 평가

철도시설의 사용과 수요 측면에서 적절한 편의와 기능을 위해서 사용자 편의성, 유지관리 효율·편의에 따라 사용성의 정도를 검토하여 평가

> 철도시설의 정기점검등에 관한지침 [별표 5] 정밀진단 방법 및 종합 성능평가 방법
> (4) 성능평가시 활용되는 중요도는 철도시설물의 서비스 제공에 영향을 미치는 정도를 말하며, 객관성을 확보하고 있는 전문가 10인 이상이 참여하는 계층화 분석법(Analytic Hierarchy Process, AHP)을 사용하여 결정한다. 개별시설 내에서 활용하는 중요도는 시설관리자 중에서 선정한 전문가들을 활용하여 AHP 분석방법으로 결정한다. 다만, AHP 분석이 적절치 않을 경우 전문가의 협의와 시설관리자의 참여하에 가중치를 결정할 수 있다.

5.2.1 세분류 설비별 사용성 평가점수 집계표 예시

대상설비		사용성 지수	등급	대상설비		사용성지수	등급
광케이블		1~5	A~E	전화교환기	전자교환기	1~5	A~E
동케이블		1~5	A~E		관제전화주장치	1~5	A~E
선로변통합인터페이스통신설비		1~5	A~E	여객 안내설비	중앙제어설비	1~5	A~E
광전송 설비	DWDM	1~5	A~E		역서버	1~5	A~E
	STM 4/16/64	1~5	A~E		표시기	1~5	A~E
	정류기	1~5	A~E	방송설비	자동안내방송주장치	1~5	A~E
	축전지	1~5	A~E		관제원격방송주장치	1~5	A~E
LTE-R 기지국설비	DU	1~5	A~E	시설감시용 영상설비	영상저장장치	1~5	A~E
	~	~	~		영상운영장치	1~5	A~E
~	~	~	~	~	~	~	~

5.2.2 세분류 설비별 사용성 평가 작성 예시
가. 선로설비 사용성 평가
① 광케이블 및 동케이블

구간별			평가점수	설치환경	운행횟수	설비용량
광케이블	A #3Core	AA역~BB역	X	1~5	1~5	1~5
	A #12Core	BB역~CC역	Y	1~5	1~5	1~5
	평 균		Avg(X+Y)	Avg( )	Avg( )	Avg( )
동케이블	A #3심선	AA역~BB역	X	1~5	1~5	1~5

② 선로변통합인터페이스통신설비 사용성 평가

설비명		위치(키로정)	평가점수	설치환경	운행횟수	고장장애 횟수	제품단종
선로변통합인터페이스통신설비	연선전화 #2	AA노선 BB역	X	1~5	1~5	1~5	1~5
	연선전화 #3	AA노선 BB역	Y	1~5	1~5	1~5	1~5
	평 균		Avg(X+Y)	Avg( )	Avg( )	Avg( )	Avg( )

나. 광전송설비 사용성 평가

① DWDM 및 STM 설비

설비명	설치장소	구 분	평가점수	운행횟수	고장장애횟수	제품단종	설비용량
DWDM	AA역	# 1 남부링	X	1~5	1~5	1~5	1~5
	BB역	# 1 남부링	Y	1~5	1~5	1~5	1~5
	평 균		Avg(X+Y)	Avg( )	Avg( )	Avg( )	Avg( )
STM 16	AA역	AA노선 BB역	Z	1~5	1~5	1~5	1~5

② 정류기 설비

설비명	설치장소	평가점수	운행횟수	고장장애 횟수	제품단종	설비용량
정류기	AA역	Y	1~5	1~5	1~5	1~5

③ 축전지 설비

설비명	설치장소	평가점수	운행횟수	제품단종
축전지	AA역	Y	1~5	1~5

다. 열차무선설비 사용성 평가

① LTE-R 중앙제어장치 및 관제조작반

설비명		설치장소	평가점수	운행횟수	고장장애횟수	제품단종
LTE-R 중앙제어설비	EPC #1	AA 관제센터	X	1~5	1~5	1~5
	EPC #2	AA 관제센터	Y	1~5	1~5	1~5
	평 균		Avg(X+Y)	Avg( )	Avg( )	Avg( )
관제조작반		AA 관제센터	Z	1~5	1~5	1~5

② LTE-R 기지국 설비 DU

설비명	설치장소(키로정)	평가점수	운행횟수	고장장애횟수	제품단종
DU # 1	AA노선 BB역	X	1~5	1~5	1~5

③ LTE-R 기지국 설비 RRU

설비명	설치장소(키로정)	평가점수	설치환경	운행횟수	고장장애 횟수	제품단종
RRU #1	AA노선 BB역	Y	1~5	1~5	1~5	1~5

④ 열차무선방호장치 중앙장치와 자동점검시스템

설비명	설치장소(키로정)	평가점수	운행횟수	고장장애횟수	제품단종
열차무선방호장치 중앙장치 #1	AA노선 BB역	X	1~5	1~5	1~5
열차무선방호장치 자동점검시스템 #1	AA노선 BB역	Y	1~5	1~5	1~5

⑤ 열차무선방호장치 중계장치

설비명	설치장소	평가점수	설치환경	운행횟수	고장장애횟수	제품단종
열차무선방호장치 중계장치 #1	AA노선 BB역	Y	1~5	1~5	1~5	1~5

⑥ 열차무선방호장치 케이블안테나

설비명	설치장소	키로정 (위치)	평가점수	설치환경	운행횟수
케이블안테나	AA노선 BB터널	-	Y	1~5	1~5

⑦ 재난방송수신설비 주중계장치

설비명	설치장소	번호	평가점수	운행횟수	고장장애횟수	제품단종
주중계장치	AA노선 BB역		Y	1~5	1~5	1~5

⑧ 재난방송수신설비 보조중계장치

설비명	설치장소(키로정)	번호	평가점수	설치환경	운행횟수	고장장애횟수	제품단종
보조중계장치	AA노선 BB역		X	1~5	1~5	1~5	1~5
	AA노선 CC역		Y	1~5	1~5	1~5	1~5
	평 균		Avg(X+Y)	Avg( )	Avg( )	Avg( )	Avg( )

라. 전화교환설비 사용성 평가

① 전자교환기

설비명	설치장소	구분	평가점수	운행횟수	고장장애횟수	제품단종	설비용량
전자교환기	AA노선 BB역		Y	1~5	1~5	1~5	1~5

② 관제전화주장치

설비명	설치장소	평가점수	운행횟수	고장장애횟수	제품단종
관제전화주장치	AA노선 #1관제센터	Y	1~5	1~5	1~5

마. 역무용 통신설비 사용성 평가

① 여객안내설비 중앙제어설비, 역서버

설비명	설치장소	평가점수	운행횟수	고장장애횟수	제품단종
중앙제어설비	AA노선 관제센터 #1	X	1~5	1~5	1~5
	AA노선 관제센터 #2	Y	1~5	1~5	1~5
	평 균	Avg(X+Y)	Avg( )	Avg( )	Avg( )
역서버	AA노선 BB역	X	1~5	1~5	1~5
	AA노선 CC역	Y	1~5	1~5	1~5
	AA노선 DD역	Z	1~5	1~5	1~5
	평 균	Avg(X+Y+Z)	Avg( )	Avg( )	Avg( )

② 여객안내설비 표시기

설비명	설치장소	구분	평가점수	설치환경	운행횟수	고장장애 횟수	제품단종
표시기	AA노선 BB역 대합실	#1	X	1~5	1~5	1~5	1~5
	AA노선 BB역 대합실	#2	Y	1~5	1~5	1~5	1~5
	평 균		Avg(X+Y)	Avg( )	Avg( )	Avg( )	Avg( )

③ 방송설비 자동안내방송 주장치, 관제원격방송 주장치

설비명	설치장소	평가점수	운행횟수	고장장애횟수	제품단종
관제원격방송 주장치	AA노선 BB역 #1	X	1~5	1~5	1~5
	AA노선 BB역 #2	Y	1~5	1~5	1~5
	평 균	Avg(X+Y)	Avg( )	Avg( )	Avg( )
자동안내방송 주장치	AA노선 BB역	X	1~5	1~5	1~5

바. 영상설비 사용성 평가

① 여객관리용 영상설비 영상저장장치, 시설감시용 영상설비 영상저장장치

설비명	설치장소	구분	평가점수	운행횟수	고장장애횟수	제품단종	설비용량
영상저장장치	AA역	#1	X	1~5	1~5	1~5	1~5
	AA역	#2	Y	1~5	1~5	1~5	1~5
	평 균		Avg(X+Y)	Avg( )	Avg( )	Avg( )	Avg( )

② 여객관리용 영상설비 영상운영장치, 시설감시용 영상설비 영상운영장치

설비명	설치장소	구분	평가점수	운행횟수	고장장애횟수	제품단종
영상운영장치	AA관제센터	#1	X	1~5	1~5	1~5
	AA관제센터	#2	Y	1~5	1~5	1~5
	평 균		Avg(X+Y)	Avg( )	Avg( )	Avg( )

③ 여객관리용 영상설비 카메라, 시설감시용 영상설비 카메라

설비명	설치장소	구분	평가점수	설치환경	운행횟수	고장장애횟수	설비용량
카메라	AA노선 BB역	#1	X	1~5	1~5	1~5	1~5
	AA노선 BB역	#2	Y	1~5	1~5	1~5	1~5
	AA노선 BB역	#5	Z	1~5	1~5	1~5	1~5
	평 균		Avg(X+Y+Z)	Avg( )	Avg( )	Avg( )	Avg( )

④ 여객관리용 영상설비 UPS

설비명	설치장소	평가점수	운행횟수	고장장애횟수	제품단종	설비용량
UPS	AA노선 BB역	X	1~5	1~5	1~5	1~5
	AA노선 BB역	Y	1~5	1~5	1~5	1~5
	평 균	Avg(X+Y)	Avg( )	Avg( )	Avg( )	Avg( )

⑤ 여객관리용 영상설비 축전지

설비명	설치장소	구분	평가점수	운행횟수	제품단종
축전지	AA노선 BB역	#1	X	1~5	1~5
	AA노선 BB역	#2	Y	1~5	1~5
	평 균		Avg(X+Y)	Avg( )	Avg( )

사. 역무자동화설비 사용성 평가

① 전산장치 중앙전산기, 역단위전산기

설비명	설치장소	구분	평가점수	운행횟수	고장장애횟수	제품단종
중앙전산기	AA노선 BB역		X	1~5	1~5	1~5
역단위전산기	AA노선 BB역	#1	Y	1~5	1~5	1~5
	AA노선 BB역	#2	Z	1~5	1~5	1~5
	평 균		Avg(X+Y+Z)	Avg( )	Avg( )	Avg( )

② 발매기 1회용발매/교통카드충전기, 교통카드무인/정산충전기, 보증금환급기

설비명	설치장소	평가점수	설치환경	운행횟수	고장장애횟수	제품단종
1회용 교통카드 발매/충전기	AA노선 BB역 #1	X	1~5	1~5	1~5	1~5
	AA노선 BB역 #2	Y	1~5	1~5	1~5	1~5
	AA노선 BB역 #3	Z	1~5	1~5	1~5	1~5
	평 균	Avg(X+Y+Z)	Avg( )	Avg( )	Avg( )	Avg( )
교통카드정산/ 충전기	AA노선 BB역 #1	X	1~5	1~5	1~5	1~5
	AA노선 BB역 #2	Y	1~5	1~5	1~5	1~5
	AA노선 BB역 #3	Z	1~5	1~5	1~5	1~5
	평 균	Avg(X+Y+Z)	Avg( )	Avg( )	Avg( )	Avg( )

보증금환급기	AA노선 BB역 #1	X	1~5	1~5	1~5	1~5
	AA노선 BB역 #2	Y	1~5	1~5	1~5	1~5
	AA노선 BB역 #3	Z	1~5	1~5	1~5	1~5
	평 균	Avg(X+Y+Z)	Avg( )	Avg( )	Avg( )	Avg( )

③ 게이트 자동개·집표기

설비명	설치장소	평가점수	설치환경	운행횟수	고장장애횟수	제품단종
자동개·집표기	AA노선 BB역 #1	X	1~5	1~5	1~5	1~5
	AA노선 BB역 #2	Y	1~5	1~5	1~5	1~5
	AA노선 BB역 #3	Z	1~5	1~5	1~5	1~5
	평 균	Avg(X+Y+Z)	Avg( )	Avg( )	Avg( )	Avg( )

5.3. 소분류 설비별 사용성 평가
5.3.1 세분류 설비별 가중치

노선	중분류	소분류	세분류	세분류 가중치	합계
A노선 A구간 A호선	선로설비	광케이블	광케이블	100	100
		동케이블	동케이블	100	100
		선로변 통합 인터페이스 통신		100	100
	전송설비	광전송 설비	DWDM	25	100
			STM 4/16/64	40	
			정류기	25	
			축전지	10	
	무선설비	LTE-R 중앙 제어설비	주제어설비	90	100
			관제조작반	10	
		LTE-R 기지국장치	DU	50	100
			RRU	50	
		열차무선 방호장치	중앙장치	20	100
			자동점검시스템	20	
			중계 장치	30	
			케이블안테나	30	
		재난방송 수신설비	주중계장치	50	100
			보조중계장치	50	
	전화교환 설비	전화 교환기	전자교환기	60	100
			관제전화주장치	40	
	역무통신 설비	여객 안내설비	중앙제어설비	50	100
			역서버	30	
			표시기	20	
		방송설비	자동안내방송주장치	50	100
			관제원격방송주장치	50	
	영상설비	여객 관리용 영상설비	영상저장장치	25	100
			영상운영장치	20	
			카메라	25	
			UPS	20	
			축전지	10	
		시설 감시용 영상설비	영상저장장치	40	100
			영상운영장치	30	
			카메라	30	
	역무자동화 설비	전산장치	중앙전산기	60	100
			역단위전산기	40	
		발매기	1회용발매/교통카드충전기	40	100
			교통카드무인/정산충전기	30	
			보증금환급기	30	
		게이트	자동 개·집표기	100	100

5.3.2 소분류 설비별 사용성 평가점수 집계표 예시

설비	소분류	평가지수	평가등급
선로설비	동케이블	1~5	A~E
	광케이블	1~5	A~E
	선로변 통합인터페이스 통신설비	1~5	A~E
전송설비	광전송설비	1~5	A~E
열차무선설비	LTE-R 중앙 제어설비	1~5	A~E
	LTE-R 기지국 장치	1~5	A~E
	열차무선 방호장치	1~5	A~E
	재난방송 수신설비	1~5	A~E
전화교환설비	전화교환기	1~5	A~E
역무용통신설비	여객안내설비	1~5	A~E
	자동안내방송설비	1~5	A~E
영상설비	여객관리용 영상감시설비	1~5	A~E
	시설감시용 영상감시설비	1~5	A~E
역무자동화설비	전산장치	1~5	A~E
	발매기	1~5	A~E
	게이트	1~5	A~E

5.3.3 소분류 설비별 사용성 평가

가. 선로설비 사용성 평가

소분류	세분류	세분류 평가지수	세분류 가중치	소분류평가지수
광케이블	광케이블	A	1.0	A*1
동케이블	동케이블	B	1.0	B*1
선로변 인터페이스		C	1.0	C*1

나. 광전송실비 사용성 평가

소분류	세분류	세분류 평가지수	세분류 가중치	소분류 평가지수	평가등급
광전송설비	DWDM	A	0.25	A*0.25 + B*0.40 + C*0.25 + D*0.10	A~E
	STM 4/16/64	B	0.40		
	정류기	C	0.25		
	축전지	D	0.10		

① 예시: 광전송설비 세분류 4종 대상 사용성 평가

	세분류	세분류 평가지수	세분류 가중치	소분류 평가지수	등급
소분류	DWDM	4.25	0.25	0.25*4.25 + 0.40*3.52 + 0.25*3.83 + 0.10*3.83 = 3.81	B
	STM 4/16/64	3.52	0.40		
	정류기	3.83	0.25		
	축전지	3.83	0.10		

② 예시: 광전송설비 DWDM, STM 세분류 2종 대상 사용성 평가

소분류	세분류	세분류 평가지수	세분류 가중치	소분류 평가지수	등급
	DWDM	4.25	0.38	0.38 * 4.25 + 0.62 * 3.52 = 3.80	B
	STM 4/16/64	3.52	0.62		

- ✓ DWDM가중치 = 0.25[1+(0.25+0.10)/(0.25+0.40)] = 0.384
- ✓ STM 가중치 = 0.40[1+(0.25+0.10)/(0.25+0.40)] = 0.615

다. LTE-R 중앙제어설비 사용성능 평가

소분류	세분류	세분류 평가지수	세분류 가중치	소분류 평가지수
LTE-R 중앙제어설비	중앙제어장치	A	0.9	A*0.9 + B*0.1
	관제조작반	B	0.1	

○ 예시: LTE-R중앙제어설비 사용성 평가

소분류	세분류	세분류 평가지수	세분류 가중치	소분류 평가지수	등급
	중앙제어장치	4.5	0.9	0.9*4.5 + 0.1*3.8 = 4.43	B
	관제조작반	3.8	0.1		

라. LTE-R 기지국설비 사용성 평가

소분류	세분류	세분류 평가지수	세분류 가중치	소분류 평가지수
LTE-R 기지국설비	DU	A	0.5	A*0.5 + B*0.5
	RRU	B	0.5	

마. 열차무선방호장치 사용성 평가

소분류	세분류	세분류 평가지수	세분류 가중치	소분류 평가지수
열차무선 방호장치	중앙장치	A	0.2	A*0.2 + B*0.2 + C*0.3 + D*0.3
	자동점검시스템	B	0.2	
	중계 장치	C	0.3	
	케이블안테나	D	0.3	

바. 재난방송 수신설비 사용성 평가

소분류	세분류	세분류 평가지수	세분류 가중치	소분류 평가지수
재난방송 수신설비	주중계장치	A	0.5	A*0.5 + B*0.5
	보조중계장치	B	0.5	

사. 전화교환기 사용성 평가

소분류	세분류	세분류 평가지수	세분류 가중치	소분류 평가지수
전화교환기	전자교환기	A	0.6	A*0.6 + B*0.4
	관제전화주장치	B	0.4	

아. 여객안내설비 사용성 평가

소분류	세분류	세분류 평가지수	세분류 가중치	소분류 평가지수
여객안내설비	중앙제어설비	A	0.5	A*0.5 + B*0.3 + C*0.2
	역서버	B	0.3	
	표시기	C	0.2	

자. 방송설비 사용성 평가

소분류	세분류	세분류 평가지수	세분류 가중치	소분류 평가지수
방송설비	자동안내주장치	A	0.5	A*0.5 + B*0.5
	관제원격주장치	B	0.5	

차. 여객관리용 영상설비 사용성 평가

소분류	세분류	세분류 평가지수	세분류 가중치	소분류 평가지수
여객관리용 영상설비	영상저장장치	A	0.25	A*0.25 + B*0.20 + C*0.25 + D*0.20 + E*0.10
	영상운영장치	B	0.20	
	카메라	C	0.25	
	UPS	D	0.20	
	축전지	E	0.10	

① 예시: 여객관리용영상설비 세부류 5종 대상 사용성 평가

소분류	세분류	세분류 평가지수	세분류 가중치	소분류 평가지수	등급
소분류	영상저장장치	3.85	0.25	0.25*3.85+0.2*3.24 +0.25*3.52+0.2*3.48 +0.1*3.48 = 3.53	B
	영상운영장치	3.24	0.20		
	카메라	3.52	0.25		
	UPS	3.48	0.20		
	축전지	3.48	0.10		

② 예시: 여객관리용영상설비 세분류 2종 (영상운영장치, 카메라) 대상 사용성 평가

소분류	세분류	세분류 평가지수	세분류 가중치	소분류 평가지수	등급
소분류	영상운영장치	3.24	0.44	0.44 * 3.24 + 0.56 * 3.52 = 3.40	C
	카메라	3.52	0.56		

✓ 영상운영장치 가중치 = 0.20*[1+(0.25+0.20+0.10)/(0.20+0.25)] = 0.444
✓ 카메라 가중치 = 0.25*[1+(0.25+0.20+0.10)/(0.20+0.25)] = 0.555

카. 시설감시용 영상설비 사용성 평가

소분류	세분류	세분류 평가지수	세분류 가중치	소분류 평가지수
시설감시용 영상설비	영상저장장치	A	0.4	A*0.4 + B*0.3 + C*0.3
	영상운영장치	B	0.3	
	카메라	C	0.3	

타. (역무자동화설비) 전산장치 사용성 평가

소분류	세분류	세분류 평가지수	세분류 가중치	소분류 평가지수
전산장치	중앙전산기	A	0.6	A*0.6 + B*0.4
	역단위전산기	B	0.4	

① 예시: 전산장치 세분류 2종 대상 사용성 평가

소분류	세분류	세분류 평가지수	세분류 가중치	소분류 평가지수	등급
	중앙전산기	4.30	0.6	4.3*0.6 + 3.8*0.4 = 4.10	B
	역단위전산기	3.80	0.4		

② 예시: 전산장치 중앙전산기 대상 사용성 평가

소분류	세분류	세분류 평가지수	세분류 가중치	소분류 평가지수	등급
	중앙전산기	4.30	1.0	4.30 * 1.0 = 4.30	B

파. (역무자동화설비) 발매기 사용성 평가

소분류	세분류	세분류 평가지수	세분류 가중치	소분류 평가지수
발매기	1회용발매/교통카드 충전기	A	0.4	A*0.4 + B*0.3 + C*0.3
	교통카드 무인/정산충전기	B	0.3	
	보증금환급기	C	0.3	

하. (역무자동화설비) 게이트 사용성 평가

소분류	세분류	세분류 평가지수	세분류 가중치	소분류평가지수
게이트	자동개집표기	A	1.0	1*A

5.4 중분류 설비별 사용성 평가
5.4.1 소분류 설비별 가중치

설비	소분류	소분류 가중치	합계
선로설비	동케이블	0.19	1.00
	광케이블	0.61	
	선로변 통합인터페이스 통신설비	0.20	
전송설비	광전송설비	1.00	1.00
열차무선설비	LTE-R 중앙 제어설비	0.35	1.00
	LTE-R 기지국 장치	0.35	
	열차무선 방호장치	0.15	
	재난방송 수신설비	0.15	
전화교환설비	전화교환기	1.00	1.00
역무용통신설비	여객안내설비	0.46	1.00
	자동안내방송설비	0.54	
영상설비	여객관리용 영상감시설비	0.62	1.00
	시설감시용 영상감시설비	0.38	
역무자동화설비	전산장치	0.65	1.00
	발매기	0.17	
	게이트	0.18	

5.4.2 중분류설비별 사용성 평가지수 집계표 예시

설비명	내구성 지수	등급	설비	내구성 지수	등급
선로설비	1~5	A~E	역무용통신설비	1~5	A~E
전송설비	1~5	A~E	영상설비	1~5	A~E
무선설비	1~5	A~E	역무자동화설비	1~5	A~E
전화교환설비	1~5	A~E			

5.4.3 중분류 설비별 사용성 평가
가. 선로설비 사용성 평가

중분류	소분류	소분류가중치	소분류평가지수	중분류평가지수
선로설비	동케이블	0.19	A	A*0.19 + B*0.61 + C*0.20
	광케이블	0.61	B	
	선로변 통합인터페이스 통신설비	0.20	C	

① 예시: 선로설비 소분류 3종 대상 사용성 평가

중분류	소분류	소분류가중치	소분류평가지수	중분류평가지수	등급
	동케이블	0.19	2.55	0.19*2.55 + 0.61*3.62 + 0.2*3.54 = 3.40	C
	광케이블	0.61	3.62		
	선로변 통합인터페이스 통신설비	0.20	3.54		

② 예시: 선로설비 소분류 2종(동케이블, 선로변 통신설비) 대상 사용성 평가

중분류	소분류	소분류가중치	소분류평가지수	중분류평가지수	등급
	동케이블	0.49	2.55	0.19*2.55 + 0.2*3.54 = 3.05	C
	선로변 통합인터페이스 통신설비	0.51	3.54		

✓ 동케이블 가중치 = 0.19*[1+0.61/(0.19+0.20)] = 0.487
✓ 선로변통합인터페이스 통신설비 가중치 = 0.20*[1+0.61/(0.19+0.20)] = 0.513

나. 전송실비 사용성 평가

중분류	소분류	소분류가중치	소분류평가지수	중분류평가지수
전송설비	광전송설비	1.00	A	A*1

○ 예시: 전송설비 사용성 평가

중분류	소분류	소분류가중치	소분류평가지수	중분류평가지수	등급
	광전송설비	1.00	4.52	1*4.52 =4.52	A

다. 열차무선설비 사용성 평가

중분류	소분류	소분류가중치	소분류평가지수	중분류평가지수
열차무선설비	LTE-R 중앙 제어설비	0.35	A	A*0.35 + B*0.35 + C*0.15 + D*0.15
	LTE-R 기지국 장치	0.35	B	
	열차무선 방호장치	0.15	C	
	재난방송 수신설비	0.15	D	

① 예시: 무선설비 소분류 4종 사용성 평가

중분류	소분류	소분류가중치	소분류평가지수	중분류평가지수	등급
	LTE-R 중앙 제어설비	0.35	4.60	0.35*4.6 + 0.35*4.23 + 0.15*3.87 + 0.15*2.85 = 4.10	B
	LTE-R 기지국 장치	0.35	4.23		
	열차무선 방호장치	0.15	3.87		
	재난방송 수신설비	0.15	2.85		

② 예시: 무선설비 소분류 2종(LTE-R 중앙제어설비, 재난방송수신설비) 대상 사용성 평가

중분류	소분류	소분류가중치	소분류평가지수	중분류평가지수	등급
	LTE-R 중앙 제어설비	0.70	4.60	0.70*4.60 + 0.30*2.85 = 4.08	B
	재난방송 수신설비	0.30	2.85		

✓ LTE-R 중앙제어설비 가중치 = 0.35*[1+(0.35+0.15)/(0.35+0.15)] = 0.70
✓ 재난방송수신설비 가중치 = 0.15*[1+(0.35+0.15)/(0.35+0.15)] = 0.30

라. 전화교환기 사용성 평가

중분류	소분류	소분류가중치	소분류평가지수	중분류평가지수
전화교환설비	전화교환기	1.00	A	A*1

○ 예시: 전화교환기 사용성 평가

중분류	소분류	소분류가중치	소분류평가지수	중분류평가지수	등급
	전화교환기	1.00	3.25	1*3.25 = 3.25	C

마. 역무용 통신설비 사용성 평가

중분류	소분류	소분류가중치	소분류평가지수	중분류평가지수
역무용 통신설비	여객안내설비	0.46	A	A*0.46 + B*0.54
	자동안내방송설비	0.54	B	

○ 예시: 역무용통신설비 사용성 평가

중분류	소분류	소분류가중치	소분류평가지수	중분류평가지수	등급
	여객안내설비	0.46	4.21	0.46*4.21+0.54*3.58 = 3.87	B
	자동안내방송설비	0.54	3.58		

바. 영상설비 사용성 평가

중분류	소분류	소분류가중치	소분류평가지수	중분류평가지수
영상설비	여객관리용 영상감시설비	0.62	A	A*0.62 + B*0.38
	시설감시용 영상감시설비	0.38	B	

○ 예시: 영상설비 사용성 평가

중분류	소분류	소분류가중치	소분류평가지수	중분류평가지수	등급
	여객관리용 영상감시설비	0.62	3.52	0.62*3.52 + 0.38*4.25 = 3.80	B
	시설감시용 영상감시설비	0.38	4.25		

사. 역무자동화설비 사용성 평가

중분류	소분류	소분류가중치	소분류평가지수	중분류평가지수
역무자동화설비	전산장치	0.65	A	A*0.65 + B*0.17 + C*0.18
	발매기	0.17	B	
	게이트	0.18	C	

① 예시: 역무자동화설비 소분류 3종 사용성 평가

중분류	소분류	소분류가중치	소분류평가지수	중분류평가지수	등급
	전산장치	0.65	3.82	0.65*3.82 + 0.17*3.28 + 0.18*3.35 = 3.64	B
	발매기	0.17	3.28		
	게이트	0.18	3.35		

② 예시: 역무자동화설비 소분류 2종(발매기, 게이트) 사용성 평가

중분류	소분류	소분류가중치	소분류평가지수	중분류평가지수	등급
	발매기	0.49	3.28	0.49*3.28 + 0.51*3.35 = 3.32	C
	게이트	0.51	3.35		

✓ 발매기 가중치 = 0.17*[1+0.65/(0.17+0.18)] = 0.486
✓ 게이트 가중치 = 0.18*[1+0.65/(0.17+0.18)) = 0.514

5.5 노선별 구간별 설비 사용성 평가

철도시설의 정기점검등에 관한지침 [별표 5] 정밀진단 방법 및 종합 성능평가 방법
(4) 성능평가시 활용되는 중요도는 철도시설물의 서비스 제공에 영향을 미치는 정도를 말하며, 객관성을 확보하고 있는 전문가 10인 이상이 참여하는 계층화 분석법(Analytic Hierarchy Process, AHP)을 사용하여 결정한다. 개별시설 내에서 활용하는 중요도는 시설관리자 중에서 선정한 전문가들을 활용하여 AHP 분석방법으로 결정한다. 다만, AHP 분석이 적절치 않을 경우 전문가의 협의와 시설관리자의 참여하에 가중치를 결정할 수 있다.
(6) 철도시설 종합평가는 구간별로 성능평가지수와 성능평가등급을 평가하고, 이 평가한 결과를 바탕으로 노선별로 성능평가지수와 성능평가등급을 도출한다. 종합성능평가 지수에 따른 종합성능평가 등급부여 기준은 다음과 같다.

성능평가지수(E)	성능평가등급	성능 수준 및 유지관리 필요성
4.5≤ E ≤5.0	A(우수)	결함·손상이 없고 내구성능 저하 가능성 낮음
3.5≤ E <4.5	B(양호)	경미한 결함이 있는 상태로 진행여부를 지속 관찰
2.5≤ E <3.5	C(보통)	안전에는 지장이 없으나, 간단한 보수·보강 필요
1.5≤ E <2.5	D(미흡)	성능이 기준이 미치지 못해 긴급한 보수·보강 필요
1.0≤ E <1.5	E(불량)	심각한 결함이 있어 즉각 사용중단하고 보강·개축 필요

- 성능평가 대상에 대해 역사별 제어설비의 성능과 구간별 선로설비 등의 성능을 평가하고 세/소/중분류 설비 단계로 가중치를 부여하여 성능을 평가한다.
- 일반적으로 역사별 구간별 성능평가대상설비가 일정하지 않으므로 (모든 종류의 철도통신 설비가 특정 역사 혹은 특정구간에 설치되어 있는 것은 아니므로) 평가대상설비의 가중치합(미평가 대상설비의 가중치를 제외)이 설비별 기준 가중치를 유지하여야 적정한 평가가 이루어진다.
✓ 적용 가중치는 대상설비별 기준 가중치를 비례배분하고 가중치 조정내용은 시설관리자의 승인하에 결정한다.

5.5.1 설비 분류별 기준 가중치

철도통신설비 정밀진단이나 성능평가 시 모든 종류의 세분류 설비가 대상설비일 경우도 있겠지만 샘플선정 등으로 일부 세분류 설비가 평가대상 설비에 포함되지 않는 경우가 반드시 발생한다. 즉 중분류/소분류/세분류 설비 중 일부설비가 평가대상일 경우가 대부분이므로 미대상설비의 가중치를 대상설비별로 가중치를 조정하여야 성능점수 산정이 가능하다.

구분	중분류	소분류	세분류	세분류 사용성 가중치	소계	소분류 사용성 가중치	소계	중분류 사용성 가중치	소계
A노선 A구간 A호선	선로설비	광케이블	광케이블	100	100	0.61	1.00	0.23	1.00
		동케이블	동케이블	100	100	0.19			
		선로변 통합 인터페이스 통신		100	100	0.20			
	전송설비	광전송 설비	DWDM	25	100	1.00	1.00	0.31	
			STM 4/16/64	40					
			정류기	25					
			축전지	10					
	열차무선 설비	LTE-R 중앙제어설비	주제어설비	90	100	0.35	1.00	0.20	
			관제조작반	10					
		LTE-R 기지국장치	DU	50	100	0.35			
			RRU	50					
		열차무선 방호장치	중앙장치	20	100	0.15			
			자동점검시스템	20					
			중계 장치	30					
			케이블안테나	30					
		재난방송 수신설비	주중계장치	50	100	0.15			
			보조중계장치	50					
	전화교환 설비	전화 교환기	전자교환기	60	100	1.00	1.00	0.07	
			관제전화주장치	40					
	역무통신 설비	여객 안내설비	중앙제어설비	50	100	0.46	1.00	0.06	
			역서버	30					
			표시기	20					

	방송설비		자동안내방송주장치	50	100	0.54				
			관제원격방송주장치	50						
영상설비	여객 관리용 영상설비		영상저장장치	25	100	0.62	1.00	0.06		
			영상운영장치	20						
			카메라	25						
			UPS	20						
			축전지	10						
	시설 감시용 영상설비		영상저장장치	40	100	0.38				
			영상운영장치	30						
			카메라	30						
역무자동화 설비	전산장치		중앙전산기	60	100	0.65	1.00	0.07		
			역단위전산기	40						
	발매기		1회용발매/교통카드충전기	40	100	0.17				
			교통카드무인/정산충전기	30						
			보증금환급기	30						
	게이트		자동 개·집표기	100	100	0.18				

5.5.2 구간별 사용성 평가 산출 예시

가. YY역에 세분류 전체종류의 설비가 성능평가 대상일 경우 (기기별 4.50점 가정)

구분	중분류	소분류	세분류	세분류		소분류		중분류		대분류	
				사용성 지수	가중치	사용성 지수	가중치	사용성 지수	가중치	사용성 지수	가중치
YY역 Y구간	선로설비	광케이블	광케이블	4.50	1.00	4.50	0.61	4.50	0.23	4.50	A
		동케이블	동케이블	4.50	1.00	4.50	0.19				
		선로변 통합 인터페이스 통신		4.50	1.00	4.50	0.20				
	전송설비	광전송 설비	DWDM	4.50	0.25	4.50	1.00	4.50	0.31		
			STM 4/16/64	4.50	0.40						
			정류기	4.50	0.25						
			축전지	4.50	0.10						
	열차무선 설비	LTE-R 중앙제어설비	주제어설비	4.50	0.90	4.50	0.35	4.50	0.20		
			관제조작반	4.50	0.10						
		LTE-R 기지국장치	DU	4.50	0.50	4.50	0.35				
			RRU	4.50	0.50						
		열차무선 방호장치	중앙장치	4.50	0.20	4.50	0.15				
			자동점검시스템	4.50	0.20						
			중계 장치	4.50	0.30						
			케이블안테나	4.50	0.30						

중분류	소분류	세분류							
	재난방송 수신설비	주중계장치	4.50	0.50	4.50	0.15			
		보조중계장치	4.50	0.50					
전화교환설비	전화교환기	전자교환기	4.50	0.60	4.50	1.00	4.50	0.07	
		관제전화주장치	4.50	0.40					
역무통신설비	여객안내설비	중앙제어설비	4.50	0.50	4.50	0.46	4.50	0.06	
		역서버	4.50	0.30					
		표시기	4.50	0.20					
	방송설비	자동안내방송주장치	4.50	0.50	4.50	0.54			
		관제원격방송주장치	4.50	0.50					
영상설비	여객관리용 영상설비	영상저장장치	4.50	0.25	4.50	0.62	4.50	0.06	
		영상운영장치	4.50	0.20					
		카메라	4.50	0.25					
		UPS	4.50	0.20					
		축전지	4.50	0.10					
	시설감시용 영상설비	영상저장장치	4.50	0.40	4.50	0.38			
		영상운영장치	4.50	0.30					
		카메라	4.50	0.30					
역무자동화설비	전산장치	중앙전산기	4.50	0.60	4.50	0.65	4.50	0.07	
		역단위전산기	4.50	0.40					
	발매기	1회용발매/교통카드충전기	4.50	0.40	4.50	0.17			
		교통카드무인/정산충전기	4.50	0.30					
		보증금환급기	4.50	0.30					
	게이트	자동 개·집표기	4.50	0.10	4.50	0.18			

나. AA역의 여객관리용 영상저장장치와 설비감시용 영상운영장치만 성능평가대상일 때

대상설비			사용성능 점수 및 등급							
중분류	소분류	세분류	세분류		소분류		중분류		정보통신	
			점수	가중치	점수	가중치	점수	가중치	점수	등급
영상설비	여객관리용영상설비	영상저장장치	A	1.00	A*1	0.62	A*0.62 + B*0.38	1.00	(0.62A+ 0.38B)*1	A~E
	설비감시용영상설비	영상운영장치	B	1.00	B*1	0.38				

- 2종의 세분류 영상설비는 각각 1종의 세분류로 대표되므로 세분류 가중치는 환산되어 각각 1.00이 되며 여객관리와 설비감시용 2종 세분류설비 점수에 세분류 가중치를 적용하여 소분류 점수를 산출한다.
- 가중치가 적용된 소분류 점수에 소분류가중치 0.62, 0.38을 곱하고 합한 점수가 중분류 점수가 된다.
- AA역에는 7개 중분류 설비 중 영상설비 1개종만 성능평가 대상이므로 영상설비가 AA역의 중분류 및 대분류 정보통신설비의 안전성지수 점수가 되며 이때 중분류 가중치는 1.00을 적용한다.
  ✓ 이전의 성능평가 결과를 활용하여 미대상 설비의 성능평가 점수에 반영하여 성능평가시행 할 경우 성능평가 결과지수값은 달라질 수 있다.

> 철도시설의 정기점검등에 관한지침 제12조(정기점검 및 정밀진단과 성능평가의 관계)
> ① 철도시설관리자는 소관 철도시설에 대한 성능평가를 법 제29조 및 제31조에 따른 정기점검 및 정밀진단을 포함하여 실시하거나 성능평가 착수일을 기준으로 3년 이내에 완료된 최근의 정기점검·정밀진단 또는 다른 법령에 따른 점검·진단·검사 등의 결과를 활용할 수 있다.

① 예시: AA역 중분류 정보통신설비 사용성 평가

대상설비			사용성능 점수 및 등급				
중분류	소분류	세분류	세분류 점수	소분류 점수	중분류 점수	정보통신 점수	등급
영상 설비	여객관리용영상설비	영상저장장치	3.80	3.80*1	(3.80*0.62+4.50*0.38) = 4.07	4.07*1 = 4.07	B
	설비감시용영상설비	영상운영장치	4.50	4.50*1			

② 예시: AA역 중분류 정보통신설비 가중치 계산

대상설비			사용성능 점수 및 등급			
중분류	소분류	세분류	세분류 가중치	소분류 가중치	중분류 가중치 산출	
					기준	환산적용 가중치
영상 설비	여객관리용영상설비	영상저장장치	1.00	0.62	0.06	1.00
	설비감시용영상설비	영상운영장치	1.00	0.38		

- 평가대상 중분류 설비 영상설비 가중치: 0.06
- 미대상 중분류 설비(선로+전송+열차무선+전화교환+역무통신+역무자동화설비) 가중치의 합: 0.94
- ✓ AA역의 성능평가대상 중분류설비는 영상설비만 해당되므로 중분류 가중치는 1.00을 적용한다.

다. AA~BB역 본선구간에 세분류 3종의 설비만 성능평가 대상일 경우

대상설비			사용성능 점수 및 등급							
중분류	소분류	세분류	세분류		소분류		중분류		정보통신	
			점수	가중치	점수	가중치	점수	가중치	점수	등급
선로설비	광케이블	광케이블	A	1.00	1*A	0.61	A*0.61 + B*0.19 + C*0.20	1.00	(0.61*A+ 0.19*B+ 0.20*C)*1	A~E
	동케이블	동케이블	B	1.00	1*B	0.19				
	선로변통합인터페이스통신설비		C	1.00	1*C	0.20				

① 예시: AA~BB역 본선구간의 사용성 평가

대상설비			사용성능 점수 및 등급				
중분류	소분류	세분류	세분류 점수	소분류 점수	중분류 점수	정보통신 점수	등급
선로설비	광케이블	광케이블	3.50	3.5*1=3.50	3.5*0.61 + 2.8*0.19 + 3.3*0.2 = 3.33	3.33*1 = 3.33	C
	동케이블	동케이블	2.80	2.8*1=2.80			
	선로변통합인터페이스통신설비		3.30	3.3*1=3.30			

② 예시: AA~BB역 본선구간의 중분류 가중치 계산

대상설비			사용성능 점수 및 등급	
중분류	소분류	세분류	소분류 가중치	중분류 적용 가중치
선로설비	광케이블	광케이블	0.61	1.00
	동케이블	동케이블	0.19	
		선로변통합인터페이스통신설비	0.20	

- 평가대상 중분류 선로설비 가중치 합: 0.23
- 미대상 중분류 6종설비(전송+열차무선+전화교환+역무통신+영상감시+역무자동화설비)
  ✓ 가중치의 합: 0.77(0.31+0.20+0.07+0.06+0.06+0.07)
- 평가제외 중분류 선로설비 가중치의 합을 평가대상설비에 비례배분
  ✓ 평가대상설비가 대상구간의 통신설비의 성능을 대표한다.
  ✓ 선로설비의 중분류가중치: 1.00

라. BB역에서 광전송 설비 STM, LTE-R 기지국설비 RRU, 재난방송수신 주중계장치, 여객안내설비 표시기, 발매기3종, 게이트 자동개·집표기설비가 성능평가 대상 설비일 경우

대상설비			사용성능 지수(점수) 및 등급						정보통신	
중분류	소분류	세분류	세분류		소분류		중분류		점수	등급
			점수	가중치	점수	가중치	점수	가중치		
전송설비	광전송설비	STM 4/16/64	A	1.00	A*1	1.00	A*1*1	0.49	0.49A + (0.7B+0.3C)*0.31 + 0.09D + [(0.4E+0.3F+0.3G)*0.49+ 0.51H]*0.11	A ~ E
열차무선설비	LTE-R 기지국설비	RRU	B	1.00	B*1	0.70	B*1*0.7 + C*1*0.3	0.31		
	재난방송수신설비	주중계장치	C	1.00	C*1	0.30				
역무용 통신설비	여객안내설비	표시기	D	1.00	D*1	1.00	D*1*1	0.09		
역무 자동화 설비	발매기	1회용발매기	E	0.40	E*0.4 + F*0.3 + G*0.3	0.49	(E*0.4+F*0.3+G*0.3)*0.49 + H*1*0.51	0.11		
		교통카드충전기	F	0.30						
		보증급환급기	G	0.30						
	게이트	자동개·집표기	H	1.00	1*H	0.51				

① 예시: BB역 구간의 사용성 평가 점수산출

대상설비			사용성능 점수 및 등급			정보통신	
중분류	소분류	세분류	세분류 점수	소분류 점수	중분류 점수	점수	등급
전송설비	광전송설비	STM 4/16/64	4.30	4.3*1 = 4.30	4.3 * 1 = 4.30	4.30*0.49 + 3.85*0.31 + 2.80*0.09 + 2.86*0.11 = 3.87	B
열차무선설비	LTE-R기지국 설비	RRU	4.00	4.0*1 = 4.00	4*0.7+3.5*0.3 = 3.85		
	재난방송수신설비	주중계장치	3.50	3.5*1 = 3.50			
역무통신설비	여객안내설비	표시기	2.80	2.8*1 = 2.80	2.8 * 1 = 2.80		
역무 자동화 설비	발매기	1회용발매기	3.20	3.2*0.4 + 3.5*0.3 + 3.0*0.3 = 3.23	3.23*0.49 + 2.50*0.51 = 2.86		
		교통카드충전기	3.50				
		보증급환급기	3.00				
	게이트	자동개·집표기	2.50	2.5*1 = 2.50			

② 예시: BB역 구간의 중분류 가중치 계산

대상설비			설비 분류별 가중치 산출					
			세분류 가중치		소분류 가중치		중분류 가중치	
중분류	소분류	세분류	기준	환산 적용	기준	환산 적용	기준	환산 적용
전송설비	광전송설비	STM 4/16/64	0.40	1.00	1.00	1.00	0.31	0.49
열차무선 설비	LTE-R 기지국 설비	RRU	0.50	1.00	0.35	0.70	0.20	0.31
	재난방송수신설비	주중계장치	0.50	1.00	0.15	0.30		
역무통신 설비	여객안내설비	표시기	0.20	1.00	0.46	1.00	0.06	0.09
역무자동화설비	발매기	1회용발매/충전기	0.40	0.40	0.17	0.49	0.07	0.11
		교통카드무인충전기	0.30	0.30				
		보증급환급기	0.30	0.30				
	게이트	자동개·집표기	1.00	1.00	0.18	0.51		

소분류 적용가중치 산출

① 열차무선설비
 - 평가대상 열차무선설비 2종 소분류 가중치 산출 (LTE-R기지국, 재난방송수신) 가중치합: 0.50
 - 평가제외 2종설비 (LTE-R 중앙제어+열차무선방호장치) 가중치의 합: 0.50
 - 환산가중치
  ✓ RRU 소분류 가중치: 0.35 + 0.35*0.5/0.5 = 0.70
  ✓ 재난방송수신설비 가중치: 0.15 + 0.15*0.5/0.5 = 0.30

② 역무자동화설비
 - 평가대상 열차무선설비 2종 소분류 가중치 산출 (발매기, 게이트) 가중치합: 0.35
 - 평가제외 1종설비 (전산장치) 가중치: 0.65
 - 환산가중치
  ✓ 발매기 소분류 가중치: 0.17 + 0.17*0.65/0.35 = 0.49
  ✓ 게이트 가중치: 0.18 + 0.18*0.65/0.35 = 0.51

중분류 가중치 산출
 - 평가대상 중분류4종(전송+열차무선+역무통신+역무자동화) 가중치합: 0.64
 - 평가제외 3종설비(선로+전화교환+영상설비) 가중치의 합: 0.36
 - 환산가중치
  ✓ 전송설비 중분류 가중치: 0.31 + 0.31*0.36/0.64 = 0.49
  ✓ 열차무선설비 가중치: 0.20 + 0.20*0.36/0.64 = 0.31
  ✓ 역무통신설비 가중치: 0.06 + 0.06*0.36/0.64 = 0.09
  ✓ 역무자동화설비 가중치: 0.07 + 0.07*0.36/0.64 = 0.11

5.5.3 노선별 사용성 평가 예시

가. 설비분류별 기준 가중치

① 중분류 가중치

구분	가중치	합 계
선로설비	0.23	
전송설비	0.31	
무선설비	0.2	
전화교환설비	0.07	1.00
역무용통신설비	0.06	
영상설비	0.06	
역무자동화설비	0.07	

② 노선별 중분류 설비의 평가대상 유무에 따른 중분류가중치 환산 예시

구분	AA 노선 설비 유무	AA 노선 조정 가중치	BB 노선 설비 유무	BB 노선 조정 가중치	CC 노선 설비 유무	CC 노선 조정 가중치	합 계
선로설비	○	0.29	○	0.33	○	0.25	
전송설비	○	0.39	없음	0.00	○	0.33	
열차무선설비	없음	0	○	0.29	○	0.22	
전화교환설비	○	0.09	○	0.10	없음	0.00	1.00
역무용통신설비	○	0.07	○	0.09	○	0.06	
영상설비	○	0.07	○	0.09	○	0.06	
역무자동화설비	○	0.09	○	0.10	○	0.08	
합 계		1.00		1.00		1.00	

✓ 중분류설비의 가중치는 성능평가 미대상설비의 가중치를 평가대상설비 중요도(가중치 크기)에 따라 비례배분한다.

나. 노선별 사용성평가 지수 및 등급

설비명	평가지수	가중치	중분류 설비별 사용성 지수	노선 (전체구간) 지수	등급
선로설비	σ	0.23	$\sigma*0.23$		
전송설비	τ	0.31	$\tau*0.31$		
무선설비	υ	0.2	$\upsilon*0.20$	$\sigma*0.23 + \tau*0.31 + \upsilon*0.20 + \varphi*0.07 + x*0.06 + \psi*0.06 + \omega*0.07$	A~E
전화교환설비	φ	0.07	$\varphi*0.07$		
역무용통신설비	x	0.06	$x*0.06$		
영상설비	ψ	0.06	$\psi*0.06$		
역무자동화설비	ω	0.07	$\omega*0.07$		

다. KK노선 (AA역~BB역구간) 사용성 성능평가 산출 예시[39]

설치구간	설치 장비 (세분류 설비 사용성 점수 가정치)
AA역	여객관리용 영상저장장치 (3.80), 설비감시용 영상운영장치 (4.50)
AA역~BB역 본선구간	광케이블(3.50), 동케이블(2.80), 선로변통합인터페이스 통신설비(3.30)
BB역	광전송설비 STM(4.30), LTE-R 기지국설비 RRU(4.00), 재난방송주중계설비(3.50), 여객안내설비 표시기(2.80), 1회용발매충전기(3.20), 교통카드정산충전기(3.50), 보증금환급기(3.00), 자동개·집표기(2.50)

구분	중분류	소분류	세분류	세분류 사용성 지수	세분류 가중치	소분류 사용성 지수	소분류 가중치	중분류 사용성 지수	중분류 가중치	대분류 사용성 지수	등급
KK 노선	선로설비	광케이블	광케이블	3.50	1.00	3.50	0.61	3.33	0.25	3.74	B
		동케이블	동케이블	2.80	1.00	2.80	0.19				
		선로변 통합 인터페이스 통신		3.30	1.00	3.30	0.20				
	전송설비	광전송설비	DWDM	–	–	4.30	1.00	4.30	0.33		
			STM 4/16/64	4.30	1.00						
			정류기	–	–						
			축전지	–	–						
	열차무선설비	LTE-R 중앙제어설비	주제어설비	–	–	–	–	3.85	0.22		
			관제조작반	–	–						
		LTE-R 기지국장치	DU	–	–	4.00	0.70				
			RRU	4.00	1.00						
		열차무선방호장치	중앙장치	–	–	–	–				
			자동점검시스템	–	–						
			중계 장치	–	–						
			케이블안테나	–	–						
		재난방송수신설비	주중계장치	3.50	1.00	3.50	0.30				
			보조중계장치	–	–						
	전화교환설비	전화교환기	전자교환기	–	0.60	–	–	–	–		
			관제전화주장치	–	0.40						
	역무통신설비	여객안내설비	중앙제어설비	–	–	2.80	1.00	2.80	0.06		
			역서버	–	–						
			표시기	2.80	1.00						
		방송설비	자동안내방송주장치	–	0.50	–	–				
			관제원격방송주장치	–	0.50						

---
39) 소분류 및 중분류 가중치는 "5.5.2 구간별 사용성 평가 산출 예시" 적용 가중치 참고

영상설비	여객 관리용 영상설비	영상저장장치	3.80	1.00	3.80	0.62	4.07	0.06
		영상운영장치	–					
		카메라	–					
		UPS	–					
		축전지	–					
	시설 감시용 영상설비	영상저장장치	–	–	4.50	0.38		
		영상운영장치	4.50	1.00				
		카메라	–	–				
역무 자동화 설비	전산장치	중앙전산기	–	0.60	–	–	2.86	0.08
		역단위전산기	–	0.40				
	발매기	1회용발매/교통카드충전기	3.20	0.40	3.23	0.49		
		교통카드무인/정산충전기	3.50	0.30				
		보증금환급기	3.00	0.30				
	게이트	자동 개·집표기	2.50	1.00	2.50	0.51		

제6장 | 철도·지하철 통신시설의 종합평가

> 철도시설의 정기점검등에 관한지침 [국토교통부고시 제2023-868호]
> 제17조(정밀진단 및 성능평가의 방법) ① 철도시설에 대한 정밀진단은 안전성으로 평가하고, 성능평가는 안전성, 내구성 및 사용성으로 구분하여 평가한다.
> 제18조(정밀진단 및 성능평가 결과의 정리) ① 정밀진단·성능평가실시자는 해당 철도시설에 대한 정밀진단 및 성능평가 결과를 별표 5에 따른 방법으로 제시하여야 한다.
> ② 정밀진단·성능평가실시자는 개별 시설에 대한 정밀진단 및 성능평가 결과를 시설별, 노선별, 구간별로 구분하여 분석하고, 그 결과를 제시하여야 한다.

6.1 부문별 성능등급 결과 분석

제3장 안전성 부문평가, 제4장 내구성 부문평가, 제5장 사용성 부문평가 지수에 부문 가중치를 적용하여 제6장 종합평가의 지수를 산출한다.

6.1.1 설비별 평가항목별 평가결과 집계표

가. 설비별 안전성 평가 집계표: 제3장 안전성 부문평가 결과

구분	중분류	소분류	세분류	세분류 안전성 지수	등급	소분류 안전성 지수	등급	중분류 안전성 지수	등급	대분류 안전성 지수	등급
AA 역 A~B구간 YY노선	선로설비	광케이블	광케이블	1~5	A~E	1~5	A~E	1~5	A~E	1~5	A~E
		동케이블	동케이블	1~5	A~E	1~5	A~E				
		선로변 통합 인터페이스 통신		1~5	A~E	1~5	A~E				
	전송설비	광전송 설비	DWDM	1~5	A~E	1~5	A~E	1~5	A~E		
			STM 4/16/64	1~5	A~E						
			정류기	1~5	A~E						
			축전지	1~5	A~E						

	열차무선 설비	LTE-R 중앙제어설비	주제어설비	1~5	A~E	1~5	A~E	1~5	A~E
			관제조작반	1~5	A~E				
		LTE-R 기지국장치	DU	1~5	A~E	1~5	A~E		
			RRU	1~5	A~E				
		열차무선 방호장치	중앙장치	1~5	A~E	1~5	A~E		
			자동점검시스템	1~5	A~E				
			중계 장치	1~5	A~E				
			케이블안테나	1~5	A~E				
		재난방송 수신설비	주중계장치	1~5	A~E	1~5	A~E		
			보조중계장치	1~5	A~E				
	전화교환 설비	전화 교환기	전자교환기	1~5	A~E	1~5	A~E	1~5	A~E
			관제전화주장치	1~5	A~E				
	역무통신 설비	여객 안내설비	중앙제어설비	1~5	A~E	1~5	A~E	1~5	A~E
			역서버	1~5	A~E				
			표시기	1~5	A~E				
		방송설비	자동안내방송주장치	1~5	A~E	1~5	A~E		
			관제원격방송주장치	1~5	A~E				
	영상설비	여객 관리용 영상설비	영상저장장치	1~5	A~E	1~5	A~E	1~5	A~E
			영상운영장치	1~5	A~E				
			카메라	1~5	A~E				
			UPS	1~5	A~E				
			축전지	1~5	A~E				
		시설 감시용 영상설비	영상저장장치	1~5	A~E	1~5	A~E		
			영상운영장치	1~5	A~E				
			카메라	1~5	A~E				
	역무 자동화 설비	전산장치	중앙전산기	1~5	A~E	1~5	A~E	1~5	A~E
			역단위전산기	1~5	A~E				
		발매기	1회용발매/ 교통카드충전기	1~5	A~E	1~5	A~E		
			교통카드무인/ 정산충전기	1~5	A~E				
			보증금환급기	1~5	A~E				
		게이트	자동 개·집표기	1~5	A~E	1~5	A~E		

나. 설비별 내구성 평가 집계표: 제4장 내구성 부문평가 결과

구분	중분류	소분류	세분류	세분류 내구성지수	세분류 등급	소분류 내구성지수	소분류 등급	중분류 내구성지수	중분류 등급	대분류 내구성지수	대분류 등급
AA역 A~B 구간 YY 노선	선로설비	광케이블	광케이블	1~5	A~E	1~5	A~E	1~5	A~E	1~5	A~E
		동케이블	동케이블	1~5	A~E	1~5	A~E				
			선로변 통합 인터페이스 통신	1~5	A~E	1~5	A~E				
	전송설비	광전송 설비	DWDM	1~5	A~E	1~5	A~E	1~5	A~E		
			STM 4/16/64	1~5	A~E						
			정류기	1~5	A~E						
			축전지	1~5	A~E						
	열차무선 설비	LTE-R 중앙제어설비	주제어설비	1~5	A~E	1~5	A~E	1~5	A~E		
			관제조작반	1~5	A~E						
		LTE-R 기지국장치	DU	1~5	A~E	1~5	A~E				
			RRU	1~5	A~E						
		열차무선 방호장치	중앙장치	1~5	A~E	1~5	A~E				
			자동점검시스템	1~5	A~E						
			중계 장치	1~5	A~E						
			케이블안테나	1~5	A~E						
		재난방송 수신설비	주중계장치	1~5	A~E	1~5	A~E				
			보조중계장치	1~5	A~E						
	전화교환 설비	전화 교환기	전자교환기	1~5	A~E	1~5	A~E	1~5	A~E		
			관제전화주장치	1~5	A~E						
	역무통신 설비	여객 안내설비	중앙제어설비	1~5	A~E	1~5	A~E	1~5	A~E		
			역서버	1~5	A~E						
			표시기	1~5	A~E						
		방송설비	자동안내방송주장치	1~5	A~E	1~5	A~E				
			관제원격방송주장치	1~5	A~E						
	영상설비	여객 관리용 영상설비	영상저장장치	1~5	A~E	1~5	A~E	1~5	A~E		
			영상운영장치	1~5	A~E						
			카메라	1~5	A~E						
			UPS	1~5	A~E						
			축전지	1~5	A~E						
		시설 감시용 영상설비	영상저장장치	1~5	A~E	1~5	A~E				
			영상운영장치	1~5	A~E						
			카메라	1~5	A~E						
	역무자 동화 설비	전산장치	중앙전산기	1~5	A~E	1~5	A~E	1~5	A~E		
			역단위전산기	1~5	A~E						
		발매기	1회용발매/교통카드충전기	1~5	A~E	1~5	A~E				
			교통카드무인/정산충전기	1~5	A~E						
			보증금환급기	1~5	A~E						
		게이트	자동 개·집표기	1~5	A~E	1~5	A~E				

다. 설비별 사용성 평가 집계표: 제5장 사용성 부문평가 결과

구분	중분류	소분류	세분류	세분류 사용성지수	세분류 등급	소분류 사용성지수	소분류 등급	중분류 사용성지수	중분류 등급	대분류 사용성지수	대분류 등급
AA역 A~B구간 YY노선	선로설비	광케이블	광케이블	1~5	A~E	1~5	A~E	1~5	A~E	1~5	A~E
		동케이블	동케이블	1~5	A~E	1~5	A~E				
		선로변 통합 인터페이스 통신		1~5	A~E	1~5	A~E				
	전송설비	광전송설비	DWDM	1~5	A~E	1~5	A~E	1~5	A~E		
			STM 4/16/64	1~5	A~E						
			정류기	1~5	A~E						
			축전지	1~5	A~E						
	열차무선설비	LTE-R 중앙제어설비	주제어설비	1~5	A~E	1~5	A~E	1~5	A~E		
			관제조작반	1~5	A~E						
		LTE-R 기지국장치	DU	1~5	A~E	1~5	A~E				
			RRU	1~5	A~E						
		열차무선방호장치	중앙장치	1~5	A~E	1~5	A~E				
			자동점검시스템	1~5	A~E						
			중계 장치	1~5	A~E						
			케이블안테나	1~5	A~E						
		재난방송수신설비	주중계장치	1~5	A~E	1~5	A~E				
			보조중계장치	1~5	A~E						
	전화교환설비	전화교환기	전자교환기	1~5	A~E	1~5	A~E	1~5	A~E		
			관제전화주장치	1~5	A~E						
	역무통신설비	여객안내설비	중앙제어설비	1~5	A~E	1~5	A~E	1~5	A~E		
			역서버	1~5	A~E						
			표시기	1~5	A~E						
		방송설비	자동안내방송주장치	1~5	A~E	1~5	A~E				
			관제원격방송주장치	1~5	A~E						
	영상설비	여객관리용영상설비	영상저장장치	1~5	A~E	1~5	A~E	1~5	A~E		
			영상운영장치	1~5	A~E						
			카메라	1~5	A~E						
			UPS	1~5	A~E						
			축전지	1~5	A~E						
		시설감시용영상설비	영상저장장치	1~5	A~E	1~5	A~E				
			영상운영장치	1~5	A~E						
			카메라	1~5	A~E						
	역무자동화설비	전산장치	중앙전산기	1~5	A~E	1~5	A~E	1~5	A~E		
			역단위전산기	1~5	A~E						
		발매기	1회용발매/교통카드충전기	1~5	A~E	1~5	A~E				
			교통카드무인/정산충전기	1~5	A~E						
			보증금환급기	1~5	A~E						
		게이트	자동 개·집표기	1~5	A~E	1~5	A~E				

6.2 설비별 구간별 종합 성능평가[40]
가. 성능평가등급 산정 및 설비별 평가부문 적용 가중치 기준

전기설비 성능평가에 관한 세부기준 국가철도공단Rev.1(23.11)
1.3.1 성능평가 평가방법
6) 성능지수 및 등급 산정 [표1-5] 성능평가 및 등급 산정
각 항목별 5점 척도로 평가하여 산정된 총점이며, 성능지수 범위에 따라 성능등급 결정

성능평가지수(E)	성능평가등급	성능 수준 및 유지관리 필요성
4.5 ≤ E ≤ 5.0	A(우수)	결함·손상이 없고 내구성능 저하 가능성 낮음
3.5 ≤ E < 4.5	B(양호)	경미한 결함이 있는 상태로 진행여부를 지속 관찰
2.5 ≤ E < 3.5	C(보통)	안전에는 지장이 없으나, 간단한 보수·보강 필요
1.5 ≤ E < 2.5	D(미흡)	성능이 기준이 미치지 못해 긴급한 보수·보강 필요
1.0 ≤ E < 1.5	E(불량)	심각한 결함이 있어 즉각 사용중단하고 보강·개축 필요

1.3.2 성능평가 설비별 가중치 마. 설비의 유형분류 및 가중치 적용 표1-9: 정보통신분야 설비는 다음과 같이 4개의 설비로 분류하며 설비별 평가항목에 대한 가중치(%) 적용은 아래 표와 같다.

대분류	전선류			기기 및 장치			제어설비		
	안전성	내구성	사용성	안전성	내구성	사용성	안전성	내구성	사용성
정보통신	57	27	16	62	21	18	60	15	25

철도시설의 정기점검등에 관한지침 [별표 5] 철도시설 정밀진단 방법 및 종합 성능평가 방법
(2) 개별 철도시설에 대한 종합 성능평가는 안전성, 내구성 및 사용성으로 평가부문을 구분하여 평가 결과를 기록하고, 중요도를 반영하여 성능평가지수와 성능평가등급을 부여한다.

6.2.1. 세분류 설비별 종합성능 평가 결과

소분류	세분류	안전성지수	내구성지수	사용성지수	종합성능 지수	등급
광케이블	광케이블	A	B	C	A*0.57+B*0.27+C*0.16	A~E
동케이블	동케이블	A	B	C	A*0.57+B*0.27+C*0.16	A~E
선로변 통합 인터페이스 통신		A	B	C	A*0.60+B*0.15+C*0.25	A~E
광전송 설비	DWDM	A	B	C	A*0.60+B*0.15+C*0.25	A~E
	STM 4/16/64	A	B	C	상 동	상 동
	정류기	A	B	C	상 동	상 동
	축전지	A	B	C	상 동	상 동

---

[40] 역별 구간별 부문별 평가지수(점수) 및 등급은 제3장 안전성 부문평가, 제4장 내구성 부문평가, 제5장 사용성 부문평가 결과를 참조하여 작성한다.

LTE-R 중앙제어설비	주제어설비	A	B	C	A*0.60+B*0.15+C*0.25	A~E
	관제조작반	A	B	C	상 동	상 동
LTE-R 기지국장치	DU	A	B	C	A*0.60+B*0.15+C*0.25	A~E
	RRU	A	B	C	상 동	상 동
열차무선 방호장치	중앙장치	A	B	C	A*0.60+B*0.15+C*0.25	A~E
	자동점검시스템	A	B	C	상 동	상 동
	중계 장치	A	B	C	상 동	상 동
	케이블안테나	A	B	C	A*0.57+B*0.27+C*0.16	A~E
재난방송 수신설비	주중계장치	A	B	C	A*0.60+B*0.15+C*0.25	A~E
	보조중계장치	A	B	C	상 동	상 동
전화 교환기	전자교환기	A	B	C	A*0.60+B*0.15+C*0.25	A~E
	관제전화주장치	A	B	C	상 동	상 동
여객 안내설비	중앙제어설비	A	B	C	A*0.60+B*0.15+C*0.25	A~E
	역서버	A	B	C	상 동	상 동
	표시기	A	B	C	상 동	상 동
방송설비	자동안내방송주장치	A	B	C	A*0.60+B*0.15+C*0.25	A~E
	관제원격방송주장치	A	B	C	상 동	상 동
여객 관리용 영상설비	영상저장장치	A	B	C	A*0.60+B*0.15+C*0.25	A~E
	영상운영장치	A	B	C	상 동	상 동
	카메라	A	B	C	상 동	상 동
	UPS	A	B	C	상 동	상 동
	축전지	A	B	C	상 동	상 동
시설 감시용 영상설비	영상저장장치	A	B	C	A*0.60+B*0.15+C*0.25	A~E
	영상운영장치	A	B	C	상 동	상 동
	카메라	A	B	C	상 동	상 동
전산장치	중앙전산기	A	B	C	A*0.60+B*0.15+C*0.25	A~E
	역단위전산기	A	B	C	상 동	상 동
발매기	1회용발매/ 교통카드충전기	A	B	C	A*0.60+B*0.15+C*0.25	A~E
	교통카드무인/ 정산충전기	A	B	C	상 동	상 동
	보증금환급기	A	B	C	상 동	상 동
게이트	자동 개·집표기	A	B	C	A*0.60+B*0.15+C*0.25	A~E

6.2.2 소분류 설비별 종합성능 평가결과

설비	소분류		안전성지수	내구성지수	사용성지수	종합성능 지수	등급
선로설비	동케이블		A	B	C	A*0.57+B*0.27+C*0.16	A~E
	광케이블		A	B	C	A*0.57+B*0.27+C*0.16	A~E
	선로변 통합인터페이스 통신설비		A	B	C	A*0.60+B*0.15+C*0.25	A~E
전송설비	광전송설비		A	B	C	A*0.60+B*0.15+C*0.25	A~E
열차무선 설비	LTE-R 중앙 제어설비		A	B	C	A*0.60+B*0.15+C*0.25	A~E
	LTE-R 기지국 장치		A	B	C	상 동	상 동
	열차무선 방호장치[41]	제어설비	U	V	W	Avg(U+X)*0.60 +Avg(V+Y)*0.15 +Avg(W+Z)*0.25	A~E
		전선류	X	Y	Z		
		평균	Avg(U+X)	Avg(V+Y)	Avg(W+Z)		
	재난방송 수신설비		A	B	C	A*0.60+B*0.15+C*0.25	A~E
전화 교환설비	전화교환기		A	B	C	A*0.60+B*0.15+C*0.25	A~E
역무용 통신설비	여객안내설비		A	B	C	A*0.60+B*0.15+C*0.25	A~E
	자동안내방송설비		A	B	C	상 동	상 동
영상설비	여객관리용 영상감시설비		A	B	C	A*0.60+B*0.15+C*0.25	A~E
	시설감시용 영상감시설비		A	B	C	상 동	상 동
역무자동화 설비	전산장치		A	B	C	A*0.60+B*0.15+C*0.25	A~E
	발매기		A	B	C	상 동	상 동
	게이트		A	B	C	상 동	상 동

---

[41] 열차무선 방호장치는 3종의 제어설비(중앙장치, 자동점검시스템, 중계장치)와 전선류 케이블 안테나로 구성되어있으므로 세분류의 설비유형별 가중치가 적용된 평균 성능지수값에 유형분류별 가중치를 적용해서 종합성능지수를 산정하였다.

6.2.3 중분류 설비별 종합 평가결과

중분류	소분류	안전성지수	내구성지수	사용성지수	종합성능지수	등급
선로설비42)	전선류(광/동케이블)	U	V	W	Avg(U+X)*0.60 + Avg(V+Y)*0.15 + Avg(W+Z)*0.25	A~E
	선로변 통합 인터페이스통신설비	X	Y	Z		
	평균	Avg(U+X)	Avg(V+Y)	Avg(W+Z)		
전송설비	광전송설비	A	B	C	A*0.60 + B*0.15 + C*0.25	A~E
열차무선설비	LTE-R 중앙제어설비	A	B	C	A*0.60 + B*0.15 + C*0.25	A~E
	LTE-R 기지국장치	A	B	C	상 동	상 동
	열차무선방호장치	A	B	C	상 동	상 동
	재난방송 수신설비	A	B	C	상 동	상 동
전화교환설비	전화교환기	A	B	C	A*0.60 + B*0.15 + C*0.25	A~E
역무통신설비	여객안내설비	A	B	C	A*0.60 + B*0.15 + C*0.25	A~E
	방송설비	A	B	C	상 동	상 동
영상설비	여객관리용영상설비	A	B	C	A*0.60 + B*0.15 + C*0.25	A~E
	시설감시용영상설비	A	B	C	상 동	상 동
역무자동화설비	전산장치	A	B	C	A*0.60 + B*0.15 + C*0.25	A~E
	발매기	A	B	C	상 동	상 동
	게이트	A	B	C	상 동	상 동

6.2.4 구간별 종합성능평가 산출

구간		안전성지수	내구성지수	사용성지수	종합성능지수	등급
AA역		A	B	C	A*0.60 + B*0.15 + C*0.25	A~E
AA역 ~ BB역	선로설비	U	V	W	Avg(U+X)*0.60 + Avg(V+Y)*0.15 + Avg(W+Z)*0.25	A~E
	제어설비	X	Y	Z		
BB역		A	B	C	A*0.60 + B*0.15 + C*0.25	A~E
BB역 ~ CC역	선로설비	U	V	W	Avg(U+X)*0.60 + Avg(V+Y)*0.15 + Avg(W+Z)*0.25	A~E
	제어설비	X	Y	Z		
CC역		A	B	C	A*0.60 + B*0.15 + C*0.25	A~E

---

42) 선로설비는 2종의 전선류(광케이블, 동케이블)와 제어설비(선로변통합인터페이스통신설비)로 구성되어 있으므로 소분류의 설비유형별 가중치가 적용된 평균성능지수값에 유형분류별 가중치를 적용해서 종합성능지수를 산정하였다

6.3 노선별 구간별 종합 성능평가
6.3.1 부문별 평가 결과 분석
가. 노선별 안전성평가 내역

구분	중분류	소분류	세분류	세분류 안전성지수	등급	소분류 안전성지수	등급	중분류 안전성지수	등급	대분류 안전성지수	등급
YY 노선	선로설비	광케이블	광케이블	1~5	A~E	1~5	A~E	1~5	A~E	1~5	A~E
		동케이블	동케이블	1~5	A~E	1~5	A~E				
		선로변 통합 인터페이스 통신		1~5	A~E	1~5	A~E				
	전송설비	광전송 설비	DWDM	1~5	A~E	1~5	A~E	1~5	A~E		
			STM 4/16/64	1~5	A~E						
			정류기	1~5	A~E						
			축전지	1~5	A~E						
	열차무선 설비	LTE-R 중앙제어설비	주제어설비	1~5	A~E	1~5	A~E	1~5	A~E		
			관제조작반	1~5	A~E						
		LTE-R 기지국장치	DU	1~5	A~E	1~5	A~E				
			RRU	1~5	A~E						
	~	~	~	~	~	~	~	~	~		

나. 노선별 내구성평가 내역

구분	중분류	소분류	세분류	세분류 내구성지수	등급	소분류 내구성지수	등급	중분류 내구성지수	등급	대분류 내구성지수	등급
AA역 A~B 구간 YY 노선	선로설비	광케이블	광케이블	1~5	A~E	1~5	A~E	1~5	A~E	1~5	A~E
		동케이블	동케이블	1~5	A~E	1~5	A~E				
		선로변 통합 인터페이스 통신		1~5	A~E	1~5	A~E				
	전송설비	광전송 설비	DWDM	1~5	A~E	1~5	A~E	1~5	A~E		
			STM 4/16/64	1~5	A~E						
			정류기	1~5	A~E						
			축전지	1~5	A~E						
	열차무선 설비	LTE-R 중앙제어설비	주제어설비	1~5	A~E	1~5	A~E	1~5	A~E		
			관제조작반	1~5	A~E						
		LTE-R 기지국장치	DU	1~5	A~E	1~5	A~E				
			RRU	1~5	A~E						
	~	~	~	~	~	~	~	~	~		

다. 노선별 사용성평가 내역

구분	중분류	소분류	세분류	세분류 사용성지수	등급	소분류 사용성지수	등급	중분류 사용성지수	등급	대분류 사용성지수	등급
YY 노선	선로설비	광케이블	광케이블	1~5	A~E	1~5	A~E	1~5	A~E	1~5	A~E
		동케이블	동케이블	1~5	A~E	1~5	A~E				
		선로변 통합 인터페이스 통신		1~5	A~E	1~5	A~E				
	전송설비	광전송 설비	DWDM	1~5	A~E	1~5	A~E	1~5	A~E		
			STM 4/16/64	1~5	A~E						
			정류기	1~5	A~E						
			축전지	1~5	A~E						
	열차무선 설비	LTE-R 중앙제어설비	주제어설비	1~5	A~E	1~5	A~E	1~5	A~E		
			관제조작반	1~5	A~E						
		LTE-R 기지국장치	DU	1~5	A~E	1~5	A~E				
			RRU	1~5	A~E						
	~	~	~	~	~	~	~	~	~		

6.3.2 노선별 구간별 종합성능 평가

역별 구간별 부문별 평가지수(점수) 및 등급은 제3장 안전성 부문평가, 제4장 내구성 부문평가, 제5장 사용성 부문평가 결과를 참조하여 작성하고 유형분류별 가중치를 적용하여 본 종합성능을 평가한다.

구분	중분류	소분류	세분류	세분류 종합지수	등급	소분류 종합지수	등급	중분류 종합지수	등급	대분류 종합지수	등급
YY노선	선로설비	광케이블	광케이블	1~5	A~E	1~5	A~E	1~5	A~E	1~5	A~E
		동케이블	동케이블	1~5	A~E	1~5	A~E				
		선로변 통합 인터페이스 통신		1~5	A~E	1~5	A~E				
	전송설비	광전송 설비	DWDM	1~5	A~E	1~5	A~E	1~5	A~E		
			STM 4/16/64	1~5	A~E						
			정류기	1~5	A~E						
			축전지	1~5	A~E						
	열차무선 설비	LTE-R 중앙제어설비	주제어설비	1~5	A~E	1~5	A~E	1~5	A~E		
			관제조작반	1~5	A~E						
		LTE-R 기지국장치	DU	1~5	A~E	1~5	A~E				
			RRU	1~5	A~E						

	열차무선 방호장치	중앙장치	1~5	A~E	1~5	A~E			
		자동점검시스템	1~5	A~E					
		중계 장치	1~5	A~E					
		케이블안테나	1~5	A~E					
	재난방송 수신설비	주중계장치	1~5	A~E	1~5	A~E			
		보조중계장치	1~5	A~E					
전화교환 설비	전화 교환기	전자교환기	1~5	A~E	1~5	A~E	1~5	A~E	
		관제전화주장치	1~5	A~E					
역무통신 설비	여객 안내설비	중앙제어설비	1~5	A~E	1~5	A~E	1~5	A~E	
		역서버	1~5	A~E					
		표시기	1~5	A~E					
	방송설비	자동안내방송주장치	1~5	A~E	1~5	A~E			
		관제원격방송주장치	1~5	A~E					
영상설비	여객 관리용 영상설비	영상저장장치	1~5	A~E	1~5	A~E	1~5	A~E	
		영상운영장치	1~5	A~E					
		카메라	1~5	A~E					
		UPS	1~5	A~E					
		축전지	1~5	A~E					
	시설 감시용 영상설비	영상저장장치	1~5	A~E	1~5	A~E			
		영상운영장치	1~5	A~E					
		카메라	1~5	A~E					
역무 자동화 설비	전산장치	중앙전산기	1~5	A~E	1~5	A~E	1~5	A~E	
		역단위전산기	1~5	A~E					
	발매기	1회용발매/ 교통카드충전기	1~5	A~E	1~5	A~E			
		교통카드무인/ 정산충전기	1~5	A~E					
		보증금환급기	1~5	A~E					
	게이트	자동 개·집표기	1~5	A~E	1~5	A~E			

---

43) 세분류, 소분류, 중분류의 종합성능점수는 설비의 유형분류에 따른 가중치 적용하여 산출종합성능점수 = 안전성*0.6 + 내구성*0.15 + 사용성*0.25

가. BB역(구간) 종합성능 지수 및 등급평가 산출

① BB역(구간) 종합성능평가 지수 및 등급산출 집계표 예시

대상설비			종합성능 지수 및 등급						정보통신	
중분류	소분류	세분류	세분류		소분류		중분류		점수	등급
			점수	가중치	점수	가중치	점수	가중치		
전송설비	광전송설비	STM4/16/64	3.85	1.00	3.85	1.00	3.85	0.49	3.54	B
열차무선 설비	LTE-R 기지국 설비	RRU	3.68	1.00	3.68	0.70	3.56	0.31		
	재난방송수신설비	주중계장치	3.28	0.50	3.28	0.30				
역무 통신설비	여객안내설비	표시기	2.73	1.00	2.73	1.00	2.73	0.09		
역무자동 화설비	발매기	1회용발매기	3.14	0.40	3.14	0.49	2.81	0.11		
		교통카드충전기	3.35	0.30						
		보증급환급기	2.93	0.30						
	게이트	자동개·집표기	2.50	1.00	2.50	0.51				

✓ 세분류 전송설비 종합성능지수 계산 예: 4.3*0.6 + 4.3*0.15 + 2.5*0.25 = 3.85
✓ 소분류 역무통신 표시기 종합성능지수 계산 예: 2.8*0.6 + 2.3*0.15 + 2.8*0.25 = 2.725

② BB역(구간) 안정성 지수 및 등급산출 예시

대상설비			안전성능 점수 및 등급			정보통신	
중분류	소분류	세분류	세분류 점수	소분류 점수	중분류 점수	점수	등급
전송설비	광전송설비	STM 4/16/64	4.30	4.3*1 = 4.30	4.3*1 = 4.30	4.30*0.49 + 3.85*0.31 + 2.80*0.09 + 2.86*0.11 = 3.87	B
열차무선 설비	LTE-R 기지국설비	RRU	4.00	4.0*1 = 4.00	4*0.7 + 3.5*0.3 = 3.85		
	재난방송수신설비	주중계장치	3.50	3.5*1 = 3.50			
역무 통신설비	여객안내설비	표시기	2.80	2.8*1 = 2.80	2.8*1 = 2.80		
역무자동 화설비	발매기	1회용발매기	3.20	3.2*0.4 + 3.5*0.3 + 3.0*0.3 = 3.23	3.23*0.49 + 2.50*0.51 = 2.86		
		교통카드충전기	3.50				
		보증급환급기	3.00				
	게이트	자동개·집표기	2.50	2.5*1 = 2.50			

③ BB역(구간) 내구성 지수 및 등급산출 예시

대상설비			내구성능 점수 및 등급				
중분류	소분류	세분류	세분류 점수	소분류점수	중분류 점수	정보통신 점수	등급
전송설비	광전송설비	STM 4/16/64	4.30	4.3*1 = 4.30	4.3*1 = 4.30	4.30*0.49 + 3.85*0.31 + 2.30*0.09 + 2.56*0.11 = 3.79	B
열차무선 설비	LTE-R 기지국설비	RRU	4.00	4.0*1 = 4.00	4*0.7 + 3.5*0.3 = 3.85		
	재난방송수신설비	주중계장치	3.50	3.5*1 = 3.50			
역무 통신설비	여객안내설비	표시기	2.30	2.3*1 = 2.30	2.3*1 = 2.30		
역무자동 화설비	발매기	1회용발매기	2.80	2.8*0.4 + 2.5*0.3 + 2.5*0.3 = 2.62	2.62*0.49 + 2.50*0.51 = 2.56		
		교통카드충전기	2.50				
		보증급환급기	2.50				
	게이트	자동개·집표기	2.50	2.50*1 = 2.50			

④ BB역(구간) 사용성 지수 및 등급산출 예시

대상설비			사용성능 점수 및 등급				
중분류	소분류	세분류	세분류 점수	소분류점수	중분류 점수	정보통신 점수	등급
전송설비	광전송설비	STM 4/16/64	2.50	2.5*1 = 2.50	2.5*1 = 2.50	2.50*0.49 + 2.67*0.31 + 2.80*0.09 + 2.86*0.11 = 2.62	C
열차무선 설비	LTE-R 기지국설비	RRU	2.70	2.7*1 = 2.70	2.7*0.7 + 2.6*0.3 = 2.67		
	재난방송수신설비	주중계장치	2.60	2.6*1 = 2.60			
역무 통신설비	여객안내설비	표시기	2.80	2.8*1 = 2.80	2.8*1 = 2.80		
역무자동 화설비	발매기	1회용발매기	3.20	3.2*0.4 + 3.5*0.3 + 3.0*0.3 = 3.23	3.23*0.49 + 2.50*0.51 = 2.86		
		교통카드충전기	3.50				
		보증급환급기	3.00				
	게이트	자동개·집표기	2.50	2.5*1 = 2.50			

6.4 종합 성능평가 결과 분석[44]

종합평가 시 철도시설의 성능평가등급이 C(보통)등급 이하인 경우와 안전성, 내구성, 사용성 중 어느 하나 이상이 D(미흡)등급 이하인 경우의 설비를 심층적으로 분석한다.

> 철도시설의 정기점검등에 관한지침
> 제20조(정밀진단 및 성능평가 결과의 조치)① 철도시설관리자는 소관 철도시설에 대해 제19조의 정밀진단 결과보고서에 따른 안전조치 및 보수·보강을 시행하여야 한다.
> ② 철도시설관리자는 소관 철도시설의 성능평가등급이 C(보통)등급 이하인 경우 해당 철도시설의 성능을 향상하기 위한 보수·보강 등 유지관리 계획을 수립·시행하여야 한다.
> ③ 철도시설관리자는 제1항에도 불구하고 소관 철도시설의 안전성, 내구성, 사용성 중 어느 하나 이상이 D(미흡)등급 이하인 경우에는 해당 철도시설의 해당 성능을 향상하기 위한 보수·보강 등 유지관리 계획을 수립·시행하여야 한다.

성능평가지수(E)	성능평가등급	성능 수준 및 유지관리 필요성
4.5 ≤ E ≤ 5.0	A(우수)	결함·손상이 없고 내구성능 저하 가능성 낮음
3.5 ≤ E < 4.5	B(양호)	경미한 결함이 있는 상태로 진행여부를 지속 관찰
2.5 ≤ E < 3.5	C(보통)	안전에는 지장이 없으나, 간단한 보수·보강 필요
1.5 ≤ E < 2.5	D(미흡)	성능이 기준이 미치지 못해 긴급한 보수·보강 필요
1.0 ≤ E < 1.5	E(불량)	심각한 결함이 있어 즉각 사용중단하고 보강·개축 필요

	부문별	정밀진단	속성진단
성능평가 항목	안전성	열화절연, 외관	운행횟수, 고장장애횟수
	내구성	외관(부식검사)	내용연수, 설치환경, 고장장애횟수
	사용성	-	설치환경, 운행횟수, 고장장애횟수, 제품단종, 설비용량

6.4.1 낮은 성능평가 지수 및 등급 내역표 집계

노선	대분류	안전성능		내구성능		사용성능		종합성능	
YY노선	정보통신분야	1.0~3.5	C~E	1.0~3.5	C~E	1.0~3.5	C~E	1.0~3.5	C~E
ZZ구간	정보통신분야	1.0~3.5	C~E	1.0~3.5	C~E	1.0~3.5	C~E	1.0~3.5	C~E

구분	중분류	소분류	세분류	설비분류별 종합점수[45] 및 등급							
				세분류		소분류		중분류		대분류	
				종합점수	등급	종합점수	등급	종합점수	등급	종합점수	등급
	선로설비	광케이블	광케이블	1~5	A~E	1~5	A~E	1.0~3.5	C~E	1.0~3.5	C~E
		동케이블	동케이블	1.0~3.5	C~E	1.0~3.5	C~E				
		선로변 통합 인터페이스 통신		1.0~3.5	C~E	1.0~3.5	C~E				

---
44) 철도시설의 정기점검등에 관한지침 [별표 2] 철도시설 정밀진단 및 성능평가 절차 (2) 성능평가 절차

AA역 A~B구간 YY노선	전송설비	광전송설비	DWDM	1~5	A~E	1~5	A~E	1~5	A~E
			STM 4/16/64	1~5	A~E				
			정류기	1~5	A~E				
			축전지	1~5	A~E				
	~	~	~	~	~	~	~	~	~
	역무자동화설비	발매기	1회용발매기	1.0~3.5	C~E	1.0~3.5	C~E	1.0~3.5	C~E
			교통카드충전기	1.0~3.5	C~E				
			보증금환급기	1.0~3.5	C~E	1.0~3.5	C~E		
		게이트	자동개·집표기	1.0~3.5	C~E				

6.4.2 낮은 종합 성능평가지수 및 등급의 원인분석

가. 설비분류별 종합성능 C등급 이하(C등급~E등급) 원인분석

설비분류	C등급~E등급 원인분석 예시

선로설비	[종합성능 C~E등급]
	- 선로설비 광케이블 종합성능 B등급, 동케이블 C등급
	  ✓ ○○구간 시내동케이블 900MΩ으로 안전성 저하 주요 원인
	  ✓ ○○구간 ○○년 설치된 동케이블 내용년수 초과로 내구성 저하
	  ✓ ○○구간 동케이블은 설비용량(예비율)부족으로 사용성 저하
	- 통합인터페이스설비 종합성능 C등급 (안전성 D, 내구성 D, 사용성 B등급)
	  ✓ XX설비는 점부식 30%로 안전성 저하 주요원인
	  ✓ YY설비는 내용년수 초과로 안전성과 내구성저하 주요요인
	  ✓ XX설비는 제품단종, 고장장애가 사용성 저하 주요원인
	[부문별 D~E 등급]
	- 광케이블 내구성 D등급, 사용성 C등급
	  ✓ ○○구간 ○○년 설치된 광케이블 내용년수여유율 20%로 내구성 저하
	  ✓ ○○구간 광케이블은 설비용량(예비율 50% 미만)으로 사용성 저하
	  ✓ △△구간 광케이블은 설비용량(예비율 50% 미만) 저하로 사용성 저하

전송설비	[종합성능 C~E 등급]
	- DWDM, STM 4/16/64(IP-MPLS), 정류기, 축전지 종합성능은 B등급
	- DWDM 안전성C등급, 사용성D등급
	  ✓ NMS/EMS장애 4건 및 열상측정 OS 온도차 20℃로 안전성 저하 원인
	  ✓ 내용연수 초과, 제품단종, 설비용량 예비율 50%로 사용성 저하
	- 정류기 내구성 D등급 및 사용성 C등급
	  ✓ 점부식 30% 이상, 내용연수 예비율52%, 고장장애횟수 3회로 내구성 저하
	  ✓ 고장장애횟수, 제품단종 및 설비용량 예비율 50%로 사용성 저하

---

45) 세분류, 소분류, 중분류의 종합성능점수는 설비의 유형분류에 따른 가중치 적용하여 산출. 종합성능점수 = 안전성*0.6+내구성*0.15+사용성*0.25

무선 설비	[종합성능 C~E 등급]
	- LTE-R 중앙제어설비, LTE-R 기지국설비, 열차무선 방호장치, 종합성능 B등급
	- 재난방송수신설비 종합성능 C등급
	  ✓ 주중계장치 FM, DMB설비 내용연수 예비율50%, 열상OS 5℃로 안전성 저하
	  ✓ 보조중계장치 점부식 30% 이상, 내용연수 예비율52%로 내구성 저하
	[부문별 D~E 등급]
	- 관제조작반 내구성 D등급
	  ✓ 내용연수 초과, 고장장애횟수 직전년도 4회발생으로 내구성 저하
	- 재난방송수신설비 내구성 D등급, 사용성 C등급
	  ✓ 주중계장치 FM, DMB설비설비용량(예비율50% 미만) 저하로 사용성 저하
	  ✓ 보조중계장치 점부식 30% 이상, 내용연수 여유율52%, 고장장애 내구성 저하

~	~

역무 자동화 설비	[종합성능 C~E 등급]
	- 종합성능평가 결과 전산장치 B등급, 발매기 B등급
	- 게이트 종합성능 C등급: 안전성 C등급, 내구성 D등급, 사용성 B등급
	  ✓ 자동개·집표기 열상(OS)온도차 15℃, 전계강도 미흡으로 안전성 저하
	  ✓ 내용연수 예비율52%, 고장장애횟수(직전년도 4회 발생)으로 내구성 저하
	[부문별 D~E 등급]
	- 역단위전산기 안전성 D등급
	  ✓ CPU/MEM 설비활용율 30%, 고장장애3건, 열상OS 온도차 5℃로 안전성 저하
	- 보증금환급기 내구성 및 사용성 D등급
	  ✓ 내용연수 여유율 50%, 고장장애횟수 3번 발생으로 내구성 저하
	  ✓ 내용연수 여유율 50%, 제품단종으로 사용성 저하

6.4.3 종합 성능평가 지수 및 등급 저하 원인 분석

앞장(절)에서 분석한 전체시설의 종합성능을 바탕으로 성능평가 지수가 낮은 C등급이하의 시설, 노선, 구간을 대상으로 원인분석을 시행한다.

① 노선별 구간별 종합평가결과중 성능평가지수가 낮은 노선, 구간을 분석한다.
② 종합성능평가지수가 낮은 노선 및 구간의 성능평가지수가 낮은 중분류 설비분석 한다.
   - 해당노선 및 구간설비의 안전성, 내구성, 사용성 가중치고려 지수특징 분석
③ 낮은 종합성능평가지수의 노선 및 구간의 중분류설비중 가중치가 높은 순에서 낮은 순으로, 성능지수가 낮은 설비에서 높은 순으로 취약사유를 분석한다.
   - (해당노선 및 구간설비) 안전성, 내구성, 사용성 지수특징 개별 및 종합분석
④ 낮은 종합성능평가지수 중분류설비중 소분류가중치가 높은 설비순에서 낮은 설비순으로 성능지수가 낮은 설비부터 높은 설비 순으로 취약사유를 분석한다.
   - (해당 소분류설비) 안전성, 내구성, 사용성 지수특징 개별 및 종합분석

⑤ 낮은 종합성능평가지수 소분류설비 중 세분류가중치가 높은 설비 순에서 낮은 설비 순으로, 성능지수가 낮은 설비 순에서 높은 설비 순으로 취약사유를 분석한다.
   - (해당 세분류설비) 안전성, 내구성, 사용성 지수특징 개별 및 종합분석
⑥ 세분류 열화진단이 점수가 낮은 설비중 정밀진단 복수측정항목을 분류하고 낮은 점수 원인 항목을 정리 분석 한다.

> 전기설비성능평가세부기준 Rev.1 국가철도공단 1.3.2 성능평가 설비별 가중치
> 바. 다수의 성능평가 진단항목에 대한 평가점수 적용: 성능평가 진단항목이 열화·절연, 마모·강도, 내용연수/사용횟수 등 다수의 항목으로 구성된 경우, 각각의 평가점수 중에서 최저값을 항목 평가점수로 적용한다.

⑦ 낮은 종합성능평가지수 세분류설비의 안전성, 내구성, 사용성지수에 영향을 미치는 요소를 조사하여 취약성을 분석한다.
   - 유형평가 항목별 가중치
     ✓ 제어설비: 안전성 60% 〉 사용성 25% 〉 내구성 15%
     ✓ 전선류: 안전성 57% 〉 내구성 27% 〉 사용성 16%
   - 안전성: 열화·절연, 외관, 운행횟수, 고장장애횟수
   - 내구성: 외관 (부식검사), 내용연수/사용횟수, 설치환경, 고장장애횟수
   - 사용성: 설치환경, 운행횟수, 고장장애횟수, 제품단종, 설비용량
⑧ 노선, 구간, 설비단위로 종합성능평가지수 및 등급이 낮은 사유를 분석제시 한다.
   - BOTTOM UP 방식의 역방향으로 세분류 중분류 대분류 지수 낮은 설비 순으로 분석한다.

평가점수 낮은 노선의 설비 및 등급 분석 (예시)				평가점수 낮은 요소 (예시)
YY 노선 ZZ 구간	C	동케이블	E	열화절연 1.5, 내구성 3.0, 내용년수 1.5
		선로변 통합 인터페이스 통신	D	외관부식 1.5, 내용연수 2.0 , 설비용량 2.2
		방송설비	C	열화절연 2.2, 내구성 2.0, 내용년수 2.3
		시설감시용영상설비 영상운영장치	D	열화절연 2.0, 내구성 2.0, 내용년수 2.5
		역무자동화설비 발매기	C	열화절연 2.5, 내구성 2.0, 내용년수 2.5
		~	~	~
~	~	~	~	~

제7장 | 철도·지하철 통신시설의 유지관리 전략 제안[46]

> 철도시설의 정기점검등에 관한지침
> 제18조(정밀진단 및 성능평가 결과의 정리)
> ③ 성능평가실시자는 성능평가 결과를 활용하여 보수·보강의 우선순위와 방법 등을 검토·분석 하여 철도시설의 성능목표를 달성할 수 있는 합리적인 유지관리 전략을 제안하여야 한다.
> [별표 2] 철도시설 정밀진단 및 성능평가 절차 (2) 성능평가 절차 – 유지관리전략제안
> - C등급 이하 시설에 대한 보수·보강 방법 제시
> - 시설별·노선별 보수·보강 우선순위를 검토
> - 철도시설 성능목표를 달성을 위한 합리적인 유지관리 전략 제시
>
> 제20조(정밀진단 및 성능평가 결과의 조치) ① 철도시설관리자는 소관 철도시설에 대해 제19조의 정밀진단 결과보고서에 따른 안전조치 및 보수·보강을 시행하여야 한다.
> ② 철도시설관리자는 소관 철도시설의 성능평가등급이 C(보통)등급 이하인 경우 해당 철도시설의 성능을 향상하기 위한 보수·보강 등 유지관리 계획을 수립·시행하여야 한다.
> ③ 철도시설관리자는 제1항에도 불구하고 소관 철도시설의 안전성, 내구성, 사용성 중 어느 하나 이상이 D(미흡)등급 이하인 경우에는 해당 철도시설의 해당 성능을 향상하기 위한 보수·보강 등 유지관리 계획을 수립·시행하여야 한다.

7.1 설비의 성능목표와 종합성능평가 결과 분석

① 종합평가결과를 검토하여 노선별, 구간별, 중분류설비, 소분류설비, 세분류설비 순으로 낮은 성능의 설비를 분류하고 분석한다.
 - 종합성능 C등급이하, 부문별성능(안전성, 내구성, 사용성) D등급이하 시설을 분류한다.
② 낮은성능(점수)의 세분류설비는 장치별 열화절연 점수와 속성점수를 검토하여 낮은 점수의 주요원인을 분석하고 점수 상향을 위한 핵심항목을 파악한다.
③ 평가점수가 낮고 가중치가 높은 요소들을 선정하여 성능목표와 관리지표와 부합하는 수준으로 개선하기 위한 유지관리전략을 수립한다.

---

[46] 유지보수전략제안은 시설관리자의 운영방침과 설비의 특수성, 보수보강 비용 및 소요되는 투자비 수준 선진화되는 유지보수전략 등에 따라 엔지니어링 회사의 역량이 담기는 부분입니다. 본 도서의 유지보수제안전략 내용은 지침 등을 기준으로 필자의 주관적인 의견이 포함되어 있습니다.

7.2 보수·보강 등 대상설비 선정 시 고려사항

7.2.1 노선별, 구간별 종합성능평가지수 및 등급이 낮은 설비대상 분석 및 검토

노선, 설비 및 종합성능 평가지수/등급 낮은 설비 분석 (예시)				평가점수 낮은 요소 분석 (예시)
YY 노선 ZZ 구간	C	동케이블	E	열화절연 1.5, 내구성 3.0, 내용년수 1.5
		선로변 통합 인터페이스 통신	D	외관부식 1.5, 내용연수 2.0 , 설비용량 2.2
		방송설비	C	열화절연 2.2, 내구성 2.0, 내용년수 2.3
		시설감시용영상설비 영상운영장치	D	열화절연 2.0, 내구성 2.0, 내용년수 2.5
		역무자동화설비 발매기	C	열화절연 2.5, 내구성 2.0, 내용년수 2.5
		~	~	~
~	~	~	~	~

7.2.2 성능평가지수와 가중치 상관관계 영향 분석

① 중분류 대상설비의 가중치 높은 순으로 개량대상 설비를 분석한다.
  - 전송설비 31% 〉 선로설비 23% 〉 열차무선설비 20% 〉 전화교환설비=역무자동화설비 7% 〉 역무통신설비=영상감시설비 6%
② 중분류 가중치와 소분류설비 가중치 높은 순으로 개량대상 설비를 분석한다.
  - 광전송설비 100%
  - 선로설비: 광케이블 61% 〉 선로설비 23% 〉 선로변통합 인터페이스설비 20%
  - 열차무선설비: LTE-R 중앙제어설비 = LTE-R 기지국설비 35% 〉 열차무선방호장치 = 재난방송수신설비 15%
  - 전화교환설비 100%,
  - 역무자동화설비: 전산장치 65% 〉 게이트 18% 〉 발매기 17%
  - 역무통신설비: 자동안내방송설비 54% 〉여객안내설비 46%
  - 영상설비: 여객관리용 영상설비 0.62 〉 시설감시용 영상설비 0.38
③ 중분류 및 소분류 중요도와 세분류가중치를 반영한 세분류 누계가중치 높은 순서로 개량대상 설비를 분석한다.
  - 중분류가중치 * 소분류가중치 * 세분류가중치를 곱한 누계가중치 지수 값은 38개 세분류설비별 계량•개선•교체시 성능평가개선 영향수준에 대한 정도를 알 수 있다.

[세분류 단위설비별 개량시 성능향상 영향 가중치 누계 분석표]

설비분류별 가중치						설비분류별 누계가중치 (성능지수 영향 수준)		
중분류 ①		소분류 ②		세분류③		①*②*③	세분류별 순위	소분류별 순위
선로설비	0.23	광케이블	0.61	광케이블	100	14.03	1	1
		동케이블	0.19	동케이블	100	4.37	7	3
		선로변 통합	0.20	선로변 통합 인터페이스 통신	100	4.60	6	2
전송설비	0.31	광전송 설비	1.00	DWDM	25	7.75	3	2
				STM 4/16/64	40	12.40	2	1
				정류기	25	7.75	3	2
				축전지	10	3.10	11	4
무선설비	0.20	LTE-R 중앙제어설비	0.35	주제어설비	90	6.30	5	1
				관제조작반	10	0.70	29	2
		LTE-R 기지국장치	0.35	DU	50	3.50	9	1
				RRU	50	3.50	9	1
		열차무선 방호장치	0.15	중앙장치	20	0.60	32	2
				자동점검시스템	20	0.60	32	2
				중계 장치	30	0.90	24	1
				케이블안테나	30	0.90	24	1
		재난방송 수신설비	0.15	주중계장치	50	1.50	17	1
				보조중계장치	50	1.50	17	1
전화 교환설비	0.07	전화 교환기	1.00	전자교환기	60	4.20	8	1
				관제전화주장치	40	2.80	12	2
역무 통신설비	0.06	여객 안내설비	0.46	중앙제어설비	50	1.38	19	1
				역서버	30	0.828	26	2
				표시기	20	0.552	34	3
		방송설비	0.54	자동안내방송주장치	50	1.62	15	1
				관제원격방송주장치	50	1.62	15	1
영상설비	0.06	여객 관리용 영상설비	0.62	영상저장장치	25	0.93	21	1
				영상운영장치	20	0.744	27	3
				카메라	25	0.93	21	1
				UPS	20	0.744	27	3
				축전지	10	0.372	36	5
		시설 감시용 영상설비	0.38	영상저장장치	40	0.912	23	1
				영상운영장치	30	0.684	30	2
				카메라	30	0.684	30	2
역무 자동화 설비	0.07	전산장치	0.65	중앙전산기	60	2.73	13	1
				역단위전산기	40	1.82	14	2
		발매기	0.17	1회용발매/교통카드충전기	40	0.476	35	2
				교통카드무인/정산충전기	30	0.357	37	3
				보증금환급기	30	0.357	37	3
		게이트	0.18	자동 개·집표기	100	1.26	20	1

제7장 | 철도·지하철 통신시설의 유지관리 전략 제안

④ 세분류설비의 유형별 평가항목에 대한 가중치를 고려하여 보수·보강·교체 우선순위를 검토한다.
  - 유형평가 항목별 가중치
    ✓ 제어설비: 안전성 60% 〉 사용성 25% 〉 내구성 15%
    ✓ 전선류: 안전성 57% 〉 내구성 27% 〉 사용성 16%
  - 안전성: 열화·절연, 외관, 운행횟수, 고장장애횟수
  - 내구성: 외관 (부식검사), 내용연수/사용횟수, 설치환경, 고장장애횟수
  - 사용성: 설치환경, 운행횟수, 고장장애횟수, 제품단종, 설비용량

7.3 보수·보강 등 대상설비 우선순위 선정[47]

7.3.1 보수·보강 등 유지관리 우선순위 결정 (예시)

우선순위	주요 고려사항	비고
긴급(즉시)보수	- 열차운행 지장 및 승객 불편을 초래, 안전사고 발생 우려 있는 경우	E등급
1순위(단기: 1년)	- 설비운영에 문제를 유발 혹은 성능회복 필요한 수준 손상	E등급
2순위(중기: 2년)	- 발생된 손상이 경미하여, 유지관리를 통한 점검이 필요한 경우 - 현상유지(진행 억제)를 위해 필요로 하는 대책	D등급
3순위(장기: 3년 이상)	- 발생된 손상이 경미하거나, 정기점검, 유지관리를 통한 지속관찰 필요 - 기대수명을 고려하여 부품 수리, 노후부품 교체 등 실시 - 현상유지(진행 억제)를 위해 필요로 하는 대책(매뉴얼 정비 등)	C등급

7.3.2 우선순위기준으로 보수·보강 대상설비 선정검토 (예시)

우선순위 적용	검토내용	대상설비 순위
설비의 중요도 (가중치) 고려한 우선순위	1. 중분류가중치 기준 　- 전송설비 31% 〉 선로설비 23% 〉 열차무선설비 20% 〉 전화교환설비=역무자동화설비 7% 〉 역무통신설비 = 영상감시설비 6% 2. 세분류별 누계가중치 (성능지수 영향 수준)기준 　- 중분류*소분류*세분류의 누계 가중치	C, D, E등급 설비 중 높은 가중치 설비순위 ① 광케이블 ② 전화교환설비 ③ 역단위전산기 ④ 보조중계장치

---

[47] 시설관리자의 운영방침과 설비의 특수성, 보수보강 비용 및 소요되는 투자비 수준, 선진화 계획, 유지보수전략 등에 따라 용역사의 역량이 담기는 부분으로 철도시설관리자의 의견을 반영하여 우선순위를 검토한다.

	✓ 광케이블(14.08) 〉 STM광전송(12.8) 〉 광정류기(7.75) 〉 LTE-R주제어설비(6.30) 〉 선로변통합인터페이스(4.60) 〉 동케이블(4.37) 〉 전자교환기(4.20) 〉 RRU(3.50) 〉~~.	⑤ RRU~~~
고장장애 횟수 고려한 우선순위	속성항목 중 고장장애점수가 낮은 설비 순으로 분류 게이트 〉 표시기 〉 방송설비 〉 전화교환기~	C, D ,E등급 설비 중 고장장애 낮은 점수 순위 ① 게이트 ② 표시기 ③ 방송설비 ④ 전화교환기~
내용년수 고려한 우선순위	속성항목 중 내용년수 오래된 설비 순으로 분류 게이트 〉 동케이블 〉 광케이블~~	C, D, E등급 설비 중 내용년수 오래된 설비 순위 ① 게이트 ② 동케이블 ③ 광케이블 ④ 표시기~
부문별 중요도 고려한 우선순위	전선류(안전성0.57 〉 내구성0.27 〉 사용성0.16) 제어설비(안전성0.60 〉 사용성0.25 〉 내구성0.15)	① 전자교환기 ② 표시기 ③ 역단위전산기 ④ 보조중계장치~

7.3.3. 시설별 노선별 보수·보강 등 대상설비 작성 실무

가. 순위별 보수·보강대상 노선 및 구간 (예시)

노선	대분류	안전성능		내구성능		사용성능		종합성능	
YY노선	정보통신분야	3.48	B	3.35	C	3.23	C	3.45	C
ZZ구간	정보통신분야	2.54	C	2.32	D	2.43	D	2.48	D

나. 순위별 보수·보강대상 설비 (예시)

구분	성능평가 대상설비			진단결과			
	중분류	소분류	세분류	안전성	내구성	사용성	종합
YY노선 / ZZ구간	선로설비	동케이블		C	D	E	D
		선로변 인터페이스 통신설비(연선전화, 토크백)		C	D	C	C
	전송설비	광전송설비	STM	C	B	C	C
	역무용통신설비	여객안내설비	역서버	C	B	C	C
			표시기	B	C	D	C

	자동안내방송설비	자동안내방송 주장치	C	E	C	C
영상설비	시설감시용 영상설비	영상운영장치	D	C	D	D
		카메라	C	D	B	C
역무 자동화설비	전산장치	역단위전산기	C	B	C	C
	발매기	보증금환급기	C	C	B	C
	게이트	자동개·집표기	C	D	C	D

7.4 보수·보강 등 유지관리 방법 및 전략

가. 보수· 보강· 교체 필요성 판단
① 본 정밀진단과 성능평가 점수(지수)가 낮은 경우에 보수·보강 계획을 수립하여야 한다.
② 보수의 필요성은 발생된 세분류 설비 기기별 열화 및 손상등이 어느 정도까지 허용되는가의 판단에 의하여야 하며, 이를 위해 각종 기준(장비 표준시방서 등)을 참조한다.
③ 보강의 경우는 장비의 사용율 등을 각종 기준에서 정하는 수치 이하로 유지하기 위하여 어느 정도까지 성능 향상을 하여야 하는가를 판단하고 결정하여야 한다.
④ 보수·보강만으로 목표로 하는 성능수준 달성이 어렵다고 판단되면 타당성을 적시하여 교체사유를 제시하고 필요시 소요 투자비를 제시하도록 한다.
⑤ 검토방향: 현장(외관) 조사, 정밀진단, 성능평가 시행
 - 성능평가 결과 종합 분석 후 보수·보강 여부 판단

나. 보수·보강 시공방법의 선정
① 장비결함에 따른 보수·보강 시 기능성, 내구성, 안전성 등을 검토하여 결정한다.
② 정밀진단 시 수행한 각종 조사 및 측정자료, 유지보수 자료를 기초로 하여 결함 발생 원인에 대한 정확한 추정 후 보수·보강공법을 선택한다.

다. 보수·보강 수준결정
① 주요고려사항: 설비의 기능 및 중요도, 보수 후의 기대 내용연수, 시공성과 경제성
② 노후화된 대상설비의 손상 및 장애로 인한 전체 통신시스템에 대한 영향도, 장비중요도, 사용 환경조건 및 소요예산 등에 의해서 보수·보강 방법 및 수준을 정한다.
 - 수명과 장·단기 대책을 고려 국부 또는 전반적 보수범위 산정
③ 보수·보강 수준: 현상유지, 초기수준 이상으로 개선, 교체 신설

라. 보수·보강 우선순위 결정
○ 성능평가 결과와 시설관리자의 유지보수 정책에 부합하는 보수·보강 우선순위 결정

7.5 보수·보강 등 유지관리 방안

> 철도시설의 정기점검등에 관한지침
> 제20조(정밀진단 및 성능평가 결과의 조치)
> ② 철도시설관리자는 소관 철도시설의 성능평가등급이 C(보통)등급 이하인 경우 해당 철도시설의 성능을 향상하기 위한 보수·보강 등 유지관리 계획을 수립·시행하여야 한다.

7.5.1. C(보통)등급 이하 세분류 설비별 보수·보강대상설비 검토

성능평가 대상설비			진단결과				보수·보강 대상여부
중분류	소분류	세분류	안전성	내구성	사용성	종합	
선로설비	동케이블		C	D	E	D	Y
	선로변 인터페이스 통신설비		C	D	C	C	Y
전송설비	광전송설비	STM	B	B	C	B	N
역무용통신설비	여객안내설비	역서버	C	B	C	C	Y
		표시기	B	C	D	C	Y
	자동안내방송설비	자동안내방송 주장치	C	E	C	C	Y
영상설비	시설감시용영상설비	영상운영장치	A	C	B	B	N
		카메라	C	D	B	C	Y
역무자동화설비	전산장치	역단위전산기	B	B	C	B	N
	발매기	보증금환급기	C	C	B	C	Y
	게이트	자동개·집표기	C	D	C	D	Y

7.5.2 평가등급 C등급 이하 개소 보수·보강 등 설비별 유지관리 방안 (예시)

> ① 고려사항
> - 안전성, 내구성, 사용성, 종합성능평가 C등급 이하설비 확인
> - 열화절연, 외관, 속성점수 낮은 항목 검토한다.
> - 기술기준이나 규칙 등에 위배되는 사항 발생여부를 확인한다.
> - 필요성, 시공방법, 수준, 우선순위 등을 검토한다.
> - 설비특성과 개선효과 높은 방향으로 보수·보강 방안 서술한다.
>   ✓ 정기점검 항목, 주기, 절차 및 방법 등을 제시한다.
>   ✓ 고장발생시 인지, 초기대응 등 최적화된 처리 SOP를 제시한다.
> - 성능개선 목표와 적정한 수준으로 개선되는지를 정성적으로 확인한다.
> ② 설비별 유지관리방안 제시 주요내용
> - 광/동케이블/선로변 통합인터페이스 통신설비
>   ✓ 케이블 포설/접속공사 시 시공 절차 유의점, 용량검토, 계측기사용법,
>   ✓ 현장설비 점검 항목별 적정 주기, 장애처리 및 점검SOP운영 등

- 전송설비
  ✓ NMS/EMS 데이터활용방안, 설치환경유지, 장애처리 절차 및 요령제시등
- 열차무선설비
  ✓ 절체시험, 정기적 열상시험, 전계강도측정 절차 및 기준, 설비별 운용환경, 적정용량확인, 장애처리 방안 등 제공
- 전화교환설비
  ✓ 절체시험, NMS/EMS확인, 단종설비 대응, 장애처리 절차 및 요령 등 제시
- 역무용통신설비
  ✓ 모듈절체, NMS/EMS 데이터활용, 설치환경, 장애처리 및 점검요령 등 제시
- 영상설비
  ✓ 여객관리 및 철도설비감시특성을 반영한 영상설비 점검 및 운영, 보수보강방안 제시, 저장장치용량 관리 및 운영장치 사용성을 고려한 배치 등
- 역무자동화설비
  ✓ 모듈절체, NMS/EMS 데이터활용, 요금징수정확도 및 사용자편의성 향상, 가동장치 장애발생 조치, 보수보강방안 제시

가. 선로설비 유지관리 방안

1) 광케이블 유지관리: 광케이블 절손, 꺾임 등에 의하여 광케이블 장애 발생 시 OTDR(Optical Time Domain Reflector meter)에 의하여 장애 거리(지점) 측정과 장애 종류 측정을 먼저 시행하고, 비상 복구자재(광케이블, 광융착접속기) 등을 확보하여 현장에 출동하여야 한다.

① OTDR에 의한 거리측정
- 측정장비의 전원을 켜고 OTDR이 안정화될 때까지 충분히 긴 시간 동안 켜 놓은 후, 화면을 초기화한다.
- 피측정 광섬유의 조건에 맞추어 측정기의 측정변수를 선택한다.
  ✓ 측정하고자 하는 파장
  ✓ 피측정 광섬유의 굴절율 및 측정거리
  ✓ 거리해상도와 광전력의 감쇠정도를 고려한 광펄스폭(이득포함) 등
- 광을 입사시켜, 광섬유의 후방산란파형을 확인한다.
- 측정파형에는 잡음성분(산탄잡음, 전치증폭기 잡음 등)이 있기 때문에 평균화처리로 잡음을 감소시킨다.
- 평균화처리된 후방산란파형에 대한 필요한 측정을 실시한다.

② 광케이블 운용시험
운용시험은 광통신시스팀을 운용하는 중에 광섬유 전송특성의 경년변화 상태를 정기적(또는 부정기적)으로 점검하기 위하여 시행한다.
- 정기시험은 상, 하부국간의 총손실 측정으로 운용시험을 대표한다.

- 광섬유의 총손실 측정법은 삽입법에 의한다.
- 시험 후에는 기존의 편단 광점퍼코드의 순번이 바뀌지 않도록 주의하여 원래대로 연결시킨다.
- 시험결과 총손실이 최종시험의 측정치 또는 경년변화손실치와 비교하여 의심이 가는 심선에 대해서는 후방산란파형을 측정하여 접속부의 접속손실변화, 광섬유의 단위손실 변화 등의 상태를 분석한다.
- 운용 중 광케이블의 외피손상이나, 절곡 등으로 인해 광섬유손상이 예상될 경우는 후방산란법에 의한 광섬유손실을 측정하고 파형을 분석한다.
- 광섬유의 단위길이손실과 접속손실이 기준치를 초과하였거나, 광섬유의 손상이 확인되었을 경우는 원인을 조사하여 조치한다

③ 광케이블 심선접속
- 광케이블의 심선 접속은 융착접속을 원칙으로 한다.
- 기계식 접속자에 의한 접속은 사고시 응급복구용으로 사용한다.
- 커넥터 접속자에 의한 접속은 광케이블 성단시 사용한다.

④ 광케이블의 성단
- 광케이블의 역사 인입을 위하여 통신실 기기배치도에 적합한 장소를 선정하고 장비상호간 및 장래 증설 계획에 지장이 없도록 하여 광 점퍼코드(Jumper Cord)를 이용하여 성단한다.

설비명	구분	점검항목
통신 선로 설비	상태	광관로 취부상태 및 파손, 노출 여부
		각종표지(케이블 매설, 접속, 지중도체) 훼손 및 맨홀 이상 유무(침수·배수 포함)
		통신케이블 접속 및 접지상태, 외피이상유무
		광케이블 스파이럴 보호 이상 유무
	계측	광케이블 손실측정 (단, 광케이블 감시시스템 구축 개소 년 1회)
		동케이블 선조도체저항 및 불평형율 측정
		동케이블 회선도체 저항측정
		절연저항 측정
		접지저항 측정

2) 동케이블 유지관리
① 동케이블 보수. 보강 방법은 지중 매설과 접속관이 구성되고 접속함 쪽에 여장이 없어 부분 보강이 불가능하여 통신이 어려운 구간에 신규로 포설하는 방안을 강구할 수 있으나 향후 동케이블 수요와 광케이블로 전환계획 등을 고려하여 신규로 개량하는 방안은 신중하게 검토되어야 할 것으로 판단된다.
② 유지보수방안으로 동케이블의 장애 발생지점의 정확한 위치 파악 및 조치가 신속히 이루어져야 한다. 통신회선 불량으로 판명시 예비회선으로 우선절체를 원칙으로 한다.

③ 회선 절연 불량 및 침수, 단선 조치
  - 장애 지점 파악 후 동케이블 접속함체를 개·보수한다.
  - 공사로 케이블 단선 시 기타 통신선로를 이용 회선절체를 원칙, 비상복구용 자재를 활용해 임시 복구를 하되, 철도통신이 정상 복구된 후 본 복구 한다.

나. 전송설비 유지관리
1) 장애처리 절차
 ① 장애 접수 및 처리는 담당 관리부서에서 하고 특정업체 유지보수 대상 장비는 신속히 해당 업체에 통보하여 조치한다.
 ② 통신장애가 발생하는 경우 회선 제공업체에 신고 후 복구 시점까지 관리하고, 장애가 빈번한 통신회선은 회선교체 등 필요한 조치를 취한다.
2) 장애처리 요령
 ① 장애접수 통보를 받는 즉시 장애조치 하고, 완료 후 처리사항을 장애관리시스템에 입력하여야 한다. 장애발생현황 및 완료보고는 보고절차에 따라 보고한다.
 ② 전화로 처리한 고장수리 내역도 시스템에 등록·통계 처리한다.
3) 점검 및 유지보수
 다음 항목을 기술기준 및 지침에 부적합 사항 점검 및 유지보수를 시행한다.
 ① 점검 및 보수
  - 외관 및 주변 환경
  - Cable 연결 및 통신서비스 확인
  - 자료 전송 및 백업 상태
  - 설정치 점검 및 보정
  - H/W 및 S/W 점검 등
  - 작업관리(점검 및 정기, 비정기 작업관리)
 ② 장애관리
  - 장애경보 실시간 감시
  - 장애이력 관리
  - 장애복구 관련 작업지시서 출력
 ③ 성능관리
  - 문제가 발생된 장비의 성능을 실시간 감시
  - 장애관리와 연계한 성능관리

다. 여객안내설비 유지관리

1) 역서버(LSE)

① 주요구격
- 유지보수가 용이하도록 제작한다.
- 각종 서버 및 장비는 함체에 실장하는 구조로 제작한다.
- 이 장치의 풀리기 쉬운 부분에 사용되는 볼트, 너트에 대하여는 스프링와셔 등을 사용하여 풀림을 방지한다.
- 장치의 모든 배선의 연결 부위는 압착단자를 사용, 전기적인 접속이 양호하게 한다.
- 역장치(LSE) 랙으로 들어오는 전원 및 통신케이블은 랙에 견고하게 고정하고, 각 케이블에는 케이블 네임을 부착한다.
- 통신랙은 국제규격에 준한 설계로 다양한 호환성과 각 부위별 장착 및 탈착이 용이하여야 하며, 볼트 등이 내/외부로 노출되지 않도록 제작한다.
- 원활한 냉각을 위하여 냉각FAN 2개를 장착한다.
- 랙의 전/후면문(Door)은 냉간압연강판 타공형(벌집천공)으로 개구율이 75% 이상이어야 한다. 형태는 평면 도어를 기준으로 하고, 외부 압력에 의해 뒤틀림이 발생하지 않도록 강도를 유지한다.

② 정기점검 주요항목
- 제어PC 프로그램, Signal상태 확인 점검
- 표출상태, 전광판 외관상태 확인 점검
- 외부기기 간 통신상태 확인 점검

2) 행선안내표시기

① 주요구격
- 행선안내표시기는 승강장 및 대합실에는 42형 모니터 패널(최신형)을 사용하여 열차운행정보 및 각종 안내를 시각적으로 표출하도록 양면형 또는 단면형으로 구성하여 천장에 취부 할 수 있도록 한다.
- 유지보수가 용이하도록 제작한다.
- 각종 서버 및 장비는 함체에 실장하는 구조로 제작한다.
- 풀리기 쉬운 부분에 사용되는 볼트, 너트에 대하여는 스프링와셔 등을 사용하여 풀림을 방지한다.
- 모든 배선의 연결 부위는 압착단자를 사용, 전기적인 접속이 양호하게 한다.
- 행선 안내표시기의 내부구성품은 진동에 풀리지 않게 견고히 부착하고 개폐는 LCD 개폐부 측면부에 2개의 △형 ROCK을 장착한다.

- 표시기의 개폐는 LCD 개폐 시 유지보수 편의를 위해 유압쇼바를 장착하고, 개폐 후 LCD의 무게를 지탱하기 위한 모니터 거치용 받침을 장착한다.
- 표시기는 자동온도센서를 내장하여 적정 온도에서 팬을 동작하여야 하고, 냉각팬 2개를 표시기 좌우 측면부 상단에 부착한다.

② 정기점검 주요항목
- 외부기기 간 통신 동작상태·고정상태 확인 및 청소
- 전원부, 케이블 등 고정상태 확인 및 청소
- 환기팬, 환기용 부직포 동작상태, 고정상태 확인 및 청소
- 모듈입력전압, 케이블 동작상태, 고정상태 확인 및 청소

라. 영상설비

1) 영상저장장치 및 영상운영장치

① 장애처리 절차
- 장애 접수 및 처리는 담당 관리부서에서 하고 특정업체 유지보수 대상 장비는 신속히 해당 업체에 통보하여 조치하도록 한다.
- 통신장애가 발생하는 경우 회선 제공업체에 신고 후 복구 시점까지 관리하고 장애가 빈번한 통신회선은 회선교체 등 필요한 조치를 취한다.

② 장애처리 요령
- 장애접수 통보를 받는 즉시 장애 조치하고, 완료 후 처리사항을 장애관리시스템에 입력하여야 한다. 장애발생 현황 및 완료보고는 보고 절차에 따라 보고한다.
- 전화로 처리한 고장수리 내역도 등록·통계 처리한다.

③ 점검 및 유지보수: 기술기준에 부적합 사항은 보수보강 및 개량한다.
- 점검 및 보수 항목
    ✓ 외관 및 주변 환경
    ✓ Cable 연결 및 통신서비스 확인
    ✓ 자료 전송 및 저장 상태
    ✓ 설정치 점검 및 보정
    ✓ H/W 및 S/W 점검 등
    ✓ 작업관리(점검 및 정기, 비정기 작업관리)
- 장애관리
    ✓ 장애경보 실시간 감시
    ✓ 장애이력 관리
    ✓ 장애복구 관련 작업지시서 출력

- 성능관리
    - ✓ 문제가 발생된 장비의 성능을 실시간 감시
    - ✓ 장애관리와 연계한 성능관리
④ 사전예방 및 정비점검
- 소프트웨어는 모든 프로그램이 오동작하지 않고 정상상태를 유지할 수 있도록 한다.
- 대상설비는 항시 청결을 유지하고, 각 기기의 부속품은 수명을 최대한 연장할 수 있도록 한다.
⑤ 시설물 이력카드 작성
- 장치별 제원, 특성, 측정치, 위치
- 유지보수 작업내용 및 보수내역
⑥ 긴급보수의 실시
- 장애나 사고가 발생하였을 경우 상황에 따른 필요인력이 신속하게 현지에 출동할 수 있도록 하여야 하며 현장 출동 후에는 서울교통공사의 지시에 따라 복구작업을 시행한다.
- 하자보증기간인 장비의 장애발생 시 하자보수를 시행하는 시공사에 지체 없이 통보하여 정상회복 조치를 하도록 하여야 한다.

2) 카메라: CCTV시스템의 안정된 운영을 위해 S/W 및 H/W를 효율적으로 관리할 수 있는 유지보수 체계를 수립한다.
① 정기점검
- CCTV Main System
    - ✓ 모니터, 마우스, 키보드 등의 소모성 부품의 교환, 재조정, 특성을 체크
    - ✓ 기기 간 접속 케이블의 열화 점검, 접속선 등의 점검
    - ✓ 각종 원격 제어 기능의 점검 및 입력 전압 특성 체크
- CCTV Lcoal System
    - ✓ 전원 케이블이나 영상케이블 등의 콘넥터가 충분히 조여져 있는가를 확인하고 케이블의 열화나 손상이 없는가를 점검
    - ✓ 입력전압 특성 체크
② 수시점검
- 시스템 동작시험을 점검
- 영상의 포커스를 점검
- Rack 내·외 온도 및 습도 점검
- 모니터의 영상 상태를 점검
- 기기 간 결선 상태를 점검

마. 역무자동화 설비

1) 장애접수 및 정비
   ① 유지보수담당자는 전자설비 장애발생신고 접수즉시 정비에 임하여야 하고 자동발매기, 자동정산기, 보증금환급기 등의 운임 또는 회계와 관련되는 장애일 경우에는 역무원의 입회하에 유지보수 한다.
   ② 유지보수담당자는 현장정비가 불가능하다고 판단할 경우 중정비를 의뢰하여야 하고, 이 경우 입고된 장비를 세밀하게 검사·정비한다.

2) 장애조치 및 보고
   ① 장애 완료 후 유지보수담당자는 충분한 시험을 하여 이상이 없을 때에 운용자에게 인계하고 보수담당자는 수리내용, 복구시간 및 그 밖의 사항을 장부에 기록한다.
   ② 관련 부서와 긴밀한 협의를 통해 설비 구성변경, 임시 구성, 응급 복구 등 필요한 조치한다.

제8장 | 종합결론

> 철도시설의 정기점검등에 관한지침
> 제15조(정밀진단 및 성능평가 절차)
> 정밀진단 및 성능평가 시행을 위한 세부적인 절차는 별표 2를 따른다.
> [별표 2] - (정밀진단 절차)
> 종합결론: 정밀진단 결과, 유지관리 시행방안 (연차별 계획, 예산확보 등)

종합성능 집계표

노선	대분류	안전성능		내구성능		사용성능		종합성능	
YY노선(호선)	정보통신분야	1~5	A~E	1~5	A~E	1~5	A~E	1~5	A~E

중분류	소분류	세분류	안전성	내구성	사용성	종합성능
선로설비	광케이블	광케이블	A~E	A~E	A~E	A~E
	동케이블	동케이블	A~E	A~E	A~E	A~E
		선로변 통합 인터페이스 통신	A~E	A~E	A~E	A~E
전송설비	광전송 설비	DWDM	A~E	A~E	A~E	A~E
		STM 4/16/64	A~E	A~E	A~E	A~E
		정류기	A~E	A~E	A~E	A~E
		축전지	A~E	A~E	A~E	A~E
전화 교환설비	전화 교환기	전자교환기	A~E	A~E	A~E	A~E
		관제전화주장치	A~E	A~E	A~E	A~E
~	~	~	~	~	~	~
역무 자동화 설비	전산장치	중앙전산기	A~E	A~E	A~E	A~E
		역단위전산기	A~E	A~E	A~E	A~E
	발매기	1회용발매/교통카드충전기	A~E	A~E	A~E	A~E
		교통카드무인/정산충전기	A~E	A~E	A~E	A~E
		보증금환급기	A~E	A~E	A~E	A~E
	게이트	자동 개·집표기	A~E	A~E	A~E	A~E

8.1 성능평가 종합결론

3장 안전성, 4장 내구성, 5장 사용성부문평가와 6장 종합평가 결과를 참고하여 호선별, 노선별, 설비별 성능평가 분석결과에 따른 전체적인 내용을 기술한다.
　　① 노선별, 구간별 안전성, 내구성, 사용성 성능평가결과에 대한 의견
　　② 설비별 안전성, 내구성, 사용성 성능평가결과에 대한 의견
　　③ B등급 이상 설비에 대한 종합성능평가 내역 및 의견
　　④ C등급 이하설비에 대한 종합 성능평가 내역 및 의견
　　　　- 보수·보강·교체에 대한 설비별 특이사항

8.2 유지관리 시 특별한 관리가 요구되는 사항

성능평가결과(정밀진단 병행수행시 정밀진단결과 포함)를 참고하여 설비운영 및 유지관리에 필요한 특별한 관리가 요구되는 사항을 기술한다.
　　① 6장 종합평가 분석과정에 확인된 설비별 특이사항을 요약 기술한다.
　　② 성능평가과정에 도출된 유지관리에 필요한 사항
　　③ 성능평가 결과 긴급히 조치가 필요한 내역을 제시한다.
　　④ 평가과정에 확인된 설비별 특이사항을 기술한다.

8.3 성능평가관련 기타사항

성능평가 관련 기타사항들을 기술한다.
　　① 년차별 보수·보강에 따른 소요예산 산출자료
　　② 차기 성능평가 시 중점개소 및 대상설비
　　③ 성능평가지침, 규정 등의 개선필요 사항 제시